H. A. Stuart · G. Klages

Kurzes Lehrbuch der Physik

Siebte, neu bearbeitete Auflage

Mit 365 Abbildungen

Springer-Verlag
Berlin Heidelberg GmbH 1970

Professor Dr. H. A. Stuart
Institut für physikalische Chemie der Universität Mainz

Professor Dr. G. Klages
Institut für Physik der Universität Mainz

ISBN 978-3-662-27036-3 ISBN 978-3-662-28515-2 (eBook)
DOI 10.1007/978-3-662-28515-2

Ursprünglich erschienen bei Springer-Verlag Berlin Heidelberg New York 1970
Softcover reprint of the hardcover 7th edition 1970

Library of Congress Catalog Card Number 71–97993.

Titel-Nr. 1014

Vorwort zur siebten Auflage

In der vorliegenden Auflage wurden einige Kapitel erheblich umgearbeitet, alle auf den neuesten Stand gebracht und mit Ergänzungen versehen. In der „Mechanik“ konnte durch Vorziehen des Abschnittes „Bewegung unter dem Einfluß von Kräften“ die Darstellung gestrafft und manche Wiederholung vermieden werden. Die größte Veränderung erfuhr das Kapitel „Elektrizität und Magnetismus“, indem wir uns entschlossen haben, nicht mehr der historischen Entwicklung zu folgen, sondern mit der Behandlung der elektrischen Ströme zu beginnen. So ist es gelungen, den Umfang und Charakter des „Kurzen Lehrbuches“ als einer Einführung zu erhalten und doch als Kleindruck technisch wichtige Einzelheiten einzufügen. Dem ehemaligen Mitarbeiter des einen von uns, Herrn Dr. W. FRANK, Karlsruhe, möchten wir auch an dieser Stelle für seine intensive Mitarbeit, vor allem am Kapitel „Allgemeine Mechanik“, herzlich danken.

Mainz, im Mai 1970 H. A. STUART · G. KLAGES

Inhaltsverzeichnis

Einleitung

§ 1. Abgrenzung und Aufgaben der Physik 1
§ 2. Die Methodik der Physik 1

Erstes Kapitel

Allgemeine Mechanik

A. Messen und Maßeinheiten
§ 3. Bedeutung des Messens in der Physik 3
§ 4. Längen- und Winkelmessung 4
§ 5. Zeitmessung 6

B. Bewegungslehre (Kinematik)
§ 6. Bewegung längs einer Geraden 7
§ 7. Bewegung auf der Kreisbahn 11

C. Bewegung unter dem Einfluß von Kräften (Dynamik)
§ 8. Träge Masse und Kraft 13
§ 9. Schwere Masse und Gewicht 15
§ 10. Gleichheit von Kraft und Gegenkraft, Impulssatz 17

D. Arbeit und Energie
§ 11. Arbeit und Leistung 18
§ 12. Energie 20

E. Einige besondere Bewegungsformen
§ 13. Wurfbewegung 22
§ 14. Bewegung auf der Kreisbahn 23
§ 15. Kräfte bei der Erdumdrehung 26
§ 16. Stoßvorgänge 27

F. Kräfte im Gleichgewicht (Statik)
§ 17. Zusammensetzung und Zerlegung von Kräften 28
§ 18. Hebel, Drehmoment 30
§ 19. Parallele Kräfte, Kräftepaar 31
§ 20. Schwerpunkt 32
§ 21. Gleichgewicht 32
§ 22. Die Waagen 33

G. Drehbewegung eines starren Körpers
§ 23. Einige Grundbegriffe 34
§ 24. Grundgesetz der Drehbewegung 36
§ 25. Satz von der Erhaltung des Drehimpulses 37
§ 26. Freie Achsen 38
§ 27. Der Kreisel 39

H. Allgemeine Gravitation
§ 28. Gravitationsgesetz 41
§ 29. Planetenbewegung 42

Zweites Kapitel

Die mechanischen Eigenschaften der Stoffe und ihre molekulare Struktur

A. Der molekulare Aufbau der Stoffe und die molekularen Kräfte
§ 30. Vorbemerkung . . . 44
§ 31. Allgemeines über Moleküle . . . 44
§ 32. Größe, Form und Kerngerüst der Moleküle . . . 46
§ 33. Die Molekularbewegung . . . 49
§ 34. Einiges über die zwischenmolekularen Kräfte . . . 50

B. Der feste Körper
§ 35. Molekularer Bau, Kristallgitter . . . 51
§ 36. Elastizität . . . 53
§ 37. Festigkeit und Härte . . . 56
§ 38. Reibung fester Körper . . . 56

C. Ruhende Flüssigkeiten
§ 39. Allgemeines, Bewegungs- und Ordnungszustand der Moleküle in Flüssigkeiten . . . 58
§ 40. Einstellung der Flüssigkeitsoberfläche . . . 59
§ 41. Der Druck in Flüssigkeiten . . . 60
§ 42. Auftrieb, Schwimmen . . . 63

D. Ruhende Gase
§ 43. Das Verhalten der Moleküle im Gaszustand . . . 64
§ 44. Druck und Volumen eines Gases . . . 66
§ 45. Die Lufthülle der Erde und der Luftdruck . . . 67

E. Bewegungen in Flüssigkeiten und Gasen (Hydro- und Aerodynamik)
§ 46. Vorbemerkung . . . 70
§ 47. Innere Reibung . . . 71
§ 48. Druck und Geschwindigkeit in einer Strömung . . . 74
§ 49. Widerstand bewegter fester Körper in Flüssigkeiten und Gasen . . . 77
§ 50. Grundlagen des Fluges . . . 79

F. Grenzflächenerscheinungen und zwischenmolekulare Kräfte
§ 51. Oberflächenspannung . . . 80
§ 52. Ausbreitung von Flüssigkeiten, Benetzung, Kapillarität . . . 81

Drittes Kapitel

Schwingungs- und Wellenlehre, Akustik

A. Allgemeines über Schwingungen und Wellen
§ 53. Harmonische Schwingung, Pendel . . . 85
§ 54. Überlagerung von Schwingungen . . . 88
§ 55. Erzwungene Schwingungen, Resonanz . . . 90
§ 56. Entstehung von Wellen . . . 93
§ 57. Interferenz- und Beugungserscheinungen . . . 96
§ 58. Stehende Wellen und Eigenschwingungen in elastischen Körpern . . . 100

B. Akustik
§ 59. Gehörsempfindungen . . . 103
§ 60. Ausbreitung von Schallwellen . . . 106
§ 61. Ultraschall . . . 109

Viertes Kapitel

Wärmelehre

A. Thermometrie, Wärmeausdehnung, Kalorimetrie
§ 62. Wesen der Wärme . . . 110
§ 63. Temperatur und Thermometrie . . . 110

§ 64. Praktische Temperaturmessung . . . 111
§ 65. Wärmeausdehnung . . . 112
§ 66. Wärmemenge, spezifische Wärme . . . 113

B. Wärme und Arbeit
§ 67. Mechanisches Wärmeäquivalent, erster Hauptsatz der Wärmelehre . . . 115
§ 68. Spezifische Wärmen und Energieinhalt von Gasen . . . 116
§ 69. Gesetze der idealen Gase . . . 117
§ 70. Gasarbeit . . . 119
§ 71. Van der Waalssche Zustandsgleichung . . . 120
§ 72. Joule-Thomson-Effekt . . . 120
§ 73. Adiabatische Zustandsänderung . . . 121
§ 74. Carnotscher Kreisprozeß . . . 122
§ 75. Zweiter Hauptsatz der Wärmelehre, Wahrscheinlichkeit von Naturvorgängen . . . 124
§ 76. Dritter Hauptsatz der Wärmelehre . . . 127
§ 77. Wärmekraftmaschinen . . . 127
§ 78. Mechanische Wärmetheorie und kinetische Gastheorie . . . 128

C. Änderungen des Aggregatzustandes
§ 79. Schmelzen, Schmelzpunkt, Schmelzwärme . . . 130
§ 80. Mischungen und Lösungen . . . 132
§ 81. Osmose . . . 134
§ 82. Verdampfung, Sättigungsdruck, Sieden . . . 134
§ 83. Sublimation . . . 137
§ 84. Feuchtigkeit der Luft . . . 137
§ 85. Verflüssigung von Gasen . . . 138

D. Wärmeausbreitung
§ 86. Wärmeleitung . . . 140
§ 87. Konvektion . . . 142
§ 88. Wärmestrahlung . . . 143

Fünftes Kapitel

Elektrizität und Magnetismus

§ 89. Vorbemerkung . . . 144

A. Elektrische Gleichströme
§ 90. Elektrische Spannung und Stromstärke . . . 144
§ 91. Ohmsches Gesetz . . . 146
§ 92. Stromverzweigung . . . 149
§ 93. Schaltungen und Meßmethoden . . . 150

B. Das elektrische Feld
§ 94. Elektrometer . . . 154
§ 95. Ladung und Spannung, Influenz . . . 155
§ 96. Elektrische Feldstärke . . . 158
§ 97. Dielektrische Verschiebung . . . 161
§ 98. Kapazität eines Kondensators . . . 163
§ 99. Kugelkondensator, Coulombsches Gesetz . . . 165
§ 100. Elektrische Ladungen in der Materie . . . 167
§ 101. Materie im elektrischen Felde . . . 168

C. Elektrische Leitungsvorgänge in Flüssigkeiten und Festkörpern
I. Stromwärme . . . 172
§ 102. Elektrische Energie und Stromwärme . . . 172
§ 103. Praktische Anwendungen der Stromwärme . . . 174

II. Ionenleitung 174
§ 104. Die elektrolytische Dissoziation 174
§ 105. Faradaysche Gesetze der Elektrolyse 176
§ 106. Ionenwanderung und Ohmsches Gesetz 177
§ 107. Praktische Anwendungen der Elektrolyse 179

III. Elektronenleitung 179
§ 108. Metalle 179
§ 109. Halbleiter 180

IV. Herstellung elektrischer Spannungen durch Ladungstrennung 181
§ 110. Prinzipielles, Influenzmaschine, van de Graaf-Generator 181
§ 111. Lösungsdruck, Galvanische Elemente 182
§ 112. Elektrolytische Polarisation, Akkumulator 185
§ 113. Kontaktspannungen 187
§ 114. Elektrokinetische Erscheinungen 188
§ 115. Thermospannungen 189

D. Elektrizitätsleitung in Gasen und im Vakuum
§ 116. Unselbständige Leitung 190
§ 117. Elektronenaustritt aus Metallen 192
§ 118. Kathodenstrahlen 193
§ 119. Triode 196
§ 120. Glimmentladung 198
§ 121. Elektrizitätsleitung bei höheren Drucken 200

E. Das magnetische Feld
I. Magnete und konstante Magnetfelder 202
§ 122. Magnetische Grunderscheinungen 202
§ 123. Magnetfeld eines Stromes 205
§ 124. Atomare, elektrische Deutung des permanenten Magnetismus 207
§ 125. Kraftwirkungen auf Ströme im Magnetfeld 208
§ 126. Anwendung der magnetischen Kraft bei Meßinstrumenten 210

II. Elektromagnetische Induktion 213
§ 127. Grundtatsachen der Induktion 213
§ 128. Das Induktionsgesetz 215
§ 129. Zur Deutung der Induktionserscheinungen 216
§ 130. Induktionsströme, Wirbelströme 218
§ 131. Gegenseitige Induktion und Selbstinduktion 219

III. Magnetische Eigenschaften der Stoffe 221
§ 132. Dia- und Paramagnetika 221
§ 133. Ferromagnetika 224

F. Wechselspannungen und Wechselströme
§ 134. Wechselstromkreis mit Widerstand 226
§ 135. Induktiver und kapazitiver Widerstand 229
§ 136. Transformator 231
§ 137. Starkstrommaschinen 232
§ 138. Elektroakustische Geräte 235

G. Hochfrequente Schwingungen und Wellen
§ 139. Elektrischer Schwingungskreis 236
§ 140. Erzeugung von hochfrequenten Schwingungen 238
§ 141. Wellen auf Leitungen 240
§ 142. Elektromagnetische Wellen im freien Raum 242
§ 143. Elektrische Dipolantenne 244
§ 144. Der Mechanismus der Ausbreitung eines elektromagnetischen Feldes 246
§ 145. Anwendung elektromagnetischer Schwingungen und Wellen 246

Sechstes Kapitel

Optik und allgemeine Strahlungslehre

A. Die Natur des Lichtes und die Grundgesetze der Lichtausbreitung
§ 146. Die Natur des Lichtes . . . 249
§ 147. Grunderscheinungen der Lichtausbreitung . . . 250
§ 148. Lichtgeschwindigkeit . . . 252
§ 149. Photometrie . . . 253
§ 150. Reflexion des Lichtes . . . 257
§ 151. Brechung des Lichtes . . . 258
§ 152. Totalreflexion . . . 260
§ 153. Dispersion . . . 261

B. Bilderzeugung durch Spiegel und Linsen
§ 154. Der ebene Spiegel . . . 263
§ 155. Die sphärischen Spiegel . . . 264
§ 156. Abbildung durch Brechung an einer Kugelfläche . . . 267
§ 157. Abbildung durch dünne Linsen . . . 268
§ 158. Abbildung durch dicke Linsen . . . 272
§ 159. Abbildung durch Linsensysteme . . . 274
§ 160. Abbildungsfehler . . . 274

C. Optische Instrumente
§ 161. Vorbemerkung über den Einfluß der Beugung und über die Strahlenbegrenzung durch Blenden . . . 276
§ 162. Die photographische Kamera . . . 278
§ 163. Bildwerfer . . . 279
§ 164. Die Lupe . . . 280
§ 165. Das Mikroskop . . . 281
§ 166. Das Fernrohr . . . 287
§ 167. Spektralapparat . . . 289

D. Das Auge und das Sehen
§ 168. Das Auge als optisches System . . . 290
§ 169. Akkomodation des Auges. Brillen . . . 291
§ 170. Räumliches Sehen . . . 292
§ 171. Sehen mit Zäpfchen und Stäbchen. Farbensehen . . . 293
§ 172. Farben . . . 294

E. Interferenz und Beugung (Wellenoptik)
§ 173. Der Fresnelsche Spiegelversuch . . . 296
§ 174. Farben dünner Blättchen. Newtonsche Ringe . . . 297
§ 175. Beugungen an kleinen Öffnungen und Hindernissen . . . 298
§ 176. Beugungsspektrum . . . 299
§ 177. Lichtstreuung an kleinsten Teilchen . . . 301
§ 178. Raman-Strahlung . . . 302

F. Polarisation
§ 179. Polarisation durch Reflexion . . . 304
§ 180. Polarisation durch Doppelbrechung . . . 306
§ 181. Drehung der Polarisationsebene . . . 308
§ 182. Interferenz polarisierten Lichtes . . . 310

G. Elektromagnetisches Spektrum
§ 183. Übersicht über das gesamte Spektrum . . . 311
§ 184. Infrarotes Licht . . . 312
§ 185. Ultraviolettes Licht . . . 313
§ 186. Röntgenstrahlen . . . 314
§ 187. Röntgeninterferenzen an Kristallen. Strukturanalyse . . . 318

H. Temperatur- und Lumineszenzstrahlung
§ 188. Temperaturstrahlung. Schwarzer Körper 321
§ 189. Die Gesetze der schwarzen Strahlung 323
§ 190. Fluoreszenz und Phosphoreszenz 324

I. Korpuskeleigenschaften des Lichtes
§ 191. Der lichtelektrische Effekt 326
§ 192. Quantentheorie des Lichts 327
§ 193. Laser und Maser 329
§ 194. Dualismus von Welle und Korpuskel 330

Siebtes Kapitel

Atombau

A. Die Spektren und die Elektronenhülle der Atome
§ 195. Emissions- und Absorptionsspektren 332
§ 196. Atommodelle und Linienspektren 333
§ 197. Atombau und periodisches System der Elemente 336
§ 198. Röntgenspektren 338
§ 199. Das wellenmechanische Atommodell 340
§ 200. Bandenspektrum 341

B. Der Atomkern und seine Umwandlungen
§ 201. Natürliche Radioaktivität 342
§ 202. Der radioaktive Zerfall 344
§ 203. Elementarteilchen 346
§ 204. Aufbau der Atomkerne 349
§ 205. Äquivalenz von Masse und Energie 350
§ 206. Massendefekt und Bindungsenergie der Kerne 350
§ 207. Künstliche Kernumwandlung 351
§ 208. Teilchenbeschleuniger 353
§ 209. Künstliche Radioaktivität 355
§ 210. Kernspaltung, Transurane 356
§ 211. Kernfusion 357
§ 212. Gewinnung von Atomkernenergie 358
§ 213. Kosmische Strahlung 359

Namen- und Sachverzeichnis 361

Einige wichtige Konstanten der Physik

Avogadrosche Konstante N_A	$6{,}0222 \cdot 10^{23}$/mol
Allgemeine Gaskonstante R	$8{,}314 \cdot 10^{7}$ erg/°K mol
	$= 1{,}986$ cal/°K mol
Boltzmannsche Konstante $k = R/N_A$	$1{,}381 \cdot 10^{-16}$ erg/°K
Molvolumen eines idealen Gases bei 0° C und 760 Torr	22414 cm^3/mol
Faradaysche Konstante $F = N_A\, e$	$96487 \dfrac{\text{Coulomb}}{\text{g-Äquivalent}}$
Absoluter Nullpunkt 0° K	$-273{,}15°$ C
Gravitationskonstante f	$6{,}67 \cdot 10^{-8}\ g^{-1}\ cm^3\ s^{-2}$
Masse des Wasserstoffatoms m_H	$1{,}673 \cdot 10^{-24}$ g
Masse des Elektrons m_{el}	$9{,}109 \cdot 10^{-28}$ g
Elektrisches Elementarquantum $e = \dfrac{F}{N_A}$	$1{,}602 \cdot 10^{-19}$ C
Spezifische Ladung des Elektrons e/m_{el}	$1{,}759 \cdot 10^{8}$ C/g
Plancksches Wirkungsquantum h	$6{,}6262 \cdot 10^{-27}$ erg s
Vakuumlichtgeschwindigkeit c	299792 km/s

Einleitung

§ 1. Abgrenzung und Aufgaben der Physik. Das Wort *Physik* bedeutete ursprünglich Lehre von der Natur. In diesem allgemeinen Sinne ist also die gesamte Natur, soweit sie beobachtbar, d. h. unseren Sinnen und Meßgeräten zugänglich ist, Gegenstand der Physik. Einzelne Zweige der Physik als der allgemeinen Naturlehre haben sich im Laufe der Zeit zu besonderen selbständigen Wissenschaften entwickelt, so die sich mit der belebten Natur befassenden Wissengebiete, wie die Biologie, dann die Astronomie, welche die physikalischen Vorgänge im Kosmos untersucht, und die Chemie, welche die stofflichen Veränderungen der Körper, d. h. die Reaktionen der Atome und Moleküle betrachtet und daher auch als die „Physik der Atomgruppierungen" bezeichnet werden kann[1].

Sondern wir diese verschiedenen Teilgebiete aus, so bleibt für die Physik im heutigen, engeren Sinne als Aufgabe, die Grundgesetze der unbelebten Welt sowie die hier wirksamen Kräfte und Energiebeziehungen aufzudecken. Es ist dann Sache der anderen Wissenschaften, wie der Biologie, Medizin, Chemie und insbesondere auch der Technik, sich die Erkenntnisse der Physik zunutze zu machen.

Die zielbewußte praktische Anwendung physikalischer Erkenntnisse im großen hat unter anderem die moderne Technik hervorgebracht. Jede neue physikalische Entdeckung führt früher oder später zu neuen technischen Möglichkeiten. Als Beispiel nennen wir nur die Entwicklung von der durch FARADAY entdeckten elektromagnetischen Induktion bis zur heutigen Wechselstromtechnik. So ist die Physik als Quelle neuer Entwicklungen und prinzipiellen Fortschritts die Grundwissenschaft für alle Naturwissenschaften einschließlich der Technik. Man kann ohne Übertreibung sagen: Die Physik von heute bestimmt die Technik von morgen.

§ 2. Die Methodik der Physik. Die Physik ist nicht nur für alle Naturwissenschaften bezüglich ihrer Ergebnisse eine Grundwissenschaft, sondern auch ein Vorbild, insofern sie als die ausgezeichnete Vertreterin der exakten Naturwissenschaften deren Methoden zu höchster Vollendung entwickelt hat. Ihre Arbeitsweise wollen wir jetzt näher betrachten.

Das Ziel jeder Naturforschung ist nicht nur, die Vorgänge in der Natur zu beschreiben, sondern sie auch logisch und kausal miteinander zu verknüpfen, d. h. sie zu verstehen. Die meisten Naturerscheinungen sind nun nicht einfach, sondern durch das Zusammentreffen verschiedener Einflüsse bestimmt. Um diese einzeln zu erkennen, um die Gesetzmäßigkeiten beim Ablauf irgendeines Vorganges herauszufinden, bedient man sich des *Experiments.* Dabei schafft man künstlich vereinfachte, sog. „reine" Bedingungen und verändert diese so lange, bis man die

[1] Die Methoden, deren sich die Chemie dabei bedient, sind in immer steigendem Maße rein physikalische.

Wirkungen einer bestimmten Ursache genau übersieht. So untersucht man z. B., um die Wirkung der Gravitation einwandfrei, also ohne Störung durch Reibung, feststellen zu können, den freien Fall im luftleeren Raum. Das Experiment ist eine *Frage* an die *Natur*. Soll es zum Erfolg führen, so muß es überlegt und klar sein. Die Beobachtungen des Physikers müssen *quantitativ*, d. h. in Maß und Zahl angebbar sein. Denn nur dann sind sie jederzeit nachprüfbar und als gesicherte Grundlage für weitere Forschungen oder für die praktische Anwendung geeignet. Alle Beobachtungen müssen also auf *Messungen* beruhen, vgl. § 3. Da aber unsere Sinnesorgane für einen zahlenmäßigen Vergleich meist völlig unzureichend sind, muß der Physiker Meßinstrumente benutzen. Diese sind sein Handwerkszeug. Andererseits kann die Physik nur mit Begriffen arbeiten, die sich nach Messungen durch eine Zahl angeben lassen, deren Definition sozusagen in einer Meßvorschrift besteht. Jede weitergehende Bewertung von Messungen überschreitet die Grenzen, die sich eine exakte Naturwissenschaft mit ihrer Arbeitsmethode selbst setzt.

Die Physik hat im Laufe der Zeit ein ungeheures Beobachtungsmaterial beigebracht, das eine ziemlich wertlose Summe von Einzeltatsachen wäre, wenn es nicht gelingen würde, die Zusammenhänge zwischen Ursache und Wirkung, die Grundgesetze und weitgehenden Verknüpfungen herauszuschälen. Es ist vor allem die Aufgabe der *theoretischen Physik*, die Vielzahl der Beobachtungen mit Hilfe der klaren und widerspruchsfreien Sprache der Mathematik in Gesetze zusammenzufassen, sowie neue Zusammenhänge zu erkennen bzw. vorauszusagen und so der Forschung ihre Richtung zu weisen. Als Beispiel der Leistungsfähigkeit der theoretischen Physik sei auf die elektromagnetischen Wellen hingewiesen, die auf Grund der Voraussage ihrer Existenz durch die Maxwellsche Theorie des Elektromagnetismus systematisch gesucht, von HERTZ gefunden und dann schließlich in bekannter Weise technisch verwertet wurden.

Physikalische Erkenntnisse stützen sich also auf Beobachtungen und auf logisches Denken. In beiden sind schon gewisse Grundelemente unserer Anschauungs- und Denkformen, wie etwa die Begriffe Raum und Zeit mitenthalten. Die Physik ist sich heute auch darüber klar, daß sie nur in Modellen denken kann. Ob ein Modell dabei sinnlich anschaulich oder mathematisch ist, bleibt unwesentlich und ist Sache des forschenden Individuums. Das Modelldenken hat unter anderem zur Folge, daß die alte Frage nach dem Wesen der Dinge, etwa dem Wesen der Gravitation oder des elektromagnetischen Feldes in der Physik nicht mehr gestellt wird. Die Welt des Geistes, etwa die Fähigkeit, physikalische Theorien zu entwickeln oder zu diskutieren ist, ebenso wie die Welt unserer persönlichen Erfahrungen, Erinnerungen und Empfindungen nicht Gegenstand physikalischer Forschung, wohl aber sind es deren physiologische, also meßtechnisch erfaßbaren Korrelate. Man muß sich jedoch darüber klar werden, daß Beobachtungen an uns selbst für uns ebenso real sind, wie Ablesungen eines Meßgerätes. Die wissenschaftliche Beschäftigung mit „inneren Beobachtungen" vom physikalischen Standpunkt abzulehnen, heißt die Grenzen physikalischer Forschung nicht verstanden zu haben.

Erstes Kapitel

Allgemeine Mechanik

A. Messen und Maßeinheiten

§ 3. Bedeutung des Messens in der Physik. Eines der wichtigsten Kriterien einer physikalischen Aussage ist ihre *Reproduzierbarkeit*. Dies bedeutet: Es muß prinzipiell möglich sein, an verschiedenen Orten und zu verschiedenen Zeiten gemachte Aussagen miteinander zu vergleichen. Das ist jedoch nur möglich, wenn die Aussage *quantitativ* gemacht wird, d. h. auf einer Messung beruht. *Messen bedeutet stets vergleichen* und zwar *zahlenmäßig* mit einer bestimmten Vergleichsgröße, auf die man sich willkürlich als *Maßeinheit* oder kurz *Einheit* geeinigt hat. Ein Meßergebnis enthält also stets zwei Angaben, die *Maßeinheit* und den *Zahlenwert*, auch *Maßzahl* genannt, d. h. die Zahl der Einheiten, die in der gemessenen Größe enthalten ist. Mit dieser Forderung streicht der Physiker eine ganze Reihe von Formulierungen des Alltagslebens aus seinem Wortschatz. Aussagen wie „komme gleich wieder" oder „dahin ist es gar nicht weit" gibt es in der Physik nicht. Sie enthalten weder die Angabe einer Vergleichseinheit noch einer Maßzahl.

Weiterhin gehört zu einer physikalischen Aussage immer die Angabe, wie *genau* sie ist. Es gibt keinen physikalischen Meßprozeß, der ein fehlerloses Ergebnis liefert, vergleichbar etwa einer durch einen mathematischen Prozeß definierten Zahl. Stets ist das Meßergebnis mit einem *Fehler* behaftet, über den man sich immer Rechenschaft ablegen muß.

Ist der Fehler durch das Meßgerät selbst verursacht, z. B. durch falsche Eichung, so sprechen wir von einem *systematischen Fehler* und unterscheiden ihn scharf von dem durch das Ablesen verursachten Fehler, dem *Meßfehler*. Dieser letztere beruht darauf, daß sich beim Wiederholen einer Messung die Einzelergebnisse je nach der Empfindlichkeit des Gerätes oder der Übung des Beobachters mehr oder weniger stark voneinander unterscheiden. Sie schwanken statistisch um einen Mittelwert, der den *wahrscheinlichsten* Wert darstellt. Systematische Fehler dagegen verschieben, oft in schwer übersehbarer Weise, diesen wahrscheinlichsten Wert. Diese Fehler kann man nicht durch eine verbesserte Fehlerrechnung, sondern nur durch eine sorgfältige Untersuchung der Fehlerquellen beseitigen. Jeder, der sich mit Physik und physikalischen Meßgeräten befaßt, sollte sich so früh wie möglich daran gewöhnen, sich bei jeder Art von Messung Gedanken über die Fehlerquellen zu machen.

Jeder Zweig der Physik schafft sich seine speziellen Maßeinheiten, die den jeweiligen Problemen angepaßt sind. Eine Aufgabe der Mechanik ist es, die Lage und Lagenveränderung von Körpern im Raume zu beschreiben. Um die Lage eines Punktes im Raume festzustellen, muß man diese in bezug auf ein Koordinatensystem angeben können. Wir benötigen daher als erstes ein Längenmaß. Verändert der Punkt seinen Ort, d. h. bewegt er sich, so geschieht dies innerhalb einer gewissen Zeit. Als zweites brauchen wir daher ein Zeitmaß. Im Abschnitt C werden wir bei der Frage nach der Ursache einer Bewegung sehen, daß dabei noch eine weiter Größe wichtig ist, etwa die Menge des in einem Körper vereinigten Stoffes, seine Masse. Für diese benötigen wir ebenfalls eine Maßeinheit, s. § 8.

§ 4. Längen- und Winkelmessung. Als Maßeinheit für Längen hat man sich international auf das *Meter* geeinigt. Als Länge von 1 Meter (m) wurde früher der Abstand zweier Marken auf einem Platinstab, dem sog. *Urmeter* festgesetzt, der in Paris aufbewahrt wird, festgesetzt.

Um den steigenden Anforderungen an Reproduzierbarkeit und Genauigkeit zu genügen, hat man festgestellt, wie viele Wellenlängen einer bestimmten Spektrallinie des Edelgases Krypton (Isotop 86) auf ein Meter entfallen. Seit 1960 gilt daher international die Festsetzung, daß das Meter das 1650763,73-fache der Wellenlänge dieser orangeroten Spektrallinie ist. Diese Zahlenangabe möge auch ein Beispiel für die heute unter günstigen Umständen erreichbare Genauigkeit physikalischer Messung sein. Da die Wellenlänge einer Spektrallinie als eine von Ort und Zeit unabhängige Größe angesehen werden kann, hat man damit eine jederzeit reproduzierbare und äußerst genaue Einheit für die Länge geschaffen.

Da je nach der Größenordnung der Länge, die man messen will, größere vielfache oder kleinere Untereinheiten des Meters praktisch sind, schuf man eine ganze Skala von solchen, die sich jeweils um den Faktor $1000 = 10^3$ unterscheiden und gesondert benannt werden. Die in der folgenden Tab. 1 verzeichneten Längeneinheiten passen sich atomaren bis astronomischen Abmessungen an. Die Skala der Vielfachen von Pico (10^{-12}) bis Tera (10^{12}) wird allgemein bei den verschiedensten Größen gebraucht, s. die Beispiele der letzten Spalte.

Tabelle 1. *Bruchteile und Vielfache von Einheiten*

Faktor	Name	Abkürzung		Weitere Beispiele
10^{-12}	1 Pico	p	meter	1 pF (Picofarad)
10^{-9}	1 Nano	n	meter	1 ns (Nanosekunde)
10^{-6}	1 Mikro	μ	meter	1 μA (Mikroampere)
10^{-3}	1 Milli	m	meter	1 mA (Milliampere)
10^{0}	1 —	—	meter	—
10^{3}	1 Kilo	k	meter	1 kV (Kilovolt)
10^{6}	1 Mega	M	meter	1 MW (Megawatt)
10^{9}	1 Giga	G	meter	1 GeV (Gigaelektronenvolt)
10^{12}	1 Tera	T	meter	1 TΩ (Teraohm)

Als Längeneinheiten sind zusätzlich noch gebräuchlich:

1 Dezimeter (dm) $= 10^{-1}$ m

1 Zentimeter (cm) $= 10^{-2}$ m

1 Mikron (μ) $= 10^{-6}\,\text{m} = 10^{-3}$ mm

1 Millimikron (mμ)

oder

1 Nanometer (nm)	$= 10^{-9}\,\text{m} = 10^{-7}\,\text{cm} = 10^{-6}\,\text{mm}$
1 Angström-Einheit (ÅE)	$= 10^{-10}\,\text{m} = 10^{-8}\,\text{cm}$
1 Fermi-Einheit (Fe)	$= 10^{-15}\,\text{m} = 10^{-13}\,\text{cm}$.

In der Astrophysik sind folgende Einheiten üblich:

1 Lichtjahr (die vom Licht in einem Jahre zurückgelegte Strecke) $= 9{,}46 \cdot 10^{12}$ km.

1 Astronomische Einheit (A.U.), Länge der großen Halbachse der Erdbahn um die Sonne = 149,5 Gm $= 1{,}495 \cdot 10^{8}$ km.

1 Parsec (pc), Entfernung, aus der die große Halbachse der Erdbahn unter dem Winkel von 1 Bogensekunde erscheint = 3,26 Lichtjahre $= 3{,}087 \cdot 10^{13}$ km.

Zur praktischen Ausführung von Längenmessungen dienen neben Maßstäben aller Art auch Schieblehren, Schraubenmikrometer, Zehnteltaster, Rachenlehren.

Um Bruchteile von Skalenteilen, z. B. die Zehntelmillimeter einer Millimeterteilung, abzulesen, bedient man sich des *Nonius*, dessen Nullstrich abzulesen ist, s. Abb. 1. 10 Teile der Skala des Nonius entsprechen 9 Teilen der Hauptskala. Stimmt also ein Strich der Hauptskala genau mit einem Noniusstrich überein, so liegt der nächste Noniusstrich links um $^1/_{10}$ Skalenteil gegen den entsprechenden Strich der Hauptskala nach rechts verschoben, der übernächste um $^2/_{10}$ usw. In der Abb. 1 deckt sich der siebente Noniusstrich mit einem Strich der Hauptskala, es liegt also der Nullpunkt des Nonius um $^7/_{10}$ rechts vom entsprechenden Hauptskalenstrich, also bei 10,7.

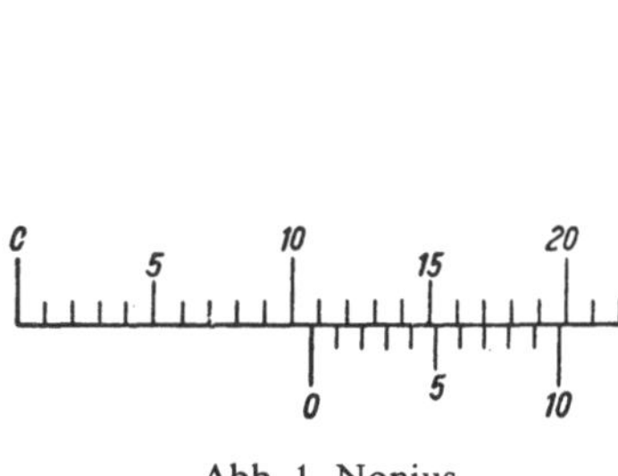

Abb. 1. Nonius

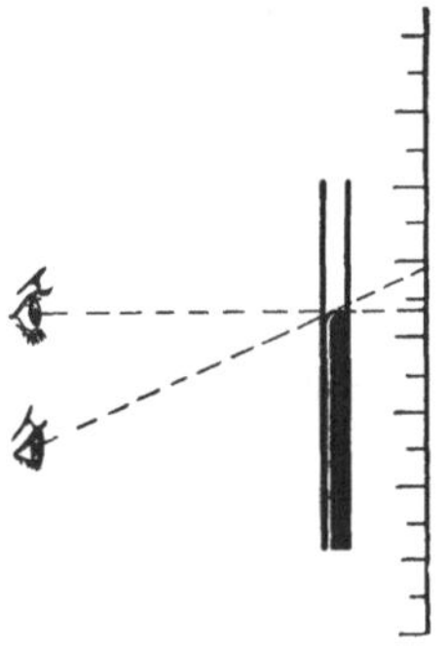

Abb. 2. Parallaxenfehler

Bei allen Teilstrichablesungen ist es sehr wichtig, den *Parallaxenfehler* zu vermeiden, der immer dann auftreten kann, wenn Maßstab und zu messender Gegenstand in gewisser, wenn auch kleiner Entfernung voneinander liegen. Lesen wir z. B. ein Barometer ab, so erkennt man an Hand der Abb. 2, daß man nur dann den richtigen Wert erhält, wenn man senkrecht auf das Barometer blickt. Beim schrägen Visieren tritt eine scheinbare Verschiebung des Fadens gegen den Maßstab ein (*Parallaxe*), und man liest zu hoch oder zu tief ab. Diesen Fehler vermeidet man z. B. bei elektrischen Meßinstrumenten dadurch, daß man hinter der Skala und dem Zeiger einen Spiegel anbringt. Man liest dann ab, wenn der Zeiger und sein Spiegelbild sich decken, was nur bei senkrechter Blickrichtung der Fall ist.

Die *Flächenmessung* erledigt sich mittels Längenmessungen, wenn die Begrenzung der Flächen geometrisch einfach ist. Als *Flächeneinheit* benutz man die Fläche des Quadrates mit der Längeneinheit als Seitenlänge. Die Flächeneinheit ist eine *abgeleitete* Einheit, im Gegensatz zur Längeneinheit, die eine *Grundeinheit* ist.

Das Meter ist eine willkürlich festgelegte Längeneinheit. Ist diese aber einmal bestimmt, so folgt daraus notwendig die Flächeneinheit.

Die *Raumeinheit* wird durch einen Würfel dargestellt, dessen Kantenlänge die Längeneinheit ist. Einheiten sind: Kubikmeter (m^3), ferner Kubikzentimeter (cm^3), Liter (l) $1\,l = 1000\,cm^3 = 1\,dm^3$.

Das Liter ist als der Raum definiert, den 1 kg Wasser bei 4° C einnimmt. Das Pariser Normalkilogramm wurde ursprünglich so genau als möglich der Masse von 1 dm^3 Wasser gleichgemacht. Mit der Verfeinerung der Meßtechnik stellte sich heraus, daß 1 cm^3 Wasser die Masse von 0,999972 g besitzt, ein Liter also um einen ganz geringfügigen und praktisch völlig bedeutungslosen Betrag größer als 1000 cm^3 ist, $1\,l = 1000{,}028\,cm^3$, vgl. auch § 8.

Für die Messung eines ebenen Winkels benutzt man verschiedene Einheiten, so einmal die Teilung des Kreisumfanges in 360°, wobei $1° = 60$ Minuten ($1° = 60'$), 1 Minute = 60 Sekunden ($1' = 60''$) ist. Ferner benutzt man als Winkelmaß das von r unabhängige Verhältnis x des Bogens b zum Radius r, s. Abb. 3. Nimmt man als Radius 1 cm, so ist die in cm gemessene Länge des Bogens zugleich ein Maß des Winkels, das sog. *Bogenmaß*. Als das Verhältnis zweier Längen ist es eine reine Zahl, also dimensionslos, vgl. § 6b.

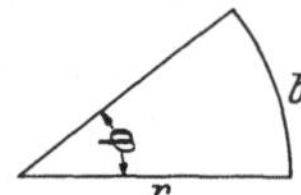

Abb. 3. Zum Bogenmaß des Winkels

Ein bestimmter Winkel φ im Gradmaß verhält sich zum vollen Kreisumfang, also zu 360°, wie die durch den Winkel φ ausgeschnittene Bogenlänge b zum vollen Kreisumfang $2r\pi$. Es gilt also

$$\frac{\varphi°}{360°} = \frac{b}{2r\pi} = \frac{x}{2\pi} \quad \text{oder} \quad x = \frac{\varphi° \pi}{180°}.$$

Für die Winkeleinheit im Bogenmaß, also für $x = 1$ gilt dann

$$\varphi° = 180°/\pi = 57{,}295° = 57°17'45'.$$

Ferner entsprechen den Bogen $\pi/2$ auf dem Einheitskreis 90°, $90° \mathrel{\hat{=}} \frac{\pi}{2}$.[2]

Für genauere Winkelmessungen wird der *Theodolit* gebraucht, im wesentlichen ein Fernrohr, das um eine Vertikalachse über einem horizontalen Teilkreis drehbar ist. Damit kann man den Winkel bestimmen, unter dem zwei entfernte Punkte vom Auge des Beobachters aus gesehen werden. Häufig ist der Theodolit auch noch zur Messung von Höhenwinkeln eingerichtet.

§ 5. Zeitmessung. Der Zeitbegriff ist aus der Erfahrung abgeleitet, daß jeder Vorgang sich aus einer Reihe von aufeinanderfolgenden Ereignissen zusammensetzen läßt. Wenn ein Bewegungsvorgang, z. B. der Ablauf einer Sanduhr oder das Hin- und Herschwingen eines Pendels unter genau gleichen Bedingungen wiederholt abläuft, so kann man sagen, daß dieser Vorgang zu seinem Ablauf gleiche Zeit braucht. Um ein Zeitmaß zu gewinnen, müssen wir also einen möglichst ungestörten, immer wiederkehrenden sog. *periodischen* Vorgang heranziehen. Als solchen wählen wir die Drehung der Erde um ihre Achse. Diese Drehung erkennen wir am scheinbaren Lauf der Fixsterne. In der Zeit zwischen zwei aufeinanderfolgenden Höchstständen oder Meridiandurchgängen des gleichen Fix-

[2] Das Dachzeichen $\mathrel{\hat{=}}$ ist dabei als „entspricht" zu lesen.

sternes hat sich die Erde gerade einmal um ihre Achse gedreht. Diese Zeitspanne wählen wir als Einheit und nennen sie *Sterntag*. Im täglichen Leben richten wir uns nun nicht nach dem Lauf der Sterne, sondern nach dem der Sonne, der aber infolge des Umlaufs der Erde um die Sonne nicht mit dem der Fixsterne übereinstimmt. So wählen wir als praktische Zeiteinheit die Zeit, die im Jahresmittel zwischen zwei aufeinanderfolgenden Höchstständen der Sonne verstreicht, den sog. *mittleren Sonnentag* (d). Er wird in 24 Stunden (h) oder in 1440 Minuten (min) oder in 86400 Sekunden (s) eingeteilt. Die *Sekunde* ist eine neue Grundeinheit, die als zweite zur Längeneinheit hinzukommt.

Infolge des Umlaufs der Erde um die Sonne bleibt nun die Sonne in ihrer scheinbaren täglichen Bewegung am Himmel etwas hinter den Fixsternen zurück (sie wandert im Laufe eines Jahres durch die zwölf Zeichen des Tierkreises), so daß die Zeit zwischen zwei Höchstständen der Sonne oder der Sonnentag etwas länger als der Sterntag ist, und zwar um rund $^1/_{365}$ Tag oder genau um 3 min 55 s. Wegen der wechselnden Geschwindigkeit der Erde auf ihrer Bahn ist aber dieses Zurückbleiben der Sonne unregelmäßig. Würden wir den Tag als die Zeit zwischen zwei aufeinanderfolgenden höchsten Sonnenständen definieren, so würde der Tag in den verschiedenen Jahreszeiten verschieden lang werden. Eine regelmäßig gehende Uhr würde Unterschiede bis zu $^1/_4$ Stunde aufweisen. Daher gebraucht man praktisch den mittleren Sonnentag, d. h. man denkt sich eine „*mittlere*“ Sonne, die gleichförmig durch die Tierkreiszeichen wandert und versteht unter dem *mittleren Sonnentag* die Zeit zwischen zwei aufeinanderfolgenden Kulminationen dieser gedachten Sonne. Dieser Tag dividiert durch $24 \cdot 60 \cdot 60$ gibt die mittlere Sonnenzeitsekunde, kurz eine Sekunde, d. h. unsere allgemein gebrauchte Zeiteinheit.

Allen unseren Zeitmessern, Uhren genannt, ist ein Element gemeinsam, in welchem ein periodischer Vorgang sich ständig wiederholt. Dies kann z. B. ein Pendel sein, eine Spiralfeder (Unruh), ein schwingender Kristall (Quarzuhr), oder ein in bestimmter Weise angeregter Schwingungsvorgang von Molekülen (Molekularuhr, wie die Ammoniakuhr).

B. Bewegungslehre (Kinematik)

Nachdem wir in Abschnitt A mit der Festlegung der Maßeinheiten für Längen, Winkel und Zeiten die Voraussetzung geschaffen haben, Bewegungen von Körpern zu beschreiben, wollen wir solche näher untersuchen. Ausdrücklich klammern wir von vornherein die Frage nach der Ursache einer Bewegung aus. Diese Frage werden wir im Abschnitt C behandeln. Ferner beschränken wir uns auf Körper, deren Abmessungen so klein sind, daß wir sie als Punkte im Raum ansehen können. Ein solches Gebilde bezeichnen wir als einen *Massenpunkt*, über die genaue Definition vgl. auch Abschnitt E. Wir betrachten nur zwei einfache Bewegungsformen, die geradlinige Bewegung und die Kreisbahn.

§ 6. Bewegung längs einer Geraden. Wir nehmen zunächst an, daß der Körper auf seiner geraden Bahn sich *gleichförmig* bewegt, d. h. zum Zurücklegen gleicher Strecken immer die gleiche Zeit braucht. Das Verhältnis des zurückgelegten Weges s zu der dazu benötigten Zeit t nennen wir die *Geschwindigkeit* v des Körpers

$$v = \frac{s}{t}.$$

Wenn sich die Geschwindigkeit entlang der Bahn ändert, sog. *ungleichförmige Bewegung*, vgl. auch § 7, so müssen wir die Geschwindigkeit anders definieren.

Je kleiner die zur Berechnung der Geschwindigkeit gewählte Wegstrecke ist, um so eher kann die Geschwindigkeit innerhalb dieses Stückes als gleichbleibend angesehen werden. Nennen wir das sehr kleine Wegstück oder Wegelement Δs und den zugehörigen Zeitabschnitt Δt, so ist die Geschwindigkeit in jedem Punkte von Δs um so genauer definiert als

$$v = \frac{\text{sehr kleine Wegstrecke}}{\text{dazu gebrauchte sehr kleine Zeit}} = \frac{\Delta s}{\Delta t},$$

je kleiner wir die Elemente von Weg und Zeit wählen.

Lassen wir Δs und Δt unter jedes beliebige Maß klein werden, so erhalten wir den Differentialquotienten, und es wird in mathematischer Schreibweise

$$v = \lim_{(\Delta t \to 0)} \frac{\Delta s}{\Delta t} = \frac{ds}{dt}.$$

ds/dt gibt uns die *Bahn-* oder *Momentan*geschwindigkeit im Punkte P, und zwar unabhängig davon, ob die Bahn geradlinig oder gekrümmt ist, s. Abb. 4.

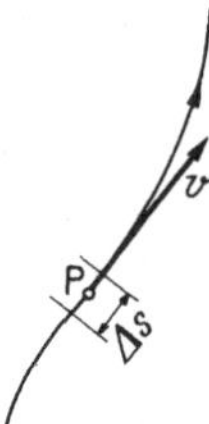

Abb. 4. Zur Bahngeschwindigkeit

Der Begriff der Geschwindigkeit gibt uns Gelegenheit, einige Eigenschaften physikalischer Begriffe zu erläutern:

a) Die Definition muß stets die Meßvorschrift enthalten. Dies ist bei der Geschwindigkeit der Fall. $v = \frac{\Delta s}{\Delta t}$ bedeutet in Worten: Man messe Weg und Zeitspanne und bilde durch Ausmessung möglichst kleiner Wegstrecken und der dazu benötigten Zeiten das Verhältnis $\Delta s/\Delta t$. Praktisch kann man auch auf andere Weise dieses Verhältnis bestimmen; z. B. mit Hilfe eines Autotachometers, das primär die momentane Drehzahl eines Rades mißt. Man mache sich diese Grundforderung an eine physikalische Definition stets klar. An einer Definition ist zwar nichts zu „verstehen", dennoch ist es wichtig, sich ihrer Zweckmäßigkeit bewußt zu werden.

b) Während das Meter und die Sekunde Grundeinheiten darstellen, begegnen wir hier bei der Geschwindigkeit erstmals einer *abgeleiteten* Einheit gemessen in Metern/Sekunde (m/s). Um die Rechenoperation anzudeuten, mit deren Hilfe man zur Geschwindigkeit kommt, schreibt man hinter die Geschwindigkeit das Symbol m/s und nennt dieses die „*Dimension*" der Geschwindigkeit. Diese hat also die Dimension Länge/Zeit, eine Fläche die Dimension einer Länge ins Quadrat.

c) Die Geschwindigkeit ist eine Größe, die zu ihrer vollständigen Bestimmung außer der Maßzahl und der Maßeinheit noch einer weiteren Angabe bedarf, nämlich der ihrer Richtung im Raum. Solche Größen, zu deren eindeutigen Festlegung noch die Richtung angegeben werden muß, heißen *gerichtete Größen* oder *Vektoren*; Beispiele dafür sind Kräfte, Wegstrecken, Geschwindigkeiten und Beschleunigungen. Im Gegensatz dazu bezeichnet man Größen ohne Richtung als *Skalare*; zu ihnen gehören z. B. Massen, Wärmemengen, Energien usw. Vektoren lassen sich durch geradlinige *Pfeile*, deren *Länge* den *Betrag* (Zahlenwert) und deren *Richtung* diejenige des Vektors angibt, graphisch darstellen (vgl. das Beispiel der Geschwindigkeiten in Abb. 5).

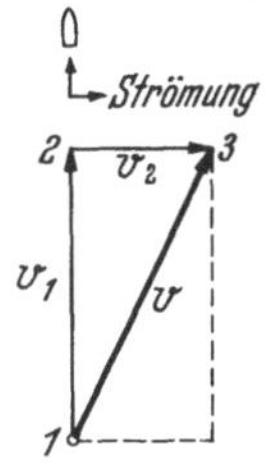

Abb. 5. Geometrische Addition von Geschwindigkeiten (Vektoraddition)

Geschwindigkeiten, überhaupt Vektorgrößen, kann man nicht, wie z. B. Massen, *algebraisch* addieren, sondern nur *geometrisch*. Wir betrachten als Beispiel ein Boot, das mit der Geschwindigkeit $\mathbf{v}_1$ über einen Fluß mit der Strömungsgeschwindigkeit $\mathbf{v}_2$ fährt, s. Abb. 5. Ohne die Strömung würde das Boot in einer Sekunde von *1* nach *2* kommen. Infolge der Strömung wird es seitlich um das Stück *2→3* abgetrieben, gelangt also in Wirklichkeit in einer Sekunde nach *3*. Seine wirkliche oder *resultierende* Geschwindigkeit ist dabei nicht gleich der algebraischen Summe der beiden Teilgeschwindigkeiten $\mathbf{v}_1$ und $\mathbf{v}_2$, sondern durch die Diagonale $\mathbf{v}$ eines Parallelogramms, dessen Seiten von den Teilgeschwindigkeiten oder Komponenten $\mathbf{v}_1$ und $\mathbf{v}_2$ gebildet werden, d. h. durch die geometrische Summe der Vektoren $\mathbf{v}_1$ und $\mathbf{v}_2$ bestimmt *(Parallelogrammsatz)*. Diese Art von Addition heißt *geometrisch*.

Um sie von der algebraischen klar zu unterscheiden, benutzen wir für Vektorgrößen fette Buchstaben oder setzen einen Pfeil dazu, vgl. Abb. 5 und stellen die obige geometrische Addition der Geschwindigkeiten durch die Vektorgleichung $\mathbf{v} = \mathbf{v}_1 + \mathbf{v}_2$ dar. Die algebraische Gleichung $v = v_1 + v_2$ gibt die Verhältnisse nur dann richtig wieder, wenn die Teilgeschwindigkeiten in dieselbe Richtung fallen, also das Boot in unserem Beispiele genau in Richtung der Strömung fahren würde.

Die resultierende Bewegung ist unabhängig davon, ob das Boot die Bewegungen in beliebiger Reihenfolge *einzeln nacheinander* oder *gleichzeitig* ausführt. Immer gelangt es von *1* nach *3*. Ganz allgemein gilt: *Gleichzeitig verlaufende Bewegungen stören sich gegenseitig nicht* und *addieren* sich *geometrisch* (sog. *ungestörte Überlagerung* oder *Superposition* von Bewegungen).

In der obigen Weise können wir auch Beschleunigungen, Kräfte usw. zusammensetzen, vgl. § 7ff.

Ändert sich die Geschwindigkeit längs der Bahn, so sprechen wir von einer *beschleunigten* Bewegung und nennen den Quotienten aus Geschwindigkeitsänderung und der dafür benötigten Zeit *Beschleunigung*. Sie ist ein Maß für die Geschwindigkeitsänderung

$$b = \lim_{\Delta t \to 0} \frac{\Delta v}{\Delta t} = \frac{dv}{dt}.$$

Sie ist ebenso wie die Geschwindigkeit ein Vektor, der die Richtung der Geschwindigkeitsänderung hat, vgl. § 7.

Die Beschleunigung ist, mathematisch formuliert, die erste Ableitung der Geschwindigkeit nach der Zeit und diese wiederum die erste Ableitung des Weges nach der Zeit, also

$$b = \frac{dv}{dt}; \qquad v = \frac{ds}{dt}$$

mithin

$$b = \frac{d}{dt}\left(\frac{ds}{dt}\right) = \frac{d^2 s}{dt^2}.$$

Dieser Zusammenhang gibt uns die Möglichkeit bei bekannter Beschleunigung den zeitlichen Verlauf der Bewegung eines Körpers auf einer Geraden durch Integration zu berechnen.

Für den Fall einer konstanten Beschleunigung erhalten wir

$$v = \int_0^t b\,dt + \text{const} = bt\Big|_0^t + \text{const}.$$

Die bei der Integration auftretende willkürliche Konstante ermittelt man aus den sog. Anfangsbedingungen, also wenn zur Zeit $t=0$ der Körper erstmalig der konstanten Beschleunigung ausgesetzt ist. Für $t=0$ wird $v=\text{const}$, also gleich der Geschwindigkeit, die der Körper im Moment des Beginns der Messung bereits hat. Wir nennen sie v_0. Wir erhalten also für den zeitlichen Verlauf der Geschwindigkeit

$$v = v_0 + bt.$$

In der Abb. 6b stellt die Steigung der Geraden die Beschleunigung dar. Das gleiche, oben ausführlich beschriebene Verfahren können wir noch einmal auf unsere Gleichung für die Geschwindigkeit anwenden. Wir schreiben

$$v \equiv \frac{ds}{dt} = v_0 + bt$$

und erhalten durch Integration, wobei für die Integrationskonstante das oben gesagte analog gilt:

$$s = s_0 + v_0 t + \tfrac{1}{2} b t^2.$$

Dies ist die vollständige Beschreibung der Bewegung eines punktförmigen Körpers auf einer Geraden unter dem Einfluß einer konstanten Beschleunigung, vgl. Abb. 6.

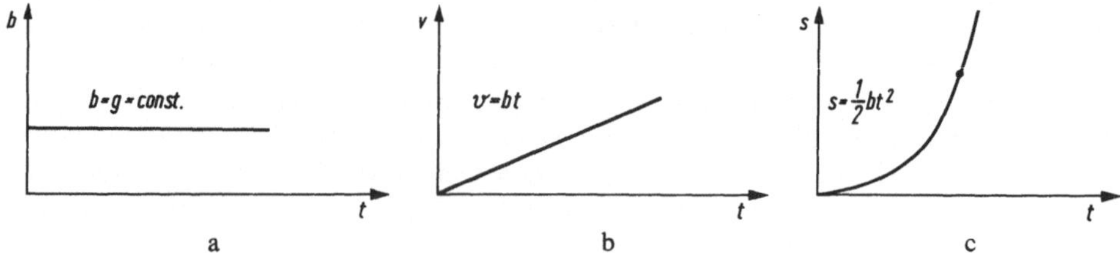

Abb. 6a–c. Verlauf von b, v und s als Funktion von t für die geradlinige Bewegung mit konstanter Beschleunigung

Ein wichtiges Beispiel der geradlinigen Bewegung mit konstanter Beschleunigung ist der *freie* Fall, der schon von GALILEI[3] untersucht wurde. Alle Körper,

[3] GALILEI, GALILEO, 1564–1642, der Begründer der Bewegungslehre, ist der erste Naturforscher, der die empirisch induktive Untersuchungsmethode systematisch anwandte und seine Beobachtungen mathematisch formulierte. Insofern kann er als der erste Physiker im heutigen Sinne angesehen werden.

schwere oder leichte, fallen im luftleeren Raum gleich schnell. Beim Fallen in Luft kann die Reibung bei kleinen und leichten Körpern die Bewegung erheblich hemmen. Die Beschleunigung beim freien Fall oder die *Erdbeschleunigung* g beträgt in unseren Breiten 9,81 m/s^2 oder fast 10 m/s^2. Dieser Wert ändert sich mit der geographischen Breite um einige Promille.

Lassen wir einen Stein zum Zeitpunkt $t=0$ los (die Reibung spielt bei fallenden Steinen praktisch keine Rolle), so hat er am Ende der ersten Sekunde, also zur Zeit $t=1$ s die Geschwindigkeit $v=g$ und zur Zeit t die Geschwindigkeit $v=g\cdot t$, denn g ist der Geschwindigkeitszuwachs pro Zeiteinheit. Der in der Zeit t zurückgelegte Weg s ist gleich der mittleren Geschwindigkeit $\frac{gt}{2}$ während dieser Zeit mal der Zeit, also

$$s=\frac{gt}{2}\cdot t=\frac{1}{2}gt^2 .$$

Die Fallgesetze können wir daher schreiben: $v=gt$; $s=\frac{1}{2}gt^2$; $v=\sqrt{2gs}$.

Ein weiteres Beispiel der gleichförmig beschleunigten Bewegung ist die Bewegung eines elektrisch geladenen Teilchens in einem homogenen elektrischen Felde, im Vakuum, vgl. § 118.

§ 7. Bewegung auf der Kreisbahn. Wir betrachten jetzt die Bewegung eines Massenpunktes in einer Ebene. Hier gibt es gleich eine Vielzahl von komplizierten Möglichkeiten, von denen wir nur den einfachsten Fall, nämlich die Bewegung auf einer Kreisbahn betrachten wollen. Die momentane Geschwindigkeit des Punktes können wir entweder durch seine Bahngeschwindigkeit v, vgl. § 6, oder durch seine *Winkelgeschwindigkeit* $\omega=\frac{d\varphi}{dt}$ (griechischer Buchstabe Omega), d. h. durch die Drehgeschwindigkeit des vom Mittelpunktes des Kreises bis zum Massenpunkt gezogenen Fahrstrahles beschreiben. Dreht sich der Fahrstrahl um den Winkel $\Delta\varphi$, s. Abb. 9, so verschiebt sich der Bahnpunkt um das Bogenstück $r\Delta\varphi$, so daß wir für die Bahngeschwindigkeit

$$v=r\frac{d\varphi}{dt}=r\omega \quad \text{oder} \quad \omega=\frac{v}{r}$$

erhalten.

In dem wichtigen Sonderfall, daß Bahn- bzw. Winkelgeschwindigkeit konstant sind, *gleichförmige Kreisbewegung*, wird für ν Umläufe in der Sekunde (griechischer Buchstabe nü) die Bahngeschwindigkeit

$$v=2r\pi\nu .$$

ν nennen wir die *Frequenz* oder die *Drehzahl*. Die Einheit der Frequenz ist $1\,s^{-1}=1$ Hertz (1 Hz). Die Dauer eines Umlaufes heißt die *Umlaufszeit* oder die *Periode* $T=1/\nu$. Für die Winkelgeschwindigkeit erhalten wir daher

$$\omega=2\pi\nu=\frac{2\pi}{T} .$$

ω also das 2πfache der Frequenz nennt man auch die *Kreisfrequenz*.

Bei einer krummlinigen Bahn ändern sich im allgemeinen sowohl der Betrag der Geschwindigkeit, die Bahngeschwindigkeit wie die Richtung der Geschwindigkeit. Die gesamte Geschwindigkeitsänderung $\Delta \boldsymbol{v}$ können wir in zwei Anteile zerlegen: $\Delta \boldsymbol{v}_B$ ändert nur den Betrag der Geschwindigkeit, $\Delta \boldsymbol{v}_r$ nur deren Richtung, s. Abb. 7.

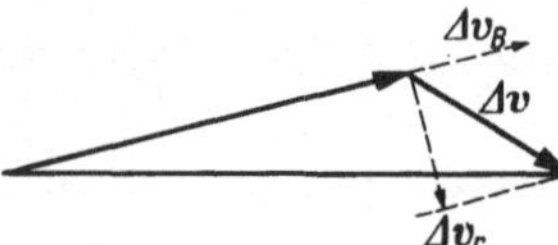

Abb. 7. Zerlegung der Geschwindigkeitsänderung auf einer krummlinigen Bahn

Wir betrachten zwei Sonderfälle: Verläuft die Bewegung *geradlinig* (auf gerader Strecke anfahrender oder gebremster Zug), so bleibt die Richtung der Geschwindigkeit erhalten, es ändert sich nur die Bahngeschwindigkeit v. Das ist der Fall der schon in § 6 besprochenen reinen *Bahnbeschleunigung* $b = dv/dt$, s. Abb. 8a.

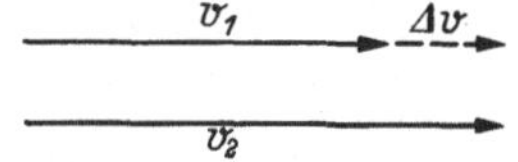

Abb. 8a. Reine Bahnbeschleunigung

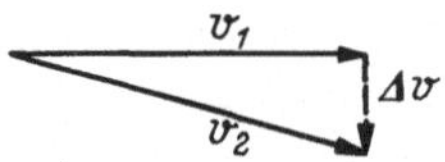

Abb. 8b. Reine Radialbeschleunigung

Ändert sich dagegen nur die Richtung der Geschwindigkeit, bleibt also die Bahngeschwindigkeit v konstant, so steht die Geschwindigkeitsänderung immer senkrecht zur Bahngeschwindigkeit ($\Delta \boldsymbol{v} \perp \boldsymbol{v}$). Wir sprechen von einer reinen *Radialbeschleunigung*, s. Abb. 8b. Dieser wichtige Sonderfall liegt bei der mit konstanter Bahngeschwindigkeit durchlaufenen *Kreisbahn*, s. Abb. 9, vor.

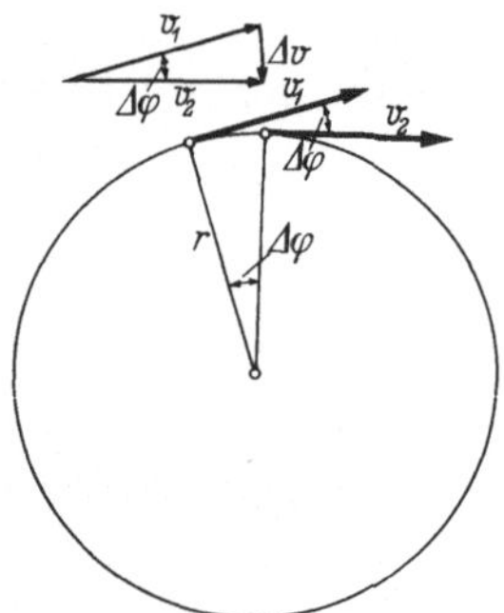

Abb. 9. Radialbeschleunigung auf der Kreisbahn

Die Radialbeschleunigung, die einen Körper in die Kreisbahn zwingt, heißt auch *Zentripetalbeschleunigung* b_r. Ihr Betrag ist durch $b_r = \omega^2 r = v^2/r$ gegeben.

Beweis: Die Geschwindigkeiten zu Beginn und am Ende eines Zeitelementes Δt, $\boldsymbol{v}_1$ und $\boldsymbol{v}_2$, unterscheiden sich nur in ihrer Richtung, und zwar um den Winkel $\Delta \varphi$ bzw. um die Zusatzgeschwindigkeit Δv. Es gilt, s. Abb. 9:

$$\Delta v = v \Delta \varphi \, ; \qquad b_r = \lim_{(\Delta t \to 0)} \frac{\Delta v}{\Delta t} = \lim_{(\Delta t \to 0)} v \frac{\Delta \varphi}{\Delta t} = v \frac{d\varphi}{dt} = v\omega = \frac{v^2}{r} = \omega^2 r \, .$$

Eine irgendwie gekrümmte Bahn kann man durch eine Folge von Kreisbahnbogenstücken annähern, s. Abb. 10 und damit die Bewegung eines Massenpunktes im Raume wenigstens prinzipiell beschreiben.

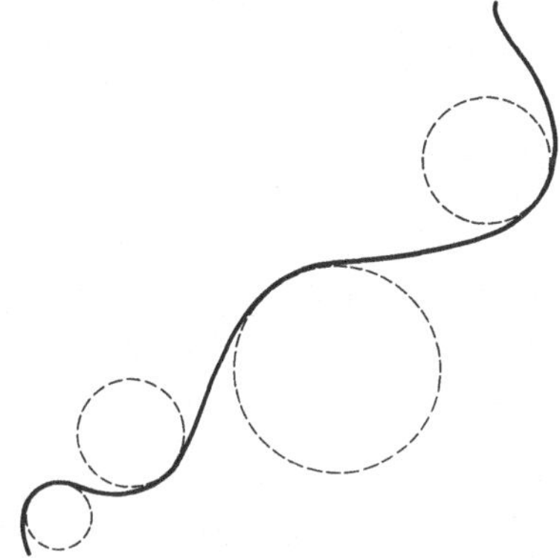

Abb. 10. Approximation einer krummlinigen Bahn durch Kreisbogenstücke

C. Bewegung unter dem Einfluß von Kräften (Dynamik)

Bei unseren bisherigen Betrachtungen haben wir die Frage nach der Ursache einer Bewegung außer acht gelassen, also reine Kinematik betrieben. Stellen wir diese Frage nach der Ursache, so stoßen wir auf zwei wichtige Begriffe, nämlich Kraft und Masse. Wir knüpfen zunächst an einige Erfahrungstatsachen an. Werfen wir einen Ball, setzen wir einen Wagen in Bewegung oder halten wir einen rollenden Wagen auf, so spüren wir einen Widerstand. Wir sagen, wir müßten „*Kraft*" aufwenden, um den Bewegungszustand zu ändern. Von einem Kraftaufwand sprechen wir ferner, wenn wir einen Gummiball oder eine Feder in der Hand zusammendrücken, also an einem Körper eine *Formänderung* oder eine Deformation hervorrufen. Dieser aus unserem Muskelgefühl stammende Begriff „Kraft" ist recht verschwommen. Für physikalische Beobachtungen und Messungen müssen wir ihn genauer definieren.

Zunächst stellen wir fest, daß wir Kräfte zwar nach ihrer Herkunft *benennen*, z. B. Muskelkräfte, elastische Kräfte, Schwerekräfte, elektrische, magnetische Kräfte usw. *Beurteilen*, bzw. messen können wir sie jedoch ausschließlich nach ihren Wirkungen. Im Bereich der Mechanik sind dies für uns:

1. Änderung des Bewegungszustandes eines Körpers, also Beschleunigung, *dynamische* Wirkung einer Kraft.

2. Formänderung eines Körpers, elastische Deformation, sog. *statische* Wirkung einer Kraft. Beide Wirkungen werden wir heranziehen, um ein Maß für die Kraft zu erhalten. Dabei ist zu beachten, daß neben der Angabe der Größe der Kraft auch die ihrer Richtung nötig ist. Kräfte sind also Vektoren.

§ 8. Träge Masse und Kraft. Den Widerstand eines Körpers gegen Änderungen seines Bewegungszustandes bezeichnen wir als seine *Trägheit*. Wir sprechen von seiner *trägen Masse*. Beispiele für diese Trägheit begegnen uns ständig im täglichen Leben (Anfahren oder Bremsen eines Wagens). Präzisieren wir unsere diesbezüglichen Erfahrungen, so können wir sagen: *Ein allen Kräften entzogener*

Körper verharrt im Zustand der Ruhe oder der gleichförmigen geradlinigen Bewegung (Newtonsches[4] Trägheitsprinzip).

Es ist nicht möglich, den Trägheitssatz im Laboratorium unmittelbar an der Erfahrung exakt quantitativ zu prüfen, da wir dort keinen Körper allen äußeren Einflüssen, insbesondere der Reibung ganz entziehen können. So wird z. B. die Geschwindigkeit einer auf einer horizontalen Fläche rollenden Kugel durch die Reibungskräfte vermindert, aber um so weniger, je glatter die Kugel und die Oberfläche sind. Wenn wir auch nie den von der Reibung völlig freien Idealfall beobachten können, so sind doch alle aus dem Trägheitssatz gezogenen Schlußfolgerungen mit der Erfahrung in Übereinstimmung.

Um ein Maß für die Trägheit, besser die träge Masse, sowie für die Kraft zu gewinnen, machen wir in Gedanken einen Versuch. Lassen wir einen Wagen und nachher zwei gleiche zusammengekoppelte Wagen von einem einzigen Manne mit demselben „Kraftaufwand" anschieben, so erhalten wir im zweiten Falle eine geringere Beschleunigung. Würden wir genau messen und die Reibung vernachlässigen können, so würden wir die halbe Beschleunigung feststellen. Erst wenn wir den Doppelwagen von zwei gleich starken Männeren anschieben lassen, finden wir dieselbe Beschleunigung wie bei dem von einem Manne angeschobenen Einzelwagen. Weitere Versuche zeigen auch, daß die träge Masse proportional mit der Stoffmenge wächst.

Diese Erfahrungen können wir so formulieren, daß die Beschleunigung dem Verhältnis Kraft zu Masse proportional ist:

$$b \sim K/m.$$

Als Maßeinheit der trägen Masse setzen wir das *Kilogramm* (kg) fest. Als internationales Normalmaß gilt ein in Paris aufbewahrter Körper aus Platin-Iridium, das *Archivkilogramm*, dessen Masse möglichst genau gleich derjenigen von $1\,\text{l} = 1000\,\text{cm}^3$ Wasser bei 4° C gemacht wurde. Diese Bezugstemperatur wurde gewählt, weil Wasser bei 4° C seine größte Dichte besitzt, vgl. § 65.

Da über die Krafteinheit noch nicht verfügt ist, können wir in der obigen Beziehung den Proportionalitätsfaktor gleich eins setzen und so die Gleichung

$$K = mb$$

gewinnen.

Diese Beziehung bezeichnen wir als *Grundgleichung der Dynamik*. Als Einheit für die Kraft ergibt sich daraus kg m/s^2. Sie wird *Newton*, abgekürzt N, genannt, d. h. die Kraft 1 N erteilt der Masse von 1 kg die Beschleunigung $1\,\text{m/s}^2$. Wir können Kräfte der verschiedensten Art, elastische, elektrische usw. durch Vergleich auch statisch messen, s. weiter unten. Dabei stellen wir fest, daß statisch gleiche Kräfte bei gleicher Masse stets dieselbe Beschleunigung ergeben.

Verschiedene Materialien haben sehr verschiedene Massen pro Volumeneinheit. Wir charakterisieren diese Eigenschaft bei einem homogenen Körper durch die *Dichte* ϱ, d. h. durch das Verhältnis seiner Masse zu seinem Volumen, also

$$\varrho = \frac{m}{V}.$$

[4] Isaak Newton, 1643–1727, Entdecker der allgemeinen Gravitation, stellte die Grundgesetze der Mechanik auf und wandte sie mit Hilfe der von ihm entwickelten Infinitesimalrechnung auf zahlreiche Erscheinungen an. So schuf er die mathematischen Grundlagen der klassischen Physik. Daneben verdankt man ihm zahlreiche Erkenntnisse auf optischem und anderen Gebieten.

Tabelle 2. *Dichte verschiedener Stoffe in g/cm³ bei 20° C*

Feste Stoffe		Flüssigkeiten		Gase bei 0° C und 760 mm Hg	
Magnesium	1,74	Wasser bei 4° C	1,00	Wasserstoff	0,0000898
Aluminium	2,7	Äthylalkohol, 100%	0,791	Stickstoff	0,00125
Eisen, technisches	7,6 – 7,8	Benzol	0,881	Sauerstoff	0,00143
Blei	11,3	Brom	3,14	Luft	0,001293
Gold	19,3	Quecksilber	13,59	Kohlendioxyd	0,00198
Platin	21,4			Leuchtgas etwa	0,0006
Eis	0,917				
Glas	2,4–2,6				

Es ist üblich, Dichten in g/cm³ anzugeben. Einige Zahlen sind in Tab. 2 zusammengestellt.

Das *spezifische Volumen* V_s ist der Kehrwert der Dichte, also das Volumen der Masseneinheit oder

$$V_s = \frac{V}{m} = \frac{1}{\varrho}.$$

§ 9. Schwere Masse und Gewicht. Jeder Körper hat das Bestreben, sich der Erde zu nähern. Er wird offenbar von ihr angezogen. Diese Eigenschaft macht sich nicht nur beim Fallen eines Körpers bemerkbar, sondern auch durch den Druck, den ein ruhender Körper auf seine Unterlage ausübt. Wir sprechen von seiner *Schwere*. Lege ich eine Kugel auf die Hand, so muß ich eine bestimmte Muskelkraft aufwenden, um die von der Erde ausgeübte *Schwerkraft* zu kompensieren. Diese Kraft, die die Kugel auf die Hand oder auf eine ruhende Waagschale ausübt, nennen wir ihr *Gewicht G*. Legen wir eine zweite gleiche Kugel dazu, so wird das Gewicht verdoppelt. Zieht man die Hand weg, so erfährt die Kugel durch ihr Gewicht entsprechend dem Gesetz Kraft = Masse mal Beschleunigung $G = mg$, die Fallbeschleunigung g, vgl. § 6. Wir erkennen, daß die Masse zwei Grundeigenschaften besitzt, sie ist sowohl träge wie schwer. Wir sprechen daher sowohl von der trägen als auch von der schweren Masse eines Körpers.

Aus der Tatsache, daß am gleichen Ort alle Körper genau die gleiche Erdbeschleungigung erfahren, folgt wegen der Beziehung $G = mg$, daß die Gewichte bzw. die schweren Massen den trägen Massen streng proportional sind. Wir setzen daher beide Massenarten zahlenmäßig einander gleich und bezeichnen sie im weiteren kurz als Masse. Träge Massen können wir daher auch bequem und genau durch eine Wägung (Hebelwaage) miteinander vergleichen.

Daß Gewicht und träge Masse bei allen Körpern im gleichen Verhältnis stehen, ist keineswegs selbstverständlich. Es wäre durchaus denkbar, daß die Erde Körper gleicher träger Masse, aber aus verschiedenem Stoff auch verschieden stark anzieht, so wie etwa ein Magnet eisenhaltige Körper bevorzugt anzieht. Ebenso könnte man sich umgekehrt vorstellen, daß eine eiserne und hölzerne Kugel von je 1 Kilogramm Gewicht (mittels Federwaage gemessen) verschieden schnell fallen, also eine verschieden große träge Masse besitzen.

Man kann das Gewicht zum *statischen* Vergleich von Kräften benutzen. Von diesem *statischen Kraftmaß* wird in der Technik und im täglichen Leben fast ausschließlich Gebrauch gemacht. Man definiert dabei als Krafteinheit die Kraft, mit der die Erde das Pariser Normalkilogramm unter 45° geographischer Breite und in Meereshöhe anzieht[5]. Diese Krafteinheit heißt im technischen Maßsystem ein *Kilopond* (kp), der tausendste Teil davon ein *Pond* (p). Als Kraftmesser benutzt man Federkraftmesser *(Dynamometer)*. Wenn eine Kraft die Feder in bezug auf ihre Ausgangslage so weit dehnt, wie ein angehängtes Kilogrammstück, so hat die Kraft gerade die Größe von 1 kp, vgl. dazu Abb. 98.

Die Ortsangabe bei der Definition des Kiloponds ist notwendig, da die Erdbeschleunigung und damit auch das Gewicht eines Körpers sich mit der geographischen Breite etwas ändern. Wegen der Zentrifugalkräfte auf der rotierenden Erde und infolge der Erdabplattung ist die Erdbeschleunigung am Äquator um etwa 0,5 % kleiner als in der Nähe der Pole. Wir rechnen stets mit dem praktischen Mittelwert $g = 9{,}81\ m\,s^{-2}$.

Analog zur Dichte ϱ definieren wir noch das *spezifische Gewicht* γ eines Stoffes als das Verhältnis seines Gewichts zu seinem Volumen also

$$\gamma = \frac{G}{V} = \frac{mg}{V} = \varrho g .$$

Im Gegensatz zur Dichte ist also das spezifische Gewicht keine Stoffkonstante, sondern hängt wie das Gewicht etwas von der geographischen Breite ab. Das spezifische Gewicht pflegt man in Pond/cm³ anzugeben. Dadurch erhalten spezifisches Gewicht und Dichte, gemessen in g/cm³, denselben Zahlenwert.

Physik und Technik benutzen in der Mechanik verschiedene Maßsysteme, die auf drei Grundeinheiten aufgebaut sind und von denen alle übrigen Einheiten abgeleitet sind. In der Physik wählt man als dritte Grundeinheit die Masse und zwar heute fast immer das Kilogramm, *MKS-System*. Die Technik benutzt als dritte Einheit die Kraft, das Kilopond. Wir stellen die beiden wichtigsten Maßsysteme einander gegenüber.

	Physik (MKS-System)			Technik		
Grundgrößen	Länge	Masse	Zeit	Länge	Zeit	Kraft
Grundeinheiten	1 m	1 kg	1 s	1 m	1 s	1 kp
Abgeleitete Einheiten	Krafteinheit			Masseneinheit (TME)		
	1 Newton (N) $= 1\ \mathrm{kg\ m/s^2}$			$1\ \mathrm{kps^2/m} \mathrel{\hat{=}} 9{,}81\ \mathrm{kg}$[6]		

Die abgeleitete Einheit der Masse im technischen Maßsystem ergibt sich aus der Bedingung, daß die Kraft von 1 kp der Masseneinheit die Beschleunigung vom 1 m/s² erteilt, wegen der Erdbeschleunigung von 9,81 ms–² zu 9,81 kg.

In der Physik ist, vor allem in der Atom- und Molekularphysik auch das Zentimeter-Gramm-Sekunden-System (CGS-System) mit den Einheiten 1 cm, 1 g, 1 s gebräuchlich. Die Einheit der Kraft wird hier die Kraft, die der Masse von 1 g die Beschleunigung 1 cm/s² erteilt; sie wird als *dyn* bezeichnet. Es ist also

$$1\ \mathrm{dyn} = 1 \cdot 10^{-5}\ \mathrm{N} .$$

Ferner gelten folgende Umrechnungen

$$1\ \mathrm{kp} \mathrel{\hat{=}} 9{,}81\ \mathrm{N}; \quad 1\ \mathrm{N} \mathrel{\hat{=}} 0{,}102\ \mathrm{kp} .$$

[5] Das entspricht praktisch dem Aufbewahrungsort des Pariser Normals bzw. seiner Kopien in unseren Breiten.

[6] Das Zeichen $\hat{=}$ ist als „entspricht" zu lesen.

§ 10. Gleichheit von Kraft und Gegenkraft, Impulssatz. Kräfte zwischen zwei Körpern treten stets paarweise auf. Jede Kraft ruft eine gleich große Gegenkraft hervor. Dehnt man eine Feder, so zieht diese mit der gleichen Kraft zurück. Ein Stein wird nicht nur von der Erde angezogen, sondern zieht auch seinerseits die Erde an. Nur bleibt wegen ihrer ungleich größeren Masse die Gegenbewegung der Erde unmerklich. Diese und viele andere Erfahrungen lassen sich allgemein im Satz von der *Gleichheit* von *„actio* und *reactio*" bzw. im Satz von der *Gleichheit* von *„Kraft* und *Gegenkraft*" zusammenfassen. Dieser Satz läßt sich noch in zwei anderen, ihm inhaltlich gleichwertigen Formulierungen aussprechen, nämlich als *Impulssatz* oder als Satz *von* der *Erhaltung* des *Schwerpunktes.* Mit deren Hilfe kann man auch verwickelte Vorgänge leichter beschreiben und zwar bei Körpergruppen, bei denen nur *innere* Kräfte auftreten, d. h. solche, die ausschließlich zwischen den Teilen der Körpergruppe wirksam sind. Als Beispiel betrachten wir den Absprung eines Mannes von einem Boot. Die inneren Kräfte sind die Kräfte zwischen Mann und Boot, die den Rückstoß des Bootes beim Absprung verursachen[7].

Führen wir nun den Begriff *Impuls* oder *Bewegungsgröße* ein, definiert als das Produkt aus Masse und Geschwindigkeit, also $\boldsymbol{P} = m\boldsymbol{v}$, so läßt sich ein allgemeingültiger Satz, der *Impulssatz* beweisen, s. weiter unten. Er besagt, daß beim Fehlen äußerer Kräfte der Gesamtimpuls einer Körpergruppe (die Vektorsumme aller Impulse) stets konstant bleibt. In unserem Beispiel des Absprunges vom ruhenden Boot heißt das, daß der Springer und das Boot gleich große, aber entgegengesetzte Impulse erhalten, die sich als Vektoren zum Gesamtimpuls $\boldsymbol{P} = m_1 \boldsymbol{v}_1 + m_2 \boldsymbol{v}_2$ zusammensetzen. Da dieser vor dem Absprung Null war, muß er es auch nachher sein; es gilt also die Vektorgleichung

$$\boldsymbol{P} = \underbrace{m_1 \boldsymbol{v}_1}_{\text{Springer}} + \underbrace{m_2 \boldsymbol{v}_2}_{\text{Boot}} = 0$$

oder die algebraische Gleichung

$$P = m_1 v_1 - m_2 v_2 = 0.$$

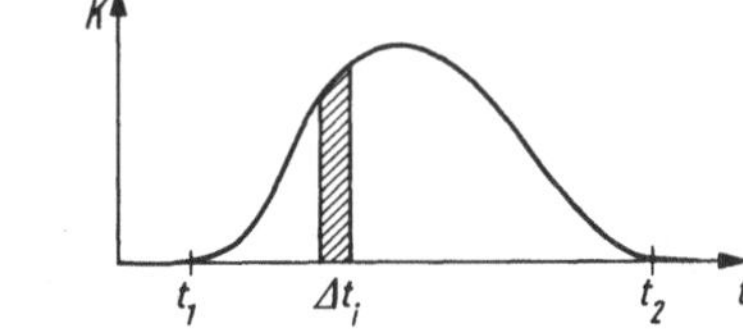

Abb. 11. Kraftstoß

Wir betrachten nun einen Körper der Masse m, auf den eine Kraft kurzzeitig einwirkt, der also einen *Stoß* erfährt. Der zeitliche Verlauf der Kraft möge durch Abb. 11 dargestellt sein. Die Zeitsumme der Kraft über die einzelnen Zeitabschnitte, also $\sum K_i \Delta t_i$ bzw. im Grenzübergang $\int K\,dt$ bezeichnen wir als *Kraftstoß*[8], wofür leider immer noch das Wort „Impuls" gebräuchlich ist. In jedem Zeitabschnitt

[7] Zu den äußeren Kräften, bei denen der Angriffspunkt der Gegenkraft außerhalb des Systems liegt, gehört in unserem Beispiel die Erdanziehung.

[8] Die Zeitsumme einer Größe heißt allgemein *Stoß.* Wir werden später die Begriffe „Strom- und Spannungsstoß" kennenlernen, s. § 126 bzw. § 128.

wird auch der Körper, den wir als Massenpunkt auf geradliniger Bahn idealisieren wollen[9], beschleunigt, wobei die Geschwindigkeitsänderung $dv = b\,dt = \frac{K\,dt}{m}$ die Gleichung

$$K\,dt = m\,dv$$

liefert. Die Integration zwischen den Zeiten t_1 und t_2 ergibt

$$\int_{t_1}^{t_2} K\,dt = m(v_2 - v_1)\ .$$

Es hat sich also infolge des Stoßes das Produkt aus Masse und Geschwindigkeit mv, d. h. der Impuls geändert. Dabei ist die Änderung des Impulses vom zeitlichen Verlauf des Kraftstoßes völlig unabhängig, solange nur die Zeitsumme $\int K\,dt$ dieselbe bleibt.

Die obige Gleichung ist nichts anderes als eine allgemeinere Fassung der Grundgleichung der Mechanik $K = mb$, die wir ja auch in der Form $K = \frac{d}{dt}(mv)$ schreiben können. In Worten heißt das: Die zeitliche Änderung der *Bewegungsgröße* ist *gleich der einwirkenden Kraft*. Ist umgekehrt die Kraft Null, so bleibt die Bewegungsgröße unverändert.

Aus den obigen Ausführungen ergibt sich sofort ein Beweis des Impulssatzes: Da beim Absprung vom Boot die Kräfte auf den Körper und das Boot ständig entgegengesetzt gleich sind, erhalten Springer und Boot entgegengesetzt gleiche Kraftstöße und daher auch entgegengesetzt gleiche Impulse mv_1 und mv_2, so daß der Gesamtimpuls gleich Null bleibt.

Als weitere Beispiele zum Impulssatz nennen wir noch den Rückstoß, den ein Geschütz beim Abschuß erfährt und der durch besondere Rücklaufbremsen aufgefangen wird. Ferner sei der Antrieb von Raketen und Düsenflugzeugen erwähnt, wo der Flugkörper durch die nach hinten mit hoher Geschwindigkeit ausströmenden Verbrennungsgase ständig eine Schubkraft nach vorne erhält.

Den Satz von der Erhaltung des Impulses kann man auch als Satz von der Erhaltung des *Schwerpunktes* formulieren. Danach wird die Bewegung des Schwerpunktes, Definition s. § 20, in einem System von Körpern durch innere Kräfte nicht beeinflußt. Wirken noch äußere Kräfte, so bewegt sich der Schwerpunkt so, als ob alle äußeren Kräfte zu einer Resultierenden vereinigt in ihm angreifen würden und als ob die Gesamtmasse des Körpers in ihm vereinigt wäre. Ergibt die Zusammensetzung aller Kräfte noch ein Kräftepaar, s.§19, so ist dieses ohne Einfluß auf die Bewegung des Schwerpunktes.

Beispiel: Explodiert eine Granate längs ihrer Flugbahn, so fliegen die Sprengstücke infolge der zwischen ihnen wirkenden inneren Kräfte auseinander. Der Schwerpunkt derselben wird jedoch durch die Explosion überhaupt nicht beeinflußt und bewegt sich lediglich unter dem Einfluß der Schwerkraft entlang der Flugparabel, s. § 13, weiter, so als ob die Granate nicht explodiert wäre[10].

D. Arbeit und Energie

§ 11. Arbeit und Leistung. Der Begriff Arbeit kommt ursprünglich aus dem täglichen Leben. Hebt man eine Last, so muß man gegen die Schwerkraft die Muskelkraft einsetzen und eine Arbeit vollbringen, und zwar um so mehr, je schwerer die Last ist und je höher man sie hebt. Die Arbeit wächst also offenbar mit der Hubstrecke. Das Entsprechende gilt beim Fortziehen eines Wagens über eine horizontale Straße, wobei die Muskelkraft entlang des Weges den von der Reibung herrührenden Widerstand überwinden muß. Wir definieren und messen daher

[9] Bei Körpern endlicher Ausdehnung gelten die folgenden Betrachtungen nur solange, als die Kräfte im Schwerpunkt, s. § 20 angreifen. Sonst tritt noch Rotationsenergie auf.

[10] Das gilt streng nur im Vakuum, da die Reibung in Luft die kleinen Sprengstücke stärker hemmt als den großen Geschoßkörper, s. § 49.

die Arbeit A durch das Produkt aus der Kraft K und dem Wege s, längs dessen die Kraft am Körper angreift. Dabei ist zu beachten, daß die Arbeit noch von dem Winkel zwischen Kraft- und Wegrichtung abhängt. Steht die auf ein Schienenfahrzeug einwirkende Kraft schief zur Fahrtrichtung, so ist nur die Komponente in der Wegrichtung wirksam, steht die Kraft senkrecht, so ist sie wirkungslos und die Arbeit Null. Man hat daher offenbar bei der Berechnung der Arbeit die Komponente der Kraft K in Richtung des Weges s einzusetzen, s. Abb. 12, so daß für die Arbeit gilt:

$$A = K s \cos\alpha .$$

Da $\boldsymbol{K}$ und $\boldsymbol{s}$ Vektoren sind, ist die Arbeit einfach das *skalare Produkt* der beiden Vektoren $\boldsymbol{K}$ und $\boldsymbol{s}$, geschrieben $\boldsymbol{A} = \boldsymbol{K} \cdot \boldsymbol{s}$.

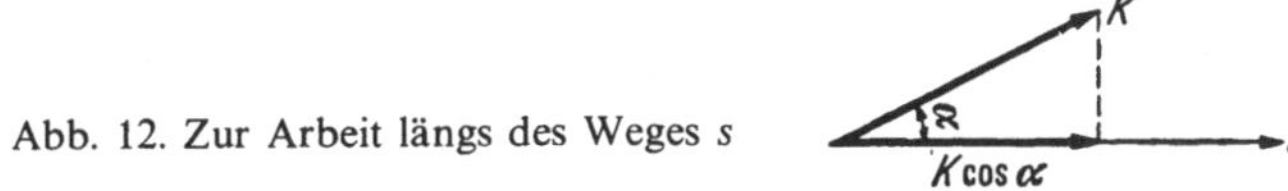

Abb. 12. Zur Arbeit längs des Weges s

Bei einer Arbeitsverrichtung ist natürlich auch die Zeit, in der die Arbeit vollbracht wird, von Bedeutung. In je kürzerer Zeit dies geschieht, um so größer sagen wir, ist die *Leistung* N. Wir führen also als Maß für diese den Quotienten von Arbeit und dazu benötigter Zeit, also

$$N = \frac{A}{t}$$

ein.

Benutzt man die Kraft- und Wegeeinheiten des MKS-Systems, nämlich das Newton und das Meter, so erhält man als Einheit der Arbeit das Joule (J) oder die Wattsekunde (Ws) bzw. das Newtonmeter (Nm).

$$1 \text{ Joule} = 1 \text{ N m} = 1 \text{ Ws} .$$

Die Dimension der Arbeit ist Kraft × Weg, die Einheit im MKS-System $1 \text{ kg m}^2 \text{ s}^{-2}$. Im CGS-System ist die Arbeitseinheit das Erg (erg)

$$1 \text{ erg} = 1 \text{ dyn cm} = 10^{-7} \text{ Nm} = 10^{-7} \text{ J} = 10^{-7} \text{ Ws}.$$

Als technische Einheiten der Arbeit sind noch gebräuchlich das *Kilopondmeter* (kpm)

$$1 \text{ kpm} = 9{,}81 \text{ N m} = 9{,}81 \text{ Joule} = 9{,}81 \cdot 10^7 \text{ erg}$$

und ferner die *Kilowattstunde* (kWh) bzw. die *Wattsekunde* (Ws)

$$1 \text{ kWh} = 1000 \cdot 60 \cdot 60 \text{ Ws} = 3{,}6 \cdot 10^6 \text{ J}.$$

Die Einheit der Leistung ist das *Watt* (W)

$$1 \text{ W} = 1 \text{ J/s} = 10^7 \text{ erg/s}$$

und vor allem das in der Technik viel benutzte Kilowatt (kW),

$$1 \text{ kw} = 10^3 \text{ W bzw. das Megawatt (MW)}, 1 \text{ MW} = 10^6 \text{ W}.$$

2*

Daneben ist noch immer die Pferdestärke (PS) gebräuchlich

$$1\ \text{PS} = 0{,}736\ \text{kW}, \text{ bzw. } 1\ \text{kW} = 1{,}359\ \text{PS}.$$

Die Zweckmäßigkeit der Einheiten Watt und Wattsekunde wird erst in der Elektrizitätslehre klar werden. Dort wird sich zeigen, daß die Stromarbeit in Wattsekunden direkt gleich dem Produkt aus Volt, Ampere und Sekunden ist, s. § 102.

Einige Zahlen mögen die Arbeitsleistungen des Menschen und der Technik veranschaulichen: Die Dauerleistungen eines Menschen sind recht gering. Sie bewegen sich z. B. bei einem Bergsteiger zwischen 70 und 100 Watt. Vorübergehend, z. B. beim Heraufspringen einer Treppe, lassen sich etwa 10mal so große Leistungen erreichen. Zum Vergleich beachte man, daß eine gewöhnliche Leselampe bereits 40 Watt verbraucht. Eine schwere Lokomotive von 2000 PS vermag, wenn wir von Energieverlusten durch Reibung einmal absehen, einen 600 Tonnen schweren Zug in 1 Stunde 900 m hoch zu ziehen.

§ 12. Energie. Wenn an einem Körper Arbeit geleistet worden ist, denken wir an die Beschleunigungsarbeit an einem herabgefallenen Rammklotzes, so vermag dieser Körper seinerseits wieder Arbeit zu verrichten. Wir sprechen von seinem Arbeitsvermögen und bezeichnen den in ihm steckenden Arbeitsvorrat als seine *Energie.*

Wir betrachten einige Beispiele. Bei einem fallenden Rammklotz wird längs des Fallweges von der Erdanziehung die *Beschleunigungsarbeit* $A = Gh = mgh$ geleistet, wobei er am Ende der Fallstrecke die Geschwindigkeit $v = \sqrt{2gh}$ erreicht. Die Beschleunigungsarbeit führt bei vorgegebener Masse zur Endgeschwindigkeit

$$v = \sqrt{\frac{2A}{m}} \quad \text{oder} \quad \frac{m}{2} v^2 = A = mgh\,.$$

Die Beschleunigungsarbeit läßt sich zurückgewinnen und z. B. zum Spannen einer Feder oder zum Heraufziehen des Rammklotzes um dieselbe Höhendifferenz h verwenden. Das in dem auf die Geschwindigkeit v gebrachten Rammklotz steckende Arbeitsvermögen nennen wir seine *Bewegungs-* oder seine *kinetische Energie* E_{kin}. Sie ist durch $\frac{mv^2}{2}$ gegeben. Wie sehen, daß die kinetische Energie mit dem Quadrat der Geschwindigkeit und linear mit der Masse ansteigt.

Daraus folgt, daß die kinetische Energie eines Kraftwagens und daher auch der Bremsweg nicht mit v, sondern mit v^2 wachsen. Die kinetische Energie eines 750 Tonnen schweren Zuges, der eine Geschwindigkeit von 90 km/Stunde hat, ist etwa gleich der kinetischen Energie einer 38 cm Granate von 750 kg und einer Anfangsgeschwindigkeit von etwa 800 m/s (genauer 790,5 m/s).

Der Arbeitsvorrat, der in einem hochgehobenen Rammklotz oder in einer gespannten Feder steckt, wird als *potentielle Energie* E_{pot} bezeichnet. Heben wir ein Gewicht G vom Boden um die Höhe h, so ist die potentielle Energie gleich der geleisteten Arbeit $Gh = mgh$. Man beachte, daß der Betrag der potentiellen Energie erst dann eindeutig bestimmt ist, wenn wir die Bezugsebene, also etwa die Höhe h über dem Erdboden oder über dem Fußboden angeben.

Potentielle und kinetische Energie lassen sich ineinander umwandeln, wie wir am Beispiel des Rammklotzes gesehen haben. Oben besitzt dieser die größte potentielle Energie. Beim Fallen nimmt dies ab, die kinetische Energie zu, um am Boden am größten zu werden. Die Gesamtenergie bleibt stets dieselbe

$$E_{\text{kin}} + E_{\text{pot}} = \text{const}.$$

Dieser Satz, daß die Gesamtenergie in einem abgeschlossenen System, d. h. einem solchen, dem von außen Energie weder zugeführt noch entzogen wird, konstant ist, gilt nicht nur für die Mechanik, sondern für den Gesamtbereich der Physik und Chemie, sobald wir alle anderen beteiligten Energien berücksichtigen. Das sind bei mechanischen Vorgängen die Wärmeenergie, welche z. B. die durch Reibungskräfte verursachten Verluste an kinetischer Energie kompensiert, vgl. § 67.

Der allgemein gültige Satz von der *Erhaltung der Energie*, wonach *Energie* weder *verloren gehen* noch aus *nichts entstehen kann*, läßt sich auch so formulieren: Es ist unmöglich eine Maschine zu konstruieren, die aus nichts Energie erzeugen oder ohne eine entsprechende Energiezufuhr laufend Arbeit verrichten kann, sog. *Perpetuum mobile.*[11]

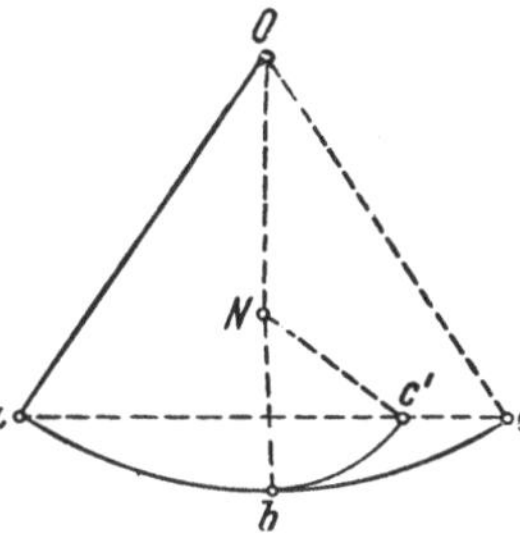

Abb. 13. Energiesatz beim Pendel

Der Energiesatz ermöglicht es uns, viele Bewegungsvorgänge in einfacher Weise zu durchschauen. Als Beispiel betrachten wir den Pendelversuch von Galilei, s. Abb. 13. Schwingt das Pendel auf der Bahn abc hin und her, so haben wir in den Umkehrpunkten a and c nur potentielle und in b nur kinetische Energie. Es wandelt sich also ständig eine Energieform in die andere um und umgekehrt. Schlagen wir jetzt einen Nagel N ein lassen das Pendel bei a los, so wird es geknickt und beschreibt die Bahn abc'. Dabei finden wir unabhängig von der Lage des Nagels, daß der Umkehrpunkt c' immer auf der durch a gehenden Horizontalen liegt. Das muß so sein, da durch den Nagel dem Pendel keine Energie zugeführt wird, im Umkehrpunkt c' die potentielle Energie also gleich der Energie in a ist.

Auch die Steighöhe eines Geschosses, das senkrecht nach oben mit der Anfangsgeschwindigkeit v_0 abgeschossen wird, läßt sich mit Hilfe des Energiesatzes leicht angeben, wenn wir von der Reibung absehen. Beim Aufsteigen wird ständig kinetische Energie in potentielle umgewandelt, bis schließlich die kinetische Energie völlig aufgezehrt ist und das Geschoß seinen höchsten Punkt erreicht hat. Von da fällt es unter dem Einfluß der Erdanziehung wieder beschleunigt nach unten und kommt, wenn wir den Geschwindigkeitsverlust durch Reibung vernachlässigen, mit derselben Geschwindigkeit an, mit der es abgeschossen wurde. Es ist daher die potentielle Energie im Gipfelpunkt gleich der kinetischen Energie beim Abschuß, d. h.

$$mgh = \frac{m}{2} v_0^2 \quad \text{oder} \quad h = \frac{v_0^2}{2g}.$$

[11] Von diesem allgemein gültigen Naturgesetz ist auch in der belebten Natur noch nie eine Ausnahme beobachtet worden.

E. Einige besondere Bewegungsformen

Jeder Körper ist aus vielen Atomen bzw. Molekülen zusammengesetzt und wird unter dem Einfluß von äußeren Kräften *deformiert*. Solange wir diese Formänderungen vernachlässigen können, sprechen wir von einem nicht deformierbaren, *starren* Körper, im Gegensatz zum deformierbaren Körper. Wenn wir ferner bei irgendeinem Vorgang von der räumlichen Ausdehnung eines Körpers und damit auch von Drehungen absehen dürfen, so können wir uns seine ganze Masse in einem Punkt vereinigt denken und diesen wie einen Massenpunkt behandeln. Wir betrachten nun einige wichtige Bewegungsvorgänge, bei denen die obigen Voraussetzungen erfüllt sein sollen.

§ 13. Wurfbewegung. Wir werfen einen Stein mit einer bestimmten Anfangsgeschwindigkeit unter dem Winkel α schräg aufwärts. Wie sieht die Bahnkurve aus? Diese wird durch zwei Einflüsse bestimmt, die Anfangsgeschwindigkeit v_0, die nach dem Trägheitsprinzip nach Größe und Richtung erhalten bleibt, und die Schwerkraft. Da die Schwerkraft, Geschwindigkeiten, Beschleunigungen und Wegstrecken Vektoren sind, kann man diese Größen geometrisch addieren und umgekehrt in Komponenten zerlegen. Wir können daher die verschiedenen Einflüsse auf die Bewegung eines Körpers getrennt behandeln, so als wären sie voneinander unabhängig und dann die von ihnen einzeln hervorgebrachten Wirkungen, d. h. die zurückgelegten Wegstrecken geometrisch addieren (Superpositionsprinzip, vgl. das Beispiel des in einem Fluß abgetriebenen Bootes in § 6 mit Abb. 5). Ohne die Schwerkraft würde der Körper die in Abb. 14 gezeichnete

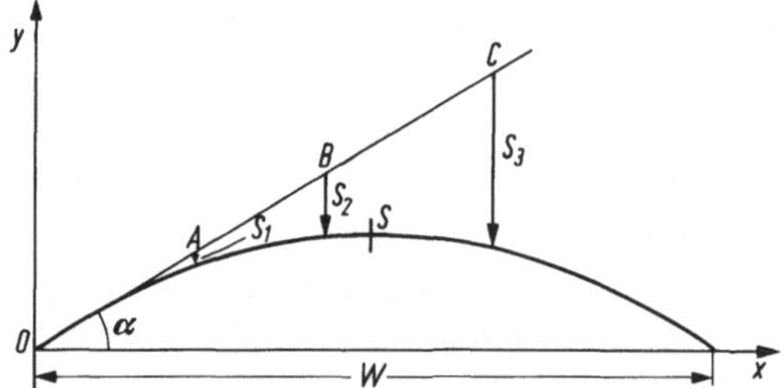

Abb. 14. Wurfparabel

Gerade ABC mit konstanter Geschwindigkeit entlang fliegen und nach t_1 Sekunden in A, nach t_2 Sekunden in B usw. angelangt sein. Würde er anfänglich ruhen, so würde er unter dem Einfluß der Schwere in t_1 Sekunden um die Strecke $s_1 = \frac{g t_1^2}{2}$ senkrecht fallen. Der tatsächlich zurückgelegte Weg ergibt sich durch Vektoraddition zu

$$\boldsymbol{s} = \boldsymbol{v}_0 t + \frac{1}{2} \boldsymbol{g} t^2 .$$

In Komponenten zerlegt erhalten wir $x = v_0 t \cos\alpha$, $y = v_0 t \sin\alpha - \frac{1}{2} g t^2$. Eliminiert man daraus t, so ergibt sich als Gleichung der Bahnkurve $y = x \operatorname{tg}\alpha - \frac{g}{2 v_0^2 \cos^2\alpha} x^2$. Das ist eine Parabel mit dem Scheitel S, der die Koordinaten

$x_S = \frac{v_0^2}{2g} \sin 2\alpha$, $y_s = \frac{v_0^2}{2g} \sin^2\alpha$ besitzt und die Wurfhöhe bestimmt. Die Abszissenschnittpunkte, die Abwurf- und Auftreffstelle mit $y = 0$ bestimmen die Wurfweite

$$w = \frac{v_0^2}{g} \sin 2\alpha .$$

Diese ist also am größten für den Winkel $\alpha = 45°$. Sie ist ferner gleich für Winkel, die um denselben Betrag von 45° abweichen, also z. B. für 30° und 60°. Man kann also ein bestimmtes Ziel bei gleicher Anfangsgeschwindigkeit sowohl mit einem Flach- als auch mit einem Steilschuß erreichen.

Diese Überlegungen gelten nur für den luftleeren Raum. Infolge des Luftwiderstandes erfährt die Geschoßbahn erhebliche Veränderungen. Die Wurfbahn ist keine Parabel, sondern der absteigende Ast ist beträchtlich steiler als der aufsteigende, so daß die Wurfweite dieser *ballistischen* Kurve sehr stark verkürzt wird.

Mit zunehmender Höhe werden der Luftdruck und der Reibungswiderstand immer geringer, so daß man durch Verlegung der Geschoßbahn in große Höhen, z. B. bei Raketen, beträchtliche Reichweiten erzielen kann.

§ 14. Bewegung auf der Kreisbahn. Die Kinematik dieser Bewegung hatten wir bereits in § 7 behandelt. Wir fragen jetzt nach den auftretenden Kräften und zwar, wie wir zur Vermeidung von Unklarheiten betonen wollen, zunächst vom Standpunkt eines die Drehung nicht mitmachenden *ruhenden* Beobachters. Vom Standpunkt des *mitbewegten* Beobachters stellt sich die Erscheinung wesentlich anders dar, s. w. u.

Ein Körper der Masse m bewege sich mit der konstanten Bahngeschwindigkeit v oder der konstanten Winkelgeschwindigkeit $\omega = v/r$ auf einem Kreise vom Radius r um ein festes Zentrum M (das kann z. B. so geschehen, daß er in dieser Entfernung durch einen im Mittelpunkt befestigten Faden oder eine Stange festgehalten wird). Nach den kinematischen Betrachtungen des § 7 ist die Bewegung beschleunigt, und zwar ist die radiale, zum Mittelpunkt der Kreisbahn gerichtete Beschleunigung, die sog. *Radial-* oder *Zentripetalbeschleunigung* gegeben durch

$$b_r = \frac{v^2}{r} = \omega^2 r .$$

Nach dem Beschleunigungssatz ist zur Erzeugung und Aufrechterhaltung dieser Beschleunigung eine ständig nach dem Drehungszentrum hin gerichtete Kraft erforderlich von der Größe

$$K_r = m b_r = m \frac{v^2}{r} = m\omega^2 r .$$

Diese Kraft zwingt den Körper gegen seine Trägheit in die Kreisbahn. Wir nennen die *Radial-* oder *Zentripetalkraft* K_r. Fällt diese Kraft plötzlich aus, so fliegt der Körper tangential von der Kreisbahn weg (Funken beim Schleifstein), s. Abb. 15.

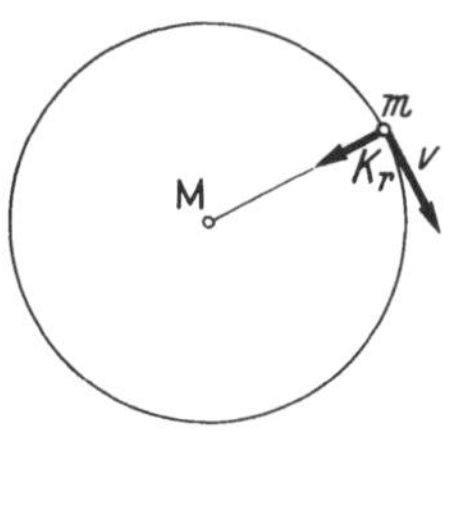

Abb. 15. Die Zentripedalkraft bei der Kreisbahn

Wir betrachten nun die Kreisbewegung vom Standpunkt eines Beobachters, der die Drehbewegung mitmacht. Dazu denken wir uns den Beobachter in der Mitte M einer Drehscheibe sitzend, vor ihm liegt auf der Scheibe eine Kugel. Gerät die Scheibe in Drehung, so rollt die Kugel weg. Soll die Kugel in bezug auf die Scheibe ruhen, so muß sie der Beobachter festhalten, d. h. eine Kraft aufwenden. Nimmt er dazu einen Gummifaden, so wird dieser (für beide Beobachter sichtbar) gedehnt. Der außenstehende Beobachter, für den die Kugel eine Kreisbahn durchläuft, sagt, die Fadendehnung liefert die Zentripetalkraft, die die Kugel auf die Kreisbahn zwingt. Anders urteilt der rotierende Beobachter. Für ihn ruht die Kugel, wird also nicht beschleunigt. Er schließt daraus, daß auf die Kugel insgesamt keine Kraft einwirkt, d. h. daß die durch den gedehnten Faden auf diese ausgeübte Kraft durch eine ihm noch unbekannte Kraft gerade zu Null kompensiert wird. Diese neue Kraft greift also an der Kugel selbst an und ist nach außen gerichtet. Er nennt sie daher mit Recht *Zentrifugalkraft*. Ferner stellt dieser Beobachter fest, daß er jeden auf der Scheibe liegenden Körper mit der Kraft $m\omega^2 r$, also mit um so größerer Kraft festhalten muß, je weiter er außen liegt und je größer die Winkelgeschwindigkeit ist. Die Körper befinden sich also für ihn in einem „Zentrifugalfeld“[12].

Wird die Kugel im Abstand r vom Drehzentrum festgehalten, so hat die Kugel, von außen beobachtet, eine Bahngeschwindigkeit $v = \omega r$. Reißt der Faden, so läuft die Kugel, von außen gesehen – die Reibung vernachlässigen wir –, tangential, also geradlinig mit der Geschwindigkeit $v = \omega r$ weiter, s. Abb. 16a.

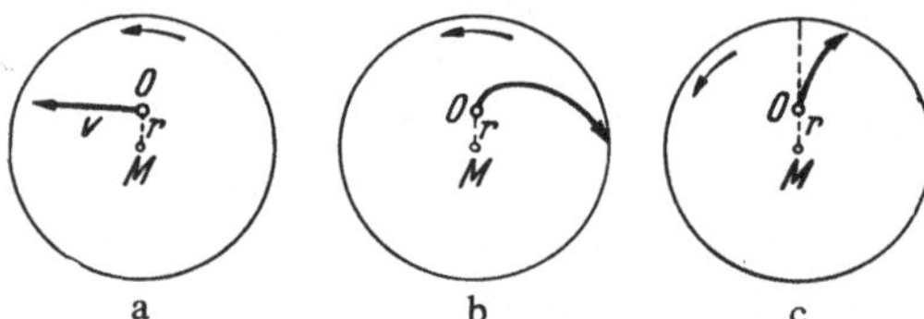

Abb. 16a–c. Bewegung einer losgelassenen Kugel auf einer rotierenden Scheibe, a Ruhender Beobachter; b Mitbewegter Beobachter; c Nach außen gestoßene Kugel, mitbewegter Beobachter

Für den sich mitdrehenden Beobachter sieht diese Bewegung recht verwickelt aus. Die Scheibe mit dem Beobachter möge sich entgegen dem Uhrzeigersinne drehen. Die Kugel macht diese Bewegung nicht mehr mit und fliegt nach außen, wobei sie auf der Scheibe eine Spiralbahn beschreibt, s. Abb. 16b. Sie bewegt sich dabei einmal nach außen, also vom Zentrum weg, und außerdem seitlich. Die Bewegung ist also für den mitgedrehten Beobachter beschleunigt. Dieser schließt daher, will er am Grundgesetz der Mechanik $K = mb$ festhalten, auf eine Ursache dieser Beschleunigung, d. h. auf ablenkende Kräfte. Eine davon ist die eben genannte Zentrifugalkraft, die ja bereits an der ruhenden Kugel angreift. Aus der Tatsache, daß die losgelassene Kugel nicht nur im Radius oder „zentrifugal“ nach außen läuft, sondern auch seitlich abgelenkt wird, schließt der Beobachter außerdem auf eine zweite Kraft. Diese seitliche Querkraft nennen wir *Corioliskraft*. Sie steht immer senkrecht auf der Richtung der Geschwindigkeit v'

[12] Durch diese Zentrifugalkräfte werden auch die einzelnen Teile der rotierenden Drehscheibe nach außen gezogen, das Material wird also entsprechend auf Zug beansprucht.

der Kugel relativ zur Scheibe und hat die Größe $2mv'\omega$. Sie wächst also mit der Relativgeschwindigkeit und mit der Drehgeschwindigkeit. Man erkennt die Corioliskraft noch deutlicher, wenn man die Kugel in O radial nach außen stößt, s. Abb. 16c. Für eine auf der Scheibe festgehaltene Kugel, $v' = 0$, verschwindet sie, so daß in diesem Falle nur die Zentrifugalkraft auftritt. Ebenso verspürt man in der Straßenbahn, solange diese eine Kurve durchfährt, beim Stehen nur die Zentrifugalkräfte. Erst wenn wir den Wagen entlang gehen, werden auch die Corioliskräfte merkbar.

Den unmittelbaren Eindruck einer vom Drehzentrum weggerichteten, am Körper selbst angreifenden Zentrifugalkraft hat nur der mitgedrehte Beobachter. Ebenso schließt auch dieser Beobachter infolge der nur für *ihn* seitlichen Ablenkung der losgelassenen Kugel auf eine Corioliskraft. Der außenstehende Beobachter erkennt den Ursprung dieser Kräfte, indem er feststellt, daß in Wirklichkeit gar keine neuen am Körper angreifenden Kräfte auftreten, sondern daß die für den beschleunigten Beobachter, solange dieser von der eigenen Drehung nichts weiß, so überraschende Bewegungsform auf der Trägheit der Kugel beruht. Wir bezeichnen daher die Zentrifugalkraft wie auch die Corioliskraft als *Trägheitskräfte*, die nur bei Drehbewegungen für den mitrotierenden Beobachter auftreten. Durch die Einführung dieser beiden Kräfte bleibt auch für den beschleunigten Beobachter das Grundgesetz der Mechanik $K = mb$ gültig.

Wir betrachten nun einige Beispiele zur Zentrifugalkraft.

Zentrifuge. In einer Flüssigkeit suspendierte kleine Teilchen sinken infolge der Schwerkraft allmählich zu Boden, falls ihre Dichte die der Flüssigkeit übertrifft. Infolge der Flüssigkeitsreibung, s. § 47, erfolgt dieses Absetzen, Sedimentieren, um so langsamer, je geringer der Dichteunterschied und je kleiner die Teilchen sind [13]. Versetzt man nun die Flüssigkeit in einer Zentrifuge in schnelle Rotation, so erhält man leicht Zentrifugalkräfte, die die Schwerkraft um ein Vielfaches übertreffen und die die dichteren Teilchen im rotierenden Gefäße in ungleich kürzerer Zeit nach außen drängen. Schon bei einem Radius von 10 cm und 30 Umdrehungen/s erhält man Kräfte, die die Schwerkraft um das 400fache übertreffen. Zentrifugen werden in Laboratorien und in der Technik zu den verschiedensten Zwecken benutzt, z. B. zur Abscheidung von Niederschlägen oder Bakterien, zur Abtrennung der Blutkörperchen vom Serum oder des Butterfettes von der Milch. Bei den sog. *Ultrazentrifugen*, bei denen man bis zu 120000 Umdrehungen/min kommt, ist es gelungen, Zentrifugalkräfte zu erzeugen, die das Millionenfache der irdischen Schwerkraft betragen, und damit bei Eiweißmolekülen und anderen hochmolekularen Verbindungen den Sedimentationsvorgang so genau zu verfolgen, daß man das Molekulargewicht und die Molekülform bestimmen kann.

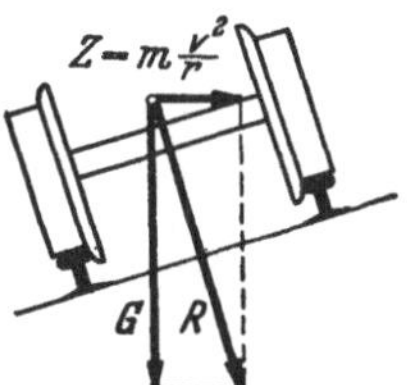

Abb. 17. Fahrzeug in der Kurve

Eisenbahnwagen in der Kurve. Die Überhöhung der Schienen muß so groß sein, daß die Resultierende R aus dem Gewicht G und der Zentrifugalkraft Z, s. Abb. 17, möglichst senkrecht zur Schienenebene steht, so daß die Schienen nur einen Normaldruck und keinen Seitendruck erleiden und der Wagen kein Kippmoment erfährt.

[13] Bei sehr kleinen Teilchen stellt sich infolge der Brownschen Bewegung, s. § 33, ähnlich wie in der Atmosphäre, ein Gleichgewicht ein derart, daß die Teilchenzahl von unten nach oben abnimmt.

§ 15. Kräfte bei der Erdumdrehung. Bewegungen auf der Erde können wir nicht von außen, etwa von einem Fixstern aus, also nicht vom Standpunkt eines die Erddrehung nicht mitmachenden Beobachters betrachten. Für den Beobachter auf der Erde zeigen vielmehr die Bahnen bewegter Körper, z. B. Geschoßbahnen, charakteristische Abweichungen von den normalen Bahnkurven, die vor allem auf den im § 14 betrachteten *Corioliskräften* beruhen. Wir betrachten zwei Beispiele, die Ablenkung eines frei fallenden Körpers und die einer Geschoßbahn.

Die Umfangsgeschwindigkeit an der Erdoberfläche sei $v = \omega r$, r der Erdradius. Auf einem Turm der Höhe h ist diese Geschwindigkeit größer, nämlich $v = \omega(r + h)$. Ein oben losgelassener Stein eilt daher infolge seiner Trägheit beim Herabfallen der Erde *voraus*, s. Abb. 18, erfährt also eine Ostablenkung, die allerdings sehr klein ist, nämlich nur 9 mm bei 75 m Fallhöhe beträgt.

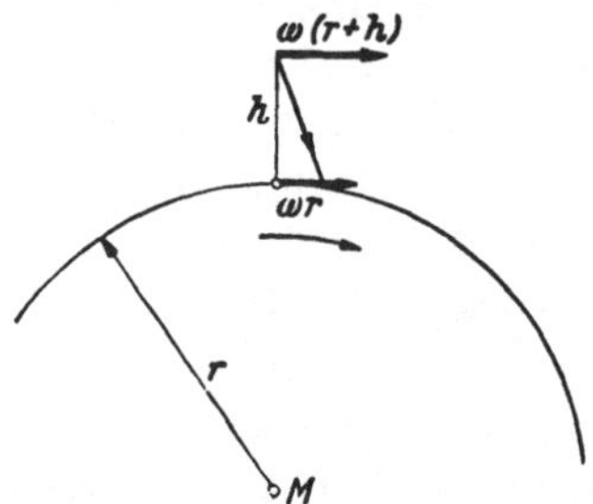

Abb. 18. Ostablenkung eines fallenden Körpers

Ein Geschoß, überhaupt jeder bewegte Körper, erfährt infolge seiner Trägheit auf der *nördlichen* Halbkugel eine *Rechtsablenkung*, auf der *südlichen* eine *Linksablenkung*. Um das einzusehen, denken wir uns in dem Beispiel des § 14 die zunächst im Punkt O festgehaltene Kugel radial nach außen gestoßen. Sie kommt dabei in ein Gebiet, wo die Scheibe eine größere Umfangsgeschwindigkeit ωr als die Kugel beim Abstoß in O besitzt. Folglich bleibt diese zurück, und der mitbewegte Beobachter stellt eine Rechtsablenkung fest, s. Abb. 16c. Fliegt ein Geschoß auf der Erde vom Nordpol nach Süden, so dreht sich die Erde mit immer größer werdender Umfangsgeschwindigkeit von Westen nach Osten unter seiner Bahn hindurch, so daß das Geschoß, wie man an Hand eines Globus leicht erkennen kann, immer mehr nach *Westen*, d. h. nach *rechts*, abweicht. Entsprechendes gilt für bewegte Luftmassen, wie die Passatwinde.

Die durch $m\omega^2 r$ gegebene *Zentrifugalkraft* ist am Äquator am größten. Ihre Normalkomponente wirkt der Schwerkraft entgegen, so daß die Erdbeschleunigung und damit auch das Gewicht von den Polen zum Äquator hin abnehmen. Diese Abnahme wird durch die *Abplattung* der Erde noch verstärkt, die ihrerseits wieder eine Folge der Zentrifugalkraft ist, indem deren zur Erdoberfläche tangentiale Komponente die Massen der Erde nach dem Äquator hindrängt.

Einen unmittelbaren Nachweis der Erdumdrehung liefert die Drehung der Schwingungsebene eines Pendels *(Foucaultscher Pendelversuch)*. Ein über dem Nordpol aufgehängtes Pendel würde wegen seiner Trägheit seine Schwingungsebene im Raume beibehalten, sich also relativ zur Erde in einer Stunde um $\frac{360°}{24} = 15°$ drehen. Am Äquator ist die Drehung Null, in unseren Breiten etwa 12° pro Stunde.

§ 16. Stoßvorgänge. Wir betrachten zuerst den zentralen Stoß zweier Kugeln.[14] Da nur innere Kräfte wirksam sind, gilt der Impulssatz sowie der Satz von der Erhaltung der kinetischen Energie, solange nicht, wie beim sog. *unelastischen* Stoß, ein Teil derselben in Wärme oder in eine andere Energieform[15] umgewandelt wird.

Wir behandeln zwei Grenzfälle, den völlig *elastischen und* den völlig *unelastischen Stoß.* Wir nennen einen Körper elastisch, vgl. § 36, wenn dieser einer auf ihn einwirkende verformenden Kraft eine „elastische Gegenkraft" entgegensetzt, die nach dem Aufhören der äußeren verformenden Kraft die Formänderung wieder rückgängig zu machen sucht. So ist eine Stahlkugel elastisch, eine solche aus Blei unelastisch. Die zur Verformung eines Körpers aufgewandte Arbeit wird im elastischen Fall als potentielle Energie gespeichert und nachher wieder frei. Bei einem unelastischen Körper bleibt die erzwungene Verformung zurück, die Formänderungarbeit wird in Wärme umgewandelt.

Nun betrachten wir den Stoßvorgang selbst. Vom Augenblick der Berührung an tritt ein Zusammendrücken der Kugeln ein. Der dazu erforderlichen Formänderungsarbeit entspricht ein Verlust an kinetischer Energie. Diese nimmt also ab, und zwar so lange, bis beide Körper die gleiche Geschwindigkeit erreicht haben, ihre relative Lage also nicht mehr ändern. Zu diesem Zeitpunkt hat die Verformung ihr Maximum erreicht. Bis dahin verläuft der Vorgang bei allen Körpern gleich. Für das Weitere müssen wir zwischen dem elastischen und unelastischen Fall unterscheiden.

Sind die Kugeln völlig unelastisch, so bleibt die durch den bisherigen Ablauf erzwungene Formänderung erhalten, der verschwundene Anteil an kinetischer Energie ist in Wärme umgewandelt worden. Da keine rücktreibenden elastischen Kräfte auftreten, fliegen beide Kugeln mit gleicher Geschwindigkeit weiter. Anders bei elastischen Kugeln, wo die Formänderung rückgängig gemacht wird. Die elastischen Kräfte, die zuerst die Geschwindigkeit abgebremst haben, wirken nun weiter und treiben in einer zweiten Phase des Stoßes, die die Umkehrung der ersten darstellt, die Kugeln auseinander. Die aufgespeicherte potentielle Energie wird wieder in kinetische Energie verwandelt, und zwar beim rein elastischen Stoß *restlos.* So kommt es, daß die in der ersten Phase erfolgte Geschwindigkeitsänderung noch einmal auftritt, die Geschwindigkeitsänderungen beider Kugeln also gegenüber dem unelastischen Fall *verdoppelt* werden. Der elastische und unelastische Stoß sind ideale Grenzfälle, der wirkliche Vorgang liegt dazwischen.

Als weiteres Beispiel betrachten wir den Aufprall eines Körpers (Kugel) auf eine ruhende feste Wand. Beim elastischen Stoß ändert die Kugel nur die Richtung ihrer ursprünglichen Geschwindigkeit, und zwar nach dem aus der Optik bekannten Reflexionsgesetz. Die Kugel erfährt daher bei senkrechtem Aufprall eine Impuls*änderung* vom Betrage $2mv$. Nach dem Impulssatz erfährt auch die Wand bzw. die Erde einen Rückstoß derselben Größe. Beim unelastischen senkrechten Stoß bleibt die Kugel an der Wand liegen.

[14] Erfolgt der Stoß seitlich, so treten Drehbewegungen auf, deren Energie auf Kosten der ursprünglichen kinetischen Energie geht.

[15] Beim Zusammenstoß eines Elektrons oder Atoms mit Atomen können diese in angeregte Zustände übergehen, vgl. §196, so daß die ursprüngliche kinetische Energie kleiner wird.

Als weiteres Beispiel behandeln wir den zentralen Stoß zweier Kugeln, von denen sich die größere, s. Abb. 19, mit der Masse M in Ruhe befinden und die kleinere m die Geschwindigkeit v haben möge.

Vor dem Stoß ist der Impuls $P = 0 + mv$. Nach einem elastischen Stoß hat die große Kugel die Geschwindigkeit v_1 und die kleine die Geschwindigkeit v_2, die der ursprünglichen entgegengesetzt ist. Es ist also nach dem Impulssatz

$$P = mv = M v_1 - mv_2 ,$$

bzw. als Vektorgleichung geschrieben

$$\overleftarrow{P} = m\overleftarrow{v} = M\overleftarrow{v}_1 + m\overrightarrow{v}_2 .$$

Ferner gilt

$$\frac{m}{2} v^2 = \frac{M}{2} v_1^2 + \frac{m}{2} v_2^2 .$$

Das gibt für die Geschwindigkeit der großen Kugel $\underleftarrow{v_1} = \dfrac{2mv}{M+m}$. Sind die beiden Kugeln gleich, so wird einfach die Geschwindigkeit ausgetauscht.

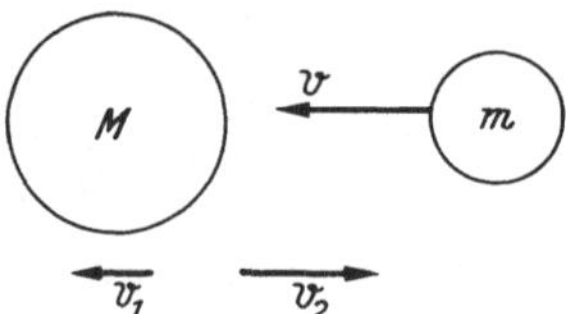

Abb. 19. Elastischer zentraler Stoß

Beim unelastischen Stoß bewegen sich nachher beide Kugeln mit derselben Geschwindigkeit v_1 nach links, es gilt also

$$P = mv = (M + m)\, v_1 \quad \text{oder} \quad v_1 = \frac{mv}{M+m} .$$

Es ist also beim unelastischen Stoß entsprechend dem Verlust an kinetischer Energie die Geschwindigkeit des getroffenen Körpers gerade halb so groß wie beim elastischen Stoß.

F. Kräfte im Gleichgewicht (Statik)

In der *Statik* behandeln wir die Frage, wann ein Körper sich unter dem Einfluß von Kräften im Gleichgewicht befindet. Legen wir einen Körper auf eine horizontale Tischplatte, so bleibt er trotz der ständig einwirkenden Schwerkraft in Ruhe. Das ist nur dadurch möglich, daß die Tischplatte sich ein wenig durchbiegt und dabei eine elastische Kraft, s. § 36, auftritt, die die Biegung wieder auszugleichen sucht. Diese nach oben gerichtete Kraft hebt die Schwerkraft gerade auf, so daß der Körper in Ruhe bleibt. Man sagt, beide Kräfte halten sich das Gleichgewicht.

§ 17. Zusammensetzung und Zerlegung von Kräften. Schon die alltägliche Erfahrung lehrt, daß man zur völligen Bestimmung der Wirkung einer Kraft drei Dinge kennen muß: 1. ihre *Größe*, 2. ihre *Richtung* und 3. ihren *Angriffspunkt*. Greifen an einem starren Körper zwei entgegengesetzt gleiche Kräfte an, so halten sie sich nur dann das Gleichgewicht, wenn die Verbindungslinie der Angriffspunkte A und B in die Richtung der Kräfte fällt, s. Abb. 20. Das Gleichgewicht bleibt erhalten, wenn wir die Angriffspunkte der in A und B angreifenden Kräfte innerhalb des starren Körpers längs der *Wirkungslinien* verschieben, etwa von B nach C. Unter der Wirkungslinie oder der *Angriffslinie* einer Kraft verstehen wir die in der Kraftrichtung durch den Angriffspunkt gezogene Gerade.

Dagegen wird das Gleichgewicht gestört, sobald der Angriffspunkt der in *B* angreifenden Kraft in einer anderen Richtung, z. B. nach *D* verschoben wird. Unter dem Einfluß der in *A* und *D* einwirkenden Kräfte tritt eine Drehung des Körpers ein.

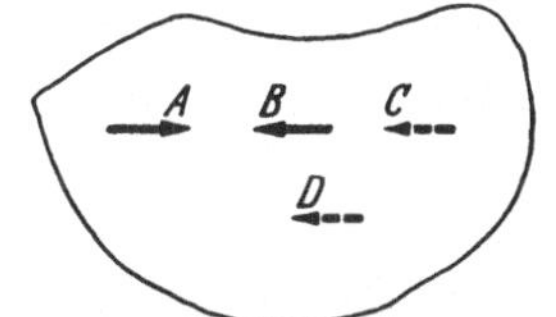

Abb. 20. Parallele und entgegengesetzt gerichtete Kräfte am starren Körper

Wirken an ein und demselben Angriffspunkt mehrere Kräfte, so lassen sich diese als Vektoren nach dem *Parallelogrammsatz* zu einer resultierenden Kraft $\boldsymbol{K}$ zusammensetzen, s. Abb. 21. Umgekehrt kann man mit Hilfe des Parallelogrammsatzes Kräfte in Komponenten zerlegen, s. w. u. Die Resultierende zweier in einer Ebene liegender Kräfte finden wir, indem wir die Kraftvektoren entlang ihrer Wirkungslinien bis zu ihrem Schnitt verschieben und für diesen Punkt als Angriffspunkt den Parallelogrammsatz anwenden. Heben sich alle an einem Punkt einwirkenden Kräfte gerade auf, so bleibt der Angriffspunkt in Ruhe, und wir haben den Fall des Gleichgewichts.

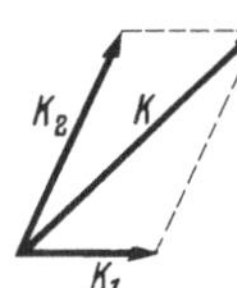

Abb. 21. Zusammensetzung von Kräften

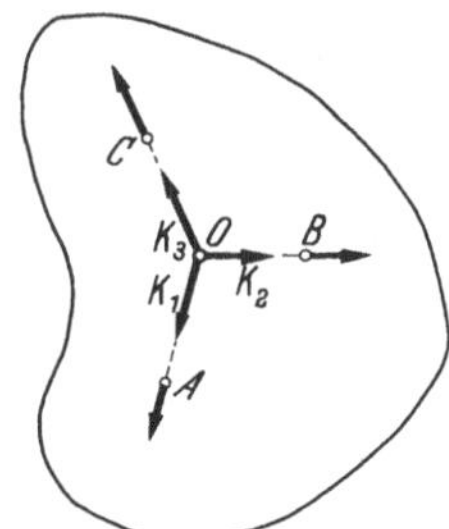

Abb. 22. Gleichgewicht mehrerer Kräfte

Wenn in einem Punkt *O* eines starren Körpers drei sich im Gleichgewicht haltende Kräfte $\boldsymbol{K}_1$, $\boldsymbol{K}_2$ und $\boldsymbol{K}_3$ angreifen, s. Abb. 22, so können wir, ohne das Gleichgewicht zu stören, die Angriffspunkte nach *A*, *B*, *C* verlegen. Daraus folgt umgekehrt, daß ein starrer Körper unter der Wirkung dreier in einer Ebene liegender Kräfte im Gleichgewicht ist, 1. wenn ihre Wirkungslinien durch einen *einzigen* Punkt gehen und 2. wenn sie sich geometrisch zu Null addieren.

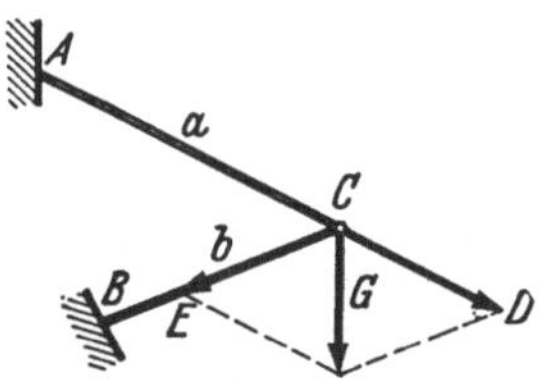

Abb. 23. Belastung eines Trägers

Als weiteres Beispiel zur Zerlegung einer Kraft betrachten wir die Belastung eines Trägers, der aus den Stäben *a* und *b* besteht und in *A* und *B* befestigt ist, s. Abb. 23. In *C* greife das Gewicht $\boldsymbol{G}$ an. Zerlegen wir $\boldsymbol{G}$ in die Komponenten in Richtung von *a* und *b*, so gibt *CD* die Zugkraft, *CE* die Druckkraft, mit der die Stäbe beansprucht werden.

§ 18. Hebel, Drehmoment. Wir betrachten eine starre, um eine durch D gehende und senkrecht zur Zeichenebene stehende Achse drehbare Stange, deren Querdimensionen und Gewicht wir vernachlässigen, d. h. einen sog. *mathematischen Hebel*, s. Abb. 24. Auf diesen mögen in A_1 und A_2 zwei zur Drehachse senkrechte, also in der Zeichenebene liegende Kräfte K_1 und K_2 wirken. Wir fällen von D aus die Lote l_1 und l_2 auf die Kraftrichtungen. Diese werden als *Hebelarme* bezeichnet. Wie die Erfahrung lehrt, ist Gleichgewicht vorhanden, wenn die beiden Kräfte den Hebel im entgegengesetzten Sinne zu drehen versuchen und wenn die Produkte aus den Kräften und den zugehörigen Hebelarmen gleich sind, also wenn die Gleichung gilt

$$K_1 l_1 = K_2 l_2 .$$

Das Produkt aus der angreifenden Kraft und dem zugehörigen Hebelarm wird als ihr *Drehmoment* in bezug auf die Achse durch D bezeichnet. Wirken auf einen drehbaren Körper beliebig viele zur Drehachse senkrecht stehende Kräfte ein, so ist Gleichgewicht vorhanden, wenn die Summe der in einem Sinne wirkenden Drehmomente gleich der Summe der entgegengesetzt wirkenden Momente ist *(Hebelgesetz)*.

Das durch $\boldsymbol{K}_1$ in Bezug auf die Achse durch D verursachte Drehmoment $\boldsymbol{M}_1$ wird durch das *Vektorprodukt* $\boldsymbol{M}_1 = \boldsymbol{r}_1 \times \boldsymbol{K}_1$ dargestellt, wo $\boldsymbol{r}_1$ der Abstand des Angriffspunktes A_1 von der Drehachse ist. Sein Betrag ist durch $K_1 r_1 \sin\alpha = K_1 l_1$ gegeben, wo α den Winkel zwischen der angreifenden Kraft $\boldsymbol{K}_1$ und $\boldsymbol{r}_1$ bedeutet. Die Richtung von $\boldsymbol{M}_1$ steht senkrecht auf der durch $\boldsymbol{K}_1$ und $\boldsymbol{r}_1$ gebildeten Ebene und ergibt den Drehsinn, vgl. Abb. 24, die dem einfachen Fall entspricht, daß der Vektor $\boldsymbol{M}_1$ die Richtung der festen Drehachse hat. Gleichgewicht ist am Hebel dann vorhanden, wenn die Vektorsumme aller Drehmomente Null ist.

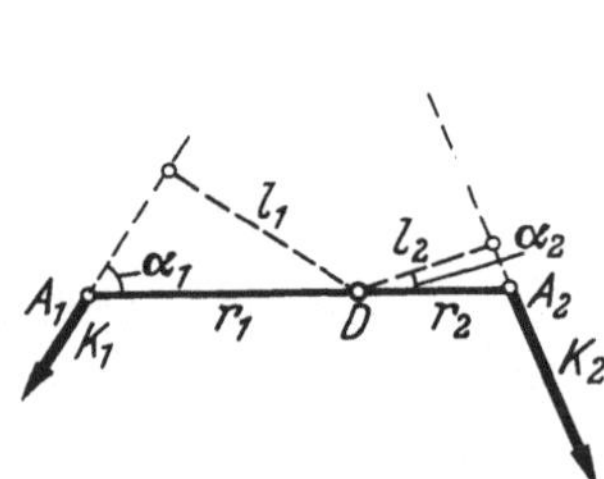

Abb. 24. Gleichgewicht am Hebel

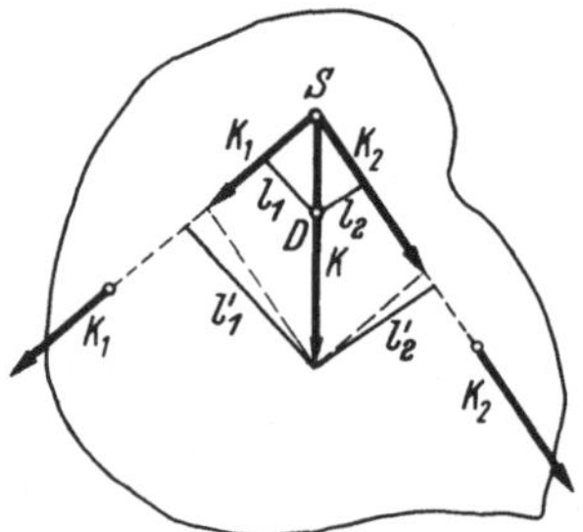

Abb. 25. Zum Hebelgesetz

Die Anwendungen des Hebels sind sehr mannigfach; wir nennen nur die *Brechstange*, die *Schere*, die *Schubkarre*, die *Lenkstange* und *Pedale* von Fahrrädern. Auch die *Gliedmaßen des Tierskeletts* wirken als Hebel.

Die Gültigkeit des Hebelgesetzes können wir auf folgende Weise einsehen. Wir betrachten einen um D drehbaren starren Körper beliebiger Form, auf den die Kräfte $\boldsymbol{K}_1$ und $\boldsymbol{K}_2$ einwirken, s. Abb. 25. Wir verlegen diese Kräfte in den gemeinsamen Schnittpunkt S ihrer Wirkungslinien und konstruieren die Resultierende $\boldsymbol{K}$. Geht nun $\boldsymbol{K}$ durch den Drehpunkt D, so können wir wieder den Angriffspunkt von S nach D verschieben. Man erkennt dann, daß dabei keine Drehung des Körpers auftreten kann, da ja die Kraft $\boldsymbol{K}$ selbst durch die Gegenkraft des Lagers aufgenommen wird. Es ist also Gleichgewicht vorhanden, wenn die Wirkungslinie der resultierenden Kraft durch den Drehpunkt geht. Sind l'_1 und l'_2 Lote auf die Wirkungslinien, so ist aus geometrischen Gründen $K_1 l'_1 = K_2 l'_2$ (Flächengleichheit der das Kräfteparallelogramm bildenden Dreiecke). Aus Ähnlichkeitsgründen folgt ferner $l_1/l'_1 = l_2/l'_2$ und damit auch $K_1 l_1 = K_2 l_2$.

§ 19. Parallele Kräfte, Kräftepaar. Die Resultierende paralleler Kräfte läßt sich mit Hilfe des Hebelgesetzes bestimmen. Der in Abb. 26 dargestellte, um die durch D gehende Achse drehbare Hebel erfährt keine Drehung, wenn $K_1 l_1 = K_2 l_2$ ist. Damit aber der Hebel nicht nach unten gerissen wird, müssen wir ihn im Punkt D noch durch eine nach oben wirkende Kraft K' unterstützen, die entgegengesetzt gleich der Summe der Parallelkräfte, also $K = K_1 + K_2$ ist. Jetzt erst ist Gleichgewicht vorhanden. $K_1 + K_2$ ist die Druckkraft, die der Hebel auf das Lager und umgekehrt das Lager auf den Drehpunkt des Hebels ausübt. Man kann daher auch sagen, daß die Kraft K' durch die beiden Kräfte $K_1 + K_2$ kompensiert wird. Also ist K' entgegengesetzt gleich der Resultierenden K aus K_1 und K_2. Wir haben daher den Satz: Zwei in den Punkten A_1 und A_2 angreifende parallele Kräfte K_1 und K_2 vereinigen sich zu einer Resultierenden der Größe $K = K_1 + K_2$ von derselben Richtung. Ihr Angriffspunkt D teilt den Abstand $A_1 A_2$ so, daß sich die Abschnitte $A_1 D$ und $A_2 D$ umgekehrt wie die Kräfte K_1 und K_2 verhalten, oder $\frac{A_1 D}{A_2 D} = \frac{l_1}{l_2} = \frac{K_2}{K_1}$.

Diesen Satz können wir auch umgekehrt zur Zerlegung einer gegebenen Kraft in parallele Komponenten benutzen. Belastet man z. B. eine an den Enden unterstützte Brücke, so kann man den von der Lage der Last abhängigen Druck auf die beiden Unterstützungspunkte angeben.

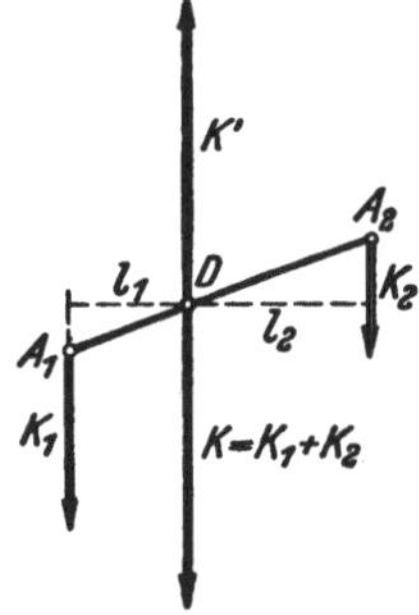

Abb. 26. Zusammensetzung paralleler Kräfte

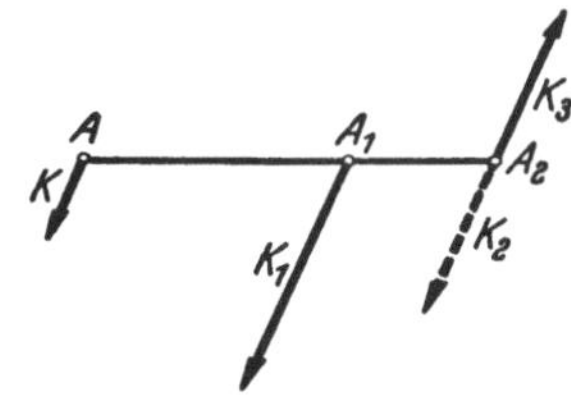

Abb. 27. Zusammensetzung antiparalleler Kräfte

Um die Resultierende zweier *antiparalleler* Kräfte K_1 und K_3 zu finden, zerlegen wir die größere Kraft K_1 in zwei gleichsinnige parallele Kräfte, s. Abb. 27, von denen die eine entgegengesetzt gleich K_3 ist und in A_2 angreift, während die andere K in A auf der anderen Seite von A_1 angreift. Das ist immer möglich, wenn wir nur dafür sorgen, daß $K = K_1 - K_2 = K_1 - K_3$ und ferner $A A_1 = \frac{A_1 A_2}{K} \cdot K_2 = \frac{A_1 A_2 \cdot K_3}{K_1 - K_3}$ ist. Ersetzen wir also K_1 durch K_2 und K, so heben sich die in A_2 angreifenden Kräfte auf, und es bleibt als Resultierende der beiden antiparallelen, verschieden großen Kräfte die in A angreifende Kraft $K = K_1 - K_3$ übrig.

Zwei *entgegengesetzt parallele gleich große* Kräfte lassen sich nach diesem Verfahren nicht mehr zu einer einzigen resultierenden Kraft zusammensetzen. Sie bilden einen besonderen Krafttypus, ein sog. *Kräftepaar.* Ein Kräftepaar erzeugt immer ein Drehmoment von der Größe Kl, wo l den senkrechten Abstand der Wirkungslinien bedeutet. Betrachten wir einen um D drehbaren Hebel, s. Abb. 28a, so ist das gesamte Drehmoment im Sinne des Uhrzeigers $Kl_1 + Kl_2 = Kl$. Liegt der Drehpunkt auf der Verlängerung von A_1A_2, s. Abb. 28b, so ist das Drehmoment wieder im Uhrzeigersinn gemessen $M = Kl_1 - Kl_2 = Kl$.

Abb. 28a u. b. Drehmoment eines Kräftepaars

Wirken auf einen starren Körper Kräfte beliebiger Größe und Richtung, in beliebiger Zahl und in beliebigen Angriffspunkten ein, so kann man geometrisch nachweisen, daß sich alle Kräfte zu einer resultierenden Einzelkraft K und einem Kräftepaar zusammensetzen lassen.

§ 20. Schwerpunkt. Jeder kleinste Teil eines Körpers unterliegt der Schwerkraft, die in Richtung der Erdanziehung, also senkrecht nach unten wirkt. Alle diese parallelen Einzelkräfte setzen sich zu einer resultierenden Kraft, die gleich der Summe der Einzelkräfte ist (Gesamtgewicht = Summe der Gewichte aller Teile), zusammen. Wenden wir die in § 19 angegebene Regel für die Zusammensetzung zweier paralleler Kräfte nacheinander auf alle Einzelkräfte an, so erhalten wir auch den Angriffspunkt der resultierenden Kraft. Der Körper verhält sich also unter dem Einfluß der Schwerkraft so, als ob das Gesamtgewicht in diesem einen Angriffspunkt vereinigt wäre. Diesen ausgezeichneten Punkt nennen wir den *Schwerpunkt* oder *Massenmittelpunkt* des Körpers. Seine Lage ist unabhängig von der jeweiligen Stellung des Körpers.

Bei einer homogenen Kugel oder einem Ring ist der Mittelpunkt der Schwerpunkt. Der Schwerpunkt S einer Hantel, die wir als gewichtslose Stange mit den Massen m_1 und m_2 an den Enden betrachten wollen, bestimmt sich als der Angriffspunkt zweier paralleler Kräfte durch die Gleichung

$$\frac{l_1}{l_2} = \frac{G_2}{G_1} = \frac{m_2}{m_1}, \quad \text{s. Abb. 29.}$$

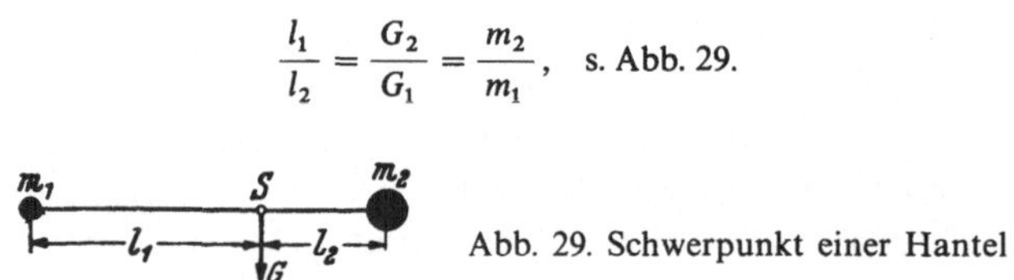

Abb. 29. Schwerpunkt einer Hantel

§ 21. Gleichgewicht. Ein Körper kann sich unter dem Einfluß der Schwere von selbst nur dann in Bewegung setzen, wenn sein Schwerpunkt als der Angriffspunkt der resultierenden Kraft sich dabei nach unten senkt. Denn andernfalls muß Arbeit aufgewandt werden. Wir unterscheiden dabei verschiedene Arten des Gleichgewichts, s. Abb. 30.

Abb. 30. Stabiles, indifferentes und labiles Gleichgewicht

1. *Stabiles* Gleichgewicht, wenn der Schwerpunkt die tiefstmögliche Lage hat und sich daher bei jeder Bewegung des Körpers nur aufwärts bewegen kann.

2. *Indifferentes* Gleichgewicht, wenn der Schwerpunkt sich bei einer Verschiebung des Körpers horizontal bewegt.

3. *Labiles* Gleichgewicht, wenn der Schwerpunkt bei jeder Verschiebung des Körpers sinkt.

Ein hängender Körper befindet sich dann im stabilen Gleichgewicht, wenn bei irgendeiner Verschiebung aus der Gleichgewichtslage der Schwerpunkt gehoben wird. Im stabilen Gleichgewicht besitzt also der Körper ein *Minimum* an *potentieller* Energie. Dieser Satz gilt ganz allgemein, unabhängig von der Art der einwirkenden Kräfte.

Abb. 31. Standfestigkeit

Ruht ein Körper mit einer Fläche oder mehreren Unterstützungspunkten auf einer horizontalen Unterlage, so ist er im stabilen Gleichgewicht, solange das vom Schwerpunkt S nach unten gefällte Lot durch die Unterstützungsfläche geht. Dreht man den Körper der Abb. 31 um den Winkel α um die Kante K, so wird der Schwerpunkt zunächst gehoben. Erst wenn der Schwerpunkt genau senkrecht über K steht, wird das Gleichgewicht labil, und beim geringsten Weiterdrehen kippt der Körper um. Die *Standfestigkeit* eines Körpers ist, wie man leicht einsieht, um so größer, je tiefer sein Schwerpunkt liegt und je größer die Unterstützungsfläche ist.

§ 22. Die Waagen. Um das Gewicht eines Körpers direkt zu ermitteln, brauchen wir eine *Federwaage*, vgl. Abb. 98. Bei dieser wird eine Feder so weit gedehnt, bis die elastische Federkraft dem Gewicht des Körpers das Gleichgewicht hält. Die Federkraft gibt also direkt das Gewicht $G = mg$ des Körpers. Bei den gleicharmigen Hebelwaagen, wo zwei Körper der Masse m und m' sich das Gleichgewicht halten, $mg = m'g$, fällt die vom Ort abhängige Erdbeschleunigung heraus, und es gilt überall $m = m'$. Mit einer Hebelwaage bestimmen wir also unmittelbar die Massen. Das Gewicht erhalten wir erst, wenn wir die Erdbeschleunigung kennen.

Die gewöhnlichen Hebelwaagen bestehen im wesentlichen aus dem um eine horizontale Achse drehbaren Waagebalken und den an seinen Enden aufgehängten Waagschalen. Bei feinen Waagen ruht der Waagebalken auf einer Schneide. Für genaue Messungen ist es notwendig, daß die Arme des Waagebalkens und ebenso die Schalen möglichst gleich sind, d. h. dasselbe Drehmoment ergeben. Ferner muß die Waage im stabilen Gleichgewicht sein, d. h. der Schwerpunkt des Waagebalkens muß bei horizontaler Lage desselben *unterhalb* der Schneide liegen. Schließlich muß die Waage *empfindlich* sein, d. h. sie soll bei einem kleinen Übergewicht K noch einen meßbaren Ausschlag α geben. Je größer der Ausschlag für ein bestimmtes Übergewicht ist, um so empfindlicher ist die Waage, d. h. um so kleinere Gewichtsunterschiede lassen sich noch erkennen. Die *Empfindlichkeit* α/K einer Waage ist um so größer, je leichter und je länger der Waagebalken ist und je näher der Schwerpunkt unter der Drehachse liegt.

Der Drehpunkt O und die Aufhängepunkte der Schalen A und B sollen in einer Geraden liegen, s. Abb. 32, da nur in diesem Falle die Empfindlichkeit von der Belastung unabhängig ist. Durch ein kleines Übergewicht K sei der um O drehbare Waagebalken um den Winkel α herausgedreht. S sei der

Schwerpunkt des Waagebalkens, G sein Gewicht und s sein Abstand von O. Im Gleichgewichtsfalle heben sich die Drehmomente $K \cdot OC$ und $G \cdot OD$ gegenseitig auf. Da der Winkel α klein ist, können wir $OC = l$ und $OD = s \sin\alpha = s\alpha$ setzen, so daß wir für den Ausschlag erhalten $\alpha = Kl/Gs$. Die Empfindlichkeit α/K wird also um so größer, je näher der Schwerpunkt am Drehpunkt liegt. Dem steht

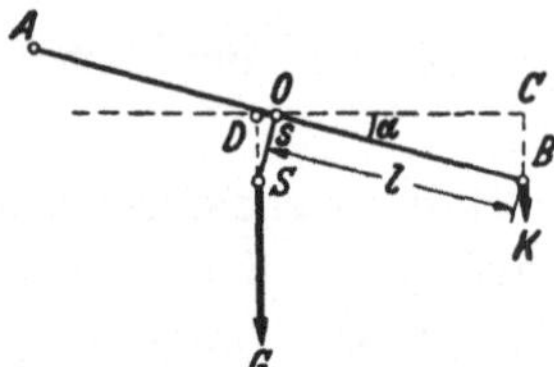

Abb. 32. Zur Empfindlichkeit der Waage

aber entgegen, daß dann die Schwingungsdauer der Waage (s. die Ausführungen beim Pendel § 53), immer größer wird, die Wägung also zu lange dauert und die Stabilität immer geringer, die Waage also gegen Erschütterungen zu empfindlich wird. Um die Schwingungsdauer abzukürzen, baut man moderne Waagen mit kurzem Waagebalken. Da mit der Länge auch das Gewicht abnimmt, verliert die Waage dadurch nicht an Empfindlichkeit.

G. Drehbewegung eines starren Körpers

§ 23. Einige Grundbegriffe. Am einfachen Fall einer starren, um eine feste Achse drehbaren Scheibe wollen wir die für Drehbewegungen wichtigsten Begriffe kennenlernen. Versetzen wir diese Scheibe mit Hilfe eines über eine Rolle laufenden Schnurzuges mit Gewicht in Drehung, s. Abb. 33a, so kommt es nicht auf die einwirkende Kraft K allein – eine z. B. im Drehpunkt O angreifende Kraft wäre unwirksam –, sondern auf ihr „*Drehmoment*" M in bezug auf die Drehachse AA an, also auf die Größe

$$M = Kr\,,$$

wo r den senkrechten Abstand der Wirkungslinie von der Drehachse AA oder den Hebelarm der Kraft bedeutet. Kraft K und Fahrstrahl r definieren eine

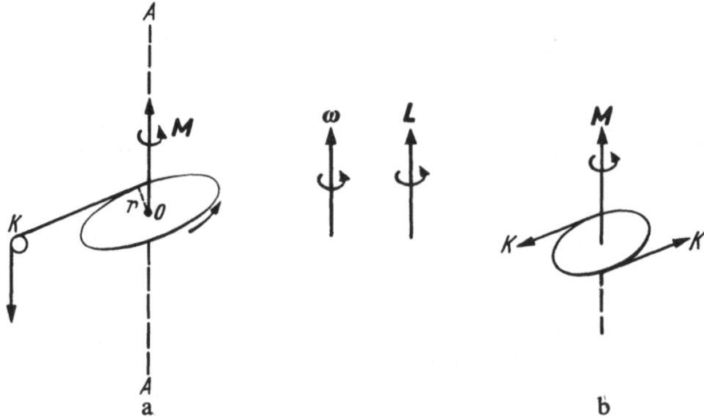

Abb. 33a u. b. Drehsinn und Vektoren des Drehmoments, der Winkelgeschwindigkeit und des Drehimpulses bei einer rotierenden Scheibe. Die Drehachse steht auf der durch die Kraft und dem Fahrstrahl r (a) bzw. durch das Kräftepaar (b) definierten Ebene senkrecht

Ebene. Die Drehung erfolgt um eine zu dieser senkrechten Achse. Ebenso steht beim Einwirken eines *Kräftepaares*, d. h. zweier entgegengesetzt gleicher Kräfte, vgl. § 19, die Drehachse senkrecht zur Ebene des Kräftepaares, s. Abb. 33b. Die Drehung erfolgt von oben gesehen entgegen dem Uhrzeigersinne. Würde die Kraft im entgegengesetzten Sinne einwirken, so würde sich der Drehsinn umkehren. Würde die Kraft senkrecht zur Ebene der Scheibe stehen, ihr Moment also so gerichtet sein, daß es die Scheibe um eine horizontale Achse zu drehen sucht, so wäre ihr Drehmoment wegen der festen Achse wirkungslos, ähnlich wie eine auf einen Eisenbahnwagen senkrecht zur Schienenrichtung ausgeübte Kraft wirkungslos bleibt. Wir beschreiben daher das Drehmoment durch einen Vektor $\boldsymbol{M}$ und stellen es durch einen auf der Ebene des Kräftepaares oder des Drehmoments senkrecht stehenden Pfeil so dar, daß von seiner Spitze aus gesehen das Moment eine Drehung entgegen dem Uhrzeigersinne ergibt.

Dreht sich die Scheibe, so haben die verschiedenen Punkte der Scheibe zwar dieselbe *Winkelgeschwindigkeit* ω, vgl. § 7, aber verschiedene Bahngeschwindigkeiten $v = \omega r$. Auch die Winkelgeschwindigkeit ist eine Vektorgröße, die Richtung des Pfeiles gibt den Drehsinn an, s. Abb. 33.

Wird die Scheibe in Drehung versetzt, so ändert sich ihre Winkelgeschwindigkeit. Wir führen daher den Begriff der *Winkelbeschleunigung* β ein und verstehen darunter die Änderung der Winkelgeschwindigkeit $\Delta\omega$ dividiert durch den dazu benötigten Zeitabschnitt Δt, also

$$\beta = \lim_{\Delta t \to 0} \frac{\Delta\omega}{\Delta t} = \frac{d\omega}{dt}.$$

Die Winkelbeschleunigung der Scheibe durch ein bestimmtes Drehmoment hängt nicht nur von der Masse der Drehkörpers, sondern auch von deren *Verteilung* in bezug auf die Drehachse ab. Je weiter ein schwerer Körper auf der Scheibe nach außen liegt, um so größer ist bei konstanter Winkelgeschwindigkeit seine Bahngeschwindigkeit und damit auch seine kinetische Energie (Rotationsenergie) $\frac{m}{2} v^2 = \frac{m}{2} \omega^2 r^2$. Die zur Erreichung einer bestimmten Winkelgeschwindigkeit erforderliche Beschleunigungsarbeit wächst also nicht mit m, sondern mit mr^2. Sie ist also um so größer, je weiter die Masse nach außen verlagert ist. Wir nennen das Produkt aus der Masse und dem Quadrat ihres Abstandes von der Drehachse das *Trägheitsmoment I* der Masse m in bezug auf die betreffende Achse.

Ist ein Körper aus beliebig vielen Massen zusammengesetzt, so ist das Gesamtträgheitsmoment gleich der Summe der Trägheitsmomente der einzelnen Massen, oder

$$I = m_1 r_1^2 + m_2 r_2^2 + \cdots = \sum m_i r_i^2 .$$

Das Trägheitsmoment eines Körpers ändert sich mit der Lage der Achse im Körper, ist also keine für diesen charakteristische Konstante. Betrachten wir nur die durch den *Schwerpunkt* gehenden Achsen, so gibt es eine bestimmte Achse A, s. Abb. 34, für die das Trägheitsmoment am größten ist und dazu senkrecht eine weitere Achse C, für die es am kleinsten wird. In bezug auf die zu diesen beiden Achsen senkrechte dritte Achse B hat das Trägheitsmoment einen mittleren Wert. Diese drei Achsen nennen wir die *Hauptträgheitsachsen* des Körpers, die dazugehörigen Momente seine *Hauptträgheitsmomente.*

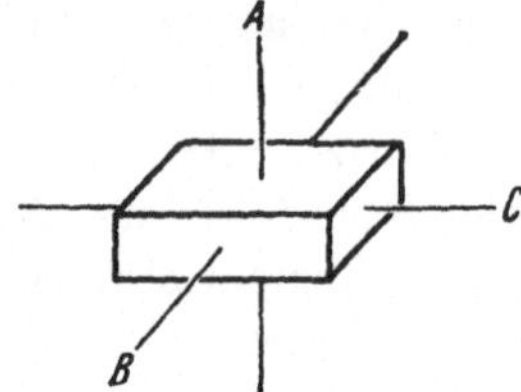

Abb. 34. Hauptträgheitsachsen einer Kiste

§ 24. Grundgesetz der Drehbewegung. Alle Beobachtungen an sich drehenden Körpern lassen sich durch das Grundgesetz für Drehbewegungen beschreiben. Diese besagt, daß ein auf einen um eine bestimmte Achse drehbaren Körper einwirkendes Drehmoment $\boldsymbol{M}$ eine Winkelbeschleunigung ergibt, die sich aus der Gleichung

$$\boldsymbol{M} = I\boldsymbol{\beta} = I\frac{d\boldsymbol{\omega}}{dt}$$

bestimmt, wobei I das Trägheitsmoment in bezug auf die Drehachse ist. Dieses Gesetz entspricht völlig dem Beschleunigungssatz für die fortschreitende Bewegung $K = mb$, wenn wir, was nach den Überlegungen des § 23 verständlich ist, die Kraft durch ihr Drehmoment, die Masse durch das Trägheitsmoment und die Bahnbeschleunigung durch die Winkelbeschleunigung ersetzen.

Zwischen der fortschreitenden und der Drehbewegung besteht eine weitgehende Analogie, so daß die für jene bekannten Beziehungen sich ohne weiteres auf die Drehbewegung übertragen lassen, wenn wir nur die Größen Weg, Kraft, Masse usw. durch die entsprechenden Größen Winkel, Drehmoment, Trägheitsmoment usw. ersetzen, vgl. die folgende Gegenüberstellung:

Einander entsprechende Größen und Gleichungen der

fortschreitenden Bewegung	Drehbewegung
Weg s	Winkel φ
Geschwindigkeit $\boldsymbol{v}$	Winkelgeschwindigkeit $\boldsymbol{\omega}$
Beschleunigung $\boldsymbol{b}$	Winkelbeschleunigung $\boldsymbol{\beta}$
Masse m	Trägheitsmoment I
Kraft $\boldsymbol{K} = m\boldsymbol{b} = \frac{d}{dt}(m\boldsymbol{v})$	Drehmoment[16] $\boldsymbol{M} = I\boldsymbol{\beta} = I\frac{d\omega}{dt} = \frac{d\omega}{dt}$
Richtgröße[16a] $D = \frac{K}{x}$	Richtmoment[17] $D^* = \frac{M}{\varphi}$
Schwingungsdauer[17a] $T = 2\pi\sqrt{\frac{m}{D}}$	Schwingungsdauer[17a] $T = 2\pi\sqrt{\frac{I}{D^*}}$
Kinetische Energie $E_{\text{kin}} = \frac{m}{2}v^2$	Rotationsenergie $E_{\text{rot}} = \frac{1}{2}I\omega^2$
Impuls $\boldsymbol{p} = m\boldsymbol{v}$	Drehimpuls[16] $\boldsymbol{L} = I\boldsymbol{\omega}$

[16] Siehe § 25.
[16a] Definition s. S. 86.
[17] Definition s. S. 88 oben.
[17a] s. § 53.

Die Analogie zwischen der fortschreitenden und drehenden Bewegung tritt auch bei der Richtungsabhängigkeit der Wirkung einer Kraft $\boldsymbol{K}$ bzw. eines Drehmomentes $\boldsymbol{M}$ zutage, s. die folgende schematische Übersicht.

Richtung der Kraft bzw. des Drehmomentes	Wirkung	Beispiel
$\boldsymbol{K} \parallel \boldsymbol{v}$	Nur Erhöhung der Bahngeschwindigkeit (reine Bahnbeschleunigung)	Freier Fall
$\boldsymbol{M} \parallel \boldsymbol{\omega}$	Nur Erhöhung der Winkelgeschwindigkeit	Scheibe in Abb. 33 Stab um freie Achse in Abb. 36
$\boldsymbol{K} \perp \boldsymbol{v}$	Nur Richtungsänderung der Geschwindigkeit (reine konstante Radialbeschleunigung)	Kreisbahn
$\boldsymbol{M} \perp \boldsymbol{\omega}$	Nur Richtungsänderung der Winkelgeschwindigkeit, also der Drehachse, falls diese frei ist, vgl. §§ 26, 27	Kreisel

§ 25. Satz von der Erhaltung des Drehimpulses. Bei der fortschreitenden Bewegung haben wir den Satz von der Erhaltung des Impulses mv kennengelernt. Ihm entspricht bei der Drehbewegung der Satz von der *Erhaltung des Drehimpulses*, wobei wir unter dem Drehimpuls $\boldsymbol{L}$ das Produkt aus Trägheitsmoment und Winkelgeschwindigkeit verstehen, also $\boldsymbol{L} = I\boldsymbol{\omega}$. Der Drehimpuls ist eine Vektorgröße. Seine Richtung, aus der wir den Drehsinn ersehen, ist dieselbe, wie die des Vektors der Winkelgeschwindigkeit, vgl. Abb. 33.

Der Erhaltungssatz besagt nun, daß in einem System, in dem nur innere Kräfte wirksam sind, also ein äußeres Drehmoment fehlt, der Drehimpuls konstant bleibt. Steht man auf einer Drehscheibe, so ist es unmöglich, sich selbst und die Scheibe in gleichsinnige Drehung zu versetzen. Läuft man am Rande der Scheibe in einer Richtung um, so gerät die Scheibe im entgegengesetzten Umlaufsinn in Drehung. Man sieht an diesem Falle, daß auch der Satz von der Erhaltung des Drehimpulses eine Folge des Prinzips von Kraft und Gegenkraft ist. Auch die Technik des Sportes bietet viele lehrreiche Beispiele. Erteilt beim Salto der Springer beim Absprung sich selbst einen Drehimpuls und reißt dann den zunächst gestreckten Körper zusammen, so wird dessen Trägheitsmoment wesentlich kleiner. Dadurch wird die Drehgeschwindigkeit entsprechend vergrößert und der Körper kann eine oder mehrere ganze Umdrehungen ausführen. Ebenso vermag die Eislauftänzerin bei der Pirouette durch in die Kniegehen oder seitliches Ausstrecken der Arme ihre Drehgeschwindigkeit herabsetzen und durch Hochziehen des Körpers wieder zu steigern. Schließlich sei auch die fallende Katze genannt, die, wie man sie auch losläßt, immer wieder auf die Beine fällt. Das ist nur dadurch möglich, daß der Schwanz eine der gewünschten Körperdrehung gegenläufige Drehbewegung beschreibt. Wirkt ein äußeres Drehmoment $\boldsymbol{M}$ während der Zeit Δt ein, so ergibt dieses nach der Grundgleichung der Drehbewegung $\boldsymbol{M} = I\boldsymbol{\beta} = I\,\Delta\boldsymbol{\omega}/\Delta t$ eine Änderung des Drehimpulses von der Größe

$$\Delta \boldsymbol{L} = I\,\Delta\boldsymbol{\omega} = \boldsymbol{M}\,\Delta t\,.$$

§ 26. Freie Achsen. Bei unseren bisherigen Betrachtungen war die Drehachse des Körpers festgelegt. Diese Beschränkung lassen wir jetzt fallen. Unter dem Einfluß eines Drehmomentes, etwa dem eines Kräftepaares, erhalten wir dann eine Drehung um eine senkrecht zur Ebene des Kräftepaares stehende und außerdem durch den *Schwerpunkt* des Körpers gehende Achse (Schwerpunktssatz, s. § 10).

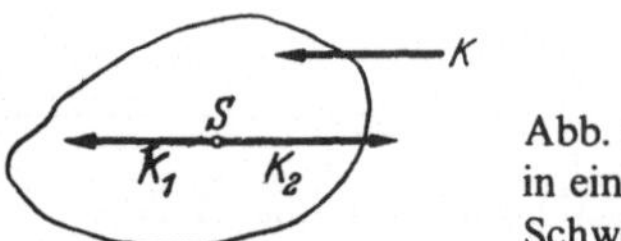

Abb. 35. Zerlegung der Kraft K in ein Kräftepaar und in eine im Schwerpunkt angreifende Kraft K_1

Wie schon früher in § 19 betont, lassen sich alle auf einen Körper einwirkenden Kräfte immer zu einer einzigen Kraft und einem einzigen Kräftepaar zusammensetzen. Im allgemeinen wird die Kraft K außerhalb des Schwerpunkts angreifen. Fügen wir aber zwei entgegengesetzt gleiche, im Schwerpunkt S angreifende Kräfte K_1 und K_2 hinzu und machen K_1 parallel und gleich K, s. Abb. 35, so ist K durch die im Schwerpunkt angreifende Kraft K_1 und durch das Kräftepaar $K K_2$ ersetzt. Nach dem Schwerpunktssatz bewirkt K_1 eine Verschiebung des Schwerpunkts. Das Drehmoment des Kräftepaares ergibt eine Drehung des Körpers, wobei die Drehachse durch den Schwerpunkt gehen muß, da dieser nach dem Schwerpunktssatz beim Fehlen der äußeren Kraft K_1 in Ruhe bleibt. Kommt noch die Kraft K_1 hinzu, so führt der Körper außer der Drehung um eine Schwerpunktsachse noch eine Translationsbewegung aus, wobei sich der Schwerpunkt unter dem Einfluß von K_1 so bewegt, als ob die ganze Masse in ihm vereinigt wäre.

Die bei der Drehung auftretenden Zentrifugalkräfte geben im allgemeinen ein Drehmoment, das auch als *Zentrifugalmoment* bezeichnet wird und das den Körper zu kippen versucht, so daß die Drehachse im Körper ihre Richtung ändert. Bringen wir z. B. einen am Ende aufgehängten zylindrischen Stab mit Hilfe eines Motors um eine vertikale Achse in Drehung, so halten sich die Zentrifugalkräfte genau im Gleichgewicht, s. Abb. 36a. Bei der geringsten Abweichung von der vertikalen Lage üben jedoch die resultierenden Zentrifugalkräfte K_1 und K_2 ein Drehmoment aus, das den Stab in die horizontale Lage zu drehen sucht, Abbildung 36b. Man kann auch sagen, die Zentrifugalkräfte treiben die Massen

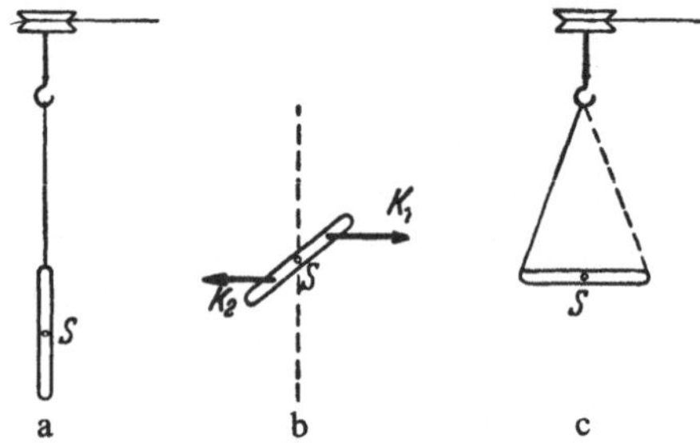

Abb. 36. Zentrifugalkräfte und freie Achsen bei einem rotierenden Körper

möglichst weit von der Drehachse weg. Es wird also als Drehachse diejenige Achse angestrebt, für die das Trägheitsmoment am größten ist, s. Abb. 36c. Um die Achse des *größten* Trägheitsmomentes vermag ein Körper ohne Lager *stabil* zu rotieren, da bei jeder Störung sofort ein rücktreibendes Drehmoment auftritt. Wir bezeichnen daher diese Hauptträgheitsachse als eine *freie Achse* des Körpers.

Die Achse des *kleinsten* Trägheitsmomentes kann ebenfalls eine freie Achse sein; bei genügend hoher Drehzahl wird sie aber instabil. Die Achse des mittleren Trägheitsmomentes ist von vornherein instabil. Versetzt man einen Körper um diese Achse in Drehung, z. B. die in Abb. 34 gezeichnete Kiste um die Achse *B*, so gerät sie ins Torkeln, während sie um die Achse *A* und bei einiger Vorsicht auch um *C* weiterrotiert.

§ 27. Der Kreisel. Jeder freie oder höchstens in einem Punkte festgehaltene rotierende Körper wird als *Kreisel* bezeichnet. Seine Drehung, die sog. *Kreiselbewegung*, erfolgt, wie im vorhergehenden Paragraphen ausgeführt, immer um eine durch den Schwerpunkt gehende Achse. Die Bewegung ist im allgemeinen sehr verwickelt, doch lassen sich die charakteristischen Erscheinungen schon am Sonderfall des rotationssymmetrischen Kreisels, der uns als Kinderkreisel bekannt ist, erkennen. Seine Symmetrieachse, auch *Figurenachse* genannt, ist die Achse des größten Trägheitsmomentes, also eine stabile freie Achse, s. Abb. 37.

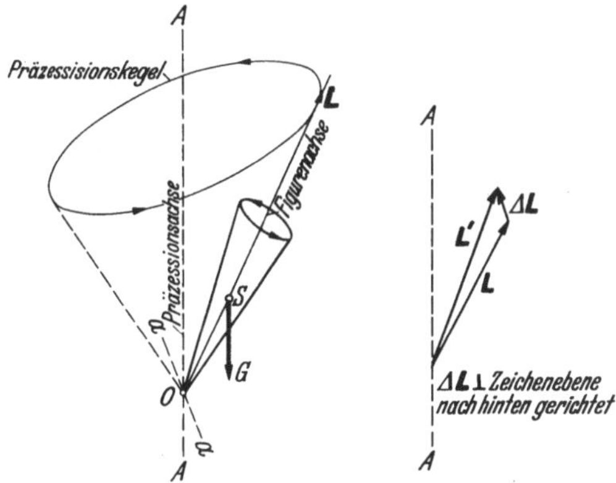

Abb. 37. Präzession eines Kreisels. Dieser rotiert um eine Figurenachse Drehimpulsachse *L*, wobei diese wiederum einen raumfesten Kegelmantel mit *AA* als Achse beschreibt

Die auffallendste Eigenschaft eines Kreisels ist sein Bestreben, die Richtung seiner Drehachse, genauer die des Drehimpulses, festzuhalten. Das ist eine Folge der sich jeder Richtungsänderung widersetzenden Trägheit rotierender Massen. Unterstützen wir einen Kreisel im Schwerpunkt oder hängen ihn kardanisch auf, so ist er den äußeren Kräften entzogen und behält, wenn er einmal um seine Figurenachse in Drehung versetzt worden ist, diese raumfest bei (Satz von der Erhaltung des Drehimpulses). So bleibt bei der in Drehung versetzten abgeschleuderten Diskusscheibe die Figurenachse raumfest, s. Abb. 38. Der Diskus erfährt daher im absteigenden Ast der Bahn wie eine Tragfläche mit dem Anstellwinkel α einen Auftrieb, s. § 50, und erreicht daher eine größere Flugweite.

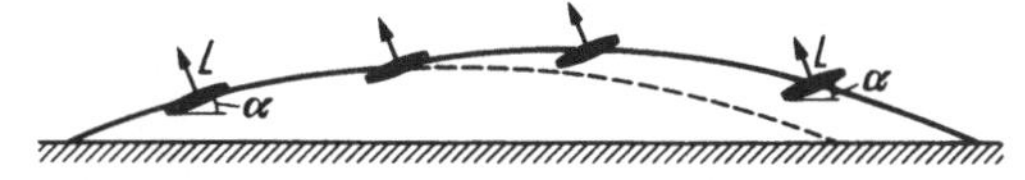

Abb. 38. Flugbahn einer Diskusscheibe (aus POHL: Mechanik)

Lassen wir auf einem Kreisel jetzt eine Kraft einwirken, so weicht er nicht in Richtung der Kraft, sondern *senkrecht* dazu aus. Sobald z. B. der Kreisel in Abb. 37 nicht genau senkrecht steht, übt die Schwerkraft ein Drehmoment aus, das den ruhenden Kreisel umkippen würde. Der rotierende Kreisel fällt jedoch nicht um, sondern weicht senkrecht zum einwirkenden Drehmoment aus und beschreibt eine sog. *Präzessionsbewegung*, wobei seine Figurenachse einen Kegelmantel mit AA als Achse und mit O als Spitze umfährt. Diese überraschende Erscheinung erklärt sich folgendermaßen: Das im Schwerpunkt S des Kreisels angreifende Gewicht $\boldsymbol{G}$ erzeugt ein Drehmoment $\boldsymbol{M}$ um die horizontale, zur Zeichenebene senkrechte Achse aa. Dieses während der kurzen Zeit Δt wirksame Moment erzeugt einen zusätzlichen Drehimpuls $\Delta \boldsymbol{L}$. Dieser ist dem Drehmoment gleichgerichtet, also horizontal, und addiert sich geometrisch, s. Abb. 37, zum ursprünglichen Drehimpuls $\boldsymbol{L}$ des Kreisels, so daß nach der Zeit Δt der neue Drehimpuls durch $\boldsymbol{L}' = \boldsymbol{L} + \Delta \boldsymbol{L}$ gegeben ist. Da der Kreisel nur um seine Figurenachse rotieren kann, die Richtung der Figuren- oder Drehachse also stets mit der Richtung des Drehimpulses übereinstimmt, nimmt seine Achse jetzt die von der ursprünglichen Richtung $\boldsymbol{L}$ abweichende neue Richtung $\boldsymbol{L}'$ ein, sie hat sich also etwas nach hinten gedreht. Wirkt das Moment der Kraft $\boldsymbol{L}$ dauernd ein, so weicht die Kreiselachse dem einwirkenden Drehmoment stets senkrecht aus, beschreibt also die obige Präzessionsbewegung. Die Kreiselbewegung setzt sich also hier aus zwei Drehungen zusammen, der Drehung um die Figurenachse und der Drehung der Figurenachse um die Präzessionsachse AA. Die resultierende Drehung erfolgt um die ihre Richtung stets ändernde sog. *momentane* Drehachse.

Wie sehen, daß beim Einwirken eines Drehmomentes um die Achse aa die Kreiselachse sich der Horizontalen nähert ($\boldsymbol{L}'$ schließt einen kleineren Winkel als $\boldsymbol{L}$ mit $\Delta \boldsymbol{L}$ ein), s. Abb. 37, d. h. die Drehachse sucht sich so einzustellen, daß sie mit der Achse des einwirkenden Drehmomentes (hier bestimmt durch $\Delta \boldsymbol{L}$) einen möglichst kleinen Winkel bildet. Das ist das grundlegende Gesetz der Kreiselbewegung, mit dem man die Reaktion eines Kreisels auf ein äußeres Drehmoment jederzeit angeben kann.

Die Präzessionsgeschwindigkeit ist um so kleiner, je größer der Drehimpuls des Kreisels ist. Der Kreisel reagiert um so weniger auf äußere Kräfte, seine Achse ist um so *störrischer*, je schneller er rotiert. Die Kreiselachse wird durch den Drehimpuls also raumfest *stabilisiert*. Das ist die Folge der mit der Drehgeschwindigkeit ansteigenden Trägheitswirkung.

Da der zusätzliche Drehimpuls $\Delta \boldsymbol{L}$ senkrecht zum ursprünglichen Impuls $\boldsymbol{L}$ steht, hat er nur dessen Richtung geändert. Ist $\Delta\alpha$ der Winkel zwischen $\boldsymbol{L}$ und $\boldsymbol{L}'$, so ist, s. Abb. 37, $\Delta \boldsymbol{L} = \boldsymbol{L}\Delta\alpha = I\boldsymbol{\omega}\Delta\alpha$. Da ferner $\Delta \boldsymbol{L}$ durch das Drehmoment festgelegt ist, $\Delta \boldsymbol{L} = \boldsymbol{M}\Delta t$, folgt, $\boldsymbol{M} = \dfrac{\Delta \boldsymbol{L}}{\Delta t} = I\boldsymbol{\omega}\dfrac{\Delta\alpha}{\Delta t}$ oder die Präzessionsgeschwindigkeit $\Delta\alpha/\Delta t$ ist um so kleiner, je größer der Drehimpuls $I\boldsymbol{\omega}$ des Kreisels ist.

Die auf der Trägheit rotierender Massen beruhenden Kreiselkräfte treten überall da in Erscheinung, wo den Drehachsen schnell umlaufender Massen eine Richtungsänderung aufgezwungen wird. Bei einem in die Kurve gehenden Fahrzeug wird der Radsatz mit den rasch umlaufenden Rädern um die Vertikalachse gedreht. Die dabei auftretenden Kreiselkräfte suchen die Achse des Radsatzes aufzurichten. Das bedeutet einen Zusatzdruck auf das äußere Rad und eine Entlastung des inneren, wodurch das von den Zentrifugalkräften herrührende Kippmoment, s. § 14, noch verstärkt wird. Entsprechend kann eine plötzliche Unebenheit der Fahrbahn, die die Radachse kippt, bei großer Geschwindigkeit das Fahrzeug aus der geradlinigen Fahrtrichtung herausschleudern.

Beim *Kreiselkompaß*, der sich nur um eine horizontale Achse drehen kann, sucht die Drehachse sich der Erdachse möglichst parallel zu stellen und strebt daher die Nord-Süd-Richtung an.

Die Möglichkeit des *freihändigen Fahrens* mit dem Fahrrad beruht auf den beim Kippen des Rades auftretenden Kreiselkräften.

Um das Überschlagen von Geschossen zu verhüten, gibt man ihnen mittels der in den Rohrlauf eingeschnittenen Züge einen Drehimpuls (Geschoßdrall) mit.

H. Allgemeine Gravitation

§ 28. Gravitationsgesetz. Aus der Tatsache, daß alle Körper gleich schnell fallen, schließen wir auf eine nach dem Erdmittelpunkt gerichtete Anziehungskraft, die *Schwerkraft*, die der Masse der Körper proportional ist, vgl. § 9. NEWTON hat erkannt, daß nicht nur die Erde alle Körper auf ihrer Oberfläche anzieht, sondern daß überhaupt alle Massen, wo sie sich auch im Weltraum befinden mögen, sich gegenseitig anziehen. Die irdische Schwerkraft ist also nur ein Sonderfall der *allgemeinen Massenanziehung* oder *Gravitation*. Das von NEWTON aus den Keplerschen Gesetzen der Planetenbewegung, s. § 29, abgeleitete *Gravitationsgesetz* lautet:

$$K = f \cdot \frac{m_1 m_2}{r^2},$$

d. h., die zwischen zwei Massen wirkende Anziehungskraft K ist dem Produkte der Massen m_1 und m_2 direkt und dem Quadrat ihrer Entfernung r umgekehrt proportional; f ist eine von der Beschaffenheit der Körper unabhängige Naturkonstante. Wir nennen sie die *Gravitationskonstante*; ihr nur experimentell bestimmbarer Wert beträgt $6{,}67 \cdot 10^{-8}\ \mathrm{g^{-1}\,cm^3\,s^{-2}}$.

Es zieht also nicht nur die Erde alle Körper auf ihrer Oberfläche an, sondern es ziehen auch umgekehrt diese die Erde an, und ebenso ziehen sich alle Körper auf der Erdoberfläche gegenseitig an. Allerdings sind diese Anziehungskräfte außerordentlich klein, so daß man sie im Laboratorium nur mit Hilfe einer empfindlichen Drehwaage nachweisen kann. Zwei Massen von je einem Gramm ziehen sich nach dem obigen Gesetz im Abstand von 1 cm mit der Kraft von $6{,}6 \cdot 10^{-13}$ Newton an. Das ist rund der 10^{10}te Teil oder 1 Zehnmilliardstel der Kraft, mit der die Erde diese Grammstücke anzieht. Es ist daher nicht erstaunlich, daß der Nachweis der Gravitation irdischer Massen erst lange nach NEWTON, nämlich zuerst durch CAVENDISH 1798, gelungen ist.

NEWTON hat sein Gravitationsgesetz zuerst aus Betrachtungen der Bewegung des Mondes um die Erde abgeleitet. Der Mond umkreist die Erde mit einem Bahnradius $R = 60$ Erdradien. Dazu ist eine Radialkraft $mr\omega^2$ oder eine Radialbeschleunigung $b_r = r\omega^2$ nötig. Mit $T = 1/n = 2\pi/\omega = 1$ Monat wird $b = 0{,}27\ \mathrm{cm/s^2}$. $\left(\right.$Aus dem Zustand der Ruhe losgelassen, würde also der Mond außerordentlich langsam auf die Erde zufallen, $s = \frac{b}{2} t^2$.$\left.\right)$ Welche Kraft kann nun diese Beschleunigung hervorrufen? Das auf der Erdoberfläche gemessene Gewicht kann es nicht sein, da sonst $b = 981\ \mathrm{cm/s^2}$ wäre. Nun ist, wie NEWTON bemerkte, das Verhältnis der Beschleunigungen an der Erdoberfläche und am Orte des Mondes $981/0{,}27 \sim 3600 \sim 60^2$, also gleich dem reziproken Verhältnis der Quadrate der Abstände vom Erdmittelpunkt. Das Gewicht des Mondes oder die von der Erde auf ihn ausgeübte Anziehungskraft ist daher keine Konstante, sondern offenbar umgekehrt proportional dem Quadrat der Entfernung. Die Erdanziehung hängt also vom Abstande vom Erdmittelpunkt ab.

Kennt man aus Messungen die Gravitationskonstante f, so kann man aus der Gleichung „Gewicht eines Körpers auf der Erdoberfläche gleich Anziehungskraft zwischen diesem Körper und der Erde" $mg = fmM/r^2$, wo r der Erdradius = 6370 km ist[18], die Masse M der Erde bestimmen. Es ergibt sich $M = 6 \cdot 10^{21}$ Tonnen und für die Dichte $\varrho = 5{,}5\ \mathrm{g\,cm^{-3}}$. Da die mittlere Gesteinsdichte der festen Erdkruste nur $2{,}7\ \mathrm{g\,cm^{-3}}$ beträgt, müssen nach dem Erdinnern zu verhältnismäßig dichtere Stoffe vorhanden sein.

Damit eine Rakete (Satellit) die Erdanziehung überwinden kann, muß ihre kinetische Energie mindestens so groß wie der Unterschied der potentiellen Energie in unendlicher Entfernung und an der Erdoberfläche sein. Daraus berechnet sich als untere Grenze für die Anfangsgeschwindigkeit 11,2 km/s.

Eine Folge der allgemeinen Gravitation sind auch die *Gezeiten* mit ihrem regelmäßigen Wechsel von „Ebbe und Flut". Die Erscheinung ist recht verwickelt und beruht auf dem Zusammenwirken verschiedener Kräfte, nämlich der Anziehung des Meerwassers durch den Mond und in zweiter Linie auch durch die Sonne, sowie der Zentrifugalkräfte bei der Rotation der Erde um den gemeinsamen Schwerpunkt von Erde und Mond[19].

§ 29. Planetenbewegung. Die Gesetze der Planetenbewegung hat KEPLER[20] auf Grund astronomischer Beobachtungen, vor allem der von TYCHO DE BRAHE gewonnenen, aufgestellt. NEWTON konnte dann später aus seinem Gravitationsgesetz diese Bewegungsgesetze unmittelbar ableiten. Die *drei Keplerschen Gesetze* lauten:

1. *Die Planeten bewegen sich auf Ellipsen, in deren einem Brennpunkt die Sonne steht.*

2. *Der von der Sonne nach einem Planeten zeigende Fahrstrahl überstreicht in gleichen Zeiten gleiche Flächen,* s. Abb. 39, *Satz von der Konstanz der Flächengeschwindigkeit oder Flächensatz.*

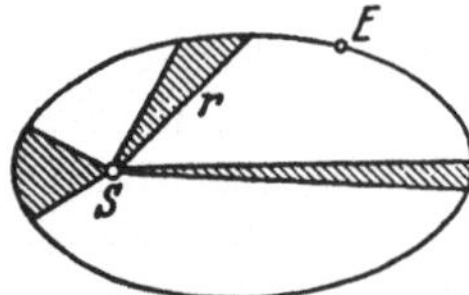

Abb. 39. Flächensatz

[18] Zwei Kugeln ziehen sich so an, als ob die Masse jeder Kugel im Mittelpunkt vereinigt wäre, so daß man für r einfach den Abstand der Mittelpunkte einsetzen kann.

[19] Da hier ausschließlich innere Kräfte wirksam sind, bleibt der *Schwerpunkt* von Erde und Mond erhalten, vgl. § 10, d. h., Erde und Mond rotieren beide um ihren gemeinsamen Schwerpunkt. Die Umlaufszeit beträgt $27^1/_3$ Tage.

[20] JOHANNES KEPLER, 1571–1630, aus Württemberg, „Kaiserlicher Mathematikus" in Prag, beschäftigte sich mit optischen Untersuchungen und vor allem mit der Beobachtung und Darstellung der Planetenbewegungen.

3. *Die Quadrate der Umlaufzeiten zweier Planeten verhalten sich wie die Kuben der großen Achsen ihrer Bahnellipsen.*

Für die Hauptplaneten ist die Abweichung von der Kreisbahn sehr gering.

Der zweite Satz, der *Flächensatz*, besagt, daß ein Planet in Sonnennähe schneller *läuft als in den von der Sonne weiter abliegenden Bahnpunkten.* Er ist ein Spezialfall des Satzes von der Erhaltung des Drehimpulses (s. § 25).

Die in der Sekunde überstrichene Fläche ist $F = \frac{r}{2} \cdot r\omega$. Der Drehimpuls aber beträgt $L = I\omega = mr^2\omega = 2F \cdot m$, wobei m die konstante Masse des Planeten ist.

Zweites Kapitel

Die mechanischen Eigenschaften der Stoffe und ihre molekulare Struktur

A. Der molekulare Aufbau der Stoffe und die molekularen Kräfte

§ 30. Vorbemerkung. Nach der äußeren Erscheinungsform unterscheiden wir drei *Aggregatzustände* oder *Formarten*, in denen die Materie vorkommt, nämlich den *festen*, *flüssigen* und *gasförmigen* Zustand. Ein fester Körper hat immer eine bestimmte Gestalt und daher auch einen bestimmten Rauminhalt, d. h., er setzt einer Änderung seines Volumens und seiner Gestalt einen Widerstand entgegen, er besitzt *Form-* und *Volumenelastizität*, s. § 36 u. § 39. Ein flüssiger Körper hat zwar einen bestimmten Rauminhalt, aber keine feste Form, besitzt also nur *Volumenelastizität*. Die Flüssigkeit nimmt immer die Form des Gefäßes an, in das wir sie einfüllen. Ein Gas hat weder eine bestimmte Gestalt noch einen bestimmten festen Rauminhalt. Es füllt jeden Raum, den wir ihm zur Verfügung stellen, aus und wird nur durch äußeren Druck zusammengehalten.

Schon diese äußerlich feststellbaren Unterschiede sind die unmittelbare Folge der Tatsache, daß die Materie eine begrenzte Teilbarkeit besitzt, d. h., daß sie aus kleinsten Bausteinchen, den Atomen und Molekülen, aufgebaut ist und daß diese ferner in ständiger ungeordneter Bewegung begriffen sind und aufeinander Kräfte ausüben. Zahlreiche mechanische, elektrische und optische Eigenschaften materieller Körper lassen sich aus den Eigenschaften der Atome und Moleküle und ihrer gegenseitigen Wechselwirkung bzw. der dadurch bestimmten übermolekularen Struktur der Körper ableiten. Wir behandeln daher im ersten Abschnitt zunächst die Moleküle und ihre wichtigsten Eigenschaften, vor allem die ungeordnete Molekularbewegung und die zwischenmolekularen Kräfte.

§ 31. Allgemeines über Moleküle. Wie die tägliche Erfahrung lehrt, sind alle Körper teilbar, und zwar außerordentlich weitgehend. Man denke an die Zerlegung des Wassers in die kleinsten in Luft schwebenden Nebeltröpfchen oder an die besonders feine Verteilung von Riechstoffen in Luft. Man kann z. B. in einem Liter Luft noch $1 \cdot 10^{-17}$ cm^3 Merkaptan nachweisen. Wäre alles Merkaptan in einem einzelnen Kügelchen enthalten, so wäre dessen Durchmesser etwa $3 \cdot 10^{-6}$ cm, bei Verteilung auf mehrere Tröpfchen noch kleiner. Jedenfalls liegt die Größe erheblich unter der Grenze der Sichtbarkeit im gewöhnlichen Mikroskop, die etwa $5 \cdot 10^{-5}$ cm oder $1/_{2000}$ mm beträgt, s. § 165. Die Teilbarkeit geht aber nicht beliebig weit. Vielmehr findet sie, falls die chemischen Eigenschaften erhalten bleiben sollen, ihre Grenze bei den Grundbausteinen der Körper, bei den *Atomen* und *Molekülen* (über deren Dimensionen vgl. § 32).

Es gibt viele physikalische Erscheinungen, die nur durch die Annahme eines atomistischen Aufbaues der Materie zu verstehen sind. Wir werden ihnen bei der Besprechung der verschiedensten Gebiete der Physik begegnen. Doch ist der Atombegriff zuerst aus der chemischen Erfahrung abgeleitet worden[21], seine physikalische Erweiterung erfolgte erst später. Insbesondere war es das Gesetz *der konstanten* und *multiplen Proportionen* von DALTON, welches zeigte, daß jedes Element aus kleinsten einheitlichen und nicht weiter teilbaren Teilchen mit bestimmter Masse, den *Atomen*, bestehen müsse. Gehen Wasserstoff und Sauerstoff eiene chemische Verbindung ein, so vereinigen sich je zwei Wasserstoffatome mit einem Sauerstoffatom zu einem besonders festgefügten Verband, dem *Molekül* H_2O. Moleküle sind die kleinsten Teile, in die ein Körper ohne chemische Einwirkung und ohne seine chemischen Eigenschaften zu ändern, zerlegt werden kann. Bei den einatomigen Gasen, wie He und A, und ebenso bei den Metallen enthält jedes Molekül nur ein Atom, hier werden also Molekül und Atom identisch. Als kleinste, ohne chemischen Eingriff erhältliche Teilchen finden wir bei Metallen und vielen Lösungen außer Atomen auch Ionen, s. § 104. So stellen Moleküle bzw. Atome oder Ionen die kleinsten Bausteine dar, mit denen es der Physiker zu tun hat, solange er nicht die Atome selbst zerlegt. Wir werden häufig alle drei Teilchenarten zusammenfassend als Moleküle bezeichnen.

Für die Einheiten der Massen von Atomen und Molekülen sowie von Stoffmengen gelten heute die folgenden internationalen Vereinbarungen: Die *atomare Masseneinheit* (*u*) ist definiert als der zwölfte Teil der Masse des Kohlenstoffatoms ^{12}C, vgl. § 204. Der Chemiker arbeitet nicht mit der Masse der einzelnen Atome und Moleküle, sondern – entsprechend der chemischen Erfahrung, wonach es nur auf die Massen*verhältnisse* ankommt – mit größeren bequem meßbaren Einheiten, nämlich mit den relativen *Atom-* und *Molekülmassen* bzw. den *Atom-* und *Molekulargewichten*. Das Atomgewicht eines Elements oder die relative Atommasse gibt das Verhältnis der Atommasse zur atomaren Masseneinheit (dem 12. Teil der Masse des ^{12}C-Atoms). Entsprechend ist das Molekulargewicht definiert als die Summe der relativen Atommassen der an dem Aufbau der Verbindung beteiligten Atome. Atom- und Molekulargewichte sind also relative Teilchenmassen. Stoffmengen werden in *Molen* (mol) gemessen. Dabei ist 1 mol definiert als diejenige Stoffmenge in Gramm, die das Atom- bzw. Molekulargewicht angibt, also 12,011 g gewöhnlichen Kohlenstoffs, s. weiter unten 2,016 g H_2, 28,016 g N_2 usw.

Mit dieser Definition des Atom- bzw. Molekulargewichtes als dem Verhältnis der Atom- und Molekülmassen ist bereits ausgesagt, daß in einem Mol eines jeden Stoffes stets dieselbe Zahl von Atomen bzw. Molekülen enthalten ist. Diese läßt sich nicht mit chemischen, wohl aber mit physikalischen Methoden bestimmen. Sie heißt die *Avogadrosche* Konstante N_A (früher Loschmidtsche Zahl) und hat den Zahlenwert $6{,}0225 \cdot 10^{23}$. Da 1,008 g Wasserstoff N_A Wasserstoff-

[21] Der Gedanke, daß alle Stoffe sich aus Atomen zusammensetzen, ist zuerst von DEMOKRIT, etwa 400 v. Chr., geäußert worden, jedoch nur aus philosophischen Gründen und nicht auf Grund experimenteller Erfahrungen.

atome enthalten, ist die Masse eines Wasserstoffatomes $m_H = 1{,}673 \cdot 10^{-24}$ g, die eines H_2-Moleküls das Doppelte und die eines Sauerstoffatoms $16/N_A$ oder $2{,}66 \cdot 10^{-23}$ g.

Die meisten Elemente sind Mischungen von Isotopen, vgl. § 204. Ihr Atomgewicht hängt also von dem Verhältnis der Isotopenanteile ab. Doch ist unter irdischen Bedingungen dieses Verhältnis so konstant, daß die üblichen Atomgewichte der Tab. 21 sich auf diese Mischung beziehen, also z. B. Kohlenstoff 12,011, ^{12}C 12,00, Sauerstoff 15,9994 ≈ 16, Wasserstoff 1,008. Über den Einfluß des *Massendefekts* auf die Abweichungen von der Ganzzahligkeit der Atomgewichte, vgl. § 206.

§ 32. Größe, Form und Kerngerüst der Moleküle. Wenn wir Atome und kleine Moleküle auch im leistungsfähigsten Mikroskop, dem Elektronenmikroskop, vgl. § 165, nicht sehen können, so haben wir doch von ihrer Größe und Form sowie der Anordnung der Atomkerne innerhalb der Moleküle sehr gute Kenntnisse, die mit Hilfe der verschiedensten Methoden, vor allem Röntgenuntersuchungen, s. § 187, elektrischer und optischer Methoden gewonnen worden sind. Wie wir in den §§ 187ff. ausführen werden, besteht jedes Atom aus einem elektrisch positiv geladenen *Kern*, in dem praktisch seine ganze Masse konzentriert ist, und aus einer bestimmten Zahl von negativen Elektrizitätsatomen, den *Elektronen*, s. § 187, die den Kern wie eine Wolke, die sog. *Elektronenwolke*, umhüllen. Dieses ganze Gebilde wird durch elektrische Kräfte zusammengehalten und ist nach außen neutral. Die Durchmesser der Atome betragen einige Ångström-Einheiten, d. h. einige 10^{-8} cm. Der Durchmesser der Kerne ist im Vergleich dazu außerordentlich klein, nämlich von der Größenordnung 10^{-12} cm, so daß die Masse des Atoms auf einen winzigen Bruchteil des Atombereiches konzentriert ist. Ein Atom besitzt keine feste Oberfläche. Die Elektronen sind zwar ebenfall außerordentlich klein, üben aber auf die Elektronenhülle anderer Atome sehr starke elektrische Abstoßungskräfte aus, so daß die Annäherung eines zweiten Atomes über eine bestimmte Grenze hinaus unmöglich ist, vgl. § 34. Daher besitzt jedes Atom trotz der Kleinheit seiner Bausteine eine verhältnismäßig große Raumerfüllung. Sagen wir, ein Atom besitzt einen Durchmesser von 3 Å, so heißt das, daß wir diesem Atom ein zweites gegen die Abstoßungskräfte unter normalen Bedingungen nur bis auf 3 Å, gemessen von Atommittelpunkt zu Atommittelpunkt, nähern können. Dieses von den Elektronen erfüllte Gebiet, in das ein anderes Atom unter gewöhnlichen Umständen nicht eindringen kann, nennen wir seine *Wirkungssphäre*, s. Abb. 40. Nur sehr schnelle Elektronen, Protonen, Deuteronen, α-Teilchen oder Neutronen vermögen die Elektronenwolke zu passieren und werden erst in unmittelbarer Nähe des Kerns wesentlich beeinflußt, vgl. § 196.

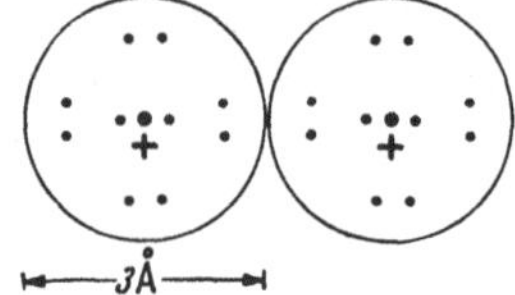

Abb. 40. Zwei Neonatome bei Berührung; Durchmesser der Wirkungsphäre ≈ 3 Å; 1 Å = 10^{-8} cm; Die kleinen Punkte stellen die Elektronen dar

Die chemischen Kräfte, die die Atome im Molekülverband zusammenhalten, also die *Valenzkräfte*, sind ebenso wie die Kräfte zwischen Kern und Elektronen elektrischer Natur. Die Gravitationskräfte sind im Vergleich dazu verschwindend klein. So werden im NaCl-Molekül ein Na^+-Ion und ein Cl^--Ion durch elektrostatische Kräfte zusammengehalten, sog. *Ionenbindung*, s. Abb. 41. Gehen zwei neutrale Atome, z. B. zwei Cl-Atome, eine Bindung ein, so kommt es zu einer sehr starken gegenseitigen Durchdringung der Elektronenwolke und einer entsprechenden Annäherung der Atomkerne, s. Abb. 42, man spricht von einer *kovalenten Bindung*, die ebenfalls durch elektrische Kräfte bewirkt wird. Diese Bindung ist durch „gerichtete" Valenzkräfte gekennzeichnet. Infolge der gegenseitigen Durchdringung kann man die Raumerfüllung der Atome nicht mehr durch Kugeln, sondern nur noch durch *Kalotten* darstellen.

Abb. 41 Abb. 42

Abb. 41. Wirkungssphäre des NaCl-Moleküls, Ionenbindung; das Molekül besteht aus zwei kugelförmigen Atom-Ionen

Abb. 42. Wirkungssphäre des Cl_2-Moleküls; kovalente Bindung mit gegenseitiger Durchdringung der Elektronenhülle. Die Atombereiche haben Kalottenform, s. auch Abb. 43 und 45

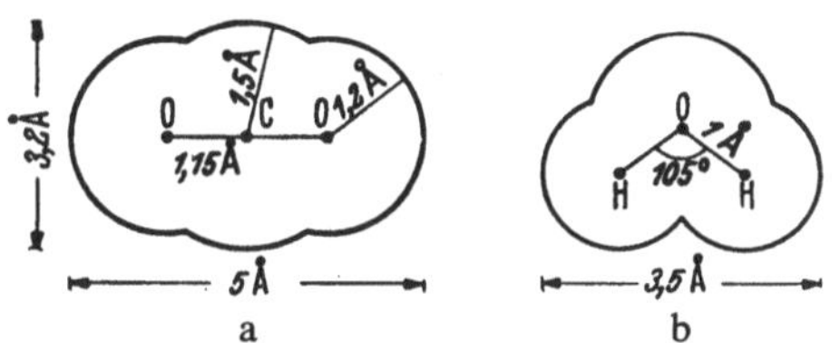

Abb. 43. Wirkungssphäre und Kerngerüst des (a) CO_2- und (b) des H_2O-Moleküls. $1\ \text{Å} = 10^{-8}$ cm

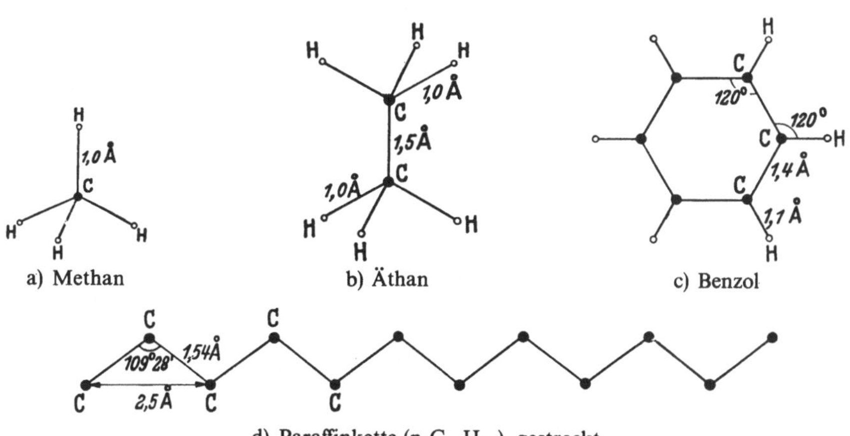

Abb. 44. Kerngerüste einiger Moleküle

Genauso wie das einzelne Atom besitzt auch das Molekül eine Wirkungssphäre, in die andere Atome oder Moleküle nicht eindringen können. Innerhalb der Wirkungssphäre, die praktisch die Elektronenwolke umfaßt, sind für andere Atome und Moleküle sehr starke abstoßende Kräfte vorhanden, außerhalb haben wir schwächere und mit der Entfernung abnehmende *Anziehungskräfte*. In der Abb. 43 sind die Wirkungssphären und die Lagen der Atomkerne, d. h. das sog. *Kerngerüst*, für das Kohlensäure- und Wassermolekül angegeben. Beim Wassermolekül liegen die drei Atomkerne nicht auf einer Geraden. Der *Valenzwinkel*, d. h. der Winkel zwischen den Valenzrichtungen vom O-Atom zu den H-Atomen, ist nicht gestreckt, sondern beträgt etwa 105°. In den nächsten Abb. 44a–d geben wir für einige weitere Moleküle das Kerngerüst wieder. Beim Methan, CH_4, liegen die 4 H-Atome, genauer die H-Kerne, auf den Ecken eines regulären Tetraeders mit dem C-Atom in der Mitte. Die Valenzwinkel am C-Atom betragen nicht nur hier, sondern überhaupt bei jedem vierwertigen Kohlenstoffatom etwa 110°. Beim Benzol, C_6H_6, bilden die C-Atome die Ecken eines ebenen regulären Sechsecks. In den Abb. 45a und b finden sich Modelle des Methan- und Benzolmoleküls, die deren *Raumerfüllung* zeigen. Die weißen Kalotten geben die Wirkungssphäre der H-Atome, die schwarzen die der C-Atome wieder. Da beim aromatischen C-Atom und bei Doppelbindungen die Elektronenverteilung um die Richtung der Mehrfachbindung nicht mehr rotationssymmetrisch ist, muß man zur Darstellung der Raumerfüllung unsymmetrische Kalotten benutzen.

Im allgemeinen sind die Moleküle nicht starr, sondern beweglich. Betrachten wir ein Äthanmolekül, C_2H_6, s. Abb. 44b, so kann jedes H-Atom und jede CH_3-Gruppe um die Richtung des Valenzstriches C–H bzw. C–C rotieren, soweit nicht innermolekulare Kräfte diese Rotation beeinflussen

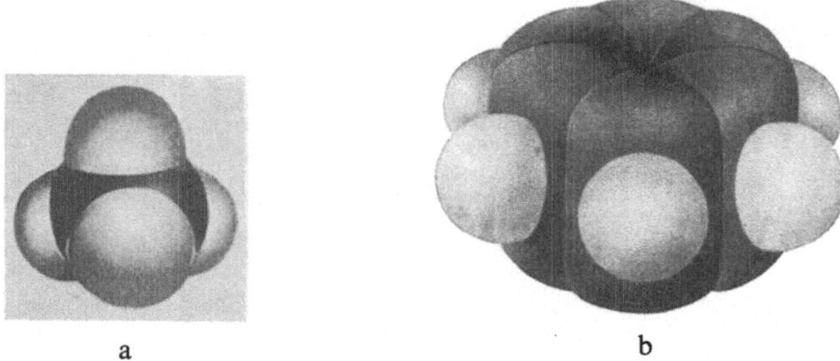

a b

Abb. 45. Kalottenmodelle des (a) Methan- und (b) des Benzolmoleküls zur Darstellung der Raumerfüllung; Maßstab 50000000 : 1

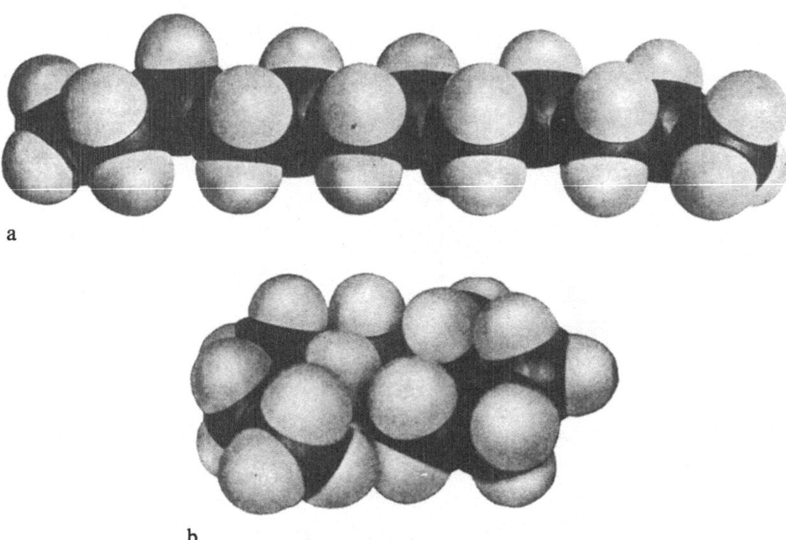

a

b

Abb. 46. Paraffinkette (n-Dodekan) gestreckte (a) und geknäuelte Form (b)

und eventuell ganz aufheben. Bei größeren Molekülen, wie Butan, C_4H_{10}, Hexan, C_6H_{14} usw., also bei den Paraffinen, s. Abb. 44d, entstehen infolge dieser Drehbarkeit um die Valenzrichtungen sehr bewegliche Gebilde, die alle möglichen Formen annehmen können, s. Abb. 46a und b.

Solche lange bewegliche Moleküle, wie die Paraffine, bezeichnet man als *Kettenmoleküle*. Wichtige natürliche und synthetische Körper (Kunststoffe), wie Zellulose, Naturseide, Kautschuk, Plexiglas, Perlon, überhaupt alle Textilfasern, bestehen aus solchen Kettenmolekülen, auch *Makromoleküle* genannt, die noch vielfältig miteinander verknüpft sein können.

§ 33. Die Molekularbewegung. All Moleküle sind ständig in unregelmäßiger Bewegung begriffen. Die Energie dieser Bewegung macht, wie wir später in § 62 sehen werden, den Wärmeinhalt der Körper aus. Eine besonders eindrucksvolle Vorstellung von dieser Wärmebewegung vermittelt uns die sog. *Brownsche Bewegung*. Betrachtet man eine Lösung mit sehr kleinen Teilchen (z. B. eine kolloidale Lösung) unter dem Ultramikroskop, so sieht man, daß diese Teilchen eine *wimmelnde Bewegung* ausführen, d. h. sich ständig unregelmäßig hin- und herbewegen. Diese mikroskopische Zitterbewegung erfolgt von selbst und hört nie auf. Je kleiner die Teilchen sind, um so lebhafter bewegen sie sich. Die Erscheinung beruht darauf, daß die Teilchen ständig unzählige Stöße von den umgebenden viel kleineren Flüssigkeitsmolekülen erfahren. Diese Einzelstöße können wir nicht beobachten. Nur wenn ein Teilchen von den vielen aufprallenden Molekülen zufällig einmal in einer Richtung wiederholt besonders stark angestoßen wird, erleidet es eine kleine Verschiebung. Da die Flüssigkeitsmoleküle dicht gepackt sind, also höchstens Strecken von der Größe der Atomdurchmesser ohne Stoß zurücklegen können, beschreiben die Teilchen Zickzackwege von ebenso kleinen Stücken, die sich erst im Laufe der Zeit so weit aufsummieren, daß die Verschie-

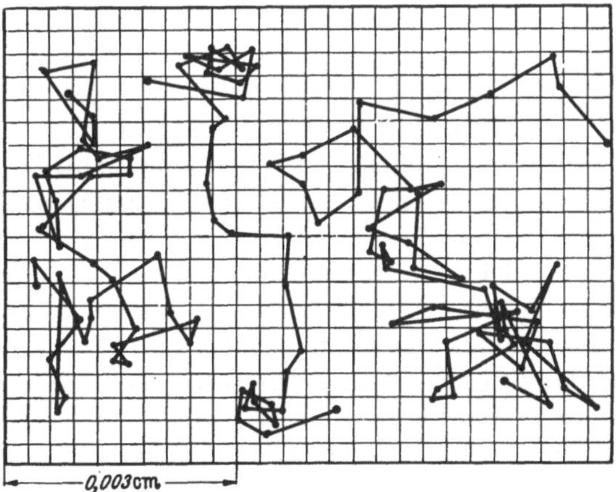

Abb. 47. Brownsche Bewegung eines Teilchens von $5 \cdot 10^{-5}$ cm Durchmesser. Die Punkte geben die Lage in Abständen von 30 Sekunden an

bung sichtbar wird. In der Abb. 47 sehen wir die Bewegung eines Teilchens von etwa $5 \cdot 10^{-5}$ cm Durchmesser, dessen Lage alle 30 s ausgemessen wurde. Diese Punktlagen sind willkürlich durch gerade Linien verbunden. In Wirklichkeit liegt zwischen den einzelnen Beobachtungspunkten eine sehr komplizierte Zickzackbahn.

Die Abb. 47 zeigt uns auch, wie die Teilchen, wenn wir nur lange genug warten, auch größere Strecken zurücklegen und so auch in Gebiete vordringen oder *diffundieren*, in denen sie vorher nicht anzutreffen waren. Infolge ihrer Eigenbewegung streben also die Teilchen, jeden zugänglichen Raum gleichmäßig zu erfüllen. Die *Diffusion* ist also eine notwendige Folge der Brownschen Bewegung. Infolge der dichten Packung der Moleküle erfolgt die Diffusion in Flüssigkeiten im Gegensatz zu Gasen außerordentlich langsam. Das zeigt folgender Versuch: In einen Zylinder füllen wir Wasser, dem etwas Tusche zugesetzt ist, und schichten darüber vorsichtig reines Wasser, so daß eine scharfe Grenze entsteht. Trotzdem die Tuscheteilchen schwerer als Wasser sind, diffundieren sie allmählich nach oben, die Grenze verschiebt sich und wird gleichzeitig unscharf, doch dauert es unter Umständen Tage, bis dieser Diffusionsvorgang mit bloßem Auge zu sehen ist.

Sind zwei Räume durch eine poröse Zwischenwand getrennt, so diffundieren kleine Teilchen und Moleküle infolge ihrer Eigenbewegung auch durch die Wand.

§ 34. Einiges über die zwischenmolekularen Kräfte. Moleküle und Atome bilden feste und flüssige Körper, halten sich also gegenseitig fest. Flüssigkeiten können an festen Oberflächen haften. Bei der Zerteilung eines Körpers müssen wir einen oft beträchtlichen Widerstand überwinden. Diese und andere Erfahrungen zeigen uns unmittelbar, daß zwischen den Molekülen Anziehungskräfte vorhanden sind. Aus der Tatsache, daß wir bei der Kompression von festen und flüssigen Körpern erhebliche Kräfte aufwenden müssen, erkennen wir weiter, daß auch Abstoßungskräfte vorhanden sind, die eine beliebige Annäherung der Moleküle verhindern. Wir wissen heute auf Grund von verschiedenen Erfahrungen, daß schon im Abstand von einigen Moleküldurchmessern die Anziehungskräfte praktisch verschwunden sind. Rücken die Moleküle einander näher, so wachsen die Anziehungskräfte allmählich an und ermöglichen, falls die Temperaturbewegung nicht zu groß ist, den flüssigen bzw. den festen Zustand. Packen wir die Moleküle immer dichter und dichter, so machen sich von einem bestimmten Abstande ab die Abstoßungskräfte bemerkbar. Diese werden sehr schnell außerordentlich groß und setzen der weiteren Annäherung eine praktische Grenze. Daher besitzen Moleküle eine recht gut definierte *Wirkungssphäre*, s. § 32.

Die zwischen den Molekülen wirkenden Anziehungs- und Abstoßungskräfte fassen wir unter dem Namen *zwischenmolekulare Kräfte* (gelegentlich auch als *van der Waalssche Kräfte* bezeichnet) zusammen. Sie sind wie die Kräfte, die zur chemischen Bindung führen, *elektrischer Natur*[22], nur wesentlich schwächer. Außerdem haben sie eine sehr geringe, im wesentlichen auf die unmittelbar benachbarten Moleküle beschränkte *Reichweite*. Die Anziehungskräfte zwischen den Molekülen ein und desselben Körpers bezeichnet man auch als *Kohäsionskräfte*, die Kräfte zwischen den Molekülen verschiedener Körper als *Adhäsionskräfte*. Auf den Adhäsionskräften beruht das Schreiben mit Kreide, Bleistift und Tinte auf geeigneten Unterlagen, d. h. solchen mit genügend starken Haftkräften. Auf fettigem Papier haftet z. B. Tinte nicht. Ziehen wir einen Glasstab aus dem Wasser, so beweist der daran hängende Tropfen das gleichzeitige Vorhandensein von Adhäsions- und Kohäsionskräften. Sorgfältigst geschliffene und gereinigte

[22] Es handelt sich aber nicht nur um die Coulombschen Kräfte.

Glasplatten können so fest aneinander haften, daß man auf diesem Wege Küvetten ohne Kitt herstellt. Weitere auf der Kohäsion und Adhäsion beruhende Erscheinungen werden wir in § 51 und § 52 kennenlernen.

Das Zusammenspiel der Eigenbewegung der Moleküle und der zwischenmolekularen Kräfte, d. h. der kinetischen und potentiellen Energie der Moleküle, bestimmt den Aggregatzustand. Bei jedem Körper ist oberhalb einer bestimmten Temperatur, der kritischen Temperatur, s. § 85, die kinetische Energie so groß geworden, daß die Moleküle auseinanderfahren (Gaszustand). Unterhalb dieser Temperatur wird von einer bestimmten Verdichtung ab die Bewegung der Moleküle durch die zwischenmolekularen Kräfte so weit gehemmt, daß Verflüssigung eintritt. Erniedrigen wir die Temperatur noch mehr, so wird die Eigenbewegung noch weiter eingeschränkt, bis schließlich jedes Molekül einen bestimmten Platz erhält und der Körper fest wird, s. § 35.

B. Der feste Körper

§ 35. Molekularer Bau, Kristallgitter. Viele feste Stoffe bilden schon äußerlich regelmäßige, durch ebene Flächen begrenzte Körper, sog. *Kristalle.* So bilden Steinsalz und Flußspat Würfel, Gold Oktaeder, Quarz sechseckige Säulen, s. Abb. 48. Die Spaltbarkeit eines Steinsalzkristalls geht den Würfelflächen parallel, so daß man beim Zerschlagen des Kristalls wieder Würfel oder Quader erhält. Die in der Natur vorkommenden Kristalle besitzen meist stark verzerrte Formen, wobei aber die *Flächenwinkel erhalten* bleiben, also dieselben wie beim idealen Kristall sind.

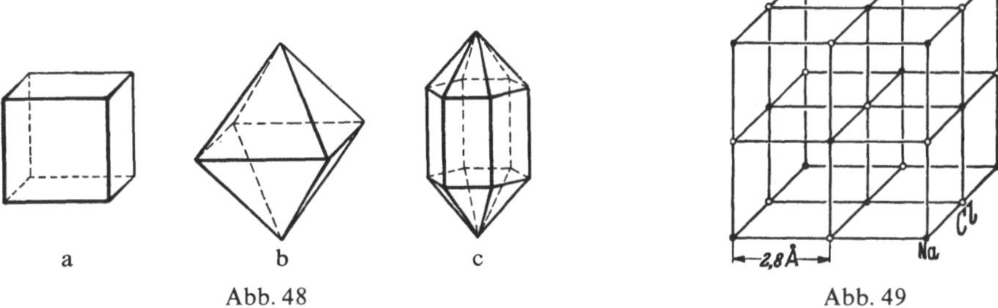

Abb. 48 Abb. 49

Abb. 48a–c. Ideale Kristallformen. a Würfel, Steinsalz; b Oktaeder, Diamant, Gold; c hexagonale Säule,Quarz

Abb. 49. Steinsalzgitter. Die Atomkerne von Na^+ sind durch Punkte, die von Cl^- durch Kreise dargestellt

Die Bildung geometrisch wohldefinierter Kristallformen hat ihre Ursache in der inneren regelmäßigen Anordnung der Elementarbausteine. Mit Hilfe von Röntgenstrahlen ist es gelungen, nachzuweisen, daß im festen Körper die Atome eine erstaunlich regelmäßige Anordnung, ein sog. *Raumgitter* oder *Kristallgitter* bilden (vgl. § 187). In einem solchen Gitter wiederholt sich, wenn wir in einer bestimmten, oder in einer dazu parallelen Richtung fortschreiten, die gleiche Anordnung immer wieder. Wir können also das ganze System von geordneten Atomen als eine Aneinanderreihung von kleinsten Zellen oder *Elementarbereichen* oder als eine Folge von parallelen *Gitterebenen* oder *Netzebenen* auffassen. Abb. 49

4*

zeigt das aus positiven Na-Ionen und negativen Cl-Ionen aufgebaute Raumgitter des Steinsalzes, die Punkte und Kreise geben die Lage der Atomkerne an. Die Atome selbst berühren sich mit ihrer Wirkungssphäre im festen Zustande unmittelbar, vgl. Abb. 50. Die geometrische Anordnung, d. h. der Gittertypus, wird durch das stöchiometrische Mengenverhältnis, die Größe und Form der Atome, sowie durch die atomaren Kräfte bestimmt.

Abb. 50. Raumerfüllung der Na^+- und Cl^--Ionen im Gitter; die großen Kugeln sind die Cl-Ionen. (Aus von Laue: „Röntgeninterferenzen")

Im Steinsalzgitter besetzen die Na-Ionen die Ecken von Würfeln. Weitere Na-Ionen liegen in den Mitten der Seitenflächen. Dasselbe gilt für die Cl-Ionen. In den Netzebenen wechseln Na- und Cl-Ionen ab. Jedes Na-Ion ist von 6 Cl-Ionen umgeben und ebenso jedes Cl-Ion von 6 Na-Ionen. Der Kristall wird also durch dieselben elektrostatischen Kräfte zusammengehalten wie die Ionen in einem einzelnen NaCl-Molekül. Infolgedessen sind die Elementarbausteine des Kristalls nicht mehr die NaCl-Moleküle, sondern Na^+- und Cl^--Ionen. Man spricht daher von einem *Ionengitter* und faßt den Kristall als einziges Riesenmolekül $(NaCl)_n$ auf. In vielen Fällen, vor allem bei organischen Stoffen bleibt der Molekülverband auch im Kristall erhalten, sog. *Molekülgitter*. Ein solches Gitter wird durch die zwischenmolekularen Kräfte, die viel schwächer als die chemischen Bindungskräfte sind, zusammengehalten.

Die gesetzmäßige Gitterstruktur ist ein wesentliches Merkmal des festen Zustandes, den wir deshalb auch als den *kristallinen* bezeichnen. Die meisten festen Körper, z. B. Metalle, bilden allerdings nicht große, einheitliche, sog. Kristalle. Sie bestehen vielmehr meist aus einer Anhäufung von kleinsten wirr durcheinanderliegenden Kriställchen, sie bilden ein sog. *kristallines Gefüge*, dessen Korngröße und Struktur wesentlich von der mechanischen und thermischen Vorbehandlung des Materials abhängt.

Körper mit einer ideal regelmäßigen Gitterordnung gibt es nicht. Wir haben es vielmehr stets mit sog. *Realkristallen* zu tun, die charakteristische *Gitterfehler* aufweisen. So bewirkt die Wärmebewegung der Atome, daß diese auch *Zwischengitterplätze* einnehmen können, wodurch andere Gitterplätze unbesetzt bleiben. *(Leerstellen)*. Ferner kommt es beim Kristallwachstum oder bei der Einwirkung äußerer Kräfte (plastische Verformung) zu charakteristischen Gitterbaufehlern. Diese Gitterfehler beeinflussen in hohem Maße fast alle mechanischen und elektrischen Eigenschaften der Festkörper.

Im Kristallgitter wird jedes Atom, Ion oder Molekül durch das elektrische Kraftfeld seiner Nachbarn gleichsam wie durch elastische Federn, s. Abb. 51, auf einem bestimmten Platz festgehalten. Die Eigenbewegung der Moleküle ist so weit eingeschränkt, daß jeder Baustein nur noch *Schwingungen* um seine Gleichgewichtslage, d. h. seinen eigentlichen Platz ausführen kann. Die Energie dieser Schwingungen, die sowohl kinetische wie potentielle Energie enthält, macht den Wärmeinhalt des Kristalls aus. Ganz selten kommt es vor, daß die Schwingungsenergie so groß wird, daß das Teilchen nicht mehr in die Gleichgewichtslage zurückkehrt und mit einem Nachbarn den Platz wechselt. Infolge solcher *Platzwechsel* gibt es auch im festen Körper Diffusionserscheinungen, nur werden diese erst nach außerordentlich langen Zeiten merklich. Mit wachsender Temperatur werden die Amplituden und die gegenseitigen Störungen der Atome größer und größer. Schließlich bricht das ganze wohlgeordnete Gitter zusammen, der Kristall schmilzt.

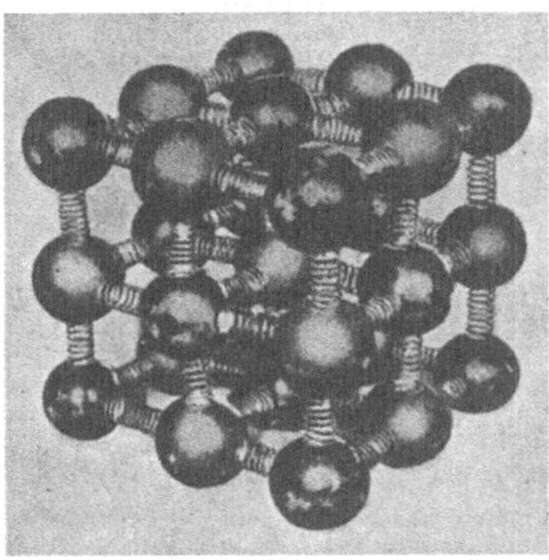

Abb. 51. Die Atome oder Ionen eines Kristalls sind durch elektrische Kräfte, im Modell durch Federn dargestellt, an Gleichgewichtslagen gebunden, um die sie hin- und herschwingen

Neben den kristallinen festen Körpern gibt es solche, deren Moleküle wegen ihrer unregelmäßigen Form, besonders bei sehr schneller Abkühlung kein wohlgeordnetes Raumgitter aufbauen können. Wir nennen sie *amorph*, obwohl – wie in Flüssigkeiten – noch eine gewisse Ordnung der Moleküle, die sog. Nahordnung, vorhanden ist, vgl. § 39 mit der Abb. 56. Zu ihnen gehören Glas, Kautschuk sowie viele Kunststoffe, wie Polystyrol, Plexiglas usw. Man pflegt derartige feste Körper, die keine Kristallordnung besitzen als *Gläser* zu bezeichnen und den *Glaszustand* vom kristallinen Zustand zu unterscheiden.

Da im Gegensatz zu den festen kristallinen Körpern die amorphen keinen festen Schmelzpunkt mit einer definierten Schmelzwärme besitzen, sondern allmählich erweichen, ist es richtiger, sie als *unterkühlte Flüssigkeiten* zu betrachten, deren innere Reibung so groß geworden ist, daß sie praktisch formfest sind. Die Eigenbewegung der Moleküle ist so weit eingeschränkt („eingefroren“), daß die Moleküle sich in endlicher Zeit nicht mehr in ein streng geordnetes Gitter einreihen können. Es ist diejenige molekulare Ordnung eingefroren oder fixiert worden, die die Moleküle zuletzt in der noch leicht beweglichen Flüssigkeit hatten, vgl. auch § 39.

§ 36. Elastizität. Unter dem Einfluß äußerer Kräfte treten in einem festen Körper Form- und Volumenänderungen auf. Durch die Verschiebung der Atome und Moleküle aus ihren ursprünglichen Gleichgewichtslagen werden innere sog. *elastische Kräfte* ausgelöst, die diese Veränderungen rückgängig zu machen suchen. Dabei wird der Körper so weit verformt, bis die rücktreibenden elastischen

Kräfte den äußeren Kräften das Gleichgewicht halten. Der Körper verhält sich also so, als ob seine Atome durch elastische Federn miteinander verbunden wären, s. Abb. 51. In Wirklichkeit sind diese Federkräfte aber, wie schon betont, nicht mechanischer, sondern elektrischer Natur.

Nimmt der Körper nach dem Verschwinden der äußeren Kräfte unter dem Einfluß der elastischen Kräfte wieder seine ursprüngliche Gestalt an, so nennen wir ihn *elastisch*. Die Formänderung geht aber nur dann zurück, wenn die verformenden Kräfte unter einer gewissen Größe bleiben. Übersteigen sie diese Größe, die sog. *Elastizitätsgrenze*, so bleibt die Formänderung zum Teil oder ganz bestehen. Kommt es dabei zu einer Rückbildung, so erfolgt diese im übrigen nicht sofort, sondern nur ganz allmählich, sog. *elastische Nachwirkung*. Betrachten wir nun die Atome zweier benachbarter Netzebenen, s. Abb. 52, so federn bei kleinen Verrückungen (kurzer Pfeil) die Atome wieder in ihre Gleichgewichtslage zurück, Fall *I*. Werden die Kräfte jedoch sehr groß oder ist die Gitterordnung gestört, so gleiten die Atome der oberen Netzebene über die der unteren hinweg und können dabei immer wieder in neue Gleichgewichtslagen (gestrichelt gezeichnet) einschnappen (lange Pfeile), Fall *II*. In anderen Worten, der Körper gibt den äußeren Kräften nach, er *fließt* oder wird *plastisch*, und wir erhalten eine bleibende Formänderung, vgl. auch § 37.

Abb. 52. Zum Gleiten zweier Netzebenen; I elastische, II plastische Verformung

In ihrem elastischen Verhalten zeigen die Stoffe sehr beträchtliche Unterschiede. Eine große Elastizität besitzt Stahl. Stoffe, bei denen schon sehr kleine Kräfte bleibende Formänderungen hervorrufen, wie Blei, Ton oder Wachs, nennen wir *unelastisch* oder *plastisch*. Absolut elastische und unelastische Körper gibt es nicht. Jeder Körper enthält, soweit er elastisch verformt wird, potentielle Energie.

Wir belasten nun einen oben eingeklemmten Draht oder Stab mit verschiedenen Gewichten und messen seine Dehnung. Dabei ergibt sich, daß für kleine Längenänderungen Δl diese der Länge l des Drahtes, sowie der einwirkenden Kraft K proportional, seinem Querschnitt F jedoch umgekehrt proportional sind. Das *Hookesche* Gesetz, in dem diese Abhängigkeiten zusammengefaßt sind, formuliert man am besten:

$$\frac{\Delta l}{l} = \frac{1}{E}\frac{K}{F}.$$

Dabei ist $\Delta l/l$ eine *spezifische Deformation*, die dem Zug bzw. Druck K/F proportional ist. E ist der *Elastizitätsmodul*, den die Technik in der Einheit $\mathrm{kp/mm^2}$ angibt. Dasselbe Gesetz gilt beim Zusammendrücken (Δl negativ), wozu die äußere Kraft in entgegengesetzter Richtung wirken muß. Es ist allgemein auf kleine Deformationen begrenzt, deren obere Grenze wir sinngemäß als Proportionalitätsgrenze bezeichnen.

Da ein elastischer Hookescher Körper durch eine äußere Kraft so weit deformiert wird, bis die rücktreibenden elastischen Kräfte zwischen benachbarten Molekülen der ersteren das Gleichgewicht halten, sind die elastischen Kräfte selbst den Deformationen, d. h. den Verrückungen aus den Gleichgewichtslagen proportional, es gilt also für sie das lineare Kraftgesetz, vgl. § 53.

In der Tab. 3 sind die elastischen Konstanten einiger Materialien angegeben. Als Elastizitätsgrenze ist die Kraft, bei der eine merkliche, bleibende Deformation, 0,1% bei Stahl angegeben.

Tabelle 3. *Elastische Konstanten einiger Stoffe*

Stoff	E kp/mm^2	Elastizitätsgrenze kp/mm^2	Zugfestigkeit kp/mm^2
Aluminium	7400	–	20–30
Stahl	$\approx$20000	30	40–80
Spezialstähle	bis 150000	—	bis 200
Glas	6000	—	4–9
Vulkanisierter Kautschuk	$\approx$0,1	—	$\approx$1,5
Hartgummi	$\approx$250	—	$\approx$7
Kunstharze	30–1300	—	3–20

Dehnen wir einen Stab, so ist mit der Dehnung eine Verminderung des Querschnittes, eine sog. *Querkontraktion* verbunden, durch welche die durch die Dehnung erzwungene Volumenvergrößerung ganz oder teilweise rückgängig gemacht wird.

Von Bedeutung ist noch die Beanspruchung eines Körpers auf *Schub* oder *Scherung*, bei der ein Teil desselben über einen anderen hinweggeschoben wird. Spannen wir einen quaderförmigen Körper unten ein und lassen an der oberen Fläche eine Kraft parallel zur Fläche, eine sog. *Scherkraft* K angreifen, s. Abb. 53, so wird die obere Fläche parallel zu sich selbst verschoben, und die Seitenflächen erfahren eine Drehung um den Winkel γ, der wiederum proportional der Kraft pro cm^2 ist, also $\gamma = K/GF$, wobei G der sog. *Schub*- oder *Scherungsmodul* ist. Ein eingeklemmter Draht wird bei Verdrillung oder Torsion auf Schub beansprucht, da jeder kleine Quader z. B. an seiner Oberfläche wie in Abb. 53 deformiert wird. Daher bezeichnet man G auch als *Torsionsmodul*. Zur Ausführung der Torsion ist ein äußeres Drehmoment notwendig, dem der erzeugte Verdrillungswinkel proportional ist.

Abb. 53. Scherung

Abb. 54. Biegung

Belasten wir einen nur an den Enden aufliegenden Stab, so wird er durchgebogen, s. Abb. 54. Bei dieser *Biegung* wird der Stab auf der oberen Seite zusammengedrückt, auf der unteren gedehnt. Dazwischen liegt eine Schicht, die sog. *neutrale Faser*, die ihre Länge beibehält, also überhaupt nicht beansprucht wird. Die Durchbiegung hängt nicht nur vom Elastizitätsmodul, sondern noch wesentlich von der Form des Querschnittes ab. Um mit möglichst wenig Material eine möglichst hohe Biegefestigkeit zu erzielen, wendet man z. B. die „Doppel-T-Form" an. Die Röhrenknochen der Tiere und die Federkiele der Vögel haben trotz ihrer Leichtigkeit eine außerordentliche Biegefestigkeit.

§ 37. Festigkeit und Härte. Das Hookesche Gesetz ist nur bis zu einer bestimmten Grenze, der Proportionalitätsgrenze, erfüllt. Außerdem geht von einer bestimmten Grenze ab, der *Elastizitätsgrenze*, die aber mit der Proportionalitätsgrenze nicht zusammenfallen braucht, auch die Verlängerung nach der Entlastung nicht mehr zurück. Belasten wir einen Stab auf Zug, so wächst die Dehnung oberhalb der Proportionalitätsgrenze stärker, als der Proportionalität entspricht, d. h., die elastischen Kräfte steigen nicht mehr proportional der Verformung, sondern langsamer an. Schließlich beginnt von einer bestimmten Belastung, der sog. *Fließ-* oder *Streckgrenze* an, der Stab bei konstant bleibendem Zug sich um einen bestimmten Betrag zu *strecken* oder zu *fließen*. Das Material wird also *plastisch*. Belastet man etwas mehr, so tritt eine Einschnürung ein, und kurz darauf reißt der Stab. Die Belastung, bei der der Stab zu Bruche geht, heißt die *Zugfestigkeit*. Stoffe, die vor dem Zerreißen einen Fließbereich aufweisen, nennen wir *zähe*. Im Gegensatz dazu nennen wir Körper, die bei der Überschreitung der Festigkeitsgrenze ohne zu fließen plötzlich in Stücke springen, wie Glas oder Gußeisen, *spröde*. Da diese Stoffe gleichzeitig für sehr kleine Dehnungen elastisch sind, schließen sich Sprödigkeit und Elastizität nicht aus.

Bei wechselnder, sei es stoßweise oder periodischer Belastung (etwa durch Schwingungen) liegen die Bruchgrenzen meist viel tiefer als bei konstanter Beanspruchung. Außerdem kann ein zäher Stoff wie Asphalt bei schlagartiger Belastung spröde wie Glas splittern, vgl. dazu auch § 39.

Die nach Überschreitung der Streckgrenze bei zähen Metallen oder Fasern aus Kunststoffen eintretende Plastizität ermöglicht ihre Bearbeitung durch Walzen, Ziehen, Hämmern usw., sog. *„kalt Recken“*. Dabei kommt es zu einer erheblichen Verfestigung des Materials, indem im Inneren der Kristalle zunächst Verschiebungen längs bestimmter kristallographischer Ebenen, den *Gleitebenen*, vor sich gehen, die zu verbesserten Gleichgewichtslagen führen. Die Festigkeit eines Materials hängt überhaupt sehr stark von dem inneren Gefüge des Stoffes ab. Bei der Kaltverstreckung von Fasern werden zusätzlich die langen Kettenmoleküle gestreckt und orientiert.

Härte: Unter der Härte eines Körpers, für die es keine physikalisch exakte Definition gibt, versteht man den Widerstand, den er dem Eindringen eines anderen, z. B. einer in ihn eingedrückten Spitze, Schneide oder Kugel entgegensetzt. Vor allem in der Mineralogie ordnet man die Stoffe nach ihrer Härte in einer Reihe derart, daß jeder Stoff von den nachfolgenden geritzt wird, sog. *Ritzhärte*. Diese rein empirisch aufgestellte sog. *Mohssche Härteskala* umfaßt die Reihe: 1. Talk, 2. Gips, 3. Kalkspat, 4. Flußspat, 5. Apatit, 6. Feldspat, 7. Quarz, 8. Topas, 9. Korund, 10. Diamant. In der Technik benutzt man die *Kugeldruckprobe*, indem man eine gehärtete Stahlkugel mit der Kraft K auf eine ebene polierte Fläche des Werkstoffs preßt und den Durchmesser d des zurückbleibenden Kreises mißt, sog. *Brinellhärte*, definiert als K/d.

§ 38. Reibung fester Körper. Bei allen Bewegungsvorgängen haben wir bisher die Reibung außer acht gelassen. Wir wissen jedoch aus der täglichen Erfahrung, daß jeder bewegte Körper, auf den keine Kraft einwirkt, z. B. eine angestoßene Kugel auf horizontaler Ebene, trotz seiner Trägheit allmählich zur Ruhe kommt. Ein Fahrzeug kann auch bei einer ständig einwirkenden Antriebskraft nur eine bestimmte Höchstgeschwindigkeit erreichen, die Beschleunigung wird also mit wachsender Geschwindigkeit kleiner. Es muß daher eine hemmende Gegenkraft vorhanden sein. Diese Kraft, die immer die Geschwindigkeitsunterschiede zwischen aneinander vorbeigleitenden Körpern auszugleichen sucht, nennen wir *Reibung*, genauer Reibung der *Bewegung* oder *gleitende, trockene* Reibung. Hat der Körper seine konstante Endgeschwindigkeit erreicht, so befinden sich die Reibungs- und die Antriebskräfte gerade im Gleichgewicht.

Bei der in Abb. 55 wiedergegebenen Anordnung, mit der man die Reibung eines mit konstanter Geschwindigkeit über eine horizontale Unterlage hinweggleitenden Körpers untersuchen kann, ist die Antriebskraft das Gewicht R. Der Versuch lehrt, daß die Reibungskraft ohne ein Gleitmittel dem Gewicht G des gleitenden Körpers proportional, dagegen bei sonst gleichen Bedingungen von der Größe der einander berührenden Flächen unabhängig ist, allerdings nur bei der hier betrachteten *trockenen Reibung* (ohne Schmierschicht), d. h. $R = fG$, f der Koeffizient der gleitenden Reibung, der von der Art und Oberflächenbeschaffenheit beider sich berührenden Materialien abhängt.

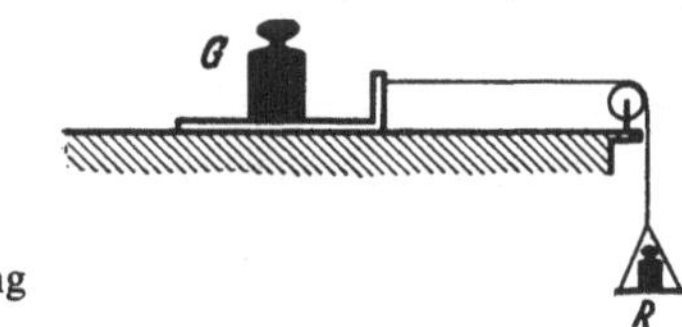

Abb. 55. Gleitende Reibung

Von der gleitenden Reibung ist die *Haftreibung* zu unterscheiden. Um einen auf einer ebenen Unterlage ruhenden Körper in Bewegung zu setzen, muß die einwirkende Kraft einen Mindestwert überschreiten. Die größte Kraft, die den Körper gerade noch nicht bewegt, nennen wir den *Haftreibungswiderstand*. Er ist wie bei der gleitenden Reibung von der Größe der Berührungsfläche unabhängig und dem Gewicht G des Körpers proportional, also $R = f_0 G$, f_0 der Haftreibungskoeffizient, der wie bei der gleitenden Reibung von der Qualität beider Oberflächen abhängt.

Die Ursache der Reibung ist zum Teil die unvermeidliche Rauhigkeit auch der bestpolierten Ebenen. Beim Hinweggleiten werden diese Unebenheiten teils verbogen oder abgescheuert, teils muß beim horizontalen Gleiten der eine Körper über diese Hindernisse immer wieder hinweggeschoben werden. Dadurch erklärt sich das Anwachsen der Reibungskraft mit dem Gewicht des bewegten Körpers. Die weitgehende Unabhängigkeit von der Größe der Berührungsfläche rührt daher, daß die Berührung immer nur an wenigen Punkten stattfindet. Auch die molekularen Kräfte spielen bei der Reibung eine wesentliche Rolle. Ebnet und reinigt man zwei Platten mit größter Sorgfalt, so wird die Reibung infolge der dann wirksam werdenden Adhäsionskräfte nicht kleiner, sondern besonders groß, so daß die Platten sogar außerordentlich fest aneinander haften können.

Die Wirkung der Unebenheiten und der Adhäsionskräfte kann man durch die Anwendung von Schmiermitteln herabsetzen. Dabei bilden die ersten molekularen Schichten der schmierenden Flüssigkeit einen an den Wänden fest haftenden „*Ölfilm*“ und verhindern damit die unmittelbare Berührung der festen Flächen und damit die das Material verschleißende *trockene Reibung*. Bewegungshindernd ist dann nur noch die sog. *innere Reibung* innerhalb des flüssigen Schmiermittels, s. § 47. Infolge davon wird dann der Reibungswiderstand den Flächen und den Geschwindigkeiten proportional.

Je nachdem, ob zwei Körper aufeinander gleiten oder rollen, spricht man von *gleitender* oder *rollender* Reibung. Die letztere ist wesentlich kleiner. Daher verwandelt man die gleitende Reibung in Achsen durch Anwendung von Kugellagern in eine rollende.

Die durch die Reibung aufgezehrte kinetische Energie der bewegten Körper wird in ungeordnete kinetische Energie der Moleküle, d. h. in Wärme umgewandelt. Daher bedeutet Reibung bei jeder Maschine einen nie ganz vermeidbaren Verlust an mechanischer Energie. Trotz dieses Nachteils ist die Reibung eine geradezu lebensnotwendige Erscheinung. Jede Befestigung oder Verbindung von Körpern durch Nägel, Schrauben usw. beruht auf der Reibung. Ohne Haftreibung würden wir auf ebener oder abschüssiger Strecke nicht anhalten können, Gehen oder Fahren wären unmöglich. Nur die Reibung ermöglicht das Abstoßen des Körpers nach vorn oder das Abrollen der Räder einer Lokomotive entlang den Schienen.

C. Ruhende Flüssigkeiten

§ 39. Allgemeines, Bewegungs- und Ordnungszustand der Moleküle in Flüssigkeiten. Flüssigkeiten unterscheiden sich von festen Körpern im wesentlichen durch die leichtere Verschieblichkeit der Moleküle. Jeder feste Körper setzt einer Formänderung Kräfte, die in § 36 besprochenen elastischen Kräfte, entgegen. Bei einer Flüssigkeit braucht man zu einer Formänderung überhaupt keine Arbeit aufzuwenden, wenn die Formänderung nur genügend langsam erfolgt. Flüssigkeiten besitzen also im Gegensatz zu festen Körpern keine Formelastizität. Nur bei raschen Formänderungen merken wir einen Widerstand, den wir als *Zähigkeit* bezeichnen, s. § 47.

Zwischen leicht beweglichen Flüssigkeiten und amorphen festen Körpern zeigen Körper wie Glas, Asphalt, Siegellack u. dgl. alle möglichen Übergänge. Asphalt ist gegen einen plötzlichen Schlag spröde, ist also „fest", aber nur in gewissen Grenzen, denn aus einem umgestürzten Faß läuft Asphalt im Laufe der Zeit aus, gibt also auch schwachen Kräften nach, wenn diese nur genügend lange wirken. Wir können daher Asphalt als eine Flüssigkeit mit sehr großer Zähigkeit betrachten.

Eine wichtige Eigenschaft der Flüssigkeiten ist ihr großer Widerstand gegen *Volumenänderungen*, wir können nur unter Einsatz erheblicher Kräfte das Volumen einer Flüssigkeit verkleiner. So bedarf es eines Druckes von etwa 1000 at, um bei Wasser das Volumen um 5% zu verringern. Eine Kompression auf die Hälfte ist auch bei den höchsten erreichbaren Drucken unmöglich. Flüssigkeiten besitzen also eine sehr ausgeprägte *Volumenelastizität*. Wir können sie meist als praktisch inkompressibel behandeln.

Diese und weitere für den flüssigen Zustand charakteristische Eigenschaften, wie die Einstellung der Flüssigkeitsoberfläche und die Druckausbreitung in Flüssigkeiten, s. § 40 und § 41, erklären sich zwanglos aus der größeren Beweglichkeit der Moleküle, die in Flüssigkeiten leicht aneinander vorbeigleiten können. Andererseits sind die Moleküle noch so dicht gepackt (die Dichte ändert sich beim Schmelzen nur um einige Prozent), daß der Körper einer Volumenverminderung noch einen sehr beträchtlichen Widerstand entgegensetzt. Man denke an Regenwürmer in einem Glase, die dicht auf dicht liegen, aber gut aneinander vorbeigleiten können.

Bezüglich des *Ordnungs-* und *Bewegungszustandes* der Moleküle nehmen die Flüssigkeiten eine Zwischenstellung zwischen dem festen und dem gasförmigen Zustande ein. Wegen der großen Dichte können die Moleküle nicht wie in einem verdünnten Gase gradlinig und nur durch Zusammenstöße abgelenkt hin und her schwirren. Andererseits ist die Energie der Wärmebewegung schon so groß, daß die zwischenmolekularen Kräfte nicht mehr ausreichen, diese Bewegung so weit einzuschränken, daß wie im kristallinen Zustand ein wohlgeordnetes Gitter entsteht. Im Kristall haben wir Schwingungen um feste Gleichgewichtslagen. In der Flüssigkeit ist die Molekülanordnung so gestört und gelockert, daß die Schwingungsamplituden, die durch die Zusammenstöße mit den Nachbarn begrenzt sind, unregelmäßig werden und wir einen häufigen *Platzwechsel* erhalten. Daher können wir die Bewegung der Moleküle in der Flüssigkeit als eine unregelmäßige Schwingung um eine allmählich wandernde Ruhelage auffassen.

Trotz dieser größeren Beweglichkeit haben wir in der Flüssigkeit noch keine völlige Unordnung der Moleküle, vielmehr findet man eine sog. *Nahordnung*, d. h., in der Umgebung jedes willkürlich herausgegriffenen Moleküls sind die Nachbarn in bezug auf das betrachtete Molekül irgendwie geordnet, vgl. die Abb. 56a–c, die Versuchen an lebhaft hin und her geschüttelten Molekülmodellen entnommen sind. Da, wie man sieht, die Ordnung in bezug auf irgendein Teilchen schon nach wenigen Molekülabständen verschwunden ist, bezeichnet man sie als Nahordnung. Sie ist ein für den flüssigen Zustand charakteristisches Merkmal. Im Kristall ist die Ordnung ideal und erstreckt sich auf große Bereiche, wir haben also eine *Fernordnung*; in Flüssigkeiten ist die Ordnung „verwackelt" und auf die nächste Umgebung des betrachteten Moleküls beschränkt. Die Nahordnung hängt von den zwischenmolekularen Kräften, der Packungsdichte der Moleküle und von der Energie der Wärmebewegung ab.

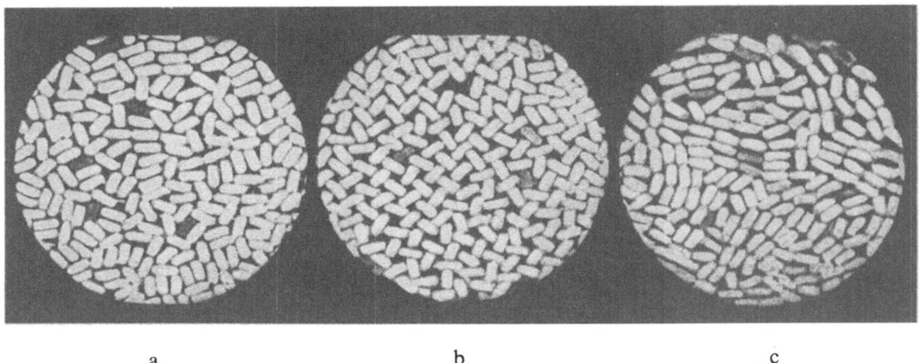

a b c

Abb. 56a–c. Nahordnung in Modellflüssigkeiten. a Stäbchen parallelisieren sich gegenseitig; Modell des CS_2, b Stäbchen mit Quadrupolfeldern[23] bilden viereckige und grätenförmige Anordnungen, Modell des CO_2, c Stäbchen mit Dipolfedern[24] bilden Ketten, Modell des HCN

§ 40. Einstellung der Flüssigkeitsoberfläche.

Die Oberfläche einer Flüssigkeit hängt von den einwirkenden äußeren Kräften ab. Die Flüssigkeitsteilchen bleiben unter der Einwirkung solcher Kräfte so lange in Bewegung, bis die Oberfläche sich senkrecht zur äußeren Kraft eingestellt hat, denn dann können die Moleküle diesen Kräften nicht mehr nachgeben. Betrachten wir als Beispiel die Oberfläche einer in einem weiten Gefäße befindlichen ruhenden Flüssigkeit. Der äußeren Kraft, die hier die Schwerkraft ist, halten die molekularen Kräfte der Flüssigkeitsmoleküle, die das Eindringen des Teilchens ins Innere verhindern und deren Resultierende natürlich senkrecht zur Oberfläche steht, das Gleichgewicht, vgl. § 51. Die Oberfläche stellt sich also horizontal ein; über die Krümmung an den Rändern s. § 52. Steht die Kraft schief auf der Oberfläche, so erhalten wir sofort eine Komponente parallel zu dieser, die die Moleküle entlang der Oberfläche so lange verschiebt, bis wieder Gleichgewicht vorhanden ist.

Wirken mehrere Kräfte ein, so stellt sich im Gleichgewichtsfalle die Oberfläche immer senkrecht zur Resultierenden ein. Versetzen wir z. B. eine Flüssigkeit in einem zylindrischen Gefäß in Rotation um die vertikale Achse, s. Abb. 57, so kommt zur Schwerkraft noch die Zentrifugalkraft hinzu, und die

---

[23] Unter einem Quadrupol verstehen wir ein Ladungssystem mit der Verteilung $\pm \mp$ oder $+ - - +$.

[24] Vgl. § 101.

Flüssigkeitsoberfläche wird gekrümmt. Je weiter die Teilchen von der Drehachse abliegen und je größer die Winkelgeschwindigkeit ist, um so größer wir die Zentrifugalkraft $m\omega^2 r$, um so mehr nähert sich die Resultierende der Horizontalen und um so mehr stellt sich die Oberfläche senkrecht ein. (Die genaue Form der Oberfläche ist die eines Rotationsparaboloids.)

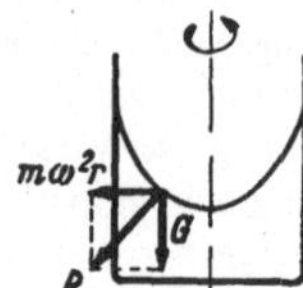

Abb. 57. Oberfläche einer rotierenden Flüssigkeit

§ 41. Der Druck in Flüssigkeiten. In einem mit Wasser gefüllten Gefäße beliebiger Form sitze ein beweglicher Kolben mit der Fläche F_1, s. Abb. 58. Üben wir auf diesen Kolben eine senkrecht stehende Kraft K_1 aus, so ist die Kraft pro Flächeneinheit, d. h. der Quotient aus Kraft und Fläche K_1/F_1. K_1 nennen wir die *Druckkraft*, die auf die Flächeneinheit bezogene, senkrechte Kraft K_1/F_1 den *Druck* p_1, der auf der Fläche F_1 lastet. Druck ist also immer Kraft pro Flächeneinheit[25]. Über Druckeinheiten s. § 45.

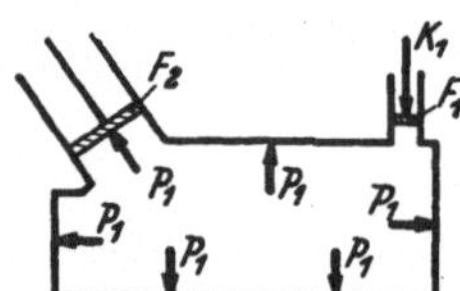

Abb. 58. Zum allseitigen Druck in Flüssigkeiten

Die durch die Kolbenfläche unter Druck gesetzten Moleküle drücken ihrerseits wieder auf die Nachbarmoleküle, so daß diese sich wieder verschieben, bis sie ein gleich großer und von allen Seiten wirksamer Gegendruck daran hindert. So pflanzt sich in Flüssigkeiten der Druck von Molekül zu Molekül, und zwar *gleichmäßig nach allen Seiten* fort.

Darin liegt ein wesentlicher Unterschied zwischen flüssigen und festen Körpern. Setzen wir auf einen starren zylindrischen Körper ein Gewicht, so pflanzt sich der Druck von Schicht zu Schicht bis zur Basis fort, ein Druck auf die Seiten entsteht jedoch nicht. Machen wir dasselbe mit einer Flüssigkeitssäule in einem Standzylinder, so suchen die Moleküle auch seitlich auszuweichen, was beim starren Körper wegen der Bindung der Moleküle an feste Gleichgewichtslagen unmöglich ist, und pressen sich so gegen die Seitenwände, bis diese denselben Druck erfahren und als Gegendruck selbst ausüben.

So entsteht im Inneren der Flüssigkeit und an den Grenzflächen ein *allseitig gleicher* Druck, sog. *hydrostatischer* Druck. Dieser steht überall senkrecht auf den Wänden, da sonst Strömungen längs der Wände auftreten würden, was im Gleichgewichtsfall nicht möglich ist.

Enthält das Gefäß noch einen zweiten beweglichen Stempel mit der Fläche F_2, so wird, wenn der Kolben 1 nach unten geht und Flüssigkeit verdrängt, der Kolben 2 entsprechend hochgedrückt. Da das Wasser praktisch inkompressibel ist, muß das durch den Kolben 1 verdrängte Flüssigkeitsvolumen V_1 gleich dem beim Hochgehen des Kolbens 2 gewonnenen Volumen V_2 sein. Senkt sich der Kolben 1 um das Stück a_1, so ist daher $V_1 = F_1 a_1 = V_2 = F_2 a_2$, a_2 der Hub

[25] Im gewöhnlichen Sprachgebrauch bezeichnet man leider auch oft die gesamte Druckkraft als Druck.

des Kolbens 2. Die zum Hereindrücken erforderliche Arbeit ist $A_1 = K_1 a_1$ und die bei 2 gewonnene Arbeit $A_2 = K_2 a_2$. Beide Beträge müssen wegen des Energiesatzes gleich sein, also $K_1 a_1 = K_2 a_2$ oder $K_2 = K_1 a_1/a_2 = K_1 F_2/F_1$, d. h., die mittels der Druckkraft K_1 auf den Kolben 2 ausgeübte Kraft K_2 ist im Verhältnis der Kolbenflächen F_2/F_1 vergrößert. Davon macht man bei der sog. *hydraulischen Presse* Gebrauch, bei der eine kleine Kraft auf ein Vielfaches gesteigert wird (natürlich auf Kosten des Weges). Ferner sehen wir, daß infolge der Beziehung $p_2 = K_2/F_2 = K_1/F_1$ auch $p_2 = p_1$ ist. Da die Fläche F_2 eine beliebige Lage und Richtung haben kann, erfahren, wie schon oben ausgeführt, die Gefäßwände an allen Stellen denselben Flüssigkeitsdruck p_1.

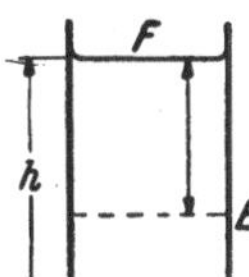

Abb. 59. Zum Schweredruck

Bisher haben wir die Schwerkraft vernachlässigt, d. h. nur den sog. *Stempeldruck* betrachtet. Wir behandeln jetzt den von dem eigenen Gewicht der Flüssigkeit herrührenden Druck, den sog. *Schweredruck*. Füllen wir ein zylindrisches senkrecht stehendes Gefäß vom Querschnitt F bis zur Höhe h mit einer Flüssigkeit von dem spezifischen Gewicht γ, s. Abb. 59, so lastet das Gewicht $G = \gamma h F$ der Flüssigkeitssäule auf dem Boden des Gefäßes und übt auf diesen einen Druck aus. Dieser *Bodendruck* p ist gleich der Gesamtkraft, d. h. dem Gewicht der Flüssigkeitssäule dividiert durch die Bodenfläche. Es ist also

$$p = \frac{G}{F} = \frac{\gamma h F}{F} = \gamma h = \frac{mg}{F} = \frac{V \varrho g}{F} = \varrho g h\,,$$

wo γ das spezifische Gewicht und ϱ die Dichte ist, die bei den üblichen Maßeinheiten p/cm^3 und g/cm^3 zahlenmäßig mit dem spezifischen Gewicht übereinstimmt.

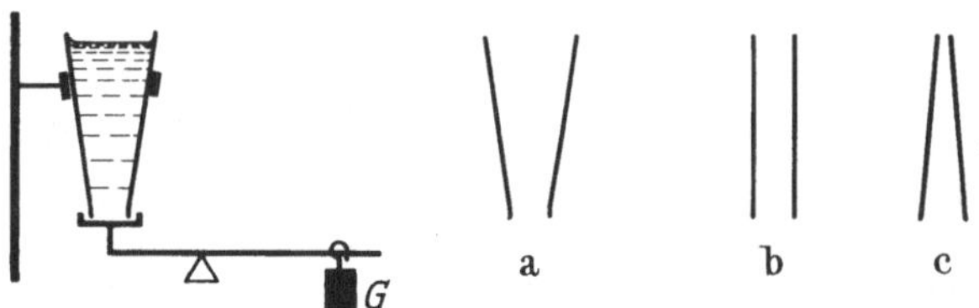

Abb. 60. Zur Unabhängigkeit des Bodendruckes von der Form der Flüssigkeitssäule

Mit der in Abb. 60 dargestellten Anordnung zur Messung des Bodendruckes untersuchen wir nacheinander unten offene Gefäße verschiedener Form, die aber die gleiche Bodenfläche besitzen. Durch das immer gleich gewählte Gegengewicht G wird der Boden von unten immer mit demselben Druck gegen die Gefäße gepreßt. Wir stellen nun fest, daß wir alle Gefäße bis zur gleichen Höhe füllen müssen, damit der Bodendruck der Flüssigkeit den Gegendruck erreicht und die Flüssigkeit ausläuft. Wir haben also das zunächst außerordentlich überraschende Ergebnis, daß der Bodendruck von der Form des Gefäßes unabhängig ist und daß es nur auf die senkrechte Höhe des Flüssigkeitsspiegels über dem Boden ankommt. Es ist also die gesamte Druckkraft der Flüssigkeit einmal kleiner (a), dann gleich (b) und schließlich größer (c) als das Gewicht der gesamten Flüssigkeit. Diese als *hydrostatisches Paradoxon* bezeichnete Erscheinung erklärt sich daraus, daß bei dem sich nach unten verjüngenden Gefäß auf der Waage nicht das ganze Gewicht der Flüssigkeit lastet, indem die Wandung des Glasgefäßes einen Teil desselben aufnimmt.

Es leuchtet ohne weiteres ein, daß im Inneren der Flüssigkeitssäule der Schweredruck von unten nach oben abnimmt und in der Höhe des Flüssigkeitsspiegels schließlich Null wird. Dabei herrscht in jeder horizontalen Schicht E, s. Abb. 59, ein Druck, der einfach gleich dem *Gewicht einer Flüssigkeitssäule ist, deren Querschnitt* 1 cm^2 *beträgt und deren Höhe gleich dem senkrechten Abstand der betreffenden Ebene von der Flüssigkeitsoberfläche ist.* Infolge der Allseitigkeit des Druckes erfahren natürlich auch die Seitenwände einen Druck, den sog. *Seitendruck.* Diesen erkennen wir z. B. daran, daß das Wasser aus einem seitlichen Loch um so schneller ausfließt, je tiefer das Loch, bezogen auf die Flüssigkeitsoberfläche, liegt, s. Abb. 61. Der Seitendruck an der Stelle des Loches ist natürlich wieder gleich dem Gewicht der senkrecht darüber lastenden Flüssigkeitssäule vom Querschnitt 1 cm^2.

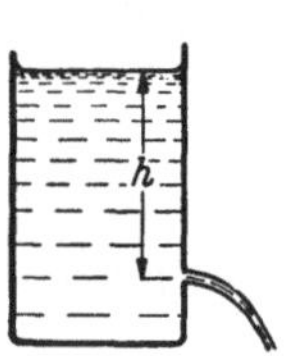

Abb. 61. Zum Seitendruck

Abb. 62. Zum Aufdruck

Ebenso erfährt eine eingetauchte Platte einen von unten wirkenden Druck. Diesen *Aufdruck* erkennen wir sehr schön aus dem in Abb. 62 wiedergegebenen Versuch. Solange die von unten wirkende Druckkraft K größer ist als das Gewicht der Platte mit aufgelegtem Gewicht, wird die Platte gegen den unten offenen Glaszylinder angepreßt.

In zusammenhängenden Flüssigkeitsräumen, *kommunizierenden* Röhren, steht die Flüssigkeit im Ruhezustand überall gleich hoch, denn nur dann sind die von beiden Seiten auf irgendeine in Gedanken hineingelegte Fläche F, s. Abb. 63, ausgeübten Drucke gleich, also Gleichgewicht vorhanden.

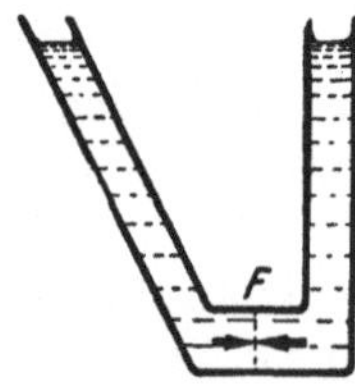

Abb. 63. Kommunizierende Röhren

§ 42. Auftrieb, Schwimmen. Betrachten wir einen in eine Flüssigkeit vom spezifischen Gewicht γ eingetauchten festen Körper, dem wir der Einfachheit halber zunächst die Gestalt eines Quaders mit der Bodenfläche F geben, s. Abb. 64. Gegen die untere Fläche wirkt der Aufdruck p, der durch das Gewicht der Flüssigkeitssäule von 1 cm^2 Querschnitt mit der Höhe h bestimmt ist; die Druckkraft auf die untere Fläche ist daher $K = pF = \gamma hF$. Auf die obere Fläche wirkt die Druckkraft $K' = \gamma h'F$. Da der Abstand h' vom Flüssigkeitsspiegel kleiner als h ist, ist K' kleiner als K, der Körper erfährt also eine nach oben gerichtete, als *Auftrieb* bezeichnete Kraft von der Größe $K - K' = \gamma F(h - h')$. Wesentlich für den Auftrieb ist also der Druck gegen die Bodenfläche. Da nun $F(h - h')$ das Volumen des Körpers darstellt, ist der *Auftrieb einfach gleich dem Gewicht der durch den Körper verdrängten Flüssigkeitsmenge.* Um diesen Auftrieb erscheint der eingetauchte Körper leichter. Dieses Ergebnis gilt für jeden in eine Flüssigkeit eingetauchten Körper ganz unabhängig von seiner Gestalt, *Archimedisches Prinzip*[26].

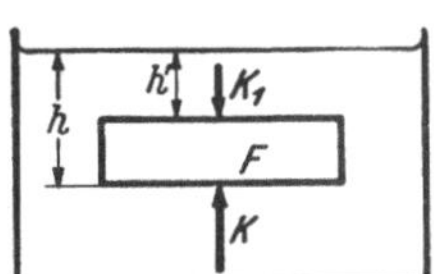

Abb. 64. Auftrieb eines Körpers

Infolge seines Auftriebes erscheint ein eingetauchter Körper leichter als in Luft, s. Abb. 65a. Stellen wir dagegen ein Gefäß mit Wasser auf die Waage und tarieren dieses, so sinkt beim Eintauchen eines Stabes die Schale mit dem Gefäß herab, s. Abb. 65b. Das erklärt sich daraus, daß nicht nur der Körper einen Auftrieb erfährt, sondern daß er seinerseits nach dem Prinzip von Kraft und Gegenkraft eine Druckkraft auf das Wasser ausübt. So wirkt also auf die Waage noch eine zusätzliche Kraft, die gerade gleich dem Auftriebe oder gleich dem Gewicht der vom Körper verdrängten Flüssigkeitsmenge ist.

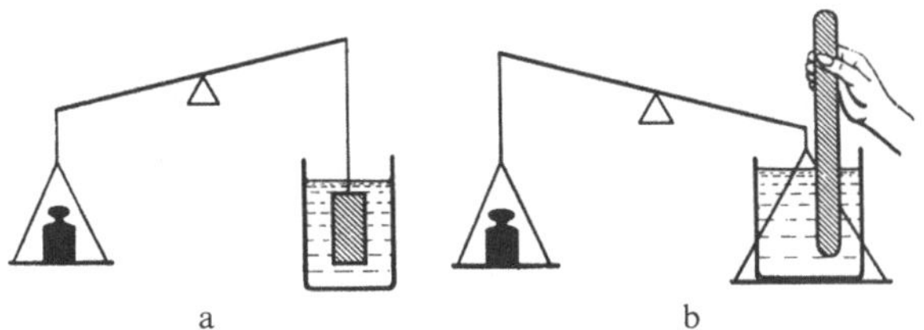

Abb. 65. Zur Gegenkraft des Auftriebes

Ist das spezifische Gewicht eines Körpers kleiner als das der Flüssigkeit, so ist auch der Auftrieb größer als sein Gewicht, der Körper steigt nach oben und taucht schließlich nur noch so weit ein, bis das Gewicht der verdrängten Flüssigkeitsmenge seinem eigenen Gewicht gleich ist, er *schwimmt*. Ein massives Eisenblech sinkt unter. Biegen wir es an den Rändern genügend auf, so schwimmt es, weil schon bei teilweisem Eintauchen so viel Wasser verdrängt wird, daß der Auftrieb das Eigengewicht erreicht.

Ein Körper schwimmt *stabil*, wenn sein Schwerpunkt tiefer als der Schwerpunkt der verdrängten Flüssigkeit liegt. Auch wenn dies nicht zutrifft, ist eine stabile Schwimmlage noch möglich,

[26] Archimedes, 287–212 v. Chr. in Syrakus, entwickelte viele Gesetze des Gleichgewichts bei festen und flüssigen Körpern (Hebel, Flaschenzug, Auftrieb in Flüssigkeiten).

wenn folgende Bedingung erfüllt ist: Ein Schiff, dessen Schwerpunkt S_0 sein möge, werde um den Winkel α aus der Gleichgewichtslage herausgedreht, s. Abb. 66. Ist S_1 der Schwerpunkt der verdrängten Flüssigkeit in der Gleichgewichtslage, so rückt bei einer Neigung des Schiffes nach rechts auch der Schwerpunkt der in der Schräglage verdrängten Flüssigkeitsmenge nach S_2. Wir erhalten ein Drehmoment – der in S_2 wirkende Auftrieb und das in S_0 wirkende Gewicht sind ja gleich und bilden daher ein Kräftepaar –, das im Falle der Abbildung das Schiff wieder aufrichtet. Ziehen wir nun durch S_2 eine senkrechte Linie, so schneidet diese die Mittellinie des Schiffes, gestrichelt gezeichnet, in M. Nur wenn dieser als *Metazentrum* bezeichnete Punkt oberhalb des Schwerpunktes des Schiffskörpers liegt, wird das Schiff aufgerichtet. Liegt er tiefer, so wird der Schiffskörper durch das auftretende Drehmoment noch weiter aus einer Gleichgewichtslage herausgedreht. Die Schwimmlage ist dann *labil*, das Schiff kentert. Ein Schiff schwimmt also nur so lange stabil, als sein Metazentrum oberhalb seines Schwerpunktes liegt.

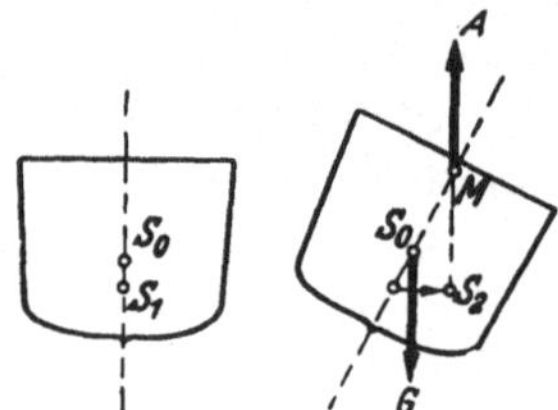

Abb. 66. Schwimmlage eines Schiffes

Mit Hilfe des Auftriebes können wir sehr leicht das Volumen und das spezifische Gewicht eines Körpers bestimmen. Dazu bestimmt man das Gewicht einmal in Luft (G) und dann unter Wasser (G'), wo ja das ursprüngliche Gewicht um den Auftrieb verringert wird. Der Auftrieb $G - G'$ ist gleich dem Gewicht der volumengleichen Wassermenge. Daher ist das spezifische Gewicht γ des Körpers

$$\gamma = \frac{G}{V} = \frac{G}{G - G'} \gamma_{H_2O} .$$

Da das spezifische Gewicht des Wassers die Maßzahl 1 hat, ist das gesuchte spezifische Gewicht der Maßzahl nach einfach gleich dem Gewicht in Luft dividiert durch den Auftrieb in Wasser.

Zur schnellen Bestimmung des spezifischen Gewichtes von Flüssigkeiten benutzt man sog. *Aräometer*. Das sind hohle und unten beschwerte Glaskörper, die oben eine Teilung tragen. Das Gerät taucht in die Flüssigkeit um so tiefer ein, je geringer ihr spezifisches Gewicht ist. Mit Hilfe einer vorher geeichten Teilung kann man das spezifische Gewicht der zu untersuchenden Flüssigkeit (Milch, Alkohol usw.) bestimmen.

D. Ruhende Gase

§ 43. Das Verhalten der Moleküle im Gaszustand. Die Dichte der Gase ist sehr gering. Bringen wir ein luftleer gepumptes Glasgefäß auf eine Waage und lassen die Luft wieder einströmen, so finden wir aus der kleinen Gewichtszunahme, daß 1 Liter Luft bei Zimmertemperatur rund 1,2 p wiegt. Die Dichten verschiedener Gase verhalten sich bei gleichem Druck und bei gleicher Temperatur wie deren Molekulargewichte. Daraus folgt, daß gleiche Volumina aller Gase bei gleichem Druck und gleicher Temperatur gleichviel Moleküle enthalten *(Avogadrosches Gesetz)*. Dementsprechend nimmt auch ein Mol irgendeines Gases bei Normalbedingungen, d. h. bei 0° C und 760 mm Hg, immer dasselbe *Molvolumen* von 22,414 Litern ein. Da in einem Mol $6{,}0225 \cdot 10^{23}$ Moleküle (Avogadrosche Konstante) enthalten sind, haben wir in einem cm^3 eines Gases z. B.

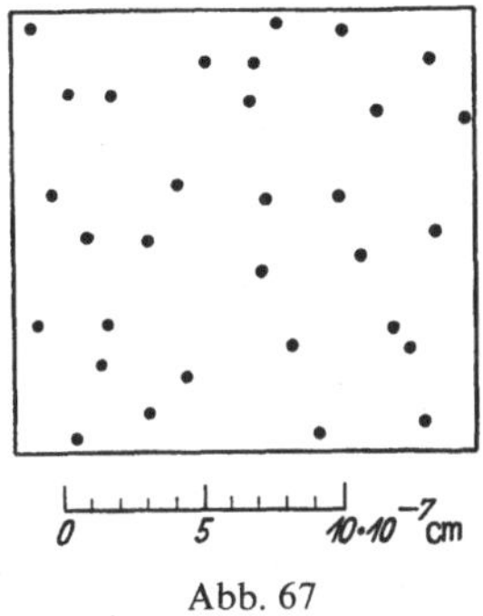

Abb. 67

Abb. 68

Abb. 67. Momentbild der Moleküle in Zimmerluft. (Aus POHL: Elektrizitätslehre)

Abb. 68. Bahnen von Molekülen in Zimmerluft (Aus POHL: Elektrizitätslehre)

Wasserstoff oder Luft bei 0° C und 760 mm $2{,}7 \cdot 10^{19}$ Moleküle. Die Raumerfüllung der Luftmoleküle auf dem Erdboden veranschaulicht uns die Abb. 67. Sie ist gewissermaßen eine Momentaufnahme in 2000000facher Vergrößerung. Nur etwa $^1/_{1000}$ des Raumes wird von den Luftmolekülen selbst ausgefüllt. Die Moleküle eines Gases haben also im Gegensatz zum festen und flüssigen Aggregatzustande, wo sie dicht beieinanderliegen, einen verhältnismäßig großen Abstand. Daher haben Gase eine sehr geringe Dichte und lassen sich sehr stark zusammendrücken, s. § 44.

Bei den verhältnismäßig großen Abständen der Moleküle sind die zwischenmolekularen Kräfte viel zu schwach, um die Moleküle zusammenzuhalten. Diese streben vielmehr infolge ihrer Bewegungsenergie, das ist ihre Wärmeenergie, vgl. § 62 und § 78, auseinander, suchen das Gasvolumen ständig zu vergrößern und verteilen sich auf jeden ihnen zugänglichen Raum. Ein Gas hat also im Gegensatz zur Flüssigkeit keine Oberfläche, eine bestimmte Gasmenge kein festes Volumen. Da ein Gas ebensowenig wie eine Flüssigkeit eine bestimmte Form, d. h. Formelastizität, besitzt, folgt daraus, wie bei den Flüssigkeiten, s. § 41, daß ein auf das Gas ausgeübter Druck sich nach allen Seiten in gleicher Größe fortpflanzt.

Da bei Gasen die Schwerkraft und die zwischenmolekularen Kräfte nur eine untergeordnete Rolle spielen, bewegen sich die Moleküle auf geradlinigen Bahnen, wobei die Richtung der Bahnen und die Geschwindigkeit infolge elastischer Zusammenstöße mit anderen Molekülen oder mit den Wänden immer wieder plötzlich abgeändert werden. So entstehen die in Abb. 68 dargestellten Zickzackbahnen. In Zimmerluft erfährt ein Molekül in der Sekunde einige Milliarden Zusammenstöße.

Das geradlinige Bahnstück, das ein Molekül im *Mittel* zwischen zwei Zusammenstößen zurücklegt, nennen wir die *mittlere freie Weglänge*, sie beträgt für Luft unter Atmosphärendruck ungefähr 10^{-5} cm.

Die Geschwindigkeit der Moleküle ist außerordentlich groß, sie ist für N_2- oder O_2-Moleküle bei Zimmertemperatur etwa 500 m/s, leichtere Moleküle bewegen sich rascher, schwerere langsamer, für H_2 ist $v \approx 1800$ m/s. Diese Zahlen sind nur Mittelwerte, da in jedem Gase die Moleküle teils größere, teils kleinere Geschwindigkeiten haben.

Infolge der großen Molekülabstände geht in Gasen die *Diffusion* viel schneller vor sich als in Flüssigkeiten. Ausströmendes Leuchtgas oder Riechstoffe sind in kurzer Zeit in einem großen Raume bemerkbar.

§ 44. Druck und Volumen eines Gases. Jedes Gas übt auf die begrenzenden Wände einen Druck aus, der von den unzähligen Stößen der auf die Wände aufprallenden Moleküle herrührt. Jedes auf die Wand auftreffende elastisch reflektierte Molekül übt auf diese einen Kraftstoß aus, der gleich seiner Impulsänderung ist, s. § 10 u. § 78. Die Gesamtheit aller Stöße wirkt wie eine stetige Kraft oder wie ein gleichmäßiger Druck auf die Wand. Je schneller und je häufiger die Moleküle auf die Wände prallen, um so größer wird dieser Druck. Er wächst also mit der Zahl und mit der Geschwindigkeit der Moleküle, d. h. mit der Dichte und der Temperatur des Gases, s. § 78.

Dieser als Folge der Wärmebewegung der Moleküle auftretende äußere Druck ist eine für den Gaszustand charakteristische Erscheinung. In Flüssigkeiten wird er nicht wirksam, weil hier die Moleküle durch die zwischenmolekularen Kräfte, also gewissermaßen durch einen *Innendruck* oder *Kohäsionsdruck* zusammengehalten wird.

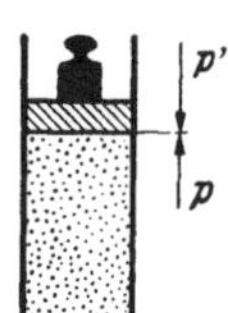

Abb. 69. Zum Druck eines Gases

Untersucht man in einem Zylinder mit beweglichem Stempel den Zusammenhang zwischen Druck und Volumen eines Gases, so stellt sich immer ein solches Volumen ein, daß der Druck des aufgelegten Gewichtes p' und der des Gases p sich das Gleichgewicht halten, s. Abb. 69. Erhöhen wir den äußeren Druck, so wird das Gas so weit komprimiert, bis sein Druck dem neuen Außendruck gleich geworden ist, dabei gilt, wenn wir die Temperatur konstant halten, das einfache Gesetz

$$pV = \text{const},$$

d. h., das Volumen einer abgesperrten Gasmenge ist dem auf ihm lastenden oder von ihm ausgeübten Druck umgekehrt proportional. Das pV-Gesetz gilt streng nur für ein *ideales* Gas. Das ist ein Gas, bei dem die Moleküle keine Kräfte aufeinander ausüben und ihr Eigenvolumen, verglichen mit dem vom Gase eingenommenen Raum unmerklich bleibt. Kein wirkliches oder *reales* Gas ist in aller Strenge „ideal", doch sind die zwischenmolekularen Kräfte und die Raumerfüllung der Moleküle bei geringen Dichten so klein, daß die Gesetze der idealen Gase praktisch richtig bleiben.

Jedes Molekül übt beim Aufprallen auf die Wand einen Stoß aus, dessen Größe von den sonst vorhandenen Molekülen unabhängig ist. So kommt es, daß der Druck der Zahl der Moleküle proportional ist und ferner, daß bei einer Mischung mehrerer Gase jedes Gas einen *Partialdruck* ausübt, der so groß ist, als ob es den ganzen Raum allein ausfüllen würde. Der Gesamtdurck des Gasgemisches ist somit einfach gleich der Summe der Partialdrucke der einzelnen Bestandteile.

Bei der *Atmung* erweitern und verkleinern wir das Volumen der Lunge, dadurch entsteht im ersten Falle ein Unterdruck und es strömt Luft ein, beim Ausatmen geschieht das Umgekehrte.

§ 45. Die Lufthülle der Erde und der Luftdruck. Da ein Gas Gewicht hat, haben wir, wie bei einer Flüssigkeit, in jedem gaserfüllten Raume einen von oben nach unten zunehmenden Druck, der sich wegen der *Allseitigkeit* des Druckes nicht nur als *Bodendruck*, sondern auch als *Seiten-* und *Aufdruck* äußert. Daher erfährt auch in einem Gase jeder Körper einen *Auftrieb*.

Auf der Erde befinden wir uns auf dem Boden eines gewaltigen Luftmeeres. Hier steht die Luft unter einem Druck, der gleich dem Gewicht der auf der Fläche von 1 cm^2 lastenden Luftsäule ist. Dieser Druck wird uns nur wegen seiner Allseitigkeit im allgemeinen nicht bewußt. Den Nachweis eines *Luftdruckes* hat zuerst der Magdeburger Bürgermeister OTTO VON GUERICKE[27] erbracht, als er zeigte, wie zwei dicht aufeinander gesetzte und luftleer gemachte Halbkugeln durch den Druck der äußeren Atmosphäre so stark zusammengepreßt wurden, daß beiderseits je 8 Pferde nötig waren, um die Kugeln zu trennen. TORRICELLI hat dann den Luftdruck in folgendem Versuche genauer gemessen. Wir füllen eine an einem Ende verschlossene, etwa 1 m lange Glasröhre vollständig mit Quecksilber. Dann verschließen wir die Öffnung mit dem Finger, drehen das Rohr um und tauchen es mit dem zugehaltenen Ende in eine Schale mit Quecksilber. Nehmen wir nun den Finger weg, so fließt das Quecksilber so weit aus, bis es im Glasrohr etwa 76 cm höher als im äußeren Gefäße steht. In diesem Gleichgewichtszustande ist also der Luftdruck auf den äußeren Hg-Spiegel gleich dem Druck, den die 76 cm hohe Quecksilbersäule in der Höhe des äußeren Quecksilberniveaus ausübt, s. Abb. 70.

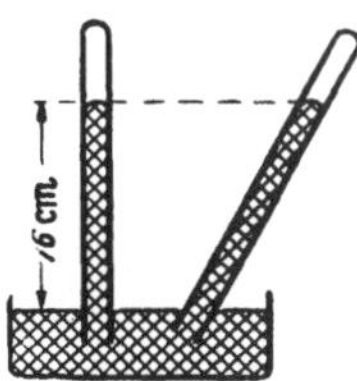

Abb. 70. Messung des Luftdruckes

Neigen wir das Rohr, so bleibt die Höhe von 76 cm erhalten, da ja der Druck der Quecksilbersäule nur von ihrer vertikalen Höhe abhängt. Im Raume oberhalb der Quecksilberkuppe haben wir, abgesehen von einer Spur von Quecksilberdampf, einen von Materie freien Raum, ein *Vakuum*.

[27] OTTO v. GUERICKE, 1602–1682, Bürgermeister von Magdeburg, Erfinder der Luftpumpe und Entdecker der elektrischen Abstoßung, untersuchte mit vorbildlicher Experimentierkunst das Verhalten der Gase und die Erscheinungen des Luftdrucks.

Da Hg das spezifische Gewicht 13,59 p/cm³ hat, ist das Gewicht einer Hg-Säule von 76 cm Höhe und 1 cm² Querschnitt 76 · 13,59 oder 1,033 kp. Der Druck einer Quecksilbersäule von 760 mm Höhe heißt eine *physikalische Atmosphäre* (atm). Der Druck einer Hg-Säule von 1 mm Höhe wird als ein *Torr* bezeichnet. In der Meteorologie ist die Einheit 1 Millibar (mb) = 10^{-3} Bar = 10^3 dyn/cm² üblich. Mit der in der Technik üblichen als *Atmosphäre* bezeichneten Druckeinheit (at) von 1 kp/cm² haben wir die in Tab. 4 aufgeführten Druckeinheiten.

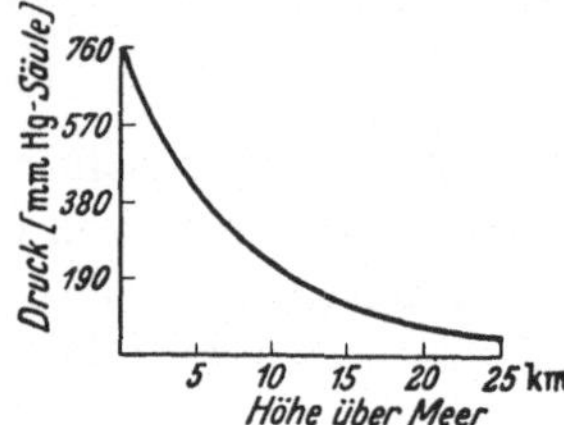

Abb. 71. Der Luftdruck in Abhängigkeit von der Höhe bei konstanter Temperatur

Der Luftdruck ist zeitlichen Schwankungen unterworfen und ändert sich außerdem natürlich mit der Höhe. Der Wert von 760 Torr ist ein für Meereshöhe geltender Durchschnittswert. Da eine Luftsäule von 10 m Höhe und 1 cm² Querschnitt in Meereshöhe bei gewöhnlicher Temperatur etwa 1,2 p wiegt, vermindert sich der Luftdruck für je 10 m Höhenzuwachs um 1,2 p oder rund 0,9 mm Hg-Säule. Wäre die Luft inkompressibel wie eine Flüssigkeit, so würde der Druck linear mit der Höhe abnehmen. Wegen der sehr großen Zusammendrückbarkeit der Gase gilt hier jedoch das Gesetz $pV = \text{const}$, s. § 44, wonach die Dichte der Luft mit abnehmendem Druck, also mit der Höhe, abnehmen muß, sonst wäre ja in der Atmosphäre gar kein Gleichgewicht vorhanden. Daher ist die Druckabnahme pro Längeneinheit nicht wie im Wasser konstant, sondern wird mit zunehmender Höhe geringer. Der Druckverlauf mit der Höhe wird durch die sog. *barometrische Höhenformel* beschrieben, deren Verlauf in Abb. 71 dargestellt ist. Man kann also mit Hilfe eines Barometers direkt die Höhe über dem Meere bestimmen.

Tabelle 4. *Druckeinheiten*

1 Bar (b)	= 10^6 dyn/cm² = 10^5 N/m²
1 Millibar (mb)	= 10^{-3} Bar (b) = 0,988 · 10^{-3} atm (Meteorologie)
1 Mikrobar (μb)	= 1 dyn/cm² (Akustik)
1 Torr	= 1 mm Quecksilbersäule = 1,359 · 10^{-3} kp/cm² = 1,3336 mb
1 atm	= 760 Torr (physikalische Atmosphäre) = 1,033 kp/cm²
1 at	= 1 kp/cm² (technische Atmosphäre)

Daß sich in der Atmosphäre ein Gleichgewicht mit nach oben abnehmender Dichte einstellt, ist auf das gleichzeitige Zusammenwirken zweier Einflüsse, nämlich auf die Wärmebewegung der Moleküle und die Schwerkraft zurückzuführen. Ohne die Erdanziehung würden alle Moleküle sofort in den unendlichen Weltraum hinausfliegen, die Erde hätte keine Atmosphäre. Durch ihr Gewicht werden die Moleküle an die Erde gebunden und in Erdnähe angereichert. Wäre keine Wärmebewegung da, so würden die Moleküle wie Steine herabfallen und als 10 m dicke Schicht die Erde bedecken[28]. Eine obere Grenze der Atmosphäre kann man nicht angeben, in 5,5 km beträgt der Luftdruck die Hälfte, in 11 km ein Viertel des normalen Luftdruckes usw. Noch in Höhen von mehreren 100 km sind Gasmoleküle vorhanden, wie man aus dem Aufglühen von Meteoren erkennt, die beim Eindringen in die Atmosphäre infolge der Reibung ins Glühen geraten.

Der Luftdruck nimmt mit steigender Höhe h nach einer e-Funktion ab, nämlich nach der Gleichung $p = p_0 \exp(-\varrho_0 g h/p_0)$ oder $p = p_0 \exp(-h/7{,}99)$, wenn wir h in km, $\varrho_0 = 0{,}129 \cdot 10^{-3}$ g/cm³, $p_0 = 1$ atm setzen, p_0 und ϱ_0 beziehen sich auf Meereshöhe und 0° C.

[28] Um die Erde gegen die Erdanziehung verlassen zu können, müßte ein Molekül eine nach oben gerichtete Geschwindigkeit von mindestens 11 km/s haben.

Die Luft ist ein Gemisch von folgender und bis zu größerer Höhe sehr konstanter Zusammensetzung.

N_2 78%, O_2 21%, Ar 1% (Volumenprozente), Spuren anderer Edelgase und etwas CO_2. Die *Partialdrucke* verhalten sich natürlich wie die Molekülzahlen, d. h. wie die Volumenprozente. Ist p der Gesamtdruck der Luft, so ist der Partialdruck des Sauerstoffs $p_{O_2} = p\frac{21}{100}$. Entfernen wir in einem abgesperrten, mit Luft vom Druck p mm Hg erfüllten Raum auf chemischem Wege den Sauerstoff, so sinkt der Druck auf $p\frac{79}{100}$ mm Hg.

Ein wirkliches Gleichgewicht stellt sich in den unteren Atmosphärenschichten nie ein, vor allem infolge der sich stets ändernden Erwärmung durch die Sonnenstrahlung. Wir haben daher ständig Ausgleichsvorgänge, Winde und Stürme, begleitet von Niederschlägen. Dieser Ausgleich vollzieht sich in einer Schicht, der sog. *Troposphäre*, deren Höhe in Europa etwa 11 km beträgt. Innerhalb dieser Schicht sinkt die Temperatur bis auf etwa $-60°$ C ab. In höheren Schichten, der sog. *Stratosphäre*, haben wir dann bis etwa 50 km Höhe fast Temperaturkonstanz und fast keine Wolkenbildung.

Zur Messung der Luftdruckes benutzt man *Barometer*, z. B. Hg-Barometer, die nach dem Prinzip der Torricellischen Röhre gebaut sind, sowie Metall- oder *Aneroid*barometer. Letztere bestehen im wesentlichen aus einer luftleeren geschlossenen Metalldose, die unter dem Einfluß des wechselnden Druckes verschieden stark elastisch deformiert wird, wobei die Deformation auf einen Zeiger übertragen wird. Nach demselben Prinzip sind auch die Metallmanometer zur Messung hoher Drucke gebaut.

Wir besprechen noch einige Wirkungen des Luftdruckes. Ein Schornstein zieht bekanntlich um so besser, je höher er ist. Das liegt an folgendem: Am oberen offenen Ende herrscht der Druck der angrenzenden äußeren Atmosphäre. Die heiße Luftsäule im Schornstein hat ein geringeres Gewicht als die gleich hohe Luftsäule der äußeren kalten Luft. Daher herrscht unten im Inneren des Schornsteins ein kleinerer Druck als außen, so daß Frischluft von außen einströmt.

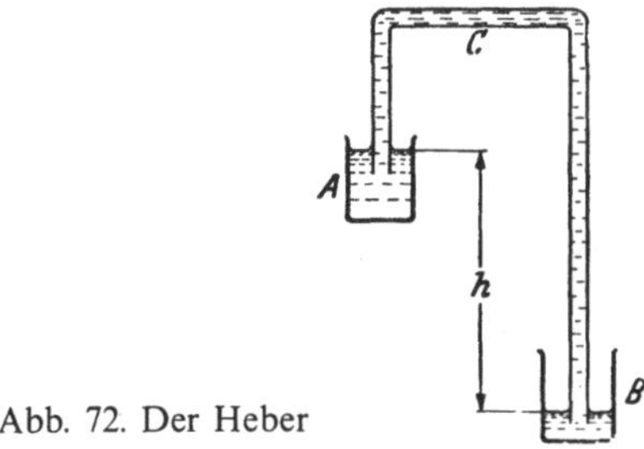

Abb. 72. Der Heber

Ferner betrachten wir den *Heber*, s. Abb. 72. Ist dieser vor dem Eintauchen ganz mit Flüssigkeit gefüllt oder saugt man ihn mit dem Munde am unteren Ende voll, so läuft die Flüssigkeit von *A* nach *B* weiter aus, solange der Spiegel von *B* tiefer als der von *A* liegt. Hält der Flüssigkeitsfaden infolge der Kohäsionskräfte in sich genügend zusammen, so fließt der Heber auch ohne äußeren Luftdruck, also auch im Vakuum, weiter, da das Übergewicht des um die Strecke *h* längeren rechten Fadens die Flüssigkeit nach *B* zieht. Infolge der meist vorhandenen Luftblasen reißt ein Vakuumheber aber ab. Durch den äußeren Luftdruck wird jedoch das Abreißen so lange verhindert, als der äußere Luftdruck den Druck der Flüssigkeitssäule *AC* überwiegt.

Um einen Raum zu evakuieren, braucht man Pumpen verschiedenster Art, von denen wir hier nur zwei Typen besprechen. Bei der *Wasserstrahlpumpe*, s. Abb. 73, hat das aus der Wasserleitung einströmende Wasser an der engen Austrittsdüse eine große Geschwindigkeit und daher nach der Bernoullischen Gleichung, s. § 48, einen geringeren Druck. Infolgedessen wird aus einem seitlich angeschlossenen Gefäße die Luft angesaugt und mit dem Wasserstrahl mitgerissen. Durch geeignete Wahl der Strömungsgeschwindigkeit und der Abmessungen der Düse kann man es erreichen, daß die Saugwirkung bis zum Sättigungsdruck des Wasserdampfs bei Zimmertemperatur, d. h. bis zu 10 bis 20 mm Hg, heruntergeht.

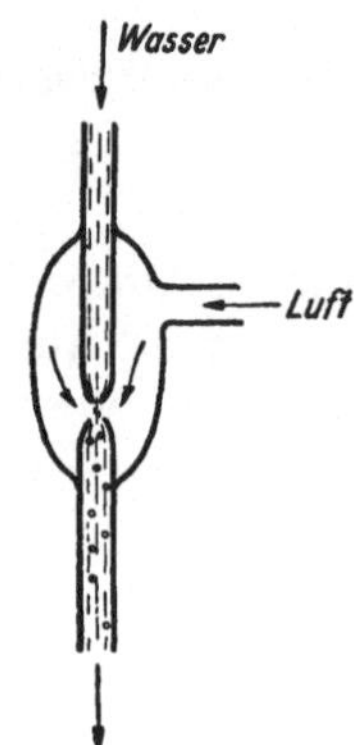

Abb. 73. Wasserstrahlpumpe

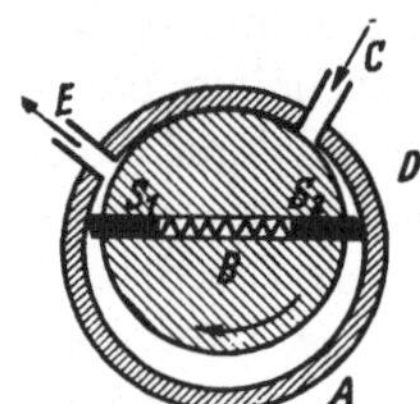

Abb. 74. Schema der Kapselpumpe

Einen wesentlich niedrigeren Druck, bis zu einigen Zehntel mm Hg, erreicht man mit Hilfe einer *Kapselpumpe*, s. Abb. 74. In einem zylindrischen Hohlkörper A rotiert ein exzentrisch gelagerter Zylinder B, der einen Schlitz mit zwei Schiebern S_1 und S_2 enthält, die durch eine Feder ständig gegen die Wand des Zylinders A gepreßt werden, so daß die Räume zwischen den beiden Zylindern immer unterteilt sind. Erfolgt die Drehung im Uhrzeigersinne, so wird der Raum D vergrößert und daher die Luft aus C angesaugt. Schließlich wird durch den Schieber S_1 der Raum D von C abgetrennt und die in ihm enthaltene Luft beim Kleinerwerden von D durch ein Ventil bei E herausgepreßt. Dann wiederholt sich das Spiel von neuem. Die Pumpe kann sowohl als Saug- wie als Druckpumpe verwandt werden.

Zur Erzeugung höchster Vakua benutzt man *Diffusionspumpen*, in denen die Luft aus dem zu evakuierenden Raum durch einen Spalt in einen Dampfstrahl (Quecksilberdampf oder gewisse Öldämpfe) hineindiffundiert und von diesem mitgerissen wird. Damit die Moleküle des Dampfstrahles nicht umgekehrt in das Vakuum einströmen und die Luft zurückdrängen, muß die Öffnung von der Größenordnung der freien Weglänge der Moleküle im Dampfstrahl sein. Da der Dampfstrahl selbst natürlich luftfrei bleiben muß, kann eine Diffusionspumpe nur gegen relativ niedrigen Druck (10^{-2} mm Hg) arbeiten.

E. Bewegungen in Flüssigkeiten und Gasen (Hydro- und Aerodynamik)

§ 46. Vorbemerkung. Die Erscheinungen in ruhenden Gasen und Flüssigkeiten haben wir getrennt behandelt, weil Flüssigkeiten praktisch gar nicht, Gase dagegen besonders stark zusammendrückbar sind. Die Bewegung in Flüssigkeiten und Gasen können wir dagegen gemeinsam betrachten, solange nur die Geschwindigkeit im Gase genügend klein bleibt, so daß die Änderungen der Dichte und damit auch die des Volumens vernachlässigt werden können. Bleibt die Geschwindigkeit in einem Gase klein gegenüber der Schallgeschwindigkeit, so können wir das Gas wie eine Flüssigkeit als praktisch *inkompressibel* behandeln. Daher werden wir in diesem Abschnitt das Wort „Flüssigkeit“ als Sammelbegriff für Flüssigkeiten und Gase benutzen.

Die Lehre von der Bewegung in Flüssigkeiten bezeichnet man als *Hydrodynamik*, soweit es sich nur um Gase handelt auch als *Aerodynamik*.

Die in einer ruhenden Flüssigkeit wirksamen Kräfte beruhen auf der Schwere und auf Druckunterschieden. Außerdem spielt in bewegten Flüssigkeiten infolge der zwischenmolekularen Kräfte noch die innere Reibung eine Rolle, s. § 47. Überall da, wo wir die Reibung vernachlässigen und ferner die Flüssigkeit als inkompressibel ansehen, sprechen wir von einer *idealen* Flüssigkeit. Für diese werden die Strömungsgesetze besonders einfach, s. § 48.

Um die *Strömung* einer Flüssigkeit sichtbar zu machen, können wir in ihr kleine Teilchen wie Aluminiumflitterchen suspendieren und deren Bewegung photographieren. Bei einer kurzen Belichtung beschreibt jedes Teilchen einen kurzen Strich, dessen Länge und Richtung uns die Geschwindigkeit der Flüssigkeit an der betreffenden Stelle angeben. Diese Striche fügen sich zu den sog. *Stromlinien* zusammen, die uns ein unmittelbares Bild vom Bewegungszustand die Flüssigkeit vermitteln, s. Abb. 75. In jedem Punkte gibt die Tangente die Richtung der Strömung an. Ferner können wir aus dem Stromlinienbild die Größe der Geschwindigkeit entnehmen, s. weiter unten. Wir betrachten eine durch ein Rohr mit verschiedenem Querschnitt fließende Flüssigkeit. Da die Flüssigkeit nicht zusammendrückbar ist, sich also nirgends stauen und außerdem auch nirgends verschwinden kann, ist die pro *Sekunde* den *Querschnitt* des Rohres passierende *Flüssigkeitsmenge*, das ist die *Stromstärke*, überall dieselbe. Alles, was in b zufließt, muß später in c wieder abfließen. Die *Geschwindigkeit* ist dabei verschieden, und zwar ist sie um so größer, je enger das Rohr ist. Auch ein Fluß hat an der engsten Stelle die größte, und wenn er sich zu einem See verbreitert, eine ganz besonders geringe Geschwindigkeit. An der Verengung, wo die Geschwindigkeit am größten ist, drängen sich die Bahnen der Aluminiumflitterchen, also die Stromlinien, zusammen, so daß wir auch aus der Dichte der Stromlinien sofort auf die Geschwindigkeit schließen können, s. Abb. 75.

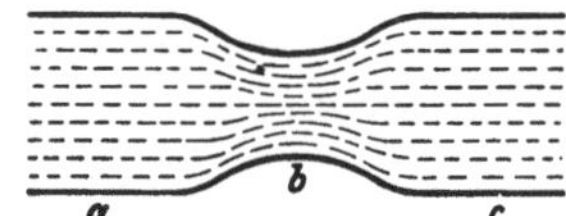

Abb. 75. Stromlinien in einem Rohr mit verschiedenem Querschnitt

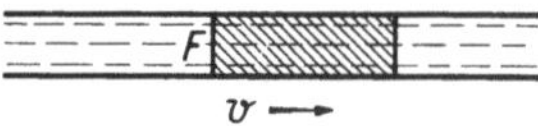

Abb. 76. Zum Begriff Stromstärke

Es sei v die Geschwindigkeit der Strömung und F der Querschnitt des Rohres. Dann schiebt sich in einer Sekunde durch die Fläche F ein Flüssigkeitszylinder von der Länge v, s. Abb. 76. Dessen Volumen gibt also die pro Sekunde durchgehende Flüssigkeitsmenge, so daß die *Stromstärke* $I = vF$ ist. Da die Stromstärke überall dieselbe ist, folgt, daß an jeder Stelle $vF = \text{const}$ ist, die Geschwindigkeit also um so größer wird, je kleiner der Querschnitt ist. Das ist die sog. *Kontinuitätsgleichung* für strömende Flüssigkeiten.

§ 47. Innere Reibung. Um die Form einer Flüssigkeit zu ändern, brauchen wir praktisch keine Arbeit aufzuwenden, vorausgesetzt allerdings, daß wir die Formänderung genügend langsam vornehmen, im Grenzfall $v \to 0$ wird die Arbeit $A \to 0$. Andernfalls zeigt die Flüssigkeit einen mit der Geschwindigkeit der Formänderung anwachsenden Widerstand. Diese Eigenschaft, die von Stoff zu Stoff sehr große Unterschiede aufweist, beruht auf der *Zähigkeit*. Um die Wirkung der Zähigkeit zu erkennen, betrachten wir eine sich zwischen zwei parallelen Platten befindende Flüssigkeit. Die untere Platte werde festgehalten. Verschieben wir die obere Platte parallel zu sich selbst, so verspüren wir einen Widerstand, der davon herrührt, daß zwei aneinander vorbeigleitende Flüssigkeitschichten sich infolge der zwischenmolekularen Kräfte aneinander reiben.

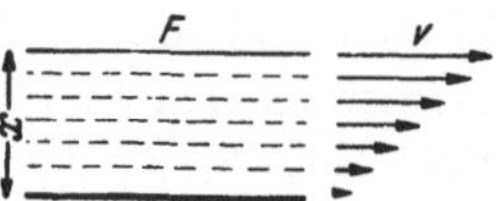

Abb. 77. Zur inneren Reibung

Dabei stellt sich folgender Bewegungszustand ein. Die unmittelbar an den Platten anliegenden Schichten haften an diesen fest. In den dazwischenliegenden Flüssigkeitsschichten nimmt die Geschwindigkeit von unten nach oben zu, s. Abb. 77. Jede Schicht ist etwas schneller als die unmittelbar darunterliegende, so daß die einzelnen Schichten übereinander weggleiten, sog. *laminare Strömung*, s. weiter unten. Infolge der zwischenmolekularen Kräfte gibt es zwischen diesen Schichten eine Art von Reibung, durch die die untere Schicht jeweils beschleunigt, die obere gebremst wird. Diese Reibungskraft, die die Geschwindigkeitsunterschiede benachbarter Schichten auszugleichen sucht, nennen wir die *innere Reibung*. Die zur Überwindung der Reibungskräfte aufzuwendende Arbeit wird in Wärme (ungeordnete Molekularbewegung) umgewandelt. Die zur Fortbewegung der oberen Platte erforderliche Kraft ist der Fläche der Platte F und im allgemeinen auch ihrer Geschwindigkeit v proportional. Dagegen ist sie dem Abstand der beiden Platten x umgekehrt proportional, so daß das Kraftgesetz der inneren Reibung im einfachsten Fall lautet:

$$K = \eta F \frac{v}{x}.$$

η ist eine für die Flüssigkeit charakteristische Konstante, die sog. *Viskosität* oder der *Koeffizient* der *inneren Reibung* oder kurz die *Zähigkeit*. Mit wachsender Temperatur nimmt η bei Flüssigkeiten ab, bei Gasen dagegen zu.

v/x ist die Änderung der Geschwindigkeit senkrecht zur Strömungsrichtung pro Längeneinheit oder das sog. *Geschwindigkeitsgefälle* $q = dv/dx$. Daher ist K/F, die sog. *Schubspannung* τ, d. h. die Tangentialkraft pro Flächeneinheit zwischen zwei in der Strömungsrichtung liegenden parallelen Schichten, einfach gegeben durch $\tau = \frac{K}{F} = \eta \frac{dv}{dx}$, τ wächst also proportional mit dem Geschwindigkeitsgefälle. Es gibt Systeme, z. B. viele kolloidale Lösungen, Suspensionen, Schmelzen von Kettenmolekülen, in denen τ/q mit q abnimmt, also η keine Materialkonstante mehr ist, Fall der *Strukturviskosität*.

Die Zähigkeit η gibt die beim Geschwindigkeitsgefälle eins auf die Fläche eins einwirkende Kraft an, üblicherweise in dyn gemessen. Ihre Einheit ist das *Poise*[29] (P) bzw. das Zentipoise (cP), $1\,\text{cP} = 10^{-2}\,\text{P}$, wobei $1\,\text{P} = 1\,\text{dyn cm}^{-2}\,\text{s}$ ist. Wasser besitzt bei 20° C eine Zähigkeit von etwa $1 \cdot 10^{-2}$ Poise, d. h., daß zum Verschieben einer Glasplatte von 100 cm² Fläche mit einer Geschwindigkeit von 10 cm/s bei einer Wasserschicht von 0,001 cm Dicke eine Kraft von 10^4 dyn oder etwa 10 p erforderlich ist.

Zahlreiche Stoffe, insbesondere hochmolekulare Substanzen, wie Kunststoffe, zeigen im festen wie im flüssigen Zustande nebeneinander elastische und viskose Eigenschaften (*Elastoviskosität*), d. h die Verformung ist bei einer plötzlich angelegten Spannung zeitabhängig, aber nicht im Sinne einer konstanten Viskosität. Die Abb. 78 zeigt nebeneinander verschiedene Verformungen γ als Funktion

[29] Sprich „Poas".

der Zeit bei einer zur Zeit $t=0$ sprunghaft angelegten konstanten Spannung τ_0. Die horizontale Gerade zeigt den rein elastischen Fall $\gamma = \frac{\tau_0}{G_0}$, s. § 36, die gestrichelte Gerade das rein viskose Fließen mit konstanter Viskosität $\gamma = \frac{\tau_0}{\eta} t$. Die gekrümmte, ausgezogene Kurve zeigt ein Beispiel eines viskoelastischen Materials, nämlich eine besonders einfache *Kriechkurve*, wobei die Verformung momentan den rein elastischen Wert γ_0 erreicht und dann allmählich auf einen höheren Grenzwert ansteigt (*Kriechen*). Sehr häufig beobachtet man statt eines Grenzwertes eine ständig mit der Zeit ansteigende, oft sehr geringe Verformung, gestrichter Kurvenast, s. Abb. 78.

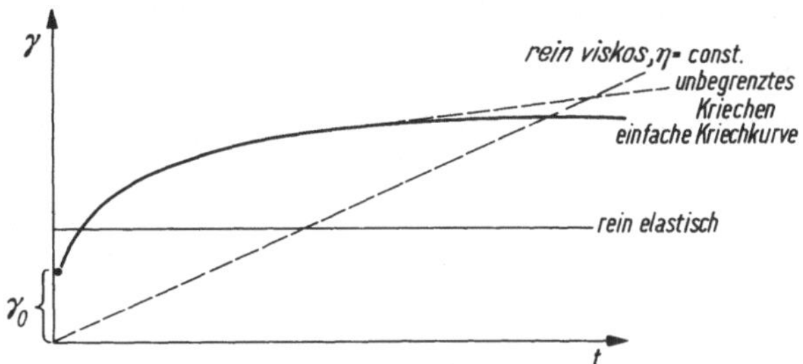

Abb. 78. Viskoelastisches Verhalten; Verlauf der Verformung als Funktion der Zeit bei zur Zeit $t=0$ angelegter, konstant bleibender Spannung τ_0

Die Zähigkeit einer Flüssigkeit macht sich besonders auch beim Strömen durch enge Rohre, vor allem durch Kapillaren, bemerkbar. Um die Flüssigkeit gegen die Reibungskräfte hindurchzupressen, ist eine bestimmte Druckdifferenz $p_1 - p_2$, die mit der Geschwindigkeit wächst, erforderlich. Für das in t Sekunden ausfließende Flüssigkeitsvolumen V gilt folgende von HAGEN gefundene, fälschlicherweise meist als Poiseuillesches Gesetz bezeichnete Beziehung

$$V = \frac{\pi r^4}{8\eta l}(p_1 - p_2)\,t\,,$$

wo r den Radius und l die Länge des Rohres bedeuten. Bezeichnen wir V/t oder die sekundliche Durchflußmenge als die *Stromstärke* I und den Quotienten $\frac{p_1 - p_2}{I} = \frac{8\eta l}{\pi r^4} = R$ als den *Strömungswiderstand*, so gilt das einfache Gesetz, daß die Stromstärke der Druckdifferenz direkt und dem Widerstand umgekehrt proportional ist, vgl. dazu das Ohmsche Gesetz für strömende elektrische Ladungen, § 91. Bei einer Kapillare ist der Widerstand der Länge direkt proportional, aber umgekehrt proportional der vierten Potenz des Radius.

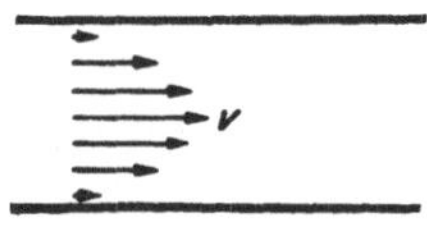

Abb. 79. Geschwindigkeitsverteilung in einem Rohr bei laminarer Strömung

Dieses Gesetz gilt nur so lange, als die Geschwindigkeit der Strömung eine bestimmte Größe nicht überschreitet. In diesem Bereich kleiner Geschwindigkeit haben wir es mit einer sog. *laminaren* Strömung zu tun. Bei dieser haftet die an der Rohrwand unmittelbar anliegende Schicht fest, so daß die Geschwindigkeit an den Wänden Null ist und nach der Mitte zu immer größer wird, s. Abb. 79.

Die Strömung erfolgt überall parallel zur Rohrachse. Zerlegen wir die strömende Flüssigkeit in lauter dünne kreiszylindrische Röhren, so erkennen wir, daß die aufeinanderfolgenden einzelnen Flüssigkeitsschichten verschiedene Geschwindigkeiten haben und daher mit Reibung aneinander vorbeigleiten, jedoch *ohne sich zu mischen.*

Bei einer bestimmten „kritischen" Geschwindigkeit verschwindet der laminare Bewegungszustand und es tritt eine Durchmischung der einzelnen Flüssigkeitsschichten, sog. *Turbulenz* oder *Wirbelbildung* ein. Dadurch wird der Strömungswiderstand erheblich größer und die Durchflußmenge viel kleiner als die nach der obigen Formel berechnete, vgl. § 49.

§ 48. Druck und Geschwindigkeit in einer Strömung. Wir betrachten jetzt den Zusammenhang zwischen Druck und Geschwindigkeit, und zwar zuerst beim Ausfluß einer Flüssigkeit aus einem Gefäß, das unten eine Öffnung besitzt. Diese möge so klein sein, daß die Flüssigkeit im Gefäß selbst keine merkliche Geschwindigkeit oder kinetische Energie erhält. Die Ausflußgeschwindigkeit erhalten wir dann einfach mittels des Energiesatzes. Wir haben beim Absinken des Flüssigkeitsspiegels eine Abnahme der potentiellen Energie, die als kinetische Energie der ausströmenden Flüssigkeit wieder zum Vorschein kommen muß. Es möge eine bestimmte Flüssigkeitsmasse m oben im Gefäß verschwunden, s. Abb. 80a, und unten eine ihr gleiche Masse mit der Geschwindigkeit v ausgeflossen sein. Dann ist die Abnahme der potentiellen Energie mgh, s. § 12, und da die gewonnene kinetische Energie $\frac{m}{2}v^2$ ihr gleich ist, folgt

$$\frac{m}{2}v^2 = mgh \quad \text{oder} \quad v = \sqrt{2gh}\,.$$

Die Geschwindigkeit ist also ebenso groß, als ob die Flüssigkeit die Höhe h frei durchfallen hätte, s. § 6. Könnte die Flüssigkeit senkrecht nach oben ausfließen, so würde sie, wenn wir von der Reibung absehen dürften, senkrecht bis zur Höhe h hochschießen, s. Abb. 80b. Die Ursache für das Ausströmen der Flüssigkeit ist

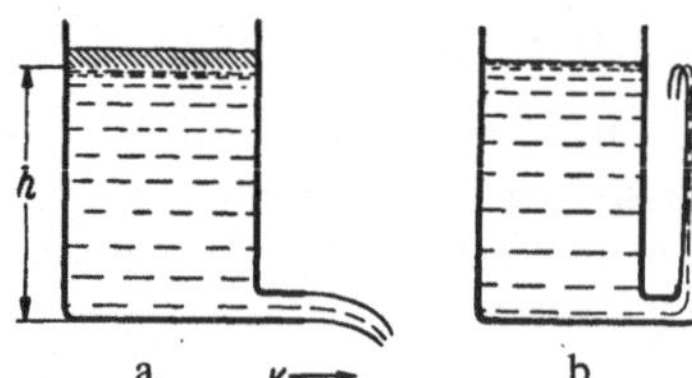

Abb. 80. Ausfluß einer Flüssigkeit unter Druck

der Überdruck, unter dem das Wasser an der Ausflußöffnung im Inneren gegen außen steht. Dieser Druckunterschied liefert also die Kraft, die die ausströmende Flüssigkeit auf die Geschwindigkeit v beschleunigt. Da dieser Überdruck nach § 41 $p = \varrho g h$ ist, ϱ die Dichte oder die Masse pro Volumeneinheit, können wir die obige Gleichung auch schreiben

$$v = \sqrt{\frac{2p}{\varrho}} \quad \text{oder} \quad \frac{\varrho}{2}v^2 = p\,,$$

d. h. die kinetische Energie pro Volumeneinheit der unter dem Überdruck p ausströmenden reibungslosen Flüssigkeit ist einfach gleich dem Druckunterschied p.

Eine unter Druck gehaltene Flüssigkeit besitzt also ein Arbeitsvermögen oder eine potentielle *Druckenergie.* Ob der Druck durch das Gewicht einer Flüssigkeitssäule oder sonstwie erzeugt wird, ist gleichgültig.

Denken wir uns aus einem Zylinder mit einem beweglichen Kolben vom Querschnitt F das Flüssigkeitsvolumen V herausgedrückt, s. Abb. 81, so ist, wenn auf den Kolben die äußere Kraft K wirkt, die Arbeit $A = Kl = pFl = pV$ geleistet worden. Die Druckenergie ist also pV, sie wandelt sich in kinetische Energie des Betrages $\frac{m}{2} v^2$ um. Durch Division mit V folgt $p = \frac{\varrho}{2} v^2$.

Abb. 81. Zum Begriff Druckenergie

Setzen wir an das Gefäß ein längeres waagerechtes Rohr an, so strömt infolge der Reibung die Flüssigkeit am Ende erheblich langsamer aus, d. h. der Flüssigkeitsdruck ist dort viel kleiner. Denn zur Überwindung des Reibungswiderstandes der strömenden Flüssigkeit muß man eine bestimmte Druckkraft aufwenden.

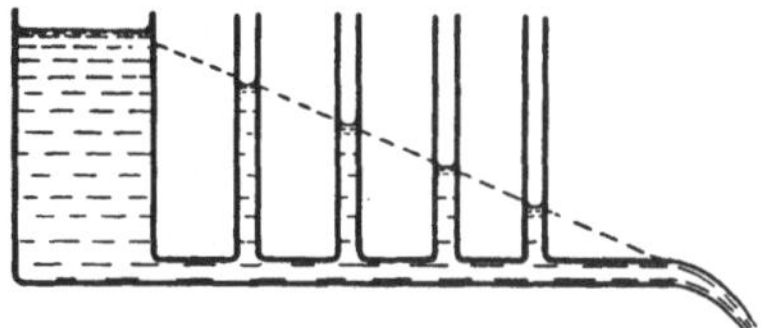
Abb. 82. Druckgefälle in einem Rohr von gleichförmigem Querschnitt

So gibt es längs des Rohres ein *Druckgefälle,* das wir mit Hilfe einiger Flüssigkeitsmanometer erkennen können. Der in der Flüssigkeit an einer bestimmten Stelle herrschende, dort durch die Höhe der Flüssigkeitssäule gemessene Druck ist der sog. *statische Druck.* Falls das Rohr überall denselben Querschnitt hat, erhalten wir einen gleichmäßigen Druckabfall, s. Abb. 82. Besitzt das Rohr eine Verengung, so erhalten wir den in Abb. 83 dargestellten Druckabfall. An der engeren Stelle b muß ja wegen des größeren Reibungswiderstandes ein größeres Druckgefälle vorhanden sein als links und rechts davon.

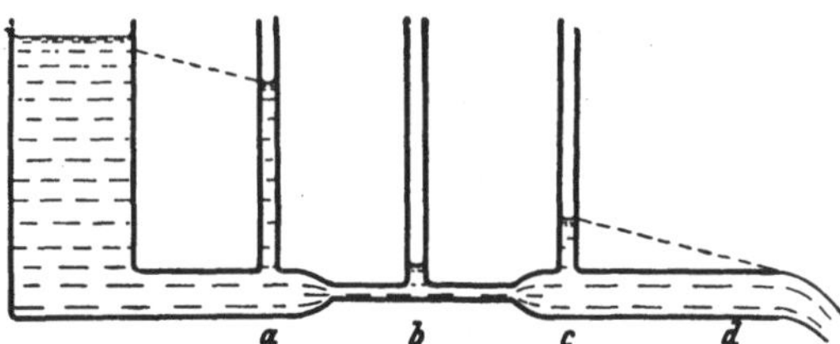

Abb. 83. Druck in einem Rohr mit Einschnürung

Bringen wir in der Verengung selbst ein Manometer an, so findet man überraschenderweise, daß der Druck hier *kleiner* als vor und hinter der Einschnürung ist, s. weiter unten. An Stellen größerer Geschwindigkeit ist also der Druck geringer als sonst. Bei genügend großer Strömungsgeschwindigkeit erhalten wir sogar einen statischen Druck, der kleiner als der äußeren Atmosphäre ist, so daß eine Saugwirkung auftritt. Lassen wir einen Luftstrahl aus einer engen Öffnung ausströmen, so verbreitet er sich beim Eindringen in die äußere Atmosphäre und nimmt schließlich Atmosphärendruck an. An der Stelle des engsten Querschnittes, d. h. größter Geschwindigkeit, tritt daher im Luftstrom ein Unterdruck und damit eine Saugwirkung auf. Auf diesem Prinzip beruhen Zerstäuber, s. Abb. 84, Inhalationsapparate, manche Automobilvergaser, der Bunsenbrenner, Dampfstrahlpumpen usw.

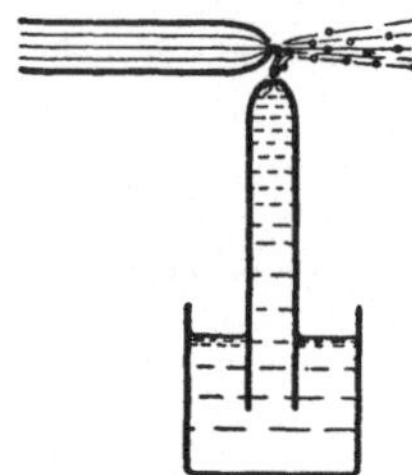

Abb. 84. Zerstäuber

Der genauere Zusammenhang zwischen statischem Druck und Strömungsgeschwindigkeit wird unter Vernachlässigung der Reibung durch die für die Hydrodynamik grundlegende *Bernoullische* Gleichung dargestellt:

$$p + \varrho g h + \frac{\varrho}{2} v^2 = \text{const} = p_0 \,.$$

Für eine horizontale Strömung gilt

$$p + \frac{\varrho}{2} v^2 = p_0 \,.$$

Die Größe $\frac{\varrho}{2} v^2$, die die Dimension eines Druckes hat, heißt der *Staudruck* oder auch der *dynamische* Druck, p ist der statische mittels seitlich angebrachter Manometer meßbare Druck und p_0 der Gesamtdruck. Wir haben also den Satz: *In einer horizontalen Strömung ist die Summe aus statischem und dynamischem Druck, das heißt der Gesamtdruck, konstant.*

Die obige Beziehung können wir uns mit Hilfe des Energiesatzes klarmachen. Eine strömende Flüssigkeitsmasse besitzt neben der kinetischen Energie $\frac{m}{2} v^2$, wie wir oben gesehen haben, noch Druckenergie pV und, falls die Leitung nicht horizontal liegt, noch Energie der Lage vom Betrage mgh. Die Gesamtsumme muß konstant sein, also $pV + mgh + \frac{m}{2} v^2 = \text{const}$. Daraus folgt für die Energie pro Volumeneinheit, also nach Division durch V, wegen $\frac{m}{V} = \varrho$, $p + \varrho g h + \frac{\varrho}{2} v^2 = \text{const}$. Ist das Rohr waagerecht, so folgt einfach $p + \frac{\varrho}{2} v^2 = \text{const}$.

Wir können diesen Zusammenhang zwischen Druck und Geschwindigkeit auch folgendermaßen einsehen, s. Abb. 75 u. 83. An der engen Stelle strömt die Flüssigkeit schneller, sie muß also auf dem Wege $a \rightarrow b$ beschleunigt werden. Die erforderliche Kraft liefert der Druckunterschied zwischen a und b. Im Gebiet c ist die Geschwindigkeit wieder kleiner. Die hier einströmenden Flüssigkeitsschichten werden also gebremst und drücken auf die ihnen vorausfließenden. Die Gegenkraft, von der Trägheit der langsameren Schichten herrührend, gibt den in c vorhandenen und die Geschwindigkeit verzögernden höheren Druck.

Messung von Druck und Geschwindigkeit in der Strömung. Bringen wir in die Strömung ein Hindernis, so staut sich die Flüssigkeit an diesem, teilt sich und fließt seitlich vorbei. Unmittelbar vor dem Hindernis, in der Mitte seiner Stirnseite, s. Abb. 85a, im sog. *Staupunkt* ist $v = 0$. Hier wird also der statische Druck gleich dem Gesamtdruck p_0. Wir messen ihn am einfachsten durch ein gebogenes, in die Strömung hereingebrachtes *Staurohr*, s. Abb. 85b. Den Staudruck $\frac{\varrho}{2} v^2$ an einer beliebigen Stelle erhalten wir als Differenz von p_0 und p, wobei p als statischer Druck mittels eines seitlich angebrachten Manometers gemessen werden kann. So erhält man aus zwei Druckmessungen die Strömungsgeschwindigkeit v.

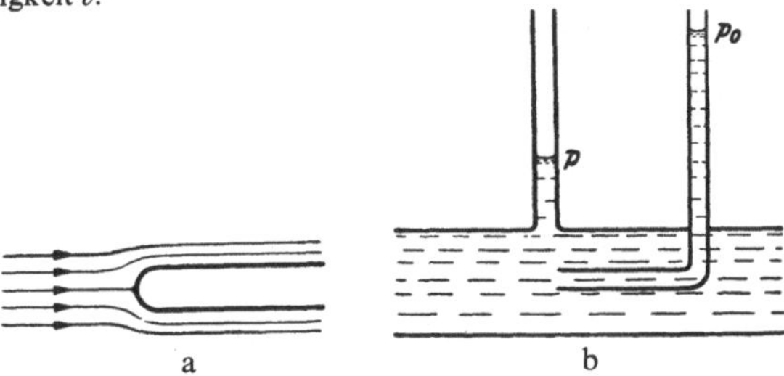

Abb. 85. Zur Messung der Geschwindigkeit in einer Strömung

§ 49. Widerstand bewegter fester Körper in Flüssigkeiten und Gasen. Lassen wir eine kleine Kugel in einem zähen Medium, etwa in Öl, fallen, so wird sie durch ihr Gewicht nur so lange beschleunigt, bis die mit der Geschwindigkeit anwachsende *Reibungs-* oder *Widerstandskraft* R der Schwerkraft das Gleichgewicht hält. Von da ab fällt die Kugel mit *konstanter* Geschwindigkeit v, sie *sinkt*. Beispiele für diese „Fallbewegung" sind Regentropfen oder Staub in der Luft, kleinste Teilchen in Wasser u. dgl.

Ist die Geschwindigkeit klein, so haben wir eine *laminare* Strömung, wobei eine Flüssigkeitshaut an der Kugel festhaftet, die anschließende Flüssigkeitsschicht durch die Reibung fast ganz mitgenommen wird, die nächste schon weniger, so daß schließlich die weiter abliegenden Schichten völlig in Ruhe bleiben. Daher besitzt die Flüssigkeit nur in unmittelbarer Nähe des bewegten Körpers kinetische Energie. Diese wandert also einfach mit dem Körper. Wegen des Festhaftens der Randschicht ist nur die Reibung innerhalb der Flüssigkeit wirksam und der Reibungswiderstand der Kugel vom Material und der Beschaffenheit ihrer Oberfläche unabhängig. Es kommt also nur auf die Zähigkeit η der Flüssigkeit an. Für die langsame Bewegung einer Kugel in einer zähen Flüssigkeit gilt das wichtige Widerstandsgesetz von STOKES

$$R = 6\pi\eta r v,$$

wo r der Radius der Kugel ist. Für kleinere Geschwindigkeiten haben wir also ein lineares Widerstandsgesetz.

Ist die Dichte der Kugel ϱ, die der Flüssigkeit ϱ', so ist die treibende Kraft K einfach das um den Auftrieb verminderte Gewicht der Kugel. Diese Kraft hält der Widerstandskraft R das Gleichgewicht, so daß wir die Gleichung haben

$$K = R = \frac{4\pi}{3} r^3 (\varrho - \varrho')\, g = 6\pi\eta r v \quad \text{oder} \quad v = \frac{2r^2(\varrho - \varrho')\, g}{9\eta},$$

d. h., die Kugel fällt um so langsamer, je kleiner sie ist.

Bei größerer Geschwindigkeit kommt es wieder zur *Wirbelbildung*, die laminare Strömung schlägt in die *turbulente* um. Einen häufig vorkommenden Fall der Wirbelbildung, nämlich die zu einer sog. *Wirbelstraße* führende periodische Ablösung von Wirbeln abwechselnd oben und unten an der Rückseite des Körpers, zeigt die Abb. 86. Daß hierbei die Flüssigkeit in drehende Bewegung kommt, bedeutet, daß bei der Bewegung des Körpers in der Flüssigkeit ständig kinetische Energie (Rotationsenergie) erzeugt wird, für die nach dem Energiesatz eine entsprechende Mehrarbeit und damit auch eine zusätzliche Kraft zur Überwindung des vergrößerten Widerstandes aufgewandt werden muß. Da die Drehgeschwindigkeit der Wirbel der Geschwindigkeit des bewegten Körpers proportional ist, und da ferner die kinetische Energie des Wirbels (seine Rotationsenergie) mit der Dichte des Mediums ansteigt, ist der Strömungswiderstand eines Körpers der Dichte der Flüssigkeit und dem Quadrat der Geschwindigkeit proportional.

Abb. 86. Wirbelbildung hinter einem umströmten Körper

Im Gegensatz zur laminaren Strömung gilt daher für die Widerstandskraft $R = c\varrho \frac{v^2}{2} F$, F die der Strömung ausgesetzte Querschnittsfläche, c eine empirisch bestimmbare, von der Form des Körpers abhängige Konstante, die *Widerstandszahl.*

Dabei kommt es nur auf die *Relativgeschwindigkeit* zwischen Körper und Flüssigkeit an. Die Wirbelbildung und damit der Stirnwiderstand des Körpers sind dieselben, gleich ob der Körper mit einer bestimmten Geschwindigkeit durch die ruhende Flüssigkeit bewegt wird oder ob die Flüssigkeit mit derselben Geschwindigkeit gegen den ruhenden Körper anströmt. Diese im umgebenden Medium erzeugte Wirbelenergie wird später durch Reibung restlos in Wärme umgewandelt, ist also verloren und daher unerwünscht.

Da der Widerstand eines umströmten Körpers vor allem auf der Wirbelbildung an der Rückseite beruht, wird man versuchen, diese nach Möglichkeit zu unterdrücken. Das ist vor allem durch geeignete Formgebung möglich. Erfahrungsgemäß begünstigen scharfe Kanten die Wirbelbildung. Daher verkleidet man den Körper und gibt ihm außerdem eine nach hinten spitz zulaufende Form, ein sog. *Tropfenprofil.* Diese glatte oder *Stromlinienform* gibt man Schiffskörpern sowie allen Fahrzeugen, die unter Überwindung des Luftwiderstandes hohe Geschwindigkeiten erreichen[30] sollen.

Die Bildung von Wirbeln ist eine Folge der inneren Reibung. Wir finden solche Wirbel nicht nur beim Umströmen eines Hindernisses, sondern auch überall da, wo zwei Strömungen verschiedener Geschwindigkeit miteinander in Berührung kommen, z. B. beim Einmünden eines Flusses in einen anderen. Die Ausbildung von Wirbeln an einer Kante zeigt die Abb. 87. Wirbel besitzen eine gewisse Steifigkeit und können daher Schwimmern im Wasser sehr gefährlich werden. Von der Energie eines Wirbels geben uns die Verwüstungen durch Windhosen und Wirbelstürme eine Vorstellung.

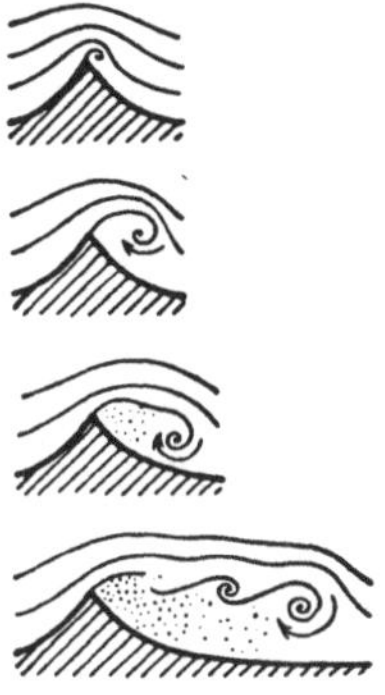

Abb. 87. Wirbelbildung an einer Kante

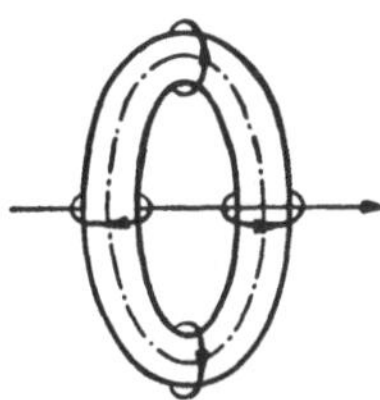

Abb. 88. Wirbelring

Besonders interessant sind die sog. *Wirbelringe*, bekannt z. B. als Tabakringe. Bei diesen ringförmig geschlossenen Wirbeln hat man eine Drehung der Flüssigkeitsteilchen um die kreisförmige Mittellinie des Ringes, s. Abb. 88. Ein solcher Wirbel besteht immer aus denselben Flüssigkeitsteilchen und bewegt sich wie ein selbständiger Körper durch die Flüssigkeit.

§ 50. Grundlagen des Fluges. Steht eine Platte *P* schräg in einem Luftstrom, so erfährt sie eine bestimmte Kraft, die sog. *Luftkraft L*, s. Abb. 89, die wir in eine senkrechte und eine waagerechte Komponente, als *dynamischen Auftrieb A* bzw. *dynamischen Rücktrieb R* bezeichnet, zerlegen können. Für eine gute *Tragfläche* soll der Auftrieb möglichst groß, der Rücktrieb oder der Widerstand möglichst klein werden. Das erreicht man durch geeignete Formgebung in Gestalt eines *stromlinienartigen Tragflügelprofils*, s. Abb. 90.

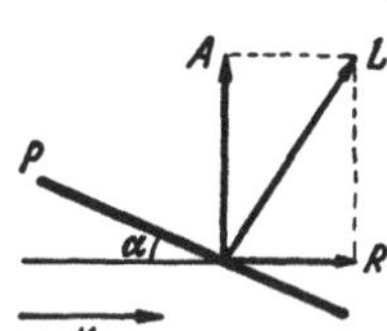

Abb. 89. Auftrieb einer Platte in einer Strömung

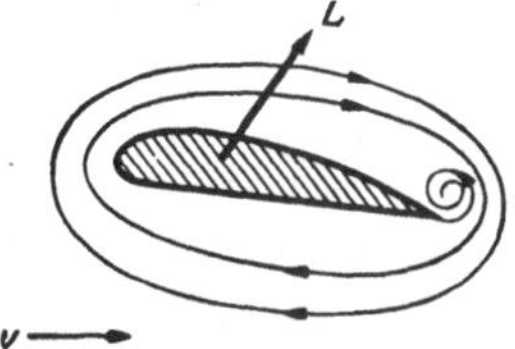

Abb. 90. Strömung um eine Tragfläche

[30] Einer Zugmaschine Stromlinienform zu geben, wäre praktisch sinnlos, da der Widerstand der Luft neben den sonstigen Reibungswiderständen erst bei größeren Geschwindigkeiten eine Rolle spielt.

Setzt man eine solchen Tragflügel in eine Strömung oder bewegt ihn durch ruhende Luft, so bildet sich beim Anfahren ein Wirbel, und zwar nur ein einziger, der sog. *Anfahrwinkel* aus, s. Abb. 90. Er rotiert gegen den Uhrzeiger und wandert später mit der Strömung ab. Gleichzeitig setzt eine *Zirkulation* der Luft um den Tragflügel im umgekehrten Sinne ein. Das bedeutet, daß oberhalb der Fläche die Geschwindigkeit größer, unterhalb kleiner wird, oder daß wegen des Zusammenhanges zwischen Druck und Geschwindigkeit (Bernoullische Gleichung) oben ein Unterdruck und unten ein Überdruck entsteht. Der Tragflügel wird also teils nach oben gesaugt, teils von unten nach oben gedrückt. Diese eigentümlichen Strömungsverhältnisse sind die eigentliche Ursache des dynamischen Auftriebes und nur möglich, solange Tragfläche und umgebendes Medium eine Relativgeschwindigkeit zueinander besitzen. In einer idealen, d. h. reibungslosen Flüssigkeit gäbe es keine Wirbelbildung, daher auch keine Zirkulation und keinen Auftrieb.

Die Zirkulation um den Tragflügel ist die notwendige Folge des Anfahrwirbels. Denn nach dem Satz von der Erhaltung des Drehimpulses, der ja nur eine Folge des Grundprinzips von Kraft und Gegenkraft ist, muß der Drehimpuls insgesamt Null bleiben. Das ist nur möglich, wenn neben dem Wirbel mit seinem Drehimpuls eine zweite Drehbewegung mit umgekehrtem Umlaufsinn auftritt, und diese Drehbewegung ist die Zirkulation der Luft um den Tragflügel.

Beim Abstellen des Motors sinkt infolge des unvermeidlichen Rücktriebes die Geschwindigkeit und damit der Auftrieb. Um nicht zu sehr an Geschwindigkeit zu verlieren, muß das Flugzeug in den *Gleitflug* übergehen. Es verliert also an potentieller Energie oder an Höhe.

Der *Segelflug* ist ein Gleitflug in einem schräg aufwärts gerichteten Luftstrom. Ist die senkrecht nach oben gerichtete Geschwindigkeitskomponente des Luftstromes größer als die bei ruhender Luft senkrecht nach unten gerichtete Komponente der Flugzeuggeschwindigkeit, so vermag das Flugzeug zu steigen. Solche aufwärts gerichteten Luftströmungen treten vor allem an Hängen, ferner infolge Erwärmung von Bodenschichten durch die Sonne und vor Gewitterfronten auf. Möwen „segeln" in der am Heck des Schiffes aufströmenden Luft.

F. Grenzflächenerscheinungen und zwischenmolekulare Kräfte

§ 51. Oberflächenspannung. Man kann eine leicht eingefettete Nähnadel oder Rasierklinge auf das Wasser legen, ohne daß sie einsinkt. Manche Insekten können über eine ruhige Wasserfläche laufen. Sobald jedoch der Körper die Oberfläche durchstößt, geht er unter. Aus solchen Erscheinungen gewinnt man den Eindruck, daß die Oberfläche einer Flüssigkeit sich ähnlich wie eine dünne gespannte Haut verhält. Diese eigentümliche Eigenschaft ist die Folge der zwischenmolekularen Kräfte.

Im Innern einer Flüssigkeit wirken auf ein Molekül die Anziehungskräfte aller Nachbarmoleküle ein, die Anziehung ist also in allen Richtungen gleich. Auf ein Molekül in der Oberfläche wirken dagegen nur die seitlichen Anziehungskräfte, die sich aufheben, und die Anziehung nach innen. Es gibt keine Kraft, die diesen Zug ins Innere kompensiert. Daher besitzen alle Moleküle in der Oberfläche eine bestimmte potentielle Energie. Aus diesem Grunde versucht jede Flüssigkeit ihre Oberfläche zu verkleinern, sich also ähnlich wie eine gespannte Haut zusammenzuziehen, wir sprechen von einer *Oberflächenspannung*, die wir nachher genauer definieren werden. Infolge dieser Spannung nehmen frei schwebende Flüssigkeitstropfen Kugelform an. Die Oberflächenspannung wächst mit den Kohäsionskräften. Diese sind bei Quecksilber besonders groß, so daß wir bei diesem auch eine besonders ausgeprägte Tropfenbildung beobachten.

Da zur Vergrößerung der Oberfläche Arbeit aufgewandt werden muß, besitzt jede Flüssigkeitsoberfläche eine bestimmte Oberflächenenergie, die ein Maß der Oberflächenspannung ist. Beziehen wir die Oberflächenenergie auf die Flächeneinheit, so wird sie, vgl. weiter unten, zahlenmäßig gleich der Kraft, mit der sich ein Flüssigkeitsstreifen von 1 cm Breite in Richtung senkrecht zu dieser Breite zusammenzuziehen sucht. Diese Kraft nennen wir die *Oberflächenspannung* der Flüssigkeit.

Abb. 91. Messung der Oberflächenspannung

Die Oberflächenspannung können wir mit Hilfe der Anordnung in Abb. 91 direkt messen. Der untere Draht der Länge l ist beweglich und mit einem kleinen Gewicht (einigen mg) belastet. Tauchen wir den Apparat in eine Seifenlösung und ziehen ihn wieder heraus, so bildet sich innerhalb des Drahtrahmens eine Flüssigkeitslamelle. Das Gesamtgewicht G des unteren Bügels und des Zusatzgewichtes ist im Gleichgewicht gleich der Kraft, mit der sich die Lamelle infolge ihrer Oberflächenspannung zusammenzuziehen sucht. Verschieben wir den Bügel ein kleines Stück Δs nach unten und ist σ die auf die Längeneinheit bezogene Spannung (Kraft), die Oberflächenspannung, mit der die Lamelle sich zusammenzuziehen sucht, so müssen wir die Arbeit $\Delta A = G\Delta s = 2\sigma l \Delta s$ leisten. Der Faktor 2 rührt daher, daß ja die Lamelle zwei Oberflächen, eine vordere und eine hintere, besitzt. Da $2l\Delta s$ die Gesamtzunahme der Oberfläche ΔF bedeutet, ist $\Delta A = \sigma \Delta F$. Es ist also σ auch die Arbeit, die aufzuwenden ist, um die Oberfläche um 1 cm^2 zu vergrößern, d. h., es ist die Oberflächenspannung pro cm gleich der *Oberflächenenergie* pro cm^2 oder gleich der *spezifischen Oberflächenenergie*. Wir sehen ferner, daß die Spannung σ im Gegensatz zu der einer gespannten elastischen Membran von der Verschiebung Δs unabhängig ist.

Wir geben noch die Werte der Oberflächenspannung σ bei Zimmertemperatur für einige an Luft angrenzende Flüssigkeiten in erg/cm^2 an:

Wasser	Quecksilber	Äthylalkohol	Benzol	Olivenöl
73	470	22	29	33

Die Oberflächenspannung einer Flüssigkeit ist verschieden, je nachdem, ob diese an Luft oder an einen anderen Stoff angrenzt. Das liegt daran, daß auf ein Molekül der Oberfläche nicht nur die Moleküle der eigenen Flüssigkeit, sondern auch die des angrenzenden Körpers einwirken. Die Oberflächenspannung wird um so kleiner, je stärker die vom angrenzenden Stoff ausgeübten Anziehungskräfte sind. Man spricht daher allgemein von *Grenzflächenspannung* bzw. *-energie* und von Oberflächenspannung nur dann, wenn eine Flüssigkeit an ein Gas angrenzt.

§ 52. Ausbreitung von Flüssigkeiten, Benetzung, Kapillarität. Das Zusammenwirken der zwischenmolekularen Kräfte an der Grenzfläche verschiedener Stoffe führt zu einigen bemerkenswerten Erscheinungen.

Ausbreitung einer Flüssigkeit auf einer anderen. Betrachten wir einen Tropfen Öl auf Wasser, so haben wir die drei Grenzflächen Wasser – Luft, Wasser – Öl und Öl – Luft, die an der Grenzlinie des Öltropfens zusammentreffen, s. Abb. 92. Hier greifen also in jedem Punkte drei Kräfte an, nämlich die drei Grenzflächenspannungen σ_{31}, σ_{21}, σ_{32}, wobei σ_{32} die Oberflächenspannung von Wasser gegen Öl, σ_{21} die von Öl gegen Luft und σ_{31} die von Wasser gegen Luft bedeutet. Es ist selbstverständlich, daß ein Punkt an der Grenze Öl – Wasser nur dann in Ruhe bleiben kann, wenn je eine Kraft die beiden anderen aufhebt. In diesem Falle bildet die Flüssigkeit 2 einen Tropfen. Ist aber die eine der drei Grenzflächenspannungen, z. B. σ_{31}, größer als die Summe der beiden anderen, was in unserem Beispiel zutrifft, so ist kein Gleichgewicht mehr vorhanden; die Grenzflächenspannung σ_{31} zieht die Moleküle des Randes und damit den Tropfen selbst immer mehr auseinander. Dabei nimmt die Ausbreitung, falls die Wasserfläche genügend groß ist, erst ein Ende, wenn das Öl eine *monomolekulare* Schicht bildet, d. h. eine Schicht, deren Dicke gleich dem Durchmesser des einzelnen Ölmoleküls ist. Da Wasser eine besonders große Oberflächenspannung besitzt, breiten sich auf ihm fast alle Flüssigkeiten aus. So kommt es, daß Wasser, wie auch Quecksilber, besonders leicht durch Ausbreitung von fremden Flüssigkeiten verunreinigt werden.

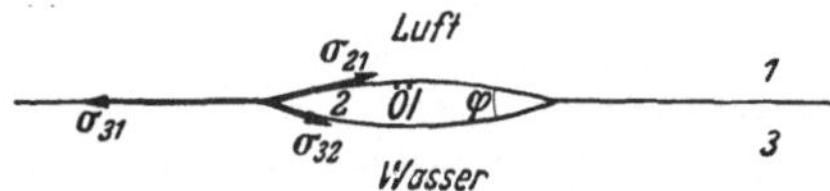

Abb. 92. Zur Ausbreitung einer Flüssigkeit auf einer anderen

Jede Verunreinigung setzt die Oberflächenspannung herab. Darauf beruht die bekannte Beruhigung der Wellen durch Öl. Bei der Vergrößerung der Oberfläche einer Welle wird die Ölhaut verdünnt, es steigt daher die Oberflächenspannung, so daß zusätzliche Energie zugeführt werden muß. Das bedeutet eine Dämpfung der Welle und der Bildung stark gekrümmter Oberflächen wird entgegengewirkt. So vermag eine Ölschicht die Bildung von „Brechern" zu unterdrücken und diese in glatte, langgezogene Wellen zu verwandeln.

Benetzung. Befindet sich ein Flüssigkeitstropfen auf der ebenen Oberfläche eines Festkörpers, so bleiben die drei Kräfte, die in jedem Punkt der Berandung wirken, von derselben Art und Richtung wie in Abb. 92. Wenn σ_{31} größer als σ_{32} ist, benetzt die Flüssigkeit den festen Körper, denn die Resultierende der Zugkräfte parallel zu dessen Oberfläche zieht den Tropfen auseinander. Dabei kann es nur zu einem Gleichgewicht kommen, wenn die Oberflächenspannung der Flüssigkeit gegen Luft σ_{21} größer ist als $\sigma_{31} - \sigma_{32}$. Dann stellt sich die Flüssigkeitsoberfläche mit einem *Randwinkel* φ gegen die Platte ein, der durch die Bedingung $\sigma_{31} = \sigma_{32} + \sigma_{21} \cos\varphi$ gegeben ist, s. Abb. 93a, wie es bei einem

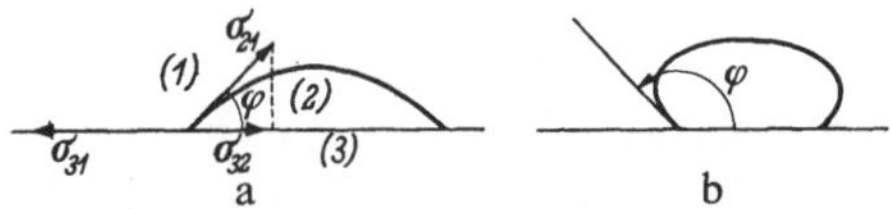

Abb. 93. Tropfen bei einer benetzenden (a) und einer nichtbenetzenden (b) Flüssigkeit

Wassertropfen auf fettigem Glas der Fall ist. Andernfalls tritt sog. *vollkommene Benetzung* mit dem Randwinkel *0* ein, die bei Wasser auf einer völlig fettfreien Glasplatte vorliegt. Quecksilber bildet dagegen auf Glas einen Randwinkel größer als 90°, so daß wir dort einen noch wegen des Eigengewichts etwas platt gedrückten Tropfen beobachten, s. Abb. 93b. Hier ist die Flüssigkeit *nicht benetzend*, weil σ_{31} kleiner als σ_{32} ist und dadurch die resultierende Zugkraft an der Oberfläche des Festkörpers entgegengesetzte Richtung hat wie bei der benetzenden. Dieselben Randwinkel bilden sich zwischen Gefäßwand und freier Flüssigkeitsoberfläche aus, s. Abb. 94 u. 95. Für Wasser in einem Glasgefäß ist $\sigma_{31} - \sigma_{32} > \sigma_{21}$, also kein Gleichgewicht vorhanden. Der Randwinkel ist 0, und es bildet sich eine die Glaswand überziehende Wasserhaut.

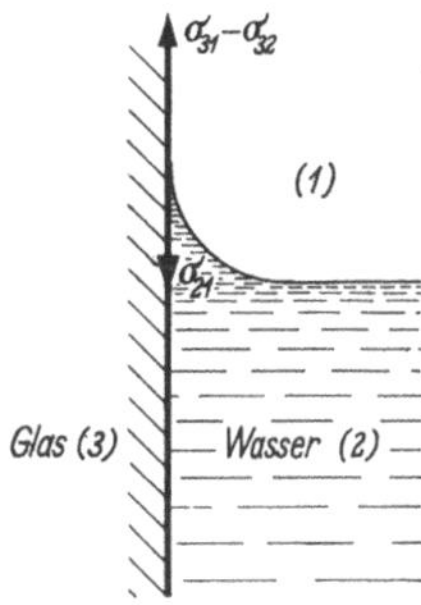

Abb. 94. Randwinkel 0° bei Wasser an Glas

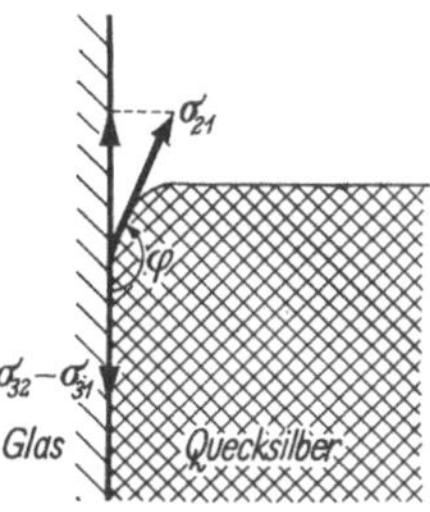

Abb. 95. Randwinkel bei einer nichtbenetzenden Flüssigkeit

Kapillarität. Die eben besprochenen Erscheinungen erklären die bekannten Kapillarwirkungen. Tauchen wir ein enges Glasrohr, ein sog. *Kapillarrohr* in Wasser ein, so steigt die Flüssigkeit um eine bestimmte Strecke hoch und wird oben von einem Meniskus begrenzt, der nach oben konkav ist, s. Abb. 96a. Beim Eintauchen in Quecksilber wird die Quecksilberkuppe gesenkt – wir sprechen von einer *Kapillardepression* – und nimmt eine nach oben konvexe Form an,

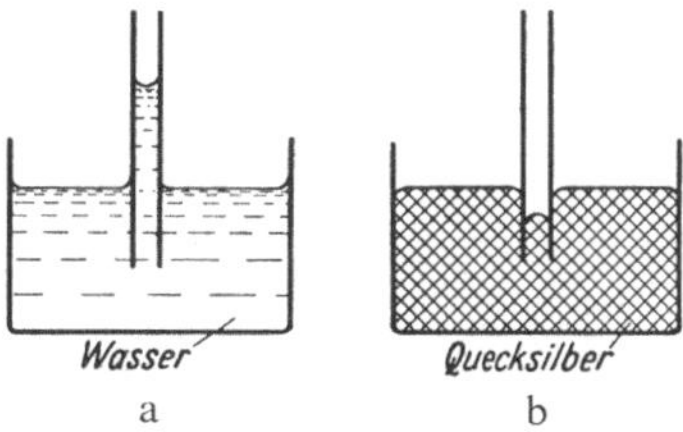

Abb. 96. Kapillarwirkungen bei einer benetzenden (a) und einer nichtbenetzenden (b) Flüssigkeit

s. Abb. 96b. Die kapillare Steighöhe bzw. Depression ist um so größer, je enger das Kapillarrohr ist. Die Erklärung der Erscheinung ist folgende: Bei vollkommener Benetzung wird die Flüssigkeit an der Wand hochgezogen. Diese Flüssigkeitshaut zieht die übrige Flüssigkeit so weit mit sich, bis das Gewicht der hochgezogenen Flüssigkeitssäule den am Umfang der Flüssigkeitshaut infolge

6*

ihrer Oberflächenspannung wirksamen Zug erreicht. Bei einer weiteren Belastung reißt die Verbindung.

Auf der Kapillarität beruht die Saugwirkung von Löschpapier, Schwämmen usw., ferner z. T. das Hochsteigen der Säfte in den Pflanzen.

Diese Betrachtung gibt uns eine Möglichkeit, die Oberflächenspannung aus der Steighöhe zu berechnen. Das Gewicht der Flüssigkeitssäule der Höhe h und des Radius r ist $G = r^2 \pi h \varrho g$, ϱ die Dichte der Flüssigkeit. Der infolge der Oberflächenspannung σ ausgeübte Zug K ist $K = 2r\pi\sigma$. Da G und K sich das Gleichgewicht halten müssen, folgt $r^2 \pi h \varrho g = 2\pi r \sigma$ oder $\sigma = hr\varrho g/2$.

Drittes Kapitel

Schwingungs- und Wellenlehre, Akustik

A. Allgemeines über Schwingungen und Wellen

§ 53. Harmonische Schwingung, Pendel. Jeden periodisch wiederkehrenden Vorgang bezeichnen wir als eine *Schwingung*. Zum besseren Verständnis des folgenden betrachten wir zunächst den Zusammenhang zwischen der einfachsten Schwingungsform, d. h. der *harmonischen* oder der reinen Sinus- bzw. Cosinus-Schwingung und der mit konstanter Bahngeschwindigkeit durchlaufenen Kreisbahn, vgl. Abb. 97. Wir projizieren dazu die Bewegung eines Massenpunktes P,

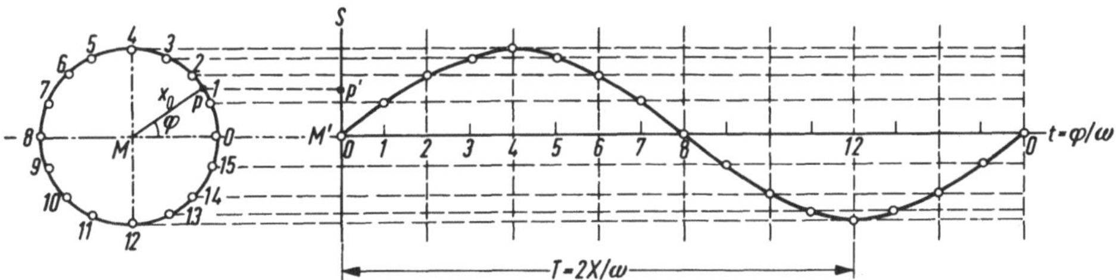

Abb. 97. Zusammenhang zwischen Kreisbewegung und Sinusschwingung

der auf einem Kreis mit dem Radius x_0 um M mit konstanter Winkelgeschwindigkeit bzw. mit der Kreisfrequenz $\omega = 2\pi\nu$ umläuft, vgl. § 7 auf einen Schirm S. Ferner führen wir die Koordinate x des Bildpunktes P' bezogen auf den Bildpunkt M' als Ursprung ein. Ist der Winkel, den MP momentan mit der Projektionsrichtung bildet φ, so ergibt sich für den Abstand $M'P'$

$$x = x_0 \sin\varphi \,.$$

Ist zur Zeit $t = 0$ auch $\varphi = 0$, so gilt ferner $\varphi = \omega t$ oder

$$x = x_0 \sin\omega t = x_0 \sin\frac{2\pi}{T}t = x_0 \sin 2\pi\nu t \,.$$

Die Projektion des Punktes P auf der Kreisbahn beschreibt also eine besonders einfache, nämlich eine harmonische Schwingung. x nennen wir die *Elongation*, die maximale Amplitude x_0, die *Amplitude* der Schwingung, s. Abb. 97. Ihre Periode $T = 1/\nu = 2\pi/\omega$ ist natürlich gleich der Umlaufzeit des Punktes P auf dem Kreise. Den momentanen Winkel φ nennen wir die *Phase* von P

bzw. von P'. Mit dem Begriff „Phase" charakterisieren wir also die momentane Lage eines schwingenden oder umlaufenden Körpers, allgemein den momentanen Zustand bei einem periodischen Vorgang.

Als einfachstes Beispiel für eine periodische Hin- und Herbewegung betrachten wir ein *elastisches* Pendel, z. B. einen Körper, der Masse m, der an einer Schraubenfeder aufgehängt ist, ein sog. *Federpendel*, s. Abb. 98. In der Gleichgewichtslage ist die Feder durch das Gewicht des aufgehängten Körpers im Vergleich zur unbelasteten Feder bereits um ein Stück vorgedehnt. Lenken wir nun den Körper in der Vertikalen um ein Stück x aus dieser Gleichgewichtslage aus, so tritt eine rücktreibende Kraft auf, die bei nicht zu großer Entfernung aus der Gleichgewichtslage der Amplitude x proportional ist (Hookesches Gesetz, s. § 36). Wir können daher schreiben

$$K = -Dx\,.$$

Das Minuszeichen bedeutet, daß die rücktreibende Kraft, die Rückstellkraft stets zur Ruhelage hingerichtet ist. Die *Federkonstante* oder die *Richtgröße* D gibt die zum Ausschlag 1 gehörende rücktreibende Kraft an. Lenken wir den Körper nach unten aus und lassen ihn los, so strebt er seiner Ruhelage O zu und nimmt dabei kinetische Energie auf. Beim Erreichen von O schwingt er

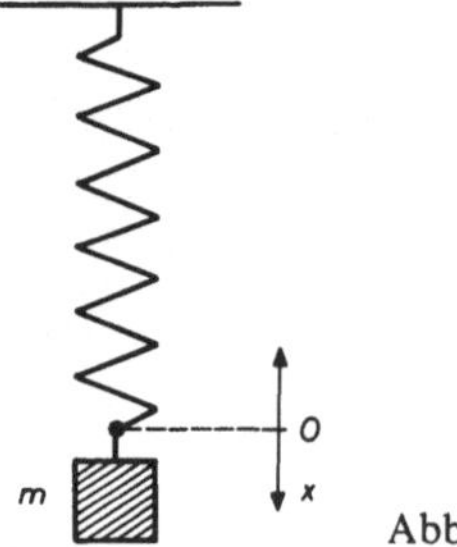

Abb. 98. Federpendel

infolge seiner Trägheit über die Gleichgewichtslage hinaus und drückt die Feder soweit zusammen, bis die kinetische Energie restlos in potentielle umgewandelt ist. Dann wiederholt sich der Vorgang in umgekehrter Richtung usw., d. h. der Körper führt Schwingungen aus.

Das obige lineare Kraftgesetz ergibt eine besonders einfache, nämlich die *harmonische* Schwingung von der Form $x = x_0 \sin\omega t$. Für die Schwingungsdauer $T = 2\pi/\omega$, d. h. für die Zeit einer völligen Hin- und Herschwingung gilt beim Federpendel

$$T = 2\pi\sqrt{m/D}\,.$$

Es ist also T von der Amplitude der Schwingung unabhängig. Wir erkennen ferner, daß das Federpendel um so langsamer schwingt, je größer die angehängte Masse und je kleiner die Federkonstate, d. h. je weicher die Feder ist.

Die rücktreibende Kraft des Federpendels erteilt der aufgehängten Masse m eine Beschleunigung auf die Ruhelage zu, die durch

$$m\frac{d^2x}{dt^2} = K = -Dx$$

gegeben ist. Die Integration liefert, wie man leicht verifizieren kann, die Lösung $x = x_0 \sin(\omega t + \varphi)$. Die Phasenkonstante φ hängt von den Anfangsbedingungen ab. Ist zur Zeit $t = 0$ auch $x = 0$, so wird $\varphi = 0$ oder $x = x_0 \sin \omega t$. Mit $\frac{d^2 x}{dt^2} = -x_0 \omega^2 \sin \omega t = -\frac{D}{m} x_0 \sin \omega t$ folgt weiter $\omega^2 = \frac{D}{m}$ oder für die Schwingungsdauer

$$T = 2\pi \sqrt{\frac{m}{D}} \ .$$

Potentielle Energie einer *gespannten Feder:* Zum Dehnen der Feder um ein Stück Δx muß man die Arbeit $\Delta A = Dx\Delta x$ aufwenden. Die Gesamtarbeit ist daher $A = \sum Dx\Delta x = \int Dx dx = \frac{Dx^2}{2}$. Die potentielle Energie der gespannten Feder wächst also mit dem Quadrat der Entfernung aus der Ruhelage.

Als weiteres Beispiel betrachten wir das *mathematische Pendel*, d. h. einen kleinen Körper (Massenpunkt), der an einem masselos gedachten Faden hängt, s. Abb. 99. Wir lenken das Pendel aus seiner Ruhelage aus und lassen es los.

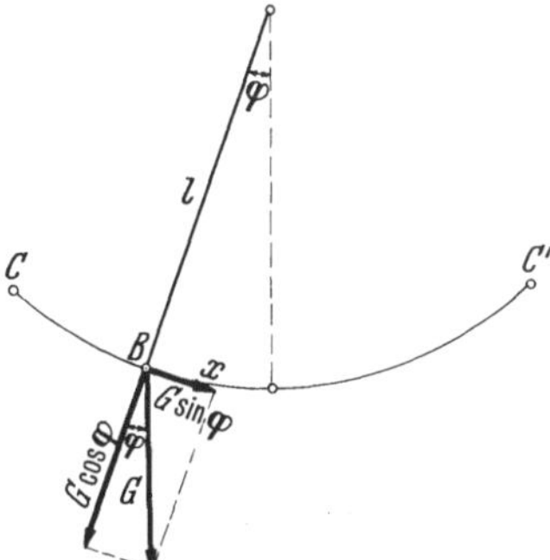

Abb. 99. Mathematisches Pendel

Die Schwerkraft zerlegen wir in zwei Komponenten, eine in Richtung des Fadens und die andere senkrecht dazu. Die erste Komponente, $G \cos \varphi$, spannt den Faden und ist für uns uninteressant. Die zweite, $G \sin \varphi$, treibt den Massenpunkt auf seine Ruhelage zu. Beschränken wir uns auf kleine Auslenkungen x, so gilt die Näherung $\sin \varphi = x/l$, so daß wir für die rücktreibende Kraft $K = -G \sin \varphi = -mg \sin \varphi = -mgx/l$ erhalten. Die Richtgröße des Pendels ist also $D = mg/l$. Damit gilt für die Schwingungsdauer des mathematischen Pendels

$$T = 2\pi \sqrt{\frac{m}{D}} = 2\pi \sqrt{l/g} .$$

Die Schwingungsdauer ist also von der Masse unabhängig, im Gegensatz zum Federpendel. Der Grund ist, daß beim Schwerependel D proportional m ist. Ein Pendel, das für eine Hin- und Herschwingung 2 s, also für eine halbe Schwingung 1 s benötigt, heißt ein Sekundenpendel. Seine Länge ergibt sich nach der obigen Beziehung mit $g = 9{,}81 \text{ m/s}^2$ zu 0,995 m, also zu etwa 1 m. Für größere Amplituden, für die der Sinus nicht mehr dem Winkel im Bogenmaß gleich gesetzt werden kann, nimmt die Schwingungsdauer etwas zu. Nun betrachten wir noch den allgemeinen Fall des Pendels, also die Schwingung eines beliebigen starren Körpers, der um eine feste Achse Drehschwingungen ausführen kann, d. h. das *physikalische Pendel*. Bei kleinen Amplituden α ist das rücktreibende Drehmoment dem Ausschlagwinkel proportional, also $M = D^* \varphi$. D^* nennt man das *Richtmoment*. Für die Schwingungsdauer des physikalischen Pendels gilt in völliger Analogie zum linearen Pendel, § 24

$$T = 2\pi \sqrt{\frac{I}{D^*}}\,.$$

Handelt es sich um ein Schwerependel, so gilt für das Drehmoment in bezug auf die Achse durch den Aufhängepunkt 0, s. Abb. 100, $M = mgh \sin\varphi$, wo h der Abstand des Schwerpunktes S vom 0 ist. Für kleine Winkel wird $M = mgh\varphi$ oder $D^* = mgh$, so daß für die Schwingungsdauer $T = 2\pi \sqrt{I/mgh}$ gilt.

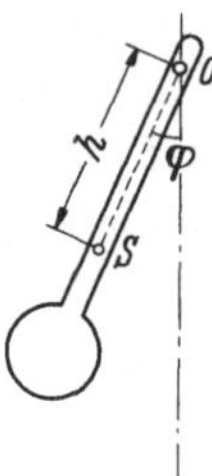

Abb. 100. Physikalisches Pendel

Beim physikalischen Schwerependel steht also an Stelle der Pendellänge l des mathematischen Pendels, dessen Schwingungsdauer $T = 2\pi \sqrt{l/g}$ ist, der Ausdruck I/mh, den man die *reduzierte Pendellänge* nennt. Sie ist gleich der Länge eines mathematischen Pendels gleicher Schwingungsdauer, d. h. mit $l = I/mh$.

§ 54. Überlagerung von Schwingungen. Führt ein System gleichzeitig mehrere Schwingungen aus, so erhält man die resultierende Schwingung mit Hilfe des Parallelogrammsatzes, d. h. durch geometrische Addition der Bewegungen, s. das in § 6 besprochene Prinzip der Superposition von Bewegungen. Wir betrachten nun verschiedene Fälle:

1. *Überlagerung von gleichgerichteten harmonischen Schwingungen gleicher Frequenz und Amplitude.* Die resultierende Schwingung ergibt sich hier einfach durch die algebraische Addition der Amplituden. Das führt bei gleicher Phase zu einer Verdoppelung der Amplitude, s. Abb. 101 a. Ist der Phasenunterschied π

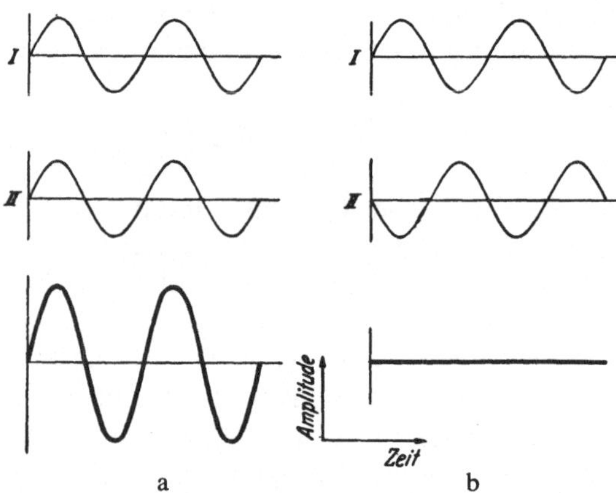

Abb. 101 a u. b. Überlagerung von zwei Schwingungen gleicher Richtung, Frequenz und Amplitude. a Phasenunterschied 0; b Phasenunterschied π

oder 180°, so heben sich beide Schwingungen ständig auf, Abb. 101 b. Die Überlagerung von Schwingungen sehr verschiedener Frequenz, Amplitude und Phase ergibt schon recht verwickelte Schwingungsbilder, s. Abb. 102. Die hier gezeigte Schwingung läßt zwar noch eine Periode erkennen, ist aber nicht mehr harmonisch. Durch Hinzunahme weiterer Sinusschwingungen kann man beliebige Schwingungsformen erzeugen. Man kann daher auch umgekehrt jeden noch so verwickelten Schwingungsvorgan als die Überlagerung einer Reihe von Sinusschwingungen darstellen, sog. *harmonische Analyse* einer periodischen Bewegung. Dabei wird die Teilschwingung mit der niedrigsten Frequenz als *Grundschwingung* bezeichnet. Die Frequenzen aller übrigen Teilschwingungen sind ganzzahlige Vielfache der Grundfrequenz.

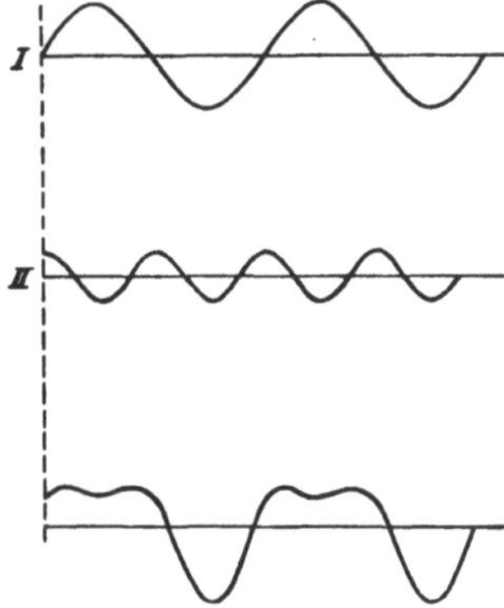

Abb. 102. Überlagerung zweier Schwingungen mit sehr verschiedenen Frequenzen und Amplituden

2. *Schwebungen.* In dem besonderen Falle, daß zwei gleichgerichtete Schwingungen gleicher Amplitude nur wenig verschiedene Frequenzen besitzen, kommt es zu einer periodisch wechselnden Phasendifferenz. Man erhält daher als Resultierende eine Schwingungskurve mit regelmäßig schwankender Amplitude, eine sog. *Schwebungskurve*, s. Abb. 103. Die Frequenz der Amplitudenschwankung oder die *Schwebungsfrequenz* ist gleich der Differenz der Frequenzen der Teilschwingungen. Ist die Differenz zweier Schwingungen $n_2 - n_1 = 2$, so heben sich zweimal in der Sekunde die Amplituden der Einzelschwingungen gegenseitig auf. Man denke an das periodische An- und Abschwellen des Tones zweier

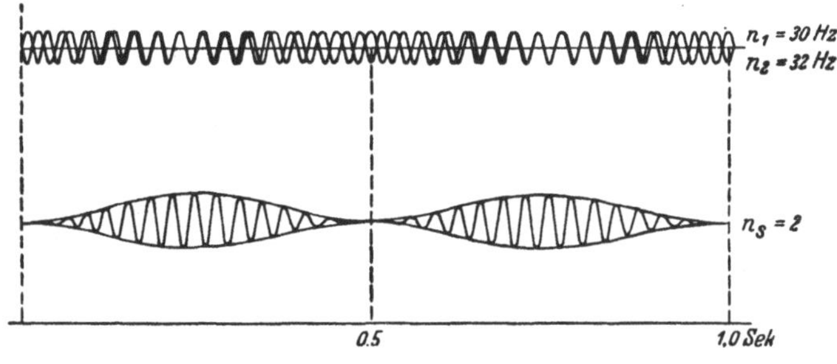

Abb. 103. Schwebungen

gegeneinander schwach verstimmter Stimmgabeln, vgl. auch das Beispiel der gekoppelten Pendel in § 55.

3. *Zusammensetzung zweier aufeinander senkrechter Schwingungen.* Die Form der resultierenden Schwingung wird bei gleicher Frequenz und Amplitude besonders einfach. Wie man sich an Hand der Abb. 104 leicht überzeugt, ergeben sich in Abhängigkeit von der Phasendifferenz folgende Fälle:

a) für $\varphi = 0$ eine *lineare* Schwingung[30a]

b) für $\varphi = \pi/2$ eine *zirkulare* oder *Kreisschwingung*,

c) für beliebige Phasendifferenzen eine Ellipse mit schief liegender Achse, d. h. eine *elliptische* Schwingung.

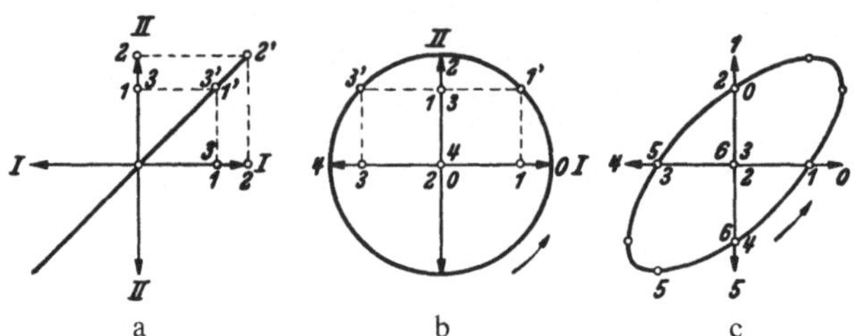

Abb. 104a–c. Überlagerung zweier senkrecht aufeinander stehender Schwingungen I und II von gleicher Frequenz und Amplitude bei verschiedener Phasendifferenz. a $\varphi = 0$; b $\varphi = \pi/2$; c $\varphi = \pi/4$

Gehen die beiden Schwingungen *I* und *II* der Abb. 104a gleichzeitig durch die Gleichgewichtslage *0*, so gelangen sie $^1/_8$ Periode später nach den Bahnpunkten *1* und nach $^2/_8$, $^3/_8$... Perioden nach den Umkehrpunkten *2* bzw. den weiteren Bahnpunkten *3*, *4*,... Wie man sieht, geht die resultierende Bewegung durch die Punkte *0'*, *1'*, *2'*, *3'*,..., ist also eine geradlinige Schwingung. Ist die Phasendifferenz $\pi/2$, s. Abb. 104b, so geht z. B. die Schwingung *I* durch den Umkehrpunkt *0*, während *II* gerade erst durch die Gleichgewichtslage *0* geht. $^1/_8$ Periode später sind *I* und *II* in *1* und $^1/_8$ Periode danach in den Punkten *2*, der für *II* ein Umkehrpunkt, für *I* die Gleichgewichtslage ist. Die Zusammensetzung ergibt eine *zirkulare* oder eine *Kreisschwingung*. Für beliebige Phasendifferenzen erhalten wir eine elliptische Schwingung, s. Abb. 104c, die die Schwingungsform für eine Phasendifferenz von $\pi/4$ oder $^1/_8$ Periode zeigt.

Umgekehrt kann man ein solche rückwärts in zwei aufeinander senkrecht stehende Schwingungen zerlegen, deren Richtungen im übrigen beliebig gewählt werden können. Die Ellipse läßt sich z. B. auch in zwei Schwingungen entlang den Hauptachsen, aber mit *verschiedenen* Amplituden und mit der Phasendifferenz $\pi/2$ zerlegen.

Bei der Überlagerung von Schwingungen verschiedener Frequenzen, Amplituden und Phasenbeziehungen, erhalten wir komplizierte Bewegungen. Nur wenn die Frequenzen in einem rationalen Zahlenverhältnis zueinander stehen, erhält man geschlossene Schwingungsformen, sog. *Lissajous-Figuren*.

§ 55. Erzwungene Schwingungen, Resonanz. Ein sich selbst überlassener schwingender Körper zeigt infolge der unvermeidlichen Reibungswiderstände ein mehr oder weniger schnelles Abklingen der Amplitude. Die Schwingung ist *gedämpft*, s. Abb. 105. Die Dämpfung kann je nach dem System die verschiedensten Ursachen haben. Die Frequenz, mit der ein von allen dämpfenden Einflüssen befreites System

[30a] $\varphi = 0$ bedeutet, daß beide Schwingungen gleichzeitig durch die Ruhelage und dann beide zu positiven Werten der Koordinaten gehen. Für $\varphi = 180°$ entsteht eine um 90° gedrehte lineare Schwingung.

schwingen würde, nennen wir seine *Eigenfrequenz* ν_0[31]. Die Dämpfung charakterisieren wir genauer durch das Amplitudenverhältnis k zweier aufeinander folgender Schwingungen. $k=1$ bedeutet also eine ungedämpfte Schwingung.

Um eine ungedämpfte Schwingung zu erhalten, müssen wir dem System ständig Energie zuführen. Das kann z. B. dadurch geschehen, daß wir eine periodische äußere Kraft auf das Pendel einwirken lassen[32]. Dieses folgt ständig dieser Kraft und führt daher Schwingungen der Frequenz der äußeren Kraft aus, d. h. *erzwungene* Schwingungen aus.

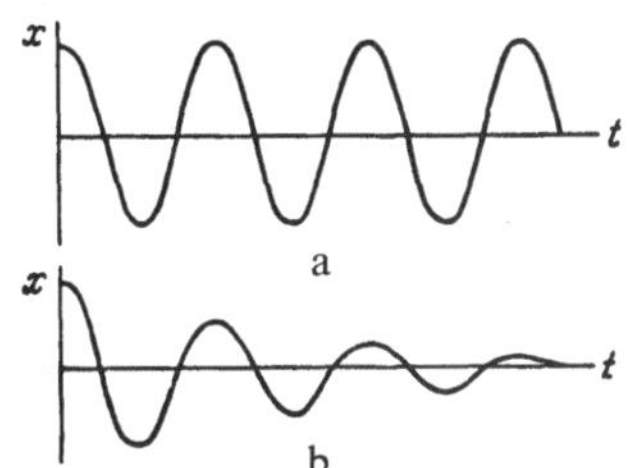

Abb. 105. Ungedämpfte (a) und gedämpfte (b) Schwingung

Die Amplitude dieser Schwingungen hängt nun wesentlich von der Frequenz der erregenden Kraft ab. Ist deren Frequenz sehr klein gegenüber der Eigenfrequenz des Pendels, so folgt dieses ohne Verzögerung der Wechselkraft mit anfänglich gleichbleibender Amplitude. Je mehr sich die Antriebsfrequenz der Eigenfrequenz nähert, um so größer wird die Amplitude des Pendels. Bei kleiner Dämpfung genügen schon verhältnismäßig geringe Kräfte, um große Amplituden zu erreichen. Daher kann schon ein Kind eine schwere Schaukel zu großen Schwingungen bringen, wenn es nur die Schaukel im richtigen Takt und auch im richtigen Moment, vgl. weiter unten, anstößt.

Die Erscheinung, daß bei Gleichheit von Antriebs- und Eigenfrequenz die Amplitude sehr stark ansteigt, heißt *Resonanz*. Sie spielt in der Physik und Technik eine große Rolle. Sehr häufig ist sie unerwünscht. Beim Betrieb von Maschinen und Motoren muß man die *kritischen Drehzahlen*, die in das Gebiet der Eigenschwingungen der Maschine oder des Gebäudes fallen, vermeiden. Resonanzerscheinungen bei Brücken oder den Federn von Fahrzeugen bedeuten stets eine erhöhte Belastung und Bruchgefahr. Bei allen registrierenden Meßgeräten ist es wichtig, daß sie den zu analysierenden Schwingungsvorgang nicht verzerrt wiedergeben. Zu diesem Zweck muß die Eigenfrequenz des Gerätes ν_0 stets höher als alle zu registrierenden Frequenzen liegen und die Dämpfung genügend groß sein. Um das zu verstehen, betrachten wir die Amplituden- und Phasenverhältnisse in Abhängigkeit von der erregenden Frequenz ν, s. Abb. 106 u. 107. Steigt diese im Vergleich zur Eigenfrequenz ν_0 immer mehr an, so vermag das System seiner Trägheit wegen der äußeren Kraft immer weniger zu folgen, die Amplitude klingt wieder ab, um bei sehr hohen Erreger-

[31] Durch die Dämpfung wird die Frequenz gegenüber dem Idealwert z. B. beim elastischen Pendel von $\nu_0 = \frac{1}{2\pi}\sqrt{\frac{D}{m}}$ verringert.

[32] Ein anderer Weg ist die Selbststeuerung oder die Rückkoppelung, wobei man während jeder Periode einmal durch Energiezufuhr die ursprüngliche Schwingungsamplitude herstellt. Beispiele sind die Pendeluhr mit Steigrad und Anker oder ein elektrischer Schwingungskreis mit Triode oder Transistor, s. § 140.

frequenzen schließlich gegen Null zu gehen. Die Kurve der Abb. 106 heißt *Resonanzkurve*. Man beachte, daß mit steigender Dämpfung das Amplitudenmaximum nicht nur niedriger wird, sondern sich auch zu niedrigeren Frequenzen verschiebt. Zwischen der erzwungenen Schwingung und der erregenden Kraft besteht ferner eine Phasenverschiebung, s. Abb. 107. Bei kleinen Antriebsfrequenzen ist diese praktisch null, d. h. die Schwingung geht in Phase mit der Kraft durch das Maximum. Bei Annäherung an den Resonanzfall bleibt die Schwingung mehr und mehr zurück, im Resonanzfall gerade um 90°. Wird ν/ν_0 immer größer, so verlaufen die Schwingungen von System und erregender Kraft immer mehr gegenläufig, im Grenzfall schließlich um genau 180° phasenverschoben.

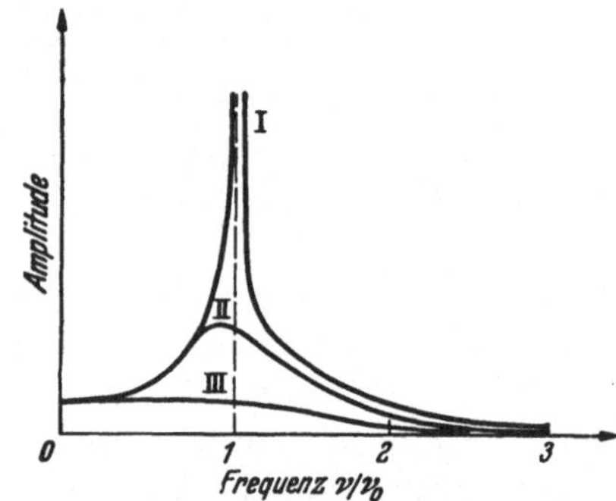

Abb. 106. Resonanzkurven in Abhängigkeit von der Frequenz bei verschiedener Dämpfung. $k=1{,}01$ (I); $k=1{,}5$ (II); $k=8$ (III)

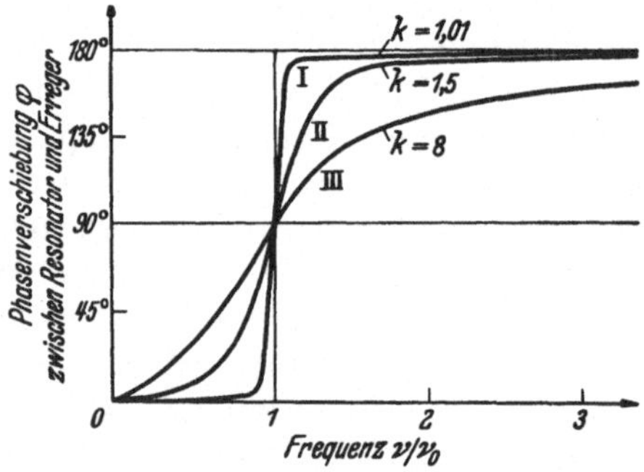

Abb. 107. Phasenverschiebungen in Abhängigkeit von der Frequenz bei verschiedener Dämpfung

Schließlich betrachten wir noch einen besonderen Fall einer erzwungenen Schwingung, nämlich zwei gleiche Pendel, die miteinander, z. B. durch eine schwache Feder gekoppelt sind, ein sog. *Doppelpendel*, s. Abb. 108. Setzen wir das eine Pendel *I* in Bewegung, so wird es selbstverständlich das zweite mit beeinflussen. Nun wirkt aber das zweite Pendel, der Resonator, infolge der Kopplung merklich auf das erste, den Erreger, zurück. Infolge davon erhalten wir folgende eindrucksvolle Erscheinung. Das Pendel *II* wird zu immer größeren Amplituden aufgeschaukelt, während das Pendel *I* nach einer bestimmten Zahl von Schwingungen ganz zur Ruhe kommt. Dann wiederholt sich dasselbe Spiel in umgekehrter Weise, indem das Pendel *II* seine Energie nach derselben Zahl von Schwingungen vollständig an das erste zurückgibt. So wandert die Energie ständig zwischen den Pendeln hin und her, bis diese infolge der Dämpfung ganz zur Ruhe kommen.

Die Erscheinung erklärt sich so: das Pendel *I* eilt als erregende Kraft dem Resonator um 90° voraus, beschleunigt ihn also ständig, während es selbst durch die vom Resonator ausgeübte Gegenkraft ständig gebremst wird. Dadurch kommt es zu einer Energieübertragung vom ersten auf das zweite Pendel, die um so schneller vor sich geht, je fester die Kopplung ist.

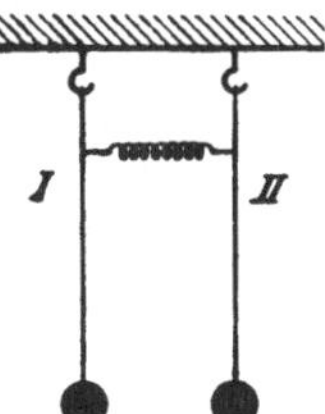

Abb. 108. Gekoppelte Pendel

Statt den Vorgang als erzwungene Schwingung im Resonanzfall zu beschreiben, können wir auch an die Tatsache anknüpfen, daß infolge der Koppelung an Stelle der ursprünglichen Frequenz ν_0 zwei gegeneinander verstimmte Eigenfrequenzen auftreten, je nachdem ob die Pendel gleich- oder gegensinnig schwingen. Die Überlagerung von ν_1 und ν_2 führt zu Schwebungen, deren Frequenz um so höher liegt, je stärker die Kopplung ist.

§ 56. Entstehung von Wellen. Wir knüpfen an die gekoppelte Schwingung eines Doppelpendels, s. Abb. 108, an und betrachten eine Reihe von, etwa durch Federn gekoppelten Pendeln. Wir lenken die erste Pendelkugel aus und lassen sie los. Das Pendel beginnt zu schwingen und überträgt dabei einen Teil seiner Energie auf das zweite Pendel, das mit einer gewissen Phasenverschiebung gegenüber dem ersten Pendel zu schwingen beginnt. Entsprechendes geschieht mit dem dritten Pendel usw. Der *Bewegungszustand* der einzelnen Pendel wandert also an der Pendelreihe entlang. Dieses Wandern des Bewegungszustandes, genauer den zeit-

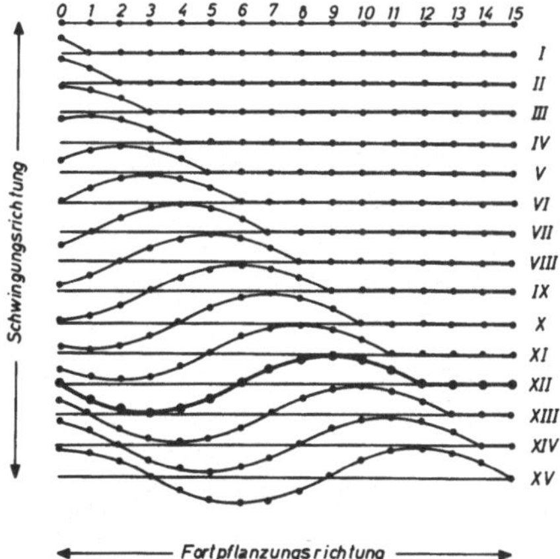

Abb. 109. Entstehung einer Transversalwelle, schematisch. Die in den Reihen I, II ... XV durch die momentanen Elongationen der Punkte 1, 2, 3, ... gezogenen Kurven beziehen sich auf Zeiten, die jeweils um eine $^1/_{12}$ Periode auseinander liegen

lich und örtlich periodisch veränderlichen Schwingungszustand nennen wir eine *Welle*. Dabei wird keine Materie sondern nur Energie transportiert.

In der Abb. 109 ist die Entstehung einer entlang einer Pendelreihe (Punktreihe), fortlaufenden Welle schematisch dargestellt. Eine solche Welle entsteht auch dann, wenn eine Reihe von Molekülen eines Körpers sich nach demselben Schwingungsgesetz bewegt und infolge einer Kopplung zwischen benachbarten Molekülen stets die gleiche Phasendifferenz auftritt. Wir erkennen, s. Abb. 110, daß bei der Fortpflanzung des Bewegungszustandes, wenn wir irgend einen festen Punkt der Welle ins Auge fassen, z. B. den Punkt 5, dieser eine Schwingung um

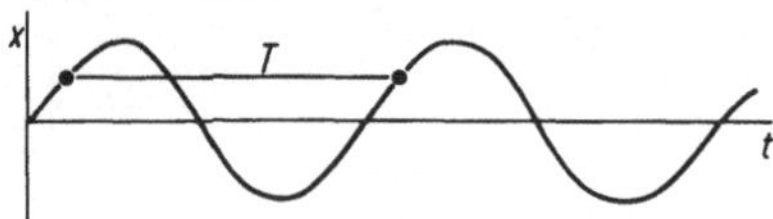

Abb. 110. Schwingung irgend eines bestimmten Punktes einer Welle

Abb. 111. Momentaufnahme einer fortlaufenden Transversalwelle, schematisch

seine Ruhelage ausführt und ferner, daß derselbe Schwingungszustand sich entlang der Kugelreihe periodisch wiederfindet, s. Abb. 111. Diesen Abstand zwischen zwei Punkten *momentan* gleicher Phasenlage nennen wir die *Wellenlänge* λ. Die *Periode* T, d. h. die Zeit, die ein Punkt für eine volle Schwingung benötigt, ist genau gleich der Zeit, in welcher die Welle um eine volle Wellenlänge fortschreitet, s. Abb. 109, (in der Reihe XII hat das Pendel 0 gerade eine volle Schwingung ausgeführt, das Pendel 12 befindet sich in der Ruhelage). So erhalten wir für die Wanderungsgeschwindigkeit c der Welle (zurückgelegter Weg durch erforderliche Zeit) die für Wellen aller Art grundlegende Beziehung

$$c = \frac{\lambda}{T} = \nu\lambda .$$

Bei den am Modell der Pendelreihe betrachteten Wellen erfolgen die Schwingungen senkrecht zur Fortpflanzungsrichtung, man spricht von *Transversalwellen*. Außerdem gibt es, wie wir noch gleich sehen werden, Wellen, bei denen die Teilchen nur in der Fortpflanzungsrichtung schwingen. Solche Wellen bezeichnen wir als *Longitudinalwellen*. Zwischen beiden Wellenarten besteht ein charakteristischer Unterschied: Bei der Transversalwelle wird durch die Fortpflanzungs- und Schwingungsrichtung eine Ebene festgelegt, die man als die *Polarisationsebene* der Welle bezeichnet. Bei Longitudinalwellen gibt es keine solche ausgezeichnete Ebene und daher auch keine Polarisation, vgl. dazu auch im Kapitel „Optik und allgemeine Strahlungslehre“ die §§ 179ff.

Während in festen Körpern sowohl Trans- wie Longitudinalwellen möglich sind, treten in Flüssigkeiten und Gasen nur Longitudinalwellen auf. Der Grund liegt darin, daß in diesen beiden Aggregatzuständen die gegeneinander seitlich verschiebbaren Moleküle keine elastischen Schub- oder Scherkräfte aufeinander ausüben (wir haben ja nur Volumenelastizität) und daher nur Impulse in der Fortpflanzungsrichtung, also nur Verdichtungen und Verdünnungen entlang der Fortpflanzungsrichtung übertragen können[33].

Diesen Impulstransport in einem Körper veranschaulicht sehr schön ein Versuch mit einer Stoßkugelreihe, s. Abb. 112. Lassen wir die Kugel *1* aufschlagen, so bleibt sie nach den Gesetzen des elastischen Stoßes, vgl. § 16, liegen und überträgt ihren Impuls auf die Kugel *2*, diese stößt die Kugel *3* an usw. So pflanzt sich der Impuls mit großer Geschwindigkeit, und zwar, wie wir gleich sehen werden, mit *Schallgeschwindigkeit* durch die Kugelreihe fort. Schließlich fliegt die letzte Kugel mit dem ursprünglichen Impuls ab. In einem beliebigen, einmal oder periodisch angestoßenen Körper sind es die Atome, die in derselben Weise den Impuls in Richtung der ursprünglichen Kraft weitergeben. Erhalten z.B. alle in irgendeinem Raumelement *I* befindlichen Moleküle eines Gases oder einer Flüssigkeit einen plötzlichen Stoß nach rechts, s. Abb. 113, so prallen sie gegen die Moleküle der Nachbarschicht *II*. Es entsteht eine augenblickliche Verdünnung in *I* und eine Verdichtung oder ein Überdruck in *II*. Dadurch werden die aus *I* stammenden Moleküle wieder zurückgedrängt und außerdem der Stoß auf die Schicht *III* weitergegeben. So pflanzt sich ein Stoß, begleitet von einer Momentanverdichtung, durch das Gas fort. Dieser Mechanismus gilt natürlich auch für die Longitudinalwellen in einem Festkörper.

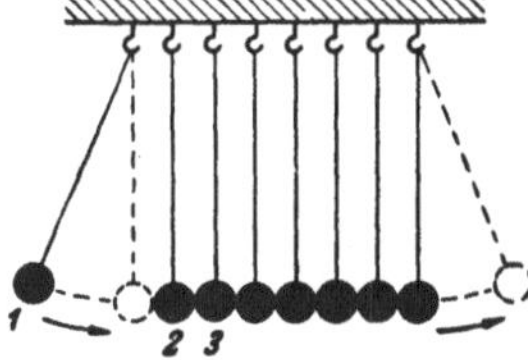

Abb. 112. Stoßkugelreihe

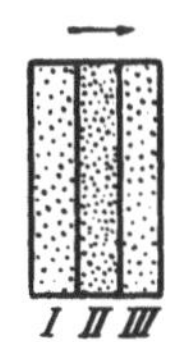

Abb. 113. Fortleitung eines Druckstoßes in einem Gase

Abb. 114. Zur Ausbreitung einer Schwingung im Gitter eines Festkörpers

Schwingt in einem festen Körper ein Atom *A* horizontal um seine Gleichgewichtslage, s. Abb. 114, so werden alle in der Nachbarschaft geordnet liegenden Atome ebenfalls zu Schwingungen veranlaßt. Nach rechts und links übt das Atom *A* einen periodischen Druck aus, der sich als Longitudinalwelle fortpflanzt. Die oben und unten bzw. vorn und hinten liegenden, auch zu Horizontalschwingungen angeregten Atome leiten, infolge ihrer gegenseitigen Kopplung, nach oben und unten bzw. nach vorn und hinten laufende Transversalwellen ein. In einem flüssigen oder gasförmigen Körper sind die Moleküle gegeneinander verschiebbar, wir haben nur Volumen-, aber keine Formelastizität, s. § 39. Infolge davon kann ein Molekül nur die in der Richtung seiner eigenen Be-

[33] Nur bei sehr hohen Frequenzen, wo in Flüssigkeiten die Moleküle wegen ihrer dichten Packung sich während einer Schwingung praktisch nicht seitlich verschieben können, die momentane lokale Ordnung, die Nahordnung, s. § 39, erhalten bleibt, treten auch in Flüssigkeiten Transversalwellen auf.

wegung liegenden Nachbarn vor sich hertreiben, die seitlichen Moleküle werden nicht wesentlich beeinflußt. Es entstehen nur Longitudinalwellen.

Geschwindigkeit der elastischen Longitudinalwellen. Solche Wellen, gekennzeichnet durch periodische Verdichtungen und Verdünnungen treten als Folge der Volumenelastizität in allen Aggregatzuständen auf. Ihre Geschwindigkeit hängt von der Elastizität und der Dichte des Körpers ab. Für einen Stab mit dem Elastizitätsmodul E und der Dichte ϱ gilt insbesondere die einfache Beziehung $c=\sqrt{E/\varrho}$. Für einen räumlich allseitig ausgedehnten Körper gilt unabhängig vom Aggregatzustand $c=\sqrt{M/\varrho}$ M der Kompressionsmodul. Für ein ideales Gas ist der Kompressionsmodul gleich dem Druck p. Da aber die Kompressions- und Expansionsvorgänge bei einer Schallwelle in einem Gase aber praktisch adiabatisch verlaufen, wird die Schallgeschwindigkeit nicht durch $c=\sqrt{p/\varrho}$ sondern durch $c=\sqrt{p\varkappa/\varrho}=\sqrt{\frac{\varkappa RT}{M}}$ bestimmt, $\varkappa$ das Verhältnis der spezifischen Wärmen, R die allgemeine Gaskonstante, M das Molekulargewicht, vgl. § 68 und § 69.

§ 57. Interferenz- und Beugungserscheinungen. Zum leichteren Verständnis knüpfen wir an Beobachtungen an, die wir bei der Ausbreitung der auf einer Wasseroberfläche auftretenden kurzen[34], durch die Oberflächenspannung verursachten sog. *Kapillarwellen*[35] machen können.

Abb. 115. Interferenz von zwei kohärenten Wasserwellen

Stören wir, etwa durch Eintauchen zweier miteinander starr verbundener Kugeln die Wasseroberfläche an zwei Stellen periodisch und im gleichen Takt, so überlagern sich zwei Wellenzüge. Eine solche Überlagerung bezeichnet man allgemein als *Interferenz*, s. Abb. 115. Charakteristische Interferenzerscheinungen beobachtet man allerdings nur dann, wenn die interferierenden Wellenzüge nicht

[34] Die langen Oberflächenwellen sind auf die Schwerkraft zurückzuführen. Ihre Geschwindigkeit hängt von der Wellenlänge ab, sie zeigen also eine Dispersion. Ins Innere einer Flüssigkeit dringen nur die elastischen Longitudinalwellen ein. An der Oberfläche haben wir also auch eine Formelastizität!

[35] Im Gegensatz zu den elastischen Longitudinalwellen im Innern der Flüssigkeit sind die Kapillarwellen Transversalwellen. Die elastische Rückstellkraft liefert die Oberflächenspannung, vgl. § 51, welche die Flüssigkeitsoberfläche wieder horizontal zu stellen sucht.

nur gleiche Wellenlänge besitzen, sondern zueinander auch in festen Phasenbeziehungen stehen. Solche Wellenzüge nennen wir *kohärent*, vgl. § 173. Über die dabei in der Optik auftretenden charakteristischen Erscheinungen vgl. § 173ff.

In unserem Beispiel ist die Kohärenzbedingung von vornherein erfüllt. Wir beobachten nun, daß in allen Punkten, deren Abstände von den beiden Störungszentren sich um eine halbe Wellenlänge oder um ein ganzes ungeradzahliges Vielfaches einer solchen unterscheiden, die Wasseroberfläche in Ruhe bleibt, die beiden Wellenzüge sich also gegenseitig durch Interferenz vernichten. Umgekehrt bekommen wir überall da, wo die Differenz der Abstände ein ganzzahliges Vielfaches der Wellenlänge beträgt, eine verstärkte Wasserbewegung, vgl. das in der Abb. 115 wiedergegebene Interferenzbild. Die Punkte, in denen die Wasseroberfläche dauernd in Ruhe bleibt, liegen auf Hyperbeln.

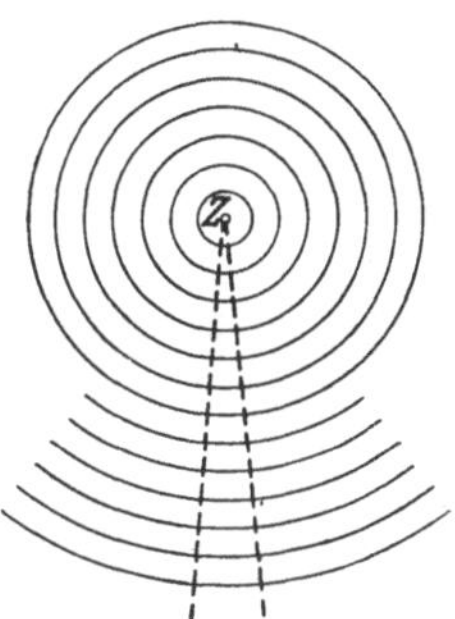

Abb. 116. Kreiswellensystem

Wir führen noch einige Begriffe der Wellenlehre ein. Denken wir uns die Wasseroberfläche nur an einzigen Stellen periodisch gestört, so erhalten wir ein System von sich kreisförmig ausbreitenden Wellen, s. Abb. 116. Eine Fläche, die die *Punkte gleicher Schwingungsphase* enthält, nennen wir eine *Wellenfläche* oder *Wellenfront*. Bei einer sich nach allen Richtungen des Raumes gleich schnell ausbreitenden Welle sind die Wellenflächen Kugeloberflächen. In unserem ebenen Beispiel liegen die Punkte gleicher Phase, z. B. alle Wellenberge, natürlich auf Kreisen. Die zu den Wellenflächen senkrechten Linien nennen wir die *Wellennormalen*. Betrachten wir nur einen Ausschnitt des Wellensystems, so können wir die Wellenfläche um so mehr durch eine Ebene ersetzen, je kleiner der Ausschnitt und je größer die Entfernung vom Wellenzentrum Z ist. Eine Welle mit ebenen Wellenflächen bezeichnen wir als *ebene Welle*.

Um die Art der Ausbreitung von Wellen näher kennenzulernen, lassen wir eine Welle durch eine Öffnung gehen. Ist wie in Abb. 117a die Breite der Öffnung groß gegen die Wellenlänge, so wird ein Kegel von konzentrischen Wellen ausgeblendet. Die Wellenzüge lassen sich mit guter Näherung durch gerade Linien oder Strahlen begrenzen, deren rückwärtige Verlängerungen sich im Ursprung der Wellen oder in der Strahlungsquelle schneiden. Die Grenzen sind nicht ganz scharf, indem die Wellenbewegung etwas über diese Geraden hinausgreift, wir sprechen von einer *Beugung*. In der folgenden Abb. (b), in der die Spaltbreite nur noch das Dreifache der Wellenlänge beträgt, wird die Beugung schon sehr deutlich. Das dritte Bild (c) zeigt den Fall, daß die Spaltbreite *klein* gegen die Wellenlänge ist. Hier wird der Spalt selbst zum Ausgangspunkt von neuen halbkreisförmigen Wellen. Diese Beobachtung, daß die in der Öffnung liegenden Wasserteilchen der Ausgangspunkt neuer Kreiswellen sind, läßt sich verallgemeinern und in einem von HUYGENS aufgestellten Prinzip so aussprechen: *Jeder von einer Welle erregte Punkt wird selbst zum Ausgangspunkt einer neuen elementaren Kugelwelle* (in unserem besonderen Fall einer Kreiswelle). Das Huygenssche Prinzip wird sofort verständlich, wenn wir bedenken, daß jedes von der Primärwelle getroffene Teilchen eine periodische Schwingung ausführt und daher genau wie das allererste störende Teilchen seine Umgebung periodisch beeinflußt und daher als Zentrum einer Welle wirkt.

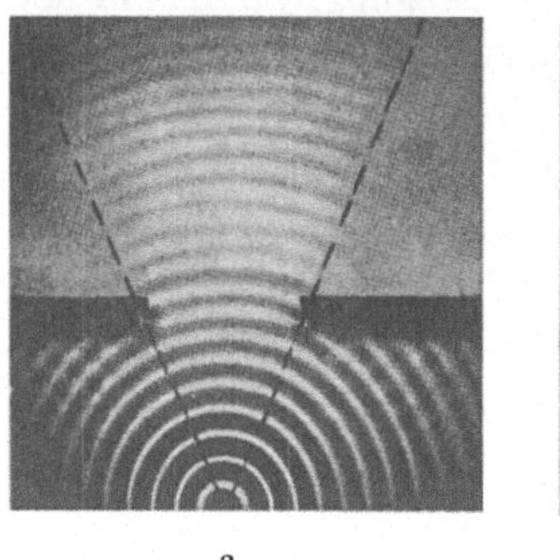
a

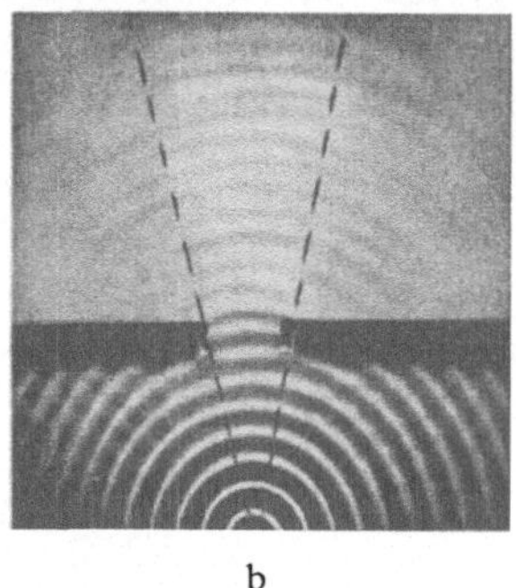
b

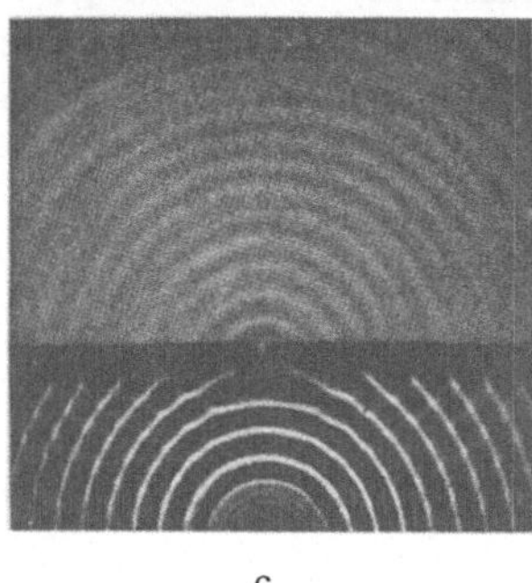
c

Abb. 117. Ausbreitung von Wasserwellen hinter einer Öffnung (nach POHL)

Ist Z das Zentrum der ursprünglichen Welle, deren Front zu einem bestimmten Zeitpunkt die Kugelfläche K erreicht haben möge, s. Abb. 118, so schwingen alle Punkte S_1, S_2, S_3 usw. in Phase, liegen also auf einer Wellenfläche. Von ihnen gehen nun neue *kohärente* Elementarwellen aus. Die durch Interferenz aller dieser Elementarwellen entstehende resultierende Welle ist die *einhüllende Fläche*,

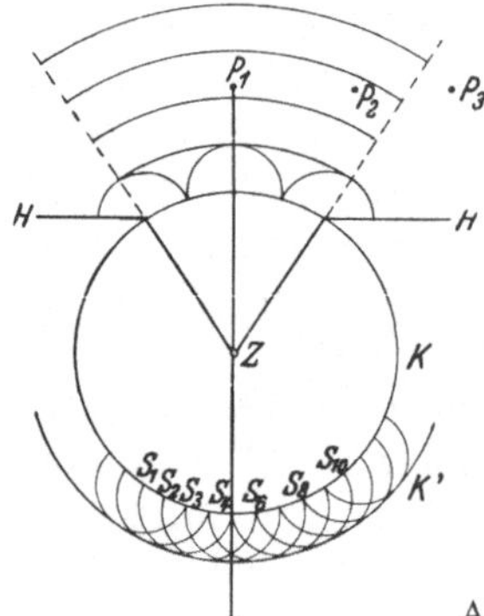

Abb. 118. Zum Huygensschen Prinzip

also die Kugelfläche K', die die Wellenfront zu diesem Zeitpunkt auch direkt erreicht haben würde. Im Falle der ungestörten Ausbreitung einer Kugelwelle ist also das Huygenssche Prinzip überflüssig. Anders wird das, wenn wir die Wellenausbreitung durch Hindernisse begrenzen. Geben wir, s. Abb. 117a und Abb. 118, nur eine Öffnung frei, so wirken die dort liegenden zu Schwingungen erregten Wasserteilchen als Zentren neuer Elementarwellen. Um die Wellenbewegung in irgendeinem Punkte P_1, P_2 usw. hinter dem Schirm zu finden, muß man alle diese Elementarwellen nach dem Interferenzprinzip unter Berücksichtigung ihrer Amplituden und Phasen zusammensetzen. Dabei ergibt sich, daß die Elementarwellen im *Schattenraum*, also jenseits der gestrichelten Grenzlinien, s. Abb. 117 u. 118, sich gegenseitig um so mehr vernichten, je breiter die Öffnung im Vergleich zur Wellenlänge ist. Mit enger werdender Öffnung wird die Beugung immer stärker, bis schließlich hinter der Öffnung nur eine einzige *elementare Kreiswelle*, Abb. 117c, auftritt. Wir erkennen daraus, daß die geradlinige Ausbreitung der Wellenenergie in Abb. 117a auf einem sehr verwickelten Interferenzvorgange beruht.

Bringen wir statt einer einzigen engen Öffnung eine ganze Reihe von solchen in den Weg einer ebenen Welle, so überlagern sich die von den einzelnen Öffnungen kommenden Elementarwellen zu einer neuen ebenen Welle.

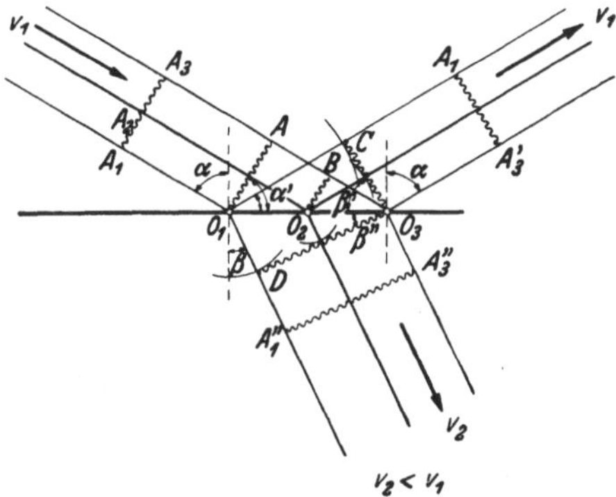

Abb. 119. Reflexion und Brechung nach dem Huygensschen Prinzip

Wir benutzen das Huygenssche Prinzip, um noch das Reflexions- und Brechungsgesetz abzuleiten. Trifft eine ebene Welle auf die ebene Grenzfläche zweier Medien, so erhalten wir sowohl eine reflektierte als eine ins andere Medium eindringende gebrochene Welle. In Abb. 119 sei $A_1 A_3$ eine Wellenfläche der ankommenden Welle. Bei schrägem Auftreffen auf die Grenzfläche erregt diese die Punkte O_1, O_2, O_3 nicht gleichzeitig, sondern nacheinander zum Aussenden von neuen Elementarwellen. Der zu A_1 gehörige Punkt der Wellenfläche gelangt zuerst an die Grenzfläche und erregt hier bereits den Punkt O_1 zum Aussenden einer Welle, während A_3 erst in A ist. Wenn A_3 in O_3 angelangt ist, haben die von O_1 und O_2 ausgehenden Elementarwellen bereits Wege von der Größe AO_3 bzw. BO_3 zurückgelegt. Die Punkte gleicher Phase geben die neue Wellenfläche, das ist also die Berührungsfläche aller Elementarwellen oder die Fläche $O_3 C$. Senkrecht zu dieser Wellenfläche steht die neue Normalrichtung oder die neue Fortpflanzungsrichtung. Aus der Kongruenz der Dreiecke $O_1 O_3 A$ und $O_1 O_3 C$ folgt die Gleichheit der Winkel $AO_1O_3(\alpha')$ und $CO_3O_1(\beta')$. Da die Schenkel des Einfalls- und Reflexionswinkels α senkrecht auf den Schenkeln dieser Winkel stehen, folgt daraus die Gleichheit von Einfalls- und Reflexionswinkel, d. h. das Reflexionsgesetz.

Nun betrachten wir den gebrochenen Strahl. Die Ausbreitungsgeschwindigkeit v_2 im Medium II möge kleiner sein als die im Medium I, v_1. In der Zeit, in der A_3 von A bis O_3 gelangt, hat die von O_1 ausgehende Elementarwelle die Strecke $O_1 D$, die kleiner als AO_3 ist, und dementsprechend auch die von O_2 ausgehende Welle eine Strecke, die kleiner als $O_3 B$ ist, zurückgelegt. Die Wellenfläche ist wieder durch die Berührungsfläche, d. h. durch die Fläche $O_3 D$ gegeben. Die Winkel α und β sind den Winkeln α' bzw. β'' ($\sphericalangle\, O_1 O_3 D$) gleich. Nun ist $\sin\alpha'/\sin\beta'' = AO_3/O_1 D$. Das ist aber das Verhältnis der Geschwindigkeiten der Wellen in I und II. Wir erhalten also aus dem Huygensschen Prinzip das Brechungsgesetz, welches besagt, das Verhältnis $\sin\alpha/\sin\beta$ ist unabhängig vom Einfallswinkel und gleich dem Verhältnis der Fortpflanzungsgeschwindigkeiten in beiden Medien.

§ 58. Stehende Wellen und Eigenschwingungen in elastischen Körpern.

a) Erzeugung stehender Wellen. Wir betrachten die in der Abb. 120 dargestellten Seilwellen, die wir durch periodisches Auf- und Abbewegen des Seilendes erzeugen können. Erreicht die Welle die Wand, so wird sie dort reflektiert, so daß jetzt zwei Wellen gleicher Wellenlänge und Amplitude übereinander hinweglaufen und interferieren, s. § 57. Bei einer bestimmten, durch Probieren leicht zu findenden Frequenz bekommen wir ein besonders einfaches Schwingungsbild, bei dem bestimmte Stellen des Seiles dauernd in Ruhe bleiben und andere besonders

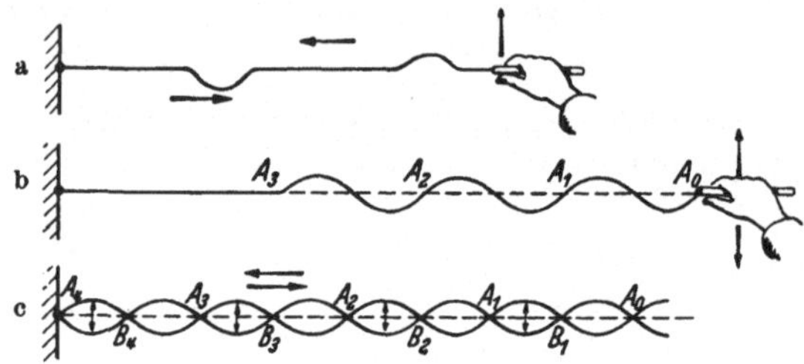

Abb. 120. Zur Entstehung und Reflexion von Transversalwellen an einem Seil

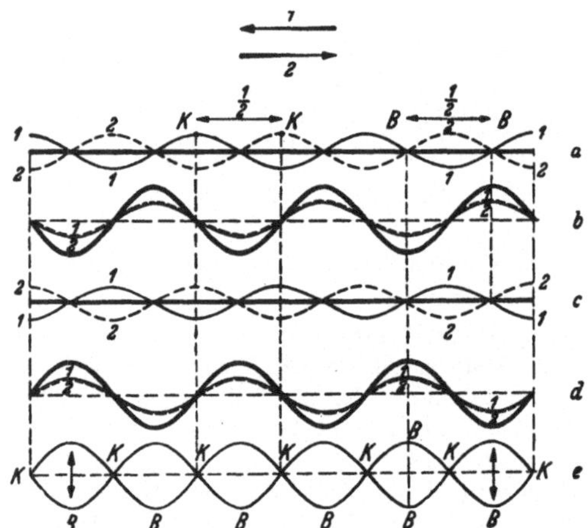

Abb. 121. Bildung einer stehenden Welle

stark auf- und abschwingen, wir beobachten eine sog. *stehende Welle.* Ihre Entstehung wollen wir an Hand der Abb. 121 näher betrachten. Die Welle *1* möge von rechts nach links, die Welle *2* von links nach rechts laufen. Im Falle (a) ist der Augenblick festgehalten, wo die Welle *1* allein dem Seil die Form der ausgezogenen Kurve *1*, die Welle *2* ihm die Form der gestrichelten Kurve *2* geben würde. Alle Punkte erfahren also gleichzeitig zwei Elongationen, die überall entgegengesetzt gleich sind, sich also aufheben, d. h. das Seil bleibt in *Ruhe* (stark ausgezogene Kurve). Im nächsten Bilde (b) ist die Welle *1* um $^1/_4\lambda$ nach links, die Welle *2* um $^1/_4\lambda$ nach rechts gewandert. Die von beiden Einzelwellen erzeugten und überall gleichen Auslenkungen erfolgen jetzt in derselben Richtung, so daß sie sich addieren und wir den doppelten Ausschlag erhalten (stark ausgezogene Kurve). In (c) und (d) sind die Verhältnisse für die folgenden, um je eine Viertelperiode später liegenden Zeitpunkte dargestellt. Wir erkennen, daß es bei dieser Interferenz von zwei gegeneinanderlaufenden Wellenzügen stets Punkte K gibt, die sog. *Knotenpunkte*, die dauernd in Ruhe bleiben. Dazwischen liegen die *Schwingungsbäuche* mit den Punkten ständiger Bewegung, wobei die Punkte B in der Mitte der Bäuche die größten Amplituden haben. Der Abstand der Knoten oder von Bauch zu Bauch ist gleich einer halben Wellenlänge. Da sowohl die Punkte ständiger Ruhe wie die der größten Bewegung immer dieselben sind, also nicht wandern, sprechen wir von einer *stehenden Welle*. Abb. 121e zeigt die beiden Kurven, auf denen die Umkehrpunkte dieser besonderen Schwingungsform liegen. Stehende Wellen können sich bei einem Seile natürlich nur dann ausbilden, wenn das feste Ende einen Knoten, das bewegte einen Bauch bildet, s. Abb. 121c. Über stehende Wellen bei Längsschwingungen s. § 58b.

An einer festen Wand hat eine stehende Welle immer ein Knoten. Es wird also z. B. eine Aufwärtsbewegung der ankommenden Welle immer in eine Abwärtsbewegung der reflektierenden Welle verwandelt, d. h. daß bei der Reflexion an einer festen Wand stets ein Phasensprung von 180° auftritt. Über Phasensprünge bei der Reflexion von Licht vgl. § 174.

b) Eigenschwingungen in elastischen Körpern. Erregen wir einen festen Körper an einer Stelle zum Schwingen, so pflanzen sich die Schwingungen wellenförmig durch den ganzen Körper fort. An den Grenzflächen werden sie reflektiert und interferieren dann mit den ankommenden Wellen. Bei geeigneten Frequenzen bzw. Wellenlängen bilden sich dann, wie eben erläutert, stehende Wellen aus, die man als die *Eigenschwingungen* des betreffenden Körpers zu bezeichnen pflegt. Diejenige mit der tiefsten Frequenz nennt man die *Grundschwingung*, die höherfrequenten *Oberschwingungen*.

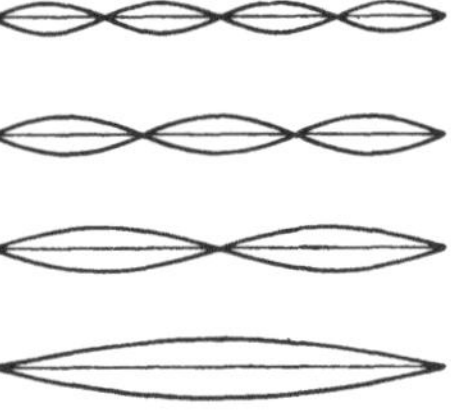

Abb. 122. Grund- und Oberschwingungen einer Saite

Eine an beiden Enden fest eingespannte Saite hat, wenn wir sie etwa durch Zupfen zu Querschwingungen erregen, an den Enden notwendigerweise Schwingungsknoten. Je nach der Art der Anregung erhalten wir die Grundschwingung oder eine der vielen Oberschwingungen, s. Abb. 122, oder schließlich eine Überlagerung von allen möglichen Teilschwingungen. Bei der Grundschwingung ist die Wellenlänge gleich der doppelten Länge der Saite, also ist ihre Frequenz durch die Beziehung $\nu = c/\lambda = c/2l$ gegeben, c die Schallgeschwindigkeit in der Saite, l ihre Länge; die Oberschwingungen sind durch $n = 2, 3, 4 \ldots v/2l$ festgelegt, die Frequenzen von Grund- und Oberschwingungen verhalten sich also wie 1:2:3:4...

Durch Reiben kann man eingeklemmte Stäbe und Saiten auch in Längsschwingungen versetzen.

Die Schwingungsform einer Stimmgabel beim Grundton ist in Abb. 123 dargestellt. Wir haben weit unten zwei Knoten, die Zinken schwingen beide gleichzeitig entweder nach innen oder nach außen. In *Platten* und *Membranen* treten Querschwingungen von sehr verwickelten Formen auf. Streut man Staub oder Sand auf eine schwingende Platte, so bleibt dieser an den Stellen dauernder Ruhe, den *Knotenlinien*, liegen, sog. Chladnische Staub-*Klangfiguren*. Noch verwickelter werden die Schwingungsformen bei gewölbten Flächen, z. B. bei Glocken und Gläsern.

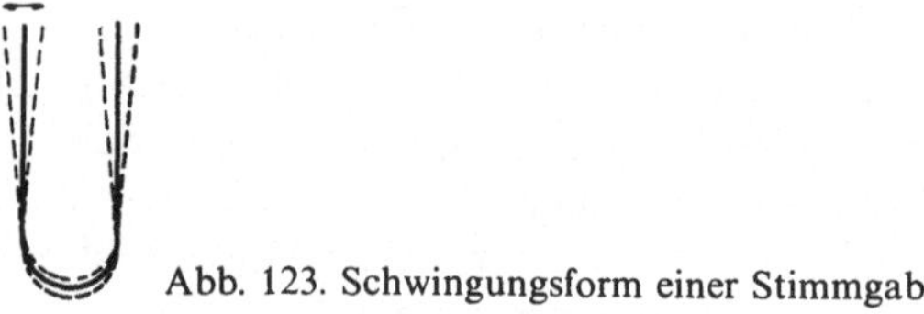
Abb. 123. Schwingungsform einer Stimmgabel

Wenn sich in der Luftsäule eines einseitig verschlossenen Rohres stehende Wellen ausbilden, so liegt am verschlossenen Ende sicher ein Knoten der Bewegung der Moleküle, d. h. Knoten der Geschwindigkeit und Amplitude. Am offenen Ende befindet sich dann ein Bauch der Bewegung. Da aber andererseits am offenen Ende die normale konstante Atmosphärendichte herrscht, befindet sich dort ein Knoten von Dichte und Druck. Es fallen also bei stehenden Längswellen (das gilt auch für die elastischen Wellen fester Körper) die Knoten von Druck und Dichte mit den Bäuchen der Bewegung zusammen und umgekehrt. Da, wo also der Druck und die Dichte am stärksten schwanken, bleiben die Moleküle dauernd in Ruhe, s. Abb. 124, die die Verhältnisse für die Grundschwingung in vier um je

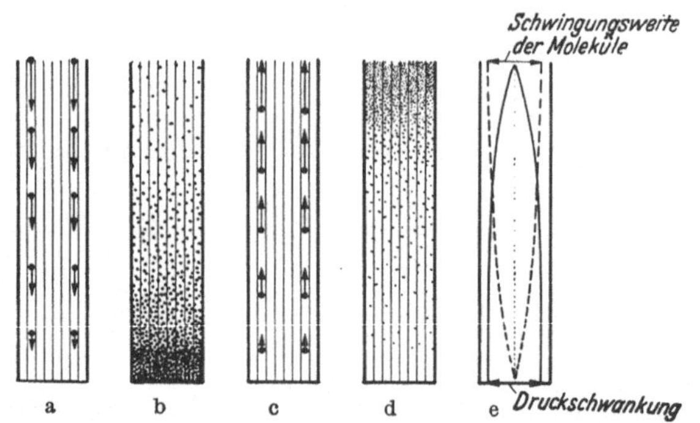

Abb. 124. Grundschwingung einer einseitig verschlossenen Luftsäule

$^1/_4$ Periode auseinanderliegenden Zeitpunkten (Phasen) zeigt. In (a) haben wir wir überall denselben Luftdruck und normale Dichte, die Moleküle bewegen sich mit größter Geschwindigkeit von oben nach unten. $^1/_4$ Periode später (b) haben sie ihre größte Ausschwingung nach unten erreicht, und wir erhalten am unteren Ende des Rohres ein Maximum der Dichte und des Druckes. Dann strömen die Luftmoleküle wieder zurück, bis wieder überall die gleiche Dichte herrscht (c). Infolge ihrer Trägheit schwingen sie aber über diese Gleichgewichtslage hinaus, und es kommt unten zu einer Verdünnung (d). In (e) sind noch die maximalen Druckschwankungen (ausgezogene Kurve) und Schwingungsweiten der Luftmoleküle (gestrichelte Kurve) eingetragen.

B. Akustik

§ 59. Gehörsempfindungen. Das Gebiet der bekannten elastischen Schwingungen umfaßt Schwingungszahlen von Bruchteilen eines Hertz bis herauf zu vielen Millionen Hertz. Ganz langsame Schwingungen werden z. B. im Boden und in Gebäuden durch Motoren, Wind oder Brandung und schließlich durch Erdbebenwellen hervorgerufen; Schwingungen von einigen 10000 Hertz aufwärts bis zu vielen Millionen Hertz, das ist das Gebiet des *Ultraschalls*, s. § 61, haben eine große praktische Bedeutung gewonnen. Das Gebiet der Schwingungen unter 16 Hz bezeichnen wir als *Infraschall*.

1. *Grenzen des Hörbereiches:* Von diesem großen Frequenzbereich vermag nur ein sehr kleiner Bereich, nämlich der zwischen 16 Hz und etwa 20000 Hz unser Ohr zu erregen. Das ist ein Gebiet von rund 10 Oktaven. Mit dem Alter sinkt die obere Grenze beträchtlich, nämlich unter 13000 Hz, während Jugendliche bis über 24000 Hz, Hunde sogar bis über 38000 Hz (Hundepfeife) hören.

Um gehört zu werden, muß die Stärke einer Schallwelle einen bestimmten minimalen Wert, die sog. *untere Hörschwelle* oder die *Reizschwelle*, erreichen. Übersteigt die Energie der Schwingung einen gewissen Wert, die *obere Hörschwelle*, so tritt an Stelle des Hörens eine Schmerzempfindung ein. Die *Stärke* einer Schallwelle kann man durch die Amplituden der *Druckschwankung*, angegeben in *Mikrobar* (μb), $1\ \mu\text{b} = 10^{-6}\ \text{Bar} = 1\ \text{dyn/cm}^2$, messen. Auch die *Bewegungs-* sowie die *Geschwindigkeitsamplitude* der Moleküle liefern ein Maß für die Intensität der Energie der Schallwelle. Da bei jeder Schwingung die Energie quadratisch mit der Amplitude wächst, vgl. § 53, ist die Energie einer Schallwelle dem Quadrate der Druckamplitude proportional. Die in der Zeiteinheit durch die zur Schallrichtung senkrecht stehende Flächeneinheit durchgehende Energiemenge nennen wir die *Schallstärke* oder die *Schallintensität*, gemessen in Watt/cm^2 oder $\text{erg/cm}^2\,\text{s}$.

Die Schallintensität I läßt sich sowohl aus der Geschwindigkeitsamplitude der Moleküle, der *Schallschnelle* u_0, als auch aus der Druckamplitude Δp_0 berechnen. Dabei gelten die Beziehungen

$$I = \frac{1}{2}\varrho c u_0^2 = \frac{1}{2}\frac{(\Delta p_0)^2}{\varrho c} = \frac{1}{2}\Delta p_0 u_0$$

und daraus

$$\varrho c = \frac{\Delta p_0}{u_0},$$

wo ϱ die Dichte des Mediums und c die Schallgeschwindigkeit bedeuten. Die Größe $\varrho c = \frac{\Delta p_0}{u_0} = R$ wird als *Schallwiderstand* oder *Schallhärte* R bezeichnet. In Gasen ergeben schon kleine Druckamplituden große Geschwindigkeitsamplituden, während in flüssigen und festen Körpern auch große Druckschwankungen wegen der geringen Kompressibilität nur zu geringen Geschwindigkeitsamplituden führen. Daher ist der Schallwiderstand bei Gasen klein und bei festen Körpern groß.

Die Schwellenwerte hängen stark von der Frequenz ab. Das in dieser Weise begrenzte Gebiet der Hörempfindung wird durch die sog. *Hörfläche* veranschaulicht,

s. Abb. 125, in der als Ordinate die Druckamplitude in Mikrobar aufgetragen ist. Wie man sieht, besitzt das Ohr seine größte Empfindlichkeit bei etwa 2000 Hz. Während bei etwa 50 Hz ein Ton erst oberhalb einer Druckamplitude von 0,5 dyn/cm² hörbar ist, genügt bei 2000 Hz bereits eine tausendmal kleinere Druckamplitude bzw. eine millionmal kleinere Energie.

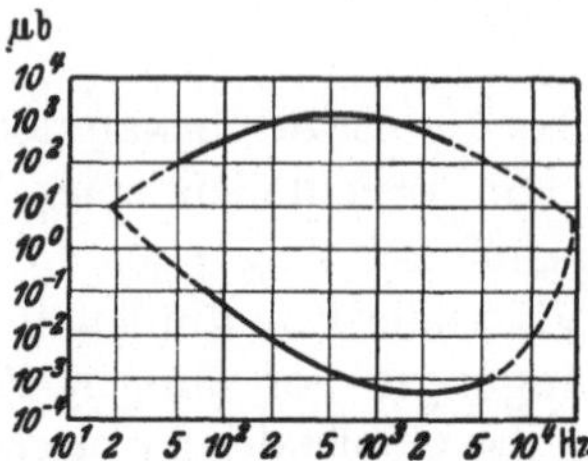

Abb. 125. Die Hörfläche. Die untere Kurve gibt die minimale, eben noch wahrnehmbare Schallstärke, die obere Kurve die maximale, eben noch erträgliche Stärke an

Die Leistungsfähigkeit des Ohres ist bewundernswert. Im mittleren Frequenzbereich bewältigt das Ohr Druckamplituden zwischen einigen 10^{-4} und einigen 10^3 Mikrobar. Das sind Schallstärken, die sich um das etwa 10^{13}fache unterscheiden (10^{-16} bis 10^{-3} Watt). Das liegt daran, daß sich die subjektiv wahrgenommene *Empfindungsstärke* oder die *Lautstärke* eines Tones viel langsamer als die Energie der auftreffenden Schallwelle, d. h. die Schallintensität oder objektiv meßbare *Reizstärke*, ändert. Dabei gilt, wenigstens genähert, wie auch bei anderen Sinnesempfindungen das *Weber-Fechnersche psychophysiche Grundgesetz*, wonach die Lautstärke L dem Logarithmus der Intensität, gemessen in Einheiten der Schwellenintensität I_0 proportional oder $L = \text{const} \log I/I_0$ ist.

Auf Grund dieses logarithmischen Gesetzes hat man in der Technik die *Einheit* der *Lautstärke*, das *Phon*, folgendermaßen festgesetzt. Wir gehen aus von einem „Normalschall" von 1000 Hz und von der Intensität I, die das 10fache der Intensität I_0 bei der Reizschwelle beträgt (I_0 gibt gerade noch eine Tonempfindung). Der Lautstärke dieses Tones wird der Wert 10 Phon zugeordnet. Es gilt also allgemein die Gleichung $L = 10 \log I/I_0$ Phon, so daß für die untere Reizschwelle, $I = I_0$, wegen $\log 1 = 0$ die Lautstärke gerade 0 wird. Für die Reizstärke 100 I_0 ist die Lautstärke dann 20 Phon, für 1000 I_0 30 Phon; in anderen Worten: 100 I_0 werden nicht 10mal, sondern nur doppelt so stark wie 10 I_0 empfunden. Dazu ein Beispiel: 10 Hupen von je 90 Phon ergeben zusammen 100 Phon, schalten wir davon wieder 9 ab, so vermindert sich der subjektiv empfundene Lärm nur um 10%. Da die Reizenergien maximal im Verhältnis $1 : 10^{13}$ stehen können, ist die größte schmerzfreie Lautstärke 130 Phon. Der Lautstärke von 0 Phon des Normalschalles von 1000 Hz an der Reizschwelle entspricht eine Schallstärke von 10^{-16} Watt/cm² oder eine Druckamplitude von $2 \cdot 10^{-4}$ dyn/cm².

In Tab. 5 sind einige Lautstärken zusammen mit den relativen Schalleistungen zusammengestellt.

Tabelle 5. *Lautstärken und relative Schalleistungen*

	Lautstärke in Phon	Relative Schalleistung
Untere Hörschwelle	0	1
Flüstern	10–20	10–100
Lautes Sprechen	60	10^6
Preßluftbohrer, elektrische Hupe	90	10^9
Niethämmer	100	10^{10}
Schmerzender Lärm	130	10^{13}

2. *Töne, Klänge* und *Geräusche.* Unsere Schalleindrücke gliedern wir in *Töne* und *Klänge* einerseits, sowie *Geräusche* und *Knalle* andererseits. Eine *reine Sinusschwingung* empfinden wir als Ton, ein solcher wird durch seine *Höhe,* d. i. die Frequenz der ihn erregenden Sinusschwingung, charakterisiert.

Einen aus Tönen (Sinusschwingungen) beliebiger Frequenz zusammengesetzten Schall nennen wir ein *Tongemisch.* Im besonderen Fall, daß die Teiltöne *harmonisch* sind, d. h. einen Grundton und eine mehr oder weniger große Anzahl von *Obertönen* darstellen, vgl. § 54, sprechen wir von einem einfachen *Klang.*

Erstaunlicherweise ist ein Klang von den Phasenunterschieden zwischen den einzelnen sinusförmigen Teilschwingungen ganz unabhängig. Unser Ohr reagiert also nicht auf die Phasen oder die resultierende Kurvenform, sondern nur auf die Amplituden der Teilschwingungen. Das liegt an dem für die Schallaufnahme wesentlichen Organ unseres Gehörs, der *Basilarmembran* mit dem Cortischen Organ. Dieses System ist der eigentliche *Klanganalysator* und enthält eine sehr große Zahl von Fasern verschiedener Länge und Dicke, die so weit in Mitschwingung geraten, wie die ankommenden Schallwellen ihre Eigenschwingungen enthalten. Die an die Fasern angeschlossenen Nervenleitungen übermitteln die beim Schwingen auftretenden Reize ans Gehirn.

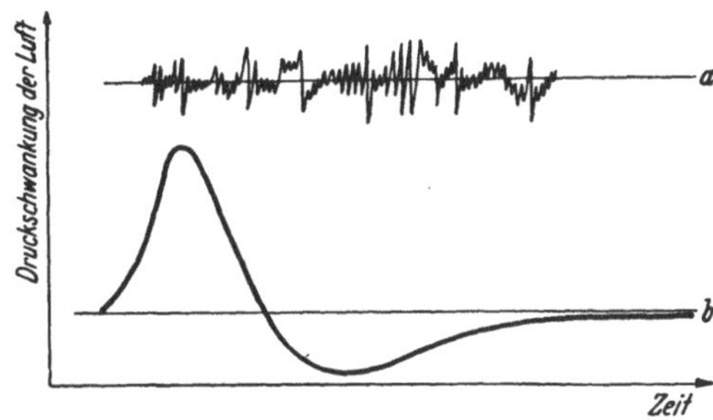

Abb. 126. Druckschwankungen der Luft bei einem Geräusch (a) und einem Knall (b)

Ein *Geräusch* entsteht durch das Zusammenwirken von unregelmäßig zusammenhängenden Schwingungen, die also eine Schallwelle ohne periodischen Charakter erzeugen, vgl. Abb. 126a. Einen *Knall,* s. Abb. 126b, empfinden wir, wenn eine plötzliche und kurz dauernde Dichteschwankung der Luft, ein „*Schallstoß*", das Ohr trifft. Solche Schallstöße entstehen bei der Detonation eines Explosivstoffes oder wenn ein Flugzeug die Schallgeschwindigkeit erreicht, also erstmals seine eigenen Schallwellen einholt und auf ruhende Luftschichten stößt (Durchbruch durch die Schallmauer, vgl. § 60b).

3. *Richtungshören.* Die Fähigkeit, die Richtung, aus der ein Schalleindruck kommt, recht genau angeben zu können, beruht auf der Empfindlichkeit unseres Gehörorgans gegen die kleinen Zeitunterschiede, um die bei schiefem Einfall eine Schallwelle das eine Ohr früher als das andere erreicht. Sobald dieser Zeitunterschied größer als 0,03 Millisekunden wird, verschwindet der Eindruck, daß die Schallquelle genau in der Mitte vor oder hinter uns liegt. Je größer der Zeitunterschied wird, um so seitlicher empfinden wir den Schalleindruck. Der Eindruck größter Seitlichkeit entsteht bei einem Zeitunterschied von 0,6 Millisekunden. Das ist die Zeit, die eine etwa genau von rechts kommende Schallwelle braucht, um den zusätzlichen Weg vom rechten zum linken Ohr, das sind rund 21 cm, zurückzulegen.

§ 60. Ausbreitung von Schallwellen. Da es sich beim Schall um mechanische Schwingungen materieller Körper handelt, die durch materielle Medien, wie Luft, Wasser oder den Boden in Form von Longitudinalwellen weitergeleitet werden, pflanzt sich der Schall im Gegensatz zu den elektromagnetischen Wellen im luftleeren Raum nicht fort.

a) Schallgeschwindigkeit. In einem Gase verlaufen die Kompressions- und Expansionsvorgänge praktisch adiabatisch, so daß für die Geschwindigkeit elastischer Longitudinalwellen die Beziehung $c = \sqrt{\frac{\varkappa R T}{M}}$ gilt, vgl. § 56. Für Luft normaler Feuchtigkeit gilt daher die Zahlengleichung

$$c = 331 \sqrt{1 + 0{,}004 t} \text{ m/s} .$$

t in °C, R die Gaskonstante, $\varkappa$ das Verhältnis der spezifischen Wärmen und M das Molekulargewicht. Weitere Schallgeschwindigkeiten sind in der Tab. 6 zusammengestellt[36].

Tabelle 6. *Schallgeschwindigkeiten*

Luft bei 0° C	331 m/s
Kohlensäure bei 0° C	259 m/s
Wasser bei 15° C	1450 m/s
Eis	3950 m/s
Glas	~5000 m/s
Stahl	~5000 m/s
Kautschuk	25—70 m/s

b) Doppler-Effekt. Beim Schall läßt sich eine für alle Wellenbewegungen charakteristische Erscheinung leicht verfolgen, nämlich der sog. *Doppler-Effekt.* Bewegt sich eine Schallquelle, z. B. eine pfeifende Lokomotive, auf den Beobachter zu, so steigt die Zahl der am Ohr sekundlich vorbeilaufenden Wellenmaxima und -minima, das Ohr empfängt eine größere Zahl von Druckstößen, und der Ton wird höher. Entfernt sich die Schallquelle, so wird der Ton tiefer. Dabei gilt, falls der Beobachter ruht, $\nu' = \frac{\nu}{1 \pm \frac{v}{c}}$, wo ν die Frequenz der Schallquelle, ν' die wahrgenommene Tonfrequenz, v die Geschwindigkeit der Schallquelle und c die des Schalles ist; das Minuszeichen gilt bei Annäherung, das Pluszeichen bei Entfernung der Schallquelle.

c) Kopfwellen. Falls die Geschwindigkeit einer Schallquelle die Schallgeschwindigkeit überschreitet $v > c$, werden die sich ausbreitenden Schallwellen von der Quelle (Überschallflugzeug, Geschoß) überlaufen. Später entstehende Wellen überlagern die früheren, so entsteht ein *Verdichtungsstoß.* In der Vorwärtsrichtung des Flugkörpers gibt es keinerlei Wirkung,wohl aber schleppt der Körper

[36] Die Geschwindigkeit von Schallwellen ist wie die von elastischen Longitudinalwellen überhaupt von der Frequenz unabhängig. Sonst würde Musik in größerer Entfernung völlig verzerrt klingen.

eine durch einen Kegelmantel begrenzte Verdichtungszone (*Machscher Kegel*)[37], die sog. *Stoß*- oder *Kopfwelle* mit sich, s. Abb. 127.

Das Verhältnis der Geschwindigkeit v des Körpers zu der örtlichen Schallgeschwindigkeit c wird die *Machsche Zahl M* genannt. Beim Erreichen der Schallgeschwindigkeit wird der Winkel des Kegelmantels 90°[38], es bildet sich die sog. *Schallmauer* aus. Der beim Durchstoßen derselben $v > c$ auftretende Knall wird am Boden als äußerst lästig empfunden und kann an Gebäuden beträchtliche Schäden hervorrufen, wenn er nicht in sehr große Höhen verlegt wird.

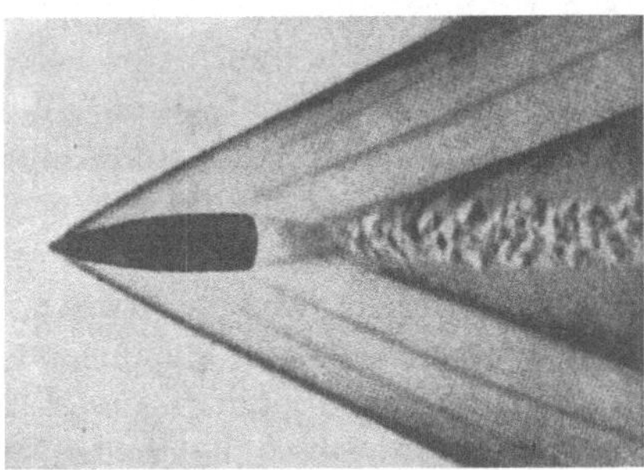

Abb. 127. Kopfwelle eines Geschosses (Schlierenaufnahme nach CRANZ)

d) Reflexion und *Raumakustik.* Schallwellen werden an ebenen Wänden und Waldrändern nach dem Reflexionsgesetz reflektiert[39] (Echo). Die Reflexion des Schalles am Meeresboden benutzt man, um mittels des *Echolotes* aus der Laufzeit eines Schallsignals vom Schiff zum Meeresboden und zurück die Meerestiefe zu bestimmen. Auf der Reflexion des Schalles beruht auch die Wirkung von *Hör-* und *Sprachrohren.* Beim letzteren werden die Schallwellen durch die wiederholte Reflexion an den Wänden einigermaßen gebündelt, die Energie pflanzt sich nicht nach allen Seiten, sondern bevorzugt in einer Richtung weiter, so daß die Reichweite des Schalles erheblich ansteigt.

Der Übergang der Schallenergie von einem Medium in ein anderes hängt von den Schallwiderständen, s. § 59, der beiden Medien ab. Sind diese gleich, so geht die Energie restlos über. Je verschiedener die Widerstände sind, um so mehr Energie wird reflektiert. Daher tritt an einer Grenzfläche Gas-Flüssigkeit fast völlige Reflexion ein.

Die Akustik von Räumen wird wesentlich von der Reflexion an den Wänden und Decken beeinflußt. Bei glatten Wänden ist die Reflexion sehr stark. So reflektiert eine glatte Steinwand 95%, eine Holzwand 90% der auftreffenden Schallenergie. Das Ohr wird daher nicht nur von den direkten, sondern auch von den reflektierten Wellen getroffen. Da diese einen längeren Weg zurücklegen müssen, entsteht ein *Nachhall.* Folgt der Nachhall, wie in kleinen Räumen, sehr rasch, so verstärkt er beim Vermischen mit dem ursprünglichen Klang die Tonempfin-

[37] Sie entspricht der Bugwelle eines Schiffes, das mit einer Geschwindigkeit durch das Wasser fährt, die größer als die Fortpflanzungsgeschwindigkeit der Wasserwellen ist.

[38] Der Öffnungswinkel α des Kegels ist durch $\sin\alpha = \frac{c}{v} = \frac{1}{M}$ gegeben.

[39] Daß ein Waldrand noch einigermaßen regelmäßig reflektiert, liegt daran, daß seine „Rauhigkeit" im Vergleich zur Wellenlänge der Schallwellen, vor allem bei tieferen Tönen, noch nicht allzu groß ist.

dung und ist daher erwünscht. Ohne Nachhall, z. B. auf freiem Felde, klingt eine Stimme leer. In großen Hallen kann dieser Nachhall sehr störend wirken. Ihn zu beheben, etwa durch Bekleidung der Wände mit schallschluckenden Geweben und Platten oder durch eine andere Gliederung der Wände, bietet oft große Schwierigkeiten. Ferner können die ursprünglichen und reflektierten Wellenzüge miteinander interferieren und stehende Wellen, also Maxima und Minima des Schalles ergeben, die ebenfalls die Raumakustik sehr beeinträchtigen.

e) Brechung. Beim Übergang von einem Medium in ein anderes tritt, wie bei allen Wellenvorgängen, s. § 57, neben der Reflexion eine *Brechung* auf, wobei das Brechungsgesetz $\sin\alpha/\sin\beta = c_1/c_2$ gilt, c_1 und c_2 die Schallgeschwindigkeiten im ersten und zweiten Medium. In Luftschichten mit allmählich sich ändernder Temperatur tritt, wie beim Licht, eine stetige Krümmung der Schallstrahlen ein. Diese Tatsache ist für die *Reichweite* des Schalles von großer Bedeutung. Nimmt die Lufttemperatur mit der Höhe zu, so wird ein schräg nach oben laufender Schallstrahl immer mehr vom Einfallslote weggebrochen, bis er schließlich *Totalreflexion* erleidet und spiegelsymmetrisch zum aufsteigenden Ast wieder zum Erdboden zurückläuft. Da der Schall in den oberen dünnen Luftschichten viel weniger absorbiert wird, ist die Reichweite dieser Schallwellen erheblich größer als die der unmittelbar am Boden verlaufenden.

Hieraus erklärt sich auch die bei schweren Explosionen beobachtete Erscheinung der „*Zone des Schweigens*“, wonach sich an eine innere, vom direkten Schall erreichte Hörbarkeitszone eine durch ein Zwischengebiet ohne jede Wahrnehmung getrennte, zweite Hörbarkeitszone anschließt.

f) Absorption. Geht eine Schallwelle durch Luft, so wird ihr vor allem infolge der inneren Reibung der bewegten Luftteilchen ständig Energie entzogen, es kommt zu einer allmählichen *Absorption* der Welle. Diese ist in porösen Stoffen, wie Filzen und Teppichen, besonders groß. Die Absorption in porösen Stoffen kommt dadurch zustande, daß die Luftteilchen in den Hohlräumen in Schwingungen geraten, deren Energie durch die Reibung sehr schnell aufgezehrt wird.

g) Beugung. Für das Auftreten von Beugungserscheinungen ist, wie wir in § 57 gesehen haben, das Verhältnis der Wellenlänge zur Größe der Öffnungen und Hindernisse maßgebend. Die *Beugung* wird merklich, sobald deren Abmessungen von der Größenordnung der Wellenlänge werden. Da z. B. für $\nu = 100$ Hz $\lambda = 3$ m und für $\nu = 1000$ Hz $\lambda = 0{,}3$ m wird, ist die Beugung des Hörschalles im Gegensatz zu der des Lichtes ($\lambda \approx 0{,}5\ \mu$) sehr merklich. Schall geht um die Ecke und wird um Gegenstände und Säulen in Räumen herumgebeugt. Hindernisse, deren Abmessungen nicht groß gegen die Wellenlänge des Schalles sind, geben keinen „Schallschatten“.

In durch Sonneneinstrahlung unregelmäßig erwärmter oder in verschieden feuchter Luft entstehen *Schlieren.* An diesen erfährt eine Schallwelle vielfache, ungleichmäßige Reflexionen und Beugungen, wodurch die Energie merklich nach den Seiten gestreut und die Intensität der direkten Welle geschwächt wird. Aus diesem Grunde ist die Reichweite des Schalles bei Nacht und ebenso bei Nebel, wo die störende Sonnenstrahlung wegfällt, größer. Bei Regen oder Schneefall ist die Reichweite geringer.

Ein angeschlagener Glaskelch, leer oder mit einer reinen Flüssigkeit (Wein) gefüllt, klingt wie eine Glocke. Mit Bier oder Sekt „scheppert“ es wegen der Gasblasen.

§ 61. Ultraschall. Von steigender Bedeutung ist das Gebiet des Ultraschalls mit Frequenzen von 20000 Hz bis zu einigen 100 Millionen Hz. Die Erzeugung von Ultraschallwellen erfolgt vor allem mit Hilfe von longitudinal schwingenden Quarzkristallen. Da eine Quarzplatte beim Anlegen einer elektrischen Spannung an die Flächen ihre Dicke ändert, sog. *piezoelektrischer* Effekt, s. § 101, gerät der Kristall beim Anlegen einer Wechselspannung, deren Frequenz gleich der einer seiner Eigenschwingungen ist, in Resonanz. Neben diesen piezoelektrischen Verfahren benutzt man noch die Erscheinung, daß ferromagnetische Stäbe bei der Magnetisierung ihre Länge ändern. Daher gerät auch ein Nickelstab in einer von Wechselstrom geeigneter Frequenz durchflossenen Spule in Längsschwingungen. Ein solcher *Magnetostriktionssender* eignet sich besonders zur Erzeugung starker Schwingungen bis etwa 60000 Hz.

Da Ultraschallsender sehr beträchtliche Energiebeträge abzustrahlen vermögen, können in den von Ultraschallwellen durchsetzten Körpern sehr große Wechseldrucke bis zu vielen Atmosphären, und infolge der sehr hohen Frequenz auch sehr große Beschleunigungen, bis zum Millionenfachen der Erdbeschleunigung, auftreten, die außerdem noch mit der Frequenz der Schwingung ihre Richtung ändern. Dabei kann es an den Stellen stärkster Dehnung zu einem Zerreißen der Flüssigkeit und so zu einer Hohlraumbildung, sog. *Kavitation*, kommen. In diese Hohlräume strömen in der Verdichtungsphase die im Medium gelösten Gase mit großer Gewalt ein. Auf diesen Eigentümlichkeiten des Ultraschalls beruhen seine besonderen Wirkungen. So kann man Flüssigkeiten und Metallschmelzen mit Ultraschall entgasen oder von nicht mischbaren Flüssigkeiten, wie Öl und Wasser oder Quecksilber und Wasser, mittels Ultraschall Emulsionen herstellen. Ebenso kann man Flüssigkeiten zerstäuben und auf diese Weise Nebelbildung hervorrufen. Umgekehrt erhält man bei Schwebestoffen in Luft, z. B. bei Rauchen oder Nebeln, im Ultraschallfelde eine starke Koagulation, d. h. Zusammenballung der Teilchen. Kleine Tiere, Fische und Frösche werden durch Ultraschall gelähmt oder getötet. Der Einfluß auf Bakterien und Viren ist sehr verschieden und noch nicht genügend erforscht.

Die Tatsache, daß ein fehlerfreies Werkstück eine sehr große Durchlässigkeit für Ultraschall besitzt und daß jeder Riß oder Hohlraum (Luftspalt) den Schall fast völlig reflektiert, bietet die Möglichkeit einer *zerstörungsfreien Prüfung* von *Werkstoffen* aller Art. Das ist um so wichtiger, als die Durchleuchtung mit Röntgenstrahlen bei sehr dicken Werkstücken unmöglich wird.

Viertes Kapitel

Wärmelehre

A. Thermometrie, Wärmeausdehnung, Kalorimetrie

§ 62. Wesen der Wärme. Die Tatsache, daß durch Reibung, also durch fortgesetzte mechanische Arbeitsleistung, beliebig viel Wärme erzeugt werden kann, hat die bis ins 19. Jahrhundert verbreitete Ansicht, Wärme sei ein unwägbarer, den Körpern beigegebener Stoff, unhaltbar gemacht. Die Erfahrung hat gelehrt, s. § 67, daß *Wärme* eine *Energieform* ist. Die bei der Reibung vernichtete mechanische Energie ist nur scheinbar verloren, sie ist auf die Atome und Moleküle des sich erwärmenden Körpers übergegangen. Je mehr Wärmeenergie ein Körper aufnimmt, um so mehr Energie wird seinen Molekülen zugeführt, um so lebhafter wird deren Bewegung, die wir bei der *Brownschen Bewegung*, s. § 33, erkennen können. Wärme ist also nichts anderes als *Bewegungsenergie* der *Moleküle*. Diese umfaßt neben der kinetischen Translationsenergie der Moleküle noch ihre Rotationsenergie und die Schwingungsenergie der Atome. Soweit die Moleküle noch Kräfte aufeinander ausüben, kommen noch weitere Beiträge an potentieller Energie hinzu, vgl. auch § 78. Die Summe all dieser Energiebeiträge bezeichnet man als die *innere Energie* des Körpers. Sie wächst mit der Temperatur. Will man diese erhöhen, so muß man dem Körper Wärmeenergie zuführen.

§ 63. Temperatur und Thermometrie. Die *Temperatur* oder den *Wärmezustand* eines Körpers empfinden wir mittels gewisser auf Wärmereize reagierender Nerven, die an bestimmten Stellen unserer Haut, den *Warm-* und *Kaltpunkten*, enden. Unsere Wärmeempfindungen, kalt, warm usw., sind für die Beurteilung des Wärmezustandes nur beschränkt brauchbar, weil unsere Nerven auf die Abkühlungs- oder Erwärmungsgeschwindigkeit reagieren. Daher finden wir einen Gegenstand kalt oder warm, je nachdem, ob die Hand vor der Berührung warm oder kalt war. Ferner fühlt sich z. B. ein metallischer Körper kälter an als ein solcher aus Holz derselben Temperatur, weil das Metall infolge seiner besseren Wärmeleitung, s. § 86, der Hand die Wärme rascher entzieht. Schließlich kann ein „brennend heißer“ Körper dieselbe Empfindung wie ein besonders kalter auslösen. In beiden Fällen kommt es außerdem zu Hautschädigungen und Schmerzempfindungen. Wir müssen uns also ein von unseren Sinnesorganen unabhängiges und zuverlässiges Maß der Temperatur eines Körpers, d. h. eine *objektive Thermometrie* schaffen.

Dazu benutzen wir die Beobachtung, daß zahlreiche physikalische Eigenschaften eines Körpers, wie z. B. sein Volumen, sein elektrischer Widerstand oder seine Ausstrahlung, sich mit der Temperatur ändern. Ferner lehrt die allgemeine

Erfahrung, daß zwei verschieden warme Körper bei Berührung schließlich eine gemeinsame Endtemperatur annehmen, indem der wärmere Körper so lange an den kälteren Wärme abgibt, bis sich ein *Wärmegleichgewicht* eingestellt hat.

Um zu einer *Temperaturskala* zu kommen, müssen wir *Temperaturfestpunkte* festsetzen. Als *Nullpunkt* nehmen wir die Temperatur des unter dem Druck von 760 Torr (normaler Luftdruck) schmelzenden reinen Eises und bezeichnen sie als die Temperatur 0° C, „null Grad Celsius". Als weiterer Festpunkt dient die Temperatur des bei 760 Torr siedenden reinen Wassers, in der Celsiusskala mit 100° C bezeichnet. Es wird also der Bereich zwischen den beiden Festpunkten, dem „Eispunkt" und dem „Siedepunkt" des Wassers, in 100 Grade geteilt.

Zur Festsetzung der Temperatur zwischen diesen Festpunkten und jenseits von 0 und 100° C benutzt man praktisch die Wärmeausdehnung einer Quecksilbersäule. Diese habe bei 0 und 100° C die Längen l_0 bzw. l_{100}. Die Differenz $l_{100}-l_0$ entspricht einer Temperaturzunahme von 100° C. Messen wir nun in einem Temperaturbade der noch unbekannten Temperatur t_x die Länge l_t, so definieren wir t_x mittels der Gleichung

$$t_x = \frac{l_t - l_0}{l_{100} - l_0} \cdot 100 .$$

Dieser Temperaturdefinition liegt also eine *lineare* Beziehung zwischen der Temperatur und der Längenzunahme des Fadens zugrunde. Dabei ist der Schritt von 1° C dadurch definiert, daß bei einer Temperaturänderung von 1° C der Flüssigkeitsfaden seine Länge um $^1/_{100}$ desjenigen Betrages ändert, um den er sich bei der Erwärmung von 0 auf 100° C ändert. Die so gewonnene Temperaturskala hängt wegen der von Körper zu Körper in verschiedenem Maße ungleichmäßigen Wärmeausdehnung von der Thermometersubstanz ab[40].

Um von der verschiedenen Wärmeausdehnung der Stoffe frei zu werden, benutzen wir bei der Festsetzung der Temperaturskala als Thermometersubstanz hinreichend verdünnte Gase, vor allem H_2, He und Luft, die praktisch alle dieselbe Wärmeausdehnung, nämlich die eines sog. *idealen* Gases, zeigen, s. § 69. Ein solches ideales Gas dehnt sich zwischen 0 und 100° C um $\frac{100}{273}$ seines Volumens bei 0° C aus. Die Temperaturzunahme von 1° C ist also dann gegeben, wenn sich das Gas um $^1/_{273}$ seines Volumens bei 0° C ausdehnt. Mit dieser Definition können wir die Temperaturskala auch über 0 und 100° C hinaus fortsetzen.

Die exakte Temperaturfestsetzung stützt sich heute nicht mehr auf das Gasthermometer, sondern auf die sog. *thermodynamische* Skala, die sich mit Hilfe des zweiten Hauptsatzes durch Ausmessung von Kreisprozessen, s. § 74 und § 75, völlig unabhängig von der gewählten Thermometersubstanz aufstellen läßt.

Viele physikalische Gesetze, z. B. die Gasgesetze, lassen sich einfacher und sinnvoller darstellen, wenn man an Stelle der *Celsiusskala* die sog. *absolute* oder *Kelvinskala* anwendet, die als Nullpunkt den *absoluten Nullpunkt*, das ist die tiefste Temperatur, die es gibt, benutzt. Dieser Punkt, der also niemals unterschritten werden kann, liegt bei −273° C, genauer bei −273,15° C. Bezeichnen wir die Celsiustemperatur in °C mit t, die absolute Temperatur in *Grad Kelvin*, °K oder °abs. mit T, so ist $T = 273 + t$. Die absolute Temperatur des bei 760 Torr schmelzenden Eises ist also rund 273° Kelvin.

§ 64. Praktische Temperaturmessung. Die meist benutzten Thermometer sind die Quecksilberthermometer in ihren verschiedenen bekannten Ausführungen.

[40] Würden wir andere physikalische Eigenschaften der Temperaturmessung zugrunde legen, so würden wir wieder andere Temperaturskalen erhalten.

Kalibriert man ein solches Thermometer, indem man die Enden des Quecksilberfadens bei 0 und 100° C markiert und das Intervall in 100 Teile teilt und außerdem die Skala noch über die Festpunkte hinaus verlängert, so erhalten wir infolge der ungleichmäßigen Ausdehnung von Quecksilber und Glas Abweichungen in bezug auf das Gasthermometer, und zwar bei 50° C etwa 0,1° C, bei 300° C jedoch schon 2° C Differenz.

Außerdem treten wegen der thermischen Nachwirkung des Glases Veränderungen des Nullpunktes, *Depressionen*, auf, die sich durch künstliches *Altern* (häufige schnelle Temperaturveränderungen) von geeigneten Glassorten, sog. Thermometergläsern, vermeiden lassen.

Da Quecksilber bei −38,87° C fest wird, muß man bei tieferen Temperaturen andere Flüssigkeiten, etwa Methylalkohol, Toluol bis −100° C, Petroläther oder Pentan[41] bis −190° C verwenden.

Für höhere Temperaturen lassen sich Quecksilberthermometer auch über den Siedepunkt des Hg bei 357° C hinaus verwenden, wenn diese Stickstoff unter hohem Druck enthalten, wodurch die Sublimation des Quecksilbers verhindert wird. So kommt man bis 600° C, bzw. bei Thermometern aus Quarzglas bis 750° C.

Für tiefere und höhere Temperaturen stehen die Methoden der *elektrischen Temperaturmessung* zur Verfügung, und zwar *Widerstandsthermometer*, s. § 108, von etwa −270 bis 1500° C, *Thermoelemente*, s. § 115, von etwa −200 bis 2000° C. Bei noch höheren Temperaturen kann man nur noch die Temperaturstrahlung der Körper zur Temperaturmessung benutzen, *Strahlungspyrometer*, s. § 189.

Für rein wissenschaftliche Zwecke und zur Eichung anderer Thermometer benutzt man im Bereiche von −260 bis +1700° C Gasthermometer mit H_2 oder He in Gefäßen aus Platinmetallen.

§ 65. Wärmeausdehnung. Im allgemeinen dehnen sich alle Körper mit zunehmender Temperatur aus. Eine Ausnahme bildet das Wasser zwischen 0 und 4° C, s. weiter unten. Ein fester Körper, der bei 0° C die Länge l_0 besitzt, dehnt sich nach der Beziehung

$$l = l_0(1 + \alpha t) \quad \text{oder} \quad \frac{l - l_0}{l_0} = \alpha t$$

aus. α ist der *lineare Ausdehnungskoeffizient.* Für die Volumenänderung eines Parallelepipeds aus festem Material vom Volumen V_0 und den Kantenlängen a, b, c bei 0° C gilt dann entsprechend weiter

$$V = a \cdot b \cdot c(1 + \alpha t)^3 = V_0(1 + \alpha t)^3$$

oder, da αt sehr klein gegen eins ist, mit genügender Genauigkeit

$$V = V_0(1 + 3\alpha t) = V_0(1 + \gamma t),$$

wobei wir $3\alpha = \gamma$ als den *kubischen* oder *räumlichen Ausdehnungskoeffizienten* bezeichnen. Da Flüssigkeiten und Gase keine feste Form haben, spricht man bei ihnen nur vom kubischen Ausdehnungskoeffizienten. Bei Flüssigkeiten und erst recht bei Gasen ist dieser erheblich größer als bei festen Körpern. In Tab. 7 sind einige Ausdehnungskoeffizienten zusammengestellt. Aus den Zahlen erkennen wir, daß Invar, eine Legierung aus etwa 64% Stahl und 36% Nickel, einen besonders geringen Ausdehnungskoeffizienten besitzt. Auch Quarzglas besitzt ein besonders kleines γ, so daß man ein glühendes Quarzgefäß in kaltes Wasser tauchen kann, ohne daß es wie Glas springt.

[41] Und zwar technisches Pentan; reinstes *n*-Pentan wird bei −130,8° C fest.

Tabelle 7. *Ausdehnungskoeffizienten einiger fester Körper und Flüssigkeiten in Grad^{-1} bei 18° C*

Stoff	linear	Stoff	linear	Stoff	kubisch
Blei	0,0000290	Invar	0,0000020	Wasser (18° C)	0,00018
Kupfer	165	Glas	80	Äthylalkohol	143
		Quarzglas	05	Quecksilber	18

Die Wärmeausdehnung findet im praktischen Leben vielfältige Anwendung. Lötet man zwei flache Metallstäbe, z. B. aus Eisen und Kupfer, der Länge nach fest aneinander, so dehnt sich beim Erwärmen der Kupferstab stärker aus, so daß sich dieser sog. *Bimetallstreifen* krümmt, wobei das Kupfer mit dem größeren Ausdehnungskoeffizienten die konvexe Seite bildet. Dieses Prinzip wird bei *Metallthermometern* und Temperaturreglern praktisch angewandt. Eiserne Radreifen werden glühend auf das Rad gelegt und ziehen sich dann beim Abkühlen außerordentlich fest.

Die *Anomalie* des Wassers: Wasser nimmt eine wichtige Ausnahmestellung ein, insofern, als es sich beim Erwärmen von 0 bis 4° C *zusammenzieht*, bei 4° C ein *Dichtemaximum* besitzt und erst von da ab mit wachsender Temperatur sein Volumen vergrößert. Diese eigentümliche Erscheinung, die auf einer Veränderung der gegenseitigen Anordnung der Wassermoleküle (ihrer Nahordnung) beruht, spielt im Haushalt der Natur insofern eine große Rolle, als sie im Winter das Ausfrieren von stehenden Gewässern bis zum Grunde verhindert, was den Tod aller im Wasser lebenden Tiere bedeuten würde. Wäre nämlich das Wasser von 3, 2, 1° C schwerer als das von 4° C, so würde, nachdem das Wasser an der Oberfläche unter 4° C abgekühlt ist, auch weiterhin das kalte Wasser nach unten sinken, wärmeres aufsteigen und so die Abkühlung durch Konvektion ziemlich rasch weitergehen. Ist jedoch einmal das Grundwasser auf 4° C abgekühlt, so bleibt es unten, und das kältere leichtere Wasser schichtet sich darüber. Der Wärmeverlust erfolgt dann nur noch durch Leitung, und zwar sehr langsam, da ruhendes Wasser und die obere Eisdecke schlechte Wärmeleiter sind, also einen guten Wärme- bzw. Kälteschutz darstellen, vgl. § 86 und § 87.

§ 66. Wärmemenge, spezifische Wärme. Um ein Becherglas mit 1 kg Wasser mittels einer Gasflamme auf eine vorgegebene Temperatur zu erwärmen, braucht man die doppelte Zeit wie zur Erwärmung von $^1/_2$ kg Wasser. Ebenso ist die Zeit zur Erwärmung auf eine bestimmte Temperatur der Temperaturerhöhung selbst annähernd proportional. Da die Flamme in jeder Sekunde eine bestimmte Wärme, also in t Sekunden das t-fache liefert, können wir von der insgesamt von der Flamme abgegebenen *Wärmemenge* oder *Wärmeenergie* sprechen. Der obige Versuch zeigt, daß die zur Erwärmung eines Körpers auf eine bestimmte Temperatur erforderliche Wärmemenge nicht nur der Temperaturerhöhung, sondern auch der Stoffmenge proportional ist. Wir führen nun als Einheit der *Wärmemenge* diejenige Wärmemenge ein, die zur Erwärmung von einem Gramm Wasser um 1° C erforderlich ist und nennen sie *Grammkalorie*, abgekürzt *Kalorie* (cal). Daneben benutzen wir als größere Einheit die *Kilokalorie* (kcal). Das ist die Wärmemenge, die zur Erwärmung von 1 kg Wasser um 1° C benötigt wird. Da wir zur Erwärmung von 10 auf 11° C, 35 auf 36° C oder von 97 auf 98° C praktisch dieselbe Wärmemenge brauchen, ist die zur Erwärmung von m g Wasser von t_1 auf t_2 °C nötige Wärmemenge Q gegeben durch $Q = m(t_2 - t_1)$ Kalorien.

Da die zur Erwärmung um 1° C erforderliche Wärmemenge ein wenig von der Temperatur abhängt, wird die Kalorie genauer als die zur Erwärmung von 1 g Wasser von 14,5 auf 15,5° C erforderliche Wärmemenge definiert. Diese Temperaturabhängigkeit ist nur bei genaueren Messungen zu beachten.

Führen wir eine bestimmte Wärmemenge einmal einem Kilogramm Wasser und dann einem Kilogramm eines anderen Stoffes, etwa einem Kilogramm Quecksilber, zu, so finden wir beim Quecksilber eine erheblich größere, nämlich etwa 30mal so große Temperaturzunahme. Wir brauchen also zur Erwärmung der Masseneinheit eines Körpers um 1° C *verschiedene*, von seiner materiellen Beschaffenheit abhängige Wärmemengen. Daher führen wir die *spezifische Wärme c* eines Stoffes als diejenige Wärmemenge in cal ein, die nötig ist, um 1 g des betreffenden Stoffes um 1° C zu erwärmen. Ihre Einheit ist cal g^{-1} $grad^{-1}$. Die spezifische Wärme des Wassers wird damit gleich 1 cal g^{-1} $grad^{-1}$.

Die Wärmemenge, die man zur Erwärmung eines Mols einer Substanz um 1° C benötigt, bezeichnet man als *Molwärme* $C = Mc$[cal mol^{-1} $grad^{-1}$].

Um einen Körper von m Gramm und der spezifischen Wärme c von t_1 auf t_2 °C zu erwärmen, braucht man eine Wärmemenge von

$$Q = mc(t_2 - t_1) = K(t_2 - t_1)\,.$$

Man kann daher die spezifische Wärme auch als Verhältniswert zwischen der benötigten Wärmemenge und dem Produkt aus Masse und erreichter Temperaturerhöhung ansehen.

Die von der Masse und Zusammensetzung des Körpers abhängige Größe

$$C_w = mc\,,$$

heißt seine *Wärmekapazität*, gemessen in cal $grad^{-1}$. Ihr Zahlenwert stellt die Wärmemenge dar, die der Körper bei einer Erwärmung um 1° C aufnimmt.

Die spezifische Wärme eines Stoffes bestimmen wir im einfachsten Fall mit Hilfe der *Mischungsmethode* in einem *Kalorimeter*. Dieses besteht aus einem mit Wasser gefüllten Gefäß, das zum Wärmeschutz von einem Luftmantel umgeben ist. Wollen wir die spezifische Wärme eines Stoffes, z. B. die von Kupfer, finden, so bringen wir m_2 g des Metalls, die auf t_2 °C erhitzt worden sind, in das Kalorimeterwasser von t_1 °C. Die vom Metall bei der Abkühlung auf die gemeinsame Endtemperatur t' abgegebene Wärmemenge Q muß gleich der vom Wasser aufgenommenen Wärmemenge sein, also gilt, falls die Masse des Wassers m_1 g ist, die Gleichung

$$Q = m_2 c(t_2 - t') = m_1(t' - t_1)\,.$$

Da alle Größen außer c meßbar sind, ergibt sich daraus die gesuchte spezifische Wärme. Bei genauen Messungen muß noch die Wärmekapazität des Kalorimetergefäßes sowie die vom Thermometer und Rührer, die ja auch am Wärmeaustausch teilnehmen, berücksichtigt werden.

In Tab. 8 sind die spezifischen Wärmen einiger Stoffe zusammengestellt. Die spezifische Wärme des Wassers ist besonders groß. Das ist der Grund dafür, daß sich Meere und Seen viel langsamer erwärmen und abkühlen als das Land. Die dadurch bedingten Unterschiede von Land- und Seeklima sind vor allem in Gebieten ausgeprägt, deren Boden besonders geringe spezifische Wärme besitzt (Kalkalpen, Karst).

Regel von DULONG *und* PETIT. Für Metalle ist die zur Erwärmung eines Grammatoms um 1° C erforderliche Wärmemenge oder das Produkt aus Atomgewicht und spezifischer Wärme, die sog. *Atomwärme*, bei gewöhnlicher Temperatur annähernd konstant, und zwar ungefähr gleich 6 cal g-$Atom^{-1}$ $grad^{-1}$, s. Tab. 8; wegen der Erklärung s. § 78.

Bei tiefen Temperaturen nimmt bei allen Körpern die spezifische Wärme ab, um am absoluten Nullpunkt schließlich ganz zu verschwinden.

Tabelle 8. *Spezifische Wärme und Atomwärme einiger Stoffe*

Stoff	Spez. Wärme in cal g^{-1} $grad^{-1}$	Atomgewicht	Atomwärme in cal g-$Atom^{-1}$ $grad^{-1}$	Stoff	Spez. Wärme in cal g^{-1} $grad^{-1}$
Aluminium	0,214	26,97	5,8	Glas	0,19
Eisen	0,111	55,84	6,2	Äthylalkohol	0,58
Kupfer	0,091	63,57	5,7	Äthyläther	0,56
Quecksilber	0,033	200,6	5,9	Wasser	1,00
Gold	0,031	197,2	6,09		

B. Wärme und Arbeit

§ 67. Mechanisches Wärmeäquivalent, erster Hauptsatz der Wärmelehre. ROBERT MAYER[42] hat zuerst klar erkannt, daß Wärme eine besondere Energieform darstellt und daß sie weder verlorengehen noch aus nichts entstehen kann. Sie kann sich nur in eine andere Energieform, z. B. in Arbeit, umwandeln; umgekehrt entsteht bei der Umwandlung anderer Energiearten, z. B. von kinetischer Energie infolge von Reibung Wärme. Wegen des Satzes von der Erhaltung der Energie muß bei allen Umwandlungen zwischen der Wärmeenergie, gemessen in Kalorien, und der mechanischen Energie, gemessen in Kilopondmeter stets dasselbe feste Verhältnis bestehen. Die Zahl, die angibt, wieviel kpm einer Kalorie entsprechen, heißt das *mechanische Wärmeäquivalent*. Sein Wert kann nur experimentell bestimmt werden.

Aus sorgfältigen Versuchen folgt:

1 cal = 4,185 Joule (oder Nm oder Ws) = 0,427 kpm

und umgekehrt

1 Nm = 1 Ws = 0,239 cal und ferner 1 kWh = 860 kcal, vgl. § 11.

Da Wärme und Arbeit einander energetisch äquivalent sind und da Energie weder aus nichts entstehen noch verschwinden, sich vielmehr nur von einer Form in eine andere umwandeln kann, können wir den Energiesatz in der Form des ersten *Hauptsatzes* der *Wärmelehre* auch so aussprechen: *Die einem Körper zugeführte Wärmemenge Q muß sich in der Zunahme seiner Wärmeenergie (inneren Energie oder Energie seiner Molekularbewegung) ΔU und in der geleisteten Arbeit A wiederfinden*, es muß also die Energiegleichung gelten:

$$Q = \Delta U + A .$$

[42] JULIUS ROBERT MAYER, 1814–1878, Arzt in Heilbronn, ist der eigentliche Entdecker des Prinzips von der Erhaltung der Energie. Er hat auch als erster das mechanische Wärmeäquivalent, und zwar aus der experimentell bekannten Differenz der spezifischen Wärmen eines Gases, die ja ihr Äquivalent in einer äußeren Arbeitsleistung hat, vgl. § 68, berechnet. MAYERs geniale Leistung wurde von seinen deutschen Zeitgenossen völlig verkannt. Es blieb dem Engländer TYNDALL vorbehalten, seine Anerkennung durchzusetzen.

Betrachten wir als Beispiel die Erwärmung eines Gases, das in einem Zylinder mit einem beweglichen Stempel vom Querschnitt F eingeschlossen ist, s. Abb. 128. Außen möge der Druck p lasten, der dem gleich großen Druck des Gases das Gleichgewicht hält. Führen wir dem Gase eine kleine Wärmemenge ΔQ zu, so steigt sein Druck, s. §69, und der Stempel wird um den Betrag Δx gehoben, bis der Druck wieder auf den alten Wert gesunken ist. Beim Heben des Stempels leistet das Gas eine

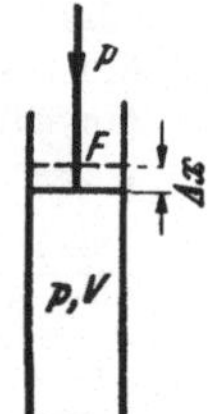

Abb. 128. Äußere Arbeit eines Gases

Arbeit $\Delta A = K\Delta x = pF\Delta x$, und da die Volumenzunahme $\Delta V = F\Delta x$ ist, gilt für die *Gasarbeit* $\Delta A = p\Delta V$, s. auch §70. Folglich lautet die Gleichung des I. Hauptsatzes in diesem Falle:

$$\Delta Q = \Delta U + p\Delta V.$$

§ 68. Spezifische Wärmen und Energieinhalt von Gasen. Führen wir einem Gas Wärme zu, so erhöht sich seine Temperatur, d. h. die Energie der Moleküle oder die sog. *innere* Energie des Gases steigt. Die zur Temperaturerhöhung um 1° C erforderliche Wärmemenge oder die spezifische Wärme ist wesentlich verschieden, je nachdem, ob wir das Gas bei *konstantem Druck* oder bei *konstantem Volumen* erwärmen. Dies hat seinen Grund darin, daß bei Erwärmung bei konstantem Druck das Gas sich ausdehnt und dabei, wie wir eben gesehen haben, eine äußere Arbeit vom Betrag $p\Delta V$ verrichtet, wo ΔV die Volumenzunahme für ein Grad Temperaturerhöhung bedeutet. Zur Deckung dieser Arbeitsleistung muß also noch ein zusätzlicher Betrag an Wärmeenergie zugeführt werden. Nur bei festen und flüssigen Körpern ist die Ausdehnung so klein, daß diese äußere Arbeit zu vernachlässigen ist. Dagegen ist bei einem Gase die spezifische Wärme bei konstantem Druck c_p erheblich größer als die bei konstantem Volumen c_v.

Für ein *ideales* Gas läßt sich die Differenz der Molwärmen $C_p - C_v$, die ja gleich der äußeren Arbeitsleistung $p\Delta V$ ist, leicht berechnen. Aus der für 1 Mol gültigen Zustandsgleichung $pV = RT$, s. §69, berechnet sich die Volumenzunahme ΔV bei konstantem Druck für eine Temperaturerhöhung ΔT aus $p\Delta V = R\Delta T$. Damit folgt für die Arbeitsleistung bei 1° C Temperaturerhöhung, d. h. $\Delta T = 1$, $p\Delta V = R$ oder $C_p - C_v = R$. Dieses Ergebnis gilt für alle idealen Gase.

Das *Verhältnis* der *spezifischen Wärmen* c_p/c_v wird mit $\varkappa$ bezeichnet. Bei einatomigen Gasen, wie He, Ar, ist $\varkappa = 5/3$, bei zweiatomigen, wie N_2, O_2, 7/5, bei mehratomigen 8/6 und kleiner, Erklärung in §78. Die Größe $\varkappa$ ist sehr wichtig, da sie das Verhalten eines Gases bei allen *adiabatischen* Zustandsänderungen bestimmt, s. §73, und daher z. B. auch die Fortpflanzungsgeschwindigkeit des Schalles in Luft beeinflußt, vgl. §60a.

Bei einem *idealen*, d. h. einem Gase, bei dem die Moleküle keine Kräfte aufeinander ausüben, ist die innere Energie einfach die Summe der Energien der einzelnen Moleküle. Diese molekulare Energie besteht wiederum aus der kinetischen Translations- und Rotationsenergie und aus der Schwingungsenergie der Atome im Molekülverband, s. §78. Daher ist die *innere Energie* eines *idealen* Gases nur durch die Temperatur bestimmt und insbesondere *unabhängig* vom *Volumen*.

Erwärmen wir ein solches Gas bei konstantem Volumen um 1° C, so finden wir die zugeführte Wärme als Zuwachs an innerer Energie ΔU wieder. Daher ist für 1° C und 1 Mol des Gases die Zunahme $\Delta U = C_v$, oder die *innere Energie* U eines Moles eines idealen Gases ist einfach durch $U = C_v T$ gegeben.

Läßt man ein ideales Gas durch Öffnen eines Hahnes in einen leeren Raum einströmen, so erfolgt die Volumenzunahme, da kein äußerer Druck zu überwinden ist, ohne äußere Arbeitsleistung. Die Moleküle fliegen mit der ursprünglichen Geschwindigkeit in den zusätzlichen Raum hinein, die Energie und damit auch die Temperatur des Gases bleiben dieselben. Das gilt aber nur so lange, wie die Moleküle keine merklichen Kräfte aufeinander ausüben. Sind, wie bei realen Gasen, Anziehungskräfte vorhanden, so müssen diese bei der Volumenvergrößerung überwunden werden. Die dazu erforderliche innere Arbeit, die ihr Äquivalent in einem Zuwachs an gegenseitiger potentieller Energie der Moleküle hat, wird der kinetischen Energie der Moleküle entzogen, d. h. die Temperatur eines realen Gases sinkt beim Ausströmen ins Vakuum. Bei einem *realen* Gase hängt also die *innere Energie* noch vom *Volumen* des Gases ab, vgl. auch § 72.

§ 69. Gesetze der idealen Gase. Der physikalische Zustand einer gegebenen Gasmenge ist durch drei Größen bestimmt: 1. durch das Volumen, das sie einnimmt, 2. durch den Druck, den die hin und her schwirrenden Moleküle auf die Wände ausüben und 3. durch die Temperatur (kinetische Energie der Moleküle). Diese drei Größen, die also den *Zustand* eines Gases eindeutig beschreiben, nennen wir die *Zustandsgrößen* des Gases. Ändern wir eine dieser drei Größen, etwa die Temperatur, so ändern sich im allgemeinen die beiden anderen mit. Es sind also Druck, Volumen und Temperatur voneinander nicht unabhängig, vielmehr bestehen zwischen ihnen Beziehungen, die sog. *Zustands-* oder *Gasgleichungen*, die wir jetzt näher betrachten wollen. Beginnen wir mit den einfachen Fällen, bei denen immer eine der drei Größen künstlich konstant gehalten wird.

I. Halten wir eine bestimmte Gasmenge unter *konstanter Temperatur* (enge und ständige Berührung des Gases mit einem Wärmebehälter und langsame Zustandsänderung), so gilt für diese sog. *isotherme* Zustandsänderung bei idealen Gasen das uns bereits bekannte Gesetz, s. § 44,

$$pV = \text{const}.$$

II. Halten wir den *Druck* konstant, *isobare* Zustandsänderung, so gilt für die *Wärmeausdehnung* dieselbe Beziehung wie bei Flüssigkeiten, nämlich die Gleichung

$$V = V_0(1 + \gamma t),$$

wo V_0 das Volumen bei 0° C ist. γ ist der *kubische Ausdehnungskoeffizient* und hat bei idealen Gasen den Wert $\gamma = 1/273 = 0{,}00366$. Führen wir jetzt die absolute Temperatur T ein, also $T = 273 + t$, so folgt

$$V = V_0\left(1 + \frac{1}{273}t\right) = V_0\left(\frac{273 + t}{273}\right) = V_0 \frac{T}{273}$$

oder

$$\frac{V}{V_0} = \frac{T}{273}.$$

Die Volumina verhalten sich also wie die absoluten Temperaturen.

III. Sperren wir eine bestimmte Gasmenge ab und halten ihr *Volumen* konstant, so steigt der Druck mit der Temperatur nach dem Gesetz

$$p = p_0(1 + \beta t),$$

wo p_0 den Druck des Gases bei 0° C bedeutet. β wird als *Spannungskoeffizient* bezeichnet. Für ideale Gase ist $\beta = \gamma = 1/273 = 0{,}00366$, so daß wie für V auch für p die Gleichung gilt:

$$\frac{p}{p_0} = \frac{T}{273}.$$

Für reale Gase sind die Abweichungen bei γ und β vom Werte 0,00366 um so größer, je größer die Dichte und je tiefer die Temperatur ist.

Nun wollen wir die *allgemeine* Zustandsgleichung, und zwar für *ideale* Gase, aufstellen. Wir betrachten dazu eine bestimmte Gasmenge, die unter *Normalbedingungen*, d. h. bei 0° C und beim Druck von 760 Torr, p_0, das Volumen V_0 besitzen möge. Wir wollen jetzt bei konstantem Druck p_0 die Temperatur auf t °C oder auf $T = t + 273$ erhöhen. Dann wird das neue Volumen $V' = V_0(1 + \gamma t)$. Dann wollen wir bei der neuen Temperatur t eine *isotherme* Zustandsänderung vornehmen, d. h. nur den Druck verändern. Für das zum Druck p gehörige Volumen V gilt dann

$$V = \frac{V' p_0}{p} = \frac{p_0}{p} V_0(1 + \gamma t) = \frac{p_0}{p} V_0 \frac{T}{273}.$$

Damit erhalten wir folgendes Gesetz:

$$p V = p_0 V_0(1 + \gamma t) = p_0 V_0 \frac{T}{273}.$$

Da für eine bestimmte Gasmenge V_0 eine feste Größe ist, kann man mittels dieser Zustandsgleichung, falls zwei Zustandsgrößen, etwa T und p, bestimmt sind, immer die dritte berechnen.

Dieses Gesetz wird noch einfacher, wenn wir immer ein *Mol* des betreffenden Gases, z. B. 2 g H_2 oder 32 g O_2, betrachten. Das zugehörige *Molvolumen* nimmt unter Normalbedingungen bei allen Gasen denselben Raum von $V_0 = 22{,}414$ Liter ein, vgl. §43. Daher erhält der Faktor $\frac{p_0 V_0}{273}$ für alle Gase denselben Wert R, so daß wir die für alle Gase gültige, immer auf 1 Mol des betreffenden Gases bezogene allgemeine *Zustandsgleichung* der *idealen* Gase in der Form erhalten

$$p V = R T.$$

R ist die allgemeine *Gaskonstante.* Messen wir V in cm^3 und p in atm bzw. in dyn/cm^2, so erhält man für R

$$R = 82{,}068\ \text{cm}^3\ \text{atm/°K mol} = 8{,}314 \cdot 10^7\ \text{erg/°K mol} = 1{,}986\ \text{cal/°K mol} \approx 2\ \text{cal/°K mol}.$$

Für eine beliebige Gasmenge von m Gramm gilt dann die Gleichung

$$pV = \frac{m}{M} RT,$$

wo M das Molekulargewicht der betreffenden Substanz bedeutet.

Aus dieser Gleichung lesen wir sofort für $T = \text{const}$ das Gesetz $pV = \text{const}$ ab. In Abb. 129 sind die *Isothermen*, d. h. die hyperbelförmigen p-V-Kurven, eines idealen Gases für verschiedene Temperaturen eingetragen. Ferner erkennen wir aus der obigen Gleichung, daß sich Druck oder Volumen proportional mit der absoluten Temperatur ändern, wenn die dritte Zustandsgröße konstant gehalten wird.

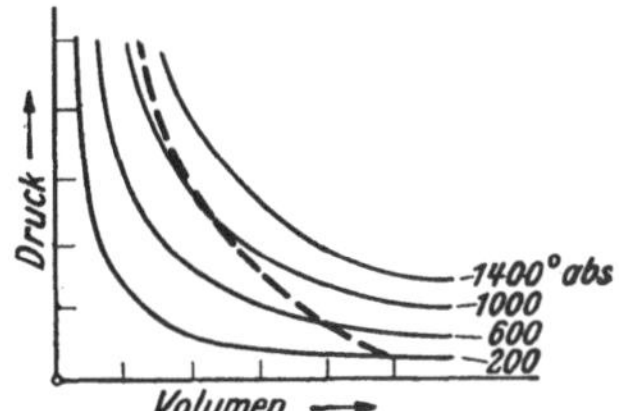

Abb. 129. Isothermen eines idealen Gases

Wir betrachten zu den Gasgesetzen ein Anwendungsbeispiel. Haben wir eine Gasmenge vom Volumen V cm^3 unter dem Druck p Torr und bei der Temperatur T aufgefangen, so finden wir die eingesperrte Gasmenge in Gramm folgendermaßen: Zuerst bestimmen wir das Volumen V_0, welches das Gas bei Normalbedingungen einnehmen würde, nach der Gleichung $V_0 = \frac{V \cdot p \cdot 273}{760 \cdot T}$. Ist das eingesperrte Gas z. B. Kohlensäure, so wissen wir, daß bei 0° C und 760 Torr in 22414 cm^3 44 g CO_2 enthalten sind. Im Volumen V_0 cm^3 befinden sich also $\frac{44 \cdot V_0}{22414}$ g CO_2.

§ 70. Gasarbeit. Dehnt sich ein in einem Zylinder eingeschlossenes Gas durch Heben eines Kolbens um einen so kleinen Betrag ΔV aus, daß der Druck praktisch konstant bleibt, so ist die geleistete Arbeit nach § 67 $\Delta A = p\Delta V$ und wird in der Abb. 130a durch das kleine schraffierte Rechteck dargestellt. Erstreckt sich

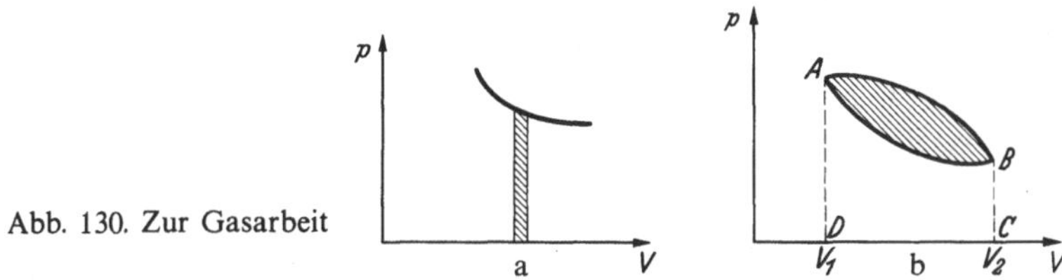

Abb. 130. Zur Gasarbeit

die Ausdehnung über einen größeren Bereich, etwa von V_1 bis V_2 entlang der oberen Kurve AB in Abb. 130b, so ist die insgesamt geleistete Arbeit A gleich der Summe der Teilarbeiten oder $A = \sum p\Delta V = \int_{V_1}^{V_2} p\,dV$, d. h. gleich dem Inhalt der

Fläche $ABCD$ (obere Kurve AB). Bei einer Kompression, die von V_2 auf V_1 z. B. entlang der unteren Kurve BA erfolgen möge, ist die Arbeit negativ und durch das Flächenstück $ABCD$ gegeben, das jetzt durch die untere Kurve BA begrenzt wird. Wird die Zustandsänderung durch eine geschlossene Kurve dargestellt, haben wir es also mit einem sog. *Kreisprozeß*, s. § 74, zu tun, so wird die gesamte Arbeitsleistung durch den Inhalt der von der Zustandskurve umschlossenen schraffierten Fläche dargestellt, s. Abb. 129b. Das gilt aber nur solange als der innere Druck ständig praktisch gleich dem äußeren ist, das System sich also praktisch immer im Gleichgewicht befindet, vgl. auch § 74. Andernfalls wird die insgesamt geleistete Arbeit kleiner als der Inhalt des Flächenstücks.

§ 71. Van der Waalssche Zustandsgleichung. Wirkliche Gase zeigen kleinere oder größere Abweichungen von der idealen Zustandsgleichung. Das beruht vor allem darauf, daß die Moleküle Anziehungskräfte aufeinander ausüben, vgl. § 34. Diese sind natürlich um so merklicher, je geringer die Abstände der Moleküle sind, d. h. je dichter das Gas ist. Diese Anziehungskräfte wirken wie ein zu dem äußeren, das Gas zusammenhaltenden Drucke hinzukommender *Innen-* oder *Kohäsionsdruck*. Ferner besitzen die Moleküle einen, wenn auch sehr kleinen, so doch endlichen Durchmesser und daher ein endliches Eigenvolumen, so daß man ein Gas nicht beliebig komprimieren kann. Denn der Raum, den man durch Druck verringern kann, ist nicht V, sondern $V-b$, wo b durch das Eigenvolumen oder die Raumerfüllung der Moleküle bestimmt ist[43]. Auf Grund solcher Überlegungen hat VAN DER WAALS folgende, auf ein Mol bezogene, nach ihm benannte Zustandsgleichung aufgestellt:

$$\left(p+\frac{a}{V^2}\right)(V-b)=RT.$$

a und b sind Konstanten, die von der Art des betreffenden Gases abhängen; a/V^2 ist der Kohäsionsdruck, der mit zunehmenden Volumen, d. h. größer werdendem Abstand der Moleküle, kleiner wird. Aus der Gleichung erkennen wir z. B., daß bei konstant gehaltener Temperatur das Gesetz $pV=\text{const}$ nicht mehr erfüllt ist, daß aber das Gas um so mehr als ideales Gas behandelt werden kann, je größer sein Volumen, also je geringer seine Dichte und ferner je höher seine Temperatur ist. Denn bei wachsender Temperatur steigt z. B. bei konstantem Volumen der Druck, so daß das Glied a/V^2 gegen p immer mehr zurücktritt, vgl. auch Abb. 137.

§ 72. Joule-Thomson-Effekt. Die Abhängigkeit der inneren Energie vom Volumen des Gases spielt eine wesentliche Rolle beim *Joule-Thomson-Effekt*, auf dem das in der Technik übliche Verfahren der Luftverflüssigung beruht, s. § 85. Dieser Effekt besteht darin, daß beim langsamen, gedrosselten Entspannen eines Gases eine Temperaturänderung auftritt. Aus einem unter dem dauernden Druck p_1 stehenden Behälter ströme Luft durch ein Rohr in einen Behälter mit geringerem Druck p_2, s. Abb. 131, wobei ein Wärmeaustausch mit der Umgebung verhindert wird. Das Rohr sei durch einen Pfropfen aus Watte verstopft, so daß das Gas so

[43] Genau ist $b=4N_A\frac{4\pi}{3}r^3$ also gleich dem vierfachen Eigenvolumen aller Moleküle; N_A ist die Avogadrosche Konstante, r der Radius der Moleküle.

langsam überströmt, daß keine merkliche Reibungswärme entsteht. Dabei müssen wir beim Durchpressen der Gasmenge vom Volumen V_1 die Arbeit $p_1 V_1$ aufwenden, vgl. § 70. Andererseits leistet das durchgedrückte Gas hinter der Drosselstelle gegen den kleineren Druck p_2 die Arbeit $p_2 V_2$, indem es das Gas vor sich herschiebt. Beim realen Gase ist $p_1 V_1$ nicht gleich $p_2 V_2$. Ist insbesondere $p_2 V_2 > p_1 V_1$, so leistet das Gas eine äußere Mehrarbeit, die wegen des fehlenden Wärmeaustausches nur aus seinem Energieinhalt gedeckt werden kann. Daher beobachten wir eine Abkühlung.

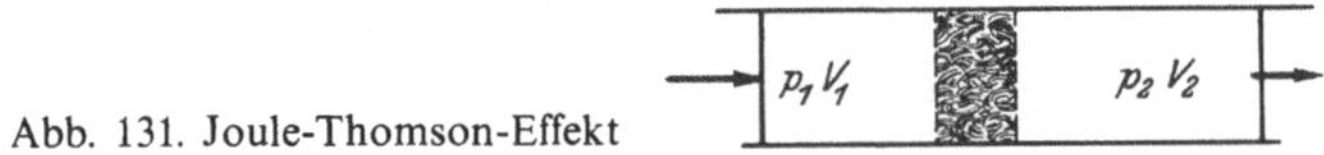

Abb. 131. Joule-Thomson-Effekt

Die innere Energie eines realen Gases besteht nun aus zwei Beiträgen, nämlich aus seiner Bewegungsenergie und der von den Anziehungskräften herrührenden potentiellen Energie, s. § 62. Da diese bei einer Ausdehnung immer zunimmt, muß bei fehlendem Wärmeaustausch die Bewegungsenergie der Moleküle, d. h. die Temperatur, entsprechend abnehmen. Dazu kommt die Temperaturänderung wegen der Gasarbeit. Ist $p_2 V_2 > p_1 V_1$, so nimmt die Temperatur zusätzlich ab. Ist hingegen $p_2 V_2 < p_1 V_1$, was nach der van der Waalsschen Gleichung durchaus möglich ist, so kann es sogar zu einer Temperaturerhöhung kommen, nämlich dann, wenn die von außen geleistete Arbeit $p_1 V_1$ die Gararbeit $p_2 V_2$ so stark überwiegt, daß die Differenz die Zunahme der potentiellen Energie bei der Ausdehnung übersteigt (Einfluß des Eigenvolumens, Konstante b). So gibt es für jedes Gas eine *Inversionstemperatur*. Unterhalb derselben tritt Abkühlung ein, oberhalb Erwärmung. Über die Verwendung des Joule-Thomson-Effekts bei der Verflüssigung von Gasen, s. § 85.

§ 73. Adiabatische Zustandsänderung. Komprimieren wir ein Gas, so leisten wir dabei eine Arbeit, die *Kompressionsarbeit* (ihre Größe ist $\int p\,dV$, s. § 70). Ihr Energieäquivalent findet diese Arbeit in einer Wärmeentwicklung. Falls wir *isotherm* komprimieren wollen, müssen wir die entwickelte Wärmemenge ständig abführen. Wir können das Gas aber auch ohne diese Wärmeableitung komprimieren. Eine Zustandsänderung, bei der das Gas weder nach außen Wärme abgibt noch von außen aufnimmt, heißt *adiabatisch*. Wir verwirklichen sie dadurch, daß wir entweder für eine sehr gute Wärmeisolation des Gases sorgen, s. §§ 86ff., oder die Zustandsänderung so rasch vornehmen[44], daß praktisch kein Wärmeaustausch mit der Umgebung stattfindet. Komprimieren wir ein Gas adiabatisch, so steigt seine Temperatur, was eine zusätzliche Drucksteigerung bedeutet. Daher steigt der Druck bei der adiabatischen Kompression schneller als bei der isothermen, d. h. die *Adiabaten*, gestrichelte Kurve in Abb. 129, verlaufen steiler als die *Isothermen*. Ein Beispiel für eine adiabatische Kompression ist die Erwärmung der Luft und der Pumpe beim Aufpumpen eines Fahrradreifens.

Aufsteigende Luft kühlt sich ab, da der Druck nach oben immer geringer wird, die Luft sich also ausdehnt, dabei andere Luftmassen verdrängt und daher Arbeit leistet. Ist die Luft feucht, so kondensiert sich Wasser. Feuchte Seewinde kühlen sich beim Aufstieg an Gebirgen (Alpen, Norwegen) ab und geben Niederschläge.

[44] Daher erfolgen beim Durchgang einer Schallwelle durch ein Medium dessen Zustandsänderungen adiabatisch.

Ohne Ableitung geben wir einige Beziehungen für *adiabatische* Zustandsänderungen an. An Stelle des Gesetzes $pV = \text{const}$ tritt die Poissonsche Gleichung der adiabatischen Zustandsänderung

$$pV^{\varkappa} = \text{const}; \quad \varkappa = \frac{C_p}{C_v}.$$

Ferner nennen wir die Beziehung $p^{\varkappa-1}/T^{\varkappa} = \text{const}$ und $TV^{\varkappa-1} = \text{const}$, die es gestattet, die bei der adiabatischen Kompression oder Expansion auftretenden Temperaturänderungen zu berechnen.

§ 74. Carnotscher Kreisprozeß. Die Umwandlung von Arbeit in Wärme, etwa von mechanischer Arbeit in Reibungswärme, ist immer restlos möglich. Dagegen ist erfahrungsgemäß die umgekehrte Umwandlung von Wärmeenergie in Arbeit nur in bestimmtem Umfange und nur unter bestimmten Bedingungen möglich. Um einen Einblick in die wesentlichen Punkte zu gewinnen, betrachten wir einen sog. *Kreisprozeß*. Bei einem solchen durchläuft ein System von Körpern eine Reihe von Zuständen und kehrt schließlich wieder in den Anfangszustand zurück. Ein Beispiel aus der Mechanik für einen Kreisprozeß bietet ein schwingendes Pendel, das – die Reibung sei vernachlässigt – immer wieder in seine Anfangslage, aus der wir es losgelassen haben, zurückkehrt, wobei sich ständig potentielle Energie in kinetische umwandelt und umgekehrt.

Wir unterscheiden *umkehrbare* oder *reversible* und *nicht umkehrbare* oder *irreversible* Vorgänge. Umkehrbar ist ein Vorgang, z. B. wenn man das System dadurch in den Anfangszustand zurückbringen kann, daß es alle Zustände in umgekehrter Reihenfolge durchläuft, z. B. ein Pendel ohne Reibung.

Das ist bei der Zustandsänderung eines Gases nur möglich, wenn der Vorgang sehr langsam verläuft, so daß das System ständig im Druck- bzw. Temperaturgleichgewicht ist. Läßt man dagegen ein Gas in einem Zylinder plötzlich einen Kolben gegen äußeren Unterdruck heraustreiben, so entsteht *Turbulenz*, d. h. *ungeordnete Bewegung, also zusätzliche Wärmeenergie*, der Druck ist undefiniert, und die Arbeitsleistung läßt sich nicht mehr durch $\int p\,dV$ ausdrücken. Will man das vermeiden, so muß die Expansion stufenweise in ganz kleinen Schritten, im Idealfall unendlich langsam und in unendlich kleinen Stufen vor sich gehen. In diesem Fall ist das System jederzeit im Gleichgewicht, d. h. in einem Zustand, der beliebig lang gehalten werden kann. Der äußere Druck und der Gasdruck sind stets gleich, vgl. auch Abb. 128, und die Temperatur ist immer durch die Zustandsgleichung eindeutig bestimmt. Ein solcher Vorgang kann auch rückwärts durchlaufen werden, ist also umkehrbar. Ein umkehrbarer Vorgang besteht aus einer Folge von Gleichgewichtszuständen, verläuft also normalerweise sehr langsam.

Umkehrbar ist, wenn wir vom Energieverlust durch Reibung absehen, der obige Fall des Pendels. Nicht umkehrbar nennen wir einen Vorgang dann, wenn er auf keine Weise vollständig rückgängig gemacht werden kann; Beispiele sind jeder Wärmeausgleich, die Entstehung von Reibungswärme, das Ausströmen eines Gases in einen Unterdruckraum, die Diffusion usw.

Carnotscher Kreisprozeß. Bei diesem durchläuft ein ideales Gas, das sich ständig im Gleichgewicht befinden möge, der Reihe nach folgende vier Zustandsänderungen, an deren Ende es wieder seinen Anfangszustand einnimmt:

1. eine isotherme Expansion bei der Temperatur T_1 von A bis B, s. Abb. 132;
2. eine adiabatische Expansion von B bis C, wobei sich das Gas auf die Temperatur T_2 abkühlt;
3. eine isotherme Kompression bei der Temperatur T_2 von C bis D;
4. eine adiabatische Kompression von D bis A, also bis zur ursprünglichen Temperatur T_1.

Das Gas ist dann in den Anfangszustand mit den ursprünglichen Größen von Druck, Volumen und Temperatur zurückgekehrt. Um einen solchen Prozeß zu verwirklichen, brauchen wir zwei Wärmespeicher der Temperatur T_1 und T_2. Auf dem Weg AB bzw. CD wird das Gas in enge Berührung mit dem Wärmespeicher T_1 bzw. T_2 gebracht. Bei den adiabatischen Zustandsänderungen BC und DA wird das Gas thermisch isoliert, so daß kein Wärmeaustausch mit der Umgebung stattfindet. Auf dem Wege ABC leistet das Gas äußere Arbeit, seine Arbeitsleistung ist also positiv, auf dem Rückweg CDA dagegen negativ. Für jeden Teilweg, etwa AB, ist die Arbeit durch $\int p\,dV$, der Arbeitsgewinn A bei einem einmaligen Durchlaufen des Weges $ABCDA$ also durch den Inhalt der Fläche $ABCD$ gegeben, s. § 70. Da das Gas zum Schluß wieder seine ursprüngliche Energie besitzt, muß ihm ein der geleisteten Arbeit äquivalenter Betrag an Wärme zugeführt werden, und zwar ist das nur während der isothermen Expansion von A bis B möglich. Da nun das Gas ferner bei der isothermen Kompression längs des Weges CD die von außen geleistete Kompressionsarbeit als Wärme vom

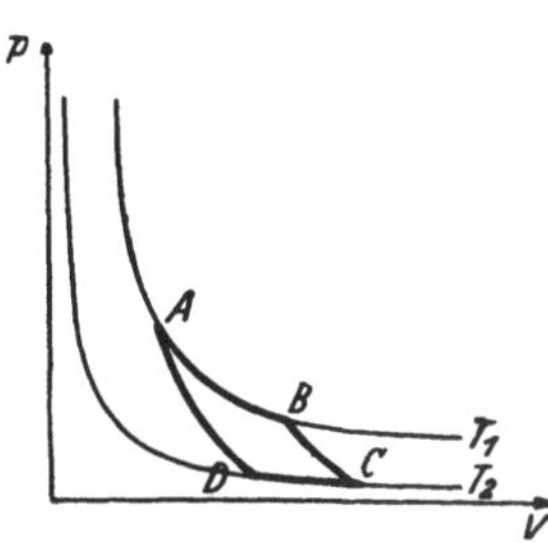

Abb. 132. Carnotscher Kreisprozeß

Betrag Q_2 an den Wärmespeicher T_2 abgibt, ist die insgesamt auf dem Wege AB aufgenommene Wärmemenge Q_1 größer als Q_2, und zwar muß nach dem ersten Hauptsatz gelten:

$$Q_1 = Q_2 + A .$$

Da man diesen Kreisprozeß, bei dem mechanische Arbeit gewonnen wird, beliebig oft wiederholen kann, hat man die Möglichkeit, ihn in Form einer *Wärmekraftmaschine* zu verwirklichen. Wir erkennen aber aus den obigen Betrachtungen, daß eine Wärmekraftmaschine immer nur zwischen Wärmespeichern *verschiedener* Temperatur arbeiten kann und daß außerdem immer nur ein Teil der vom Speicher höherer Temperatur abgegebenen Wärmemenge in mechanische Energie umgewandelt wird. Die übrige Wärme Q_2 geht nutzlos verloren. Es wird also nur der Bruchteil

$$\eta = \frac{A}{Q_1} = \frac{Q_1 - Q_2}{Q_1}$$

der dem Behälter mit der höheren Temperatur T_1 entzogenen Wärmemenge Q_1 in Nutzarbeit verwandelt. η bezeichnen wir als den *thermischen Wirkungsgrad* oder den *Nutzeffekt* einer Wärmekraftmaschine. Für den Carnotschen Kreisprozeß eines idealen Gases (ideale Wärmekraftmaschine) läßt sich η berechnen, und zwar findet man zunächst $\dfrac{Q_1}{Q_2} = \dfrac{T_1}{T_2}$ und damit

$$\eta = \frac{Q_1 - Q_2}{Q_1} = \frac{T_1 - T_2}{T_1} = 1 - \frac{T_2}{T_1} .$$

Dieses Ergebnis gilt ganz allgemein, unabhängig von der Art der arbeitenden Substanz, für alle Wärmekraftmaschinen, s. § 77. Dieser höchstmögliche Wirkungsgrad wird in Wirklichkeit wegen der Verluste infolge Reibung, Turbulenz und Wärmeleitung nie ganz erreicht.

Aus der obigen Beziehung lesen wir ab, daß der Wirkungsgrad ausschließlich durch die Temperaturen der beiden Wärmespeicher bestimmt ist und um so günstiger wird, je tiefer T_2 und je höher T_1 liegt. Den höchsten Wirkungsgrad $\eta = 1$ würde man erreichen, wenn der eine Wärmespeicher die Temperatur des absoluten Nullpunktes hätte, also $T_2 = 0$ wäre. Dieser Grenzfall ist natürlich nicht zu verwirklichen.

Voraussetzung für die obigen Überlegungen ist, daß der Carnotsche Kreisprozeß sehr langsam ausgeführt wird, d. h. daß er aus einer Reihe von aufeinanderfolgenden Gleichgewichtszuständen besteht. Daraus folgt, daß wir ihn auch rückwärts leiten können, wobei unter Zufuhr von äußerer Arbeit dem Behälter mit der tieferen Temperatur Wärme entzogen und an den Behälter höherer Temperatur abgegeben wird, Prinzip der *Kältemaschine*. Wir können also, aber nur unter Aufwand äußerer Arbeit, einen Körper gegenüber seiner Umgebung abkühlen.

Da beim umgekehrten Durchlaufen eines Kreisprozesses, die dem Behälter tieferer Temperatur entzogene Wärme Q_2 an den Behälter höherer Temperatur abgegeben, also gewissermaßen hochgepumpt wird, kann man einen Körper nicht nur unmittelbar, sondern auch auf dem Wege über eine rückwärtslaufende Wärmekraftmaschine, die wir sinngemäß als *Wärmepumpe* bezeichnen, aufheizen. Der letztere Weg ist energetisch viel günstiger und wird in der Technik, z. B. bei Fernheizungen trotz der hohen Anlagekosten immer mehr beschritten, weil man den größeren Teil der abgegebenen Heizwärme dem Behälter tieferer Temperatur, z. B. einem See entziehen kann und nur die Arbeit $A = Q_1 - Q_2$ aufzuwenden hat. Der Wirkungsgrad η, den wir sinngemäß als das Verhältnis von abgegebener Wärme zu aufgewandter Arbeit, also $\eta = \dfrac{Q_1}{Q_1 - Q_2} = \dfrac{T_1}{T_1 - T_2}$ definieren, wird dann viel größer als 1 und um so günstiger, je geringer die Temperaturdifferenz $T_1 - T_2$ ist.

§ 75. Zweiter Hauptsatz der Wärmelehre, Wahrscheinlichkeit von Naturvorgängen. Der erste Hauptsatz enthält nur die Aussage, daß bei jeder Umwandlung von Wärme in Arbeit oder umgekehrt die Energie erhalten bleibt. Er gibt uns aber keine Antwort auf die Fragen: In welcher *Richtung* verläuft die Umwandlung, unter welchen Bedingungen und in welchem Umfange kann man aus Wärme Arbeit gewinnen? Nun lehrt die allgemeine Erfahrung, daß es z. B. unmöglich ist, eine Schiffsmaschine zu bauen, die das Meerwasser ansaugt, ihm Wärme entzieht, diese Wärmeenergie in mechanische Arbeit zum Antrieb des Schiffes umwandelt und das abgekühlte Wasser wieder ins Meer, etwa als Eis, abgibt[45]. Dieser Vorgang, bei dem ein Schiff ohne Brennstoff über das Meer fahren könnte, ist energetisch durchaus denkbar und mit dem ersten Hauptsatz nicht im Wider-

[45] Die zum Antrieb erforderliche Energie findet sich im wesentlichen als kinetische Energie der vom fahrenden Schiff erzeugten Wellen und Wasserwirbel wieder und wird schließlich in Reibungswärme umgewandelt, mit der das Eis wieder geschmolzen werden könnte, so daß schließlich das Meerwasser die ursprüngliche Temperatur annehmen und nicht einmal eine Abkühlung erfahren würde.

spruch, wohl aber mit der allgemeinen Erfahrung, die man im *zweiten Hauptsatz* so zusammenfassen kann: *Es ist unmöglich, eine periodisch*[46] *arbeitende Maschine zu bauen, die ständig einem Körper, etwa dem Meerwasser, Wärme entzieht und diese in mechanische Nutzarbeit umwandelt.* Eine solche Maschine, die kein dem Energiesatz widersprechendes Perpetuum mobile darstellen würde, wäre die billigste Kraftmaschine der Welt und daher von ungeheurer wirtschaftlicher Bedeutung. Wir bezeichnen sie als *Perpetuum mobile zweiter Art*, zum Unterschied von dem nach dem ersten Hauptsatz oder allgemeinen Energieerhaltungssatz unmögliches Perpetuum mobile, das wir künftig zur besseren Unterscheidung als *Perpetuum mobile erster Art* bezeichnen wollen.

Wie wir beim Carnotschen Kreisprozeß gesehen haben, können wir nur, wenn Wärme von einem Körper höherer Temperatur auf einen solchen tieferer Temperatur übergeht, mechanische Nutzarbeit gewinnen, wobei sich außerdem nur ein Teil der Wärme in mechanische Energie umwandeln läßt. Von selbst geht Wärme nie von einem kalten Körper auf einen wärmeren über; von selbst, d. h. ohne Aufwand von Arbeit oder ohne eine Kältemaschine stellen sich keine Temperaturdifferenzen ein, daher auch die Unmöglichkeit des Perpetuum mobile zweiter Art. Dagegen suchen sich in der Natur Temperatur*unterschiede* und ebenso Druck- und Konzentrationsunterschiede immer *auszugleichen.* Die in der Natur sich selbst überlassenen Vorgänge verlaufen also immer in einer bestimmten Richtung. Da all diese Erfahrungstatsachen eine unmittelbare Folge der ungeordneten Wärmebewegung der Moleküle und der dadurch bedingten *Wahrscheinlichkeit* von Naturzuständen sind, wollen wir dem zweiten Hauptsatz eine allgemeinere und seinen Sinn besser treffende Fassung geben.

Abb. 133. Gleichverteilung als Folge der Wärmebewegung

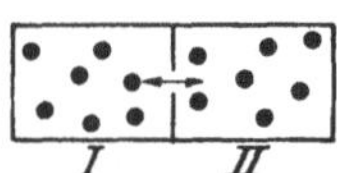

Wir betrachten dazu ein einfaches Beispiel, nämlich das Verhalten von Kugeln, die in einer durch eine Zwischenwand geteilten Schale hin und her geschüttelt werden, s. Abb. 133. Die Kugeln sollen uns das Verhalten der Moleküle eines in einen Zylinder eingesperrten Gases veranschaulichen. Zunächst mögen sich alle Kugeln im Raume *I* befinden. Geben wir in der Zwischenwand eine Öffnung frei, so fliegen so lange mehr Kugeln nach *II* herein als heraus, bis ihre Zahl in *I* und *II* gleich groß geworden ist. Von da ab fliegen im Mittel gleich viel Kugeln von *I* nach *II* und umgekehrt, wir haben rechts und links gleich viel Kugeln, aber nur im *Mittel.* Dieser Zustand ist der wahrscheinlichste. Da die Kugeln voneinander unabhängig sind, werden immer zufällige Abweichungen von dieser *Gleichverteilung* vorkommen, ja es ist sogar durchaus möglich, daß zufällig einmal alle Kugeln auf *einer* Seite anzutreffen sind. Haben wir insgesamt nur 2 Kugeln in der Schale, so wird das sogar recht häufig, bei 3 Kugeln schon etwas weniger oft vorkommen. Je mehr Kugeln vorhanden sind, um so *seltener* oder um

[46] Nur bei einem *einmaligen* Vorgange, bei dem das arbeitende System nicht in seinen Ausgangspunkt zurückkehrt, also keinen Kreisprozeß durchläuft, kann, wie z. B. bei der isothermen Expansion, einem Behälter Wärme entzogen und im Idealfall der ganz langsamen Expansion sogar restlos in Arbeit verwandelt werden.

so *unwahrscheinlicher* wird dieser Fall und um so geringer werden die prozentualen *Abweichungen* von der *Gleichverteilung* werden, d. h. die *zufälligen* oder sog. *statistischen* Schwankungen.

Bringen wir in die Schale irgendwo einige weitere, zunächst ruhende Kugeln, so erhalten diese beim Zusammenstoß mit den ursprünglichen bewegten Kugeln kinetische Energie und nehmen dann ebenfalls an der ungeordneten Hin- und Herbewegung teil. Es stellt sich eine *Energieverteilung* derart ein, daß alle Kugeln dieselbe *mittlere* Energie besitzen. Je mehr Teilchen da sind, um so unwahrscheinlicher ist es, daß sich irgendwo eine Ansammlung von Teilchen mit z. B. geringerer Energie bildet, oder auf ein Gas angewandt, daß sich irgendwo im Raume zufällig Moleküle mit unterschiedlicher Energie, d. h. anderer Temperatur, anreichern oder daß irgendein Molekül längere Zeit eine andere mittlere Energie als die übrigen besitzt. Wir erkennen aus diesen Beispielen, daß der Zustand, wo jede lokale Temperaturdifferenz und jede Abweichung von der mittleren Dichte verschwunden ist, d. h. der Zustand des völligen Ausgleiches oder völliger *Unordnung* der *wahrscheinlichste* ist. Jede Ordnung, z. B. die schnelleren Moleküle auf der einen, die langsameren auf der anderen Seite eines Gefäßes, ist ganz unwahrscheinlich. Es ist ganz unwahrscheinlich, daß sich in einem gasgefüllten Raume plötzlich einmal alle Moleküle in einer Ecke befinden. So wird es verständlich, daß wegen der ungeordneten Wärmebewegung der Moleküle die in der Natur sich selbst überlassenen Vorgänge immer in einer bestimmten Richtung verlaufen, nämlich so, daß das System in einen wahrscheinlicheren Zustand übergeht. Wir können daher den zweiten Hauptsatz so aussprechen: *Die Natur strebt aus einem unwahrscheinlicheren dem wahrscheinlicheren oder aus einem geordneten dem weniger geordneten Zustand zu.* Der *zweite Hauptsatz* ist also ein *Wahrscheinlichkeitsgesetz*, von dem im Gegensatz zum ersten Hauptsatz, der als Energiesatz ein streng gültiges Naturgesetz darstellt, prinzipiell Abweichungen möglich sind. Sobald jedoch genügend Moleküle an einem Vorgange beteiligt sind, und das ist fast immer der Fall, werden Abweichungen, z. B. eine von selbst auftretende lokale Temperaturerhöhung, so ungeheuer selten, so unwahrscheinlich, daß wir sie praktisch ausschließen können.

Wir haben es also in der Natur immer mit nichtumkehrbaren Vorgängen zu tun. Nur wenn ein System im Gleichgewicht ist, bleibt die Wahrscheinlichkeit konstant, der Vorgang kann rückwärts durchlaufen werden, ist also umkehrbar.

Man kann diese Verhältnisse auch mathematisch durch eine Funktion beschreiben, die als *Entropie* bezeichnet wird. Da die Entropie ein Maß der Unordnung oder der Wahrscheinlichkeit eines Zustandes ist und mit dieser wächst, kann man den zweiten Hauptsatz auch so aussprechen: Alle Vorgänge in der Natur verlaufen so, daß die *Entropie* des betrachteten Systems *zunimmt.*

Der auf die allgemeine Erfahrung gegründete zweite Hauptsatz ist in seinen Folgerungen für die Physik, Chemie und Technik von außerordentlicher Bedeutung. Aus ihm folgt z. B., daß der mittels des Carnotschen Kreisprozesses für ein ideales Gas berechnete Wirkungsgrad einer Wärmekraftmaschine von der Art der arbeitenden Substanz unabhängig ist und daher allgemein gilt. Darauf beruht die Bedeutung des Carnotschen Prozesses für den Bau von Wärmekraftmaschinen, s. § 77.

Thermodynamische Temperaturskala. Die früher besprochene Schwierigkeit, eine von der Natur der Thermometersubstanz unabhängige Temperaturskala aufzustellen, läßt sich mit Hilfe von Carnotschen Kreisprozessen beheben, da man aus Messungen des Wirkungsgrades unmittelbar das Verhältnis der absoluten Temperaturen der beiden Wärmebehälter findet. Die so abgeleitete Skala wird als die *thermodynamische* Temperaturskala bezeichnet. Sie stimmt praktisch mit der durch ein Gasthermometer festgelegten Temperaturskala überein.

§ 76. Dritter Hauptsatz der Wärmelehre. Der dritte Hauptsatz der Wärmelehre bezieht sich auf das Verhalten der Körper beim absoluten Nullpunkt oder bei Temperaturen in dessen Nähe. Die Erfahrung zeigt, daß sämtliche Eigenschaften der Stoffe, wie Volumen, elektrischer Widerstand, innere Energie oder der Wärmeinhalt in der Nähe des absoluten Nullpunktes von der Temperatur unabhängig werden.

Aus diesem Grund werden die spezifischen Wärmen mit der Annäherung an den absoluten Nullpunkt immer kleiner und schließlich Null. Es ist daher auch unmöglich, einem Körper seine Wärme völlig zu entziehen, d. h. ihn genau bis zum absoluten Nullpunkt abzukühlen. Praktisch ist man an den absoluten Nullpunkt bis auf 0,001° K herangekommen, s. § 85.

§ 77. Wärmekraftmaschinen. Bei einer langsamen isothermen Ausdehnung, z. B. entlang des Weges *AB* in Abb. 132, wird die gesamte zugeführte Wärme in Arbeit umgewandelt. Diese ideale Umwandlung ist aber nur ein *einziges* Mal möglich. Um weitere Arbeit zu gewinnen, d. h. um eine *Wärmekraftmaschine* (Dampfmaschine oder Verbrennungsmotor) zu erhalten, muß man das arbeitende Gas immer wieder in seinen Anfangszustand zurückführen. Dabei wird ein Teil der gewonnenen Arbeit zur Kompression wieder verbraucht. Die obere Grenze des Wirkungsgrades η einer Wärmekraftmaschine, sei es einer Dampfmaschine oder eines Verbrennungsmotors, ist, wie schon in § 74 ausgeführt, durch die Beziehung $\eta = \frac{A}{Q_1} = \frac{T_1 - T_2}{T_1}$ gegeben, wo T_1 die obere, T_2 die untere Temperatur des arbeitenden Gases ist. Dieser Wirkungsgrad wird praktisch nie erreicht, und zwar infolge von Verlusten durch Wärmeleitung und -strahlung, sowie durch Reibung. Vor allem aber verlaufen die Zustandsänderungen so schnell, daß das arbeitende Gas nicht im Gleichgewicht ist (z. B. der innere und äußere Druck verschieden sind), so daß der wirkliche Wirkungsgrad weit hinter dem des entsprechenden idealen, d. h. ganz langsam verlaufenden umkehrbaren Prozesses, zurückbleibt.

Nach der obigen Beziehung wird der Wirkungsgrad um so besser, je höher die obere Temperatur des Gases ist. Aus diesem Grunde arbeitet man bei Dampfmaschinen mit höheren Drucken und dementsprechend erhöhten Siedetemperaturen des Wassers. Trotzdem erreicht man bei Kolbendampfmaschinen auch unter den günstigsten Verhältnissen nur Wirkungsgrade bis zu maximal etwa 0,16.

Wirtschaftlicher sind die *Dampfturbinen*, bei denen ein aus einer Düse austretender Dampfstrahl auf ein Schaufelrad wirkt. Ein sehr wesentlicher Vorteil gegenüber der Kolbendampfmaschine liegt ferner darin, daß die Turbine keine hin und her gehende, sondern nur eine drehende Bewegung ausführt.

Den besten Wirkungsgrad besitzen die mit erheblich größeren Temperaturunterschieden arbeitenden *Verbrennungsmotoren*. Bei diesen wird ein explosives Gemisch von Luft und einem geeigneten Brennstoff in der Maschine selbst zur Verbrennung gebracht. Der dabei auftretende hohe Druck wirkt unmittelbar auf einen Kolben, leistet also Arbeit. Auf diese Weise vermeidet man die Verluste bei der Aufheizung des Arbeitsgases und erreicht sehr hohe Anfangstemperaturen. Man unterscheidet *Ottomotoren*, auch *Zündmotoren* genannt, und Motoren mit *langsamer Verbrennung* (*Dieselmotoren*). Bei den Ottomotoren wird das Gemisch aus Luft und vergastem Brennstoff (Benzin, Benzol, Alkohol) auf einige Atmosphären komprimiert und durch einen elektrischen Funken zur Entzündung gebracht, wobei es sich sehr stark ausdehnt. Bei den Dieselmotoren wird die Luft von vornherein sehr stark auf einige 30 at komprimiert und dadurch auf 600 bis 700° C erwärmt. Der hinterher eingespritzte Brennstoff (Schweröl) entzündet sich dann von selbst, so daß eine besondere Zündvorrichtung überflüssig wird. Der hohe Anfangsdruck, der infolge der nachträglichen Temperatursteigerung auf rund 1500° C trotz der Ausdehnung des Gases ziemlich konstant bleibt, sowie die vollständigere und gleichmäßigere Verbrennung sind besondere Vorteile des Dieselmotors. Sein Wirkungsgrad kann bis auf 35% gesteigert werden.

§ 78. Mechanische Wärmetheorie und kinetische Gastheorie. Die mechanische Auffassung von der Natur der Wärme steht mit allen Erfahrungen im besten Einklang. Die *Brownsche Bewegung* und die *Diffusion*, vgl. § 33, sind eine unmittelbare Folge der *Eigenbewegung* der Moleküle. Den Druck eines Gases hatten wir auf die unzähligen Stöße der mit großer Geschwindigkeit auf die Wände aufprallenden Moleküle zurückgeführt, s. §44. Die Tatsache, daß der Druck eines Gases mit der Temperatur steigt, läßt sich sofort mittels der Annahme verstehen, daß die Geschwindigkeit der Moleküle mit der Temperatur wächst.

Betrachten wir die Moleküle als elastische harte Kugeln, so lassen sich auf ihre Zusammenstöße die Gesetze des elastischen Stoßes anwenden. Da wir es immer mit sehr vielen Molekülen zu tun haben, können wir nicht das Schicksal des einzelnen Moleküls erfassen, sondern nur eine alle Moleküle des betrachteten Gases erfassende *Statistik* betreiben. Diese gibt uns nur Mittelwerte, die sich auf die Gesamtheit aller Moleküle beziehen. Die Ergebnisse haben, genauso wie die statistischen Berechnungen einer Versicherungsgesellschaft, nur die Sicherheit von *Wahrscheinlichkeitsgesetzen.* Infolge der fast immer ungeheuer großen Zahl der Moleküle werden durch die ständigen Zusammenstöße alle zufällig einmal auftretenden Abweichungen von den Mittelwerten der Dichte, Geschwindigkeit und Energie der Moleküle immer wieder sehr schnell ausgeglichen, so daß, wie schon in § 75 ausgeführt wurde, diese Mittelwerte praktisch immer gültig sind. Solche Betrachtungen bilden den Inhalt der *kinetischen Gastheorie*, welche die Zahl der Moleküle, ihren Durchmesser, ihre Geschwindigkeit usw. unmittelbar mit den direkt meßbaren Größen des Gases, wie Temperatur, Druck, Volumen, innere Reibung, Wärmeleitung usw., in Zusammenhang bringt. Die von der kinetischen Gastheorie aufgestellten Beziehungen und ihre Folgerungen konnten in den letzten sechzig Jahren durch direkte Messungen der Zahl, Größe und Geschwindigkeit der Moleküle völlig bestätigt werden. Daher ist die Vorstellung, daß Wärme nichts anderes als Bewegungsenergie der Moleküle ist und daß die Temperatur eines Körpers mit dieser molekularen Energie wächst, eine experimentell wohlgesicherte physikalische Erkenntnis.

Wir besprechen nun kurz die wichtigsten Begriffe und Ergebnisse der kinetischen Gastheorie. Ein Molekül kann nicht nur kinetische Energie der fortschreitenden Bewegung oder *Translationsenergie*, sondern auch eine von seiner Drehbewegung herrührende *Rotationsenergie* besitzen. Schließlich kann, da die Atome eines Moleküls innerhalb des Molekülverbandes gegeneinander schwingen, auch *Schwingungsenergie* auftreten, die sowohl einen Anteil an kinetischer wie potentieller Energie enthält. Das Molekül kann sich nach allen drei Raumrichtungen frei bewegen. Diese Bewegung ist die Resultierende von drei aufeinander senkrechten Komponenten. Man sagt, das Molekül hat drei *Freiheitsgrade* der fortschreitenden Bewegung[47]. Ferner kann es um eine Schwerpunktsachse rotieren. Diese Rotation kann man in drei bzw. bei geradlinigen Molekülen in zwei Rotationen um aufeinander senkrecht stehende Achsen zerlegen, das bedeutet drei bzw. zwei weitere Freiheitsgrade. Dazu kommen noch die Freiheitsgrade der Atomschwingungen.

Das *Grundgesetz* der *mechanischen Wärmetheorie* besagt nun, daß jedes Molekül im Mittel pro *Freiheitsgrad* dieselbe Energie E besitzt und daß diese proportional mit der absoluten Temperatur wächst[48], und zwar gilt

$$E = \frac{1}{2} kT,$$

k ist eine universelle Naturkonstante, die sog. Boltzmannsche Konstante mit dem Wert $k = 1{,}38 \cdot 10^{-16}$ erg grad^{-1}. Sie ist mit der allgemeinen Gaskonstante R und der Zahl der Moleküle pro Mol, d.h. der Avogadroschen Konstante N_A, durch die Beziehung $k = R/N_A$ verknüpft.

Somit ist die kinetische Energie der fortschreitenden Bewegung eines Moleküls

$$E_{\text{kin}} = \frac{3}{2} kT = \frac{m}{2} v^2,$$

d. h. die Geschwindigkeit v der Moleküle wächst mit der Wurzel aus der absoluten Temperatur und ist ferner der Wurzel aus der Masse umgekehrt proportional. Die so berechneten Geschwindigkeiten sind durch unmittelbare Messungen bestätigt worden. Es handelt sich dabei im übrigen nur um Mittelwerte, da in Wirklichkeit die Geschwindigkeit der Moleküle ganz uneinheitlich ist. Es gibt Moleküle mit sehr kleiner wie mit sehr großer Geschwindigkeit, doch werden diese mit zunehmender Abweichung der Geschwindigkeit vom Mittelwert immer seltener. Zahlenwerte für die Geschwindigkeit, mittlere freie Weglänge und Stoßzahl, s. § 43.

Aus dem obigen Grundgesetz der kinetischen Gastheorie lassen sich alle bisher besprochenen Gasgesetze zwanglos ableiten.

I. Die innere Energie oder der Wärmeinhalt eines idealen Gases ist nach § 68 der absoluten Temperatur direkt proportional und vom Volumen unabhängig. Ferner ist das Verhältnis der spezifischen Wärmen nach § 68 bei einatomigen Gasen 1,67, bei zweiatomigen 1,4 usw. Erklärung: Die Energie eines Moleküls mit n Freiheitsgraden ist $nkT/2$. Die Energie eines Gases pro Mol U erhalten wir durch Multiplikation mit der Konstante N_A. Es ist also $U = nN_AkT/2$, d. h. also proportional der absoluten Temperatur. Für ein einatomiges Gas mit $n = 3$ ist $U = 3RT/2$ oder die Molwärme $C_v = 3R/2$ und nach § 68 $C_p = C_v + R = 5R/2$. Daraus folgt für das Verhältnis der spezifischen Wärmen bei einatomigen Gasen $\varkappa = C_p/C_v = 5/3 = 1{,}67$. Entsprechend gilt für das zweiatomige Gas mit fünf Freiheitsgraden $U = 5RT/2$ oder $\varkappa = \frac{7}{5} = 1{,}4$.

Auch die Regel von Dulong-Petit, vgl. § 66, findet eine einfache Deutung. In einem festen Körper führen die Atome harmonische Schwingungen um ihre Gleichgewichtslagen aus, die wir in drei aufeinander senkrechte Komponenten zerlegen können. Das bedeutet drei Freiheitsgrade. Bei einer

[47] Ein Schiff auf einem See hat zwei Freiheitsgrade, ein Schienenfahrzeug nur noch einen Freiheitsgrad.

[48] An dieser Energieverteilung sind auch größere Teilchen beteiligt, z. B. Staubpartikelchen in Luft oder die kolloidalen Teilchen einer Lösung. Daher ist die Brownsche Wimmelbewegung eine ins mikroskopisch Sichtbare vergrößerte Molekularbewegung, vgl. § 33.

Schwingung zählt jedoch jeder Freiheitsgrad doppelt, da eine Schwingung sowohl potentielle wie kinetische Energie enthält, und zwar bei der harmonischen Schwingung im Mittel gleich viel. Daher ist die Wärmeenergie pro Grammatom $6RT/2$ und die Atomwärme $C_v = 6R/2$ oder ungefähr 6 cal g-Atom^{-1} grad^{-1}.

II. Der Druck eines Gases ist der absoluten Temperatur und der Dichte ϱ direkt proportional. Ferner gilt für ideale Gase die Gleichung $pV = RT$. Erklärung: Jedes auf die Wand aufprallende Molekül der Masse m wird elastisch reflektiert und erfährt bei senkrechtem Stoß lediglich eine Umkehr seiner Geschwindigkeit, d. h. eine Änderung seiner Bewegungsgröße um $2mv$. Ebenso groß ist nach § 10 sein Kraftstoß auf die Wand. Betrachten wir einen Würfel von 1 cm^3 Inhalt, der N Moleküle enthalten möge. Die völlig ungeordnete durcheinanderschwirrenden Moleküle können wir in Gedanken in drei Scharen sondern, von denen jede parallel zu einer der drei Würfelkanten hin und her fährt. Die Geschwindigkeit der Moleküle sei v, so daß jedes Molekül in der Sekunde $v/2$mal auf die eine Wand stößt. Daher ist die Impulsänderung, die alle Moleküle dieser Schar in der Sekunde erfahren, durch $\frac{N}{3} 2mv \cdot \frac{v}{2}$ gegeben. Ebenso groß ist der auf diese Wand ausgeübte Kraftstoß Kt (Produkt aus mittlerer Kraft und Zeit). Die Summe der Stöße pro Flächeneinheit und Sekunde ist zahlenmäßig gleich dem Druck oder

$$p = \frac{N}{3} mv^2 = \frac{\varrho}{3} v^2 .$$

Da nun $mv^2/2$ gleich $3kT/2$ ist, folgt weiter $p = N\,3kT/3 = NkT$, d. h., der Druck ist der Temperatur und der Dichte direkt proportional. Ferner sieht man, daß bei gleichem Druck und gleicher Temperatur alle Gase in der Volumeneinheit die gleiche Zahl N von Molekülen enthalten (Avogadrosches Gesetz) und daß infolgedessen bei gleichem Druck und gleicher Temperatur die Dichten sich wie die Molekulargewichte verhalten müssen.

Betrachten wir nun ein Mol eines Gases, das das Volumen V einnehmen möge, so ist $N = \frac{N_A}{V}$ oder $p = \frac{N_A}{V} kT = \frac{RT}{V}$ oder $pV = RT$.

Die kinetische Gastheorie verknüpft auch die *innere Reibung eines Gases* mit der Zahl, der Geschwindigkeit und der mittleren freien Weglänge, s. § 43, bzw. dem Durchmesser der Moleküle.

C. Änderungen des Aggregatzustandes

§ 79. Schmelzen, Schmelzpunkt, Schmelzwärme. Erwärmen wir einen festen Körper, so werden die Schwingungen der Elementarbausteine, d. h. der Atome, Ionen oder Moleküle, immer stärker, vgl. § 35, ihr mittlerer Abstand immer größer, der Körper dehnt sich aus. Mit wachsender Amplitude stören sich die schwingenden Atome gegenseitig mehr und mehr, das Kristallgitter lockert sich, bis es schließlich bei einer bestimmten Temperatur zusammenbricht. Bei dieser Temperatur schmilzt der Körper und geht in den viel weniger geordneten flüssigen Aggregatzustand über.

Untersuchen wir den Temperaturverlauf beim Schmelzen in Abhängigkeit von der zugeführten Wärme, so finden wir zunächst, bis der Schmelzpunkt erreicht ist, eine Temperaturzunahme. Dann bleibt die Temperatur (die Schmelztemperatur t_s) eine Zeitlang trotz weiterer Wärmezufuhr konstant. Die in dieser Zeit zugeführte Wärmeenergie wird dazu gebraucht, um den geordneten Molekülverband entgegen den ordnenden molekularen Anziehungskräften zu zerstören, d. h. den Körper zu schmelzen. Erst wenn alle Substanz geschmolzen ist, steigt die Temperatur weiter an. Den zum Schmelzen erforderlichen Energiebetrag, bezogen auf ein Gramm Substanz, nennen wir die *Schmelzwärme*. Diese ist also diejenige Wärmemenge, die man braucht, um 1 g des betreffenden Stoffes beim

Schmelzpunkt vom festen Zustand in den flüssigen zu überführen, s. Tab. 9. Kühlt man eine reine Flüssigkeit ab, so wird diese bei derselben Temperatur t_s fest, so daß man diese auch als *Erstarrungspunkt* bzw. bei Stoffen, die bei gewöhnlicher Temperatur flüssig sind, als *Gefrierpunkt* bezeichnet. Legierungen besitzen gegenüber ihren Komponenten häufig einen tieferen Schmelzpunkt. So wird, s. Tab. 10, die sog. Woodsche Legierung schon bei 60,5° C flüssig.

Tabelle 9. *Schmelzwärmen in cal g*$^{-1}$

Al	Pb	Hg	H_2O	NaCl
94,6	5,9	2,8	80	123,5

Tabelle 10. *Schmelzpunkte einiger reiner Stoffe und Legierungen in °C*

Kohlenstoff	3450	Quarz	1600	Weichlot:	
Wolfram	3380	Kochsalz	801	36% Pb, 64% Sn	181
Iridium	2443	Benzol	+ 5,5	Woodsches Metall:	
Platin	1770	Schwefelkohlenstoff	−112	25% Pb, 12,5 % Sn	
Eisen, rein	1539	Äthylalkohol	−114	12,5% Cd, 50% Bi	60,5
Gold	1063	Äthyläther	−123		
Blei	327	Sauerstoff	−218		
Kalium	63	Wasserstoff	−262		
Quecksilber	−39	Helium	−271		

Bei der Schmelztemperatur herrscht Gleichgewicht, d. h. beide Komponenten, auch als *Phasen* bezeichnet, können beliebig lange und in einem beliebigen Verhältnis nebeneinander bestehen, solange weder Wärme zu- noch abgeführt wird. Wird Wärme zugeführt, so wird bei konstant bleibender Temperatur eine bestimmte Menge festen Stoffes geschmolzen; umgekehrt wird bei Wärmeentzug eine bestimmte Flüssigkeitsmenge erstarren.

Eine *scharfe* Schmelz- oder Erstarrungstemperatur besitzen nur reine und kristalline Körper, aber nicht amorphe Stoffe, wie Gläser, Siegellack, Harze, viele hochpolymere Kunststoffe, s. § 35. Diese werden vielmehr bei steigender Temperatur allmählich weich, dann zäh- und schließlich dünnflüssig.

Den eben besprochenen charakteristischen Temperaturverlauf mit einem *Haltepunkt* finden wir auch beim Sieden und oft bei inneren Umwandlungen von Stoffen. Mit jeder Umwandlung, etwa der Umwandlung von rhombischem in monoklinen Schwefel bei 95,5° C, ist eine Energieaufnahme verbunden, so daß während der Umwandlung die Temperatur konstant bleibt.

Es ist unmöglich, eine feste Substanz über ihren Schmelzpunkt hinaus zu erwärmen[49]. Dagegen gelingt es, durch langsames, vorsichtiges Abkühlen Flüssigkeiten erheblich unter ihren Erstarrungspunkt abzukühlen, z. B. ausgekochtes Wasser bis etwa −8° C, doch ist bei dieser *Unterkühlung* die Flüssigkeit nicht stabil, es genügt eine leichte Erschütterung, um die Flüssigkeit schlagartig zum Gefrieren zu bringen, wobei sich sofort die normale Gefriertemperatur einstellt.

Die *Vereisung* von *Flugzeugen* beruht darauf, daß unterkühlte Wassertröpfchen, die sich in ruhiger Luft sehr lange halten können, auf den Tragflächen gefrieren und festhaften.

[49] Eine Ausnahme können Kristalle aus sehr langen Kettenmolekülen bilden.

Fast alle Körper dehnen sich beim Schmelzen aus. Die wichtigste Ausnahme ist das Wasser, indem Eis etwa 9% spezifisch leichter ist und daher auf Wasser schwimmt. Setzt man Eis unter Druck, so schmilzt es und kühlt sich, da die Schmelzwärme ihm selbst entzogen wird, ab. Dabei sinkt der Schmelzpunkt um 0,0075° C pro Atmosphäre. Legt man über einen Eisblock eine belastete Drahtschlinge, so zerschneidet diese langsam den Block, wobei das unter 0° C abgekühlte Wasser oberhalb des Drahtes, vom Druck befreit, wieder gefriert. Bei der Bildung und Wanderung der Gletscher spielt dieses Schmelzen unter Druck und Wiedergefrieren, die sog. *Regelation*, des Eises eine wichtige Rolle.

Prinzip von LE CHATELIER-BRAUN. Setzen wir Eis unter Druck, so schmilzt es und verringert dabei sein Volumen, gibt also der äußeren Einwirkung nach. Diese Erscheinung, daß das System dem äußeren Zwange nachgibt, ist nur ein Beispiel für einen in der Natur sehr oft bestätigten Satz, der als das *Prinzip vom kleinsten Zwang* oder auch als *Prinzip* von LE CHATELIER-BRAUN bezeichnet wird und welches besagt: Jedes System reagiert auf eine äußere Einwirkung in der Richtung, daß es die primäre Ursache zu vermindern sucht. So kann Wasser unter Druck nie fest werden, denn das würde eine Volumen*zunahme*, d. h. eine *Druckzunahme*, bedeuten; umgekehrt werden unter Druck alle diejenigen Stoffe fest, die im festen Zustand eine größere Dichte als im flüssigen haben. Weitere Beispiele sind die Lenzsche Regel, s. § 130 und der Peltier-Effekt, s. § 115.

§ 80. Mischungen und Lösungen. Flüssigkeiten sind im Gegensatz zu Gasen nicht immer beliebig mischbar. Schütteln wir zwei Flüssigkeiten, wie Öl und Wasser, so erhalten wir ein trübes, als *Emulsion* bezeichnetes Gemisch, in dem kleinste Tröpfchen von Öl bzw. von Wasser vorhanden sind. Nach längerem Stehen findet eine Trennung der Bestandteile statt. Schütteln wir dagegen Alkohol und Wasser, so erhalten wir eine klare Flüssigkeit, die sich nicht mehr in ihre Bestandteile scheidet, eine sog. *Lösung*. Bei einer Lösung kann das Mengenverhältnis, wie in unserem Beispiel, beliebig oder nur in bestimmten Grenzen veränderlich sein.

Bringen wir ein Salz in Wasser, so ist immer nur eine bestimmte, von der Temperatur abhängige Menge löslich. Hat das Lösungsmittel die größtmögliche Menge an Salz gelöst, so sprechen wir von einer *gesättigten* Lösung. Kühlt man eine solche ab, so kristallisiert im allgemeinen ein Teil des gelösten Stoffes aus.

Wir kennen einmal *echte* oder *molekulardisperse* Lösungen, die den gelösten Stoff in molekularer Verteilung, also in Form von Einzelmolekülen oder Ionen oder auch in Gruppen von wenigen assoziierten Molekülen enthalten. Daneben haben wir, für das bloße Auge ebenfalls vollkommen klare, sog. *kolloide* Lösungen, *kolloiddisperse* Systeme, deren Teilchen aus Anhäufungen sehr vieler Moleküle oder aus besonders großen Einzelmolekülen, nämlich aus *Makromolekülen* eines *hochpolymeren* Stoffes, wie *Kautschuk* oder Polystyrol, bestehen. Die Teilchen, deren Größe zwischen 10^{-4} und 10^{-7} cm liegt, sind im gewöhnlichen Mikroskop nicht sichtbar. Sind die Teilchen noch größer, so spricht man von *Suspensionen* oder *grobdispersen Systemen*.

Im Gegensatz zu den gewöhnlichen Suspensionen, in denen sich die Teilchen allmählich absetzen, sind kolloide Lösungen stabil. An und für sich würde die Grenzflächenspannung des Teilchenmaterials eine Zusammenballung, *Koagulation*, der kleinsten Teilchen bewirken. Dem kann vor allem die elektrische Aufladung der Teilchen, die zu einer gegenseitigen Abstoßung führt, entgegenwirken und so die

Lösung stabilisieren. In manchen Fällen bestehen zwischen den kolloiden Teilchen und den Lösungsmittelmolekülen besonders große Anziehungskräfte, es bildet sich dann eine Schicht von Lösungsmittelmolekülen um das Teilchen. Durch diese *Solvatation* wird das Kolloid stabilisiert. Kolloide Teilchen gehen durch gewöhnliche Filter hindurch, dagegen häufig z. B. nicht durch Pergamentpapier, so daß man durch einen solchen *Dialysator* kolloidal und molekular gelöste Stoffe trennen kann.

Mit dem Lösen eines festen Körpers in einer Flüssigkeit ist immer eine Erwärmung oder Abkühlung verbunden, man spricht von einer positiven oder negativen *Lösungswärme*. Diese ist eine Folge der molekularen Anziehungskräfte, einmal zwischen den Molekülen des festen Körpers vor dem Lösen und andererseits zwischen den Molekülen des gelösten Stoffes und des Lösungsmittels. Die Lösungswärmen können recht groß werden; so gibt ein Zusatz von 150 g Ammoniumnitrat zu 250 g Wasser eine Abkühlung von 27° C.

Lösungen brauchen nicht immer flüssig zu sein. Es gibt zahlreiche sog. *feste Lösungen*, besonders bei Metallen. Legierungen sind teils Lösungen, teils Mischungen, teils Verbindungen von Metallen.

Der *Gefrierpunkt* einer Lösung wird durch den gelösten Stoff gegenüber dem des reinen Lösungsmittels stets erniedrigt, und zwar ist die *Gefrierpunktserniedrigung* bei nicht zu hohen Konzentrationen proportional der Konzentration der gelösten Moleküle, gemessen etwa durch die in 1000 g Lösungsmittel enthaltenen Mole gelösten Stoffes. Bei gleicher Molkonzentration ist die Gefrierpunktserniedrigung Δt für ein bestimmtes Lösungsmittel unabhängig vom gelösten Stoff oder

$$\Delta t = \frac{K_G m}{M}, \qquad \text{(Raoultsches Gesetz)}$$

wo K_G die molare Gefrierpunktserniedrigung, eine für jedes Lösungsmittel charakteristische Konstante (H_2O, $K_G = 1.83°$ C; Benzol, $K_G = 5{,}1°$ C), m die Masse des in 1000 g Lösungsmittel gelösten Stoffes, M sein Molekulargewicht bedeutet.

Falls die Moleküle eines Stoffes in der Lösung in Ionen zerfallen, *dissoziieren*, wie z. B. bei den Elektrolyten, s. § 104, wird die Konstante k entsprechend der durch die Dissoziation erhöhten Teilchenzahl vergrößert.

Kühlt man eine verdünnte Lösung, z. B. von Kochsalz in Wasser ab, so friert reines Wasser aus. so daß bei weiterem Abkühlen die Lösung immer konzentrierter wird und ihr Gefrierpunkt noch weiter absinkt. So gelangt man schließlich an den Punkt, bei dem die Lösung gesättigt ist. Enzieht man dem System nun noch mehr Wärme, so scheiden sich von da ab Eis und Kochsalz in demselben Mengenverhältnis, wie es in der Lösung vorliegt, als sog. *Kryohydrat* aus. Die Temperatur dieses Gefrierpunktes ist daher konstant und unabhängig von der Anfangskonzentration. Der Gefrierpunkt der gesättigten Lösung wird als *eutektischer* Punkt bezeichnet.

Kältemischungen. Gibt man zu klein zerstoßenem Eis Kochsalz, so ist das System nicht im Gleichgewicht. Vielmehr schmilzt ein Teil des Eises, und es geht Kochsalz in Lösung. Die dazu erforderliche Schmelz- und Lösungswärme wird dem System entzogen, so daß sich dieses abkühlt, und zwar im günstigsten Falle bei 3 Teilen Eis auf 1 Teil Kochsalz bis auf $-22°$ C.

Absorption und Adsorption. Flüssigkeiten vermögen auch Gase zu lösen oder zu *absorbieren*. Die gelöste Menge wächst mit dem Druck und nimmt mit der

Temperatur ab. So entweicht aus Bier oder Sodawasser beim Erwärmen die gelöste Kohlensäure. Besonders groß ist die Absorption von Ammoniak in Wasser. So vermag 1 *l* Wasser bei 1 at und 15° C etwa 800 l NH_3-Gas zu absorbieren.

Von der Absorption ist die *Adsorption* zu unterscheiden, unter der man die Anlagerung von Gasmolekülen an feste Oberflächen versteht. Die an der Oberfläche verdichteten Gase bilden dabei eine festhaftende Haut. Poröse Stoffe, bei denen auch im Innern eine Adsorption stattfindet, vermögen große Gasmengen aufzunehmen. So adsorbiert z. B. 1 cm^3 Holzkohle bei Zimmertemperatur etwa 90 cm^3 NH_3, bei $-180°$ C bereits etwa 500 cm^3 Luft.

§ 81. Osmose. Tauchen wir einen mit einer wässerigen Zuckerlösung gefüllten Tonzylinder in reines Wasser, so sucht sich der Konzentrationsunterschied auszugleichen (zweiter Hauptsatz der Wärmelehre), indem Zuckermoleküle durch die poröse Tonwand nach außen und Wassermoleküle nach innen diffundieren. Überziehen wir nun den Zylinder mit einer sog. *halbdurchlässigen* oder *semipermeablen* Schicht, die für die Zuckermoleküle undurchlässig, ist, so ist der Ausgleich der Konzentrationen nur noch durch die Diffusion der Wassermoleküle ins Innere möglich. Dieses einseitige Durchtreten von Wasser durch eine halbdurchlässige Wand bezeichnet man als *Osmose.* Sie spielt bei den Vorgängen in den Zellen lebender Organismen eine wichtige Rolle. Das Eindringen des Wassers hält so lange an, bis der innen entstehende und immer mehr ansteigende hydrostatische Überdruck, s. Abb. 134, so groß geworden ist, daß er

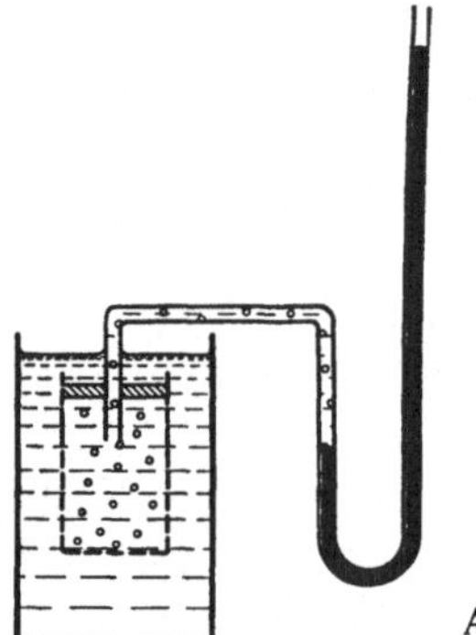

Abb. 134. Osmotischer Druck

ebenso viele Moleküle herauspreßt wie infolge des Konzentrationsunterschiedes hineindiffundieren. Diesen Überdruck nennt man den *osmotischen Druck.* Er ist zahlenmäßig gleich dem Gasdruck, den der gelöste Stoff, wenn er als ideales Gas denselben Raum ausfüllte, ausüben würde. Enthält also eine Lösung 1 Mol gelösten Stoffes in 22,4 l Lösung, so beträgt bei 0° C der osmotische Druck 1 Atmosphäre, vgl. § 43, d. h. so lange, wie der hydrostatische Überdruck noch nicht 1 Atmosphäre erreicht hat, strömen noch Wassermoleküle nach innen.

§ 82. Verdampfung, Sättigungsdruck, Sieden. Das Verdampfen einer Flüssigkeit hat seinen Grund in der Molekularbewegung innerhalb des flüssigen Körpers. Um ein Molekül aus dem Innern durch die Oberfläche hindurch in den Gasraum zu befördern, muß gegen die molekularen Anziehungskräfte Arbeit geleistet werden. Es können also nur diejenigen Moleküle, die einen genügend großen Vorrat an kinetischer Energie besitzen, s. § 78, verdampfen. Mit wachsender Temperatur steigt daher die Zahl der die Oberfläche in der Zeiteinheit durchstoßenden Moleküle oder die Verdampfungsgeschwindigkeit. Da der Flüssigkeit dabei die schnelleren Moleküle bevorzugt entzogen werden, nimmt die mittlere Energie der Molekularbewegung ab, die Temperatur sinkt. Aus diesem Grunde ist das Wasser in einer offenen Schale, zumal bei bewegter Luft, stets kälter als seine Umgebung.

Um die Temperatur konstant zu halten, muß man ständig Wärme zuführen. Die zur Überführung von 1 g einer Flüssigkeit in Dampf derselben Temperatur erforderliche Wärmemenge heißt die *Verdampfungswärme*. Sie hängt von der Temperatur ab und beträgt beim normalen Siedepunkt für Alkohol 202 cal/g, für Äther 86 cal/g und für Wasser 539 cal/g. Um 1 g Wasser von 0° C auf 100° C zu erwärmen, braucht man 100cal. Um diese Wassermenge von 100° C noch in Dampf von 100° C umzuwandeln, sind zusätzlich 539 cal erforderlich. Diese ungewöhnlich große Verdampfungswärme des Wassers rührt von den sehr starken zwischenmolekularen Kräften her, die überwunden werden müssen, wenn man die Moleküle auf größere Abstände entsprechend der geringen Dichte des Wasserdampfes auseinanderzieht. Bei der *Kondensation* wird die gleiche Wärmemenge umgekehrt wieder als *Kondensationswärme* frei. Gießt man Äther oder Chloräthyl, C_2H_5Cl, auf die Haut, so wird dieser die zur Verdampfung nötige Wärme entzogen, und man erhält eine beträchtliche Abkühlung, welche die Schmerznerven unempfindlich macht. Von dieser schmerzstillenden Wirkung macht man in der Medizin bei der *Lokalanästhesie* Gebrauch.

Die Wärmeverluste unseres Körpers durch Wasserverdunstung, sei es an der Körperoberfläche, sei es in den Lungen und Luftwegen, sind sehr beträchtlich. Sie hängen natürlich von der Temperatur und der Feuchtigkeit der Luft ab, s. weiter unten.

In einem abgeschlossenen Raum kommt die Verdampfung zum Stillstand, sobald die im Dampfraum enthaltenen Moleküle einen bestimmten *Dampfdruck*, den sog. *Sättigungsdruck*, auch als *Dampfspannung* bezeichnet, ausüben. Es stellt sich ein *bewegliches* Gleichgewicht ein, bei dem stets gleichviel Moleküle aus dem Dampfraum in die Flüssigkeit zurückkehren (kondensieren), wie aus der Flüssigkeit verdampfen. Der Sättigungsdruck steigt mit der Temperatur und hängt außerdem von der Art des Stoffes ab. Man übersieht die Verhältnisse, wenn man in einige Torricellische Vakuumröhren, s. § 45, von unten verschiedene Flüssigkeiten aufsteigen läßt. In der Abb. 135 möge das linke Rohr evakuiert bleiben. In die anschließenden Rohre möge etwas Wasser bzw. Äthylalkohol und Äthyläther gebracht worden sein. Machen wir den Versuch bei 20° C, so wird die Hg-Säule bei H_2O um 17,5 Torr bei Alkohol um 44 Torr und bei Äthyläther um 440 Torr herabgedrückt. Das sind die Sättigungsdrucke der drei Stoffe bei 20° C. Erhöht man die Temperatur, so steigen die Sättigungsdrucke. Vergrößern wir bei konstant gehaltener Temperatur den Gasraum, indem wir etwa in einem Zylinder mit beweglichem Stempel, der eine Flüssigkeit als Bodenkörper enthält, s. Abb. 136, das Volumen vergrößern, so wird der Dampfdruck vorübergehend kleiner. Das Gleichgewicht ist gestört. Es verdampfen dann so lange weiter Moleküle aus der Flüssigkeit, bis wieder der alte Sättigungsdruck erreicht ist. Der Sättigungsdruck ist also vom *Volumen unabhängig*. Verringere ich dasselbe, so kondensiert sich umgekehrt Dampf. Wird der Raum so weit vergrößert, bis alle Flüssigkeit verdampft ist, so erhalten wir sog. *ungesättigten* oder *überhitzten Dampf*[50], der genähert den idealen Gasgesetzen gehorcht, also z. B. bei zusätzlicher Verdoppelung des Volumens den halben Druck annimmt.

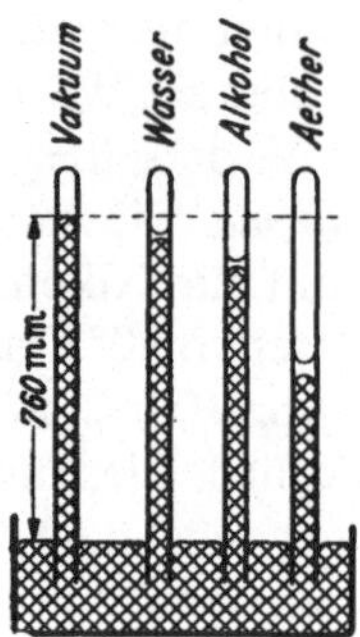

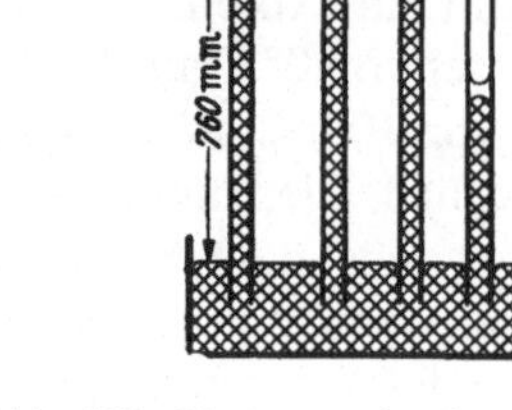

Abb. 135. Sättigungsdruck verschiedener Flüssigkeiten

Abb. 136. Zum Sättigungsdruck

Der Sättigungsdruck einer Flüssigkeit ist von der Gegenwart anderer Gase im Dampfraum unabhängig, so daß sich in einem luftgefüllten und nach Einbringen von etwas Wasser abgesperrten Gefäß ein Enddruck einstellt, der gleich der Summe des ursprünglichen Luftdruckes und des Sättigungsdruckes des Wassers ist. Ist die Luft mit Wasserdampf gesättigt, so ist der Partialdruck des Wasserdampfes gleich dem Sättigungsdruck des Wassers bei der betreffenden Temperatur. Unmittelbar über einer in freier, ruhender Luft stehenden Flüssigkeit stellt sich sehr bald der Sättigungsdruck ein. Da nämlich die Dampfmoleküle sich in ruhender Luft nur durch Diffusion, also nur sehr langsam, weiterbewegen können, wird die Verdampfung sehr verzögert; Bewegung der Luft beschleunigt dagegen die Verdampfung außerordentlich. Daher ist unser Körper, naßgeschwitzt, in Zugluft erhöhter Erkältungsgefahr ausgesetzt.

Eine Flüssigkeit *siedet*, wenn sich im Innern Dampfblasen bilden und aufsteigen, die Flüssigkeit also auch im *Innern* in den Dampfzustand übergeht. Diese Dampfblasen entwickeln sich bevorzugt aus zunächst unsichtbar kleinen Luftbläschen, indem diese mit wachsender Temperatur mehr und mehr Dampf aufnehmen. Stabil ist eine Dampfblase erst, wenn der in der Blase herrschende Sättigungsdruck den Außendruck erreicht, unter dem die Flüssigkeit steht. Andernfalls wird der Dampf der Blase wieder kondensiert. Beim Siedepunkt ist der Sättigungsdruck gleich dem äußeren Druck. Folglich hängt die Siedetemperatur vom äußeren Druck ab. Unter dem *normalen Siedepunkt* oder *Kochpunkt* verstehen wir die Temperatur, bei der die Flüssigkeit unter den normalen Luftdruck von 760 Torr siedet, vgl. Tab. 11.

[50] Gase und Dämpfe sind physikalisch dasselbe, es ist aber üblich, bei Stoffen mit hohem Siedepunkt bzw. dann, wenn das Gas mit seiner eigenen Flüssigkeit in Berührung steht, von Dampf zu sprechen.

Tabelle 11. *Siedepunkte in °C, bezogen auf 760 Torr*

Gold	2950	Schwefel	444,6	Äthyläther	34,5
Eisen	2880	Naphthalin	217,9	Kohlendioxyd	− 78,5
Blei	1750	Wasser	100,0	Sauerstoff	−183
Quecksilber	357	Benzol	80,2	Stickstoff	−196
		Äthylalkohol	78,3	Wasserstoff	−253
				Helium	−269

Die Abhängigkeit des Dampfdruckes des Wassers von der Temperatur zeigt Tab. 12. Auf der Höhe des Montblanc, 4810 m hoch, herrscht ein Druck von 417 Torr, das Wasser siedet dort schon bei 84° C.

Tabelle 12. *Sättigungsdampfdruck des Wassers in Abhängigkeit von der Temperatur in °C*

°C	−20	0	20	40	80	100	120	150
Torr	0,77	4,6	17,5	55,3	355,1	760	1489	3571

Der *Sättigungsdruck* einer *Lösung* ist stets kleiner als der des reinen Lösungsmittels. Daher wird der Siedepunkt durch Zusatz des gelösten Stoffes stets erhöht, und zwar nach einem Gesetz, das dem für die molare Gefrierpunktserniedrigung, vgl. § 80, völlig entspricht. Die molare *Siedepunktserhöhung* K_E (Erhöhung für 1 Mol gelösten Stoffes in 1000 g Lösungsmittel) ist für Wasser 0,13° C, für Alkohol 1,16° C.

§ 83. Sublimation. Auch feste Stoffe besitzen einen Dampfdruck und verdunsten daher, allerdings wegen des meist sehr geringen Dampfdruckes nur sehr langsam, z. B. Schnee bei scharfem Frost. Dieser Übergang eines festen Körpers unmittelbar in den Dampfzustand wird *Sublimation* genannt. Bestimmte Stoffe, wir Jod, Naphthalin, verschwinden allmählich, wenn sie an freier Luft liegen. Feste Kohlensäure, sog. *Kohlensäureschnee* oder *Trockeneis*, hat bereits bei −78,5° C einen Sublimationsdruck von 760 Torr, so daß sie, ohne dazwischen flüssig zu werden, lebhaft verdunstet. Die umgekehrte Erscheinung, d. h. den unmittelbaren Übergang gasförmig-fest, beobachten wir häufig in der Natur bei der Entstehung von Reif aus dem Wasserdampf der Luft. Schneekriställchen sind nicht gefrorene Regentropfen, sondern ebenfalls unmittelbar aus Wasserdampf entstanden.

§ 84. Feuchtigkeit der Luft. Die atmosphärische Luft enthält infolge der ständigen Verdunstung an freien Wasseroberflächen stets Wasserdampf, und zwar in wechselnden Mengen. Mehr Wasserdampf, als dem Sättigungsdruck ihrer jeweiligen Temperatur entspricht, kann die Luft nicht aufnehmen. Unter der *absoluten* Feuchtigkeit versteht man den Gehalt an Wasserdampf in g/m^3, unter der *relativen* Feuchtigkeit das Verhältnis der wirklich vorhandenen zu der bei der betreffenden Temperatur maximal möglichen Menge oder das Verhältnis des wirklich herrschenden Wasserdampfdruckes p zum Sättigungsdruck p_s. Ist z. B. bei 20° C ein *Partialdruck* von 12 Torr vorhanden, so ist, da der Sättigungsdruck bei 20° C 17,5 Torr beträgt, die relative Feuchtigkeit $p/p_s = 12/17{,}5 = 0{,}685$ oder 68,5%.

Den jeweiligen Wasserdampfdruck kann man z. B. dadurch ermitteln, daß man die Luft langsam bis zum sog. *Taupunkt*, bei dem der Dampfdruck gerade den Sättigungswert erreicht, abkühlt, so daß sich der übersättigte Dampf kondensiert. Das geschieht mit Hilfe eines *Taupunktshygrometers*, bei dem ein Metallgefäß mit polierter Metalloberfläche durch Verdunstenlassen von Äther im Innern so weit abgekühlt wird, bis sich Wasserdampf der unmittelbaren Umgebung niederschlägt. Andere Hygrometer beruhen auf der Eigenschaft mancher organischer Substanzen, z. B. von Haaren, Darmsaiten usw., Wasserdampf zu adsorbieren und sich dabei zu verlängern.

Die Luftfeuchtigkeit ist von größtem Einfluß auf das Wachstum der Pflanzen und das Gedeihen von Tieren und Menschen. Zur Erhaltung der normalen Lungentätigkeit soll die relative Feuchtigkeit zwischen 40% und 75% liegen. Bei größerer Feuchtigkeit verdampft zu wenig Körperflüssigkeit, sei es in den Lungen und Luftwegen, sei es an der Körperoberfläche. Die richtige Regulierung der Körpertemperatur versagt. Das Gefühl der Behaglichkeit und die Leistungsfähigkeit werden herabgesetzt, und wir haben die Empfindung der Schwüle.

Kühlt man Luft so weit ab, daß ihr Wasserdampfdruck den Sättigungsdruck überschreitet, so ist sie übersättigt. Eine Kondensation tritt nur an Oberflächen ein oder an Staubteilchen, indem die letzteren, insbesondere wenn sie elektrisch geladen sind, als *Kondensationskerne* wirken. Das ist der Grund für die bevorzugte Nebelbildung in der Nähe von Industrieanlagen mit starker Staub- und Rauchentwicklung.

§ 85. Verflüssigung von Gasen. Gase werden flüssig, wenn wir die Moleküle einander so weit nähern, daß sie infolge ihrer Anziehungskräfte zusammenhalten. Das ist allerdings nur möglich, wenn die Wärmeenergie der Moleküle einen bestimmten kritischen Betrag nicht überschreitet, d. h. nur unterhalb einer bestimmten *kritischen* Temperatur, siehe weiter unten, sonst fahren die Moleküle sofort wieder auseinander, der Körper bleibt gasförmig. Je größer die Anziehungskräfte sind, um so größer ist auch die zu ihrer Überwindung nötige Wärmeenergie, um so höher liegt also auch die kritische Temperatur. Komprimieren wir einen überhitzten Dampf bei konstanter Temperatur, so steigt sein Druck bis zum Sättigungsdruck. Von da ab bleibt der Druck bei weiterer Kompression konstant und der Dampf kondensiert sich mehr und mehr zur Flüssigkeit. Erst wenn aller Dampf verschwunden ist, steigt der Druck von neuem, und zwar wegen der geringen Kompressibilität der Flüssigkeit erheblich schneller als beim Dampf. In Abb. 137, die die Verhältnisse bei Kohlensäure zeigt, sind solche Zustandsänderungen durch die Isothermen A, B, C, D und A', B', C', D' dargestellt. Abszisse ist dabei das spezifische Volumen. Das Stück AB bezieht sich auf den überhitzten Dampf. Entlang der horizontalen Geraden BC, $p = p_s = \text{const}$, wird der Dampf mehr und mehr kondensiert, es bestehen nebeneinander beide Phasen; CD gilt für die reine Flüssigkeit. Für verschiedene Isothermen wird mit wachsender Temperatur das gerade Stück BC immer kleiner, d. h. das spezifische Volumen der Flüssigkeit nähert sich dem des gesättigten Dampfes, bis schließlich bei 31° C die Gerade zu einem einzigen Punkt K zusammenschrumpft. Diesen Punkt, in dem das spezifische Volumen der koexistierenden Phasen von Flüssigkeit und Gas gleich wird, heißt der *kritische* Punkt, die Temperatur der durch

K gehenden Isothermen die *kritische* Temperatur t_k. Ihre physikalische Bedeutung ist, daß nur unterhalb der kritischen Temperatur die flüssige und die gasförmige Phase möglich sind. *Oberhalb* der kritischen Temperatur gelingt es durch *keinen* noch so hohen Druck, das Gas zu verflüssigen, wir erhalten lediglich eine stetige, d. h. ohne Sprung vor sich gehende, Dichtezunahme des Gases mit

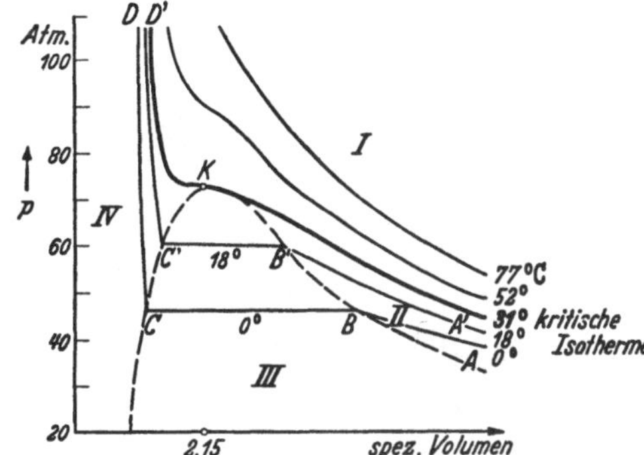

Abb. 137. Zustandsdiagramm der Kohlensäure: I und II Gebiet des Gases; III Gebiet der nebeneinander existierenden Phasen; IV Gebiet der Flüssigkeit

wachsendem Druck. Der Druck im kritischen Punkt, das ist der Sättigungsdruck der Flüssigkeit bei der kritischen Temperatur, heißt der *kritische Druck* p_k, das zugehörige Volumen das *kritische Volumen*. In Tab. 13 sind für einige Stoffe die kritischen Daten zusammengestellt.

Tabelle 13. *Kritische Daten*

Stoff	t_k °C	p_k at	Stoff	t_k °C	p_k at
Wasserstoff	−239,9	12,8	Kohlensäure	31,0	72,8
Stickstoff	−147,2	33,5	Wasser	374,1	217,5
Sauerstoff	−118,9	50,8	Diäthyläther	193,4	35,5

Erwärmt man eine starkwandige Kapillare, die nebeneinander flüssige und gasförmige Kohlensäure unter einem hohen Druck enthält, so verschwindet bei der kritischen Temperatur die Trennfläche zwischen Flüssigkeit und Gas, indem die Flüssigkeit, ohne daß noch eine Zufuhr von Wärme zur Verdampfung nötig ist, in den Gaszustand übergeht.

Durch Druck lassen sich bei gewöhnlicher Temperatur CO_2, NH_3, SO_2 und Cl_2 verflüssigen. Bei Gasen, wie Luft, Wasserstoff, Helium usw., liegt die kritische Temperatur weit unter Zimmertemperatur, so daß man sie zuerst entsprechend abkühlen muß. Das von LINDE begründete Verfahren beruht auf dem Joule-Thomson-Effekt (gedrosselte Entspannung eines Gases), s. § 72. Dazu kommt noch das *Gegenstromprinzip*. In der Lindemaschine zur Luftverflüssigung, s. Abb. 138, wird die Luft zuerst auf etwa 200 Atmosphären komprimiert und ihr dann die Kompressionswärme im Kühler L entzogen. Dann wird sie durch das Ventil V entspannt, wobei sie sich abkühlt (Joule-Thomson-Effekt s. § 72). Diese kalte Luft strömt nun durch den Gegenstromapparat in den Kompressor *K* zurück. Dabei kühlt sie die neu zum Ventil *V* hinströmende Luft vor, so daß diese nach dem Entspannen eine tiefere Temperatur als die erstmalig entspannte Luft besitzt und deshalb im Gegenstromapparat nachher die weiter einströmende Luft noch stärker vorkühlt. So wird die zur Entspannung gelangende Luft ständig abgekühlt, bis sie schließlich beim Ausströmen flüssig wird und in das Vorratsgefäß *G* abtropft.

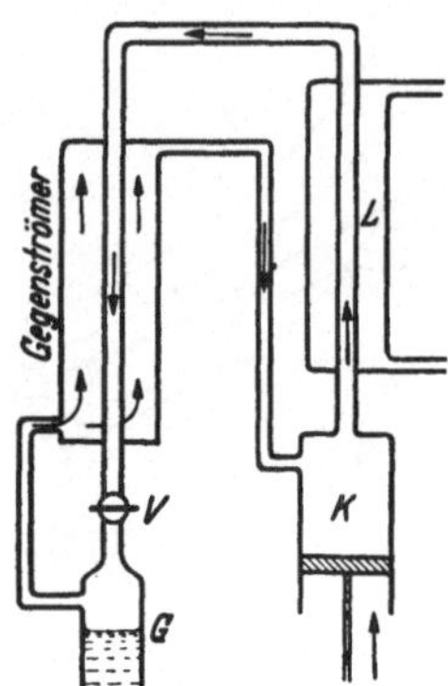

Abb. 138. Schema der Luftverflüssigungsmaschine nach LINDE

Flüssige Luft hat bei Atmosphärendruck eine Temperatur von −191° C. Da Stickstoff einen höheren Dampfdruck oder tieferen Siedepunkt als Sauerstoff besitzt, s. Tab. 11, verdampft der erstere bevorzugt und die Flüssigkeit wird bei längerem Stehen immer reicher an Sauerstoff. Sauerstoffreiche flüssige Luft gibt zusammen mit organischen Stoffen, besonders Kohlepulver, ein sehr explosives Gemenge, das als Sprengstoff unter dem Namen *Oxyliquid* Verwendung findet.

In Wasserstoff tritt bei Zimmertemperatur beim Entspannen eine Erwärmung auf. Daher muß Wasserstoff erst auf seine *Inversionstemperatur* von −80° C, bei der der Wärmeeffekt das Vorzeichen wechselt, abgekühlt werden, ehe er dem Gegenstromapparat zur Entspannung und Verflüssigung zugeleitet werden kann.

Temperaturen unterhalb der der flüssigen Luft erreicht man schrittweise, indem man mit flüssigem Wasserstoff Helium unter seine Inversionstemperatur abkühlt und verflüssigt, Siedepunkt −268,8° C. Läßt man Helium unter vermindertem Druck sieden, so erhält man Temperaturen bis zu 0,7° K.

Noch tiefere Temperaturen erreicht man durch *adiabatische Entmagnetisierung* von geeigneten vorher tiefgekühlten paramagnetischen Stoffen, wie Chrom-Kaliumalaun. Dabei tritt eine weitere Abkühlung ein. Man hat auf diese Weise Temperaturen bis etwa 0,001° K erreicht.

D. Wärmeausbreitung

Die Natur ist immer bestrebt, Temperaturunterschiede auszugleichen. Wir haben also einen ständigen Transport von Wärme oder einen *Wärmestrom* von Stellen höherer Temperatur zu solchen niedrigerer Temperatur.

Diese Wärmefortpflanzung kann auf drei Arten vor sich gehen, nämlich durch *Leitung*, *Konvektion* und *Strahlung*.

§ 86. Wärmeleitung. Halten wir einen Metallstab in siedendes Wasser, so fühlen wir, wie das andere Ende auch heiß wird. Es hat sich also Wärme durch den Stab nach dem kalten Ende fortgepflanzt. Diesen Übergang von Wärmeenergie können wir uns molekular so vorstellen, daß die an dem heißen Ende mit größerer Energie schwingenden Moleküle ihre Nachbarn unmittelbar beeinflussen und ihnen weitere Schwingungsenergie übertragen, man denke an eine Reihe gekoppelter Pendel, von denen das erste angestoßen wird, s. § 56. So pflanzt sich die Energie der Atome und Moleküle (bei festen Körpern handelt es sich nur um Schwingungsenergie) von Atomschicht zu Atomschicht durch den Stab hindurch fort. Dabei behalten die Atome ihre Gleichgewichtslagen, um die sie schwingen, bei. Diesen Vorgang, bei dem mit dem *Wärmestrom* nur *Energie*, also nicht *Materie*, transportiert wird, bezeichnen wir als (*innere*) *Wärmeleitung*.

Wiederholen wir den obigen Versuch mit Stäben aus verschiedenem Material, so wird z. B. ein Silber- oder Kupferdraht am anderen Ende sofort, ein Zinnstab nur allmählich und ein Holzstab überhaupt nicht heiß. Die Fähigkeit, Wärme zu leiten, das sog. *Wärmeleitvermögen*, ist also von Stoff zu Stoff verschieden. Metalle, wie Silber und Kupfer, sind sehr gute, Holz ein sehr schlechter Wärmeleiter.

Um die Wärmeleitfähigkeit zu messen, bringen wir einen Metallstab am unteren Ende in kaltes, am oberen in siedendes Wasser. Im übrigen ist der Stab thermisch möglichst gut isoliert, s. Abb. 139. Mit der Zeit stellt sich ein stationärer

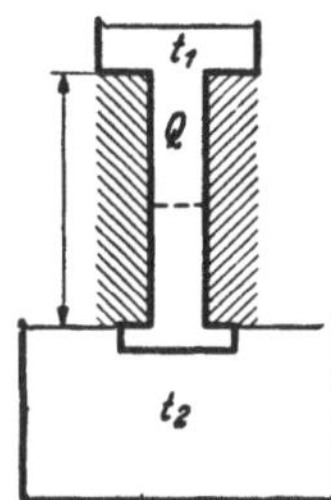

Abb. 139. Zur Bestimmung der Wärmeleitfähigkeit

Zustand ein, wobei jede Stelle des Stabes eine bestimmte Temperatur angenommen hat, und wo durch jeden Querschnitt des Stabes pro Sekunde dieselbe Wärmemenge Q, also ein konstanter Wärmestrom, von oben nach unten fließt. Es zeigt sich, daß diese Wärmemenge proportional dem Querschnitt F des Stabes und dem *Temperaturgefälle*, d. h. der Temperaturdifferenz $t_1 - t_2$ an den Enden dividiert durch die Länge l ist, also

$$Q = F\lambda \frac{t_1 - t_2}{l}.$$

λ ist eine Stoffkonstante, die *Wärmeleitfähigkeit*, in der Technik auch *Wärmeleitzahl* des Körpers genannt, s. Tab. 14. Sie gibt die Wärmemenge in cal an, die in einer Sekunde durch den Querschnitt von 1 cm^2 einer 1 cm dicken Platte hindurchgeht, wenn an beiden Enden eine Temperaturdifferenz von 1° C besteht. In der Technik pflegt man statt Sekunden, cal und cm die Einheiten Stunde, kcal und m zu verwenden.

Die Wärmeleitfähigkeit der Metalle ist ihrer elektrischen Leitfähigkeit annähernd proportional (*Wiedemann-Franzsches Gesetz*).

Tabelle 14. *Wärmeleitfähigkeit einiger Stoffe in cal grad^{-1} cm^{-1} s^{-1}*

Aluminium	0,48	Holz	0,0003–0,0009
Eisen	0,14–0,17	Glas	0,0014–0,0023
Kupfer	0,90	Hartgummi	0,0004
Silber	1,01	Wasser	0,0014
Neusilber	0,07–0,09	Luft	0,000056
Porzellan	0,0025	Wasserstoff	0,00037

Gase sind besonders schlechte Wärmeleiter. Unter ihnen ist Wasserstoff wegen der großen Geschwindigkeit seiner Moleküle und der großen spezifischen Wärme ein verhältnismäßig guter Leiter.

Auf der geringen Wärmeleitung der Gase beruht das *Leidenfrostsche* Phänomen. Darunter versteht man die Erscheinung, daß ein Flüssigkeitstropfen, auf eine Unterlage von viel höherer Temperatur gebracht, nicht sofort verdampft, sondern längere Zeit über ihr hin und her schwirrt. Die sich momentan an seiner Oberfläche ausbildende Dampfwolke schützt nämlich den Tropfen vor der unmittelbaren Berührung mit der heißen Unterlage. Er erwärmt sich nur langsam auf die Siedetemperatur, um dann explosionsartig zu zerplatzen.

Wasser, auch Eis und Schnee, sind sehr schlechte Wärmeleiter, wie der Schutz zeigt, den eine Schneedecke den darunterliegenden Pflanzen gewährt. Die geringe Wärmeleitung des Wassers zeigt folgender Versuch. Bringen wir ein beschwertes Stückchen Eis unten in ein Reagenzglas und erwärmen oben das darüberstehende Wasser, so können wir das Wasser zum Sieden bringen, ohne daß das Eis schmilzt. Machen wir den Versuch umgekehrt, indem wir das Wasser unten erwärmen und die Eisstückchen oben schwimmen lassen, so wird das Wasser oben sofort warm und das Eis schmilzt. Denn jetzt wird der Temperaturausgleich durch das Aufsteigen des leichteren heißen Wassers sehr stark gefördert. Damit kommen wir zur zweiten Art des Wärmetransports, der Konvektion.

§ 87. Konvektion. Beim Temperaturausgleich durch *Konvektion* bewegen sich die die Wärme enthaltenden Massen selbst von Stellen höherer Temperatur zu solchen tieferer Temperatur. Im obigen Beispiel wird die Wärme mit dem aufsteigenden heißen Wasser von unten nach oben befördert. Die Konvektion, die also mit einem *Massentransport* verbunden ist, stellt einen sehr wirksamen Wärmetransport dar. Beispiele sind der für unser Klima so bedeutungsvolle Golfstrom, sowie heiße und kalte Winde.

Die von einem heißen Körper durch Konvektion an seine Umgebung abgeführte Wärmemenge hängt wesentlich von dem *Wärmeübergang* an seiner Oberfläche ab. Ein heißes Rohr in strömender Luft oder unser Körper im Winde geben um so mehr Wärme ab, je größer die Oberfläche F, je größer der Unterschied der Temperaturen t_1 und t_2 des Körpers und der ankommenden Luft ist und je rascher die Luft am Körper vorbeistreicht.

Die pro Zeiteinheit ausgetauschte Wärmemenge kann durch die Gleichung

$$Q = \alpha F(t_1 - t_2)$$

dargestellt werden, wo α die sog. *Wärmeübergangszahl* ist, die von der Beschaffenheit und Form der Oberfläche sowie den Strömungsverhältnissen im Luftstrom abhängt. Bei jeder Heizanlage, bei der physikalischen Wärmeregulation unseres Körpers durch das Blutkreislaufsystem, spielt der Wärmeübergang an den die Strömung begrenzenden Wänden eine maßgebende Rolle.

Der Wärmeschutz unserer Kleidung oder von Wärme-Isolierstoffen beruht darauf, daß ein Gewebe oder ein Schaumstoff ein System von luftgefüllten Zellen darstellt, die so klein sind, daß die Konvektion praktisch unterdrückt wird. Die Wärmeisolation besorgen die Luftzellen, nicht das Material selbst, das viel besser als Luft leitet. Daß auch die dem Körper unmittelbar anliegende Luftschicht eine wesentliche Rolle spielt, erkennen wir daraus, daß ein zu fest sitzender Handschuh nicht wärmt. Die Wärmeisolation unbewegter Luftschichten benutzt man bei Doppelfenstern, Kühlschränken usw.

§ 88. Wärmestrahlung. Die Erde empfängt dauernd von der Sonne Wärmeenergie. Da der Weltraum praktisch leer von Materie ist, kann die Wärme weder durch Leitung noch durch Konvektion übertragen werden. Es handelt sich offenbar um die Energie der von der heißen Sonne ausgestrahlten elektromagnetischen Wellen, d. h. um *Strahlungsenergie*, s. § 188, die beim Auftreffen auf die Erde absorbiert und in Wärme umgewandelt wird. Die Gesetze dieser *Wärmestrahlung*, die sich von der Strahlung im sichtbaren Gebiete nur durch die Wellenlänge unterscheidet, behandeln wir später, s. § 189.

Körper sind für Licht mehr oder weniger undurchlässig. Dasselbe gilt für die Wärmestrahlung. Läßt ein Körper diese durch, so bezeichnen wir ihn als *diatherman*, sonst als *atherman*. Die Wirkung der Sonnenstrahlen empfinden wir auch bei einer Lufttemperatur unter 0° C als Wärme, da unsere Haut die von der diathermanen Luft durchgelassenen Strahlen verschluckt und in Wärme umwandelt. Ein der Sonnenstrahlung direkt ausgesetztes Thermometer zeigt eine viel höhere Temperatur an als die umgebende Luft.

Als wirksamsten Wärmeschutz benutzt man doppelwandige Gefäße, deren Zwischenraum evakuiert ist, sog. *Vakuummantelgefäße*, z. B. Thermosflaschen, deren Mantel innen mit einem Silber- oder Kupferspiegel versehen ist. Durch den Vakuummantel sind Konvektion und Leitung ausgeschaltet, die Strahlung wird durch die spiegelnden Flächen zurückgeworfen. In solchen Gefäßen hält sich flüssige Luft tagelang.

Die Wärmeabgabe durch Strahlung wird leicht unterschätzt. So verliert ein Erwachsener bei normaler Umgebungstemperatur je nach der Farbe und Oberflächenbeschaffenheit der Kleidung, vgl. § 188, 1200 bis 1800 kcal am Tage, d. h. 25 bis 50 % der Energiesumme der täglich zugeführten Lebensmittel.

Fünftes Kapitel

Elektrizität und Magnetismus

§ 89. Vorbemerkung. Um Zugang zum Verständnis der elektrischen Erscheinungen zu gewinnen, wie sie für die Physik und ihre Anwendungen heute von Bedeutung sind, ist es günstig, nicht der historischen Entwicklung zu folgen. Man vermeidet dann nicht nur eine unerwünschte Aufweitung von Stoff und Darstellung sondern auch einen Sprung oder Bruch in den gedanklichen Vorstellungen, wie er beim Übergang von der *Fernwirkungs*- zur Nahwirkungs- oder *Feldtheorie* (vgl. § 96) sonst eintritt. Wenn aber den elektrischen und magnetischen Feldern nicht ebenso eine anschauliche Realität eingeräumt wird wie den elektrisch geladenen Körpern, dann bleiben elektromagnetische Induktion oder Lichtwellen unverständlich.

Elektrische Glühlampen und Meßgeräte können heute als Gegenstände der täglichen Erfahrung bezeichnet werden. Sie sollen daher schon bei den ersten Experimenten benutzt werden, ohne daß zunächst Einzelheiten ihres inneren Aufbaus besprochen werden. Dabei wollen wir mit der Behandlung der elektrischen Ströme, d. h. von bewegten elektrischen Ladungen, beginnen und die Analogie zu den Materieströmen herausstellen. Auf diese Weise gewinnt man einen unmittelbareren und klareren Einblick in die dabei zugrunde liegenden Gesetzmäßigkeiten und Grundbegriffe, als wenn man vom Reiben eines Hartgummistabes mit einem Katzenfell ausgeht. Zudem nehmen die Wirkungen von Strömen auch einen ungleich größeren Raum bei den Anwendungen der Elektrizitätslehre in Wissenschaft und Technik ein, als es ruhende elektrische Ladungen tun.

A. Elektrische Gleichströme

§ 90. Elektrische Spannung und Stromstärke. Ein größerer Leuchtgasanschluß in einem geschlossenen Raum besteht aus dem Gasrohr mit Absperrhahn und einer Abgasleitung. Zwischen beiden können wir eine *Druckdifferenz* messen, wenn wir ein U-Rohrmanometer (s. § 44) einschalten und den Hahn H_1 öffnen (s. Abb. 140). Bliebe das freie rechte Manometerende verschlossen, fehlte also dort die Verbindung mit der Abgasleitung *A*, so würde das Manometer keine Druckdifferenz anzeigen. In dieser Betrachtungsweise ist also die Druckdifferenz, die das Gaswerk herstellt, – kurz als Gasdruck bezeichnet und in mm Wassersäule anzugeben – das Primäre. Wenn das Manometer seine Endeinstellung erreicht hat, hält der Schweredruck der Wassersäule (s. § 41) dem Gasdruck das Gleichgewicht, es strömt kein Gas.

Dazu müssen wir eine zweite unmittelbare Verbindung zwischen Gasrohr und Abgasleitung herstellen, z. B. durch ein langes enges Rohr, das in Abb. 140 unten an das T-Stück T angeschlossen ist. Wird der dort befindliche zweite Hahn H_2 geöffnet, strömt das Gas durch das Rohr und kann an dessen Ende entzündet werden. Der Gaszähler Z mißt dabei die ausgeströmte Gasmenge m. Als Materie*stromstärke* können wir in Anlehnung an das Vorgehen in § 46 (vgl. auch Abb. 76) $I = m/t$ bezeichnen, wenn in der Zeitspanne t die Gasmasse m durch einen Rohrquerschnitt hindurchtritt. I ist längs des ganzen Rohres konstant, auch falls dessen Querschnitt nicht überall gleich groß ist.

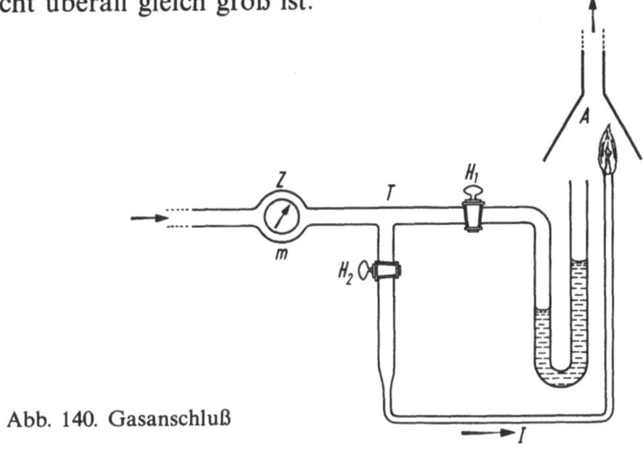

Abb. 140. Gasanschluß

Dem Gasdruck entsprechend stellt das Elektrizitätswerk bei einem elektrischen Anschluß zwischen den beiden Klemmen oder Polen der Steckdose eine *elektrische Spannung* her. Wir messen sie mit einem Voltmeter, dessen beide Klemmbuchsen mit je einer der Klemmen an der Steckdose durch einen Metalldraht, einen elektrischen Leiter (s. auch § 108), verbunden werden. Auch hier schlägt das Voltmeter nicht aus, falls nur ein Draht ausgelegt wird. Außer den Steckdosen des städtischen Netzes kennen wir noch andere *Spannungsquellen*, wie Taschenlampenbatterien, Akkumulatoren, Dynamomaschinen oder Thermoelemente, bei denen stets die Spannung zwischen zwei Buchsen oder Klemmen auftritt. Es gibt ein Normalelement (s. § 112), mit dem ein Spannungsmesser in Volt (V) geeicht werden kann, der Einheit, in der Spannungen gemessen werden. Gedanklich unterscheidet sich dieses Verfahren kaum von dem bei der Eichung einer Federwaage (s. § 9) mit einem Normalgewicht.

Während beim Gas in der Zuleitung stets ein höherer Druck als in der Ableitung herrscht, erscheinen die beiden Pole der Steckdose zunächst als völlig gleichberechtigt. Beim Normalelement z. B. schlägt aber das Voltmeter in entgegengesetzter Richtung aus, wenn die Verbindung umgepolt wird. Wir verwenden bei diesem Experiment ein sog. Drehspulinstrument (s. § 126) als Spannungsmesser. Wie die Druckdifferenz hat also auch die elektrische Spannung einen Richtungssinn, den man an den Klemmen des Normalelementes willkürlich festlegt. So wird bei der Taschenlampenbatterie der innere Kohlestab als +Pol und der äußere Zinkbecher mit −Pol bezeichnet, vgl. § 112. Die Polarität einer unbekannten Spannungsquelle kann dann durch die Ausschlagsrichtung des geeichten Voltmeters ermittelt werden.

Die Schaltskizze mit Steckdose und dem Voltmeter finden wir in Abb. 141 dargestellt. Dort ist zusätzlich noch ein *geschlossener Stromkreis* eingezeichnet worden, in dem ein elektrischer Strom dauernd fließt. Wir stellen uns vor, daß dabei *elektrische Ladungen* oder eine *Elektrizitätsmenge* Q während der Zeitspanne t durch einen Leiterquerschnitt transportiert werden. Als elektrische Stromstärke bezeichnen wir

$$I = \frac{Q}{t}.$$

Diese und nicht die Ladung Q läßt sich mit einem Zeigerinstrument, dem Amperemeter, unmittelbar messen. Dieses ist stets so einzuschalten, daß es von dem Strom durchflossen wird, dessen Stromstärke gemessen werden soll. Die Einheit der Stromstärke, das Ampere (A), wird mit Hilfe der chemischen Wirkung des elektrischen Stromes (s. § 105) festgelegt. Die meisten Strommesser nutzen die magnetische Kraftwirkung auf den elektrischen Strom aus, s. § 125α; auch die Wärmewirkung kann dazu herangezogen werden. Die *Stromrichtung* durch die angeschalteten Drähte, die sog. *äußere* Schaltung, wird vom Plus- zum Minuspol der Spannungsquelle festgelegt. – Zur Bestimmung der Ladung, die durch einen Querschnitt des Leiters geschlossen ist, muß man Stromstärke und Zeitdauer messen und erhält $Q = I \cdot t$. Sie wird also in Amperesekunden (As) angegeben, wofür auch die Bezeichnung Coulomb (C) verwendet wird.

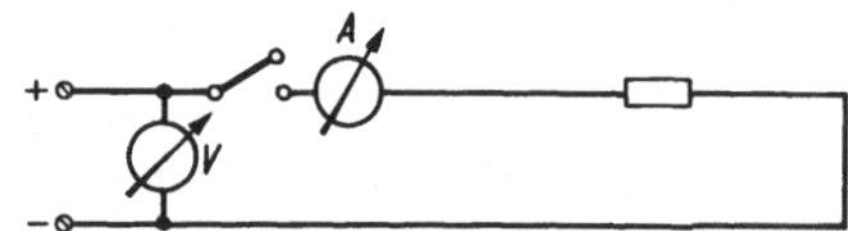

Abb. 141. Spannungsquelle mit Meßinstrumenten für Spannung (V) und Stromstärke (A)

Damit haben wir die Begriffe Spannung und Stromstärke in enger Anlehnung an die Vorbilder beim Materiestrom des Gases eingeführt. Über ihr „Wesen" wurde ebenso wenig etwas gesagt, wie früher über das der Masse oder der Zeit. Für die physikalische Arbeitsmethode ist es ausreichend, wenn Meßgeräte, Meßvorschriften und Einheiten dafür zur Verfügung stehen. Das schließt nicht aus, daß die Experimente uns noch zur Erkenntnis von gesetzmäßigen Zusammenhängen zwischen Ladung und Spannung führen werden. Diese lassen sich dazu verwenden, um die eine dieser Größen mit Hilfe der anderen zu „definieren" (s. § 96). Eine von ihnen muß aber auf jeden Fall als neue besondere Naturgröße einfach hingenommen werden, wenn man elektrische Erscheinungen behandeln will.

§ 91. Ohmsches Gesetz. Wir betrachten jetzt den Zusammenhang zwischen Stromstärke und Spannung. Dazu schalten wir mehrere Akkumulatoren hintereinander, indem wir bei zwei benachbarten stets Plus- und Minuspol verbinden, s. Abb. 142. Mit dem Voltmeter beobachten wir, daß zwei hintereinandergeschaltete Akkumulatoren, wenn jeder einzelne an seinen Polen die Spannung U_0 besitzt, zusammen die Spannung $2U_0$ und daß n Zellen hintereinander die Spannung nU_0 ergeben.

Wir schließen dann einen äußeren Stromkreis an, der einen Strommesser und einen langen dünnen „Widerstandsdraht" AB enthält. Ändern wir die Zahl n der

Akkumulatoren und damit die Gesamtspannung $U = nU_0$ und messen die Stromstärke I, so erkennen wird, daß der Strom proportional der Zahl der Zellen, also proportional der Spannung ansteigt. Schalten wir beliebige andere Stromquellen ein, so finden wir immer, daß der Quotient U/I konstant ist, d. h. die angelegte Spannung und die Stromstärke in einem metallischen Leiter sind einander proportional oder

$$U = RI .$$

Das ist der Inhalt des *Ohmschen Gesetzes*[51], das ganz der Beziehung für strömende zähe Flüssigkeiten entspricht, nach der die Stromstärke der Druckdifferenz proportional ist, vgl. § 47. Ändern wir die Abmessungen oder das Material des Leiters, nehmen also z. B. statt eines Kupferdrahtes einen Eisendraht, so zeigt sich, daß für jeden Draht das Ohmsche Gesetz gilt, wobei lediglich die Proportionalitätskonstante R jedesmal einen anderen Wert besitzt. Diesen für den betreffenden Leiter charakteristischen Quotienten

$$\frac{\text{Spannung zwischen den Enden des Leiters}}{\text{Strom im Leiter}}$$

bezeichnen wir als seinen *elektrischen Widerstand R*. Je größer R ist, um so höher ist die erforderliche Spannung, um denselben Strom zu erhalten. Über die modellmäßige Deutung des Ohmschen Gesetzes s. § 106.

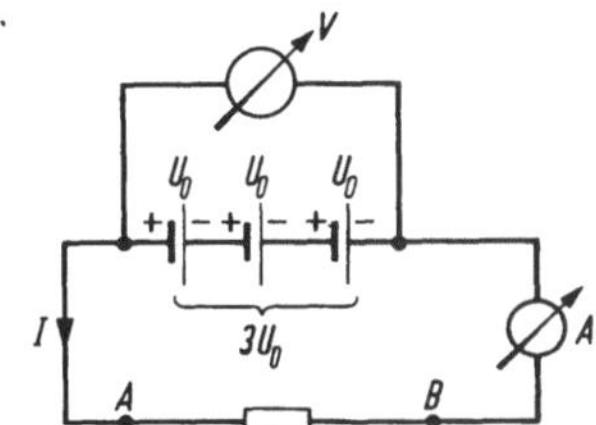

Abb. 142. Zum Ohmschen Gesetz

Die Einheit des elektrischen Widerstandes ist durch die frühere Wahl der Einheiten für Strom und Spannung bereits festgelegt. Aus der Definitionsgleichung für den Widerstand: $R = U/I$ ergibt sich seine Einheit zu V/A. Man nennt sie Ohm [Ω].

Untersucht man verschiedene Drähte desselben Materials, so stellt man fest, daß der Widerstand eines Drahtes seiner Länge l direkt proportional und seinem Querschnitt F umgekehrt proportional ist. Es ist also

$$R = \frac{\varrho l}{F},$$

wo ϱ den *spezifischen Widerstand*, eine Materialkonstante, bedeutet. Er wird gemessen in der Einheit $\Omega \cdot \mathrm{m}$.

[51] Georg Simon Ohm, 1789—1854, Lehrer an der Kriegsschule in Berlin und später Professor an der Universität München.

In Tab. 15 sind die spezifischen Widerstände einiger Stoffe angegeben. Der reziproke Wert $1/\varrho = \sigma$ heißt die *Leitfähigkeit* oder das *elektrische Leitvermögen* des betreffenden Stoffes. Wie ein Vergleich mit Tab. 14 zeigt, sind gute elektrische Leiter auch gute Wärmeleiter.

Tabelle 15. *Spezifische Widerstände einiger Stoffe in Ohm · m*

Stoff	$\varrho \cdot 10^6$	Stoff	$\varrho \cdot 10^6$	Stoff	ϱ
Reine Metalle:		Legierungen:		Isolatoren:	
Ag	0,015	Messing	0,063—0,09	Glas	$5 \cdot 10^{11}$
Cu	0,016	Konstantan		Transformatorenöl	10^9—10^{10}
Al	0,029	(Ni, Cu, Zn)	0,49—0,52	Flüssige Luft	10^{19}
Zn	0,060	Manganin		Quarzglas	$< 5 \cdot 10^{16}$
Fe	0,10	(Cu, Mn)	0,42	Porzellan	10^{12}
Pt	0,098			Polyäthylen	$> 10^{14}$
Hg	0,96				

Es ist nützlich, von der Größe der im täglichen Leben vorkommenden Spannungen und Stromstärken eine richtige Vorstellung zu haben. Wir stellen daher einige Beispiele zusammen.

Spannungen:

Thermospannungen bei 100° C Temperaturdifferenz	≈0,01 V
Akkumulator	2 V
Akkumulatorenbatterie bei Kraftfahrzeugen	6 oder 12 V
Ortsnetze der Lichtleitung	meist 220 V
Überlandleitung	15000—200000 V

Stromstärken:

Photozelle (Belichtungsmesser)	≈0,005 A
Glühlampen für Zimmerbeleuchtung	0,2–0,6 A
Heizofen, Waschmaschine	5–15 A
Straßenbahn	≈100 A

Das Ohmsche Gesetz gilt nun nicht nur für die Spannung der Stromquelle und den gesamten Stromkreis sondern auch für jedes einzelne Leiterstück. Schalten wir zwei Widerstände R_1 und R_2 im Stromkreis *hintereinander*, so fließt derselbe Strom nacheinander durch beide. Mit einem Voltmeter wird dann zwischen

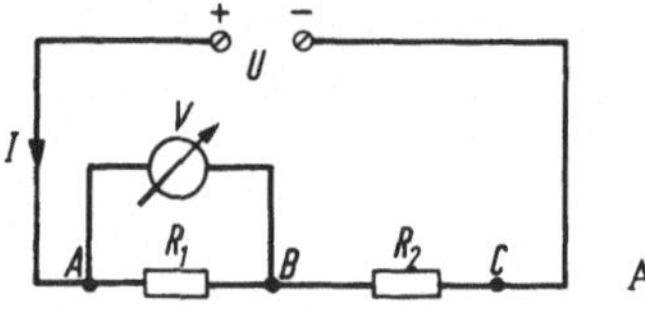

Abb. 143. Reihenschaltung

den Punkten A und B eine Spannung $U_1 = IR_1$ gemessen (s. Abb. 143) und entsprechend zwischen B und C die Spannung $U_2 = IR_2$. Man spricht vom *Spannungsabfall* an dem betreffenden Widerstand. Aus diesen beiden Beziehungen ergibt sich ihr Verhältnis $U_1/U_2 = R_1/R_2$, d.h. am kleineren Widerstand liegt auch der kleinere Spannungsabfall. Die Messungen ergeben, daß die Summe der

Spannungsabfälle gleich der Spannung U der Stromquelle ist:

$$U = U_1 + U_2 = I(R_1 + R_2).$$

Für den ganzen Stromkreis gilt $U = IR$, wobei R die Bedeutung eines Gesamtwiderstandes hat. Für ihn folgt aus der oben stehenden Beziehung:

$$R = R_1 + R_2,$$

d. h. bei der *Reihen-* oder *Serienschaltung* addieren sich die Teilwiderstände. Inhaltlich stimmt damit der bereits erwähnte Satz überein, daß der Widerstand eines Drahtes von konstantem Querschnitt proportional zu seiner Länge ist.

§ 92. Stromverzweigung. Teilt sich der Strom I bei A in mehrere Ströme I_1, I_2 und I_3, so gilt, s. Abb. 144,

$$I = I_1 + I_2 + I_3,$$

d. h. der auf den Verzweigungspunkt A hinfließende Gesamtstrom ist gleich der Summe der von A wegfließenden Teilströme. Dieser Satz ist einfach die Folge davon, daß abgesehen von der Stromquelle im ganzen Leitersystem nirgendwo Ladungen verschwinden können oder zusätzlich erzeugt werden. (Satz von der Konstanz der Ladungen.)

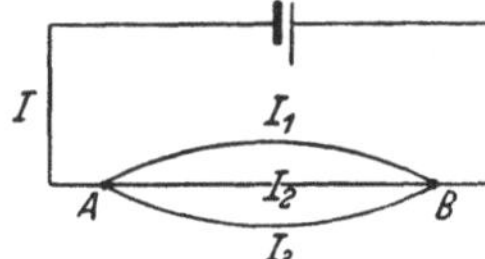

Abb. 144. Stromverzweigung

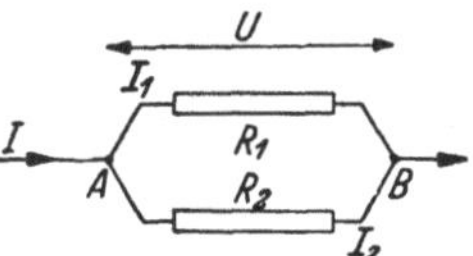

Abb. 145. Parallelschaltung von Widerständen

Zwei parallel geschaltete Widerstände R_1 und R_2 besitzen zwischen ihren gemeinsamen Endpunkten A und B die gleiche Spannung U, s. Abb. 145. Sie beträgt nach dem Ohmschen Gesetz

$$U = I_1 R_1 = I_2 R_2.$$

Daraus errechnet sich das Verhältnis der beiden Teilströme $I_1/I_2 = R_2/R_1$, d. h. bei der Verzweigung fließt der größere Strom durch den Leiter mit dem kleineren Widerstand.

Der resultierende Gesamtwiderstand R der beiden Widerstände in Parallelschaltung folgt aus der Beziehung

$$R = \frac{U}{I} = \frac{U}{I_1 + I_2} = \frac{R_1 R_2}{R_1 + R_2}$$

Das läßt sich einfacher darstellen in der Form:

$$\frac{1}{R} = \frac{1}{R_1} + \frac{1}{R_2}.$$

Der reziproke Wert des Gesamtwiderstandes mehrerer parallel geschalteter Leiter ist also gleich der Summe der reziproken Werte der einzelnen Widerstände.

$1/R$ heißt auch *Leitwert*. Auch verwickeltere Schaltungen lassen sich mit Hilfe zweier von KIRCHHOFF angegebener Gesetze beherrschen. Sie verallgemeinern die bisher besprochenen Gesetzmäßigkeiten über die Teilströme und Spannungsabfälle.

1. Kirchhoffsches Gesetz: In jedem Verzweigungspunkt, s. Abb. 146, *ist die Summe aller zu- und abfließenden Ströme Null.* Dabei sind die zufließenden Ströme positiv, die anderen negativ zu zählen, also

$$I_1 + I_2 - I_3 + I_4 - I_5 = 0 .$$

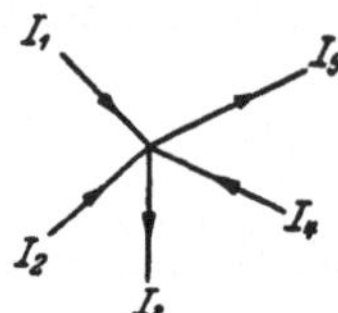

Abb. 146. Zum 1. Kirchhoffschen Gesetz

2. Kirchhoffsches Gesetz: In jedem noch so verzweigten Leitersystem ist in einem geschlossenen Stromkreis, den wir beliebig herausgreifen können, die Summe der durch Spannungsquellen erzeugten Eigenspannungen ΣU_e gleich der Summe der Spannungsabfälle. Wählen wir die Ströme in der Uhrzeigerrichtung positiv, in der anderen Richtung negativ, gilt in Abb. 147

$$\Sigma U_e = I_1 R_1 + I_2 R_2 - I_3 R_3 + I_4 R_4 - I_5 R_5 .$$

Wenn in dem betreffenden Stromkreis keine Stromquelle vorhanden ist (s. Abb. 147a), dann ist $\Sigma U_e = 0$, und auch die Summe der Spannungsabfälle wird Null. Sind andererseits zwei Stromquellen U_{e1} und U_{e3} vorhanden, die gegeneinander wirken (s. Abb. 147b), so ist

$$\Sigma U_e = U_{e1} - U_{e3} .$$

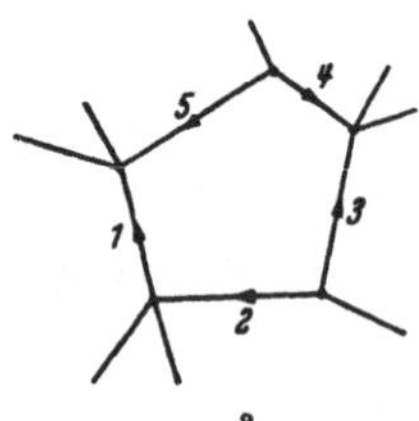

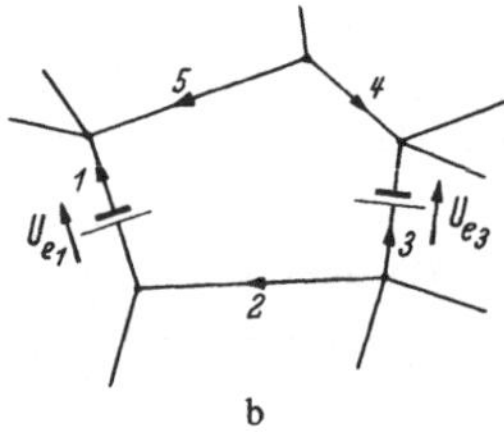

Abb. 147. Zum 2. Kirchhoffschen Gesetz. Stromkreis ohne Stromquelle (a), Stromkreis mit Stromquellen (b)

§ 93. Schaltungen und Meßmethoden.

1. Umgeeichte Strommesser als Spannungsmesser. Um die Spannung zwischen zwei Punkten A und B eines Stromkreises zu messen, schalten wir in den Nebenschluß einen Strommesser mit Vorschaltwiderstand, so daß der Gesamtwiderstand dieses Zweiges R' beträgt, s. Abb. 148. Mit Hilfe des Ohmschen Gesetzes folgt aus der gemessenen Stromstärke I' die gesuchte Spannung $U_{AB} = I'R'$. Wir können daher als *Spannungsmesser* oder *Voltmeter* einen Strommesser mit eingebautem bekanntem Vorschaltwiderstand benutzen, dessen Skala direkt die Spannung in Volt an den Klemmen des Instrumentes angibt. Um den Hauptstrom I zwischen A und B nicht merklich zu schwächen, ist der Widerstand des Spannungsmessers so groß zu wählen, daß durch diesen nur ein geringer Bruchteil von I fließt.

Wird noch zusätzlich ein Widerstand $9R'$ vorgeschaltet, so gilt jetzt $U_{AB} = 10R'I'$. Mit demselben Ausschlag (I') kann dann die 10fache Spannung gemessen werden (Bereichsschaltung eines Voltmeters).

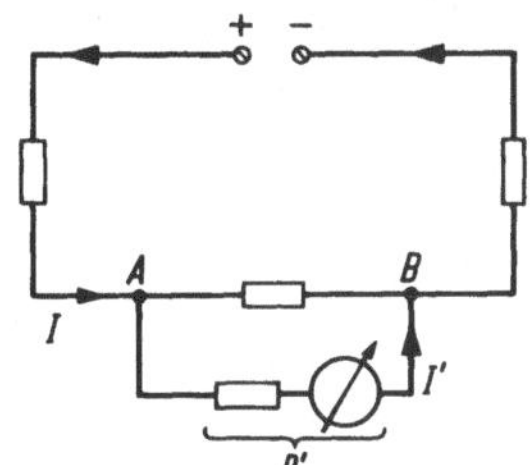

Abb. 148. Stromdurchflossener Spannungsmesser

2. *Erweiterung des Meßbereiches eines Strommessers.* Ist der zu messende Strom für das Instrument zu groß, so schalten wir zu diesem einen Widerstand parallel, sog. *Shunt*, s. Abb. 149. Wählen wir für die Widerstände von Instrument R_A und Nebenschluß R_N z. B. das Verhältnis $\frac{R_A}{R_N} = \frac{99}{1}$, so verhalten sich die Ströme durch das Instrument I_A und durch den Nebenschluß I_N umgekehrt, es gilt also $\frac{I_A}{I_N} = \frac{1}{99}$. Daher geht vom Gesamtstrom $I = I_A + I_N$ nur $^1/_{100}$ durch das Instrument, dessen Meßbereich also durch diesen Nebenschluß auf das 100fache vergrößert ist.

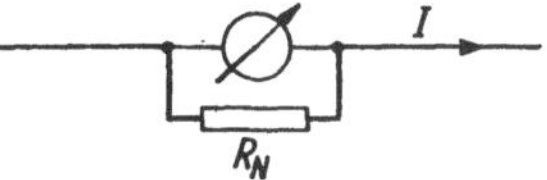

Abb. 149. Erweiterung des Meßbereiches eines Strommessers

3. *Schaltung von Geräten und Meßinstrumenten.* Meist ist die Spannung der Stromquelle vorgegeben. Die Stromstärke hängt dann vom Widerstand des Stromkreises ab. Um sie zu regulieren, benutzt man Widerstände, wie Kurbel- und Schiebewiderstände, deren Drahtwicklungen aus einer schlecht leitenden Legierung wie Manganin bestehen. Mit einem verschiebbaren Abgriff läßt sich die Zahl der eingeschalteten Windungen, d. h. die Länge des Widerstandsdrahtes, ändern.

Will man gleichzeitig die Stromstärke und die Spannung an einem Gerät L messen, so benutzt man eine Schaltung nach Abb. 150. R ist ein regulierbarer Vorschaltwiderstand. Da die Stromstärke I überall im Kreise dieselbe ist, kann der Strommesser A an beliebiger Stelle in den Hauptkreis eingeschaltet werden.

Für viele Zwecke, insbesondere wenn das Gerät nur eine Spannung kleiner als die der Spannungsquelle benötigt, benutzt man vorteilhaft die *Spannungsteiler-*

oder *Potentiometerschaltung*, s. Abb. 151, die es gestattet, beliebig kleine und regulierbare Spannungen abzugreifen. Über dem Widerstand $R_1 + R_2$ oder zwischen den Punkten A und B liegt die Gesamtspannung U, über R_1 die Spannung U_1, für die sich aus den Beziehungen für die Reihenschaltung ergibt $U_1 = \frac{U R_1}{R_1 + R_2}$. Man kann also durch Verschieben des Abzweigpunktes C längs des Schiebewiderstandes jede beliebige Spannung zwischen O und U abgreifen. U_1 ist gewissermaßen die Betriebsspannung für ein weiteres an AC anzuschließendes hochohmiges Gerät. Dessen Widerstand muß beträchtlich größer als R_1 sein, damit die Spannung nicht bei seinem Anschalten gegenüber U_1 absinkt.

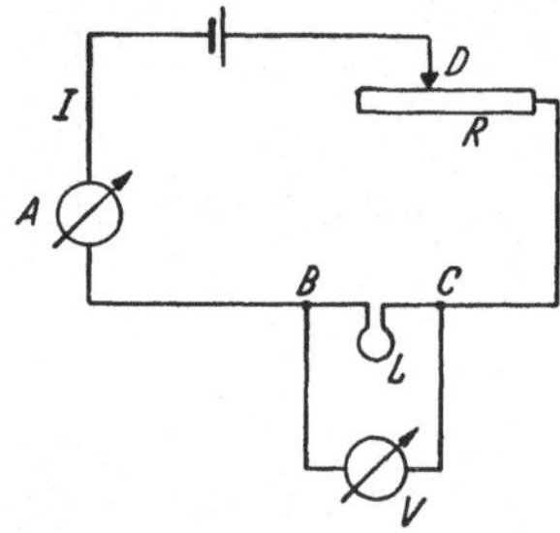

Abb. 150. Messung von Stromstärke und Spannung an einem Gerät L

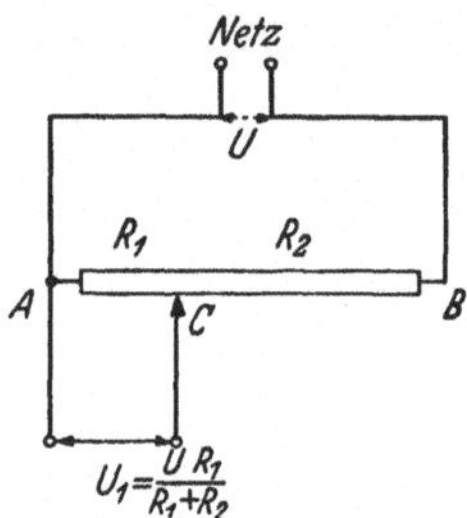

Abb. 151. Spannungsteilerschaltung

4. *Klemmenspannung.* Die Spannung an den Polen einer Stromquelle (Akkumulator oder Dynamomaschine) nennt man ihre *Klemmenspannung* U_a. Wird kein Strom entnommen, so ist die Klemmenspannung genau so groß wie die Eigenspannung U_e, auch häufig *elektromotorische Kraft* (EMK) genannt. Bei geschlossenem Stromkreis sinkt die Klemmenspannung ab, und zwar um so mehr, je stärker der entnommene Strom I ist. Das liegt daran, daß auch die Stromquelle,

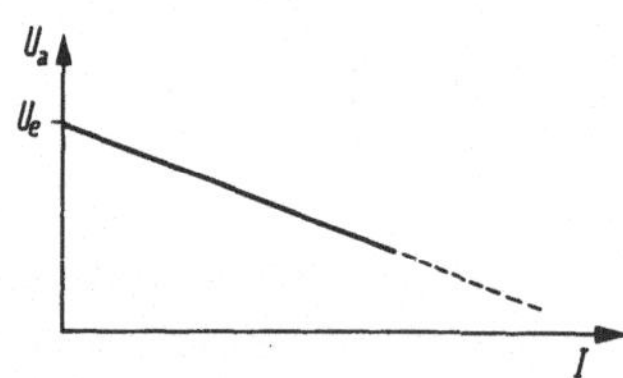

Abb. 152. Spannungsabfall einer Spannungsquelle bei Stromentnahme

z. B. die Flüssigkeit des Akkumulators, einen *inneren Widerstand* R_i hat. Der entnommene Strom muß auch diesen Innenwiderstand R_i durchfließen. Er ruft an ihm einen Spannungsabfall $I R_i$ hervor, um den sich die Klemmenspannung gegenüber der Eigenspannung erniedrigt:

$$U_a = U_e - I R_i .$$

Abb. 152 zeigt dieses Absinken der Klemmenspannung bei steigender Stromentnahme. Man erkennt das z. B. beim Anlassen eines Automotors am Nachlassen der Helligkeit der eingeschalteten Lampen.

5. Kompensationsmethode zur Messung von Eigenspannungen. Die unbekannte Spannung U_x einer Spannungsquelle, z. B. eine Thermospannung, messen wir am sichersten mit Hilfe der *Kompensationsmethode*, s. Abb. 153. Die Vergleichsspannung U erzeugt am Widerstand R_2 den Spannungsabfall

$$U_2 = U R_2/(R_1 + R_2).$$

Wenn U_2 der gesuchten Spannung U_x gleich ist, so liegt zwischen den Punkten B und C die Spannung Null. Das dort eingeschaltete sehr empfindliche Amperemeter, auch Galvanometer genannt, schlägt nicht aus. Bei der Messung wird die Abgriffstelle so eingestellt, daß dies der Fall ist, dann errechnet sich die gesuchte Spannung zu $U_x = U R_2/(R_1 + R_2)$. Um diese Kompensation zu erreichen, müssen natürlich die beiden Spannungsquellen zueinander richtig gepolt sein, s. Abb. 153.

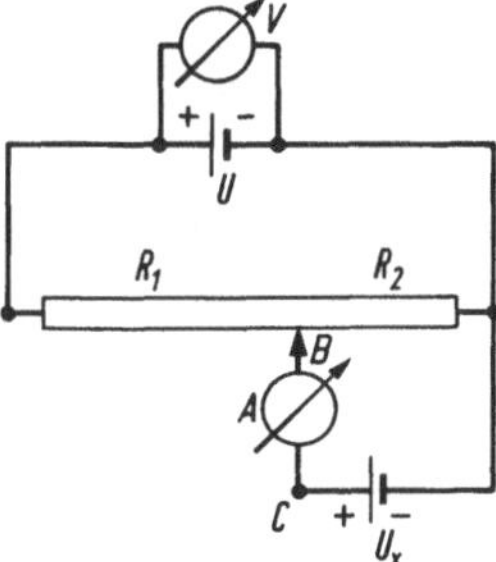

Abb. 153. Kompensationsschaltung

Da man bei diesem Meßvorgang der Stromquelle U_x keinen Strom entnimmt, tritt an ihrem Innenwiderstand kein Spannungsabfall auf, gleichgültig, wie groß er ist. Man mißt also direkt die EMK, d. h. U_x, während bei Verwendung eines umgeeichten Strommessers als Spannungsmesser besonders bei größerem Innenwiderstand der Spannungsquelle das nicht zutrifft.

6. Wheatstonesche Brücke. Für Widerstandsmessungen benutzt man meistens die sog. *Wheatstonesche Brückenschaltung.* Wir schalten den unbekannten Widerstand R_x mit den bekannten Widerständen R_1, R_2 und R_3, wie in Abb. 154

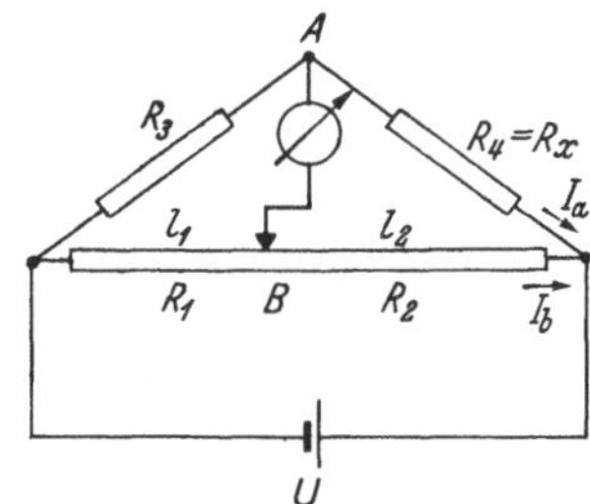

Abb. 154. Wheatstonesche Brücke

gezeichnet, zusammen. In die Brücke, d. h. in die Verbindung der Punkte A und B schalten wir ein empfindliches Galvanometer. R_1 und R_2 sind veränderlich, am einfachsten dadurch, daß sie zusammen einen ausgespannten Widerstandsdraht bilden und der Brückendraht diesem Meßdraht schleifend entlanggeführt werden kann. Die Widerstände R_1 und R_2 verhalten sich dann einfach wie die Drahtlängen l_1 und l_2. Man verschiebt nun den Schleifkontakt B so lange, bis die Brücke stromlos geworden ist. Das ist der Fall, wenn zwischen den Punkten A und B keine Spannung herrscht, d. h. wenn die Spannungsabfälle längs R_1 und R_3 gleich sind und ebenso längs R_2 und R_4. Dann gelten aber die Beziehungen:

$$R_1 I_b = R_3 I_a \,; \qquad R_2 I_b = R_x I_a$$

oder nach Division und Umformung:

$$\frac{R_x}{R_3} = \frac{R_2}{R_1} = \frac{l_2}{l_1},$$

womit wir den unbekannten Widerstand R_x bestimmen können.

B. Das elektrische Feld

§ 94. Elektrometer. Eine andere Methode, elektrische Spannungen zu messen, ohne daß dauernd ein Strom fließen muß, ergibt sich aus folgender Beobachtung, die gegenüber den bisher besprochenen Gesetzmäßigkeiten eine neue elektrische Erscheinung bringt. Wir verbinden die beiden Klemmen einer Spannungsquelle, z. B. einer Influenzmaschine, die genügend hohe Spannungen liefert (vgl. § 110), über Metalldrähte mit zwei Metallplatten. Diese sind so an isolierenden Glasstäben befestigt, daß die eine sich bewegen kann, s. Abb. 155. Nach Anlegen der Spannung beobachten wir ein Schwenken dieser Platte zur anderen hin. Es muß also eine anziehende Kraft zwischen beiden bestehen.

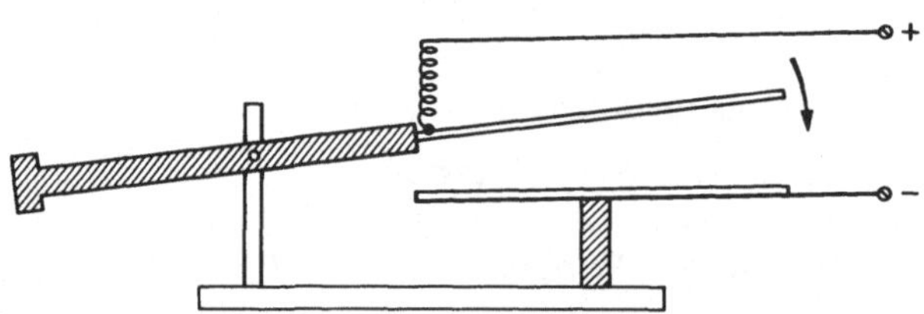

Abb. 155. Kraftwirkung zwischen zwei elektrisch geladenen Platten

Geräte, die diese Kraft zur Anzeige von Spannungen ausnutzen, nennt man *statische Spannungsmesser* oder *Elektrometer*. Beim Blättchenelektrometer legt man die zu messende Spannung zwischen den Haltestab der beiden Blättchen und das Gehäuse (s. Abb. 156). An dem Auslenkungswinkel der Blättchen erkennt man

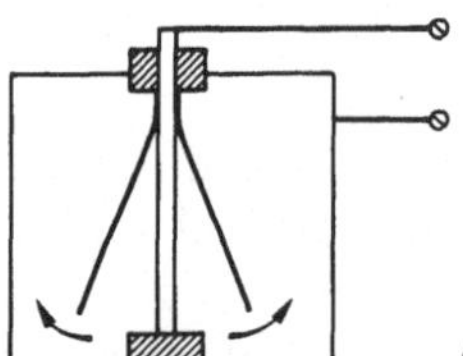

Abb. 156. Blättchen-Elektrometer, schematisch

die auf sie wirkende elektrische Kraft, da im neuen Gleichgewichtszustand die rücktreibende Kraft gleich groß sein muß. Diese aber wird von der Schwerkraft geliefert wie beim Pendel (s. § 53) und steigt mit dem Ausschlag, bei kleinem Winkel ist sie diesem proportional. Die Beobachtungen ergeben, daß die wirkende Kraft mit der anliegenden Spannung wächst. Die Skala des Elektrometers kann daher durch Vergleich mit anderen Voltmetern in V oder kV geeicht werden. Beim Umpolen der Spannungsquelle entsteht derselbe Ausschlag am Elektrometer, d. h. die Ausschlagsrichtung ist beim Blättchenelektrometer von der Richtung der angelegten Spannung unabhängig.

Für genaue Messungen bis zu einigen 100 V benutzt man gerne ein *Zweifadenelektrometer*, s. Abb. 157. Das bewegliche System besteht aus zwei feinen Platindrähten K, die durch einen elastischen Quarzbügel Q gespannt werden. Sie befinden sich zwischen zwei mit dem Gehäuse verbundenen Drahtbügeln A. Legt man zwischen System und Gehäuse eine Spannung an, so werden die beiden Platinfäden von den Drähten A angezogen. Die Fadenspreizung, die mit dem Mikroskop beobachtet wird, ist innerhalb eines gewissen Meßbereiches der angelegten Spannung ungefähr proportional.

Abb. 157. Zweifadenelektrometer (aus POHL: Elektrizitätslehre)

§ 95. Ladung und Spannung, Influenz. Wir schließen ein Elektrometer an eine Spannungsquelle an, wie es im Schaltbild von Abb. 158 angedeutet ist. Der Ausschlag bleibt erhalten, wenn die Zuführungsdrähte entfernt werden. Da also die Kraftwirkung zwischen je einem der Fäden und dem Gehäuse weiter besteht, muß sich dort beim Verbinden mit den Polen der Spannungsquelle etwas geändert haben.

Abb. 158. Statische Spannungsmessung, Schaltskizze

Einzelheiten dieses Vorgangs können wir genauer untersuchen, wenn wir in die Zuführungsleitung einen Strommesser schalten, s. Abb. 159. Dort werden wieder zwei parallele Metallplatten wie in Abb. 155 verwendet, und das Elektrometer dient nur dazu, die Spannung zwischen ihnen statisch zu messen. Stellen wir die metallische Verbindung bei C_1 und C_2 her, so schlagen beide Strommesser kurzzeitig aus. Es fließt also eine kurze Zeit lang ein Strom, oder eine begrenzte elektrische Ladung Q wird durch den betreffenden Draht transportiert. Ihre Größe ist, wie wir später sehen werden (s. § 126), dem maximalen Ausschlag dieses sog. ballistischen Galvanometers proportional. An der Ausschlagsrichtung läßt sich außerdem noch die Stromrichtung, d. h. die Richtung des Ladungstransportes erkennen. Die Pfeile in Abb. 159 deuten das Meßergebnis an: Eine gleich große Ladung fließt vom Pluspol der Spannungsquelle in die linke Platte wie aus der rechten Platte in den Minuspol. Dieser Ladungstransport ist danach die Voraussetzung dafür, daß zwischen den Platten eine elektrische Spannung liegt. Anschließend trennen wir die Verbindungen zur Spannungsquelle bei C_1 und C_2 wieder auf, wobei Ladungen nicht mehr verschoben werden. Spannung und Elektrometerausschlag bleiben erhalten.

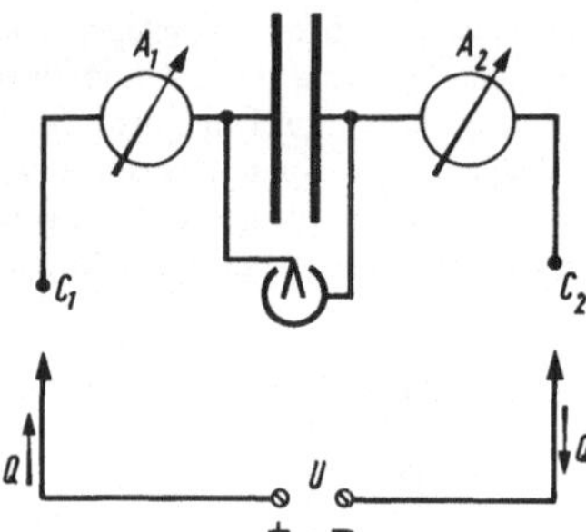

Abb. 159. Ladestrom eines Kondensators

In einem zweiten Experiment verbinden wir danach die Punkte C_1 und C_2 unmittelbar durch einen Draht. Wir beobachten dann am Ausschlag der Strommesser das Fließen der gleichen Ladungen, nur in entgegengesetzter Richtung. Anschließend zeigt das Elektrometer die Spannung Null an. Auch ohne Mitwirkung einer elektrischen Spannungsquelle sind also die Ladungen „verschwunden", die hier die Ursache für die Spannung waren.

Die bisher besprochenen Beobachtungen legen die Vorstellung nahe, daß es zwei Sorten von elektrischen Ladungen gibt, die sich bei enger Zusammenlagerung in ihrer Wirkung nach außen kompensieren können. Sie werden daher sinngemäß als *positive* und *negative Ladungen* bezeichnet. Auf der linken Platte befand sich die Ladung $+Q$, auf der rechten $-Q$, als zwischen beiden eine Spannung lag.

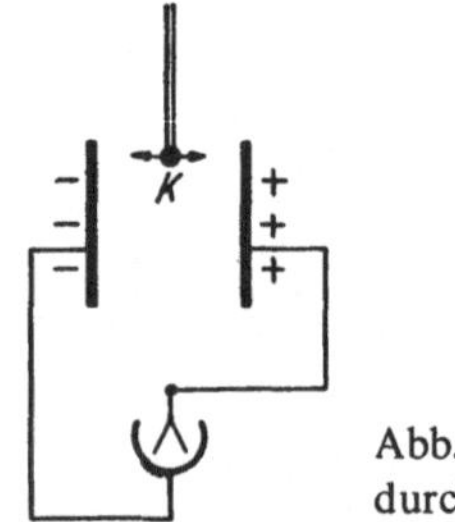

Abb. 160. Ausgleich von Ladungen durch einen Elektrizitätsträger

Das zeigt besonders sinnfällig folgender Versuch nach POHL: Wir nehmen eine kleine Metallkugel K, die an einem isolierenden Bernsteinstiel gehalten wird, und berühren mit dieser abwechselnd die linke und rechte Platte, nachdem die leitende Verbindung zur Spannungsquelle getrennt worden ist, s. Abb. 160. Das angeschlossene Elektrometer zeigt, daß die Ladung und die Spannung abnehmen.

Wir haben also positive Ladungen nach links bzw. negative nach rechts geschafft, die die ungleichnamigen Ladungen auf der gegenüberliegenden Platte jeweils kompensieren oder neutralisieren. Offenbar können wir elektrische Ladungen wie *Substanzen* befördern.

Die beiden voneinander isolierten Platten bezeichnet man als *Kondensator*, der in der Lage ist, auf diese Weise elektrische Ladungen zu speichern. Abkürzend spricht man bei den beiden Experimenten von der Aufladung und Entladung des Kondensators. Damit erklärt sich auch der Richtungssinn der elektrischen Spannung: der Plus-Pol eines Kondensators oder einer Spannungsquelle ist durch eine positive elektrische Ladung gekennzeichnet, der Minus-Pol durch eine negative.

Bei der Entladung des Kondensators neutralisieren oder vereinigen sich die ursprünglich in den Platten getrennt vorhandenen Ladungen, ohne daß an den beteiligten Metallen ein bleibender Unterschied gegenüber normalem, ungeladenen Metall zu erkennen ist. Das ist ein erster Hinweis darauf, daß die Atome aus elektrisch geladenen Teilchen verschiedenen Vorzeichens sich zusammensetzen. Sie sind im ganzen elektrisch neutral, enthalten also gleich viel positive und negative Ladungen.

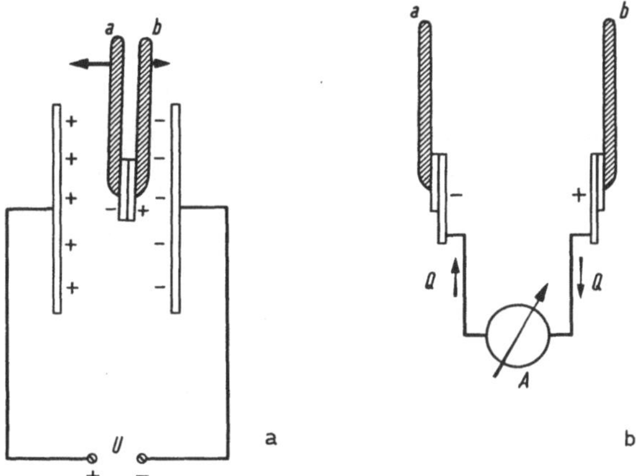

Abb. 161. Influenzversuch. Doppelplatte im Kondensator (a), Messung der influenzierten Ladungen (b)

Ein Experiment, in dem diese beiden Ladungssorten innerhalb einer elektrisch neutralen Materie getrennt werden, stellt der sog. *Influenz-Versuch* dar. Wir bringen zwei plane Metallscheibchen *a* und *b*, die an Griffen aus Isolierstoff befestigt sind, zwischen die Platten eines geladenen Kondensators, s. Abb. 161a. Sie berühren sich zunächst, werden dann auseinandergezogen und aus dem Kondensator getrennt herausgenommen, ohne dessen Platten zu streifen. Unmittelbar anschließend bringen wir sie mit je einer isoliert aufgestellten Standklemme in Berührung und beobachten, daß das dazwischengeschaltete ballistische Galvanometer ausschlägt (s. Abb. 161b). Aus der Richtung des Stromstoßes zu schließen, ist auf dem Scheibchen *a* eine negative und auf *b* die gleich große positive Ladung *influenziert* worden, d. h. sie haben sich innerhalb des Doppelscheibchens getrennt, als die beiden Scheibchen im Kondensator in Kontakt waren. Die anschließende Neutralisierung entspricht völlig der Entladung eines Kondensators und demonstriert, daß bei der Influenz keine neuen Ladungen erzeugt, sondern nur schon vorhandene getrennt werden.

Statt die beiden geladenen Scheibchen über einen Strommesser zu entladen, können wir sie auch mit Blättchen und Gehäuse eines Elektrometers in Verbindung bringen. Dieses zeigt danach eine Spannung an, weil die Ladungen zum größten Teil auf die berührten Teile des Elektrometers übergetreten sind. Damit ist ein Prinzip demonstriert, elektrische Spannungen überhaupt herzustellen, nämlich durch die Trennung von ungleichnamigen elektrischen Ladungen, vgl. auch § 110. Zugleich bestätigen uns die Influenzexperimente das Vorhandensein von elektrischen Ladungen zunächst in jedem Metall, aus dem wir die Scheibchen herstellen können.

Jetzt wird man noch die Frage stellen, welche der beiden Ladungssorten sich bei den Experimenten nun bewegt hat, und man wird etwas erstaunt sein über die Antwort, daß das belanglos ist für die Beschreibung der Vorgänge mit den Begriffen Stromstärke, Ladung und Spannung. Soll nämlich in der Anordnung von Abb. 159 die linke zunächst ungeladene Kondensatorplatte die Ladung $+Q$ erhalten, so könnte diese vom Pluspol der Spannungsquelle dorthin transportiert werden. Andererseits wäre es aber auch möglich, umgekehrt die Ladung $-Q$ von der Platte in den Pluspol zu überführen; dann würde nämlich die Ladung $+Q$ frei werden, die sie ursprünglich in der Platte neutralisiert hat. Ganz allgemein ist es für das Ergebnis gleichgültig, ob positive Ladungen in der einen oder negative Ladungen in der entgegengesetzten Richtung bewegt werden, d. h. die Wirkungen des Stromes sind dieselben. Als *Stromrichtung* „im gesetzlichen Sinne" konnte daher völlig willkürlich die Richtung festgelegt werden, in der sich positive Ladungen bewegen müßten, um den Endzustand zu erreichen. Das entspricht dem Stromfluß vom Pluspol zum Minuspol der Spannungsquelle (vgl. § 90), der auch beim Aufladen eines Kondensators kurzzeitig im ganzen Stromkreis vorhanden ist, ausgenommen der Strecke zwischen den Kondensatorplatten.

Im Grunde genommen ist nur die Zuordnung der Bezeichnungen Plus und Minus zu den beiden Ladungssorten willkürlich und rein historisch begründet. Da sich in den Metallen gerade die Elektronen als negative Ladungsträger bewegen, erweist sich diese Zuordnung in unserer heutigen Sicht nicht als besonders zweckmäßig. Fehler entstehen aber keineswegs, wenn man konsequent dieser Festsetzung der Stromrichtung bei der Formulierung der Naturgesetze folgt.

§ 96. Elektrische Feldstärke. Das Influenzexperiment von Abb. 161a hat uns gezeigt, daß sich auch im freien Raum zwischen den geladenen Kondensatorplatten elektrische Vorgänge abspielen. Sie bestehen hier in Kraftwirkungen auf die elektrischen Ladungen innerhalb der Materie der beiden Scheiben, wodurch die Ladungssorten getrennt werden. Während die ältere Vorstellung von einer Fernwirkungskraft zwischen den Ladungen auf den Kondensatorplatten und denen im davon räumlich getrennten Material ausging, sieht die Feldtheorie die Kräfte als Auswirkung eines besonderen Zustandes des Raumes an, den sie als *elektrisches Feld* bezeichnet. Man denkt dabei etwa an den Druckzustand in einer Flüssigkeit. So wird man z. B. in der hydraulischen Presse (s. Abb. 58 in § 41) auch nicht von einer Fernkraft zwischen den beiden Kolben sprechen, sondern die unmittelbar die Kolben berührenden Flüssigkeitsmoleküle üben wegen des Druckzustandes, der sich von Molekül zu Molekül überträgt, die Kraft aus. Eine mechanische Deutung des elektrischen Feldes, wie sie ursprünglich mit dem Lichtäther und dessen Spannungszuständen versucht wurde, ist allerdings nicht möglich. Wir müssen uns vielmehr darauf beschränken, seine charakteristischen Größen durch Meßvorschriften festzulegen und deren Zusammenhang mit anderen meßbaren Größen in Gesetzen auszudrücken.

Als erste Methode bietet sich an, das elektrische Feld des Plattenkondensators mit einer Probeladung Q_p zu untersuchen. Dazu hängen wir ein sehr leichtes, außen metallisiertes Kügelchen an einem Isolierstoff-Faden auf und bringen es zur Aufladung mit einem Pol der Spannungsquelle, eventuell auch einer Kondensatorplatte in Berührung. Am Auslenkungswinkel φ von der Lotrechten erkennen wir die Wirkung einer Kraft $\boldsymbol{K}$, s. Abb. 162. Diese erfolgt bei negativer Probeladung in entgegengesetzter Richtung und ist außerdem Q_p proportional. Wir können daher die Wirkung des elektrischen Feldes in jedem Punkt durch die sog. *elektrische Feldstärke* $\boldsymbol{E}$ beschreiben, die wir durch die Gleichung

$$\boldsymbol{E} = \frac{\boldsymbol{K}}{Q_p}$$

festlegen. Sie stellt einen Vektor dar, s. § 6, dessen Richtung die Kraft auf eine positive Probeladung angibt. Er zeigt von der positiven zur negativen Kondensatorplatte, bzw. vom Plus- zum Minuspol einer Spannungsquelle.

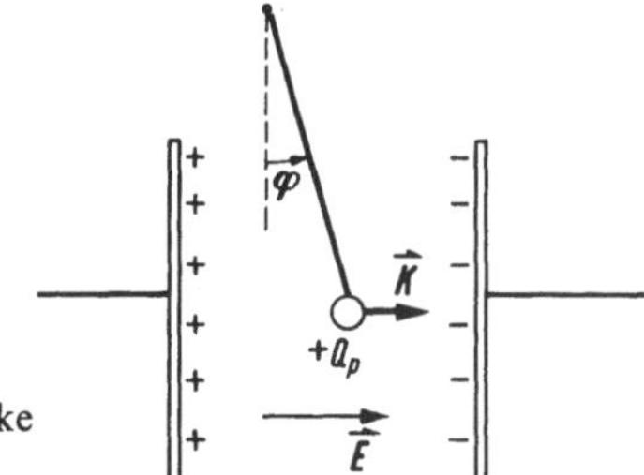

Abb. 162. Messung der elektrischen Feldstärke mit Probeladung

In jedem Punkt des Raumes läßt sich so der Vektor der elektrischen Feldstärke nach Größe und Richtung bestimmen. Für eine bessere Übersicht zeichnet man meistens aber die sog. *Kraftlinien* oder *elektrischen Feldlinien*. Sie sind so festgelegt, daß die Tangente in jedem Punkt einer Feldlinie die Richtung der elektrischen Feldstärke hat. Ein Beispiel davon ist für den Plattenkondensator in Abb. 163 zu sehen. Es beginnen die Feldlinien in positiven Ladungen und enden in negativen, womit ihr Richtungssinn festgelegt ist. Geschlossene, in sich zurückkehrende Feldlinien treten in zeitlich konstanten, sog. statischen Feldern nicht auf. Man sagt, das Feld ist wirbelfrei. Elektrische Wirbelfelder, die wir in § 129 und § 144 kennenlernen werden, besitzen nicht elektrische Ladungen als Quellen, was auf die Realität des elektrischen Feldes, d. h. auf seine Existenzfähigkeit in der Natur unabhängig von elektrischen Ladungen hinweist.

Durch jeden Punkt des elektrischen Feldes läßt sich danach eine Feldlinie legen. Um aber auch die Größe der Feldstärke in den Feldlinienbildern zum Ausdruck zu bringen, zeichnen wir darin nur so viel einzelne Linien durch die Flächeneinheit senkrecht zur Feldrichtung, wie der Betrag der Feldstärke an der betreffenden Stelle angibt. An Orten mit großer Feldstärke verlaufen sie dann besonders dicht.

Der Verlauf der Feldlinien hängt von der Gestalt der beiden Leiter ab, an welche die Spannung angelegt worden ist. Er ist daher im Plattenkondensator anders, s. Abb. 163, als in einem Kondensator, der aus zwei konzentrischen Kugeln gebildet ist, s. Abb. 164. In letzterem ist die Feldliniendichte an der inneren Kugel am größten. Im Plattenkondensator dagegen ist die Feldstärke in großen Gebieten nach Größe und Richtung konstant, man spricht von einem *homogenen Feld*. Die Streuung an den Rändern ist besonders dann nur von geringer Bedeutung, wenn der Abstand der z. B. kreisförmigen Platten sehr klein gegenüber ihrem Durchmesser ist.

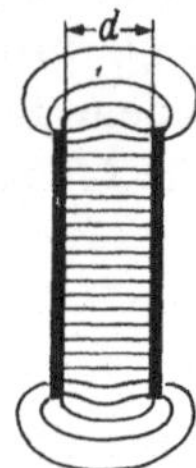

Abb. 163. Feld eines Plattenkondensators

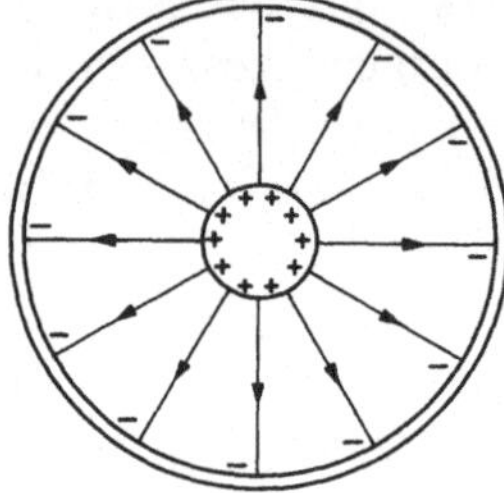

Abb. 164. Kugelkondensator

Bewegen wir die positive Probeladung Q_p im elektrischen Felde, im einfachsten Fall längs einer Kraftlinie und entgegen deren Richtungssinn, so müssen wir eine Arbeit leisten. Wenn dabei eine Strecke s zurückgelegt wird, beträgt sie $A = Ks = Q_p Es$. Bei Bewegung derselben Ladung in Richtung der Feldlinien wird diese Arbeit vom Ladungsträger gewonnen, dessen kinetische Energie entsprechend wächst.

Als *Spannung* zwischen zwei Punkten bezeichnet man nun

$$U = \frac{A}{Q_p},$$

wobei A die Arbeit ist, die man aus dem Felde gewinnt, wenn die Probeladung Q_p zwischen ihnen verschoben wird. Das können zwei beliebige Punkte im elektrischen Feld sein, jeder von ihnen kann aber auch auf einer der Kondensatorplatten oder der eine auf dem Pluspol und der andere auf dem Minuspol der Spannungsquelle liegen. In statischen Feldern ist diese Arbeit davon unabhängig, auf welchem Wege Q_p vom einen zum anderen Punkt gelangt. Bei diesen wirbelfreien Feldern ist die geleistete Arbeit Null, falls Anfangs- und Endpunkt des Weges zusammenfallen, wenn also ein geschlossener Weg durchlaufen wird. Das ist auch die notwendige Voraussetzung für die eindeutige Definition der Spannung zwischen zwei Punkten, wie sie eben angegeben wurde. Im Grunde verknüpft sie nur die beiden Begriffe Spannung und Ladung, wobei mit der Arbeit ein in der Mechanik bereits festgelegter Begriff benutzt wird. Nehmen wir aber die Ladung als gegeben hin, so ist damit eine „absolute" Meßvorschrift für die Spannung aufgestellt.

Die Spannung von einem Punkt zum Erdboden nennt man sein *Potential*. Diese Bezeichnung hängt mit der potentiellen Energie zusammen, die für eine

Probeladung Q_p an der betreffenden Stelle, bezogen auf die Erdoberfläche, gleich dem Produkt aus Potential und Q_p ist. Umgekehrt läßt sich die Spannung zwischen den Punkten A und B als Differenz ihrer Potentiale schreiben $U_{AB} = U_{A0} - U_{B0}$. Die Reihenfolge der Indizes, bei denen 0 die Erde bezeichnet, legt die Wegrichtung für Q_p fest, wenn sie die betreffende Spannung durch Arbeitsleistung ermittelt. Die Spannung U_{AB} ist positiv, d. h. A ist ihr Pluspol, wenn dabei an der positiven Probeladung vom Feld Arbeit geleistet wurde, die Ladung also potentielle Energie verlor. – Andererseits ist die Summe der Spannungen über einen geschlossenen Weg gleich Null: $U_{AB} + U_{BC} + U_{CA} = 0$ (s. auch 2. Kirchhoffsches Gesetz, § 92). Auf Flächen konstanten Potentials, sog. *Äquipotentialflächen*, tritt zwischen zwei beliebigen Punkten nie eine Spannung auf. Die elektrischen Feldlinien stehen auf diesen Flächen senkrecht, so daß die Feldstärke keine Kraftkomponente liefert, die ihnen parallel steht. Probeladungen können daher ohne Arbeitsleistung auf ihnen bewegt werden. Die Oberflächen von Kondensatorplatten oder der Erde sind bei ruhenden Ladungen stets Äquipotentialflächen, d. h. die Feldlinien enden senkrecht darauf.

Bei einer Spannungsquelle und einem davon gespeisten Stromkreis kann das Potential, also die Spannung gegen die Erde, noch ganz beliebig sein. Wäre es sehr hoch, so würde es einen Menschen gefährden, der einen Teil davon berührt, während er nicht isoliert auf dem Erdboden steht. Er empfindet einen „elektrischen Schlag", weil durch seinen Körper wegen der Potentialdifferenz ein Stromstoß fließt (Ohmsches Gesetz). Häufig wird daher ein Pol der Spannungsquelle *geerdet*, d. h. leitend mit der Erde verbunden, damit er das Potential Null, auch Erdpotential genannt, annimmt. Er ist dann gefahrlos zu berühren. Es kann der Minus- oder der Pluspol sein, bei Batterien oder anderen in Reihe geschalteten Spannungsquellen bevorzugt man zuweilen die Mitte, so daß die Pole das Potential $-U/2$ bzw. $+U/2$ besitzen, wenn U die Gesamtspannung ist. Bei den Messungen der Ladeströme eines Kondensators sollte man eine derartige *erdsymmetrische* Spannungsquelle verwenden, z. B. in Abb. 159.

In dem homogenen Feld des Plattenkondensators (s. Abb. 163) ist die Arbeit $A = Q_p E d$, um die Probeladung von einer zur anderen Platte über deren Abstand d zu bewegen. Andererseits beträgt sie aber auch $A = Q_p U_{12}$, wenn U_{12} die Spannung zwischen den Kondensatorplatten ist. Also gilt $E = U_{12}/d$. Wir geben also die elektrische Feldstärke E in der Einheit Volt/m an. Danach hat sie auch die Bedeutung eines *Potential*gefälles, das ist die Potentialdifferenz pro Längeneinheit, was wir am besten sehen, wenn wir umformen $E = (U_{10} - U_{20})/d$.

In Feldern, die nicht homogen sind, gilt diese Beziehung nur noch für sehr kleine Strecken, d. h. im Grenzfall wird $E_x = dU/dx$.

§ 97. Dielektrische Verschiebung. Es gibt noch eine zweite Methode, das elektrische Feld auszumessen. Sie umgeht die Kraftmessung an einer Probeladung, mit der die elektrische Feldstärke bestimmt wird (s. § 96), und knüpft unmittelbar an das Influenzexperiment an (s. Abb. 161). Dort haben wir die Ladungen mit dem ballistischen Galvanometer gemessen, die auf einer der beiden sich zunächst berührenden Plättchen im elektrischen Feld influenziert werden. Diese Ladungs- oder Elektrizitätsmenge Q_D ist auch ein Maß für das Feld, nur müssen wir dabei noch folgendes beachten: Zunächst erweist sich Q_D stets der Fläche des Plättchens

F_D proportional, so daß wir das Verhältnis von beiden, die sog. *Flächenladungsdichte*, zur Charakterisierung des Feldes benutzen müssen. Dann hängt die Ladung Q_D noch davon ab, wie das Doppelplättchen vor seiner Trennung im Felde orientiert ist. Laufen die elektrischen Feldlinien z. B. den Plättchen parallel, so wird überhaupt keine Ladung gemessen, während sie einen Maximalwert annimmt, wenn die Feldlinien senkrecht auf ihrer Oberfläche stehen. Diese Orientierung wird aufgesucht, und die dabei gemessene Ladung Q_D benutzen wir, um mit $D = Q_D/F_D$ eine zweite Feldgröße zu definieren, die wir *dielektrische Verschiebung* oder *elektrische Erregung* nennen. Sie ist wie die elektrische Feldstärke E ein Vektor mit der Richtung senkrecht zu den optimal orientierten Platten und wird in As/m^2 gemessen.

Die Vorgänge, die zu der Ladungstrennung im Metall des Doppelscheibchens führen, können wir auch betrachten, indem wir die Kraftwirkung der elektrischen Feldstärke auf dort befindliche Ladungen heranziehen. Im ersten Augenblick, nachdem das Metall in das elektrische Feld des Plattenkondensators hineingebracht worden ist, bleibt auch in ihm das elektrische Feld bestehen. Das ist aber für ein Metall als elektrischem Leiter kein Gleichgewichtszustand. Durch die wirkenden Kräfte werden Ladungen solange verschoben, bis das Feld im Metall verschwunden ist. Die elektrischen Kraftlinien, die von der positiven Platte des Kondensators ausgehen, enden nämlich jetzt in negativen Ladungen an der Oberfläche des eingebrachten Metalls. Sie beginnen auf dessen gegenüberliegender Oberfläche wieder in den dort angehäuften positiven Ladungen und enden schließlich auf der negativen Kondensatorplatte. Im Innern des Metalls verlaufen keine Kraftlinien mehr, so daß für eine weitere Verschiebung von Ladungen keine Ursache vorhanden ist.

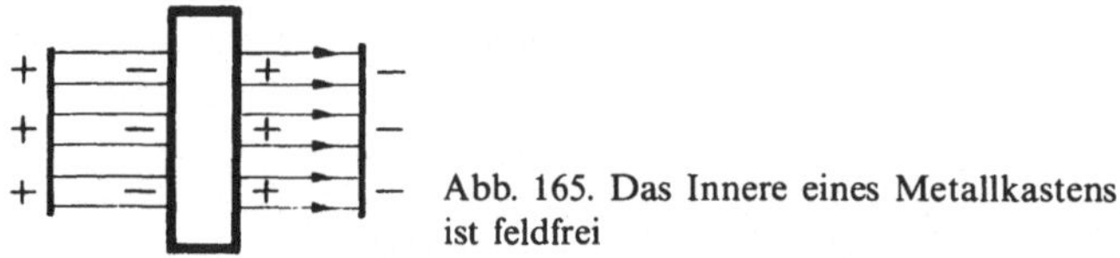

Abb. 165. Das Innere eines Metallkastens ist feldfrei

Auch bei einem geschlossenen Metallkasten, s. Abb. 165, bleibt der Innenraum feldfrei. Alle elektrischen Feldlinien, die von weiter außen befindlichen Ladungen herrühren, enden in influenzierten Ladungen auf der Außenwand. Das wird praktisch zur Abschirmung eines Objektes vor elektrischen Feldern ausgenutzt. Dazu genügt anstelle einer geschlossenen metallischen Hülle bereits ein nicht zu weitmaschiges Drahtnetz, sog. *Käfigschutz* (Faraday-Käfig).

Die dielektrische Verschiebung D ist nun unmittelbar mit den Ladungen auf den metallischen Kondensatorbelegungen verknüpft. Wir gehen dabei von der Tatsache aus, daß im statischen Feld jede elektrische Feldlinie von einer positiven Ladung zu einer negativen verläuft (s. Abb. 165). Stellen wir daher das Doppelplättchen in sehr geringem Abstand von der Kondensatorplatte auf, so wird eine Ladung influenziert, ebenso groß wie die Ladung auf der von ihm abgeschirmten Fläche der Kondensatorplatte. An dieser Stelle beträgt also die dielektrische Verschiebung $D = Q/F$, wenn sich auf der gesamten Fläche F des Kondensators die Ladung Q befindet. Im homogenen Feld des Plattenkondensators hat darüberhinaus D im ganzen Innenraum diesen Wert. Bei gekrümmten Kondensatorplatten bleibt D aber an ihrer Oberfläche immer gleich der Flächenladungsdichte dQ/dF, auch wenn diese auf den einzelnen Teilen der Fläche verschieden ist (s. auch § 99).

§ 98. Kapazität eines Kondensators. Bisher wurde nur gezeigt, daß ein Kondensator aufgeladen werden muß, soll zwischen beiden Belegungen eine elektrische Spannung liegen. Jetzt muß noch der quantitative Zusammenhang zwischen Spannung und Ladung untersucht werden. Dazu wird mit einem Doppelschalter, einer sog. Wippe, in Stellung 1 der Kondensator aufgeladen, indem er mit der Spannungsquelle verbunden wird, s. Abb. 166. Das Voltmeter mißt diese Spannung U. Dann wird der Kondensator in Stellung 2 der Wippe über das ballistische Galvanometer entladen, wobei mit dessen Stoßausschlag die Ladung Q bestimmt wird. Dabei zeigt sich, daß bei einem vorgegebenen Kondensator Ladung und Spannung immer proportional sind. Es gilt also

$$Q = CU .$$

C wird dabei als *Kapazität* dieses Kondensators bezeichnet. Sie ist also das Verhältnis von Ladung zu Spannung und wird in As/V gemessen, eine Einheit, die Farad (F) genannt wird. Sie ist für die Praxis viel zu groß, so daß man gewöhnlich Mikro-Farad ($1\,\mu F = 10^{-6}$ F) oder Pico-Farad ($1\,pF = 10^{-12}$ F) benutzt. Die Übersetzung des Wortes Kapazität mit „Fassungsvermögen für elektrische Ladungen" ist nur dann nicht mißverständlich, wenn hinzugefügt wird „bei vorgegebener Spannung von 1 Volt".

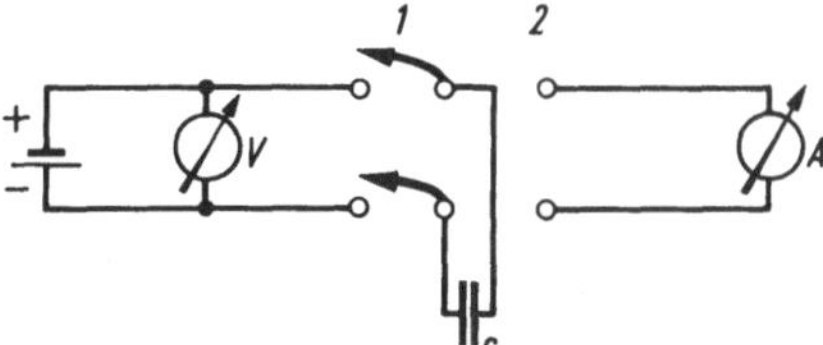

Abb. 166. Messung von Ladung und Spannung eines Kondensators

Die Kapazität eines Kondensators hängt vom Abstand und der Gestalt der beiden Platten oder metallischen Belegungen ab, von denen auch letztere ganz beliebig sein kann. Die beiden Metallstücke müssen nur durch einen Isolator getrennt sein. Besonders einfach werden die Zusammenhänge beim *Plattenkondensator* mit *homogenem Feld*. Dort zeigen die Messungen, daß die Kapazität proportional zur Fläche F je einer der parallelen Platten und umgekehrt proportional zu ihrem gegenseitigen Abstand d ist:

$$C = \varepsilon_0 \frac{F}{d} .$$

Der Proportionalitätsfaktor ε_0, *Influenzkonstante* oder *elektrische Feldkonstante* genannt, ergibt sich quantitativ aus diesen Messungen zu:

$$\varepsilon_0 = 8{,}859\ 10^{-12} \frac{\text{As}}{\text{Vm}} .$$

Sie hat eine allgemeine Bedeutung für das elektrische Feld, da durch sie die beiden bisher getrennt eingeführten Feldgrößen elektrische Feldstärke E (§ 96) und dielektrische Verschiebung D (§ 97) zusammenhängen. Im Plattenkondensator gilt nämlich $E = U/d$ und $D = Q/F$. Mit $C = Q/U$ und obigem Wert für die Kapazität C des Plattenkondensators ergibt sich daraus

$$\boldsymbol{D} = \varepsilon_0 \boldsymbol{E} .$$

D und E sind also in jedem elektrischen Feld, auch in einem inhomogenen, einander proportional. Die allgemeine Naturkonstante ε_0 ist dabei die Proportionalitätskonstante für ein Feld im Vakuum; in Luft ist der Wert nur geringfügig höher (s. auch § 101).

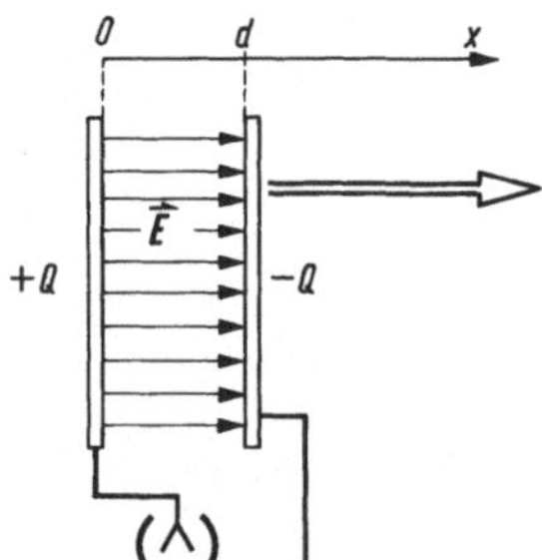

Abb. 167. Spannung der elektrischen Feldlinien

Eine anschauliche Vorstellung vom Begriff der elektrischen Spannung vermittelt folgender Versuch, s. Abb. 167. Nachdem ein Plattenkondensator auf die Spannung U aufgeladen worden ist, wird die Verbindung zur Spannungsquelle entfernt. Wenn wir jetzt die rechte Platte in der markierten Richtung bewegen, steigt die Spannung an. Die Ladung Q auf den isolierten Platten bleibt nämlich konstant, und wir können daher schreiben $U = Q/C = Q \cdot x/\varepsilon_0 F$, d. h. die Spannung ist der Entfernung zwischen den Platten oder der Länge der elektrischen Feldlinien proportional. Diese verhalten sich danach wie elastisch gespannte Gummifäden, worin man eine Begründung für die Bezeichnung „elektrische Spannung" erblicken kann.

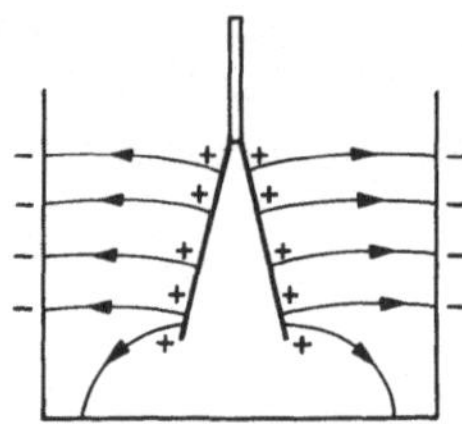
Abb. 168. Elektrische Feldlinien im Blättchen-Elektrometer

In der Fernwirkungsvorstellung ließ man das elektrische Feld außer acht und sprach von der *Anziehungskraft* zwischen den *ungleichnamigen Ladungen*, die sich an den Enden der Feldlinien befinden. Etwas problematischer zeigt sich dagegen die häufig behauptete Abstoßungskraft zwischen gleichnamigen Ladungen, falls man den Verlauf der Feldlinien dabei betrachtet, z. B. im Blättchenelektrometer, s. Abb. 168. Zwischen den gleichnamig geladenen Blättchen existiert nämlich überhaupt kein elektrisches Feld. Sie werden vielmehr von den Kraftlinien zum Gehäuse angezogen, wo sich die ungleichnamigen Ladungen befinden.

Bei *technischen Kondensatoren* besteht häufig der Wunsch nach hoher Kapazität bei geringen räumlichen Abmessungen. Dünnste Folien aus paraffiniertem Papier oder Kunststoff in langen Streifen werden dazu metallisch bedampft und aufgewickelt, so daß große Flächen und geringste Abstände erreicht werden. *Elektrolytkondensatoren* enthalten eine sehr dünne Isolierschicht auf den Metallen Aluminium oder Tantal, die aus ihren Oxyden besteht. Die andere „Platte“ bildet der Elektrolyt (s. § 104). – Um Kapazitäten verändern zu können, benutzt man vielfach (Radiotechnik) *Drehkondensatoren* mit zwei gegeneinander verdrehbaren, voneinander isolierten Plattensystemen.

Werden Kondensatoren parallel geschaltet, so addieren sich ihre Kapazitäten, weil sich die Flächen dabei entsprechend vergrößern. Bei in Serie geschalteten Kondensatoren addieren sich die Spannungen bzw. die Plattenabstände und damit die Kehrwerte der Kapazitäten.

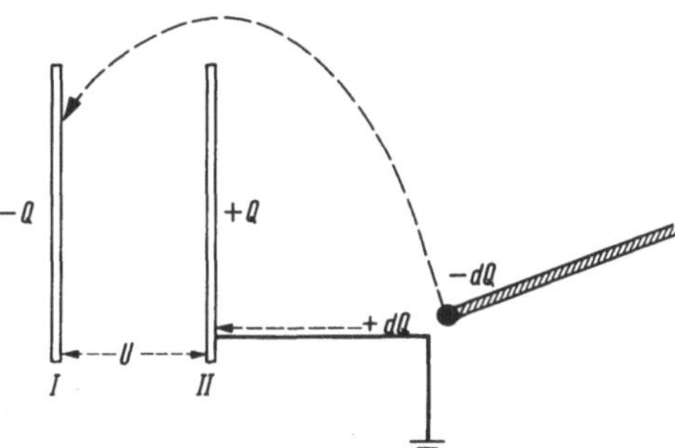

Abb. 169. Aufladung eines Kondensators durch Ladungstrennung

Schließlich betrachten wir die in einem Kondensator aufgespeicherte Energie. Hat die Platte *I*, s. Abb. 169, gegen Erde bereits die Spannung U und der Kondensator damit die Ladung $Q = CU$, so müssen wir, um die Ladung um ΔQ zu erhöhen, die Arbeit $\Delta A = \Delta Q U$ leisten. Daher ist die Gesamtarbeit A zur Aufladung von 0 auf die Spannung U:

$$A = \int_0^Q U dQ = \frac{1}{C}\int_0^Q Q dQ = \frac{Q^2}{2C} = \frac{1}{2} CU^2.$$

§ 99. Kugelkondensator, Coulombsches Gesetz. In einem Kugelkondensator nimmt die Dichte der elektrischen Feldlinien nach außen ab (s. Abb. 164). Ihre Flächendichte und damit die dielektrische Verschiebung beträgt $D = Q/4\pi r^2$, sie nimmt also umgekehrt mit dem Quadrat des Abstandes vom Kugelmittelpunkt ab, da die betreffende Kugeloberfläche $4\pi r^2$ ausmacht. Q ist die Ladung auf der Innenkugel des Kondensators vom Radius r_0; $Q/4\pi r_0^2 = D_0$ ist dann die Flächenladungsdichte darauf, bzw. die dielektrische Verschiebung an der Kugeloberfläche.

Die elektrische Feldstärke beträgt in dieser Anordnung

$$E = \frac{D}{\varepsilon_0} = \frac{Q}{4\pi\varepsilon_0 r^2}.$$

Bringt man in diese Entfernung eine Probeladung Q_P, so wird auf sie eine Kraft ausgeübt:

$$K = Q_P E = \frac{1}{4\pi\varepsilon_0}\frac{Q_P Q}{r^2}.$$

Diese Beziehung bezeichnet man als *Coulombsches Gesetz.* In ihm erscheinen die beiden Ladungen Q_p (Probeladung) und Q (felderzeugende Ladung) gleichberechtigt. Damit das Coulombsche Gesetz gilt, dürfen sie aber nicht beliebig ausgedehnt sein. Ohne jede zusätzliche Schwierigkeit kann es für elektrisch geladene Elementarteilchen in der Atomphysik (s. § 203) angewendet werden, solange ihr Abstand groß gegen die Eigenradien ist.

In dem älteren, auch heute in der theoretischen Physik noch viel gebrauchten *elektrostatischen Maßsystem* wurde $\varepsilon_0 = 1/4\pi$ gesetzt und mit der Krafteinheit dyn $= 10^{-5}$ Newton und der Längeneinheit cm gearbeitet. Dann läßt sich aus dem Coulombschen Gesetz ganz formal eine elektrostatische Einheit (e.s.E.) für die Ladung ableiten. Es gilt 1 As $= 3\ 10^9$ e.s.E.

Wir betrachten jetzt eine kleine Metallkugel, die sich in großem Abstand von den Zimmerwänden befindet. Wird zwischen sie und die Erde durch Anschalten einer entsprechenden Spannungsquelle eine Spannung U gelegt, so fließt eine Ladung Q zu ihr hin. Die gleich große ungleichnamige Ladung $-Q$ geht an die Zimmerwände und den Fußboden, so daß die elektrischen Feldlinien wieder von positiven zu negativen Ladungen laufen. Die Feldliniendichte, d. h. die Feldstärke, erreicht aber nur in unmittelbarer Umgebung der Kugel höhere Werte, so daß die Gestalt der Raumwände im einzelnen belanglos ist. Man spricht in diesem Sinne auch von der Kapazität „der Kugel“ – gemeint ist Kugel gegen Erde –, die beträgt $C = Q/U = 4\pi\varepsilon_0 r_0$, wenn r_0 der Kugelradius ist.

Die Spannung eines Kugelkondensators läßt sich aus dem Feldverlauf durch Integration von der inneren Kugel mit dem Radius r_0 zur äußeren mit dem Radius r_a gewinnen:

$$U = \int_{r_0}^{r_a} \frac{Q}{4\pi\varepsilon_0 r^2}\, dr = \frac{Q}{4\pi\varepsilon_0}\left[\frac{1}{r_0} - \frac{1}{r_a}\right].$$

Ist nun r_a sehr viel größer als r_0, so darf man das praktisch vereinfachen in $U = Q/4\pi\varepsilon_0 r_0$.

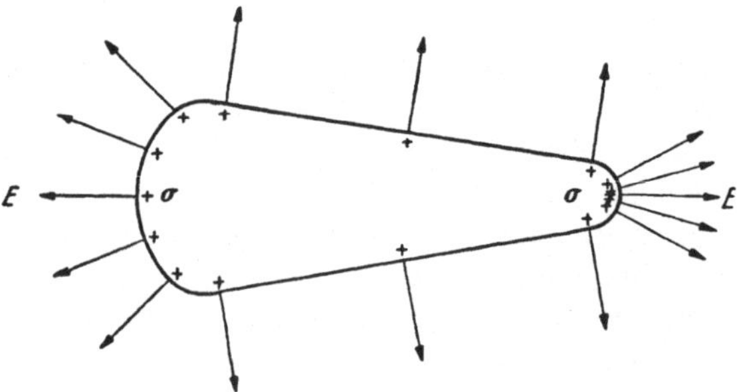

Abb. 170. Ladungsverteilung auf einem Leiter. Flächenladungsdichte σ und Feldstärke E an der Oberfläche wachsen mit der Krümmung

Interessant sind die Folgerungen, die aus diesen Überlegungen für die Ladungsverteilung auf Metallkörpern beliebiger Gestalt abzuleiten sind. Ein solcher Körper möge zwei Halbkugeln von unterschiedlichen Radien enthalten (s. Abb. 170) und mit dem Pluspol einer Spannungsquelle aufgeladen werden, deren

Minuspol geerdet ist, wie eben bei der Metallkugel. Die Oberfläche ist dann Äquipotentialfläche (s. § 96), d. h. die Spannung zwischen jedem Punkt auf ihr und der Erde ist gleich der der Spannungsquelle, und alle Feldlinien enden senkrecht auf dem Körper. Auf ihm ist die Flächenladungsdichte σ aber *ungleichmäßig*. Sie ist dem jeweiligen Krümmungsradius r umgekehrt proportional, denn es gilt $\sigma = Q/4\pi r^2$, wobei aber $Q = 4\pi\varepsilon_0 r U$ beträgt. Daraus errechnet sich $\sigma = \varepsilon_0 U/r = \varepsilon_0 E$. Also auch die elektrische Feldstärke E ist an den Teilen mit kleinem Krümmungsradius am größten. Übersteigt sie einen bestimmten Wert, so wird die Luft leitend. So kommt es, daß Körper mit scharfen Kanten und Spitzen über einige hundert Volt gegen Erde aufgeladen, ihre Ladung weitgehend verlieren, sog. *Spitzenwirkung*.

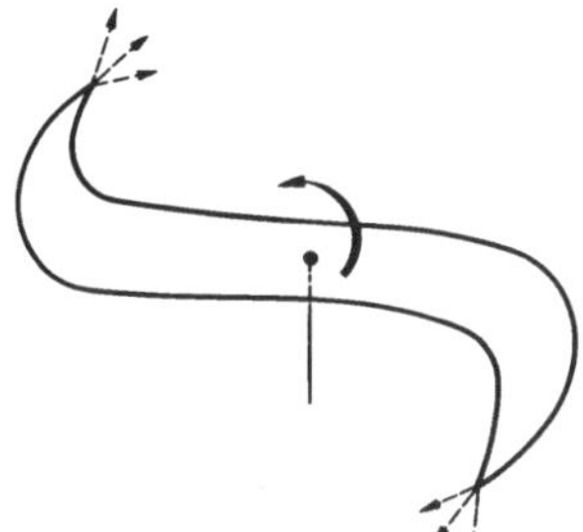

Abb. 171. Zur Spitzenentladung

Wenn man z. B. einen Körper mit zwei Spitzen (s. Abb. 171) drehbar auf dem einen Pol einer Influenzmaschine lagert, während der andere Pol mit den Zimmerwänden verbunden ist, so gerät er in der eingezeichneten Richtung in Rotation. In dem hohen elektrischen Feld vor jeder Spitze bewegen sich Ladungen vornehmlich in der gestrichelt gezeichneten Richtung und erzeugen durch Mitnahme der Luftmoleküle wie beim Raketenmotor einen Rückstoß, s. auch § 121.

Diese Spitzenwirkung spielt eine wesentliche Rolle beim Blitzableiter. Die Luft wird in der Umgebung der Metallspitze leitend, so daß bei einer Entladung der Blitz den Weg über den Blitzableiter bevorzugt.

§ 100. Elektrische Ladungen in der Materie. Es ist zum schnelleren Verständnis zweckmäßig, bereits jetzt einige von der Atomphysik gewonnene Erkenntnisse über den Aufbau der Atome vorwegzunehmen. Wie wir in § 196 sehen werden, enthält jedes Atom einen *Atomkern*, in dem der überwiegende Anteil der Masse des Atoms enthalten ist und der eine *positive elektrische* Ladung besitzt. Dieser Atomkern ist von einer Hülle von *Elektronen* umgeben, deren Masse außerordentlich klein ist; sie beträgt für ein Elektron nämlich nur 1/1836 der Masse des H-Atoms, s. § 118. Seine Ladung ist immer dieselbe, nämlich die einer *negativen elektrischen Elementarladung*. Diese Elektronen stellen *negative Elektrizitätsatome* dar. Da das Atom nach außen neutral ist, ist der Betrag der positiven Kernladung entgegengesetzt gleich der Ladung aller äußeren Elektronen. Verliert ein Atom oder Molekül (Molekülkomplex) Elektronen oder nimmt es solche auf, so ist es positiv bzw. negativ geladen und wird zum Unterschied von neutralen Atomen und Molekülen als *Ion* bezeichnet. Das kleinste Ion, das Wasserstoff-Ion H^+, das eine positive Elementarladung trägt, nennen wir *Proton*. Es ist wie das Elektron ein Elementarteilchen. Elektrische Ladungen können also frei nur als Elektronen und an Materie gebunden sowohl als positive wie negative Ionen auftreten.

Die Ladung eines Elektrons oder die elektrische Elementarladung beträgt

$$e = 1{,}6021 \cdot 10^{-19}\,\mathrm{As}\,,$$

seine Masse

$$m_{\mathrm{El}} = 0{,}9109 \cdot 10^{-27}\,\mathrm{g} \quad (\text{s. § 118})\,.$$

Die Größe der Elementarladung kann auf verschiedene Weise, z. B. aus den Gesetzen der Elektrolyse, s. § 105, ermittelt werden. Eine unmittelbare Messung ist auf folgende Weise möglich: In einen Kondensator mit horizontalen Platten bringt man durch Zerstäuben kleine Öltröpfchen und beobachtet diese von der Seite mit Hilfe eines Mikroskops. Ist kein Feld vorhanden, so sinken die Tröpfchen wegen der Reibung in der Luft mit konstanter Geschwindigkeit. Aus der Geschwindigkeit ergibt sich mit Hilfe des Stokesschen Gesetzes, vgl. § 49, ihr Radius und daraus ihr Gewicht. Lädt man nun die Teilchen durch Ionisieren der Luft mittels kurzwelligem Licht auf, vgl. § 116, und legt ein elektrisches Feld von solcher Größe und Richtung an, daß die elektrische Kraft EQ gerade das Gewicht G aufhebt, so bleibt das Tröpfchen schweben. Da in diesem Fall die Gleichung $G = QE$ gilt, kann man Q unmittelbar bestimmen. Zahlreiche Messungen haben ergeben, daß die Ladung der Tröpfchen immer ein ganzzahliges Vielfaches einer kleinsten Ladung e ist, die wir die *Elementarladung* nennen. (Öltröpfchen-Methode von MILLIKAN.)

Für das elektrische Verhalten der Materie ist nun die *Beweglichkeit* ihrer Ladungsträger maßgebend. Nur solche Stoffe können als *elektrische Leiter*, z. B. beim Aufladen eines Kondensators durch Verbindung mit den Klemmen einer Spannungsquelle, verwendet werden, in denen wenigstens ein Teil ihrer Ladungsträger sich über Strecken groß gegen den Atomabstand bewegen kann.

Ein Körper ist ein um so besserer Leiter, je größer die Zahl der in ihm enthaltenen beweglichen Ladungsträger ist und je leichter diese beweglich sind. Bei der metallischen Leitung wird die Leitung ausschließlich von den *Elektronen* besorgt, s. § 108, die zum Teil im Metalle, ähnlich wie die Atome in einem Gase, frei beweglich sind und daher durch jedes noch so schwache elektrische Feld in Bewegung gesetzt werden. Laden wir ein Metall positiv auf, so heißt das, daß wir ihm Elektronen entziehen. Außer Metallen sind Kohle, Graphit und metallisch glänzende Materialien wie Eisenglanz und Bleiglanz gute Leiter.

Als *Nichtleiter* oder *Isolatoren* bezeichnen wir Stoffe wie Quarz, Glimmer, Bernstein, Polystyrol, Polyäthylen, Bakelit und Seide, auch Glas bei nicht so hohen Temperaturen. In ihnen sind die Ladungsträger, meist Ionen, an feste Plätze gebunden, z. B. in Form eines Kristallgitters. Einen vollkommen isolierenden Körper gibt es nicht, so wenig wie einen ideal starren Körper oder ein ideales Gas. Nur das *Vakuum* wäre ein *idealer* Isolator. Außerdem hängt die Isolation sehr stark von der Beschaffenheit der Oberfläche ab; ist diese feucht, so kann die Leitung beträchtlich werden.

§ 101. Materie im elektrischen Felde. Wir laden einen mit einem Elektrometer verbundenen Plattenkondensator auf die Spannung U_0 auf und schalten die Spannungsquelle ab (vgl. Abb. 159). Füllen wir nun den Zwischenraum zwischen den Metallplatten mit einem isolierenden Stoff (Glas, Hartgummi und dgl.) aus, so beobachten wir eine Abnahme der Spannung auf einen kleineren Wert U. Da die Ladung auf den Kondensatorplatten unverändert geblieben ist, muß offenbar durch die isolierende Zwischenschicht die Kapazität $C = Q/U$ gegenüber der Kapazität des Kondensators in Luft $C_0 = Q/U_0$ vergrößert worden sein, und zwar um den Faktor $\varepsilon = U_0/U$. Laden wir den Kondensator bei eingeschobener Zwischenschicht und entfernen diese, so steigt die Spannung auf das ε-fache. Weitere Versuche ergeben, daß ε eine für die isolierende Zwischenschicht charakteristische *Materialkonstante* ist, die wir die *Dielektrizitätskonstante* des betreffenden Stoffes nennen. Diese Dielektrizitätskonstante gibt also das Verhältnis der Kapazität eines Kondensators nach Einbringen des Stoffes zu seiner Kapazität in Luft, genauer im Vakuum, an. Der geringe Unterschied zwischen Vakuum und Luft, s. Tab. 16, ist meistens praktisch bedeutungslos. Den vom elektrischen Feld durchsetzten Isolator nennen wir auch *Dielektrikum*. Die Dielektrizitätskonstanten einiger Stoffe sind in Tab. 16 zusammengestellt.

Tabelle 16. *Dielektrizitätskonstante einiger Stoffe bei 18° C*

Glas	5—7	Wasser	81,6	Nitrobenzol	36,5
Glimmer	6—8	Äthylalkohol	25,1	Luft (1 at)	1,000585
Polystyrol	2,5	Paraffinöl	2,2		

Die Kapazitätsvergrößerung eines Kondensators beruht auf der sog. *Polarisation* des *Dielektrikums*. In einem Isolator sind die Ladungsträger zwar nicht frei beweglich, wohl aber können innerhalb eines jeden Moleküls und Atoms die positiven und negativen Ladungen durch ein äußeres elektrisches Feld gegeneinander *verschoben* werden. Sind die Kondensatorplatten wie in der Abb. 172b aufgeladen, so rücken also in jedem Molekül die positiven Ladungsträger etwas nach rechts, die negativen nach links. Dadurch entsteht auf der linken Seite des Dielektrikums eine negative, auf der rechten eine positive Überschußladung. Die auf den Kondensatorplatten sitzenden Ladungen werden durch diese influenzierten Ladungen zum Teil in ihrer Wirkung kompensiert, wodurch natürlich das ursprünglich vorhandene elektrische Feld und die Spannung verkleinert werden.

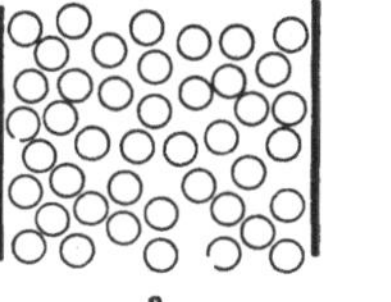

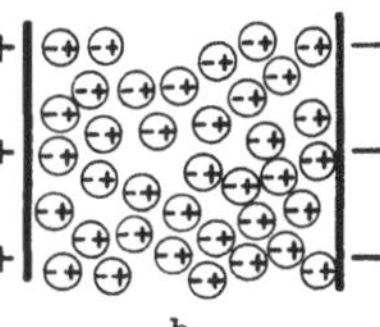

Abb. 172. Polarisation eines Dielektrikums durch die influenzierten elektrischen Dipole in den Molekülen. Moleküle ohne äußeres Feld (a). Moleküle bei angelegtem Feld (b)

Ein Gebilde, das an den Enden entgegengesetzt gleich große Ladungen trägt, wird als *elektrischer Dipol* bezeichnet. Seine Größe wird in Analogie zum magnetischen Moment eines Magneten, s. § 122, durch das sog. *Dipolmoment* μ, d. h. das Produkt aus Ladung e und Abstand l, also durch $\mu = el$, gemessen. So haben alle Moleküle in Abb. 172b ein Dipolmoment, sie sind *polarisiert*. Auch die ganze Materie im Kondensator besitzt dann ein Dipolmoment, zu dessen Berechnung man die molekularen Momente einfach addieren muß. Das Dipolmoment der Volumeneinheit nennt man *dielektrische Polarisation*.

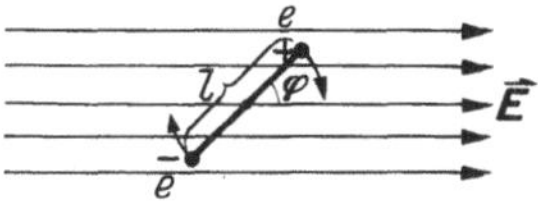

Abb. 173. Einstellung eines Dipols im elektrischen Felde

Da die Ladungen e in einem elektrischen Felde E einzeln die entgegengesetzt gleichen Kräfte eE erfahren, entsteht, wenn φ der Winkel zwischen Dipolachse und Feldrichtung ist, vgl. Abb. 173, ein Drehmoment der Größe $M = 2eE(l/2)\sin\varphi = elE\sin\varphi = \mu E\sin\varphi$, das den Dipol um seine Mitte in die Feldrichtung zu drehen sucht. Ebenso wie die Kraft auf die Ladung e ist auch das Drehmoment auf den Dipol μ ein Maß für die elektrische Feldstärke.

Die *Polarisation* eines *Dielektrikums* kann *zwei Ursachen* haben. Betrachten wir eine isolierende dielektrische Flüssigkeit, z. B. Benzol. Unter dem Einfluß eines äußeren Feldes werden in jedem Molekül die Elektronen, s. Abb. 172, nach links und die positiv geladenen Atomkerne nach rechts verschoben. Ohne Feld fallen die Schwerpunkte der positiven und negativen Ladungen zusammen. Infolge der elektrischen Kraft rücken sie jetzt ein Stück auseinander, und zwar so weit, bis die inneren rücktreibenden elastischen Kräfte (das sind die elektrischen Kräfte zwischen Atomkernen und Elektronen im Molekül) der Kraft des äußeren Feldes das Gleichgewicht halten. Ein polarisiertes oder elektrisch deformiertes Molekül erhält also im Felde ein *induziertes* elektrisches Moment μ_i, dessen Größe proportional mit der Stärke des äußeren Feldes ansteigt, also

$$\mu_i = \alpha E .$$

α nennt man die *Polarisierbarkeit* des betreffenden Moleküls. Beim Abschalten des äußeren Feldes verschwinden diese Momente. Je geringer die rücktreibenden Kräfte oder je loser gebunden und daher beweglicher die Ladungen sind, um so größer wird die Polarisation des einzelnen Moleküls und damit auch die Polarisation des ganzen Dielektrikums und die Dielektrizitätskonstante.

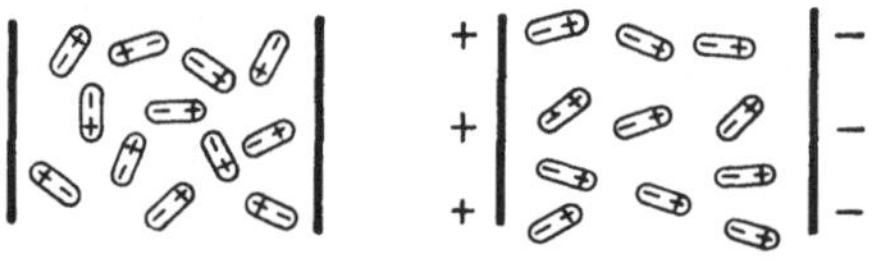

Abb. 174. Polarisation eines Dielektrikums durch die Orientierung von Dipolmolekülen

Eine zusätzliche Polarisation des Dielektrikums und damit verbunden eine besonders hohe Dielektrizitätskonstante tritt auf, wenn die Moleküle von vornherein eine unsymmetrische Ladungsverteilung haben, also ein *permanentes*, nicht nur ein durch ein äußeres Feld induziertes Moment besitzen. Solche Moleküle, zu denen z. B. CO und H_2O gehören, werden als *Dipolmoleküle* bezeichnet. Ohne äußeres Feld sind alle diese Dipole wegen der ungeordneten Wärmebewegung völlig ungeordnet verteilt, s. Abb. 174a. Schalten wir jedoch ein äußeres Feld ein, so richten sie sich durch das Drehmoment (s. Abb. 173) etwa aus, so daß die positiven Ladungen bevorzugt nach rechts, die negativen nach links zeigen und wir wiederum eine Polarisation des ganzen Dielektrikums erhalten, s. Abb. 174. Infolge der Wärmebewegung der Moleküle ist die Einstellung nur sehr unvollständig; die Polarisation nimmt mit steigender Temperatur ab.

Da die Zahl der Moleküle pro Volumeneinheit in Luft rund 1000mal kleiner als in einer gewöhnlichen Flüssigkeit ist, wird die Polarisation so klein und die Kapazitätsvergrößerung gegenüber dem Vakuum so gering, daß Luft praktisch die Dielektrizitätskonstante 1 besitzt.

Es ist sehr lehrreich, den Einfluß einer Metallplatte auf die Kapazität eines Kondensators zu betrachten. Wir schieben sie in sein Feld, wenn Ladungen auf den Kondensatorplatten sitzen, die während des ganzen Versuches konstant bleiben. Im Inneren der eingeschobenen Platte befindet sich dann kein elektrisches Feld (vgl. Käfigschutz § 97). Das Feld im Außenraum bleibt unverändert, s. Abb. 175. Daher ist die Spannung am Kondensator ohne zwischengeschaltete Platte $U = Ed$ und mit Platte $U = E(d_1 + d_2)$. Es werden also durch die leitende Platte die Feldlinien um deren Dicke verkürzt und damit die Spannung verkleinert, bzw. die Kapazität $C = Q/U$ vergrößert. Bei einem Leiter ist die Polarisation maximal. Die Flächendichte der auf ihm influenzierten Ladungen ist genauso groß wie auf den Kondensatorplatten. In einem Isolator ist die Polarisation wegen der beschränkten Verschiebbarkeit der Ladungen dagegen geringer.

Wir betrachten nun die elektrische *Feldstärke* und die *dielektrische Verschiebung*, vgl. § 97, im Plattenkondensator, den wir mit einem Dielektrikum ausfüllen, s. Abb. 176. An jeder Kondensatorplatte treten dann zu den ursprünglichen oder wahren Ladungen der Dichte σ die durch die Polarisation des Dielektrikums entstehenden, sog. *scheinbaren*, entgegengesetzten Ladungen der Dichte σ', die die ursprüngliche Ladung teilweise kompensieren. Dadurch wird die Kraftwirkung, und damit die Feldstärke E, verkleinert. Für die Kraft auf eine ins Dielektrikum eingebrachte geladene Probekugel ist die Differenz beider Ladungen, wir nennen sie die *freie* Ladung mit der Dichte $\sigma_0 = \sigma - \sigma'$, maßgebend. Während also die Feldstärke oder die Spannung $U = Ed$ durch Einführen des Dielektrikums absinkt, bleibt jedoch, wie die folgende Überlegung lehrt, die dielektrische Verschiebung D unverändert.

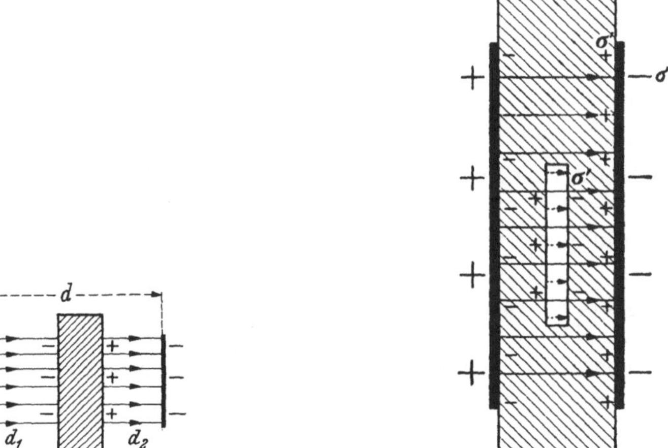

Abb. 175. Einfluß eines Metalls auf die Kapazität eines Kondensators

Abb. 176. Zur Feldstärke und dielektrischen Verschiebung in einem materiegefüllten Kondensator

Wir denken uns im Dielektrikum einen von Materie freien Spalt abgegrenzt. Dann treten an seiner Oberfläche im Dielektrikum ebenfalls Ladungen der Dichte σ' auf, vgl. Abb. 176. Den Hohlraum durchsetzen also sowohl die von diesen scheinbaren Ladungen stammenden, gestrichelt gezeichneten Feldlinien, wie auch die von den freien Ladungen auf den Kondensatorplatten herrührenden, ausgezogen gezeichneten Feldlinien. Die Feldliniendichte ist durch $\sigma' + (\sigma - \sigma')$, d. h. durch die Dichte σ der ursprünglichen wahren Ladungen, bestimmt. Würden wir jetzt in unseren Spalt ein Doppelplättchen einführen, so wäre die erzeugte Influenzladungsdichte, die dielektrische Verschiebung D, dieselbe wie im materiefreien Kondensator.

Nach den Ausführungen des § 98 sind D und E in Luft durch die Beziehung $D = \varepsilon_0 E$ verknüpft. Im materieerfüllten Raume bleibt bei konstant gehaltener Ladung des Kondensators zwar D konstant, aber die Spannung und die Feldstärke sinken auf den εten Teil ab. Es gilt daher zwischen D und E die allgemeinere Beziehung

$$D = \varepsilon\varepsilon_0 E .$$

Aus der Ableitung des Coulombschen Gesetzes in § 99 folgt dann sinngemäß, daß sich zwei geladene Kugeln (Ladungen Q_1 und Q_2) in Öl der Dielektrizitätskonstanten ε nur anziehen mit der Kraft

$$K = \frac{1}{4\pi\varepsilon\varepsilon_0} \frac{Q_1 Q_2}{r^2}.$$

Durch das Einbringen eines Dielektrikums kann man nicht nur die Kapazität eines Kondensators, sondern auch seine *Durchschlagfestigkeit*, d. h. die Spannung, bei der die Ladung sich in Form eines Funkens durch das Dielektrikum hindurch ausgleicht, erhöhen. Für höhere Spannungen benutzt man meistens *Ölkondensatoren.*

Ferroelektrika. In Analogie zu den ferromagnetischen Eigenschaften z. B. von Eisen (s. § 133) stehen die von Kristallen, die Gebiete oder Domänen mit einer sog. *spontanen dielektrischen Polarisation* besitzen. Diese rührt von einer unsymmetrischen Ladungsverteilung durch die Anordnung der Ionen im Kristallgitter her. Ein äußeres elektrisches Feld kann Ionen umlagern und dadurch die einzelnen Domänen mit ihrer Polarisation ausrichten, so daß der ganze Kristall makroskopisch eine sehr hohe Polarisation erhält. Ein derartiges polykristallines Material, z. B. Bariumtitanat, in einen Kondensator gebracht, gibt ihm eine besonders hohe Kapazität.

Ein *permanenter Elektret*, wie er dem permanenten Magneten entspricht, läßt sich zwar herstellen, er verliert aber in kurzer Zeit sein Dipolmoment, da positive bzw. negative elektrische Ladungsträger aus der Umgebung die Ladungen der Pole neutralisieren, so daß er keine besondere praktische Bedeutung hat.

Piezoelektrischer Effekt. In manchen Kristallen, wie Quarz, verschieben sich bei Dehnung durch eine Zugkraft die Ionen des Kristallgitters so gegenseitig, daß, wie bei der Polarisation eines Dielektrikums durch ein elektrisches Feld, an der Oberfläche Ladungen auftreten. Bei einer Kompression wechseln die Ladungen das Vorzeichen. Legt man umgekehrt an eine passend geschnittene Quarzplatte eine Spannung an, so wird diese je nach der Feldrichtung gedehnt oder verkürzt, *Elektrostriktion.* Nehmen wir ein elektrisches Wechselfeld, dessen Frequenz mit einer der mechanischen longitudinalen Eigenschwingungen der Kristallplatte übereinstimmt (Resonanzfall), so wird diese zu kräftigen Längsschwingungen angeregt. Ein solcher *Schwingquarz* stellt einen Sender für Ultraschallwellen dar, vgl. § 61, auch wird er in der Hochfrequenztechnik zur *Frequenzstabilisation* benutzt. Piezoelektrische Kristalle dienen als elektrische Tonabnehmer bei Schallplatten.

C. Elektrische Leitungsvorgänge in Flüssigkeiten und Festkörpern

I. Stromwärme

§ 102. Elektrische Energie und Stromwärme. Um einen Kondensator zu laden, müssen wir Arbeit aufwenden, vgl. § 98. Ihr Gegenwert wird als *elektrische Energie* im Kondensator aufgespeichert. Lassen wir es zu einem Ladungsausgleich kommen, so wird diese Energie wieder frei. Der Ladungsausgleich kann auf verschiedene Weise erfolgen, etwa derart, daß die Ladungsträger von der einen Platte zur anderen ohne Reibung (z. B. Glühelektronen im Vakuum, s. § 117) herübergezogen werden, also im elektrischen Felde die Spannung U frei durchlaufen und dabei kinetische Energie aufnehmen. Dieser Vorgang entspricht der Umwandlung der potentiellen Energie von gestautem oder unter Druck stehendem Wasser in kinetische Energie des strömenden Wassers.

Erfolgt der Ladungsausgleich durch einen Metalldraht, so können die Elektronen die Spannung U nicht mehr frei durchfallen. Sie erfahren vielmehr durch die Metallionen eine solche *Bremsung*, daß sie mit konstanter Driftgeschwindigkeit, s. § 108, durch den Draht wandern. Infolge dieser Reibung wird die gesamte aufgespeicherte elektrische Energie nicht in kinetische Energie der Elektronen sondern in *Wärme*, sog. *Joulesche Wärme*, umgewandelt, so wie etwa die potentielle Energie von Regentröpfchen beim Absinken infolge der Reibung in Luft nicht in kinetische sondern in Wärmeenergie umgewandelt wird.

Beim Entladen eines Kondensators entsteht nur ein kurzzeitiger Stromstoß, durch den die begrenzte, in ihm gespeicherte elektrische Energie im angeschalteten Widerstand in Wärme umgesetzt wird. Für einen *Dauerstrom* benötigt man eine Stromquelle mit konstanter Spannung U; dabei können wir die in einem Leiter (Metall oder Elektrolyt, s. § 104) entwickelte Wärme leicht angeben. Fließt t Sekunden ein Strom der Stärke I, so ist die Elektrizitätsmenge $Q = It$ übergegangen und zwar von einer Klemme zur anderen, zwischen denen die Spannung U herrscht. Die dabei an der Ladung Q geleistete Arbeit, die Stromarbeit A, beträgt dann (vgl. § 96)

$$A = QU = UIt\,.$$

Die *Stromarbeit pro Sekunde* oder die *Stromleistung P* ist daher

$$P = UI\,.$$

Die Stromarbeit UIt kann je nach den Umständen in die verschiedensten Energieformen umgewandelt werden, z. B. in kinetische Energie der Ladungsträger (Kathodenstrahlen, s. § 118), in chemische Energie (Aufladen einer Batterie, s. § 112), in mechanische Energie (Antrieb eines Motors, s. § 137) oder schließlich in Wärme.

Es ist zweckmäßig, wenn die elektrische Arbeit in derselben Einheit gemessen wird, wie die ihr „wesensgleiche“ mechanische Arbeit. Deshalb sind die Einheiten für Stromstärke Ampere (A) und Spannung Volt (V) so gewählt worden, daß gilt: Voltamperesekunde = Wattsekunde = Joule = Newtonmeter (vgl. § 11) oder mit den genormten Abkürzungen

$$\mathrm{VAs} = \mathrm{Ws} = \mathrm{J} = \mathrm{Nm}\,.$$

Daneben benutzt man die größeren Einheiten:

1 Kilowattstunde (kWh) = $1000 \cdot 60 \cdot 60$ Ws = $3{,}6 \cdot 10^6$ Ws,
1 Kilowatt (kW) = 1000 Watt = 1,359 PS.

Um die beim Stromdurchgang entwickelte Stromwärme in Kalorien zu erhalten, müssen wir die in Wattsekunden ausgedrückte Stromarbeit auf Wärmeeinheiten umrechnen. Nach früherem, s. § 67, ist 1 Ws äquivalent 0,239 cal. Wir erhalten also die Joulesche Wärme in Kalorien mittels der Gleichung

$$Q = 0{,}239\ UIt\ \mathrm{cal}\,,$$

wobei U in Volt und I in Ampere auszudrücken sind. Umgekehrt ist 1 cal = 4,184 Ws.

Die in einem Leiter vom Widerstand R sekundlich entwickelte sog. *Joulesche Wärme* können wir, da nach dem Ohmschen Gesetz $U=IR$ ist, auch anders, nämlich durch

$$P=U^2/R=I^2R$$

ausdrücken. Die Stromwärme ist also dem Quadrat der Stromstärke und dem Widerstand direkt proportional. In der Praxis wird für ein elektrisches Gerät immer neben der Sollbetriebsspannung die dabei aufgenommene Leistung angegeben, weil nur diese Daten für den Benutzer von Interesse sind. Bei einer anderen Betriebsspannung nimmt das Gerät natürlich nicht dieselbe Leistung auf. Diese sinkt wegen des quadratischen Zusammenhangs z. B. für halbe Spannung auf ein Viertel. Das gilt, wenn der Widerstand R des Gerätes sich nicht verändert, wie z. B. bei der Glühlampe durch unterschiedliche Temperaturerhöhung.

§ 103. Praktische Anwendungen der Stromwärme. *Glühlampen* enthalten feine Drähte aus Wolfram, die durch den Strom zur Weißglut erhitzt werden. Die Drähte nehmen eine solche Temperatur an, daß die zugeführte elektrische Energie gerade die durch Strahlung, Leitung und Konvektion abgegebene Wärmemenge deckt. Die Lebensdauer der Lampen ist vor allem durch die bei hohen Temperaturen merkliche Verdampfung der Metallfäden begrenzt. Diese Verdampfung kann man herabsetzen, wenn man die Lampen nicht evakuiert, sondern mit reinem Stickstoff oder Argon von etwa $^1/_2$ at Druck füllt.

Ferner benutzt man die Stromwärme mit großem Vorteil im täglichen Leben zum Heizen und Kochen und in Wissenschaft und Technik für *elektrische Öfen* der verschiedensten Art, vom kleinen Laboratoriumsofen bis zu den riesigen Schmelzöfen der Technik für die elektrothermische Erzeugung von Aluminium, Elektrometall, Elektrostahl, ferner zum Elektroschweißen. Sehr bequem sind Laboratoriumsöfen, bei denen ein dünnes Platinband auf ein Porzellanrohr aufgewickelt ist. Zur Wärmeisolation ist das Ganze von einem zweiten Rohr umgeben und der Zwischenraum mit einer wärmeisolierenden Masse (Magnesiumoxyd und dgl.) ausgefüllt. Mit solchen Öfen kann man durch Änderung der Stromstärke Temperaturen bis etwa 1500° C einstellen.

Im *Hitzdrahtinstrument* wird die Ausdehnung eines Drahtes infolge der Wärmewirkung des durchfließenden Stromes beobachtet, es dient zur Messung der Stromstärke. Der Ausschlag des Instrumentes ist von der Stromrichtung unabhängig und steigt bei kleinen Strömen mit dem Quadrat der Stromstärke an. — Eingeschaltete *Schmelzsicherungen* nützen ebenfalls die Stromwärme aus, um die Leitungen vor Überhitzung durch zu hohe Ströme zu schützen.

II. Ionenleitung

§ 104. Die elektrolytische Dissoziation. Jede Elektrizitätsleitung beruht auf der Wanderung von Ladungsträgern im elektrischen Felde, s. § 100. In *Flüssigkeiten* sind mit Ausnahme flüssiger Metalle die *Ladungsträger Ionen*, d. h. geladene Atome und Atomgruppen. Das ergibt sich aus folgendem Versuch.

Wir hängen in ein mit reinem destillierten Wasser gefülltes Gefäß zwei Metallplatten, die sog. *Elektroden*, ein und schalten eine Stromquelle mit einigen Volt Spannung an, s. Abb. 177. Ein eingeschalteter Strommesser zeigt einen ganz schwachen Strom an, d. h. reines Wasser ist ein sehr schlechter Leiter. Setzen wir einige Prozent eines Salzes oder einer Säure zu, steigt der Strom um Größenordnungen, die Flüssigkeit ist gut leitend geworden. Durch weitere Versuche, z. B. mit einer wäßrigen Lösung von Kupferchlorid, kann man an der einen Elektrode, und zwar an der negativen, die Abscheidung von Kupfer und an der positiven Elektrode die von Chlor nachweisen. Dabei benutzen wir für die positive Elektrode einen Kohlestab, an dem das Chlor, ohne mit dem Material der Elektrode zu reagieren, in Blasen aufsteigt und direkt nachgewiesen werden kann. Das Kupfer erkennen wir an der Farbe seines Niederschlags an der anderen Elektrode.

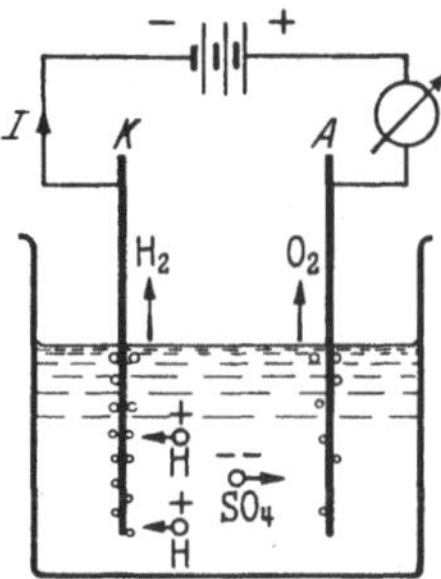

Abb. 177. Elektrolytische Leitung von verdünnter Schwefelsäure, Wasserzersetzung

Die positive Elektrode bezeichnet man als *Anode A*, die negative als *Kathode K*. Ganz allgemein zeigt sich, daß bei der Lösung von Salzen, Säuren oder Basen die *Atome* der *Metalle* und des *Wasserstoffes* sowie das *Radikal* NH_4 zur *Kathode* wandern, also positive Ionen, sog. *Kationen*, bilden, während die *Säurereste* und die OH-*Gruppe* zur *Anode* gehen, also negative Ionen, sog. *Anionen*, bilden. Die Leitfähigkeit einer wäßerigen Lösung beruht also darauf, daß der in Lösung gebrachte elektrisch neutrale Stoff in positive und negative Ionen zerfällt, die unter dem Einfluß eines elektrischen Feldes zu den Elektroden wandern und dort ihre Ladung abgeben. Diesen *Zerfall* in *Ionen* bezeichnet man als *elektrolytische Dissoziation*, die dadurch leitend gewordene Flüssigkeit als *Elektrolyt*, die Elektrizitätsleitung als *elektrolytische Leitung* und die damit verbundenen Vorgänge als *Elektrolyse*.

Der Zerfall eines Teiles der Moleküle eines gelösten Stoffes in seine Ionen erfolgt nicht erst beim Anlegen von Spannung, sondern sofort beim Lösen. Kochsalz ist also in wässeriger Lösung nicht in Form von NaCl-Molekülen, sondern in Form von Na^+- und Cl^--Ionen vorhanden. Die Zahl der gebildeten Ionen wird z. B. aus der Gefrierpunktserniedrigung nach dem Raoultschen Gesetz bestimmt (vgl. § 80).

Die sehr schwache Leitfähigkeit von reinstem Wasser beruht ebenfalls auf einer Ionenleitung, indem ein allerdings nur sehr kleiner Bruchteil der H_2O-Moleküle in H^+- und OH^--Ionen zerfallen ist. So sind in einem Liter Wasser 10^{-7} Mole oder $1{,}8 \cdot 10^{-6}$ g Wasser dissoziiert. Gewöhnliches destilliertes Wasser besitzt eine höhere Leitfähigkeit, die auf dem Zerfall von Verunreinigungen in Ionen beruht.

Wie schon früher gesagt, gibt es keine idealen Isolatoren. Die sehr geringe Leitfähigkeit von hochisolierenden Flüssigkeiten, wie Öl, Äther und flüssiger Luft, s. Tab. 15 in § 91, beruht auf Verunreinigungen durch fremde dissoziierte Moleküle. Entfernt man diese, so bleibt immer noch eine Restleitung übrig, die auf der ständigen Ionenbildung durch die überall vorhandene radioaktive und kosmische Strahlung beruht, vgl. § 201 und § 213.

Auch geschmolzene Salze sowie unterkühlte Flüssigkeiten, z. B. Gläser, zeigen eine mit der Temperatur sehr schnell ansteigende Ionenleitung.

Bei der elektrolytischen Leitung muß man immer zwischen den wandernden Ionen und den an den Elektroden abgeschiedenen *Reaktionsprodukten* unterscheiden. Betrachten wir eine verdünnte Lösung von Schwefelsäure, so zerfällt jedes Molekül derselben in 2 H^+-Ionen und in 1 SO_4^{--}-Ion. Die H-Ionen wandern zur Kathode und vereinigen sich dort nach der Entladung zu H_2, das in Form von Blasen aufsteigt. Die SO_4-Teilchen reagieren an der Anode mit Wasser, wobei Schwefelsäure nachgebildet wird und Sauerstoff in Blasen aufsteigt, s. Abb. 177. Bei diesem Vorgang bleibt also die Schwefelsäure erhalten, und es wird lediglich Wasser zersetzt.

Fließt ein elektrischer Strom durch den menschlichen Körper, so werden ebenfalls Ionen bewegt. Das führt zu einer Reizung der Nerven und dann zu Schädigungen, deren Ausmaß nicht nur von der Stromstärke allein (besser der örtlichen Stromdichte) sondern auch von der Geschwindigkeit, mit der der Strom ansteigt, und von seiner Dauer abhängt. Während Ströme unter 10^{-2} A im Körper keine störenden Wirkungen hervorrufen, kann bei größeren Stromstärken der Tod eintreten. – Die physiologische Wirkung, die Stärke eines elektrischen Schlages, hängt also nicht unmittelbar von der Spannung, die am Körper liegt, sondern von der Stromstärke ab, wird also wesentlich vom Widerstand, vor allem den Übergangswiderständen an der Körperoberfläche, bestimmt. Große Kontaktflächen, Feuchtigkeit und Schweiß setzen den Widerstand herab, so daß schon bei Spannungen unter 100 Volt gefährlich hohe Ströme auftreten können.

Bei Wechselströmen wächst die *Reizschwelle*, d. h. die Stromstärke, für die erstmalig eine Wirkung erkennbar wird, mit der Frequenz. Der Strom fließt bei hohen Frequenzen so kurze Zeit in derselben Richtung, daß die Ionen nur Schwingungen sehr kleiner Amplitude ausführen. Man kann daher bei Frequenzen von einigen 10^5 Hz und mehr Ströme von mehreren Ampere durch den Körper schicken, ohne daß eine Schädigung eintritt, vgl. § 140. Auf dieser Möglichkeit, auch im Körperinnern kräftige Erwärmungen zu erzeugen, beruht die Heilwirkung der *Diathermie* mit Hochfrequenzströmen, Näheres in § 145.

Die schädigende Wirkung des Stromes hängt mit der Änderung der Ionenkonzentration in den Zellen zusammen, die eine Folge der Wanderung der Ionen beim Stromdurchgang ist. Dieser Konzentrationsänderung wirkt die Diffusion (Temperaturbewegung der Ionen und Moleküle, die jede Konzentrationsänderung rückgängig zu machen sucht) entgegen. Erst wenn sie eine bestimmte Größe erreicht, tritt eine Reizung der Nerven ein. Da eine transportierte Elektrizitätsmenge Q eine um so größere Konzentrationsänderung hervorruft, je kürzer der Stromstoß ist und je schneller er ansteigt, versteht man, daß die Wirkung eines Stromstoßes nicht nur von seiner Größe, sondern auch von seinem zeitlichen Verlauf abhängt.

Hiervon macht die *Reizstromtherapie* Gebrauch, die man in der Medizin bei Muskellähmungen zur Anwendung bringt.

§ 105. Faradaysche Gesetze der Elektrolyse. Wir kommen jetzt zur Beantwortung der Frage nach dem Zusammenhang zwischen der transportierten Elektrizitätsmenge und der Menge der abgeschiedenen Stoffe. Das Beobachtungsmaterial an Elektrolyten läßt sich in den *Faradayschen Gesetzen* folgendermaßen zusammenfassen:

I. *Die aus irgendeinem Elektrolyten an den Elektroden abgeschiedenen Stoffmengen sind dem Produkt aus der Stromstärke und der Zeit des Stromdurchganges, d. h. der hindurchgegangenen Elektrizitätsmenge, proportional.*

II. *Gleiche Elektrizitätsmengen scheiden auch in verschiedenen Elektrolyten chemisch äquivalente Mengen ab.*

Der durch die Faradayschen Gesetze festgelegte Zusammenhang zwischen der elektrischen Stromstärke und der Stromstärke der abgeschiedenen Materie, die einander proportional sind, gibt die Möglichkeit, eine *Einheit* für die *elektrische Stromstärke* zu definieren. Die abgeschiedene Materialmenge läßt sich nämlich unmittelbar messen. Der Strom von 1 Ampere (A) scheidet in 1 Sekunde 1,1180 mg Silber aus einer Silbernitratlösung ab. Die Einheit der elektrischen Ladung (Elektrizitätsmenge) ist danach 1 As oder 1 Coulomb (C), die Ladung von 1,1180 mg Silber-Ionen.

Um auf diese Weise einen anderen Strommesser zu eichen, schickt man durch einen mit wäßriger Silbernitratlösung gefüllten Platintiegel mit Platinkathode und Silberanode, ein sog. *Silbervoltameter*, einen Strom der unbekannten Stärke I eine Zeit t hindurch. Die Gewichtszunahme der Kathode ergibt dann die abgeschiedene Silbermenge m und damit auch die Stromstärke $I = m/1{,}1180\, t$, wenn m in mg gemessen worden ist. Den zu eichenden Strommesser hat dieselbe Stromstärke durchflossen, wenn er in den Stromkreis mit eingeschaltet wird.

Das II. Faradaysche Gesetz sagt nun aus, daß mit jedem Grammäquivalent – das ist eine Stoffmenge, die soviel Gramm enthält, wie der Quotient Atomgewicht/Wertigkeit angibt – die gleiche Ladung transportiert wird, gleichgültig, welche chemische Zusammensetzung der Stoff hat. Diese Zahl, die danach eine universelle Konstante ist, nennt man *Faradaysche Konstante F*. Nach der Definition des Ampere ist $F = M \cdot 10^3/1{,}1180$, M Atomgewicht des einwertigen Silbers. Dabei ergibt sich der Wert $F = 96487$ C/mol. Allgemein werden also mit einem *Grammatom* eines *Elementes* – das ist das Atomgewicht in Gramm – $n \times 96487$ Coulomb transportiert, wo n die Wertigkeit bedeutet. Bei Ionen, die mehrere Atome enthalten, z. B. bei einem SO_4-Ion, ist als Atomgewicht die Summe der Atomgewichte der Bestandteile einzusetzen.

Die Faradayschen Gesetze können wir so deuten: Die in jedem Grammatom eines Elementes vorhandene Zahl von Atomen ist durch die *Avogadrosche Konstante* $N_A = 6{,}023 \cdot 10^{23}$/Mol bestimmt, s. § 31. Daher entfällt auf jedes Atom die Ladung $\frac{n\,96489}{6{,}023 \cdot 10^{23}} = n \cdot 1{,}602 \cdot 10^{-19}$ C. Wir ziehen daher den Schluß, daß jedes einwertige Atom ein Ion mit der Ladung $e = 1{,}602 \cdot 10^{-19}$ C gibt, während ein zweiwertiges Ion, wie Ca^{++} oder SO_4^{--} die doppelte Ladung transportiert. Hier stoßen wir also wieder auf die atomistische Struktur der Elektrizitätsmenge. Für die *elektrische Elementarladung* finden wir dabei denselben Wert, wie ihn die in § 100 besprochene unmittelbare Messung der Ladung einzelner Teilchen ergibt. Setzen wir den nach der Tröpfchenmethode gewonnenen Wert für die Elementarladung e in die Gleichung $N_A = F/e$ ein, so erhalten wir umgekehrt einen sehr genauen Wert für die Avogadrosche Konstante.

§ 106. Ionenwanderung und Ohmsches Gesetz. Wir betrachten den zum Ohmschen Gesetz führenden Mechanismus der Elektrizitätsleitung, wie er in Flüssigkeiten, in Metallen und weitgehend auch in Gasen vorliegt. Denken wir uns eine

Zelle der Länge l mit einem Elektrolyten gefüllt, der N positive und N negative Ionen der Ladung e im cm^3 enthält. Der Querschnitt der Flüssigkeitsschicht sei F[52]. Beim Anlegen eines Feldes $E = U/l$ (U die Spannung) wandern zwei Kolonnen von Ionen gegeneinander auf die Elektroden zu, und zwar sehr langsam, s. weiter unten. Die Geschwindigkeit der positiven Ionen sei v_+, die der negativen v_-. Durch den Querschnitt F wandern nun in 1 s alle diejenigen positiven Ionen, welche sich zu Beginn der Sekunde in dem Zylinder der Länge v_+

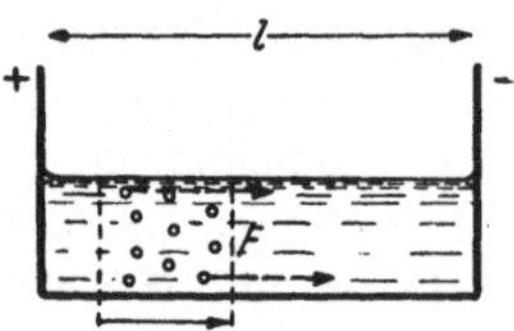

Abb. 178. Zur Wanderung von Ladungsträgern

befanden, s. Abb. 178. Die von ihnen transportierte Elektrizitätsmenge stellt den Beitrag der positiven Ionen zur Stromstärke dar. Es ist also $I_+ = NeFv_+$, mithin die gesamte Stromstärke I

$$I = I_+ + I_- = NeF(v_+ + v_-)\,.$$

Diese wichtige, den Strom mit der Ladung, der Zahl und der Geschwindigkeit der Ladungsträger verknüpfende *Transportgleichung* gilt für jeden elektrischen Strom. Für den Widerstand R des Elektrolyten erhalten wir als Verhältnis von Spannung und Stromstärke (vgl. § 91)

$$R = \frac{U}{NeF(v_+ + v_-)} = \frac{l}{F}\,\frac{1}{Ne}\,\frac{E}{(v_+ + v_-)}\,.$$

Das Ohmsche Gesetz fordert nun, daß der Widerstand R von der Spannung U unabhängig ist. Dazu müssen sowohl Ne wie $\dfrac{E}{v_+ + v_-}$ konstant sein. Das letztere würde bedeuten, daß die Geschwindigkeit der Ionen der Feldstärke proportional ist. Da diese Annahme durch direkte Messungen bestätigt wird, muß also auch die Zahl der Ionen von der Spannung unabhängig und konstant sein. Die Ionen erfahren also im Felde unter der einwirkenden Kraft $K = eE$ keine Beschleunigung, sondern bewegen sich wie in einem *zähen* Medium mit konstanter und der Kraft proportionaler Geschwindigkeit. Wie bei einem in Luft fallenden Regentropfen haben wir nur beim Einschalten der Spannung eine Beschleunigung bis zu derjenigen Geschwindigkeit, bei der die Reibungskraft der Kraft eE entgegengesetzt gleich geworden ist, vgl. § 49. Die Geschwindigkeit v ist also der Feldstärke E proportional: $v = uE$. Den Proportionalitätsfaktor $u = v/E$ nennt man *Ionenbeweglichkeit*, er wird in $(m/s)/(V/m) = m^2/Vs$ angegeben.

Die *Wanderungsgeschwindigkeit* der sich durch die dichtgepackten Wassermoleküle hindurchwindenden Ionen ist wie die Geschwindigkeit der Elektronen in einem Metall, s. § 108, überraschend klein und außerdem von Ion zu Ion verschieden. So ist die Beweglichkeit eines H^+-Ions bei Zimmertemperatur in Wasser

[52] Nicht zu verwechseln mit der Faradayschen Konstanten in § 105.

$3{,}26 \cdot 10^{-7}$ m^2/Vs. Die Reibung ist also recht groß, was daran liegt, daß jedes Ion wegen der starken elektrostatischen Kräfte die benachbarten Wassermoleküle festhält und so eine ganze Hülle aus Lösungsmittelmolekülen mit sich führt. Der Reibungswiderstand ist also, vgl. § 49, durch die Größe dieser Hülle und die innere Reibung des Wassers bestimmt.

Da die Reibung in einer zähen Flüssigkeit mit der Temperatur kleiner wird, nimmt die Leitfähigkeit eines Elektrolyten im Gegensatz zu der eines Metalles mit der Temperatur zu.

Die Reibung führt zu einer Erwärmung der Strombahn. Die gesamte geleistete Arbeit, die *Stromarbeit*, wird, da die Ionen keine nennenswerte kinetische Energie aufnehmen, in Joulesche Wärme vom Betrag I^2Rt umgewandelt, s. § 102.

§ 107. Praktische Anwendungen der Elektrolyse. Die Elektrolyse findet vor allem in der Technik vielfältige und wichtige Anwendungen. Wir nennen die Herstellung von dünnen Metallüberzügen aus edleren Metallen auf andere Metalle (*Galvanostegie*). Die Herstellung gut haftender Überzüge setzt sehr viel Erfahrung und sorgfältiges Einhalten verschiedener Vorschriften über die chemische Zusammensetzung des Bades, Stromdichte u. dgl. voraus.

Ferner stellt man von nichtleitenden Körpern, deren Oberfläche durch Einreiben mit Graphitpulver leitend gemacht wird, auf galvanischem Wege Abdrücke her, indem man die Formen als Kathode in einen elektrolytischen Trog senkt und so lange Strom hindurchschickt, bis sich auf der Form eine dicke Metallschicht niedergeschlagen hat (*Galvanoplastik*).

In größtem Ausmaße werden in der *Elektrometallurgie* Metalle auf elektrolytischem Wege in besonders reiner Form abgeschieden, z. B. Elektrolytkupfer und Elektrolyteisen. Durch Elektrolyse ihrer geschmolzenen Salze gewinnt man neben den Alkali- und Erdalkalimetallen vor allem das Aluminium.

III. Elektronenleitung

§ 108. Metalle. Die Tatsache, daß wir einen elektrischen Strom beliebig lange durch einen Metalldraht schicken können, ohne daß an diesem Veränderungen auftreten, zeigt, daß der *Elektrizitätstransport* hier *nicht* mit dem Transport unmittelbar wägbarer Materie verbunden ist, d. h. daß sich nicht geladene Metallatome, sondern Elektronen durch den Draht fortbewegen. Man kann sich also ein Metall als ein Kristallgitter aus positiven Metallionen vorstellen, in dem ein kleiner Teil der Elektronen, ähnlich wie die Moleküle eines Gases, völlig ungeordnet hin- und herschwirren. Unter dem Einfluß eines elektrischen Feldes erhalten alle Elektronen eine zusätzliche Geschwindigkeit in Richtung nach dem positiven Pol. Wegen der geringen Feldstärken, die man in einem Metall aufrechterhalten kann, ist die *Wanderungsgeschwindigkeit* der Elektronen allerdings sehr klein.

Man kann sie, wie wir in § 106 gesehen haben, aus der Stromstärke und der Zahl der Ladungsträger im cm^3 berechnen. Die Stromstärke ist wegen der Wärmeentwicklung begrenzt. Für die größten bei Dauerleistung zulässigen Stromstärken findet man für die Geschwindigkeit Werte von 0,5 mm/s. Die Elektronen schleichen also durch einen Draht. Trotzdem setzt beim Schließen eines Stromkreises der Strom an allen Stellen *sofort* ein. Das hat seinen Grund darin, daß beim Anlegen von Spannung das elektrische Feld sich längs des Drahtes beinahe mit Lichtgeschwindigkeit ausbreitet, also die Elektronen überall praktisch augenblicklich in Bewegung setzt.

Obwohl im Metall negative Ladungsträger (Elektronen) den Stromfluß durch ihr Wandern bewirken, bleibt man bei der einmal gewählten Stromrichtung vom positiven zum negativen Pol der Stromquelle, in der positive Ladungen wandern würden (s. § 95).

Die Temperaturabhängigkeit der metallischen Leitung. Die Leitfähigkeit von Metallen ändert sich sehr stark mit der Temperatur, und zwar wird der spezifische Widerstand mit wachsender Temperatur immer größer, während er bei den Elektrolyten, s. § 106, kleiner wird. Im allgemeinen ist die Abhängigkeit des Widerstandes von der Temperatur sehr groß. Eine Ausnahme bilden bestimmte Legierungen wie *Konstantan* und *Manganin*, s. Tab. 15 in § 91, deren Widerstand sich mit der Temperatur fast gar nicht ändert.

Die Temperaturabhängigkeit des Widerstandes eines Metalles kann man weitgehend nach der Gleichung $R = R_0(1 + \alpha t)$ darstellen, wo R_0 den Widerstand bei 0° C und α den *Temperaturkoeffizient* bedeutet. Dieser ist bei Metallen positiv, bei Graphit und Kohle negativ. Legierungen wie Konstantan und Manganin mit ihren besonders kleinen Temperaturkoeffizienten benutzt man zur Herstellung von *Präzisionswiderständen.* Umgekehrt benutzt man *reinste* Metalle, wie Platin, das einen beträchtlichen Temperaturkoeffizienten besitzt, mit Vorteil zur Herstellung von elektrischen *Widerstandsthermometern*, auch *Bolometer* genannt. Ein solches besteht aus einer Platinspirale in einem Schutzrohr. Der Widerstand kann mit einer Wheatstoneschen Brücke, s. § 93, gemessen werden.

Supraleitung. Mit abnehmender Temperatur wird der Widerstand der Metalle immer kleiner. Dabei zeigt eine Reihe von Stoffen die Eigentümlichkeit, daß in der Nähe des absoluten Nullpunktes der Widerstand plötzlich *völlig verschwindet.* Die Temperatur, bei der der Widerstand *sprungartig* unmeßbar klein wird, nennt man die *Sprungtemperatur*, die Erscheinung *Supraleitung.* Die Sprungtemperatur von Pb liegt bei 7,26° K, die des Al bei 1,14° K, die des Zn bei 0,79° K.

§ 109. Halbleiter. Auch bei den ebenfalls kristallin aufgebauten *Halbleitern* ist der Elektrizitätstransport nicht mit einem Materietransport verbunden und wird im wesentlichen von den Elektronen besorgt. Während aber die Metallatome bereits beim Einbau in das Kristallgitter Leitungselektronen abgeben, müssen im Halbleiter erst locker gebundene Valenzelektronen unter Energiezufuhr (z. B. durch die thermische Bewegung oder Lichteinstrahlung) von den Atomen losgelöst werden. Im Gegensatz zu den Metallen (s. § 108) nimmt daher die Leitfähigkeit der Halbleiter mit steigender Temperatur zu, und zwar exponentiell. Eine genauere Betrachtung ergibt eine Trennung des Leitungsmechanismus in zwei Anteile: Bewegung der negativen Elektronen zur Anode hin (sog. *n-Leitung*) und Bewegung der „Löcher", die fehlende Elektronen im Ladungszustand des Gitters hinterlassen und die sich wie positive Ladungen verhalten, auf die Kathode zu (sog. *p-Leitung*). Das Verhältnis dieser beiden Anteile hängt sehr stark von Störstellen im Gitteraufbau ab, die durch Fremdatome (Verunreinigungen) bedingt sind. In reinen Halbleitern sind Elektronen und Löcher stets in gleicher Zahl vorhanden (*Eigenleitung*). Durch sog. Dotierung wird eine Sorte der beweglichen Ladungsträger beträchtlich erhöht, so daß die Leitfähigkeit entsprechend ansteigt (*Fremdleitung*). – Technisch wichtige Halbleiter sind die Elemente Selen, Germanium und Silizium sowie Verbindungen wie Cu_2O, PbS und InSb. Durch Verunreinigung von Si mit Spuren von *P* entsteht ein *n*-Leiter (genauer: *n*-Überschußleiter), mit geringsten Mengen von B ein *p*-Leiter.

In einem Halbleiterkristall kann man durch entsprechende Dotierung mehrere dünne *p*-leitende und *n*-leitende Bereiche nebeneinander herstellen, die sich in sog. *pn-Übergängen* als Grenzflächen berühren. Die einfache *pn*-Schicht der *Kristalldiode* ermöglicht eine Gleichrichtung von Wechselströmen: Elektronen können vornehmlich nur vom *n*- zum *p*-leitenden Bereich durch die Grenzfläche (*Sperrschicht*) fließen, die positiv geladenen Defektelektronen oder Löcher in entgegengesetzter Richtung, so daß durch beide dieselbe Vorzugsrichtung für den elektrischen Strom entsteht.

Die *Sperrschicht* ist an beweglichen Ladungsträgern verarmt, da in ihr Leitungselektronen und Löcher zueinander diffundieren, dabei rekombinieren und so für den Ladungstransport ausfallen. Sie hat daher einen hohen elektrischen Widerstand, der abnimmt, wenn durch eine angelegte Spannung Elektronen bzw. Löcher aus dem angrenzenden *n*- bzw. *p*-Bereich einwandern und die Sperrschicht sozusagen „zuschwemmen". Dagegen vergrößert eine in umgekehrter Richtung angelegte Spannung die Sperrschicht und ihren Widerstand, woraus sich im ganzen ihre Gleichrichterwirkung ableitet.

Der *Transistor* besitzt als *Halbleitertriode* drei derartige Bereiche, z. B. *p-n-p*, jeder ist über eine metallische Verbindung von außen zu erreichen. So enthält der Transistor zwei Übergangsschichten mit entgegengesetzter Sperrichtung. Legen wir an die beiden äußeren *p*-Bereiche eine Gleichspannung, so bezeichnen wir die Anode als *Emitter*, weil die Sperrschicht vor ihr in Durchlaßrichtung gepolt ist. Die Kathode heißt *Kollektor*, die *np*-Schicht vor ihr steht in Sperrichtung, so daß Ladungsträger unmittelbar aus den beiden Nachbarzonen sie nicht durchqueren, insbesondere können die Leitungselektronen der sehr dünnen *n*-leitenden Mittelschicht, der *Basis*, nicht in den Kollektor gelangen. Der Emitter emittiert aber Löcher, die durch die Basisschicht diffundieren und dann vom Kollektor aufgenommen werden. Diesen Kollektorstrom kann man nun dadurch erhöhen, daß man an die Basis eine gegenüber dem Emitter schwach negative Spannung legt. Durch die *pn*-Schicht gelangen dann wie beim Gleichrichter in Flußrichtung sehr viel mehr Löcher in die Basisschicht und von dort größtenteils zum Kollektor. Nur ein geringer Anteil fließt als Basisstrom ab. Im ganzen gesehen wird also der Kollektorstrom durch die Emitter-Basis-Spannung gesteuert, allerdings nicht leistungslos, weil auch ein Basisstrom fließt. In dieser Schaltung ist der Basiswechselstrom ein Eingangssignal, das als Kollektorwechselstrom verstärkt wieder abzunehmen ist (*Verstärker*).

In den Verwendungsmöglichkeiten gleicht der Transistor der Hochvakuumtriode, vgl. § 119. Der Emitter entspricht dabei der Glühkathode, die Basis dem Gitter und der Kollektor der Anode. Eine Heizung zur Erzeugung beweglicher Ladungsträger wie bei der Glühkathode ist im dotierten Halbleiter nicht erforderlich. Das begünstigt zusammen mit seinem geringeren Raumbedarf den Einsatz des Transistors in vielen elektronischen Geräten.

IV. Herstellung elektrischer Spannungen durch Ladungstrennung

§ 110. Prinzipielles, Influenzmaschine, van de Graaf-Generator. Um einen über längere Zeit konstanten elektrischen Strom zu erzeugen, benötigt man ein Gerät, das eine konstante elektrische Spannung zur Verfügung stellt (vgl. § 90 u. 102). Ein geladener Kondensator ist dazu nicht ausreichend, da mit dem Stromfluß die Ladungen von seinen Platten abfließen, wodurch die Spannung zusammenbricht. Nur wenn durch einen besonderen Naturvorgang die Ladungen auf den

Kondensatorplatten immer wieder ersetzt und damit auf einem konstanten Betrag gehalten würden, bliebe die Spannung konstant, weil ja die Ladungen sie herstellen. In diesem Vorgang müssen positive und negative Ladungen getrennt und den Kondensatorplatten zugeführt werden. Beim Influenzversuch (s. § 95) haben wir bereits eine solche Möglichkeit kennengelernt. Es gibt nun aber sehr mannigfaltige Naturvorgänge, bei denen ungleichnamige Ladungen getrennt werden. Einige von ihnen lassen sich zur Herstellung von in der Praxis brauchbaren konstanten Spannungsquellen ausnutzen, während viele andere eher unerwünschte oder sehr lästige Nebenerscheinungen liefern.

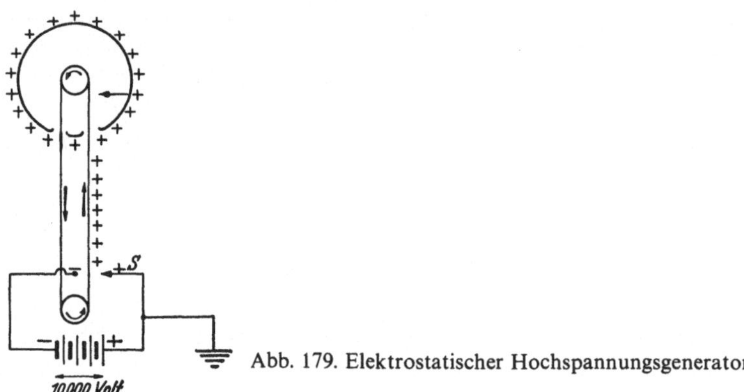

Abb. 179. Elektrostatischer Hochspannungsgenerator

Auch der Influenzvorgang kann dazu verwendet werden, wenn man ihn in geeigneten Vorrichtungen periodisch schnell wiederholt. Die nach diesem Prinzip arbeitende *Influenzmaschine* speichert die getrennten Ladungen in einem Kondensator, bestehend aus zwei einander gegenüberstehenden Kugeln. Sie liefert auf diese Weise zwar beträchtliche Spannungen, bis über 10^5 Volt, aber nur sehr schwache Ströme von 10^{-5} Ampere und weniger.

Noch höhere Spannungen liefert der *Generator von* VAN DE GRAAF, weil bei ihm das Auseinanderziehen der beiden Ladungssorten auf mechanischem Wege noch weiter vervollkommnet ist. Bei ihm erhält ein endloses, schnell laufendes Band aus isolierendem Stoff mit Hilfe von Sprühspitzen, s. Abb. 179, ständig Ladung zugeführt. Diese läuft mit dem Bande nach oben in das Innere einer großen Kugel, wird dort mit Hilfe eines Spitzenkammes abgesaugt, vgl. § 99, und verteilt sich auf die Kugeloberfläche. Je größer man den Durchmesser der Kugel wählt, auf um so höhere Spannung gegen Erde kann man sie aufladen, ohne daß die Sprühverluste zu groß werden. Solche Generatoren, die bis zu Spannungen von 20 Millionen Volt und mehr gebaut worden sind, braucht man für die künstliche Atomumwandlung, s. §§ 207ff. Aus Isolations- und Raumgründen werden sie bei sehr hohen Spannungen in Druckbehälter eingebaut.

§ 111. Lösungsdruck, Galvanische Elemente. Das Auftreten einer Spannung, d. h. einer Ladungstrennung an der Grenzfläche Flüssigkeit–Metall, kann man nach NERNST folgendermaßen erklären: Zwischen der Flüssigkeit, insbesondere Wasser, und den Metallionen bestehen starke Anziehungskräfte, so daß, z. B.

beim Eintauchen eines Zinkstabes in ein Lösungsmittel, ein sog. *Lösungsdruck* die Metallionen unter Überwindung der Austrittsarbeit aus dem Metallverband in die Lösung treibt, s. Abb. 180a. Die Elektronen, die ursprünglich im Kristall die positiven Metallionen neutralisierten, bleiben im Zinkstab zurück. Dieser Lösungsvorgang geht aber nicht beliebig weit, vielmehr kommt es, ähnlich wie beim Verdampfen einer Flüssigkeit in einem abgesperrten Raum, zu einem *Gleichgewicht*, in dem die Ionen zum Teil zurückdiffundieren und außerdem von dem sich entgegengesetzt aufladenden Zinkstabe zurückgezogen werden. Es halten also der *osmotische Druck* der gelösten Ionen, der die Ionenkonzentration im Wasser zu vermindern sucht, s. § 81, und vor allem die elektrostatische Anziehungskraft zwischen Elektronen und Ionen dem Lösungsdruck das Gleichgewicht, so daß die Beziehung gilt:

$$\text{Lösungsdruck} = \text{osmotischer Druck} + \text{elektrischer Druck}.$$

Je größer der Lösungsdruck ist, um so mehr Ladungen bauen die sog. *elektrische Doppelschicht* aus Elektronen und positiven Ionen auf. Diese hat die gleiche Wirkung wie ein geladener Plattenkondensator, d. h. es entsteht eine Spannung U zwischen Metallstab und Lösung, die mit dem Lösungsdruck wächst. Da dieser von Metall zu Metall verschieden ist, ist es auch die Spannung. Taucht man also zwei verschiedene Metalle in dieselbe Flüssigkeit und sind ihre Spannungen U_1 und U_2, so erhält man als *Eigenspannung* zwischen beiden Stäben $U_e = U_1 - U_2$.

Ordnet man die Metalle in eine Reihe derart, daß beim Eintauchen in Wasser jedes Metall gegen irgendein in der Reihe später folgendes Metall eine positive, gegen ein vorherstehendes eine negative Spannung zeigt, so erhält man die *Spannungsreihe*

$$+ \text{Pt Ag Cu Fe Sn Pb Zn Al Mg Na} - .$$

Das jeweils positivere Element ist das mit dem geringeren Lösungsdruck, d. h. das chemisch edlere. Taucht man z. B. einen Zink- oder Eisenstab in eine Lösung von Kupfersulfat, so überzieht er sich sofort mit einem Kupferniederschlag.

Kupfer besitzt einen ganz geringen Lösungsdruck, so daß beim Eintauchen eines Kupferstabes in eine Lösung mit Kupferionen sich diese sofort niederschlagen und das Metall positiv aufladen. Die Flüssigkeit bleibt negativ geladen zurück, so daß die entstehende Doppelschicht die Ausscheidung bald zum Stillstand bringt.

Ein System aus zwei verschiedenen Metallen, die in einen Elektrolyten tauchen, bezeichnen wir als *galvanisches Element*. Als Beispiel und zur Erläuterung der bisherigen Ausführungen betrachten wir das Daniell-Element. Es enthält eine Cu- und eine Zn-Elektrode, die in eine $CuSO_4$- bzw. $ZnSO_4$-Lösung eintauchen, s. Abb. 180a. Durch eine Trennwand aus Ton wird die direkte Vermischung der beiden Elektrolyte verhindert. Zn-Ionen gehen anfänglich in Lösung, Kupfer schlägt sich nieder, so daß sich die Elektroden negativ bzw. positiv aufladen. Die dabei entstehenden Doppelschichten bringen den Lösungs- bzw. Abscheidevorgang bald zum Stillstand. Als Spannung des ganzen Elementes beobachten wir ohne Anschluß eines äußeren Widerstandes $U_e = 1{,}09$ Volt.

Entnehmen wir nun einen Strom, indem wir die Klemmen durch einen Widerstandsdraht überbrücken, so bricht seine Spannung nicht zusammen wie bei einem geladenen Kondensator. Zwar versuchen sich auch hier die Ladungen der Platten durch den Strom I auszugleichen, aber die Doppelschichten an ihrer Oberfläche werden immer wieder neu aufgebaut. Dabei gehen, s. Abb. 180b, laufend Zn-Ionen in Lösung und Cu-Ionen schlagen sich als Cu-Atome nieder.

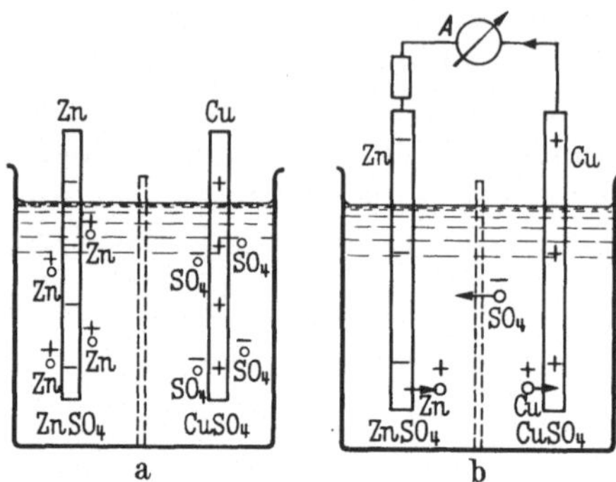

Abb. 180. Zur Wirkung des Daniell-Elementes

Die Stromstärke I fließt nicht nur im äußeren Widerstandsdraht, sondern der Kreisstrom muß auch die elektrolytische Flüssigkeit in der Richtung Zn-Cu-Platte durchströmen. Da sie einen inneren Widerstand R_i besitzt, entsteht an ihr durch den Stromfluß ein Spannungsabfall IR_i, um den die Klemmenspannung bei Stromentnahme gegenüber U_e herabgesetzt ist, vgl. § 93, 4. Werden mehrere Elemente mit gleicher Eigenspannung parallelgeschaltet, indem man alle Plus- und alle Minuspole miteinander verbindet, so bleibt die Spannung gleich, aber der Innenwiderstand des Gesamtelementes ist niedriger als bei einem einzelnen, vgl. § 92. Bei Stromentnahme ist daher der Spannungsabfall entsprechend geringer. – Bei Serienschaltung addieren sich die Einzelspannungen, vgl. Abb. 142.

Gegen die Stromrichtung wandern negative SO_4-Ionen durch die Trennwand auf die Zn-Platte zu, so daß die elektrolytische Stromleitung auch hier durch die Bewegung von Ionen beiderlei Vorzeichens bewirkt wird. Beim Stromdurchgang löst sich also Zink auf, während die Cu-Elektrode dicker wird. Links steigt die Konzentration der Zn- und SO_4-Ionen bis zur Sättigung; von da ab scheiden sich $ZnSO_4$-Kristalle aus. Rechts sinkt der Gehalt an $CuSO_4$, so daß zum Dauerbetrieb $CuSO_4$ nachgefüllt werden muß.

Die beim Betrieb gewonnene elektrische Energie hat ihr Äquivalent in der chemischen Energie, die bei der Überführung von Zn in $ZnSO_4$ und der gleichzeitigen Abscheidung von Cu aus $CuSO_4$ frei wird.

Lokalströme. Reinstes Zink ist in verdünnter Schwefelsäure fast unlöslich, da das elektrische Feld zwischen den wenigen in Lösung gegangenen Zn-Ionen und dem negativen Metall durch seine Kraftwirkung weitere Ionen am Austritt hindert. Enthält das Zink dagegen Verunreinigungen mit einem geringeren Lösungsdruck, z. B. Kupfer, so bilden diese Kupfereinschlüsse mit dem Zink und dem H_2SO_4 *lokale Elemente,* die durch das massive Zink kurzgeschlossen sind. Durch diese Lokalströme werden die Zn-Ionen weggeführt, und so können ständig neue in Lösung gehen.

Konzentrationselement. Da, wie wir in § 81 gesehen haben, der osmotische Druck der gelösten Ionen von der Konzentration abhängt, muß auch die Spannung einer Kupferelektrode gegen eine Kupfersulfatlösung von deren Konzentration abhängen. Wir können daher ein sog. *Konzentrationselement* herstellen, das allerdings nur sehr geringe Spannungen liefert, indem wir in einer Anordnung wie Abb. 180 zwei Kupferstäbe in Kupfersulfatlösungen verschiedener Konzentration eintauchen. Die

Stromrichtung ist so gerichtet, daß die Konzentrationsunterschiede sich ausgleichen (zweiter Hauptsatz der Wärmelehre, s. § 75), d. h. Kupfer geht auf der Seite kleinerer Konzentration in Lösung und scheidet sich auf der anderen Seite ab.

§ 112. Elektrolytische Polarisation, Akkumulator. Eine Zelle mit zwei gleichen Elektroden, etwa zwei Platinblechen in H_2SO_4-Lösung, zeigt aus Symmetriegründen keine Spannung. Schickt man jedoch Strom hindurch, so findet nach § 104 eine Wasserzersetzung statt, wobei sich die Kathode mit Wasserstoff, die Anode mit Sauerstoff belädt (s. Abb. 177). Durch diese Gasschichten ändert sich die Spannung der Elektroden gegen die Lösung, und zwar in verschiedener Weise, so daß die Zelle jetzt eine Spannung, die wir als *Polarisationsspannung* bezeichnen, aufweist und ein galvanisches Element darstellt. Die Spannungsänderung einer mit Wasserstoff beladenen Platinelektrode beruht darauf, daß die im Metall gelösten H_2-Moleküle infolge des Lösungsdruckes das Bestreben haben, als H^+-Ionen in Lösung zu gehen und die Elektrode negativ zurückzulassen. Entsprechendes geschieht an der Anode. Die Differenz dieser Spannungsänderungen gibt die Polarisationsspannung, die wir direkt mit einem Voltmeter messen können, wozu wir die äußere Stromquelle abschalten. Verbinden wir außerdem noch die Platten

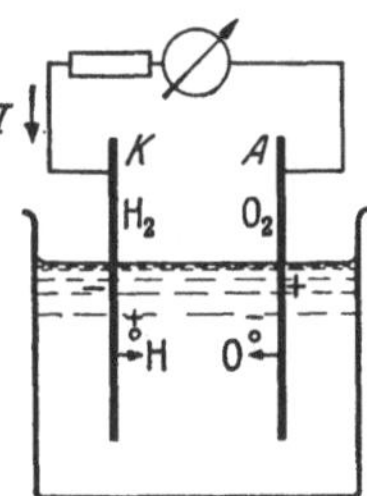

Abb. 181. Zur Polarisationsspannung

mit einem äußeren Widerstand, so fließt ein *Polarisationsstrom*. Er ist dem ursprünglichen Strom entgegengesetzt, d. h. so gerichtet, daß er die Unsymmetrie der Grenzflächen zu verkleinern sucht, vgl. dazu Abb. 177, die den ursprünglichen Strom zeigt, und Abb. 181 mit dem Polarisationsstrom. Da der Polarisationsstrom allmählich verschwindet, stellt diese Zelle ein nur kurz lebendes galvanisches Element dar.

Infolge der Polarisationsspannung kann man durch eine Zelle nur dann einen ständigen Strom schicken, wenn die äußere Spannung die Polarisationsspannung übersteigt. Um also z. B. Wasser zu zersetzen, brauchen wir eine Mindestspannung, die sog. *Zersetzungsspannung* des Wassers.

Diese Polarisation durch Gasbeladung ist nur ein Beispiel von zahlreichen und oft sehr verwickelten Fällen, die beim Stromdurchgang in Elektrolyten auftreten können. Sie ist meist eine sehr unerwünschte Erscheinung. Wollte man z. B. den Widerstand eines Elektrolyten mit Gleichstrom messen, so wird durch die infolge der Polarisation auftretende Gegenspannung der Strom geschwächt, also ein zu hoher Widerstand nach dem Ohmschen Gesetz berechnet. Man benutzt daher Wechselstrom von so hoher Frequenz, daß sich in der Zeit einer Halbperiode keine merkliche Polarisation ausbilden kann.

Unpolarisierbare Elektroden bestehen aus Metallen, die in die wäßrige Lösung eines ihrer eigenen Salze eintauchen, vgl. Abb. 180. Bei Stromfluß kann sich dort die Spannung zwischen Metall und Lösung nicht ändern, da nur dasselbe Metall sich abscheiden oder in Lösung gehen kann. Zur Verwendung z. B. bei elektrischen Messungen am biologischen Gewebe schließt man mit einem Pfropfen aus porösem

Material, der mit physiologischer Kochsalzlösung getränkt ist, das mit der Lösung gefüllte Röhrchen unten ab und sorgt damit gleichzeitig für leitenden Kontakt mit den berührten Körperzellen.

Auch bei der Stromentnahme aus einem galvanischen Element, z. B. Zink und Kohle in Salmiaklösung, entsteht eine derartige elektrolytische Polarisation, da der Strom auch den Elektrolyten durchfließt. Sie erniedrigt die Klemmenspannung zusätzlich zum Spannungsabfall am inneren Widerstand, vgl. § 111. Umgibt man aber den Kohlestab mit einem Mantel aus Braunstein, so wird die Wasserstoffbeladung durch eine chemische Reaktion verhindert, und die störende Polarisationsspannung tritt nicht auf (*Leclanché*-Element, *Taschenlampenbatterie*). An den unpolarisierbaren Elektroden des Daniell-Elementes kann sich natürlich auch eine derartige Gegenspannung durch elektrolytische Polarisation nicht ausbilden.

Eine sehr nützliche Anwendung der Polarisation stellt der *Bleiakkumulator* dar. Seine Wirkungsweise erkennen wir, wenn wir zwei Bleistreifen in verdünnte Schwefelsäure eintauchen. Sie überziehen sich zunächst mit einer Schicht von Bleisulfat. Schicken wir durch die Zelle einen Strom hindurch, so wandern die H^+-Ionen an die Kathode und reduzieren das Bleisulfat zu metallischem Blei, während die zur Anode gehenden SO_4^{--}-Ionen das Bleisulfat zu Bleidioxyd oxydieren. Bei diesem Vorgang der *Ladung* bildet sich also eine Elektrode aus metallischem Blei gegen eine Bleidioxydelektrode aus. Schalten wir die äußere Stromquelle ab, so erweist sich die Bleielektrode als negativer Pol, die Bleidioxydelektrode (erkenntlich an der braunen Farbe) als positiver Pol eines Elements von etwa 2 Volt Spannung. Bei leitender Verbindung der Elektroden erhalten wir einen Strom, der als Polarisationsstrom dem ursprünglichen Ladestrom entgegengesetzt gerichtet ist, d. h. die ursprüngliche Anode wird zum Pluspol. Bei dieser *Entladung* entsteht, da die Reaktionen jetzt umgekehrt verlaufen, an beiden Elektroden wieder Bleisulfat, also der alte Zustand. Daher vollzieht sich im Bleiakkumulator ein umkehrbarer Vorgang. Wir können mit ihm elektrische Energie in chemische Energie umwandeln und jederzeit als elektrische Energie wieder zurückgewinnen. Um möglichst viel Energie aufspeichern zu können, gibt man den Elektroden durch verschiedene Kunstgriffe möglichst große wirksame Oberflächen, vornehmlich der Anode.

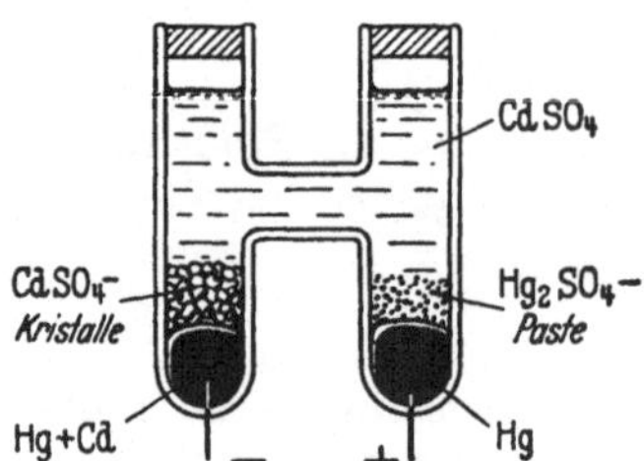

Abb. 182. Cadmium-Normalelement

Für Meßzwecke braucht man Elemente mit möglichst konstanter und von der Temperatur unabhängiger Spannung, sog. *Normalelemente*. Ein solches Element muß natürlich *unpolarisierbare* Elektroden besitzen, eine Bedingung, die an sich das Daniell-Element schon erfüllt. Doch bleibt dessen Spannung über *längere Zeit* nicht konstant, weil trotz der porösen Scheidewand Cu-Ionen zur Zn-Elektrode diffundieren, sich dort niederschlagen und eine Gegenpolarisation hervorrufen.

Als geeignetes Normalelement hat sich das *Cadmium-Normalelement* (Weston-Element) erwiesen, s. Abb. 182, mit einer Eigenspannung von 1,0186 Volt bei 20° C. Als Anode ist statt Kupfer hier Quecksilber gewählt, das von einer Paste aus Hg_2SO_4 und Hg umgeben ist. Als Elektrolyt dient eine gesättigte Lösung von $CdSO_4$. Die Kathode besteht aus Cadmiumamalgan. Infolge der außerordentlich geringen Löslichkeit von Hg_2SO_4 gibt es keine störende Diffusion von Hg-Ionen zur Kathode.

Ein Normalelement darf nie mit Strom belastet werden, da sich sonst sofort die wenigen Hg-Ionen an der Anode erschöpfen und nicht schnell genug durch Auflösen von festem Quecksilbersulfat nachgeliefert werden. Eine Polarisationsspannung infolge Konzentrationsänderung ist die Folge. Daher wendet man bei Messungen die Kompensationsmethode an, vgl. § 93, Abb. 153.

Schließlich sei auf die Möglichkeit hingewiesen, Metalle aus ihren Lösungen quantitativ abzuscheiden. Diese *quantitative Elektroanalyse* beruht darauf, daß sich bei einer bestimmten Spannung nur diejenigen Metalle abscheiden, deren Polarisationsspannung unter der Zellenspannung liegt.

§ 113. Kontaktspannungen. Die Trennung von elektrischen Ladungen und die Ausbildung einer elektrischen Doppelschicht dadurch ist nun keineswegs auf die Grenzflächen von Metallen mit Wasser beschränkt. Vielmehr spielen sich solche Vorgänge ganz allgemein bei der Berührung zweier beliebiger Festkörper von unterschiedlichem chemischen Aufbau oder eines Festkörpers mit einer Flüssigkeit ab. Tauchen wir z. B. eine Paraffinkugel in staubfreies Wasser und ziehen sie wieder heraus, so erweist sich die Paraffinkugel als negativ, das Wasser als positiv geladen. Allgemein lädt sich der Körper mit der größeren Dielektrizitätskonstante positiv auf. Die Ursache dieser Aufladung ist nach LENARD in den zwischen den Atomen wirkenden elektrischen Kräften zu suchen, welche die Elektronen des einen Körpers zum anderen hinüberziehen. Da diese molekularen Kräfte nur eine sehr kurze Reichweite haben, sich nämlich nur auf Bereiche von den Abmessungen der Moleküle, d. h. auf einige 10^{-8} cm erstrecken, machen sie sich besonders bemerkbar, wenn möglichst viele Moleküle des einen Körpers an solche des anderen unmittelbar angrenzen. Eine wirksame innige molekulare Berührung kann man durch *Reibung* erzwingen.

Die zwischen den beiden Schichten auftretende Spannung, die sog. *Kontaktspannung* oder Berührungsspannung, ist von der Größenordnung 1 mV bis 1 V. Die elektrischen Feldlinien zwischen den Ladungen sind aber zunächst, den Molekülabständen entsprechend, nur einige 10^{-8} cm lang. Trennen wir die Körper, so werden die Feldlinien auseinandergezogen, s. § 98. Die Spannung steigt mit dem Abstand auf Tausende von Volt, bis sogar Entladung durch Fünkchen einsetzen kann. Bekannt sind die beim Fahren eines Autos zwischen seinen Gummireifen und der Fahrbahn auftretenden Spannungen; entsprechende können sich auch zwischen dem menschlichen Körper und der Erde beim Laufen mit Kreppsohlen ausbilden. Die Höhe der Spannung, die sich bei der Fortdauer derartiger reibender Bewegungen schließlich einstellt, hängt vornehmlich von der Elektrizitätsleitung in den beteiligten Stoffen ab. Dadurch ist den Herstellerfirmen der Materialien die Möglichkeit gegeben, diese störenden, leider im einzelnen sehr unübersichtlichen Erscheinungen heute in ihrem Ausmaß weitgehend herabzusetzen.

Auch bei der Berührung zweier Metalle tritt eine Berührungsspannung auf. Beim Auseinanderziehen der Metalle kann man jedoch praktisch keine höheren Spannungen erreichen. Das liegt daran, daß beim Abheben die vergrößerten Spannungen wegen der Leitung sich über die letzten Berührungsstellen ausgleichen, so daß schließlich nur die geringe ursprüngliche Kontaktspannung übrigbleibt.

Trennt man eine Flüssigkeit von einem Gas, so findet man keine Aufladung. Es treten also in der Grenzfläche von Flüssigkeiten und Gasen keine elektrischen Doppelschichten auf, derart, daß Flüssigkeit und Gas Ladungsträger verschiedenen Vorzeichens enthalten. Zerreißt man jedoch eine Wasseroberfläche, indem man etwa das Wasser durch einen heftigen Luftstrom zerstäubt, so erweisen sich die *feinsten Wasserstäubchen* als *negativ* und das *zurückbleibende Wasser* als *positiv* geladen. Dasselbe beobachtet man bei Wasserfällen. Die Erscheinung zeigt, daß in der Wasseroberfläche selbst eine elektrische Doppelschicht sitzt, und zwar bei Wasser mit der negativen Seite nach außen. Da die Wasserstäubchen aus der Oberfläche ausgerissen werden, erhalten sie eine negative Überschußladung, s. Abb. 183.

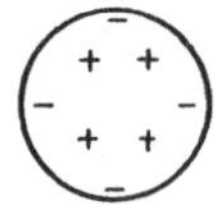

Abb. 183. Ladungsverteilung in einem Wassertropfen

Starke Luftströme vermögen auch große Regentropfen zu zerblasen, wobei der aus der Oberfläche stammende sehr feine und negativ geladene Wasserstaub vom Luftstrom nach oben mitgenommen wird, während die schweren positiven Tropfen nach unten sinken. Dadurch entsteht eine Trennung der Ladung mit weit auseinandergezogenen Feldlinien. So können zwischen verschiedenen Wolkenschichten sehr hohe Spannungen entstehen. Solche Vorgänge spielen bei der *Entstehung eines Gewitters*, wo Spannungen von Millionen Volt auftreten, eine wesentliche Rolle.

§ 114. Elektrokinetische Erscheinungen. Die Kontaktspannungen und die damit verbundenen Doppelschichten bilden auch die Ursache für viele *elektrokinetische Erscheinungen*. Solche elektrische Doppelschichten treten bei Kolloidteilchen auf und sind eine wesentliche Vorbedingung für die Stabilität einer kolloiden Lösung.

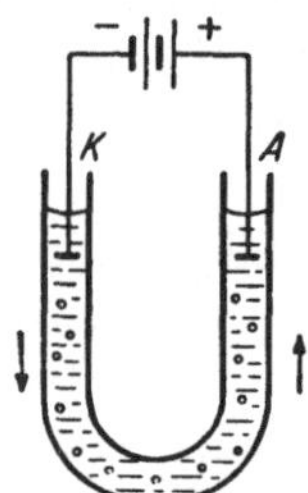

Abb. 184. Elektrophorese

Füllt man eine Suspension von feinem Tonpulver in destilliertem Wasser in ein U-Rohr und legt ein Feld an, vgl. Abb. 184, so sieht man, wie die Tonteilchen zur Anode wandern, also negativ geladen sind. Diese Erscheinung nennt man *Elektrophorese*. Bei kolloidalen Teilchen kann man auf diese Weise das Vorzeichen ihrer Ladung bestimmen, und man spricht sinngemäß von *Kathaphorese* und *Anaphorese*. Kolloide mit verschiedener Wanderungsgeschwindigkeit lassen sich durch Elektrophorese trennen.

Ein Sonderfall der Elektrokinetik liegt vor, wenn der feste Körper festgehalten wird und nur die Flüssigkeit wandern kann. Bringt man z. B. in den linken U-Rohrschenkel von Abb. 184 ein sehr feines, poröses Material, das den ganzen Rohrquerschnitt ausfüllt, so wandern die geladenen Schichten des Wassers zur Kathode, so daß links die Wasseroberfläche ansteigt. Wegen der äußeren Ähnlichkeit mit den Erscheinungen des osmotischen Drucks in der Pfefferschen Zelle, vgl. Abb. 134, § 81, bezeichnet man diesen Vorgang als *Elektroosmose*. Dieses Verfahren wird technisch zum Trocknen der verschiedensten Stoffe, z. B. von Torf oder Kaolin benutzt.

In der Natur, vor allem bei Vorgängen im lebenden Organismus, spielen solche auf einer Aufladung beruhenden elektrokinetischen Erscheinungen eine große Rolle. Der Mediziner benutzt die Elektrophorese, um *Medikamente* in Ionenform durch die Haut einzuführen, *Iontophorese*.

§ 115. Thermospannungen. Schließen wir Drähte aus zwei verschiedenen Metallen zusammen (s. Abb. 185), so treten an den Berührungsflächen B_1 und B_2, wie wir in § 113 gesehen haben, infolge der dort wirksamen ladungstrennenden Kräfte elektrische Doppelschichten auf. Die damit verbundenen Berührungsspannungen sind gleich groß, aber entgegengesetzt gepolt, solange die beiden „Lötstellen" auf gleicher Temperatur sind, so daß zwischen den Enden A_1 und A_2 keine Spannung entsteht. Dasselbe ist der Fall, wenn wir zwischen B_1 und B_2 noch weitere Metalle einfügen. Allgemein nennen wir Stoffe, die diese Eigenschaft haben, „Leiter erster Klasse" (vgl. dazu Tabelle der Spannungsreihe in § 111). Wenn die Enden miteinander in Berührung gebracht werden, also ein geschlossener Kreis hergestellt wird, fließt kein Strom.

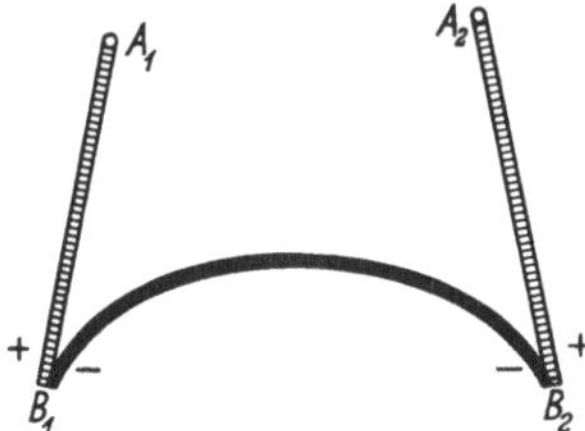

Abb. 185. Thermoelement

Da aber die Berührungsspannungen eine merkliche Temperaturabhängigkeit besitzen, tritt beim Erwärmen der einen Lötstelle – z. B. B_1 in Abb. 185 – zwischen den Enden A_1 und A_2 eine Spannung auf, die sog. *Thermospannung* U_{Th}. Sie wird nicht geändert, wenn wir noch beliebige andere Metalldrähte mit einschalten, solange nur die neuen zusätzlichen Lötstellen die gleiche Temperatur besitzen. Ein solches Metallpaar wird auch als *Thermoelement* bezeichnet. Seine Spannung wächst mit der Temperaturdifferenz zwischen den beiden Lötstellen, und zwar in kleinen Bereichen häufig proportional. Das Verhältnis von Thermospannung und Temperaturdifferenz nennt man auch *Thermokraft*; sie ist recht klein. Das Paar Wismut–Antimon hat mit 100 Microvolt pro Grad schon eine besonders große Thermokraft, es tritt dabei mit 100° C Temperaturdifferenz eine Thermospannung von 0,01 Volt auf. Das System Kupfer–Konstantan hat nur 42 Microvolt/Grad.

Bei leitender Verbindung der beiden Enden des Thermoelementes fließt ein *Thermostrom* von der Stromstärke $I = U_{Th}/R$, wobei R der gesamte Widerstand des Stromkreises ist.

Thermoelemente werden vielfach und mit großem Vorteil zu *Temperaturmessungen* benutzt; man kann mit ihrer Hilfe auch an schwer zugänglichen Stellen die Temperatur messen (Überwachung von Betriebsanlagen) und ferner wegen ihrer geringen Wärmekapazität ohne Störung auch kleine Objekte ausmessen (physiologische Untersuchungen); weitere Anwendungen s. § 184. Außerdem kann man auf elektrischem Wege die Temperatur viel genauer messen als mit gewöhnlichen Flüssigkeitsthermometern und überdies einen sehr großen Temperaturbereich erfassen. So eignet sich die Kombination von Platin mit einer Platin-Rhodium-Legierung für Messungen bis zu 1600° C.

Schicken wir durch einen aus zwei verschiedenen Metallen gebildeten Leiterkreis, dessen Lötstellen die gleiche Temperatur besitzen, mit Hilfe einer von außen angeschalteten Spannungsquelle einen Strom, so bekommen wir an der einen Lötstelle eine Erwärmung, an der anderen eine Abkühlung. Diese Erscheinung stellt die Umkehrung des Thermoeffektes dar und wird als *Peltier-Effekt* bezeichnet.

Infolge des Peltier-Effektes beeinflußt jeder Thermostrom die ursprünglich ihn verursachende Temperaturdifferenz, und zwar verläuft die Temperaturänderung durch den Thermostrom so, daß sie die ursprüngliche Temperaturdifferenz zu verkleinern sucht, ihr also entgegenwirkt. (Prinzip des kleinsten Zwanges, s. § 79.)

Wäre das nicht der Fall, so würde jede zufällig entstehende Temperaturdifferenz infolge des Thermostromes vergrößert werden und hierdurch wieder einen stärkeren Thermostrom erzeugen, so daß sich auf diese Weise Strom und Temperaturdifferenz gegenseitig aufschaukeln würden. So würde von selbst eine immer größere Temperaturdifferenz auftreten, was ein Widerspruch zum zweiten Hauptsatz wäre.

Durch den Thermostrom wird also die Temperatur der heißen Lötstelle erniedrigt, wodurch eine zu kleine Temperaturdifferenz vorgetäuscht wird. Man vermeidet diesen Fehler, indem man die Thermospannung des Thermoelementes mittels einer Kompensationsschaltung, s. § 93, d. h. im stromlosen Zustande mißt.

D. Elektrizitätsleitung in Gasen und im Vakuum

§ 116. Unselbständige Leitung. Die Versuche an Flüssigkeiten und Metallen haben uns gezeigt, daß ein Strom in einem Körper nur fließt, wenn Ladungsträger vorhanden sind und wenn diese beweglich sind, bei angelegtem Felde also wandern können (ein NaCl-Kristall ohne Gitterfehler leitet nicht, wohl aber geschmolzenes NaCl). Daher ist das *Vakuum* ein *idealer Isolator.* Aus der Tatsache, daß auch atmosphärische Luft sehr gut isoliert, folgt, daß diese für gewöhnlich nur verschwindend wenig Ladungsträger enthält. Legen wir an zwei in Luft befindliche Elektroden eine (nicht zu hohe) Spannung an, so fließt kein Strom. Erst wenn wir durch einen *weiteren* Vorgang Ladungsträger in das Gas hereinbringen, setzt ein Strom ein, und es kommt zu einer sog. *Gasentladung.* Diesen Fall der *Elektrizitätsleitung* bezeichnet man als eine *unselbständige Leitung.* Im Gegensatz dazu sprechen wir von einer *selbständigen Leitung*, wenn der Strom durch das Anlegen der Spannung *von selbst* zustande kommt, die Ladungsträger also sich ohne unser Zutun bei angelegter Spannung von selbst bilden, bzw. wenn die abfließenden Ladungen immer wieder durch neue ersetzt werden, wie das durch Stoßionisation bei der Entladung in verdünnten Gasen, vgl. § 120, oder bei sehr hohen Spannungen, vgl. § 121, geschieht.

Um in einem Gase eine unselbständige Leitung herbeizuführen, müssen wir Ladungsträger, also Ionen und freie Elektronen, erzeugen. Das kann auf verschiedene Weise geschehen, z. B. durch Erhitzen des Gases oder durch Bestrahlen mit Röntgenlicht oder radioaktiver Strahlung, s. § 201.

Zur *Temperaturionisation* kommt es, wenn bei hohen Temperaturen die kinetische Energie der Moleküle so groß wird, daß beim Zusammenstoß Elektronen abgerissen oder mehratomige Moleküle in Ionen gespalten werden können. Infolgedessen sind *Flammen leitend.* Halten wir zwischen die Platten eines vorher aufgeladenen Kondensators ein brennendes Streichholz, so beobachten wir ein sofortiges Absinken der Spannung. Dasselbe ist der Fall, wenn wir ein radioaktives Präparat in die Nähe bringen oder Röntgenlicht durch den Kondensator hindurchschicken.

Anstatt die Gasmoleküle zu ionisieren, kann man auch aus der Kathode, sei es durch *Bestrahlung* mit *kurzwelligem Licht* (*lichtelektrischer Effekt*, § 191), sei es durch *Glühen der Kathode*, § 117, Elektronen frei machen, die dann zur Anode gezogen werden und so den Ladungstransport besorgen.

Erzeugen wir in einem Gase, etwa durch dauernde, konstante Bestrahlung, Ionen und legen zunächst kein Feld an, so werden sich infolge der Temperaturbewegung positive und negative Ladungsträger treffen und paarweise wieder vereinigen. Diese *Wiedervereinigung* der Ionen zu neutralen Molekülen führt dazu, daß die Zahl der durch Ionisation gebildeten Ionenpaare nicht beliebig ansteigt, sondern daß sich ein Gleichgewicht einstellt, bei dem in der Zeiteinheit genauso viele Ionenpaare neu erzeugt werden, wie durch Wiedervereinigung verschwinden. Der Bestand an Ladungsträgern bleibt dann konstant.

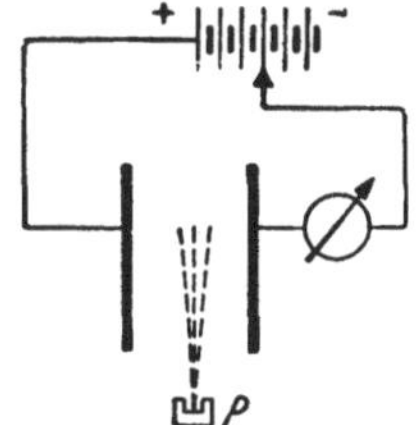

Abb. 186. Messung des Ionisationsstromes in Abhängigkeit von der Spannung

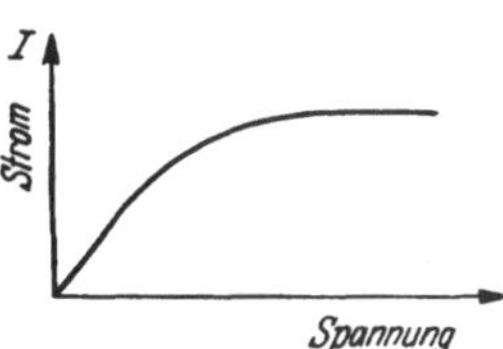

Abb. 187. Ionisationsstrom mit Sättigung

Wir betrachten nun den Strom bei der unselbständigen Leitung in Abhängigkeit von der Spannung mit Hilfe der in Abb. 186 gezeichneten Anordnung etwas genauer. P sei ein radioaktives Präparat, welches die Luft zwischen den Kondensatorplatten ionisiert. Legen wir eine allmählich steigende Spannung an, so beobachten wir den in Abb. 187 wiedergegebenen Stromverlauf. Zuerst steigt der Strom proportional mit der Spannung, dann aber langsamer an, um schließlich einen konstanten, von der Spannung unabhängigen Maximalwert anzunehmen. Diesen Grenzwert nennt man den *Sättigungsstrom.* Diese sog. *Strom-Spannungs-Charakteristik* erklärt sich folgendermaßen: Die Tatsache, daß zunächst das Ohmsche Gesetz erfüllt ist, bedeutet nach den Überlegungen des § 106, daß die Geschwindigkeit der Ionen mit der Ladung e proportional der treibenden Kraft eE wächst, d. h. daß die Ionen mit Reibung durch das Gewimmel der umgebenden Luftmoleküle hindurchwandern, und ferner, daß die Zahl der Träger im cm^3 durch die Abwanderung der Ionen bei kleinen Spannungen nicht merklich verkleinert wird. Der Sättigungswert des Stromes kommt dadurch zustande, daß schließlich bei genügend starken Feldern alle gebildeten Ionen, ehe es zu einer Wiedervereinigung kommt, an die Elektroden gelangen. Der Sättigungsstrom gibt uns also direkt die Gesamtladung der pro Sekunde gebildeten Ionen eines Vorzeichens an. Diese ist proportional zur „Intensität" der Fremdstrahlung, die sich auf diese Weise aus dem Sättigungsstrom in einer sog. *Ionisationskammer* messen läßt.

Wie wir in § 120 sehen werden, kann bei weiterer Steigerung der Spannung der Strom infolge von Stoßionisation erneut ansteigen und schließlich sogar eine selbständige Entladung auslösen.

An Stelle von Ionen können auch größere geladene Partikelchen, wie Staubteilchen, die Luft leitend machen. Davon macht die Technik bei der *elektrischen Staubreinigung* im großen Gebrauch. Die staubhaltigen Abgase von Bergwerken, Mühlen usw. werden durch eine Koronaentladung, s. § 121, aufgeladen und dann durch große, auf hoher Spannung befindliche Kondensatoren geschickt, wobei die Partikelchen an die Platte gerissen werden und sich dort unter Abgabe ihrer Ladung niederschlagen.

§ 117. Elektronenaustritt aus Metallen. Ein möglichst luftleer gepumpter Raum (Hochvakuum) ist ein vorzüglicher Isolator. Nur bei extrem hohen Spannungen treten an den unvermeidlichen Unebenheiten der Elektroden so starke Felder auf, daß die Elektronen aus der kalten Kathode herausgerissen werden und eine selbständige Leitung einsetzt. Sehen wir von diesem Sonderfall ab, so erhalten wir im Vakuum erst einen Strom, wenn wir *künstlich* Ladungsträger hereinbringen. Das kann, wie schon gesagt, auf verschiedene Weise geschehen.

1. Durch *Bestrahlung* der *Kathode* mit *ultraviolettem* Licht, das aus dem Metall Elektronen, sog. *Photoelektronen*, auszulösen vermag, s. § 191.

2. Durch *Glühen* der *Kathode*, wobei Elektronen, sog. *Glühelektronen*, frei werden.

Innerhalb eines Metalles sind die Elektronen zum Teil, ähnlich wie die Moleküle eines Gases, frei beweglich, vgl. § 108. Das Metall können sie aber nicht ohne weiteres verlassen, da sie durch die in der Metalloberfläche wirksamen rücktreibenden Kräfte der positiven Metallionen festgehalten werden. Zur Ablösung eines Elektrons ist also eine gewisse *Austrittsarbeit* aufzuwenden. Bringen wir das Metall zum Glühen, so wächst die kinetische Energie der Temperaturbewegung der Elektronen so an, daß mehr und mehr Elektronen aus dem Metall entweichen können. Dieser Vorgang entspricht ganz dem Verdampfen von Flüssigkeitsmolekülen an der Oberfläche mit zunehmender Temperatur. Überzieht man das Metall mit einer dünnen Schicht eines Erdalkalioxyds, sog. *Oxydkathode*, so erfolgt der Elektronenaustritt schon bei wesentlich tieferen Temperaturen (600° C) als bei reinen Metallen, da die Austrittsarbeit jetzt kleiner ist.

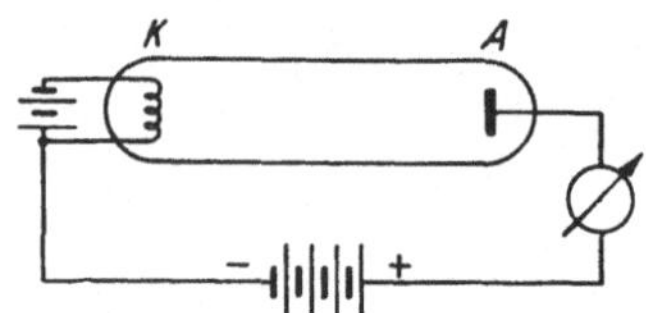

Abb. 188. Glühkathodenröhre

Bringen wir in einem hochevakuierten Rohr die Kathode, meist einen Wolframdraht, mit Hilfe einer Heizbatterie zum Glühen, s. Abb. 188, so werden die austretenden Elektronen zur Anode *A* herübergerissen, und ein eingeschalteter Strommesser zeigt einen Strom von einigen Milliampere an. Machen wir den

Glühdraht zur Anode, so fließt kein Strom. Wir erkennen daraus, daß aus dem Glühdraht nur Elektronen, aber nicht etwa positive Ionen, frei werden. Eine solche *Glühkathodenröhre* läßt also den Strom nur in einer Richtung durch, wirkt deshalb bei Wechselspannung als *Gleichrichter*.

Mit wachsender Anodenspannung steigt bei reiner Wolframkathode die Stromstärke in dieser sog. *Diode* bis zu einem Sättigungswert an, der von der Kathodentemperatur abhängt. Wie in der Ionisationskammer, vgl. § 116 Abb. 187, wandern bei genügend hoher Anodenspannung alle erzeugten Ladungsträger, das sind hier die von der Kathode durch die thermische Bewegung austretenden Elektronen, zur entgegengesetzt geladenen Elektrode. Ist die Anodenspannung aber niedriger, bremsen die unmittelbar vor der Kathode noch sehr langsamen Elektronen durch elektrische Kräfte den Austritt der folgenden, so daß die Stromstärke kleiner wird. Man spricht von *Raumladungen*, die den Strom begrenzen. In diesem Teil der Strom-Spannungs-Charakteristik einer Diode gilt nicht das Ohmsche Gesetz wie in der Ionisationskammer, sondern I ist proportional $U^{3/2}$, eine Beziehung, die man im unteren Teil der Kennlinie einer Triode wiederfindet, vgl. Abb. 192.

§ 118. Kathodenstrahlen. Ist das Rohr genügend evakuiert, so erleiden die Elektronen auf ihrem Weg zur Anode keine Zusammenstöße mit den restlichen Luftmolekülen. Sie bewegen sich daher nicht wie Ionen in Luft infolge der Reibung mit konstanter Geschwindigkeit, vgl. § 116, sondern laufen unter dem Einfluß der konstanten Kraft $K = Ee$ mit konstanter Beschleunigung durch das elektrische Feld $E = U/d$ (U die Spannung zwischen den Elektroden, d deren Abstand, vgl. § 96). Ihre Bewegung entspricht also dem freien Fall eines Körpers im Schwerefeld der Erde. Auf dem Wege von der Kathode zur Anode wird der Energiebetrag eU, vgl. § 102, wie beim freien Fall restlos in kinetische Energie umgewandelt. Durchfliegt also ein Elektron aus der Ruhe heraus in einer Bahn die Spannung U, so ergibt sich seine Endgeschwindigkeit v aus der grundlegenden Beziehung

$$\frac{m}{2} v^2 = eU\,.$$

Treffen diese Elektronen auf die Anode, so werden sie dort abgebremst, und ihre kinetische Energie wandelt sich in Wärme um. Bei großen Geschwindigkeiten (Spannungen) kann die Anode dabei in Glut geraten.

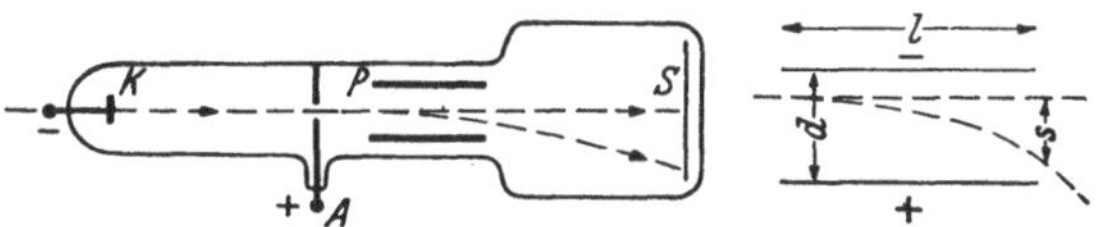

Abb. 189. Elektrische Ablenkung von Kathodenstrahlen

Durchbohren wir die Anode, s. Abb. 189, so fliegen Elektronen durch das Loch in den dahinterliegenden Raum und können dort näher untersucht werden. Direkt sehen können wir sie nicht. Wir setzen dafür in das Rohr einen mit einer fluoreszierenden Masse bestrichenen Schirm ein und erkennen dann die Auftreffstelle des Elektronenbündels am Aufleuchten (Fernsehschirm). Dabei zeigt sich, daß die Elektronen in dem feldfreien Raum hinter der Anode geradlinig weiterlaufen. Dieses Bündel aus rasch fliegenden, von der Kathode herkommenden Elektronen bezeichnet man historisch auch als *Kathodenstrahlen*. Sie ermöglichen die Untersuchung von freien Elektronen ohne Beeinflussung durch andere Materie. Dazu erzeugt man z. B. mit einem geladenen Plattenkondensator P hinter der Anode, s. Abb. 189, ein elektrisches Feld, das senkrecht zur Flugrichtung der dort eintretenden Elektronen steht. Sie werden dann zur positiv geladenen Platte hin abgelenkt. Auch in magnetischen Feldern beobachtet man die Ablenkung schnell fliegender Elektronen, vgl. § 125 β.

Durch solche Ablenkungsversuche kann man nachweisen, daß diese Kathodenstrahlteilchen wirklich negativ geladen sind, und man kann ihre Masse bestimmen, s. weiter unten.

Man findet dabei unmittelbar das Verhältnis von Ladung zu Masse oder die sog. *spezifische Ladung* $e/m = 1{,}759 \cdot 10^{11}$ Coulomb/kg. Aus der bekannten Ladung des Elektrons, $e = 1{,}602 \cdot 10^{-19}$ Coulomb, s. § 105, folgt daher für die Masse des Elektrons der Wert $m = 9{,}10_7 \cdot 10^{-31}$ kg. Da die Masse eines Wasserstoffatoms $1{,}673 \cdot 10^{-27}$ kg beträgt, ist die Masse des Elektrons 1836mal kleiner als die des leichtesten chemischen Atoms. Die *Elektronen* sind demnach *freie negative Elektrizitätsatome* ohne Verknüpfung mit chemischen Atomen oder Molekülen.

Wenn wir die Größe e/m kennen, läßt sich die Geschwindigkeit der Elektronen nach der obigen Gleichung direkt aus der angelegten Spannung U mittels der Beziehung $v = \sqrt{2eU/m}$ berechnen. Dabei muß e/m in C/kg und U in Volt eingesetzt werden, um die Geschwindigkeit in m/s zu erhalten. Man findet so z. B. bei 100 und 1000 Volt für die Geschwindigkeit Werte von fast 6000 bzw. 19000 km/s, die 2% bzw. 6% der Lichtgeschwindigkeit ausmachen. Wir erkennen also, daß schon bei sehr niedrigen Spannungen Elektronen Geschosse von außerordentlich großer Geschwindigkeit darstellen.

In der Atomphysik benutzt man allgemein als *Energiemaß* das *Elektronenvolt* (eV) und versteht darunter die Energie, die ein Elektron oder ein ein-wertiges Ion beim freien Durchlaufen einer Spannung von 1 Volt erhält. Daher ist $1\,\text{eV} = 1{,}602 \cdot 10^{-19}$ Joule (Ws).

Wir betrachten nun die Ablenkung im elektrischen Felde etwas näher. Geht ein Elektronenbündel senkrecht zur Feldrichtung durch ein elektrisches Feld E, s. Abb. 189, so erfährt jedes Elektron eine konstante Kraft eE und daher nach dem Grundgesetz der Mechanik eine konstante Beschleunigung b auf die positive Kondensatorplatte zu, von der Größe $b = K/m = eE/m = eU_P/md$ (U_P die Spannung, d der Abstand der Platten). Das Elektron beschreibt daher eine Parabelbahn, genauso wie ein waagerecht abgeschossener Körper, der unter dem Einfluß der Erdanziehung eine konstante senkrechte Beschleunigung erfährt.

Der Fallstrecke entspricht hier die Ablenkung $s = bt^2/2$, wo $t = l/v$ die Laufzeit des Elektrons im Kondensator, l die Länge des Kondensators und v die Eintrittsgeschwindigkeit bedeuten. Letztere kann man sich aus der von den Elektronen durchlaufenen Anodenspannung U, wie oben besprochen, ausrechnen und erhält dann für die Ablenkung s eine Beziehung, in der außer den beiden Spannungen U und U_P nur noch die Länge l und die spezifische Ladung e/m vorkommen. Dieser Versuch liefert daher eine der Möglichkeiten, e/m zu bestimmen.

Elektronenoptik. Schickt man ein von einem Punkt ausgehendes Elektronenbündel durch ein rotationssymmetrisches elektrisches Feld, das z. B. durch die drei Lochblenden von Abb. 190 erzeugt wird, so vereinigt es sich wieder in *einem* Punkte, den wir als den *Bildpunkt* der ursprünglichen Elektronenquelle betrachten können. Die elektrischen Feldlinien laufen senkrecht zu den eingezeichneten

Äquipotentiallinien und üben solche Kräfte auf ein leicht divergent einfallendes Elektronenbündel aus, daß es wieder zusammengeführt oder gesammelt wird. Das elektrische Feld wirkt also wie eine *elektrische Sammellinse*. Die Abbildungsgesetze für Elektronenstrahlen entsprechen weitgehend den aus der geometrischen Optik bekannten, so daß die Elektronenoptik ähnlich wie die geometrische Optik behandelt werden kann, vgl. § 157.

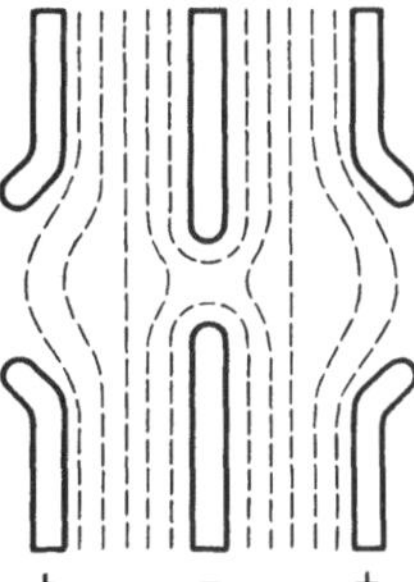

Abb. 190. Elektrostatische Linse mit Äquipotentiallinien

Elektrische und auch magnetische Linsen mit sehr kurzer Brennweite gestatten eine starke Vergrößerung des Bildes und werden im *Elektronenmikroskop* benutzt, das das Auflösungsvermögen des gewöhnlichen Lichtmikroskopes ganz erheblich übertrifft, vgl. § 165.

Auch beim *Braunschen Rohr*, dessen Anwendung im Fernsehgerät wohlbekannt ist, bildet ein elektrisches Linsensystem auf dem Bildschirm elektronenoptisch eine kleine Irisblende ab, die der Elektronen aussendende Gegenstand ist. Es ist meist nicht die Glühkathode selbst, sondern der davor angebrachte *Wehnelt-Zylinder*, an dem eine gegen die Kathode negative Spannung liegt. Durch Änderung dieser Spannung wird außerdem noch der durchtretende Elektronenstrom und damit die Helligkeit des jeweiligen Bildpunktes variiert. Ausgelenkt wird das Elektronenbündel und damit der Bildpunkt vertikal und horizontal durch zwei entsprechend angebrachte Plattenkondensatoren, wie einer schon in dem übersichtlichen Prinzipversuch ohne elektronenoptische Abbildung von Abb. 189 benutzt wurde.

Von großer Bedeutung für die Meßtechnik ist die Benutzung des Braunschen Rohres im *Kathodenstrahloszillographen*. Infolge ihrer außerordentlich geringen Masse folgen die Elektronen praktisch ohne merkliche Trägheit jeder Kraft. So stellt sich das Elektronenbündel auch bei hohen Frequenzen der an den Kondensator angelegten Spannung (10^7 Hz) noch nach dem Momentanwert des Feldes ein. Man kann daher mit Hilfe dieses Oszillographen auch schnelle Spannungsschwankungen erkennen und sichtbar machen. Dazu legt man die Spannung, deren zeitlichen Verlauf man darstellen will, an den vertikalen Ablenkkondensator, während am waagerechten die Ablenkspannung linear ansteigt und dann sehr schnell wieder den Anfangswert annimmt (Sägezahnspannung). Sollen periodische Spannungsänderungen angezeigt werden, so erhält man ein stehendes Bild auf dem Schirm, wenn die horizontale Ablenkzeit ein ganzzahliges Vielfaches der Periodendauer beträgt.

Die Verwendung einer Glühkathodenröhre als Röntgenröhre behandeln wir in § 186.

§ 119. Triode. Die weitaus wichtigste Anwendung findet die Glühkathodenröhre als *Elektronenröhre* bei der Steuerung von Strömen. Legen wir an die dritte Elektrode, das Gitter *G* eines solchen *Dreielektrodenrohres* oder *Triode*, s. Abb. 191, gegen die Kathode eine hohe negative Spannung, so werden die von der Kathode austretenden Elektronen daran gehindert, das Gitter zu passieren, es fließt überhaupt kein Strom. Wenn wir diese negative Gitterspannung verringern – gemeint ist damit, wie bei allen Spannungsangaben in einer Elektronenröhre, die Spannung zwischen dem genannten Punkt und der Kathode –, beginnt ein Strom zu fließen,

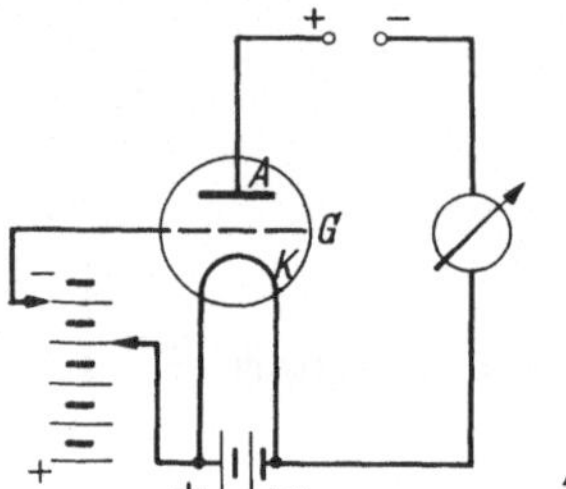

Abb. 191. Triode

da jetzt elektrische Kraftlinien von der Anode bis zur Kathode durchgreifen, so daß Elektronen von dort bis zur Anode gelangen. Bei genügend hohen positiven Gitterspannungen werden keine Elektronen mehr vor dem Gitter umkehren, der Strom erreicht einen Höchstwert. Man bezeichnet diese für die betreffende Elektronenröhre charakteristische Strom-Spannungskurve als die Gitterspannungskennlinie der Röhre, s. Abb. 192. Sie gilt für eine bestimmte Anodenspannung und verschiebt sich, wenn diese höher eingestellt wird, nach links. Die Gitterspannung *steuert* also den Anodenstrom. Im Gegensatz zu mechanischen Schaltern arbeitet ein solcher *Elektronenschalter* praktisch *trägheitslos*, ist also auch bei sehr hohen Frequenzen noch brauchbar.

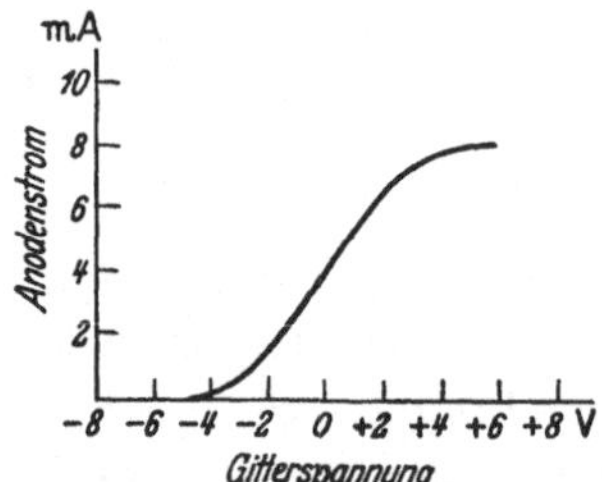

Abb. 192. Gitterkennlinie einer Triode

Die Triode dient so allgemein zur *Verstärkung* von Signalen, die eine Gitterspannungs*änderung* verursachen, speziell auch von Wechselspannungen. Es ändert sich durch die elektronische Steuerung der Anodenstrom, was in geeigneter Weise in eine verstärkte Spannungsänderung übertragen wird. Etwa dazu notwendige Energien liefert die Anodenspannungsquelle.

Wichtig ist, daß bei negativer Gitterspannung kein Gitterstrom fließt. Man benutzt daher die Triode auch als *Röhrenvoltmeter*, das einer zwischen Gitter und Kathode angeschalteten unbekannten Spannungsquelle keinen Strom entnimmt, d. h. als Voltmeter mit unendlich hohem Eigenwiderstand arbeitet, vgl. § 93.

Die meisten Röhren sind mit *indirekter Heizung* ausgerüstet (bessere Elektronenausbeute, Äquipotentialkathode); der Heizstrom durchfließt einen besonderen Heizfaden, der die eigentliche Kathode, einen außen mit Erdalkalioxyd überzogenen Metallzylinder, von innen so weit erwärmt, daß Elektronen austreten, vgl. § 117. Bei einer solchen Röhre erreicht der Anodenstrom auch bei höheren positiven Gitterspannungen praktisch keinen Sättigungswert, da der Elektronenstrom durch die Erdalkalioxydschicht fließen muß und sie zusätzlich erwärmt.

Um den kapazitiven Einfluß der Anode auf das Gitter auszuschalten, baut man zwischen Anode und Gitter ein *Schirmgitter* ein. Bei hohen Spannungen können ferner aus der Anode Sekundärelektronen austreten, die man durch ein *Bremsgitter* unmittelbar vor der Anode auffängt. So kommt man zu *Mehrgitterröhren, Tetroden, Pentoden* usw.

Bei der Anwendung der Elektronenröhre zur Verstärkung ist zu unterscheiden, ob es sich um *Spannungs-* oder *Leistungs*verstärkung handelt. Im ersten Fall soll eine bestimmte Änderung der Gitterspannung U_G eine möglichst große Spannungsänderung auf der Anodenseite zur Folge haben. Dies läßt sich in der Schaltung der Abb. 191 nicht erreichen, da sich dort nur der Anoden*strom* mit der Gitterspannung ändert. Man legt deshalb bei einem Spannungsverstärker einen hohen Widerstand R_A zwischen die Anodenspannungsquelle und die Anode der Röhre, an dem der durch U_G gesteuerte Anodenstrom einen Spannungsabfall erzeugt, s. Abb. 193. Diese Spannung kann man wieder an das Gitter einer zweiten Röhre legen, die sie in der gleichen Weise verstärkt usw. (mehrstufige Verstärker).

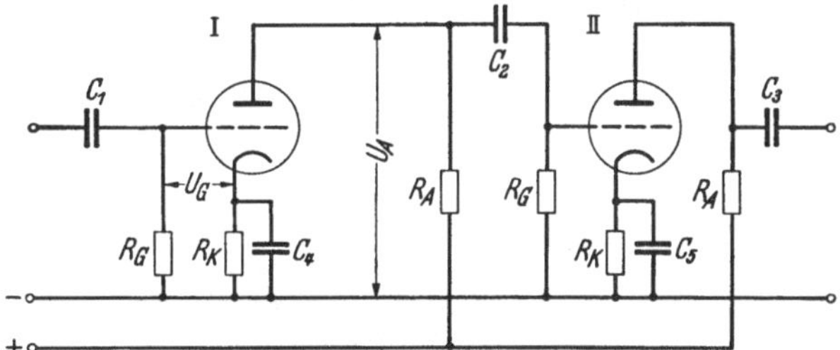

Abb. 193. Zweistufiger Spannungsverstärker mit Triodenröhren

Die Kondensatoren C_1, C_2 und C_3 sind für Gleichstrom undurchlässig und erlauben nur die Übertragung von Wechselspannungen (vgl. § 135). Auf diese Weise wird z. B. die Anoden*gleich*spannung der Röhre *I* vom Gitter der Röhre *II* ferngehalten, während die *Änderungen* von U_A über C_2 als Gitterspannungsänderungen der Röhre *II* wirksam und weiterverstärkt werden. Der *Arbeitspunkt* der Röhren auf der Gitterkennlinie, Abb. 192, wird durch die „Kathodenwiderstände“ R_K bestimmt, an denen der Anodenstrom einen Spannungsabfall erzeugt. Die gesamte Gitterspannung U_G setzt sich also zusammen aus der Gitter*gleich*spannung, die an R_K liegt, und der von außen an den Widerstand R_G zugeführten Gitter*wechsel*spannung. Die Heizkreise der Röhren sind der Einfachheit halber nicht mitgezeichnet.

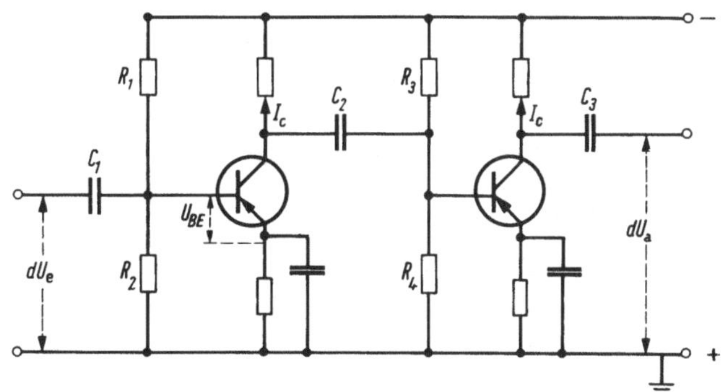

Abb. 194. Zweistufiger Spannungsverstärker mit Transistoren

Für die Leistungsverstärkung genügt durchweg eine Stufe. Der Leistungsverbraucher (Lautsprecher, Meßinstrument usw.) liegt dann als Außenwiderstand im Anodenkreis der Röhre. Die beste Leistungsausbeute hat man, wenn der Verbraucherwiderstand gleich dem inneren Widerstand (Anodenspannungsänderung/Anodenstromänderung) der Röhre im Arbeitspunkt ist (Anpassung).

Wir betrachten für den zweistufigen Spannungsverstärker von Abb. 192 noch die äquivalente Schaltung mit *Transistoren*. Die Polarität der Speisespannung in Abb. 194 gilt für Transistoren vom *pnp*-Typ, s. § 109. Im Gegensatz zur Röhrenschaltung wird hier der Kollektorstrom I_C auf einen geeigneten Wert als Arbeitspunkt eingestellt, indem die Basis-Emitter-Spannung U_{BE} durch die Spannungsteiler $R_1 R_2$, bzw. $R_3 R_4$ ohne Signal entsprechend festgelegt wird. Die Signalspannung dU_e steuert die Basis-Emitter-Spannung ebenso wie bei der Röhre die Gitter-Kathoden-Spannung, auch die verstärkte Spannung dU_a wird hier in derselben Weise abgenommen.

§ 120. Glimmentladung. α) *Die Erscheinung.* Legen wir an die kalten Elektroden eines etwa 50 cm langen, mit Luft unter gewöhnlichem Druck gefüllten Glasrohres eine Spannung von rund 1000 Volt, so geht keine Entladung hindurch. Erst wenn wir die Luft abpumpen, beobachten wir bei einem Druck von etwa 40 Torr einen elektrischen Strom und Leuchterscheinungen im Gas. Bei einem Druck von etwa 1 Torr sieht man eine eigentümliche Schichtung der leuchtenden Entladung mit folgenden charakteristischen Zonen, s. Abb. 195. Die Kathode ist mit einer dünnen, rosa bis violett leuchtenden *Glimmhaut* überzogen, dann kommt ein erster Dunkelraum, dahinter eine leuchtende Zone, das sog. *negative Glimmlicht*, dann ein

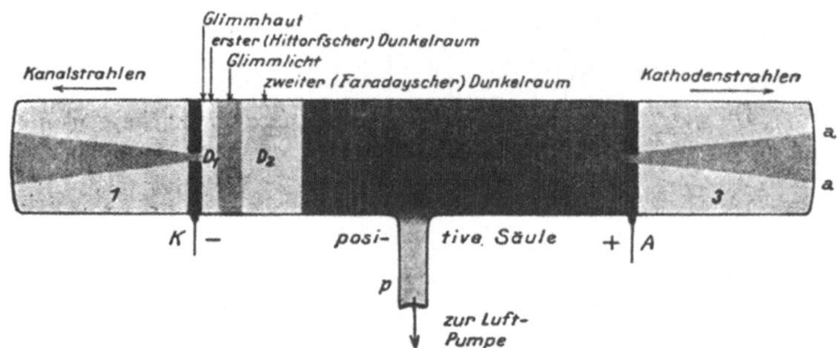

Abb. 195. Schema einer Glimmentladung (aus POHL: Elektrizitätslehre)

zweiter Dunkelraum und schließlich die den Rest des Rohres bis zur Anode ausfüllende, rotleuchtende sog. *positive Säule.* Dieser auch *Plasma* genannte Entladungsbereich enthält positive Ionen und Elektronen in hoher und gleicher Konzentration. Bei weiterem Abpumpen zieht sich die positive Säule zur Anode hin zusammen und verschwindet schließlich ganz. Dafür breitet sich das negative Glimmlicht weiter aus, wird aber immer schwächer, so daß schließlich (bei etwa 10^{-2} Torr) jede Lichterscheinung im Innern des Rohres aufhört. Dafür leuchten die der Kathode gegenüberliegenden Glaswände in grünlichem Fluoreszenzlicht auf. Diese nur bei kalten Elektroden auftretende Entladung in Gasen von niedrigem Druck wird als *Glimmentladung* bezeichnet.

β) *Stoßionisation.* Es erhebt sich zunächst die Frage, warum in einem Gase bei niederem Druck eine *selbständige Elektrizitätsleitung* zustande kommt, bei höherem Druck dagegen nicht. Jedes Gas enthält von vornherein eine sehr kleine Zahl von Ionen und Elektronen. So sind in 1 cm³ Luft ungefähr 1000 Ionen vorhanden, ein im Vergleich zur Gesamtzahl von $3 \cdot 10^{19}$ Molekülen pro cm³ verschwindend geringer Anteil. Diese Ionen verdanken ihre Entstehung der überall vorhandenen radioaktiven Strahlung bzw. der kosmischen Strahlung, s. § 213. Beim Einschalten eines Feldes laufen die Ionen und Elektronen auf die Elektroden zu. Werden sie auf dem Wege zwischen zwei Zusammenstößen mit elektrisch neutralen Molekülen genügend beschleunigt, so können Elektronen oder in geringerem Maße auch Ionen beim Aufprallen auf ein Molekül diesem ein Elektron entreißen, d. h. das Molekül ionisieren. Durch diese *Stoßionisation* entstehen weitere Ladungsträger, die im Felde wieder beschleunigt werden und ihrerseits zusätzlich neue Träger erzeugen. So schwillt der Strom lawinenartig an. Zur Ladungsträgerproduktion der selbständigen Entladung ist das Einsetzen der Stoßionisation eine Voraussetzung. Bei hohem Druck, d. h. bei größerer Dichte, können die Ionen oder Elektronen die zur Stoßionisation erforderliche kinetische Energie auf den kurzen freien Wegstrecken nicht aufsammeln. Sie geben die dabei gewonnenen kleinen Energiebeträge immer wieder als kinetische Energie an die neutralen Moleküle ab und durchlaufen dabei das Gas mit einer im Mittel gleichbleibenden Driftgeschwindigkeit, wie eine Kugel im viskosen Medium, vgl. § 49 und 116. Umgekehrt haben bei sehr geringem Druck die Ladungsträger auf ihrer Bahn keine Gelegenheit, neutrale Moleküle zu treffen und zu ionisieren. Daher kommt in Luft von Atmosphärendruck und in einem hinreichend verdünnten Gas (Vakuum) keine selbständige Elektrizitätsleitung zustande.

Im einzelnen ist der stationäre Zustand bei der Entladung folgendermaßen. Wie man durch Messung feststellen kann, ist der Spannungsabfall zwischen Anode und Kathode nicht gleichmäßig. Vielmehr ändert sich die Spannung besonders stark vor der Kathode, so daß dort die elektrische Feldstärke besonders hoch ist. Dieser sog. *Kathodenfall* liegt im Bereich des ersten Dunkelraumes. Die positiven Ionen schlagen daher mit großer Energie auf die Kathode auf und können aus den Atomen an der Oberfläche Elektronen herausschlagen; deshalb beobachten wir hier auch die leuchtende Glimmhaut. Ferner vermögen die Ionen ganze Metallatome aus der Kathode herauszuwerfen, die sich dann auf den Wänden des Entladungsrohres niederschlagen. Mit Hilfe dieser *Kathodenzerstäubung* kann man auf Glas und anderen Unterlagen sehr dünne Metallüberzüge herstellen. Die aus der Kathode stammenden Elektronen erhalten im Kathodenfall eine große Geschwindigkeit, erzeugen durch Stoßionisation Ersatz für die abwandernden Ionen und sind so für die Aufrechterhaltung der Entladung unerläßlich. Die für die Glimmentladung wichtige Partie ist also der Kathodenfall, während die positive Säule dafür keine entscheidende Bedeutung hat.

Der Kathodenfall hat für jedes Gas und jedes Elektrodenmaterial eine charakteristische Größe, die für Edelgase besonders niedrig liegt. Eine gewöhnliche Glimmlampe (Neonfüllung und Eisenelektrode mit einem Überzug von metallischem Barium) hat einen so geringen Kathodenfall, daß sie bereits am Lichtnetz von 220 Volt brennt. Ein Vorschaltwiderstand ist bereits eingebaut, der die Stromstärke begrenzt, indem die Spannung an der Röhre um den Spannungsabfall an ihm herabgesetzt wird. Dadurch stellt sich schnell ein stationäres Gleichgewicht ein, bei dem stets dieselbe Zahl von Ladungsträgern durch Stoßionisation und Emission der Kathode neu entsteht, die gleichzeitig an den Elektroden verschwindet.

Die als Lichtquellen verwendeten *Leuchtstoffröhren* sind außerdem an den Wänden mit fluoreszierenden Stoffen ausgekleidet, so daß die UV-Strahlung des Quecksilbers weitgehend in sichtbares Licht umgewandelt wird, s. § 190. Die Lichtausbeute dieser Lichtquellen ist erheblich größer als die der Metallfadenlampen, bei denen der größere Teil der elektrischen Energie in Wärme umgewandelt wird, s. § 189.

γ) *Kanalstrahlen, Ionenquellen.* Ist die Kathode durchbohrt, so beobachtet man dahinter ein schwach leuchtendes feines Strahlenbündel, das von einer die „Kanäle“ der Kathode durchsetzenden „Teilchenstrahlung“ stammt, s. Abb. 195. Wir sprechen daher von *Kanalstrahlen.* Ablenkungsversuche im elektrischen und magnetischen Felde zeigen, daß es sich hier nicht um Elektronen, sondern um viel schwerere und langsamere Teilchen, nämlich um die durch Stoßionisation zwischen Anode und Kathode gebildeten und auf die Kathode zulaufenden positiven Ionen handelt.

Es war die Bestimmung der Ladung und Masse von Kanalstrahlteilchen, die gezeigt hat, daß die meisten Elemente Atome verschiedener Massen in genau konstant bleibendem Verhältnis enthalten, also *Mischelemente* sind. Solche Atome, die sich bei gleicher Ordnungszahl, s. § 197, lediglich durch ihr Atomgewicht unterscheiden, nennt man *Isotope*. Sie sind in allen chemischen und physikalischen Eigenschaften, die nicht von der Masse abhängen, praktisch gleich.

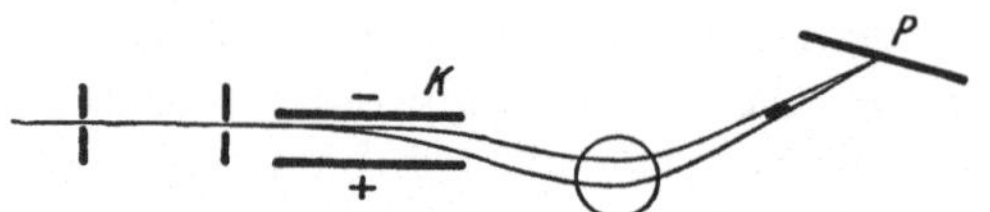

Abb. 196. Prinzip des Massenspektrographen

Die Bestimmung der Masse der einzelnen Isotope erfolgt mit Hilfe des *Massenspektrographen*. Schickt man ein Ionenbündel durch ein elektrisches Feld, s. Prinzipschaltung Abb. 196, so beschreiben die Ionen eine Parabelbahn und beim Durchlaufen des darauffolgenden magnetischen Feldes einen Kreisbogen, s. § 118 und 125. Bei richtigen Abmessungen vereinigen sich alle Ionen mit gleichem e/m in einem einzigen Punkte auf der photographischen Platte P. Moderne Massenspektrometer arbeiten mit elektrischen und magnetischen Sektorfeldern, die *ionenoptisch* einen Eintrittsspalt auf die Photoplatte abbilden, also dort Ionen derselben Art sammeln, die durch den Spalt mit einem größeren Bereich des Austrittswinkels und der Geschwindigkeit eintreten (Doppelfokussierung). Es entstehen dann durch unterschiedliche Ablenkungen der Isotopen Spektrallinien der verschiedenen Massen, in Analogie zum Spektrum der Lichtwellenlängen, vgl. § 176. Aus den Abständen folgt das Verhältnis der Atomgewichte der einzelnen Isotope. Als *Ionenquelle* dient eine Gasentladungsstrecke mit günstigem Gasdruck, aus der Ionen meist durch ein elektrisches Zusatzfeld seitlich extrahiert und dem Eintrittsspalt zugeführt werden.

δ) *Kathodenstrahlen.* Bei sehr vermindertem Druck, wenn die positive Säule verschwunden ist, entsteht das schon erwähnte grüne Fluoreszenzleuchten der Wand hinter der Anode. Es rührt von Kathodenstrahlen her, das sind hier Elektronen, die im Kathodenfall beschleunigt werden und dann geradlinig weiterfliegen. Historisch wurden die Kathodenstrahlen zuerst auf diese Weise beobachtet; LENARD[53] ließ sie durch eine dünne Aluminiumfolie in die freie Luft austreten. Für technische Zwecke werden heute Elektronenstrahlen durch Glühemission hergestellt, vgl. § 118.

§ 121. Elektrizitätsleitung bei höheren Drucken. Die hier auftretenden Erscheinungen der *selbständigen Elektrizitätsleitung* kommen in der Natur und in der Technik sehr häufig vor. Wir betrachten einige charakteristische Fälle.

α) *Korona- und Spitzenentladung.* In der Umgebung eines auf einige 1000 Volt aufgeladenen Leiters mit scharfen Kanten oder Spitzen beobachtet man im Dunkeln, daß sich die Elektrode mit einer bläulichrot leuchtenden Glimmhaut überzieht. Gleichzeitig hört man ein feines sausendes Geräusch. Man spricht von einer *Korona-Entladung*. Sie tritt oft an Hochspannungsleitungen auf und ist hier wegen des damit verbundenen Energieverlustes sehr unerwünscht.

Die Erscheinung beruht darauf, daß an Kanten und Spitzen, wir wir schon in § 99 gesehen haben, besonders starke elektrische Felder auftreten, die in der Umgebung zur Stoßionisation führen können. Die Elektrode zieht die Träger von ungleichnamiger Ladung an und wird, falls sie nicht mit einer Stromquelle verbunden ist, so weit entladen, bis die Feldstärke zur Stoßionisation nicht mehr ausreicht.

[53] PHILIPP LENARD, 1862—1947, Professor in Heidelberg, Nobelpreis für Physik.

Die gleichnamig geladenen Träger werden abgestoßen und strömen in den dunklen Teil der Strombahn. Dabei reißen sie durch innere Reibung neutrale Luftmoleküle mit, es entsteht das sausende Geräusch des sog. *elektrischen Windes*. Die feinen Lichtbüschel sind im Freien, wenn in der Atmosphäre besonders hohe Spannungen bestehen, als *Elmsfeuer* an Schiffsmasten und metallischen Spitzen beobachtbar.

β) *Büschel- und Funkenentladung.* Steigert man bei höherem Druck die Spannung zwischen zwei Elektroden, so wird der Bereich der Stoßionisation räumlich immer größer, und man sieht an den Elektroden leuchtende verästelte Bündel in den Raum vordringen. Mit wachsender Spannung werden die Büschel immer länger und überbrücken schließlich den ganzen Raum zwischen den Elektroden. Wir erhalten einen plötzlichen Durchbruch der Entladung, einen *Funken*, s. Abb. 197. Dabei treten kurzzeitig sehr große Stromstärken auf. Die starke Ionisation des Gases in der Entladungsbahn ergibt ein blendendes Licht. Die hohe Stromstärke führt zu einer plötzlichen Erwärmung des Gases. Der dadurch entstehende Überdruck gleicht sich in Form einer Druckwelle aus, die wir als Knall wahrnehmen. Eine Funkenentladung größten Ausmaßes stellt der *Blitz* dar, bei dem Spannungen von vielen Millionen Volt ausgeglichen werden. Die Stromstärken können einige Zehntausend Ampere betragen. Wegen der Kürze der Entladungen ($\approx 1/1000$ bis ≈ 1 s) ist aber die Energie eines einzelnen Blitzes nicht allzu groß, nämlich von der Größenordnung 1000 Kilowattstunden.

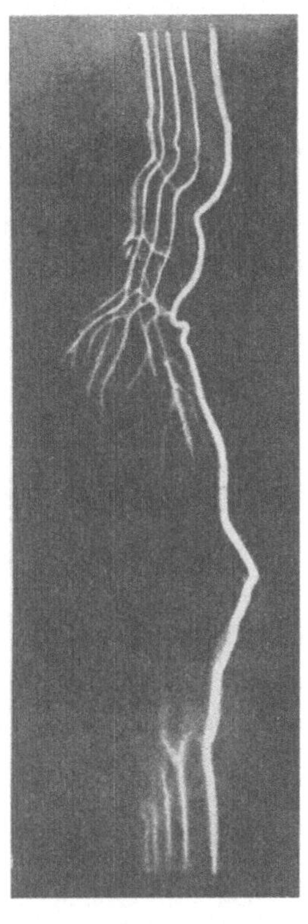

Abb. 197. Ausbildung einer Funkenentladung nach WALTER (Aufnahme mit bewegter Platte)

Die Spannung, bei der die Funkenentladung einsetzt, hängt von der Form und dem Abstand der Elektroden ab. Unter gleichen Verhältnissen ist sie immer dieselbe, so daß man aus der Funkenlänge, z. B. der *Funkenschlagweite* zwischen zwei Kugeln in Luft, die Entladungsspannung angeben kann. So ist z. B. die Funkenschlagweite bei 20000 Volt zwischen zwei Kugeln mit 5 cm Durchmesser 5,8 mm, zwischen zwei Spitzen etwa 15,5 mm.

γ) *Lichtbogen.* Bringen wir zwei mit den Polen einer Stromquelle verbundene Kohlestäbe zur Berührung, so fließt ein sehr starker Strom, der infolge des Übergangswiderstandes an der Berührungsstelle eine erhebliche Stromwärme erzeugt und so die Kohleenden zum Glühen bringt. Ziehen wir die Kohlen auseinander, so reißt der Strom nicht ab, vielmehr wirkt die glühende Kathode als eine so ergiebige Elektronenquelle, daß eine selbständige, als *Lichtbogen* bezeichnete Stromleitung zustande kommt. Die in der Strombahn durch Stoßionisation erzeugten Ladungsträger halten die Kohleenden weiterhin auf Weißglut, wobei die positive Kohle etwas stärker glüht als die negative und in ihrer kraterförmigen Höhlung Temperaturen bis rund 4000° C annimmt. Das meiste Licht geht also von der Anode aus. Der Bogen, der kleinste glühende und verbrennende Kohleteilchen enthält, strahlt viel weniger Licht aus.

Allgemein geht jede Glimmentladung in eine Bogenentladung über, wenn die auftreffenden Ionen das Kathodenmaterial so stark erhitzen, daß nicht nur Stoßionisation sondern Glühemission von Elektronen erfolgt. Der Kathodenfall bricht dann weitgehend zusammen.

Von großer Wichtigkeit ist die *Quecksilberdampflampe*, die meist zwischen Quecksilberelektroden brennt, s. Abb. 198. Sie ist besonders reich an ultraviolettem Licht, bis herab zu etwa 2000 Å. Will man dieses auch biologisch wirksame Licht besonders ausnutzen, so baut man das Entladungsrohr aus dem für UV-Licht durchlässigen Quarz, *künstliche Höhensonne*. Die Zündung erfolgt durch Kippen oder durch Auslösen einer Glimmentladung in einer zusätzlich in der Lampe vorhandenen verdünnten Edelgasatmosphäre. Durch Steigerung des Dampfdruckes erhält man sehr große Lichtstärken und Leuchtdichten, Quecksilberhöchstdrucklampe, s. § 149.

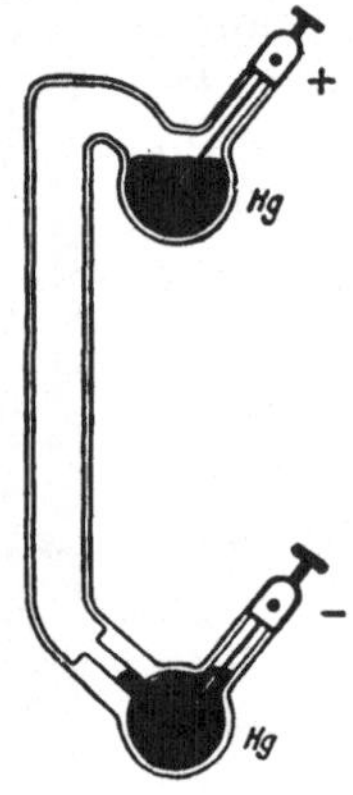

Abb. 198. Quecksilberdampflampe (aus POHL: Elektrizitätslehre)

Da ein Quecksilberlichtbogen bei geeigneten Bedingungen zwischen einer Eisen- und Quecksilberelektrode nur brennen kann, wenn das Hg Kathode ist, wirkt ein solcher Bogen in einem Wechselstromnetz als *Gleichrichter*, indem er den Strom nur durchläßt, solange die Hg-Elektrode Kathode ist. In der anderen Hälfte der Periode wird der Strom gesperrt. Solche *Quecksilberdampfgleichrichter* werden in der Technik als Großgleichrichter für sehr hohe Ströme benutzt.

E. Das magnetische Feld

I. Magnete und konstante Magnetfelder

§ 122. Magnetische Grunderscheinungen. Das in der Natur vorkommende *Magneteisen* Fe_3O_4 mancher Fundstellen hat die Fähigkeit, Eisenfeilicht oder kleine Eisenstücke anzuziehen und festzuhalten. Man bezeichnet diese Eigenschaft als magnetisch, das betreffende Eisenerz als einen *natürlichen Magneten*. Dieselbe Eigenschaft zeigt ein *künstlicher Magnet*, das ist z. B. ein *Stahlstab*, den man in eine stromdurchflossene Spule, s. § 123, gesteckt hat. Wälzt man einen solchen Stabmagneten in Eisenfeilicht und zieht ihn heraus, so bleibt dieses vor allem an den Enden hängen, s. Abb. 199. Diese Stellen mit besonders ausgeprägter Kraftwirkung bezeichnen wir als die *Pole*. Ein Stabmagnet hat zwei Pole, die sich charakteristisch voneinander unterscheiden. Hängen wir nämlich den Stab so auf, daß er sich horizontal frei drehen kann, so stellt er sich ungefähr in die Nord-Süd-Richtung ein, wobei der eine Pol, den wir daher als *Nordpol* bezeichnen, immer nach Norden, der andere, der *Südpol*, immer nach Süden zeigt. Er verhält sich wie die bekannte *Magnetnadel*, die danach auch ein Stabmagnet ist. Nähern wir zwei Magnete einander, so stellen wir fest:

Gleichnamige Pole stoßen sich ab, ungleichnamige Pole ziehen sich an.

Abb. 199. Die Pole eines Stabmagneten

Das Gebiet um einen Magneten, in dem wir magnetische Kräfte beobachten, bezeichnen wir als sein *magnetisches Feld*. Dieses Feld kann genauso wie das elektrische Feld im leeren Raum existieren. Die Anwesenheit von Luft oder Gasen ist von ganz untergeordneter Bedeutung. (Den Einfluß von Materie größerer Dichte werden wir später, s. § 132, besprechen.)

Von diesem magnetischen Felde können wir ein sehr anschauliches Bild gewinnen. Wir legen dazu auf einen Magneten eine Glasplatte und bestreuen diese mit Eisenfeilicht. Die Eisenteilchen stellen sich dann, besonders bei leichtem Klopfen, in die jeweilige Feldrichtung ein und ordnen sich zu Fäden entlang der *magnetischen Feldlinien*, s. Abb. 200 und 201, die das Feldlinienfeld für zwei sich anziehende bzw. abstoßende Magnetpole zeigen. Abb. 200 zeigt gleichzeitig das Feld eines *Hufeisenmagneten*, der durch Verbiegen des Stabmagneten von Abb. 199 unter gegenseitiger Annäherung der beiden ursprünglich weit voneinander entfernten Pole entsteht. – Während die elektrischen Feldlinien nach § 96 von einer positiven Ladung zu einer negativen verlaufen, tun es die magnetischen von einem Nord- zu einem Südpol. So wird auch ihr Richtungssinn festgelegt.

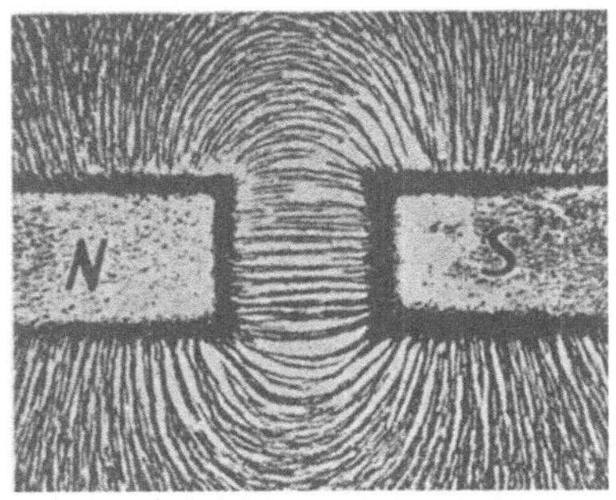

Abb. 200. Feldlinienbild zweier ungleichnamiger Magnetpole (Hufeisenmagnet)

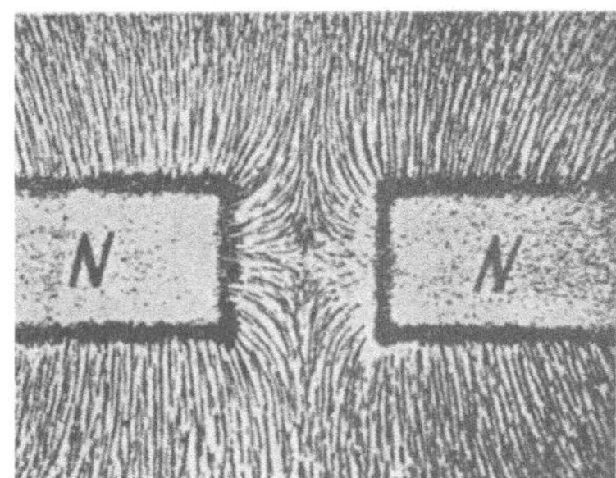

Abb. 201. Feldlinienbild zweier gleichnamiger Pole

In einem Magnetfeld wird auf einen *Probemagneten*, z. B. eine Magnetnadel, ein *Drehmoment* ausgeübt. Ist sie frei drehbar aufgehängt, so kommt sie nach einigen Schwingungen durch Reibung in der Haltevorrichtung zur Ruhe und steht dann tangential zu der magnetischen Feldlinie, die durch ihren Drehpunkt geht. Das entspricht völlig dem Verhalten eines elektrischen Dipols im elektrischen Felde, vgl. § 101, Abb. 173.

Daß sich die Eisenfeilspäne in Fäden anordnen, die den Magnetfeldlinien folgen, beruht ebenfalls auf einer derartigen Ausrichtung von kleinen Magneten. Zum Ansammeln in den Fäden führt dann die Anziehungskraft zwischen Nord- und Südpol zweier benachbarter Späne. Danach müßten die zunächst unmagnetischen Eisenflitter beim Einbringen in das Magnetfeld selbst zu Magneten geworden sein, ein Vorgang, der der elektrischen Polarisation von Isolatoren im elektrische Felde in gewisser Weise analog ist, vgl. auch § 124. Auch lassen sich elektrische Feldlinien nach demselben Verfahren mit Kriställchen aus Gips oder Rutil aufzeichnen.

Soweit zeigen magnetische und elektrische Vorgänge eine weitgehende Ähnlichkeit. Ein wesentlicher Unterschied liegt jedoch darin, daß es keine *magnetische Substanz* nach Art der elektrischen Ladung gibt. Davon überzeugen wir uns durch folgenden Versuch: Brechen wir einen stabförmigen Isolator, der an den Enden ungleichsinnige Ladungen trägt, also einen *elektrischen Dipol* darstellt, s. § 101, in der Mitte auseinander, so erweist sich das eine Stück als positiv, das andere als negativ geladen; positive und negative elektrische Ladungen können wir *trennen.* Machen wir diesen Versuch mit einem Magnetstabe, brechen ihn also ebenfalls in der Mitte durch und wiederholen das beliebig oft, so erweist sich jedes Bruchstück immer als neuer vollständiger Magnet mit Nord- und Südpol. An der Bruchstelle sind also zwei neue ungleichnamige Pole aufgetreten. Es gibt also keine für sich allein bestehende „Polmenge" vom Nord- oder Südtyp. Diese Eigentümlichkeit werden wir in § 124 erklären.

Nur bei anschaulichen Überlegungen sollte man die Kräfte zwischen den Polen verschiedener Magnete, also die Wechselwirkung von *einzelnen Magnetpolen* betrachten. In der Natur existieren nur *magnetische Dipole*, die durch ihr *magnetisches Dipolmoment* μ_m gemessen werden. Eine Aufteilung in „Polstärke" mal Abstand hat keine physikalische Bedeutung.

Mit Hilfe eines beweglich aufgehängten Magneten können wir magnetische Felder vergleichen und ausmessen. Bringen wir eine Magnetnadel in ein homogenes Feld, so erfährt sie lediglich ein Drehmoment. Dieses ändert sich mit dem Sinus des Winkels φ zwischen Magnet und Feldrichtung, ist also am größten, wenn der Magnet senkrecht zur Feldrichtung steht, und wird Null, wenn er in der Feldrichtung liegt, vgl. Abb. 173. Wie wir die Stärke eines elektrischen Feldes durch das Drehmoment auf einen Probedipol messen können, s. § 101, so ist das auch beim magnetischen Felde möglich. Zur exakten Definition von magnetischem Moment und magnetischer Feldstärke benötigen wir aber die magnetischen Wirkungen des elektrischen Stromes, vgl. § 123 u. 125.

Erdmagnetismus. Da eine drehbar aufgehängte Magnetnadel sich überall auf der Erde in eine bestimmte Richtung einstellt, ist auf der Erde stets ein magnetisches Feld vorhanden, die Erde selbst stellt also offenbar einen Magneten dar. Da die Magnetnadel sich nicht genau in die Nord-Süd-Richtung einstellt, sondern einige Grade vom geographischen Meridian abweicht, fallen die magnetischen Pole der Erde nicht mit den geographischen Polen zusammen. Der eine magnetische Pol liegt im arktischen Nordamerika auf etwa 73° nördl. Breite und 96° westl. Länge.

Eine völlig frei bewegliche Magnetnadel stellt sich nicht horizontal, sondern schief ein, wobei ihr Nordpol auf der nördlichen Halbkugel nach unten zeigt. Die Abweichung der Kompaßnadel von der geographischen Nord-Süd-Richtung bezeichnet man als *Deklination*, den Neigungswinkel gegen die Horizontale als *Inklination*. Beide Winkel sind von Ort zu Ort verschieden und ändern sich außerdem langsam mit der Zeit.

§ 123. Magnetfeld eines Stromes. Auch ein elektrischer Strom, d. h. bewegte elektrische Ladungen, bildet ein magnetisches Feld aus. Untersuchen wir das Feld, z. B. eines senkrecht stehenden stromdurchflossenen Leiters, näher, so finden wir, daß eine frei bewegliche Magnetnadel sich immer in die Horizontalebene einstellt, und zwar so, daß sie die Tangente an einen Kreis in dieser Ebene bildet, dessen Mittelpunkt auf der Drahtachse liegt, s. Abb. 202. Daraus folgt, daß die *magnetischen Feldlinien* eines *geraden stromdurchflossenen Leiters konzentrische Kreise* bilden. Wir haben hier also in sich *zurücklaufende*, *geschlossene* Feldlinien, die nirgends einen Anfang oder ein Ende besitzen. Ihre Richtung spricht die *Schraubenzieher*-Regel aus: Wenn man eine Schraube in Richtung des Stromes eindreht, so dreht man dazu den Schraubenzieher im Richtungssinn der magnetischen Feldlinien.

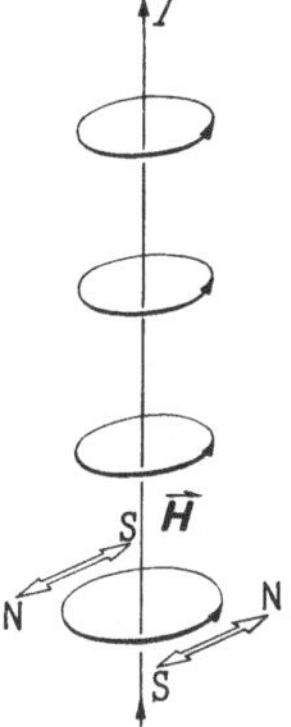

Abb. 202. Magnetfeld eines geraden Stromleiters

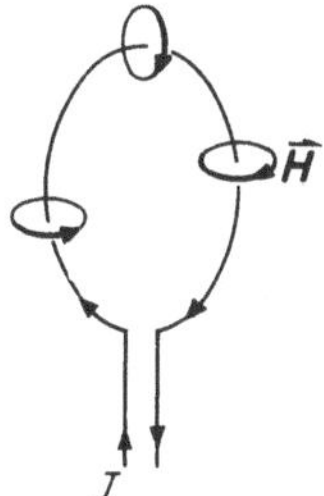

Abb. 203. Magnetfeld eines Kreisstromes

Für einen zum *Kreis* gebogenen stromdurchflossenen Draht erhalten wir das Feldlinienbild der Abb. 203. Alle Feldlinien treten aus der Kreisfläche, die der Leiter umschließt, auf der einen Seite heraus, umlaufen den Draht dann außen und münden wieder auf der Kreisfläche von der anderen Seite her. – In einer stromdurchflossenen *Spule*, die ja ein System von hintereinandergestellten, im gleichen Sinne durchflossenen Kreisen darstellt, erhalten wir als Überlagerung der von den einzelnen Windungen erzeugten Felder das in Abb. 204 wiedergegebene Feld. Im Innern verlaufen die Feldlinien parallel zur Spulenachse, treten an den Enden ins Freie aus und schließen sich, in der Abbildung weniger gut erkennbar, durch den Außenraum. Das Feld einer solchen Spule stimmt im Außenraum völlig mit dem eines Stabmagneten überein, das Feld eines einzelnen Kreisstromes mit dem einer Eisenplatte, die so magnetisiert ist, daß sie auf der einen Seite ihren Nordpol, auf der anderen ihren Südpol hat. Die Enden der Spule, wo die magnetischen Feldlinien garbenförmig austreten, bezeichnet man daher auch als ihre Pole.

Da die magnetischen Feldlinien in sich geschlossen sind, verlaufen die Feldlinien innerhalb der Spule in entgegengesetzter Richtung wie im Außenraum, also vom Süd- zum Nordpol, s. Abb. 222. Ihre Zahl ist innen und außen gleich, nur durchsetzen sie innerhalb der Spule eine sehr viel kleinere Querschnittsfläche, verlaufen dort also sehr dicht, so daß im Inneren ein viel stärkeres Magnetfeld herrscht als im Außenraum (vgl. auch die analogen Eigenschaften bei der Darstellung elektrischer Felder, § 96).

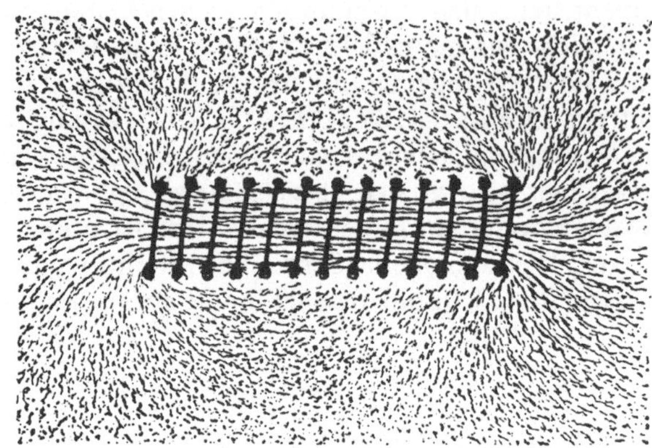

Abb. 204. Feldlinienbild einer stromdurchflossenen Spule (aus POHL: Elektrizitätslehre)

Wickelt man die Spule als geschlossenen Ring, so erhält man eine Spule ohne Pole und mit feldfreiem Außenraum oder einen sog. *Ringmagneten*, s. Abb. 215 in § 127. Man erkennt daran, daß die Pole keine entscheidende Rolle für ein Magnetfeld spielen.

Die Ähnlichkeit in den Eigenschaften zwischen Kreisstrom bzw. Spule einerseits und Stabmagnet bzw. Magnetnadel andererseits geht noch weiter. Frei aufgehängt stellen sie sich alle mit ihrer Achse in die Nord-Süd-Richtung ein. Auch auf den Kreisstrom wird von einem äußeren Magnetfeld ein Drehmoment ausgeübt, auch er besitzt also ein magnetisches Moment, vgl. § 125 γ.

Wir untersuchen das Magnetfeld einer Stromspule, die sehr viel länger ist als der Durchmesser ihrer Windungen, mit Hilfe einer senkrecht zur Spulenachse eingehängten Magnetnadel, vgl. § 122. Dabei messen wir ein Drehmoment, welches im Innern nahezu gleich und unabhängig vom Querschnitt der Spule ist. Es steigt aber proportional mit der Stromstärke I und der Zahl n/l der *Windungen pro Einheit der Spulenlänge* an (l Länge der Spule). Das Drehmoment ist also unabhängig von der Spulenlänge und ungeachtet der Gesamtzahl der Windungen konstant, solange nur das Produkt $I \cdot n/l$ gleich bleibt. Dieses kann man daher als Maß für die *magnetische Feldstärke H* ansetzen, die danach im Innern einer langen Spule beträgt:

$$H = \frac{n}{l} I \, .$$

Wir messen sie in der Einheit Amperewindungen pro m (A/m).

Grundsätzlich kann man auf diese Weise jedes Magnetfeld von beliebiger Herkunft und zunächst noch unbekannter Stärke messen. Dazu wird mit einer Magnetnadel an der gewünschten Stelle zunächst die Richtung der magnetischen Feldlinie bestimmt und dann das Drehmoment gemessen, nachdem die Magnetnadel um 90° dagegen verdreht worden ist. Danach stellt man dieselbe Magnetnadel in eine lange Spule senkrecht zur Spulenachse und ändert den Strom so lange, bis das dortige Magnetfeld dasselbe Drehmoment ausübt, also gleiche Feldstärke hat. Diese kann man aber aus der obigen Beziehung ausrechnen.

Diese Einheit der magnetischen Feldstärke A/m ist mit der häufig benutzten Einheit *Oersted* durch die Beziehung 1 Oe = $1000/4\pi$ A/m verknüpft. So ist die Horizontalkomponente des erdmagnetischen Feldes in Europa etwa 0,2 Oe groß.

Ein allgemeines Gesetz über den Zusammenhang zwischen Stromstärke und magnetischer Feldstärke erhält man, wenn man umformt: $Hl = nI$. Bei der Anwendung auf eine *Ringspule*, s. Abb. 215, ist l deren Umfang, gemessen etwa auf der Achse, und nI der Gesamtstrom, der durch die Fläche mit dem Umfang l fließt. — Wendet man dieses Gesetz beim *geraden Stromleiter*, vgl. Abb. 202, auf einen konzentrischen Kreis mit dem Radius r als Länge l an, so folgt $H \cdot 2\pi r = I$ oder umgeformt $H = I/2\pi r$, d. h. dort nimmt die magnetische Feldstärke umgekehrt proportional mit der Entfernung r vom Draht ab.

§ 124. Atomare, elektrische Deutung des permanenten Magnetismus. Wir können einen Stabmagneten immer durch eine stromdurchflossene Spule derselben Form ersetzen, wenn wir nur die Wicklung richtig ausführen. Diese und die weitere Tatsache, daß wir ja, wie in § 122 besprochen, nie Nord- und Südpol trennen können, legen es nahe, auch das Feld eines Stahlmagneten auf elektrische Ströme, d. h. auf die Bewegung von Ladungen, zurückzuführen. Wir machen uns dabei folgendes Bild. Jedes Eisenatom stellt einen *Elementarmagneten* dar, hervorgerufen durch einen *Elementarstrom* oder atomaren Kreisstrom, der auf der Bewegung der Elektronen innerhalb des Atoms beruht.

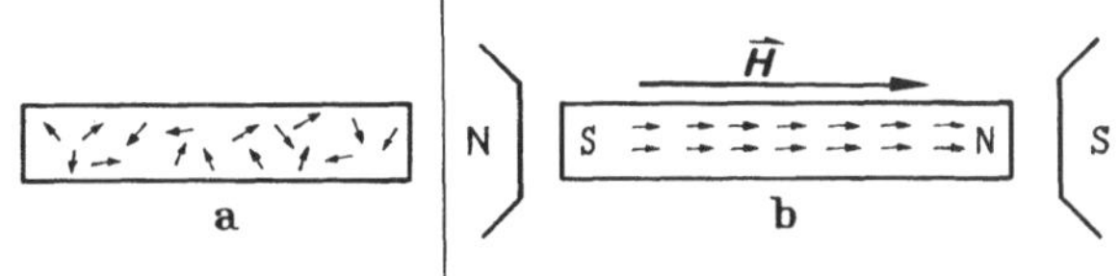

Abb. 205. Unmagnetischer (a) und magnetischer (b) Stahlstab

Ursprünglich sind diese Magnete ungeordnet, der Stahl unmagnetisch, s. Abb. 205a. Bringe ich ihn in ein Magnetfeld, so richten sich die Elementarmagnete aus, und der Stab wird magnetisch, s. Abb. 205b. Betrachten wir dann eine dünne Platte, die senkrecht zur Stabachse herausgeschnitten ist, so heben sich die in jedem Atom gleichsinnig umlaufenden Elementarströme im Innern gegenseitig auf, und es bleibt nur ein außen umlaufender Ringstrom übrig,

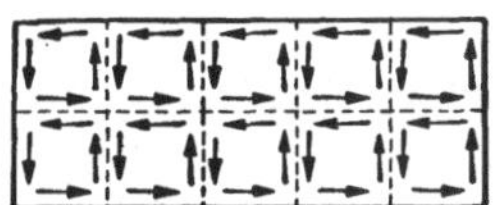

Abb. 206. Kompensation der Elementarströme im Inneren

s. Abb. 206, dessen Feld mit dem der magnetischen Platte übereinstimmt (s. auch Abb. 203). Schalten wir eine große Reihe von solchen Platten hintereinander, so erhalten wir einen Stabmagneten, bzw. aus der *einen* Stromschleife eine Spule. So können wir das Feld des ganzen Stabes als das einer stromdurchflossenen Spule auffassen. Auf die Elementarströme werden wir später in § 132 näher eingehen.

Der Kreisstrom als Elementardipol deutet endgültig, warum es keine isolierten magnetischen Pole geben kann. Nord- und Südpol sind sozusagen dasselbe sehr dünne Objekt, nur aus zwei entgegengesetzten Richtungen betrachtet. Einmal sieht man den Strom im Uhrzeigersinn kreisen (Südpol), im anderen Falle entgegengesetzt (Nordpol). Diese Polung folgt schon aus der Schraubenzieherregel für das Magnetfeld eines Stromes, s. Abb. 203, wenn man noch bedenkt, daß die Nordpolseite dort ist, wo die Feldlinien aus der Windungsfläche herauskommen.

§ 125. Kraftwirkungen auf Ströme im Magnetfeld. α) *Stromdurchflossener gerader Leiter.* Ein Strom erzeugt ein Magnetfeld, übt also auf einen anderen Magneten eine Kraft aus. Nach dem Prinzip von Kraft und Gegenkraft übt daher auch der Magnet eine Kraft auf den Strom aus. Diese können wir leicht nachweisen, wenn wir einen Leiter, etwa ein Lamettaband, in das Feld eines Hufeisenmagneten bringen, s. Abb. 207. Beim Einschalten des Stromes wird der Leiter nach rechts, beim Umpolen nach links abgelenkt. Ebenso kehrt sich bei einer Umkehr des Feldes die Richtung der Kraft um. Die Größe der Kraft ist der Strom- und der Feldstärke sowie dem Sinus des Winkels zwischen Strom- und Feldrichtung proportional; die Kraft ist also am größten, wenn, wie in der Abb. 207, Strom und Feld aufeinander senkrecht stehen, und Null, wenn sie parallel zueinander sind. Die Kraft steht immer senkrecht auf den Richtungen von I und H, ihre Richtung ergibt sich aus der Abb. 207. – Man merkt sich die Richtung der Kraft nach der Dreifinger-Regel der linken Hand, wonach der Daumen die Kraftrichtung angibt, wenn Zeigefinger und Mittelfinger sich in Richtung von Magnetfeld und Strom befinden.

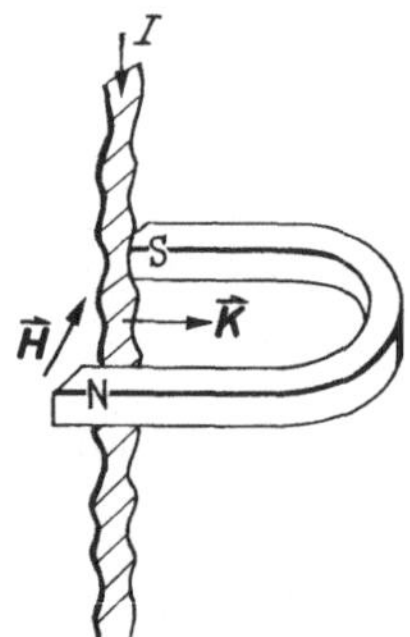

Abb. 207. Kraftwirkung auf ein stromdurchflossenes Band im Magnetfeld

Stehen Strom- und Feldrichtung aufeinander senkrecht, so findet man durch Messung im Vakuum $K = \text{const}\ IlH$. Geben wir I in Ampere, l die Länge der Strombahn im Felde H in m, H in Amperewindungen pro m und K in Newton (VAs/m, vgl. § 8 und 102) an, so zeigt die dazugehörige Einheitengleichung, daß die Konstante nicht eine reine Zahl ist sondern die Dimension Vs/Am hat. Sie ist eine universelle Konstante, bezeichnet mit μ_0, vgl. § 128, und für das Vakuum schreibt man $\mu_0 H = B$. Die sog. *magnetische Flußdichte B*, danach gemessen in Vs/m^2, werden wir zusätzlich noch direkt durch die induzierte Spannung in § 128 bestimmen und näher betrachten. Wir können sie vorläufig im Vakuum als Abkürzung für $\mu_0 H$ ansehen, wobei H durch die erzeugenden Ströme festgelegt wird.

B ist maßgebend für alle Kraftwirkungen des magnetischen Feldes. Beträgt also z. B. der Winkel zwischen Strom- und Feldrichtung α, so gilt

$$K = IlB \sin\alpha .$$

Bei diesem Versuch spielt der Leiter eine ganz untergeordnete Rolle, da es sich im Grunde um die Kraft auf die bewegten Ladungsträger, in diesem Falle die Elektronen, handelt. Die dieser Kraft folgenden Elektronen nehmen den Leiter einfach mit.

β) *Freie Elektronen, Kathodenstrahlen.* An Kathodenstrahlen läßt sich die magnetische Kraftwirkung auf freie Elektronen unmittelbar messen, wenn wir z. B. im Versuch von Abb. 189 den Ablenkkondensator durch einen Hufeisenmagneten ersetzen. Die ablenkende Kraft K auf die Elektronen erweist sich als deren Geschwindigkeit und Ladung sowie der magnetischen Flußdichte B proportional, es gilt also

$$K = evB .$$

Die Kraft K steht immer senkrecht auf den Richtungen von Geschwindigkeit und Feld und wird auch *Lorentz-Kraft* genannt.

Die Kraft auf das einzelne bewegte Elektron können wir folgendermaßen ableiten: Die Kraft auf den vom Strom I durchflossenen Leiter der Länge l, $K = IlB$, ist gleich der Kraft auf alle im Leiter strömenden Elektronen. Deren Zahl ist durch NlF gegeben, wo N die Zahl der Elektronen pro m^3 und F der Querschnitt des Leiters ist. Da nach der Transportgleichung die Stromstärke durch $I = NevF$ darstellbar ist, vgl. § 106, folgt $K = NevFlB$. Dividieren wir durch NlF, so erhalten wir für die Kraft auf das einzelne Elektron den oben angegebenen Ausdruck der Lorentz-Kraft.

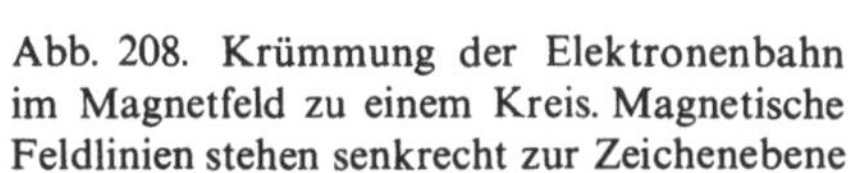

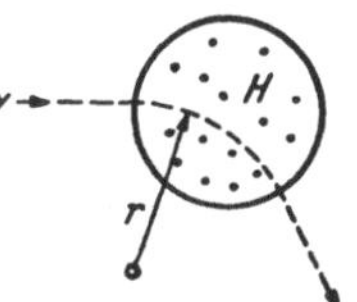

Abb. 208. Krümmung der Elektronenbahn im Magnetfeld zu einem Kreis. Magnetische Feldlinien stehen senkrecht zur Zeichenebene

Da die Elektronen eine stets zu ihrer jeweiligen Geschwindigkeitsrichtung senkrecht stehende Kraft erfahren, bleibt ihre Bahngeschwindigkeit konstant. Sie beschreiben daher in einem homogenen Magnetfelde nach den Gesetzen der Mechanik eine *Kreisbahn*, s. Abb. 208. Dabei hält die ablenkende Kraft K als Radialkraft der Zentrifugalkraft ständig das Gleichgewicht. Es gilt daher die Beziehung $K = evB = mv^2/r$ oder $r = mv/eB$. Die Kreisbahn ist also um so stärker gekrümmt, je kleiner die Geschwindigkeit der Elektronen ist.

Da letztere sich aus der durchlaufenen Beschleunigungsspannung U als $v = \sqrt{2eU/m}$ berechnet, s. § 118, kann man durch Messung von U, B und r die *spezifische Elektronenladung* e/m bestimmen, jedoch nicht e und m einzeln.

γ) *Stromdurchflossene Windung, magnetisches Moment.* Auf eine Stromschleife in Gestalt eines Rechtecks, vgl. Abb. 209, übt ein äußeres Magnetfeld ein *Drehmoment* aus. An den Drahtstücken P_1P_4 und P_2P_3 wirkt keine Kraft, weil dort der Strom parallel zu den magnetischen Feldlinien fließt. Die beiden Kräfte K (nach vorn) und K' (nach hinten) betragen je $Ia \cdot B$ und bilden zusammen ein Kräftepaar, also das Drehmoment $B \cdot Iab$. Wir setzen nun als magnetisches Moment der stromdurchflossenen Schleife

$$\mu_m = IF ,$$

wobei $F = ab$ die Windungsfläche ist und von beliebiger Gestalt sein könnte. Das magnetische Moment steht senkrecht auf ihr, in Abb. 209 liegt der Südpol vorn und dreht sich dem Nordpol des hier nicht gezeichneten äußeren Hufeisenmagneten zu, der sich rechts befindet. Allgemein gilt dann für das Drehmoment

$$M = \mu_m B \sin\varphi ,$$

wenn das Feld und das magnetische Moment (auch einer Magnetnadel, vgl. § 122) den Winkel φ miteinander bilden.

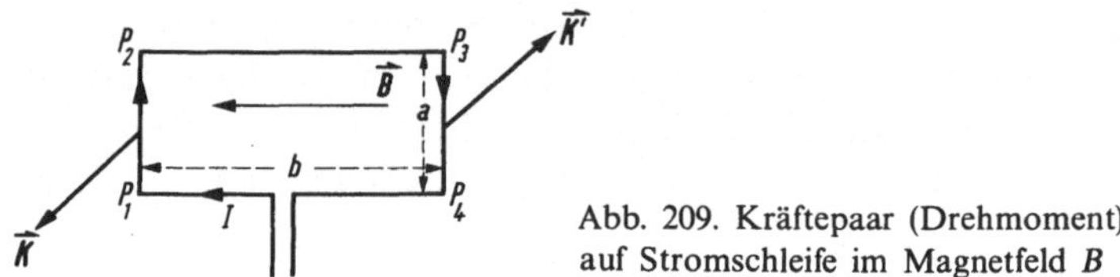

Abb. 209. Kräftepaar (Drehmoment) auf Stromschleife im Magnetfeld B

Ein *inhomogenes* Magnetfeld übt auf eine Stromschleife oder ein magnetisches Moment noch *zusätzlich* eine *Kraft* aus. Wenn sich der Magnet mit seinem Dipolmoment in die Feldrichtung eingestellt hat, so wird er in die Richtung gezogen, wo das äußere Feld stärker ist. Dadurch erklärt sich der magnetische Grundversuch, in dem Eisenteilchen von den Polen eines Stabmagneten angezogen werden: Wie wir sahen, werden sie polarisiert, also Träger von in Feldrichtung orientierten magnetischen Momenten, s. auch § 133, und das Feld des Stabmagneten ist in der Umgebung seiner Pole am stärksten. Bei einer Stromschleife kann man sich überlegen, daß die Komponenten des magnetischen Flusses senkrecht zur Achse des Stabmagneten, die in dem garbenförmigen, inhomogenen Feldlinienbündel auftreten, auf alle Teile der stromdurchflossenen Schleife Kräfte in *derselben* Richtung ausüben. (Gegenüber Abb. 209 ist die Schleife nach Orientierung im äußeren Magnetfeld um 90° gedreht.) – Stünde das magnetische Moment antiparallel im Magnetfeld, so würde es vom Pol des Stabmagneten abgestoßen, also in ein Gebiet mit schwächerem Felde gelenkt werden, vgl. Diamagnetismus, § 132.

δ) *Kraftwirkungen elektrischer Ströme aufeinander*. Ein Magnet übt durch sein Feld auf einen elektrischen Strom eine Kraft aus. Da auch ein Kreisstrom ein magnetisches Feld erzeugt (s. Abb. 203), müssen ebenso zwei benachbarte Kreisströme aufeinander Kraftwirkungen haben. So ziehen sich die einzelnen Windungen einer stromdurchflossenen Spule gegenseitig an wie zwei Stabmagnete, wenn sie sich mit ungleichnamigen Polen nähern. Gekreuzte Kreisströme üben ein Drehmoment aufeinander aus, indem sie versuchen, sich parallel zu stellen. – Entsprechendes gilt auch für zwei gerade, parallele Drähte: Wenn die Ströme in gleicher Richtung fließen, ziehen sie sich an, während bei entgegengesetzter Stromrichtung Abstoßung eintritt.

§ 126. Anwendung der magnetischen Kraft bei Meßinstrumenten. Die Ablenkung des Stromes in einem Magnetfeld kann man zur *Strommessung* benutzen. Die zuverlässigsten Strommesser beruhen auf dem sog. *Drehspulprinzip*. Zwischen den Polen eines kräftigen Magneten befindet sich eine drehbar, auf Spitzen gelagerte und von dem zu messenden Strom durchflossene rechteckige Spule *Sp*, s. Abb. 210.

Um ein möglichst kräftiges Feld zu erzielen, sitzt im Innern der Spule isoliert und nicht mit ihr drehbar ein zylindrischer Weicheisenkörper K. Auf die stromdurchflossene Spule wird ein Drehmoment ausgeübt, das der Stromstärke proportional ist, weil ihr magnetisches Moment linear mit dem durchfließenden Strom wächst, vgl. § 125. Dadurch verdrillt sich eine *Spiralfeder*, an deren einem Ende die Spule befestigt ist, so daß ein elastisches Gegendrehmoment entsteht, das dem Drehwinkel proportional ist (s. auch § 36). Beim Endausschlag sind beide Drehmomente gleich (Gleichgewicht), und damit ist der angezeigte Drehwinkel der Stromstärke proportional; er wird über einen Zeiger auf einer bereits in Ampere geeichten Skala abgelesen.

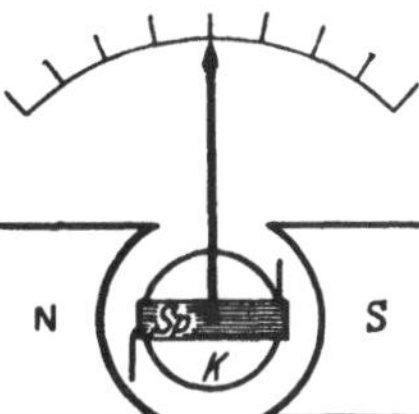

Abb. 210. Schema eines Drehspulinstrumentes

Wichtig ist dabei, daß die magnetischen Feldlinien von den kreiszylindrisch ausgehöhlten Polen des Hufeisenmagneten *radial* zum Eisenkern laufen. Dadurch treffen sie die Spulenwindungen stets parallel zur Windungsfläche, gleichgültig um welchen Winkel die Spule ausschlägt, oder der Winkel φ zwischen Magnetfeld und dem magnetischen Moment der Spule ist stets 90°. Das Drehmoment, das allgemein $\mu_m B \cdot \sin\varphi$ beträgt, vgl. § 125, hängt mit $\sin\varphi = 1$ linear von μ_m, bzw. dem ihm proportionalen Strom ab und nicht noch einmal zusätzlich vom Drehwinkel, wie es in einem homogenen Magnetfeld der Fall wäre.

Zur Messung sehr schwacher Ströme wird der Spulenrahmen an einem dünnen Faden aufgehängt, der bei Torsion das rücktreibende Drehmoment liefert, wie sonst die Spiralfeder. Solche als *Galvanometer* bezeichneten Strommesser besitzen einen mit dem drehbaren Teil fest verbundenen kleinen Spiegel, so daß man die geringen Drehungen durch die Ablenkung einer Lichtmarke messen kann.

Schickt man durch ein Galvanometer einen Strom nur kurze Zeit hindurch, so spricht man von einem *Stromstoß*. Bei einem solchen fließt durch jeden Querschnitt eine Elektrizitätsmenge Q, die durch das Produkt aus Stromstärke × Zeit gegeben ist. Ein Stromstoß übt auf die drehbare Spule nur einen kurz dauernden, einmaligen Drehstoß oder Drehimpuls aus. Diese wird dadurch wie ein Pendel aus der Ruhelage herausgeworfen, bewegt sich bis zu einem maximalen Ausschlage und schwingt dann aus. Der erste Vollausschlag (ballistischer Ausschlag) ist dann der gesamten durch das Galvanometer hindurchgegangenen Elektrizitätsmenge Q proportional, vorausgesagt, daß die Dauer des Stromstoßes klein gegen die Schwingungsdauer des Galvanometers ist. Man kann daher mit einem Instrument großer Schwingungsdauer, einem sog. *ballistischem Galvanometer*, direkt Elektrizitätsmengen messen, z. B. bei der Ladung und Entladung von Kondensatoren, s. § 98.

Zum Begriff *Stromstoß*: Der Strom soll mit der konstanten Stromstärke I_0 während der Zeitspanne τ fließen. Trägt man ihn als Funktion der Zeit auf, so wird Q durch die Fläche des Rechtecks mit den Seiten I_0 und τ dargestellt, s. Abb. 211a. Fließt ein veränderlicher Strom, wie das z. B. beim Entladen eines Kondensators der Fall ist, so zerlegen wir den Vorgang in lauter kleine Zeitabschnitte Δt, in denen der Strom praktisch konstant ist. In jedem dieser Abschnitte ist die durchgegangene Elektrizitätsmenge $\Delta Q = I\Delta t$; die insgesamt durchgegangene Menge Q oder der gesamte Stromstoß ist dann die Summe der einzelnen Beträge, bzw. der vielen kleinen Rechtecke, s. Abb. 211b. Machen wir die Zeitabschnitte immer kleiner, so wird der Stromstoß durch $Q = \int I dt$ oder durch die von der Stromkurve und der Abszissenachse eingeschlossene Fläche wiedergegeben. Die Definition des Stromstoßes entspricht ganz der des Kraftstoßes in § 10.

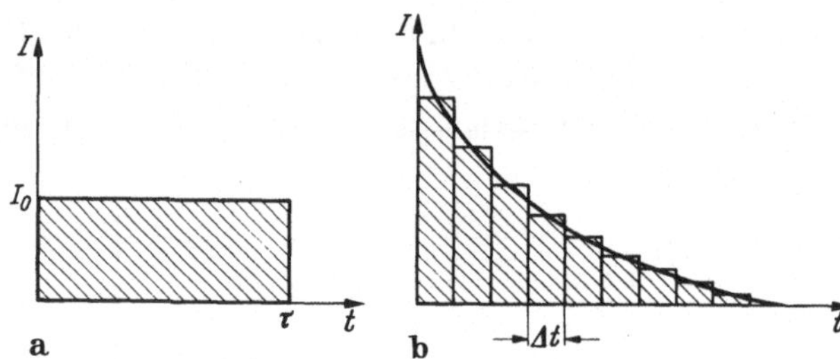

Abb. 211. Der Stromstoß (durchgegangene Ladungsmenge) wird durch die schraffierten Flächen, also $Q = I_0\tau$ (a), bzw. $Q = \int I dt$ (b), dargestellt

Da der Ausschlag von Drehspulgeräten von der Stromrichtung abhängt und die Spule wegen ihrer Trägheit schnellen Wechseln nicht folgen kann, sind sie für die Messung von *Wechselströmen* nicht brauchbar, es sei denn, daß man durch einen eingebauten *Gleichrichter* den Strom in der einen Richtung unterdrückt, vgl. § 109.

Für technische Zwecke benutzt man vielfach die einfachen *Dreheiseninstrumente*. Diese enthalten eine Spule S mit einem fest darin angebrachten Eisensegment F geeigneter Form und einem beweglichen B (mit Spiralfeder und Zeiger),

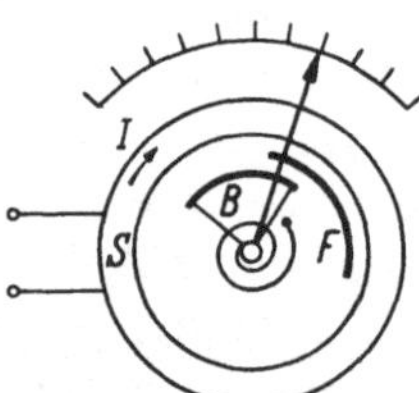

Abb. 212. Schema eines Dreheisenstrommessers (Weicheiseninstrument)

s. Abb. 212. Der durch die Spule fließende Strom erzeugt ein magnetisches Feld, wodurch die Eisensegmente zu Stabmagneten werden mit einem magnetischen Moment proportional der Stromstärke. Da die beiden Nord- und Südpole benachbart sind, entstehen abstoßende Kräfte, die auf B ein Drehmoment ausüben. Die Wirkung der Spiralfeder ist ebenso, wie bereits beim Drehspulinstrument besprochen. Wechselt der Strom seine Richtung, so werden auch die beiden Weicheisensegmente ummagnetisiert, so daß die Abstoßungsrichtung dieselbe bleibt und das Instrument auch für Wechselstrommessungen unmittelbar brauchbar ist. Der Ausschlag folgt besonders bei kleinen Werten dem Quadrat der Stromstärke.

Zur Messung von raschen Stromänderungen benutzt man neben dem Kathodenstrahloszillographen, vgl. § 118, auch den Schleifenoszillographen. Er enthält eine gespannte stromdurchflossene Schleife mit einem ganz leichten Spiegel im

Felde eines permanenten Magneten. Wegen der geringen Masse des Systems besitzt das Gerät eine sehr geringe Trägheit, so daß es für Apparate zur Registrierung schwacher und schnell wechselnder Ströme wie *Elektrokardiographen* unentbehrlich ist. Auf die Schleife wirkt ein Kräftepaar oder Drehmoment; ein einzelner dünner Draht im sog. *Fadengalvanometer* wird durch eine einzige Kraft linear ausgelenkt, s. auch Abb. 207. Der Ausschlag bei beiden ist der Stromstärke proportional.

II. Elektromagnetische Induktion

§ 127. Grundtatsachen der Induktion. Einer Spule, deren Enden über ein Galvanometer G zu einem Stromkreis geschlossen sind, nähern wir einen *Stabmagneten*, s. Abb. 213a. Obwohl keine äußere Stromquelle eingeschaltet ist, beobachten wir dabei einen elektrischen Strom, aber nur *solange die Bewegung dauert*. Kehren wir die Bewegungsrichtung um, so wechselt auch der Strom seine Richtung. Wir finden dieselbe Erscheinung, wenn wir den Magneten festhalten und die Spule ihm nähern. Es kommt also offenbar nur auf die *Relativbewegung* an. Ersetzen wir schließlich den Stabmagneten durch eine stromdurchflossene Spule, einen Elektromagneten, s. Abb. 214, so beobachten wir dieselben Erscheinungen.

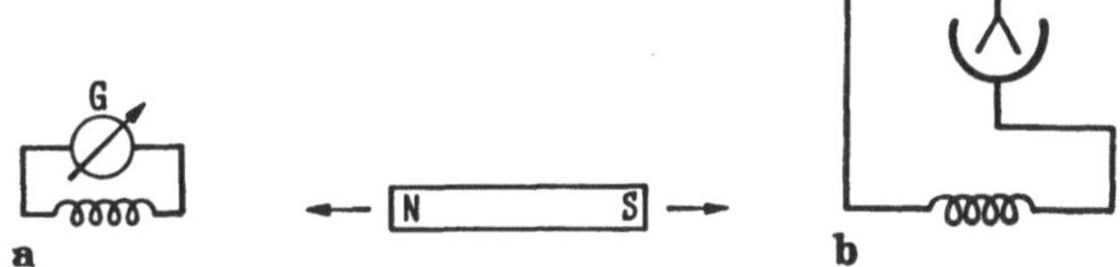

Abb. 213. Induktion durch einen Stabmagneten in einer Spule. Induktionsstrom (a), induzierte Spannung (b)

Diesen Vorgang, den Faraday[54] 1831 entdeckt hat, bezeichnen wir als *elektromagnetische Induktion*, den auftretenden Strom als *Induktionsstrom*. Der Induktionsstrom ist aber nicht das Primäre, sondern nur die Folge einer Spannung, der sog. *induzierten* Spannung U_{ind}, die im Leiterkreis nach dem Ohmschen Gesetz einen Strom der Stärke $I = U_{\text{ind}}/R$ erzeugt. Diese induzierte Spannung können wir direkt beobachten, wenn wir die Enden der Spule mit einem Elektrometer verbinden, s. Abb. 213b. Der Vorgang der elektromagnetischen Induktion stellt also eine weitere Methode dar, elektrische Spannungen zu erzeugen; er steht unabhängig neben denen, die auf der Ladungstrennung an Grenzflächen beruhen, vgl. § 111 u. 113. Inwieweit auch hier Ladungen getrennt werden, sei in § 129 näher untersucht.

Dieselben Induktionserscheinungen erhalten wir, wenn wir in der Anordnung der Abb. 214, statt beide Spulen voneinander zu entfernen, in der Spule *II*, dem Elektromagneten, den Strom schwächen. Dementsprechend gibt eine Stromverstärkung dieselbe Wirkung wie eine Annäherung der Spulen.

In einem letzten Versuch halten wir die Spule *I* so, daß ihre Achse senkrecht zu der des Elektromagneten steht, drehen sie also in Abb. 214 um 90° und entfer-

[54] Michael Faraday, 1791—1867, entdeckte die elektromagnetische Induktion und begründete unsere heute noch gültigen Vorstellungen über das Wesen des Elektromagnetismus und der elektromagnetischen Kräfte.

nen sie dann vom Magneten. Dabei wird keine Spannung induziert. Erst wenn wir die Spule neigen, beobachten wir wieder eine Spannung bei der Bewegung von Magnet oder Spule aufeinander zu oder voneinander weg. Sie erreicht die größten Werte, wenn die Windungsflächen der Spule bei dieser Bewegung senkrecht zur Achse des Magneten stehen wie in Abb. 214.

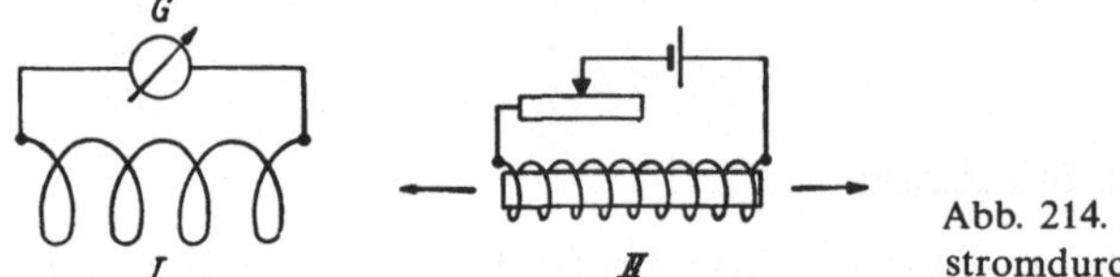

Abb. 214. Induktion durch eine stromdurchflossene Spule

Aus diesen verschiedenen Beobachtungen erkennen wir, daß an den Enden einer Spule eine Induktionsspannung auftritt, sobald das *Magnetfeld zeitlich sich ändert, welches* die von den einzelnen Windungen umschlossenen Flächen, *die sog. Windungsflächen, durchsetzt.* Auf welche Weise diese Änderung bewirkt wird, ob durch Bewegung der Spulen oder durch Schwächen und Verstärken des Stromes im Elektromagneten, ist belanglos. Wir müssen dabei bedenken, daß die magnetischen Feldlinien eines Stabmagneten garbenförmig von seinen Polen ausgehen und daß dem eine Abnahme der Magnetfeldstärke in der Spule beim Entfernen des Magneten entspricht, vgl. § 123 Abb. 204.

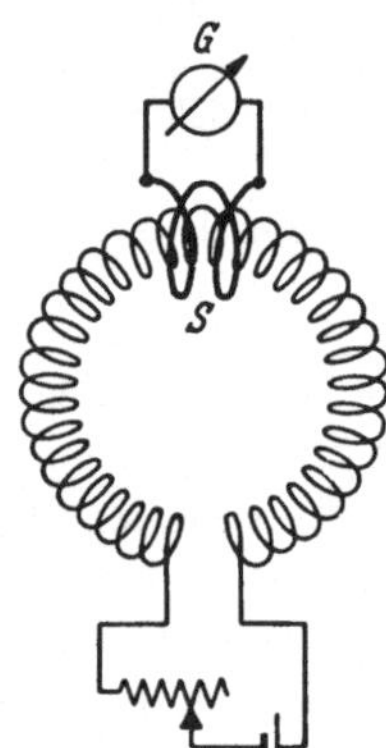

Abb. 215. Induktion durch einen Ringmagneten

Dabei braucht, wie der folgende Versuch mit einem *Ringmagneten* zeigt, s. Abb. 215, das Metall des Drahtes, in dem nachher der Induktionsstrom fließt, gar nicht im Bereiche des sich ändernden Magnetfeldes zu liegen. In einer solchen zum Ring geschlossenen Stromspule verlaufen alle magnetischen Feldlinien geschlossen im Innern, der Raum außerhalb ist völlig feldfrei, vgl. § 123. Trotzdem beobachten wir bei einer Änderung des Stromes im Ringmagneten in einer darüber gewickelten Spule S einen Induktionsstrom. Die Induktionswirkung eines veränderlichen Magnetfeldes tritt also auch ein, wenn es nur einen Teil der Windungsfläche durchsetzt, sich insbesondere nicht bis zum Metall der Windungen selbst erstreckt. Die häufig benutzte Formulierung, daß die magnetischen Feldlinien die Drähte „schneiden" müssen, um eine Spannung zu induzieren, ist also mindestens irreführend.

§ 128. Das Induktionsgesetz. Alle Induktionserscheinungen lassen sich trotz ihrer scheinbaren Mannigfaltigkeit durch *ein* gemeinsames Gesetz darstellen. Um dieses zu formulieren, führen wir den *magnetischen Fluß* Φ durch die Windungsfläche F ein. Wir verstehen darunter:

$$\Phi = B \cdot F ,$$

dabei gilt $B = \mu_0 H$, wenn sich das Feld in Luft befindet, vgl. § 125. $B = \Phi/F$ bezeichnet man daher sinngemäß als *magnetische Flußdichte* oder auch *magnetische Induktion*. Bildet die Normale $\mathfrak{n}$ der Fläche mit der Feldrichtung den Winkel α, so ist $\Phi = BF \cos\alpha$, s. Abb. 216.

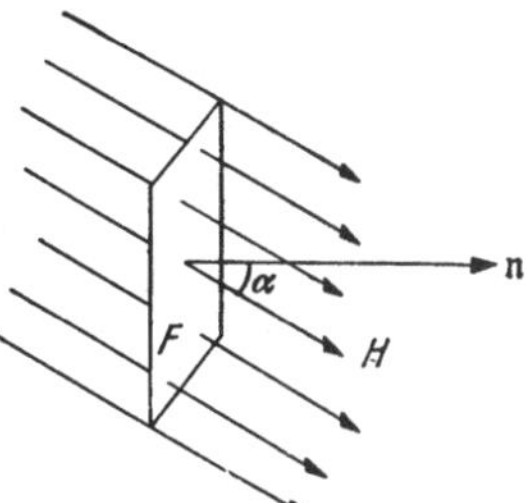

Abb. 216. Magnetischer Fluß durch die Fläche F: $\Phi = BF \cos\alpha$

Die an den Enden einer einzigen Spulenwindung entstehende induzierte Spannung ist nun gleich der Änderungsgeschwindigkeit des magnetischen Flusses, der ihre Windungsfläche durchsetzt. Ändert sich also der Fluß während der Zeitspanne Δt gleichmäßig von Φ_1 auf Φ_2, so gilt für die induzierte Spannung

$$U_{i1} = -\frac{\Phi_2 - \Phi_1}{\Delta t} .$$

In einer Spule mit n Windungen sind n derartige Spannungsquellen hintereinandergeschaltet, so daß die Gesamtspannung beträgt:

$$U_i = n U_{i1} = -n \frac{\Phi_2 - \Phi_1}{\Delta t} .$$

Das Induktionsgesetz benutzt man auch als unabhängige Bestimmungs- oder Definitionsgleichung für den magnetischen Fluß Φ, den man danach in Voltsekunden (Vs) mißt. Die Einheit der magnetischen Flußdichte B Vs/m^2 haben wir schon kennen gelernt, s. § 125.

Um eine unbekannte magnetische Flußdichte nach dieser Gleichung als Meßvorschrift zu messen, muß man zunächst folgendes überlegen: Die Spannung U, die während der Zeitspanne Δt induziert wird, stellt einen *Spannungsstoß* $U\Delta t$ dar, wie wir schon $I\Delta t$ als Stromstoß, vgl. § 126, und $K\Delta t$ als Kraftstoß, vgl. § 10, bezeichnet haben. Ein Spannungsstoß $U\Delta t$ erzeugt nun in einem angeschalteten Widerstand nach dem Ohmschen Gesetz, s. § 91, einen Stromstoß $Q = I\Delta t = U\Delta t/R$, der mit Hilfe eines ballistischen Galvanometers gemessen werden kann, vgl. § 126. Dieses mißt also bei bekanntem Widerstand des ganzen Stromkreises sofort auch den Spannungsstoß in Voltsekunden.

Zur eigentlichen Messung stellen wir eine kleine Probespule mit n Windungen der Fläche F an der zu untersuchenden Stelle mit ihrer Achse in die Feldrichtung. Dann bestimmt man mit Hilfe eines ballistischen Galvanometers den betreffenden Spannungsstoß $U_{\text{ind}}\Delta t$, während das Magnetfeld ein- oder ausgeschaltet wird. Bei einem permanenten Magneten wird die Spule schnell aus dem Feld herausgezogen. Nach dem Induktionsgesetz gilt dann

$$U_{\text{ind}}\Delta t = nF(B_2 - B_1),$$

wobei z. B. beim Ausschalten $B_2 = 0$ und B_1 die gesuchte magnetische Flußdichte B ist, die sich danach dem Betrage nach errechnet als $U_{\text{ind}}\Delta t/nF$.

Die Flußdichte B muß natürlich auf der Windungsfläche der Probespule konstant sein, sonst ergibt $B = \Phi/F$ nur einen Mittelwert von B über die Fläche. — Wie beim Stromstoß kann auch hier die Spannung über die Stoßdauer noch beliebig verlaufen, wenn das Magnetfeld ungleichmäßig geändert wird. Man muß dann den Flächeninhalt $\int U\,dt$ als Spannungsstoß nehmen, vgl. Abb. 211, § 126, den das ballistische Galvanometer mißt, wie ihn auch das Induktionsgesetz als Unterschied des magnetischen Flusses vor und nach der Änderung liefert. Die skizzierte Meßmethode für B wird dadurch also nicht gestört, insbesondere ist es für den Spannungsstoß selbst auch gleichgültig, wie schnell das Feld geändert wird. Nur seine Messung mit dem ballistischen Galvanometer fordert eine Änderungszeit, die kürzer als dessen Schwingungsdauer ist.

Die *magnetische Feldkonstante* für das Vakuum $\mu_0 = B/H$ läßt sich experimentell bestimmen. In einer sehr langen vom Strom I durchflossenen Spule (Bindungszahl N, Länge L, evtl. zum Kreisring gebogen) beträgt die magnetische Feldstärke $H = NI/L$ (vgl. § 123). Mit Probespule und ballistischem Galvanometer mißt man an derselben Stelle $B = U\Delta t/nF$, so daß sich errechnet $\mu_0 = (U\Delta t/I)(L/nNF)$. Die Einheit der Stromstärke, das Ampere, wird nun nach internationaler Vereinbarung so gewählt, daß der Zahlwert für $\mu_0 = 4\pi\,10^{-5}$ Vs/Am $= 1{,}256 \cdot 10^{-6}$ Vs/Am sich ergibt. Bei der Festlegung des Ampere ist das berücksichtigt worden, vgl. § 105.

Da die Einheit der Voltsekunde pro m^2 für die Praxis häufig zu groß ist, benutzt man auch aus historischen Gründen als weitere Einheit der magnetischen Induktion das *Gauß*, wobei 1 Gauß $= 10^{-4}$ Voltsec./m^2 ist. Im Vakuum oder in Luft entspricht also der magnetischen Feldstärke H von 1 A/m die magnetische Induktion B von 0,01256 Gauß $\mathrel{\hat=}$ 1,256 10^{-6} Vs/m^2.

§ 129. Zur Deutung der Induktionserscheinungen. Obwohl wir alle Induktionserscheinungen durch ein einziges Gesetz formal richtig beschreiben können, zeigt die nähere Betrachtung, daß die induzierte Spannung mit unterschiedlichen Einzelvorgängen verknüpft sein kann. Wir wollen dazu Experimente, in denen der Leiter in einem festen Magnetfeld bewegt wird, unterscheiden von solchen, wo er in einem sich ändernden Magnetfeld ruht.

α) *Induktion in einem bewegten Leiter.* Bewegen wir einen Leiter mit der Geschwindigkeit v in einem Magnetfeld, s. Abb. 217, so übt nach den Ausführungen des § 125 β das Magnetfeld auf die mitbewegten Ladungsträger Kräfte von der Größe $K = evB$ aus, die senkrecht zur Feld- und Bewegungsrichtung stehen. Unter ihrem Einfluß werden die im Leiter frei beweglichen Elektronen nach der rechten Seite verschoben und die Enden des Leiters ungleichsinnig aufgeladen. Wir erhalten zwischen ihnen eine Spannung von solcher Größe, daß die Kraft des durch die Ladungsverschiebung entstandenen elektrischen Feldes gerade der Kraft des Magnetfeldes auf die Elektronen das Gleichgewicht hält. Die Enden des

Leiters sind also die Pole einer Spannungsquelle geworden, aber nur so lange, wie die Bewegung andauert. Verbinden wir sie mit einem Draht, so fließt ein Strom. Hält die Bewegung des Leiters an, so hält die ladungstrennende Kraft des Magnetfeldes die Spannung aufrecht.

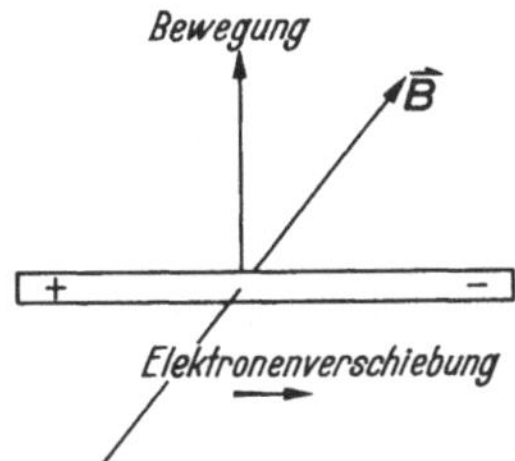

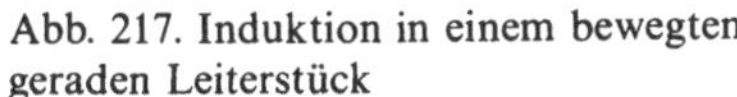

Abb. 217. Induktion in einem bewegten geraden Leiterstück

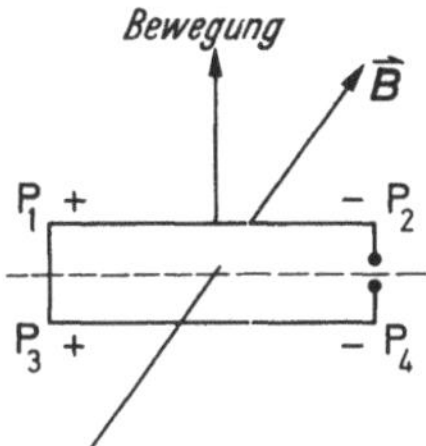

Abb. 218. Zur Induktion in einer bewegten Leiterschleife

Bewegen wir in einem homogenen Magnetfeld B einen zum Rechteck gebogenen Leiter parallel zu sich selbst nach oben, s. Abb. 218, so werden in den Längsseiten $P_1 P_2$ und $P_3 P_4$ zwei gleich große Spannungen induziert, die sich gerade aufheben. Zwischen den Endpunkten des Leiters entsteht keine Spannung (Fall eines *unveränderlichen* magnetischen Flusses durch die Windungsfläche). Wenn wir den Leiter dagegen um die gestrichelt gezeichnete Drehachse drehen, die eine Seite also nach vorn, die andere nach hinten bewegen, erhalten wir zwei Spannungen, die sich gegenseitig verstärken (Fall eines *veränderlichen* Magnetflusses).

In einem *inhomogenen* Magnetfeld, das z. B. in der Pfeilrichtung der Bewegung von Abb. 218 schwächer wird, entsteht dagegen auch bei der parallelen Verschiebung eine Gesamtspannung. Das liegt daran, daß jetzt zwischen P_1 und P_2 das Magnetfeld schwächer ist als zwischen P_3 und P_4; dasselbe gilt für die Kräfte und die Teilspannungen, die sich also nicht aufheben wie beim homogenen Felde. Auch hier liegt der Fall eines *sich ändernden* magnetischen Flusses durch die Windungsfläche vor.

β) Induktion in einem ruhenden Leiter. Da die Ladungsträger sich in diesem Falle nicht bewegen, kann die eben besprochene Kraft nicht auftreten. Die Ursache der Induktion muß also eine andere sein. Nähern wir einem ruhenden Leiter, etwa der Induktionsspule *I* der Abb. 214, die Stromspule *II*, oder verändern wir den Strom in der Spule *II*, so wird in beiden Fällen das magnetische Feld am Ort der Induktionsspule geändert. Da wir gleichzeitig an dieser eine Induktionsspannung beobachten, müssen wir schließen, daß überall da, wo ein magnetisches Feld sich *zeitlich* ändert, ein elektrisches Feld auftritt, das hier Elektronen nach der einen Seite verschiebt und so die Spulenenden auflädt. Dabei ist die Spule mit ihren Drahtwindungen etwas ganz Nebensächliches. Das Wesentliche, die primäre Ursache, ist das Auftreten eines elektrischen Feldes.

Wir können daher sagen: Ein sich zeitlich änderndes Magnetfeld ist von ringförmigen elektrischen Feldlinien umgeben, s. die schematische Darstellung der Induktion in einer einzelnen Drahtwindung in Abb. 219. Das bei jedem zeitlich veränderlichen Magnetfelde auftretende elektrische Feld mit seinen geschlossenen Feldlinien wollen wir als *Wirbelfeld* bezeichnen, um es von dem elektrischen Feld ruhender Ladungen zu unterscheiden, dessen Feldlinien an positiven Ladungen beginnen und an negativen enden.

Die in einem Leiter auftretende Induktionsspannung beruht also im allgemeinen auf zwei Ursachen:

1. einer Ladungsverschiebung durch die Kraft auf im Magnetfeld bewegte Elektronen;

2. einer Ladungsverschiebung durch das bei einem zeitlich veränderlichen Magnetfeld auftretende elektrische Wirbelfeld.

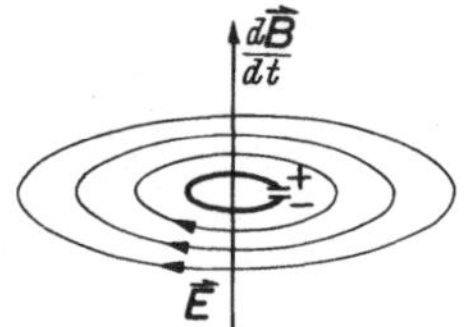

Abb. 219. Elektrisches Wirbelfeld um ein sich zeitlich änderndes Magnetfeld. Dadurch entstehende Ladungen an den Enden eines ruhenden Leiters

Das Zusammenwirken beider Ursachen führt dazu, daß bei Induktionserscheinungen nur die zeitliche Änderung des magnetischen Flusses durch die Windungsfläche maßgebend ist, daß es also nur auf die Relativbewegung ankommt. Das ist ein Beispiel für das *Relativitätsprinzip*, wonach durch Messungen an einem Körper seine *absolute* mit *konstanter Geschwindigkeit* erfolgende Bewegung niemals festzustellen ist, sondern nur die Relativbewegung von zwei Körpern gegeneinander.

§ 130. Induktionsströme, Wirbelströme. Immer wenn eine Spule, in der infolge einer zeitlichen Änderung des ihre Windungsfläche durchsetzenden magnetischen Flusses eine Spannung induziert wird, Teil eines *geschlossenen* Stromkreises ist, entsteht darin ein Induktionsstrom. Das gilt auch für massive Metallkörper. Die mit veränderlichen Magnetfeldern verbundenen ringförmigen elektrischen Feldlinien rufen in ihnen sog. *Wirbelströme* hervor, deren Bahnen im einzelnen vom Verlauf des Magnetfeldes und seiner Änderungen abhängen.

Wir fragen nun nach der Richtung des Induktionsstromes. Diese wird durch die *Lenz*sche Regel bestimmt, welche lautet: Der induzierte Strom ist stets so gerichtet, daß er die ihn hervorrufende *Zustandsänderung* zu *hemmen* sucht. Dazu seien einige Beispiele im einzelnen betrachtet: In einer Ringspule, s. Abb. 215, steigt bei Stromerhöhung der magnetische Fluß. Die darüber gewickelte Spule S wird dann von einem Induktionsstrom durchflossen, dessen Magnetfeld dem erstgenannten entgegenwirkt, also sein Anwachsen hemmt. – Wir drehen die Rechteckschleife von Abb. 218, nachdem ihre Enden über einen Widerstand verbunden worden sind. Der Induktionsstrom erzeugt als „Kreisstrom" ein magnetisches Moment, sozusagen eine Magnetnadel, auf welche das ursprüngliche Magnetfeld ein Drehmoment ausübt. Dieses hemmt die begonnene Bewegung der Schleife, indem es ihr entgegenwirkt. – Dasselbe läßt sich an einem Drehspulinstrument (Galvanometer) beobachten, nachdem es durch einen kurzen Stromstoß zum Schwingen gebracht worden ist. In der Spule, die sich im Magnetfeld bewegt, werden Spannungen induziert. Aber erst nach Überbrücken der Eingangsklemmen durch einen dicken Draht wird die Schwingbewegung stark gedämpft, da bei offenen Klemmen kein Strom, kein magnetisches Moment und daher auch kein Gegendrehmoment entstehen konnten.

Besonders das letzte Beispiel demonstriert, daß die Lenzsche Regel eine notwendige Folge des Satzes von der Erhaltung der Energie ist. Der Induktionsstrom erzeugt nämlich Stromwärme, deren Energieäquivalent durch den Bremsvorgang der Rotationsenergie der Spule entnommen wird.

In technischen Geräten sind Wirbelströme, die sich in massiven Metallkörpern ausbilden können, meist unerwünscht, da sie Energieverluste durch Stromwärme verursachen. Daher müssen Metallteile in elektrischen Maschinen usw. weitgehend durch isolierende Zwischenschichten unterteilt werden, z. B. in sog. *lamellierten Eisenkernen.* — Praktische Anwendung finden die Wirbelströme bei der Wirbelstrombremse elektrisch angetriebener Fahrzeuge und bei den *Induktionsöfen*, in denen in der Technik Eisen und andere Metalle in großen Mengen unter sehr günstigen Bedingungen geschmolzen werden.

§ 131. Gegenseitige Induktion und Selbstinduktion. Wir betrachten zwei nebeneinanderliegende, aber voneinander getrennte Stromkreise. Jede Änderung der Stromstärke in dem einen Kreis bedeutet eine Änderung seines magnetischen Feldes. Da dessen Feldlinien zum Teil auch den anderen Kreis durchsetzen, wird durch jede Änderung der Stromstärke in dem einen der beiden Kreise im anderen eine Spannung induziert. Je dichter die Kreise zusammenliegen, um so größer ist der Anteil des beide durchsetzenden magnetischen Flusses, und um so größer werden damit die induzierten Spannungen. Man spricht von einer *losen* bzw. *engen induktiven Kopplung*, etwa zweier Spulen.

Haben wir es nur mit einem einzigen Stromkreis, in dem sich z. B. eine Spule befindet, zu tun, so ergibt auch bei ihr jede Änderung der Stromstärke eine Änderung des magnetischen Flusses durch die eigene Windungsfläche. Damit wird in der Spule selbst, die auch den veränderlichen Strom führt, eine Spannung induziert, ein Vorgang, den wir als *Selbstinduktion* bezeichnen. Nach der Lenzschen Regel ist hier die Induktionsspannung stets so gerichtet, daß sie der Änderung des sie erzeugenden Stromes entgegenwirkt. Beim Schließen des Stromkreises ist deshalb die induzierte Spannung dem Strom *entgegengesetzt* gerichtet. *Schwächen* oder *unterbrechen* wir den Strom, so ist die Induktionsspannung *gleichgerichtet.* Beim plötzlichen Unterbrechen können daher sehr hohe *Öffnungsspannungen* auftreten, die ein Vielfaches der ursprünglichen Spannung ausmachen. Diese *Überspannungen* erkennen wir an den Funken, die an der Unterbrechungsstelle auftreten.

Die induzierte Spannung ist der zeitlichen Änderung der Stromstärke proportional, also

$$U_{\text{ind}} = -L\frac{dI}{dt}.$$

Die Größe L heißt *Selbstinduktionskoeffizient* oder kurz *Induktivität.* Sie hängt nur von den geometrischen Abmessungen des Stromkreises und den magnetischen Eigenschaften des Materials ab, in dem sich das magnetische Feld aufbaut (vgl. § 132).

Aus dem Induktionsgesetz folgt dann für den magnetischen Fluß durch eine Leiterschleife, die vom Strom I durchflossen wird, $\Phi = LI$. Das gilt aber nur, wenn keine ferromagnetischen Materialien vorhanden sind, vgl. § 133.

Die praktische Einheit der Induktivität ist Vs/A und wird *Henry* genannt.

Trägheit von Strom und Magnetfeld. Da beim Einschalten eines Stromes die induzierte Spannung der äußeren entgegenwirkt, steigt der Strom erst allmählich auf seinen dem Widerstand nach dem Ohmschen Gesetz entsprechenden Endwert an, und zwar um so langsamer, je größer die Selbstinduktion ist, s. Abb. 220a. Ebenso sinkt beim Abschalten der Stromquelle, vorausgesetzt, daß der Kreis geschlossen bleibt, die Stromstärke erst allmählich auf Null ab, s. Abb. 220b. Der Strom zeigt also eine gewisse *Trägheit*.

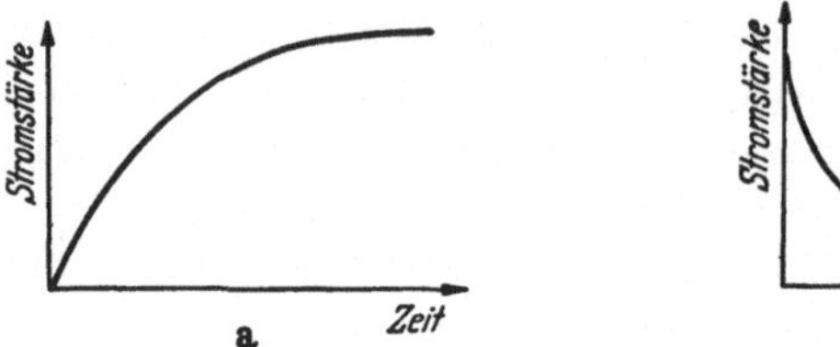

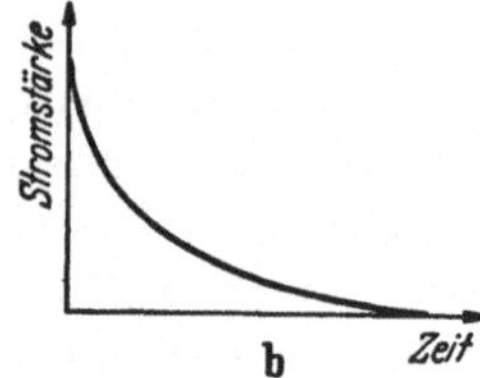

Abb. 220. Wirkung der Selbstinduktion auf den Stromverlauf beim Einschalten (a) und Ausschalten (b)

Betrachten wir diese Erscheinung vom Standpunkt des Energieumsatzes aus, so erkennen wir, daß beim Einschalten des Stromes offenbar ein Teil der Spannung der Stromquelle zunächst zur Überwindung der induzierten Gegenspannung gebraucht wird. Daher wird die von der Stromquelle in den Kreis, insbesondere eine Spule, gelieferte elektrische Energie nicht ausschließlich in Stromarbeit umgewandelt, sondern zuerst auch zum Aufbau des *Magnetfeldes* gebraucht. Umgekehrt wird diese magnetische Energie beim Abschalten der äußeren Stromquelle wieder frei und in Wärme des Öffnungsstromes umgewandelt. Je größer die Selbstinduktion ist, um so größer ist auch die Energie des mit dem Strom verbundenen Magnetfeldes und um so langsamer erreicht der Strom bei gleichem Widerstand seinen Endwert, genauso wie ein Körper großer Trägheit, etwa ein Schwungrad, erst nach längerer Einwirkung der beschleunigenden Kraft, seine durch Reibungsverluste bedingte Endgeschwindigkeit erreicht. Das Magnetfeld vermag wie eine große bewegte Masse nach dem Verschwinden der ursprünglichen Kraft (Spannung der Stromquelle) noch eine Arbeit zu leisten, s. § 139. Wir sehen daraus, daß die Trägheit von Strom und Magnetfeld eine notwendige Folge der Selbstinduktion ist. Die Selbstinduktion spielt daher eine wesentliche Rolle in Wechselstromkreisen, vgl. § 135.

Schließen wir den Stromkreis, der eine Spule mit der Selbstinduktion L enthält, so ist die induzierte Gegenspannung $U_{\text{ind}} = -L dI/dt$. Die Spannungsquelle muß daher die Spannung $U' = -U_{\text{ind}}$ zu ihrer Überwindung aufbringen. Sie leistet damit die Arbeit

$$A = \int U' I \, dt = \int L(dI/dt) I \, dt = L \int_0^{I_0} I \, dI = \frac{1}{2} L I_0^2 ,$$

die zum Aufbau des Magnetfeldes gebraucht wird. Das ist also die *Energie des* mit dem Strom I_0 in der Spule mit der Selbstinduktion L verbundenen *Magnetfeldes*.

Ein technisches Gerät, das die gegenseitige Induktion zur Herstellung sehr hoher Spannungsstöße ausnützt, wie sie z. B. bei der Zündung in Verbrennungsmotoren gebraucht werden, ist der *Induktor*. Er besteht aus zwei Spulen, der dickdrähtigen, nur wenige Windungen enthaltenden Primärspule und der dünndrähtigen Sekundärspule mit sehr vielen Windungen. Die Primärspule enthält einen Kern aus gebündelten Eisendrähten. Um in der Sekundärspule eine Spannung zu induzieren, muß man den Gleichstrom in der Primärspule unterbrechen und wieder schließen, „zerhacken", und zwar so oft wie möglich. Dazu braucht man einen selbsttätig arbeitenden *Unterbrecher*, z. B. einen *Hammerunterbrecher*, s. Abb. 221. Dieser enthält eine Blattfeder B, die das Eisenstück E trägt. Normalerweise liegt die Feder am Kontakte A an, so daß beim Anschließen der Stromquelle Strom durch die Primärspule geht. Dabei wird ihr Eisenkern magnetisch, zieht die Blattfeder an und unterbricht den Strom. Dadurch wird der Eisenkern wieder unmagnetisch, die Blattfeder schnellt zurück und schließt den Stromkreis von neuem.

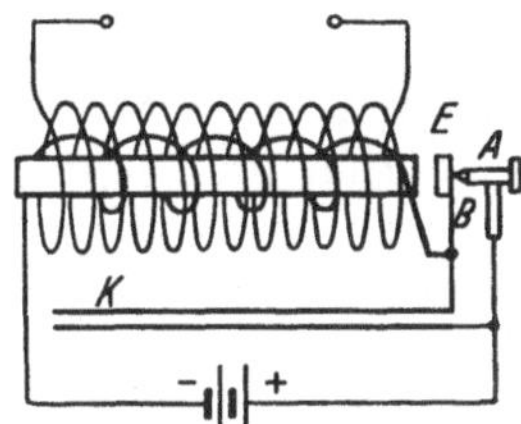

Abb. 221. Induktor

Um hohe Spannungsspitzen zu erzielen, muß nach dem Induktionsgesetz das Magnetfeld möglichst schnell zusammenbrechen oder wieder aufgebaut werden. Das kann jedoch nicht momentan erfolgen, da beim Öffnen zunächst in der Primärspule durch Selbstinduktion eine Überspannung auftritt, die einen leitenden Öffnungsfunken erzeugt. Um diesen schnell zu unterdrücken, ist parallel zum Unterbrecher ein bisher kurzgeschlossener Kondensator K geschaltet, s. Abb. 221, der als Nebenschluß wirkt, indem er jetzt einen Ladestrom aufnimmt, diesen Stromanteil also der Funkenbahn entzieht, so daß diese erlischt. Beim Schließen des Stromkreises wird der Kondensator wieder kurzgeschlossen und entladen.

Ein- und Ausschaltvorgang des Primärstromes folgen im zeitlichen Verlauf denen von Abb. 220. Die Sekundärspannung wird durch die Steigung dieser Kurve bestimmt, sie enthält also in schneller Folge Spannungsstöße entgegengesetzter Polarität.

III. Magnetische Eigenschaften der Stoffe

§ 132. Dia- und Paramagnetika. Bringen wir in das Innere einer stromdurchflossenen Spule einen sie möglichst ganz ausfüllenden Eisenkern, so erhalten wir eine außerordentliche Steigerung des Magnetfeldes im Innen- und Außenraum. Durch das magnetische Feld des Spulenstromes werden ja die Elementarmagnete des

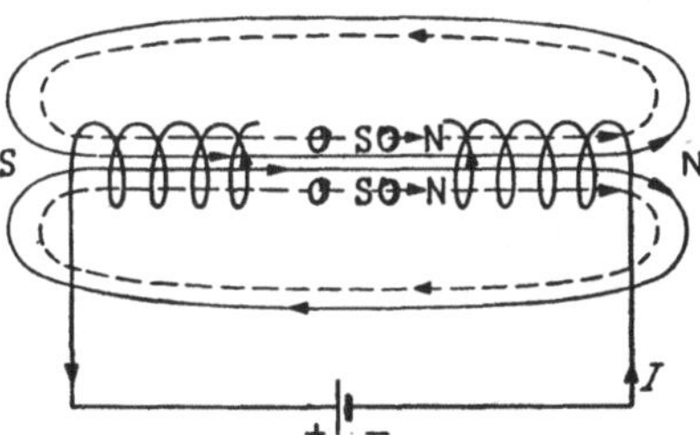

Abb. 222. Verstärkung des Magnetfeldes einer Stromspule (ausgezogen) durch das Feld der atomaren Kreisströme im Eisenkern (gestrichelt)

Eisens im Felde ausgerichtet, vgl. § 124, so daß ihre Nordpole in die positive Feldrichtung zeigen. Es kommen also zu den ursprünglichen Feldlinien des Spulenstromes die der Elementarmagnete oder der atomaren Kreisströme hinzu, s. Abb. 222. Die Verstärkung des Feldes im Innern des Eisens können wir mit Hilfe des in Abb. 215 dargestellten Induktionsversuches erkennen. Beim Einschalten des Stromes in der Ringspule wird in der Induktionsspule S eine Spannung induziert. Füllen wir die Spule mit einem Eisenkern aus, so steigt der Ausschlag des ballistischen Spannungsmessers bei derselben Stromstärke auf ein Vielfaches.

Füllen wir die Spule innen statt mit Eisen mit irgendeinem anderen Stoff, wie Holz, Aluminium, Wismut u. dgl. aus, so finden wir nur bei sehr genauen Messungen geringe Änderungen der Induktion gegenüber Luft. Bei Alu z. B. beobachten wir eine ganz geringe Zunahme, in den meisten Fällen jedoch eine noch geringere Abnahme.

Das im Innern der Materie herrschende Feld setzt sich aus dem ursprünglichen Felde der Stromspule in Luft und dem von dem magnetisierten Material herrührenden Anteil zusammen. Wir beschreiben es durch seine magnetische Flußdichte B, s. § 128. Die Zahl, die angibt, um wieviel das ursprüngliche Feld in Luft B_0 durch das Einbringen des materiellen Körpers verändert wird, heißt die *Permeabilität* μ des betreffenden Stoffes, also[55]

$$\mu = \frac{B}{B_0} = \frac{\text{Spannungsstoß mit Füllmaterial}}{\text{Spannungsstoß ohne Füllmaterial}}.$$

Nach § 128 sind die beiden Meßgrößen eines Magnetfeldes, die Feldstärke H in Amp. pro m und die Induktion B in Voltsekunden pro m^2 in Luft durch die Beziehung $B = \mu_0 H$ verknüpft, wo μ_0 die magnetische Feldkonstante ist. Im materieerfüllten Raume steigt bei konstant gehaltener Amperewindungszahl die Induktion auf das μ-fache. Es besteht daher jetzt zwischen Feldstärke und Induktion die Beziehung $B = \mu\mu_0 H$.

Nach ihrem magnetischen Verhalten können wir alle Stoffe in drei Gruppen einteilen:

Diamagnetische Stoffe zeigen ganz geringe *Schwächung* des ursprünglichen Feldes; $\mu < 1$;

Paramagnetische Stoffe zeigen ganz *geringe Verstärkung* des ursprünglichen Feldes; $\mu > 1$;

Ferromagnetische Stoffe zeigen *sehr große Verstärkung* des ursprünglichen Feldes, s. § 133.

Der Körper im Innern der Spule wird durch das Magnetfeld des Stromes magnetisiert. Die Stärke dieser sog. *magnetischen Polarisation* messen wir durch den vom Körper herrührenden Beitrag J zur Gesamtinduktion B. Es ist also $B = B_0 + J$, wo $B_0 = \mu_0 H$ das erregende ursprüngliche Feld in Luft ist. Setzen wir $B = \mu B_0$, so folgt $J = B_0(\mu - 1) = \kappa B_0$, wo $\kappa = \mu - 1$ die *magnetische Suszeptibilität* ist. κ ist also der Verhältniswert J/B_0, d. h. zwischen der magnetischen Polarisation und dem sie hervorrufenden ursprünglichen Magnetfeld. Die magnetische Polarisation ist gleichzeitig anschaulich das magnetische Moment (vgl. auch § 125) der Volumeneinheit im Material und entspricht damit der elektrischen Polarisation, vgl. § 101. Bei para- und diamagnetischen Stoffen ist sie dem erregenden Felde B_0 streng proportional, d. h. μ und κ sind Materialkonstanten.

Als *Magnetisierung* bezeichnet man die Größe $M = J/\mu_0$.

Das eben geschilderte verschiedene magnetische Verhalten von Stoffen können wir verstehen, wenn wir die Magnetisierung auf die in den Atomen fließenden

[55] Das gilt streng nur für eine Ringspule.

Ströme, die sog. *Ampereschen Molekularströme*, zurückführen. In einem anschaulichen Bilde, das die Atomphysik weiter entwickelt und begründet hat, stellen wir uns vor, daß die Elektronen eine Bahnbewegung um die positiven Atomkerne ausführen, vgl. § 199. Mit vielen dieser Bahnbewegungen ist, wie mit einem elektrischen Kreisstrom, ein magnetisches Moment verbunden. Außerdem rotiert noch jedes Elektron um eine eigene innere Drehachse (*Kreiselelektron* mit sog. *Elektronenspin*) und besitzt daher bereits für sich allein einen mechanischen *Drehimpuls* und ein *magnetisches Moment*. Es gibt Atome, wie die Edelgase, und Moleküle, wie Na_2, in denen sich die magnetischen Momente der einzelnen Elektronen zu Null kompensieren, wie das z. B. bei zwei entgegengesetzt umlaufenden Elektronen oder zwei antiparallel stehenden Spins der Fall ist. Das sind die *diamagnetischen* Atome und Moleküle. Im Gegensatz dazu besitzen die *paramagnetischen* Atome von vornherein ein magnetisches Moment.

Bringen wir nun einen Körper aus *diamagnetischen* Atomen in ein Magnetfeld, so treten dabei in jedem Atom Induktionsströme auf, die nach der Lenzschen Regel die ursprüngliche Wirkung, das ist hier das von außen angelegte Magnetfeld, zu hemmen suchen[56]. Sie erregen also Felder, die dem ursprünglichen *entgegengesetzt* sind, es also *schwächen*, daher $\mu < 1$. Die durch Induktion erzeugten Atommagnete stehen entgegengesetzt zur Feldrichtung, s. Abb. 223a. Die Suszeptibilität κ ist negativ.

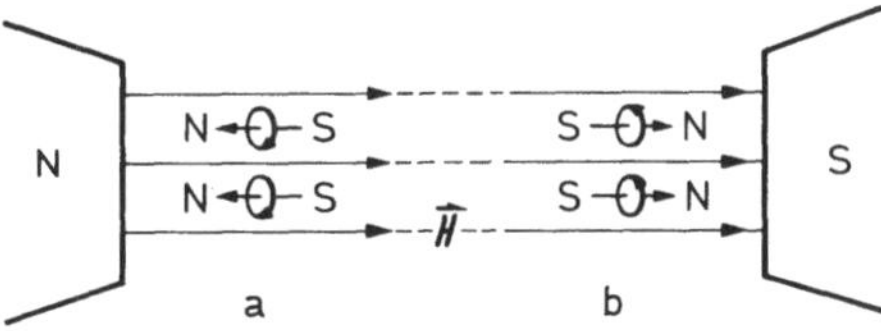

Abb. 223. Diamagnetische (a) und paramagnetische (b) Atome im Magnetfeld, Drehrichtung der umlaufenden Elektronen. Die kleinen Pfeile geben die Richtung der atomaren Magnetfelder an

Bei *paramagnetischen* Körpern stellen sich die von vornherein vorhandenen Atommagnete in die Feldrichtung ein, so daß das Feld, s. Abb. 223b, *verstärkt* wird, $\mu > 1$. Jedoch ist diese Ausrichtung bei weitem nicht vollständig, weil die thermische Molekülbewegung ständig versucht, wieder Gleichverteilung, d. h. ideale Unordnung herzustellen. So entsteht ein dynamisches Gleichgewicht; darin ist die magnetische Polarisation gegeben durch die Summe aller Momentkomponenten, die in der Volumeneinheit sich in Feldrichtung befinden. Diese ist der richtenden magnetischen Feldstärke proportional, woraus sich als Proportionalitätsfaktor die Suszeptivilität ableitet. Sie sinkt mit steigender Temperatur, vgl. die Orientierungspolarisation der Dielektrika, § 101. Auch ein paramagnetischer Körper besitzt infolge der stets auftretenden Induktionsströme Diamagnetismus, doch ist dieser im allgemeinen vom Paramagnetismus überdeckt.

Da bei paramagnetischen Stoffen die atomaren Elementarmagnete sich wie beim Eisen, s. Abb. 223b, „*richtig*" in die Feldrichtung einstellen, werden *paramagnetische* Körper von einem Magnetpol *angezogen*, während *diamagnetische abgestoßen* werden, vgl. § 125 γ.

[56] Diese Induktionsströme fließen ungeschwächt weiter, da die Elektronen innerhalb der Atome in widerstandslosen Bahnen umlaufen.

§ 133. Ferromagnetika. α) *Die Erscheinung. Ferromagnetismus* zeigen außer Eisen einige seiner Verbindungen, *Ferrite*, die ihm chemisch verwandten Metalle Kobalt und Nickel sowie viele Legierungen, darunter auch solche von an und für sich nicht ferromagnetischen Metallen, wie Cu, Mn und Al, sog. *Heuslersche Legierungen*. Ferromagnetische Stoffe sind dadurch ausgezeichnet, daß sie eine *permanente Magnetisierung* besitzen können, die zur Aufrechterhaltung kein äußeres Magnetfeld benötigt. Oberhalb einer bestimmten Temperatur verschwindet der Ferromagnetismus. Im Gegensatz zum Para- und Diamagnetismus ist der Ferromagnetismus keine Eigenschaft des einzelnen Atoms. Wir finden ihn nur bei festen, aus mikrokristallinen Blöcken bestehenden Körpern, also nicht bei Flüssigkeiten oder Gasen.

Um seine Eigentümlichkeiten näher kennenzulernen, unterwerfen wir ein Eisenstück einer *zyklischen Magnetisierung*. Dazu bringen wir eine ursprünglich unmagnetische Eisenprobe in ein allmählich wachsendes magnetisches Feld H, indem wir sie in eine Spule stecken und einen stärker werdenden Strom durchschicken. Dabei steigt, wie mit Hilfe einer Induktionsspule S festgestellt werden kann, vgl. Abb. 215, die Induktion B nicht beliebig weit an, sondern erreicht praktisch einen Sättigungswert, s. Abb. 224. Diese *magnetische Sättigung* ist dann erreicht, wenn alle Atommagnete sich im äußeren Felde ausgerichtet haben. Eine weitere Magnetisierung des Eisens ist unmöglich, und die vom noch weiterwachsenden äußeren Felde verursachte Vergrößerung von B ist so geringfügig, daß sie im Maßstab von Abb. 224 gar nicht zum Ausdruck kommt. Vermindern wir nun die äußere Feldstärke H bis auf Null, kehren dann die Stromrichtung um, erzeugen ein wieder ansteigendes Feld, nur mit umgekehrtem Vorzeichen, bis zum alten Wert und gehen dann wieder über Null zum ersten Höchstwert über, so erhalten wir für die B-Werte eine eigentümliche Schleife, die sog. *Hysteresiskurve*. Den von 0 ausgehenden Kurvenast, d. h. die Magnetisierungskurve eines vorher unmagnetischen Körpers, nennen wir die *jungfräuliche* oder die *Neukurve*. Aus der Abb. 224 erkennen wir, daß auch für $H = 0$ noch eine endliche Induktion, d. h.

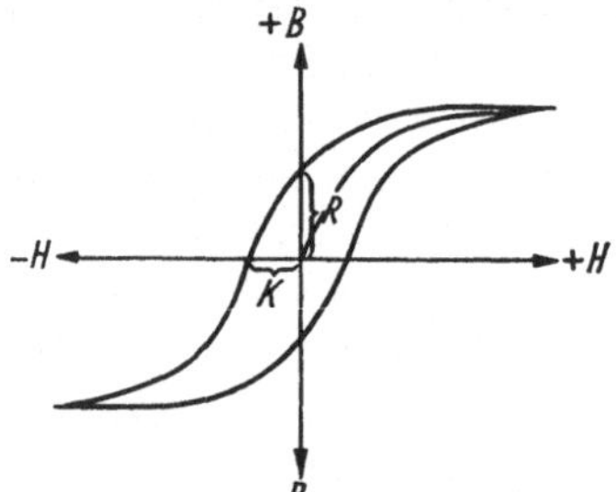

Abb. 224. Hysterese-Kurve

eine gewisse Orientierung der Atommagnete, vorhanden ist. Es bleibt also eine bestimmte magnetische Polarisation oder *Remanenz R* zurück. Das Eisen zeigt jetzt *permanenten Magnetismus*. Um das Eisen völlig unmagnetisch, $B = 0$, zu machen, müssen wir ein Gegenfeld der Größe K einschalten, sein Wert heißt die *Koerzitivkraft* des Eisens.

Praktisch wird ein Eisenstück *entmagnetisiert*, indem man es in ein magnetisches *Wechselfeld* bringt und dann langsam in feldfreies Gebiet herauszieht. Dabei nimmt der Höchstwert von H kontinuierlich ab, und die durchlaufenen Hysterese-Kurven nehmen in ihrem Flächeninhalt ab, bis sie sich auf Null zusammengezogen haben.

Wegen ihrer permanenten magnetischen Polarisation läßt sich für ferromagnetische Stoffe physikalisch keine Permeabilität μ definieren. Die Grundbeziehung $B = \mu_0 H + J$ gilt zwar auch hier, wonach die magnetische Flußdichte B sich aus Anteilen $\mu_0 H$, von makroskopischen Strömen herrührend, und der magnetischen Polarisation J von atomaren Magneten zusammensetzt. Aber die Polarisation ist der Feldstärke nicht proportional, weshalb B und H im ferromagnetischen Stoff sogar verschiedene Richtungen haben können. – Für technische Zwecke gibt man, um die „Weichheit" einer Eisensorte zahlenmäßig zu beschreiben, einen Wert $\Delta B/\Delta \mu_0 H$ an, den man *effektive Permeabilität* nennen könnte. Er kann Werte von 5000 annehmen und hängt u. a. vom magnetischen Zustand des Stoffes ab, unter dem die Messung vorgenommen wird.

β) Zur Erklärung des Ferromagnetismus. Den Ferromagnetismus kann man folgendermaßen deuten. Die einzelnen mikrokristallinen Blöcke, aus denen sich ein fester Metallkörper aufbaut, bestehen aus *Elementargebieten* oder sog. *Weißschen Bezirken*, in denen die atomaren Magnete unter sich völlig parallel liegen und sich gegenseitig in dieser Lage festhalten. Im unmagnetisierten Zustande sind die magnetischen Achsen dieser Gebiete so regellos gerichtet, daß der Kristallit nach außen unmagnetisch ist. Schalten wir ein äußeres Feld ein, so suchen sich die Gesamtmomente der einzelnen Weißschen Bezirke in die Feldrichtung einzustellen. Dem wirken die inneren Kräfte des Kristallgitters und die Spannungen des Materials entgegen. Erst wenn die Feldstärke einen gewissen Betrag übersteigt, klappen die Magnete eines ganzen Bezirkes ruckartig um[57]. Je geringer die Koerzitivkraft ist, um so leichter klappen sie um, um so *magnetisch weicher* ist das Eisen. Schalten wir das äußere Feld ab, so behalten die Magnete ihre Orientierung teilweise bei, das Eisen zeigt Remanenz.

Die Schleifenform der Hysteresiskurve beruht darauf, daß bei der Magnetisierung innere Spannungen (Gitterkräfte) überwunden werden müssen. Daher folgen die Elementarmagnete dem äußeren richtenden Felde bei seiner Änderung nur mit Verzögerung, die Induktion bleibt beim Durchlaufen einer Schleife immer etwas zurück. Die zur Überwindung der hemmenden Kräfte erforderliche Arbeit wandelt sich in Wärme um. Man muß daher beim Bau elektrischer Maschinen, Transformatoren usw. darauf achten, diese Verluste, die mit der Frequenz der zyklischen Magnetisierung ansteigen, möglichst klein zu halten. Ein Maß für sie ist die von der Hysteresekurve umschlossene Fläche; sie ist bei weichem Eisen klein.

Da die Wärmebewegung jeder Ordnung, also auch der gegenseitigen Ausrichtung der Atommagnete innerhalb der Weißschen Bezirke, entgegenwirkt, nimmt die Magnetisierung mit wachsender Temperatur ab. Bei einer bestimmten Temperatur, dem sog. Curie-Punkt, verschwindet der Ferromagnetismus, d. h. alle Weißschen Bezirke im Kristall lösen sich auf, und der Körper zeigt nur noch Paramagnetismus. Der Vorgang ist zu vergleichen mit dem Ordnungsverlust eines Kristalles beim Schmelzen. Die Curie-Temperatur des Eisens liegt bei 769° C.

[57] Dabei stellen sie sich zunächst in bestimmte Vorzugsrichtungen, nämlich in die durch die Orientierung des Kristallits bestimmten günstigsten Richtungen zum äußeren Felde ein. Erst bei größeren Feldstärken kommt es zu einer bestmöglichen Einstellung in die Feldrichtung.

γ) *Anwendungen.* Wir haben schon in § 132 gesehen, daß das äußere Magnetfeld einer stromdurchflossenen Spule außerordentlich verstärkt werden kann, wenn wir das Spuleninnere mit einem Eisenkern ausfüllen. Auf diese Weise erhalten wir einen sehr starken Magneten, einen sog. *Elektromagneten.* Man kann in kleinen Bereichen sehr hohe Feldstärken erzielen, wenn man aus einem Eisen hoher effektiver Permeabilität einen möglichst geschlossenen Kreis bildet (hufeisenförmiger Elektromagnet mit kleinem Spalt).

Die permanente Magnetisierung von ferromagnetischen Stoffen in Bändern oder dünnen Schichten hat ein sehr ausgedehntes Anwendungsgebiet im Magnetophon und bei der Datenspeicherung in Rechenmaschinen gefunden, vgl. § 138.

Magnetische Schirmwirkung. Bringt man einen Ring aus weichem Eisen in ein Magnetfeld, so werden die Kraftlinien in das Eisen *hereingesaugt.* Der Raum innerhalb des Ringes bleibt feldfrei, s. Abb. 225. Auf Grund dieser Erscheinung kann man Instrumente gegen magnetische Störfelder durch Kapselung in Eisen schützen, sog. *magnetischer Panzerschutz.*

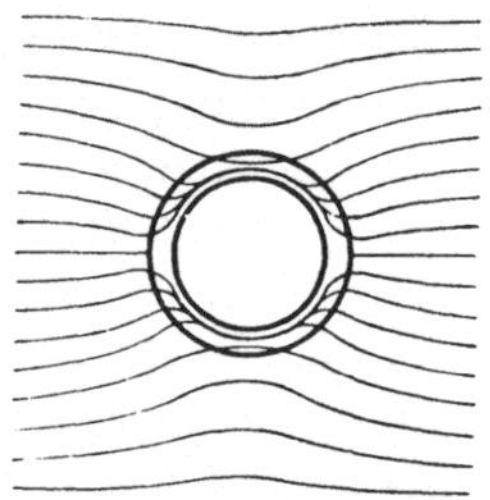

Abb. 225. Schirmwirkung von weichem Eisen

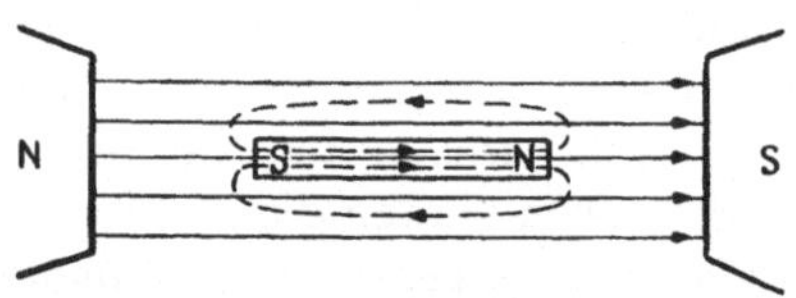

Abb. 226. Zum Hereinsaugen der magnetischen Feldlinien in Eisen

Dieses Hereinsaugen der magnetischen Kraftlinien in Körper aus weichem Eisen können wir uns an einem einfachen Beispiel klarmachen. Bringen wir einen ursprünglich unmagnetischen Eisenstab in ein homogenes Feld, so wird dieser unter der Einwirkung des Feldes zu einem Magnet; seine geschlossenen Kraftlinien, in Abb. 226 gestrichelt gezeichnet, verstärken im Innern das ursprüngliche Feld, während sie es im Außenraume schwächen. Das Einsaugen der Kraftlinien beruht also auf der Überlagerung des Feldes des magnetisierten Eisens mit dem ursprünglichen Felde (B-Linien).

F. Wechselspannungen und Wechselströme

§ 134. Wechselstromkreis mit Widerstand. In Starkstromnetzen werden aus praktischen Gründen heute vornehmlich Wechselspannungen benutzt. Sie werden hergestellt durch Anwendung der elektromagnetischen Induktion. Versetzen wir z. B. den in Abb. 227 gezeichneten, zwischen den Polen eines Magneten befindlichen, rechteckigen Drahtrahmen in gleichförmige Drehung, so ändert sich der

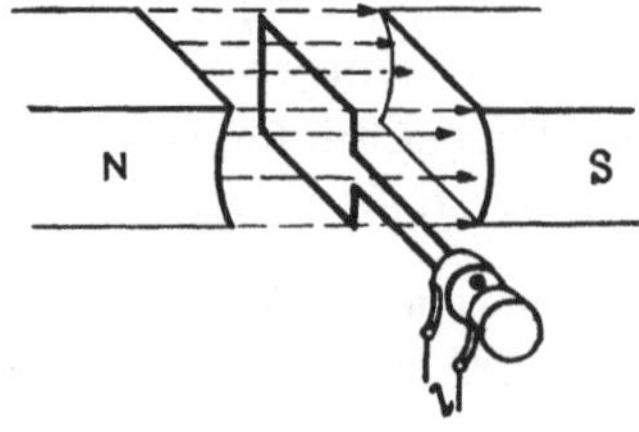

Abb. 227. Zur Erzeugung von Wechselspannung

die Leiterfläche durchdringende Induktionsfluß periodisch. Dasselbe würden wir auch mit einem festgehaltenen Leiter bei rotierenden Polen erreichen. Infolgedessen erhalten wir eine periodisch schwankende induzierte Spannung, eine *Wechselspannung*, die wir über zwei Schleifringe mit Bürsten abnehmen können. Steht der Rahmen senkrecht, so ist zwar der magnetische Fluß $\Phi = BF$ am größten, seine Änderung bei der Drehung um einen bestimmten Winkel aber am kleinsten; steht der Rahmen horizontal, so ist dagegen die Änderung und damit die in diesem Augenblick auftretende Induktionsspannung am größten. Nach der Drehung um 180° kehrt die Spannung die Richtung um. Im ganzen ändert sich der magnetische Fluß durch den Rahmen mit dem Kosinus des Drehwinkels, so daß sich der zeitliche Verlauf der Spannung mit einer Sinuskurve darstellen läßt:

$$U = U_0 \sin\omega t = U_0 \sin 2\pi\nu t\,.$$

ω ist dabei die Winkelgeschwindigkeit, mit der sich der Rahmen dreht, auch *Kreisfrequenz* genannt. Es gilt $\omega = 2\pi/T = 2\pi\nu$, wenn T die Umdrehungszeit der Schleife und $\nu = 1/T$ die Frequenz der Wechselspannung ist. In übertragenem Sinne spricht man auch hier von einer Schwingung. Die Ortsnetze der technischen Wechselspannungen haben eine Frequenz von 50 Hz.

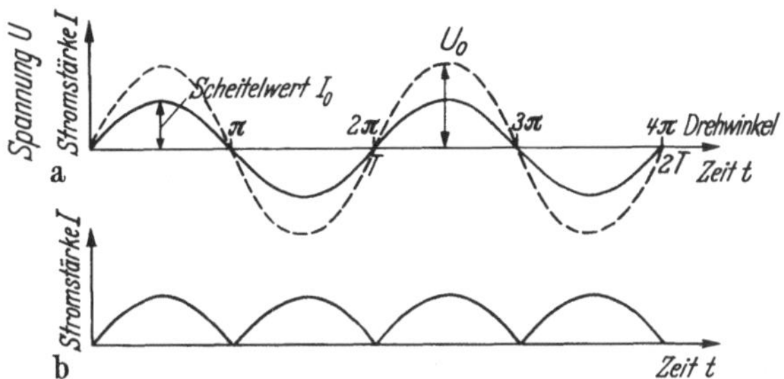

Abb. 228. Wechselspannung und -strom an einem Wirkwiderstand (a); pulsierender Gleichstrom (b)

Werden die beiden Schleifringe mit einem Ohmschen Belastungswiderstand oder Wirkwiderstand R verbunden, z. B. einem geraden Draht geringer Leitfähigkeit, so fließt im ganzen jetzt geschlossenen Stromkreis ein Strom. Seine *Stromstärke* muß nach dem Ohmschen Gesetz zu jeder Zeit der angelegten Spannung proportional sein, so daß sie zeitlich einen analogen Verlauf hat:

$$I = \frac{U}{R} = \frac{U_0}{R} \sin\omega t = I_0 \sin\omega t\,,$$

vgl. Abb. 228. U und I sind die *Momentanwerte*, U_0 und I_0 die *Scheitelwerte* oder Amplituden von Spannung und Strom. Während bei einem Gleichstrom die Elektronen stets in derselben Richtung fließen, ändert sich beim Wechselstrom ständig die Richtung und die Stärke ihrer Bewegung. Die Elektronen *schwingen* gewissermaßen hin und her.

Schicken wir Wechselstrom durch ein Drehspulinstrument, so erhalten wir keinen Ausschlag, da das drehbare System den ihre Richtung schnell wechselnden, sonst aber nach beiden Seiten gleichen Ablenkungskräften bei 50 Hz nicht zu folgen vermag. Der hier gemessene *arithmetische Mittelwert* des Stromes ist Null. Nun ist bei Gleichstrom die Stromwärme dem *Quadrat* der Stromstärke *proportional*, also von der Stromrichtung unabhängig. Schicken wir daher Wechselstrom durch ein *Hitzdrahtinstrument*, vgl. § 103, so erhalten wir einen von der Stromwärme bestimmten Ausschlag. Wir messen nun die Stromstärke eines Wechselstromes durch die sog. *effektive Stromstärke* I_{eff} und verstehen darunter diejenige Stromstärke, die ein Gleichstrom haben müßte, um dieselbe Leistung P zu verrichten. Die effektive Stromstärke ist also so definiert, daß auch bei Wechselströmen die Beziehung für die elektrische Leistung $P = I_{\text{eff}}^2 R$ gültig bleibt. Die *Effektivwerte* von Strom und Spannung sind daher die sog. *quadratischen Mittelwerte*. Bei rein sinusförmigem Wechselstrom ist die Beziehung zwischen Effektiv- und Scheitelwert:

$$I_{\text{eff}} = \frac{I_0}{\sqrt{2}}\,; \qquad U_{\text{eff}} = \frac{U_0}{\sqrt{2}}\,.$$

Die Netzspannung von 220 V effektiv hat also Scheitelwerte von 311 V. Diese Effektivwerte messen wir mit jedem vom Quadrat der Stromstärke abhängigen Instrument, s. § 126. Als Voltmeter dienen auch hier umgeeichte Strommesser.

Bei einem sinusförmigen Strom errechnet sich der Effektivwert als

$$I_{\text{eff}}^2 = \frac{1}{T}\int_0^T I_0^2 \sin^2 \omega t\, dt \quad \text{mit} \quad T = 2\pi/\omega\,.$$

Da das Integral den Wert $I_0^2\, T/2$ hat, ergibt sich obige Beziehung.

Die *elektrische Leistung* $I_{\text{eff}}\, U_{\text{eff}}$, die im Belastungswiderstand in Wärme umgesetzt wird, muß durch *mechanische Arbeitsleistung* beim Drehen der Schleife, s. Abb. 227, erzeugt werden. Dazu haben wir zu bedenken, daß der entnommene Strom auch die Schleife selbst durchfließt. Er ist nach der Lenzschen Regel zu jedem Zeitpunkt so gerichtet, daß er seine primäre Ursache, hier die aufgezwungene Drehbewegung, zu hemmen sucht. Das ist dann der Fall, wenn die stromdurchflossene Leiterschleife einen Magneten von solcher Polung darstellt, daß sie im äußeren Magnetfeld ein Gegendrehmoment erfährt.

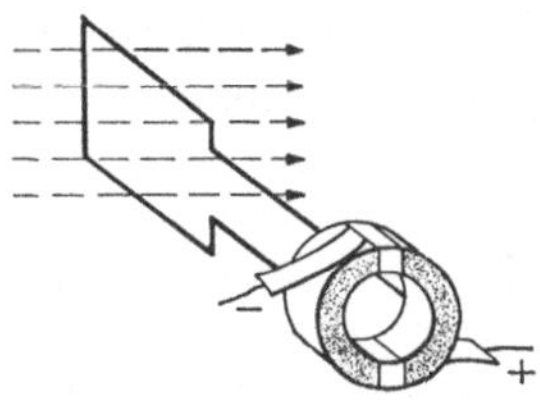

Abb. 229. Kommutator zur Abnahme von Gleichstrom

Will man statt Wechselstrom *Gleichstrom* erzeugen, so braucht man sog. *Kommutatoren* oder *Kollektoren*, d. h. statt zweier Schleifringe einen einzigen, der durch eine isolierende Zwischenschicht in zwei Teile geteilt ist, so daß, s. Abb. 229, bei jedem Wechsel der Stromrichtung die Bürsten von einem Segment auf das andere übergehen. Dadurch behält der Strom seine Richtung bei, und wir erhalten einen *pulsierenden* Gleichstrom, vgl. Abb. 228b.

§ 135. Induktiver und kapazitiver Widerstand. Wir betrachten einen Stromkreis, der neben einem Ohmschen Widerstand R, den man mit Messung von Gleichstrom und -spannung nach dem Ohmschen Gesetz bestimmt, s. § 91, noch eine Selbstinduktion L enthält, s. Abb. 230a. Eine Spule mit Eisenkern hat auch diese Eigenschaften. Legen wir daran eine Wechselspannung U und ändern die Frequenz bei konstanter Amplitude, so nimmt die Stromstärke mit wachsender Frequenz ab. Zwar bleiben auch hier die Effektivwerte von Strom und Spannung bei konstanter Frequenz einander proportional, was die weitere Gültigkeit des Ohmschen Gesetzes zeigt, aber dieses muß jetzt in der Form geschrieben werden:

$$I_0 = \frac{U_0}{\sqrt{R^2 + \omega^2 L^2}}\,.$$

Der Wechselstromwiderstand ist also gegenüber dem Gleichstromwiderstand R durch den sog. *induktiven Widerstand* ωL vergrößert worden.

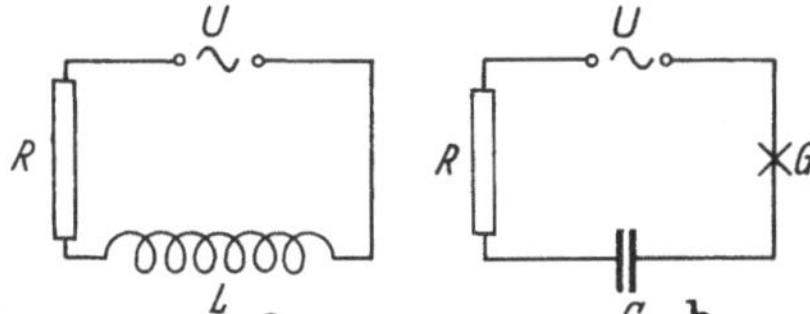

Abb. 230. Wechselstromkreis mit Selbstinduktion (a) und Kapazität (b)

Diese Eigentümlichkeit erklärt sich daraus, daß die momentan vorhandene Spannung U nicht nur den Ohmschen Spannungsabfall $U_R = -IR$, sondern auch die Selbstinduktionsspannung $U_L = -L\,dI/dt$ decken muß. Es ist also in jedem Augenblick $U = IR + L\,dI/dt$. Mit $I = I_0 \sin\omega t$ errechnet sich daraus $U = I_0(R \sin\omega t + \omega L \cos\omega t)$. Das kann man umformen in

$$U = I_0 \sqrt{R^2 + \omega^2 L^2}\, \sin(\omega t + \varphi)\,,$$

wobei $\tan\varphi = \omega L/R$ beträgt. Der Scheitelwert der Spannung ist dabei $U_0 = I_0 \sqrt{R^2 + \omega^2 L^2}$, woraus sich die obige Beziehung unmittelbar ergibt. Auf die Bedeutung der sog. *Phasendifferenz* φ zwischen Stromstärke und Spannung werden wir weiter unten eingehen.

Eine Spule mit induktivem Widerstand, die aber keinen Ohmschen Widerstand enthält, verzehrt keine Energie, verursacht also beim Einschalten in einen Stromkreis auch keine Verluste durch Stromwärme. Es wird nur in ständigem Wechsel der Stromquelle Energie entzogen, zum Aufbau des Magnetfeldes des Stromes verbraucht und dann beim Verschwinden des Magnetfeldes zurückgegeben, vgl. § 131. Wir haben einen sog. *wattlosen Strom.* Man kann daher durch Spulen mit kleinem Ohmschen, aber großem induktiven Widerstand, sog. *Drosselspulen*, die Stromstärke in einem Wechselstromkreise ohne Energieverluste regulieren. Das ist bei Gleichstrom mit Hilfe eines Vorschaltwiderstandes nicht möglich. Eine Drosselspule bedeutet für einen Gleichstrom beim Fehlen von Ohmschen Widerständen einen Kurzschluß, für einen Wechselstrom bildet sie dagegen einen um so größeren Widerstand, je höher dessen Frequenz ist.

Schalten wir in den Stromkreis einen Kondensator der Kapazität C ein, s. Abb. 230b, so ist für Gleichstrom der Kreis unterbrochen. Nur im Augenblick des Einschaltens fließt ein Stromstoß, der den Kondensator auflädt. Schalten wir dagegen eine Wechselspannung an, so wird der Kondensator während einer Periode aufgeladen, entladen, dann mit umgekehrtem Vorzeichen aufgeladen und wieder entladen. Durch die Zuführungsdrähte zu den Kondensatorplatten fließen also ständig Lade- und Entladeströme. Die pro Sekunde transportierte Ladung oder die Stromstärke wächst mit der Frequenz und mit der Kapazität. In einem Stromkreis mit eingeschaltetem Kondensator fließt also beim Anlegen einer Wechselspannung, wie wir auch mittels einer eingeschalteten Glühlampe G erkennen können, s. Abb. 230b, ein Wechselstrom, und zwar von der Größe

$$I_0 = \frac{U_0}{\sqrt{R^2 + \frac{1}{\omega^2 C^2}}}.$$

Bei sehr hohen Frequenzen wirkt der Kondensator also beim Fehlen weiterer Widerstände als Kurzschluß. Die Größe $1/\omega C$ bezeichnen wir als den *kapazitiven Widerstand.* Ist kein Ohmscher Widerstand vorhanden, so haben wir auch hier einen *wattlosen* Strom vor uns, bei dem periodisch Energie zum Aufbau des elektrischen Feldes in den Kondensator einströmt und dann wieder in die Stromquelle zurückfließt.

Auch hier addieren sich die Spannungen am Widerstand und am Kondensator zur Gesamtspannung $U = IR + Q/C$, wobei die Ladung Q des Kondensators als Stromstoß $Q = \int I\,dt$ zu berechnen ist. Für den Wechselstrom $I = I_0 \sin\omega t$ findet man durch Einsetzen

$$U = I_0(R \sin\omega t - \cos\omega t/\omega C),$$

was nach einer Umformung, analog der bei der Selbstinduktion, zu der angegebenen Beziehung führt.

Enthält der Wechselstromkreis neben dem Ohmschen Widerstand sowohl eine Selbstinduktion wie eine Kapazität, und zwar alles in Reihe geschaltet, so gilt die Beziehung

$$I_0 = \frac{U_0}{\sqrt{R^2 + \left(\omega L - \frac{1}{\omega C}\right)^2}}.$$

Man erkennt aus dieser Gleichung, daß für $\omega L = \frac{1}{\omega C}$ oder für die durch die Gleichung $\omega = \frac{1}{\sqrt{LC}}$ bestimmte Frequenz der Widerstand besonders klein, die Stromstärke besonders groß wird. Diesen Fall bezeichnen wir als *Stromresonanz*, vgl. dazu auch § 139.

Wir wollen noch die *Leistung* in einem Wechselstromkreis, insbesondere das Zustandekommen des *wattlosen Stromes* oder *Blindstromes*, aus dem zeitlichen Verlauf von Spannung und Stromstärke ableiten. Dabei ist es wesentlich, daß bei eingeschalteter Selbstinduktion oder Kapazität Strom und Spannung nicht mehr in Phase sind, d. h. sie erreichen z. B. nicht gleichzeitig die Maximalwerte. Die Strom- und Spannungskurven sind um eine Zeitspanne Δt gegeneinander verschoben, die mit dem *Phasenwinkel* φ nach der Beziehung $\Delta t/T = \varphi/2\pi$ zusammenhängt. Bei einer Selbstinduktion eilt die Spannung der Stromstärke voraus, an einem Kondensator hinkt sie hinterher. Die Phasenverschiebung beträgt 90° ($\pi/2$), wenn die betreffenden Schaltelemente keinen zusätzlichen Wirkwiderstand enthalten, sonst ist sie kleiner. Sind nun in einem Zeitabschnitt Strom und Spannung gegeneinander gerichtet, die eine Größe also positiv, die andere negativ, so wird die Stromarbeit negativ. Das ist z. B. der Fall, solange das Magnetfeld abgebaut wird und die Energie in die Stromquelle zurückfließt. Im folgenden Zeitraum sind Strom und Spannung dann gleichgerichtet, so daß positive Stromarbeit geleistet wird. Die Gesamtarbeit, geliefert von der Spannungsquelle, ist die Summe aller dieser aufeinanderfolgenden positiven und negativen Teilarbeiten. Zur Berechnung der Leistung, auch *Wirkleistung* genannt, muß man diese Gesamtarbeit durch die Zeitspanne dividieren, in der sie geleistet wird. So kommt es durch die Phasenverschiebung, daß die Leistung eines Wechselstromes nicht mehr wie beim Gleichstrom stets durch $P = I_{\text{eff}} \cdot U_{\text{eff}}$ gegeben ist, sondern kleiner ausfallen kann. Die nähere Untersuchung gibt für die *Wechselstromleistung* den allgemeinen Ausdruck

$$P = I_{\text{eff}} \cdot U_{\text{eff}} \cos\varphi \,,$$

wo φ den Phasenwinkel zwischen Strom und Spannung bedeutet. Für $\varphi = 90°$ oder $\cos\varphi = 0$ wird die Leistung Null, wir haben den oben besprochenen *wattlosen* Strom vor uns. Ist nur Ohmscher Widerstand vorhanden, so wird $\varphi = 0$ und $\cos\varphi = 1$, und wir erhalten dieselbe Beziehung wie bei Gleichstrom, nämlich $P = IU$.

§ 136. Transformator. Ein *Transformator* oder *Umspanner* besteht aus zwei vom gleichen magnetischen Fluß durchsetzten Spulen, die auf einem geschlossenen und zur Vermeidung von Wirbelströmen unterteilten Eisenkern sitzen, s. Abb. 231. Die Primärspule *1* mit n_1 Windungen sei an die Wechselstromquelle angeschlossen. Ihr Ohmscher Widerstand kann vernachlässigt werden. Der durch die Primärspule (*1*) fließende Wechselstrom, der sog. *Primärstrom*, erzeugt einen sich ändernden Induktionsfluß, der infolge der Selbstinduktion eine Gegenspannung induziert.

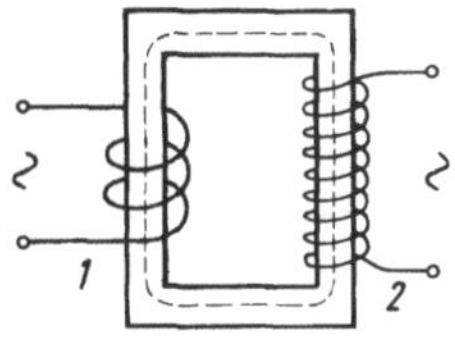

Abb. 231. Transformator.
Gestrichelt: eine magnetische Feldlinie

Der durch die Primärspule fließende Strom ist in seiner Stromstärke I_1 dadurch bestimmt, daß die äußere Spannung stets sowohl den Ohmschen Spannungsabfall wie auch die induzierte Gegenspannung überwinden muß. Bei praktisch verschwindendem Wirkwiderstand ist daher die induzierte Spannung stets der äußeren entgegengesetzt gleich, so daß beide sich das Gleichgewicht halten. – Wenn man irrtümlich eine *Gleichspannung* an die Primärspule legt, ist nur der Ohmsche Widerstand wirksam, vgl. § 135. Damit wird die Stromstärke so hoch, daß die in technischen Anlagen stets eingebaute Sicherung den Stromkreis unterbricht, schon um ein Durchbrennen der Spule selbst zu vermeiden.

Da derselbe magnetische Fluß auch die Sekundärspule durchsetzt (der Eisenschluß hält die Feldlinien zusammen), entsteht auch in dieser eine Induktionsspannung. Sind die Windungszahlen der beiden Spulen n_1 und n_2, so gilt nach dem Induktionsgesetz, s. § 128, für die in ihnen induzierten Spannungen (Momentan- und Effektivwerte)

$$\frac{U_2}{U_1} = \frac{n_2}{n_1} \,.$$

Wir erhalten also an der Sekundärspule eine gegenüber der ursprünglichen Primärspannung im Verhältnis der Windungszahlen vergrößerte bzw. verkleinerte sog. Sekundärspannung. Wir können daher mit Hilfe eines solchen Umspanners Wechselspannungen herauf- oder heruntertransformieren.

Ein *Sekundärstrom* I_2 fließt erst, wenn die Sekundärklemmen durch einen Belastungswiderstand überbrückt werden, der Sekundärkreis also geschlossen ist. Nach dem Energiesatz muß dann die auf der Sekundärseite verbrauchte Leistung $I_2 U_2$ durch die auf der Primärseite zugeführte $I_1 U_1$ gedeckt werden. Von geringfügigen Verlusten abgesehen gilt also

$$\frac{I_1}{I_2} = \frac{U_2}{U_1},$$

d. h. die Ströme auf beiden Seiten des Transformators verhalten sich umgekehrt wie die Spannungen. Der Transformator verwandelt also einen starken Strom von niedriger Spannung in einen schwachen Strom von hoher Spannung und umgekehrt. Auf diese Weise ist es möglich, elektrische Energie in hochgespannter Form und daher entsprechend verkleinerter Stromstärke über sehr große Entfernungen zu leiten, ohne daß in den Leitungen große Verluste durch Stromwärme, die ja mit RI^2 anwachsen, entstehen. An der Verbraucherstelle im Stadtnetz wird auf eine relativ ungefährliche Spannung von meist 220 Volt heruntertransformiert. Andererseits benötigen elektrische Geräte, z. B. Rundfunk- und Fernsehempfänger und viele medizinische Apparate niedrige Spannungen zur Röhrenheizung und Anodenspannungen unterschiedlicher Höhe, die durch Netzanschluß über Transformatoren und gegebenenfalls nachfolgende Gleichrichtung erzeugt werden. In diesen technischen Nutzanwendungen ist es begründet, daß für die Praxis Wechselstromnetze aufgebaut worden sind.

Der *Sekundärstrom* I_2 durchfließt auch die Sekundärspule und erzeugt im Eisenkern einen *zusätzlichen* magnetischen Fluß, der sich sinusförmig mit der Zeit ändert. In dem geschlossenen Kern durchsetzt er auch die *Primärspule*, induziert dort eine Zusatzspannung und stört damit das Gleichgewicht zwischen äußerer und induzierter Spannung. Dieses stellt sich dadurch sofort wieder neu ein, daß ein zusätzlicher Primärstrom I_1, der jetzt in Phase mit der Primärspannung ist, von der Spannungsquelle geliefert wird und seinerseits einen magnetischen Fluß im Eisenkern erzeugt, der den Zusatzfluß des Sekundärstromes gerade kompensiert. Es herrscht also unabhängig von der Belastung stets der gleiche magnetische Fluß. Aber je mehr Strom sekundär verbraucht wird, um so mehr muß dazu die Stromstärke I_1 ansteigen (*magnetische Kopplung* zwischen Sekundär- und Primärspule).

§ 137. Starkstrommaschinen. Die Herstellung elektrischer Wechsel- und Gleichspannungen nach dem Induktionsprinzip haben wir bereits grundsätzlich besprochen, als wir einen rechteckigen Drahtrahmen in einem homogenen Magnetfeld sich drehen ließen, vgl. § 134, Abb. 227. Jetzt wollen wir noch weitere Einzelheiten über in der Praxis verwendete elektrotechnische Geräte hinzufügen und beginnen mit dem *Gleichstromgenerator*, vgl. auch Abb. 229. Um die induzierte Spannung zu steigern, nimmt man statt einer einzigen Leiterschleife eine ganze Reihe von solchen hintereinandergeschaltet, d. h. eine Spule. Ferner erhöht man den Induktionsfluß dadurch, daß man der Spule einen Eisenkern gibt. Spule und Kern bilden zusammen den *Anker* einer spannungerzeugenden Maschine, eines Generators. Das Magnetfeld liefert ein Elektromagnet, der sog. *Feldmagnet*. Den rotierenden Teil der Maschine nennt man den *Läufer*, ihren ruhenden Teil den

Ständer. In der Mehrzahl der Fälle bildet der Anker den Läufer. Nimmt man statt einer einzigen Spule n_s um gleiche Winkel gegeneinander versetzte Spulen, einen sog. *Trommelanker*, und unterteilt den Kollektor von Abb. 229 in $2n_s$ voneinander isolierte Lamellen, so erhält man als Überlagerung von n_s Spannungs- bzw. Stromkurven nach Art der Abb. 228b, die alle gegeneinander entsprechend ihrem Versetzungswinkel verschoben sind, eine sehr geglättete Spannungskurve, also eine praktisch konstante Gleichspannung.

Zur Erregung des Magnetfeldes braucht man bei einem Gleichstromgenerator keine fremde Stromquelle. Da jeder Magnet remanenten Magnetismus zeigt, entsteht beim Andrehen am Anker immer eine, wenn auch noch so schwache Induktionsspannung. Benutzen wir diese, um einen Strom durch die Wicklung des Feldmagneten zu schicken, so wächst das magnetische Feld, also auch die induzierte Spannung und damit wieder das Magnetfeld, an usw. bis zu einem Gleichgewichtswert. Dieses *Prinzip* der *Selbsterregung* hat v. SIEMENS[58] angegeben.

Die auf diese Weise arbeitenden sog. *Dynamomaschinen* verwandeln mechanische Energie in elektrische. Solange der Maschine kein Strom entnommen wird, der auch ihren Anker durchfließen würde, tritt auch kein magnetisches Gegendrehmoment auf, das die Drehung des Ankers im Magnetfeld hemmt, vgl. Wirbelströme § 130. Je mehr Strom jedoch dem Generator entnommen wird, um so mehr Arbeit muß aufgewandt werden, um den Anker gegen diese Drehmomente zu drehen, vgl. Lenzsche Regel.

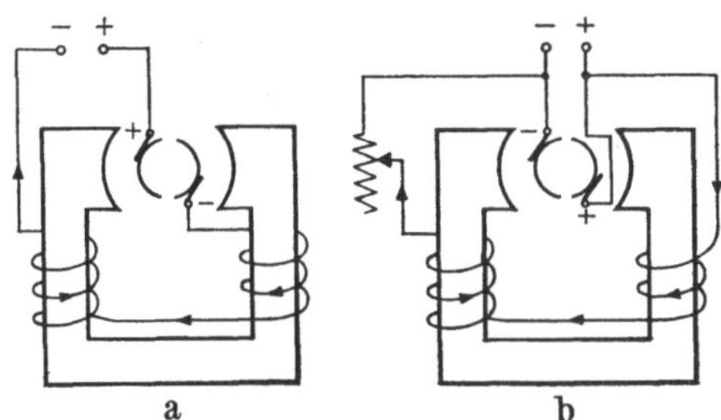

Abb. 232. Gleichstromgenerator in Haupt- (a) und Nebenschlußschaltung (b)

Wir können den Gleichspannungs-Generator als *Hauptschluß*- oder *Nebenschlußmaschine* schalten, s. Abb. 232a und b. Bei der Hauptschlußschaltung, d. h. Feldmagnet und Anker in Reihe, wächst nach unseren obigen Ausführungen die Klemmenspannung mit der Stromstärke, sie ändert sich also mit der Belastung. – Die Nebenschlußmaschine, bei der Anker und Feldmagnet parallel liegen, so daß bei Stromentnahme nur ein Bruchteil des Stromes durch die Feldspule geht, und noch mehr kombinierte Schaltungen, sog. *Verbundmaschinen*, liefern eine von der Belastung praktisch unabhängige Klemmenspannung.

In *Wechselspannungsgeneratoren* wird das Feld durch einen Gleichstrom erzeugt, den meist eine besondere Gleichspannungsmaschine liefert. Sie kann an dieselbe Drehachse angekoppelt werden, mit der auch der Läufer der eigentlichen Wechselstrommaschine von einer Turbine angetrieben wird.

[58] WERNER VON SIEMENS, 1816—1892, Mitbegründer des Hauses Siemens. Durch seine Arbeiten wurde er führend für die Entwicklung der Elektrotechnik.

Schickt man durch eine ruhende Dynamomaschine von außen Strom, so üben die Kräfte zwischen Magnetfeld und Ankerstrom ein Drehmoment aus, das den Läufer in Drehung versetzt. Ein solches beim Stromdurchgang auftretendes Drehmoment mußten wir bei der als Generator laufenden Maschine überwinden. Jetzt läuft die Maschine als *Motor*, d. h., wir können die hineingesteckte elektrische Energie in mechanische verwandeln. Bei rotierendem Läufer wird natürlich wieder eine Gegenspannung induziert, die um so kleiner ist, je langsamer der Motor läuft. Je mehr er also gebremst wird, da er Arbeit leistet, um so mehr Strom fließt durch den Anker, um so größer ist die aufgenommene elektrische Energie. – Leistungsstarke Motore werden über einen *Anlaufwiderstand* angelassen, damit der Anfangsstrom nicht zu stark wird, ehe der Motor seine normale Tourenzahl und damit die Gegenspannung ihre volle Höhe erreicht hat.
Auf die vielfältigen technischen Ausführungen von Generatoren und Motoren gehen wir nicht näher ein und besprechen nur noch kurz den *Drehstrommotor*.

Drehfeld. Wir betrachten zwei senkrecht zueinander orientierte Spulenpaare I und II, deren Spulen je in Reihe geschaltet sind, s. Abb. 233. Die jedes Spulenpaar durchfließenden getrennten Wechselströme seien um 90° phasenverschoben. Das Magnetfeld im Raum zwischen den vier Spulen setzt sich also aus zwei aufeinander senkrecht stehenden Feldern H_1 und H_2 zusammen; es sind *Wechselfelder* oder *schwingende* Felder, die auch um 90° phasenverschoben sind. Das resultierende Feld wird daher durch eine *zirkulare* Schwingung dargestellt, vgl. § 54, Abb. 104b. Die Richtung des Feldes dreht sich also während einer Periode um 360°, wir haben ein *magnetisches Drehfeld*. Die Technik benutzt meist drei jeweils um 120° phasenverschobene Ströme, sog. *Dreiphasenstrom* oder *Drehstrom*, und leitet zur Herstellung eines Drehfeldes die 3 Teilströme in Erweiterung des Spulensystems der

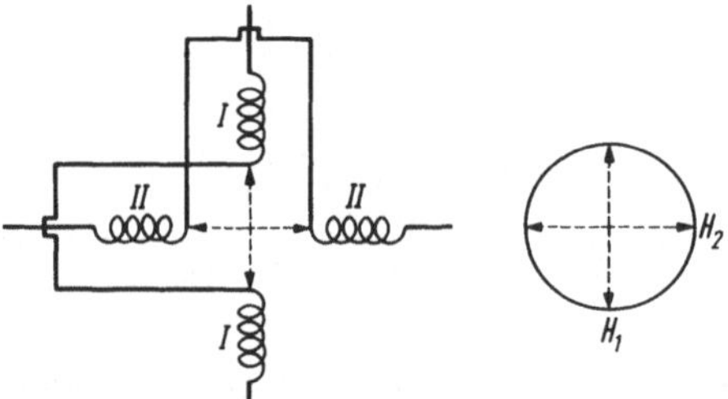

Abb. 233. Magnetisches Drehfeld aus zwei aufeinander senkrecht stehenden Wechselfeldern

Abb. 233 durch 3 um 120° gegeneinander versetzte Spulenpaare. Bringt man in ein solches Drehfeld eine in sich kurzgeschlossene Spule, einen sog. *Kurzschlußanker*, als Läufer, so werden in diesem Ströme induziert. Diese erfahren im rotierenden Magnetfeld Kräfte, die den Läufer in Drehung versetzen, so daß er hinter dem Magnetfeld herläuft. Würden beide synchron, d. h. mit gleicher Drehzahl, umlaufen, so wäre die Änderung des die Spule durchsetzenden magnetischen Flusses Null, und damit würden Induktionsstrom und Drehmoment verschwinden. Wird der Läufer belastet, so sinkt seine Drehzahl. Dadurch ändert sich der magnetische Fluß immer schneller, die induzierten Ströme wachsen, bis das auftretende Drehmoment zur Deckung der mechanischen Arbeitsleistung ausreicht. Die Differenz zwischen der Drehzahl des Feldes und der des Ankers bezeichnet man als *Schlupf*, den Motor als *Asynchronmotor*.

Die drei Stromkreise des Drehstromes können verkoppelt werden, indem man von jedem Kreis eine Leitung zwischen Generator und Verbrauchern auswählt und diese drei vereinigt. Man erdet sie und bezeichnet sie als *Null-Leiter*, der bei gleichem Stromfluß in allen drei Zweigen sogar wegbleiben kann, weil er dann keinen Strom führt. Bei dieser sog. *Sternschaltung*, s. Abb. 234a, befinden sich die Verbraucher (Motore, Lampen) zwischen einem der Außenleiter *I*, *II* oder *III* und dem Nulleiter (Erde). Ist $U_I = U_{II} = U_{III}$ die Effektivspannung zwischen einem Außenleiter und dem Nulleiter (Sternspannung), so gilt für die Spannung zwischen je zwei Außenleitern $U = \sqrt{3}\, U_I$ (daher die Bezeichnung 220/380 V Drehstrom). Bei der *Dreieckschaltung* (b) liegen die Verbraucher direkt zwischen je zwei Außenleitern.

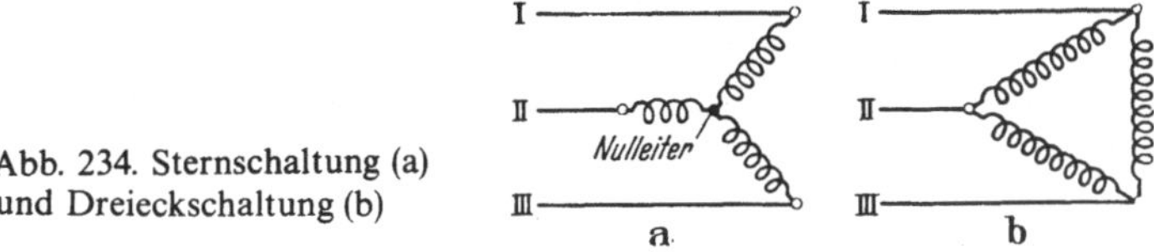

Abb. 234. Sternschaltung (a) und Dreieckschaltung (b)

§ 138. Elektroakustische Geräte. Die Schallwellen des hörbaren Bereiches umfassen Frequenzen bis herauf zu etwa 20 kHz, vgl. § 59. Es sind daher Wechselströme und -spannungen in diesem sog. *Tonfrequenzbereich*, mit denen elektrische und magnetische Schallgeber, wie z. B. Lautsprecher, betrieben werden. Dabei können vorher mit Elektronenröhren oder Transistoren, vgl. § 119, die tonfrequenten Wechselspannungen so verstärkt werden, daß eine für den gewünschten Zweck ausreichend große Leistung zur Verfügung steht, die der Lautsprecher zum Teil in Schallenergie umwandelt. Das physikalische Prinzip dieser Umwandlung wollen wir kurz betrachten.

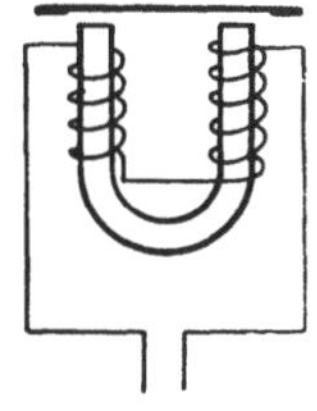
Abb. 235. Prinzip des Telephons

Ein biegsame Membran aus weichem Eisen stehe einem permanenten Magneten gegenüber, um den eine Spule gewickelt ist, s. Abb. 235. Sie erfährt dadurch eine kleine konstante Durchbiegung. Leiten wir durch die Spule einen Wechselstrom, so wird durch ihn das Magnetfeld abwechselnd verstärkt und geschwächt, so daß die Anziehungskräfte auf die Membran sich entsprechend zeitlich ändern und diese eine erzwungene mechanische Schwingung mit der Frequenz des Wechselstroms ausführt. Diese Schwingung ist harmonisch, d. h. sinusförmig, wenn die magnetischen Kräfte sich proportional mit dem Strom ändern. Dann werden auch mehrere Frequenzen gleichzeitig, also Sprache oder Musik, ohne Verzerrung oder Klirren übertragen.

In der technischen Ausführung ist die Lautsprechermembran leicht trichterförmig gebogen und meist mit einer sog. Tauchspule verbunden, durch die der tonfrequente Strom fließt. Sie gerät dadurch in einem permaneten Magnetfeld in Schwingungen, denen die Membran folgt und als Schallsender wirkt.

Im *Mikrophon* werden umgekehrt Schallschwingungen in elektrische Wechselströme umgesetzt. Dies ist auf induktivem Wege möglich, wenn die Membran von Abb. 235 durch die auftreffende Schallwelle in Schwingung gerät. Sie ändert damit den magnetischen Fluß durch die Spule, wodurch in ihr eine Wechselspannung induziert wird. Diese kann wieder verstärkt und über Leitungsdrähte an einen weiter entfernten Telephonhörer oder Lautsprecher gelegt werden.

Das *Kohlemikrophon* steuert unmittelbar einen Gleichstrom, der von einer besonderen Batterie geliefert wird. Es besteht, s. Abb. 236, aus einem Gehäuse, das zwischen einem Kohleblock K und einer Membran M lose gepackte Kohlekörnchen enthält. Gerät die Membran in Schwingungen, so ändern sich die Übergangswiderstände zwischen den Kohlekörnern. Entsprechend schwankt der Gleichstrom, ihm werden tonfrequente Wechselströme auf diese Weise überlagert, die mit Hilfe eines Transformators T auf den eigentlichen Telephonkreis übertragen werden.

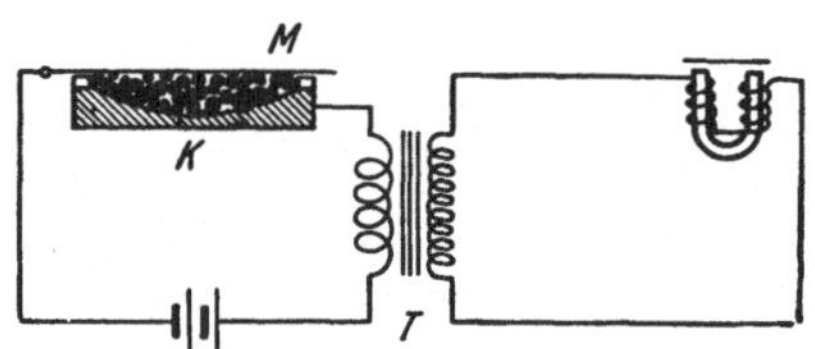

Abb. 236. Telephonkreis mit Mikrophon

Bei den auf *elektrodynamischer* Grundlage gebauten Mikrophonen wird eine im Spalt eines permaneten Magneten befindliche Spule durch den Schalldruck in Schwingungen versetzt und in ihr der Sprechstrom induziert. In ihnen wird das Prinzip des Lautsprechers mit Tauchspule umgekehrt.

Beim *Kondensatormikrophon* bildet eine außerordentlich dünne Membran mit einer Gegenplatte in geringem Abstande einen Kondensator. Beim Auftreffen von Schallwellen gerät die Membran in Schwingungen. Die entsprechenden Kapazitätsschwankungen werden in Stromschwankungen umgewandelt, wenn am Kondensator eine Gleichspannung liegt.

Die Schallplatte wird heute mehr und mehr durch das *Magnetophonband* ersetzt, das die tonfrequenten Schwingungen sozusagen magnetisch speichert. Der von einem Mikrophon kommende Wechselstrom erzeugt in einer Spule, dem Sprechkopf, ein magnetisches Wechselfeld, durch das ein vorbeilaufender Film mit feinverteiltem ferromagnetischem Pulver in wechselnder Stärke magnetisiert wird, vgl. § 133. Läßt man den Film später mit der gleichen Geschwindigkeit an einer zweiten Spule (Hörkopf) vorbeilaufen, so induziert das wechselnde Magnetfeld in dieser Wechselspannungen, die den ursprünglichen Schallschwingungen entsprechen. Die Aufzeichnung kann durch ein starkes Magnetfeld gelöscht und das Filmband für neue Aufnahmen benutzt werden.

G. Hochfrequente Schwingungen und Wellen

§ 139. Elektrischer Schwingungskreis. Während man Wechselspannungen niedriger Frequenz auch in der Technik mit rotierenden Generatoren herstellt, s. § 137, spielt bei der Erzeugung von Wechselspannungen im sog. *Hochfrequenz-* und *UKW-Bereich* der elektrische Schwingungskreis eine große Rolle.

Für das Zustandekommen einer *elektrischen Schwingung* darin ist die in § 131 besprochene *Trägheit des Magnetfeldes* wesentlich. Ein *Schwingungskreis* besteht aus einem Kondensator und einer Spule mit Selbstinduktion, s. Abb. 237. Der Kondensator sei irgendwie aufgeladen worden, s. auch § 140. Nun schließen wir den Schalter. Bei rein OhmschemWiderstand würde es eine einfache Entladung, d. h. einen monotonen Abfall und völligen Ausgleich der Spannung, geben. Bei Gegenwart einer Selbstinduktion wird aber während des Ansteigens des Entladestromes ein Magnetfeld aufgebaut, das Energie enthält. Sobald der Strom absinkt, setzt eine Induktionsspannung ein, die einen Strom in derselben Richtung erzeugt, s. § 130,

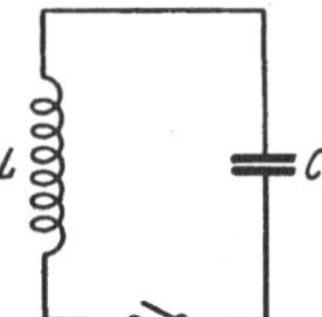

Abb. 237. Elektrischer Schwingungskreis

und eine Aufladung des Kondensators mit umgekehrten Vorzeichen ergibt. Der Strom fließt also, obwohl die Spannung am Kondensator Null geworden ist, infolge der *Trägheit* seines Magnetfeldes weiter. Dabei wird der Strom schwächer, die Energie des Magnetfeldes wird in elektrische Energie des sich umgekehrt aufladenden Kondensators umgewandelt, bis wir schließlich wieder nur elektrische Energie haben. Dann setzt der Vorgang von neuem, nur in umgekehrter Richtung ein. Wir haben also eine ständige Umwandlung von elektrischer Energie in magnetische und umgekehrt, d. h. eine *elektromagnetische Schwingung*, vor uns. Sie entspricht völlig der Schwingung eines mechanischen Pendels mit ihrer wechselseitigen Umwandlung von potentieller und kinetischer Energie. Je größer die Selbstinduktion L des Kreises ist, um so größer ist die Trägheit des Magnetfeldes, um so länger dauert sein Auf- und Abbau, um so langsamer erfolgen also die Schwingungen. Andererseits nehmen die Entladungs- und Aufladungsdauer des Kondensators mit seiner Kapazität C zu, so daß für die Schwingungsdauer T eines elektromagnetischen Schwingungskreises gilt:

$$T = \frac{1}{\nu} = 2\pi \sqrt{LC}.$$

Mißt man L in Henry, C in Farad, so erhält man T in Sekunden.

Die so entstehenden Schwingungen klingen allmählich ab, sind also *gedämpft*, weil die Energie vor allem infolge der entstehenden Stromwärme allmählich verzehrt wird. Die Bezeichnung Schwingung bezieht sich unmittelbar auf die Bewegung der Ladungsträger in den Metalldrähten, vgl. § 134; sie wird in übertragener Bedeutung aber auch für die Spannung, bzw. die elektrischen und magnetischen Felder im Schwingungskreis benutzt.

Ein elektrischer Schwingungskreis wird zu *erzwungenen Schwingungen* angeregt, wenn die Hochfrequenzspannung eines fremden Senders S über eine Koppelspule oder Koppelkondensatoren geringer Kapazität ihm zugeführt wird, s. Abb. 238. Variiert man seine Eigenfrequenz $\nu_0 = 1/2\pi \sqrt{LC}$ dadurch, daß z. B. die Kapazität des eingeschalteten Drehkondensators C geändert wird, so durchläuft seine Schwingungsamplitude eine Resonanzkurve. Sie entspricht völlig der eines Pendels, vgl. Abb. 106 in § 55, insbesondere nimmt sie auch hier ein Maximum an, wenn die Anregungsfrequenz mit der Eigenfrequenz des ungedämpften Kreises übereinstimmt (*Resonanz*), vgl. auch § 135. Bei mehreren einfallenden Frequenzen, wie z. B. beim Rundfunkempfänger, sondert man durch Resonanzabstimmung eines Schwingungskreises die Frequenz des gewünschten Senders aus und kann sie allein weiter verstärken.

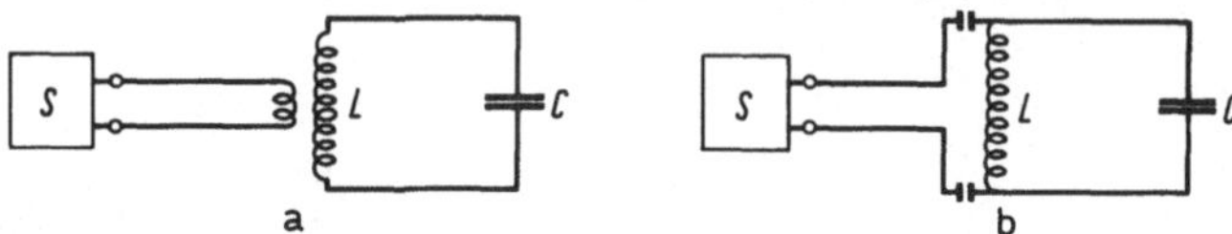

Abb. 238. Anregungen eines Schwingkreises zu erzwungenen Schwingungen mit induktiver (a) und kapazitiver (b) Kopplung

§ 140. Erzeugung von hochfrequenten Schwingungen. *Gedämpfte hochfrequente Schwingungen* erzeugt man, indem man in den Schwingungskreis eine Funkenstrecke F als Schalter legt, s. Abb. 239. Durch jeden Spannungsstoß eines Induktors I, vgl. § 131, wird der Kondensator C aufgeladen, bis die Spannung die Überschlagspannung, s. § 121, der Funkenstrecke erreicht hat. Dann entlädt sich der Kondensator über die Funkenstrecke und die Selbstinduktion L. Da die Funkenstrecke durch die gebildeten Elektronen und Ionen eine endliche Zeit leitend bleibt, können sich in dem aus L und C gebildeten Kreise gedämpfte Schwingungen ausbilden. Sind diese abgeklungen und ist die Funkenstrecke nicht mehr

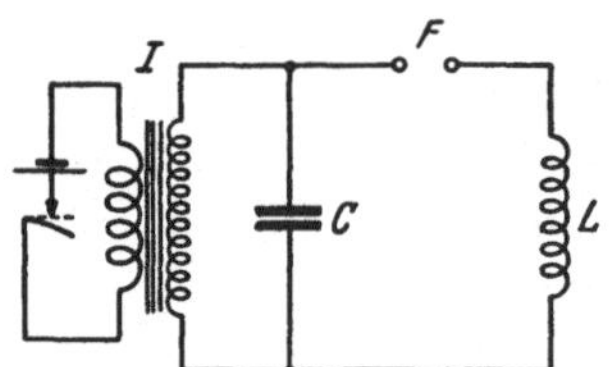

Abb. 239. Funkensender für gedämpfte Schwingungen

leitend, so kann der Kondensator durch den Induktor wieder aufgeladen werden und das Spiel von neuem beginnen. Im allgemeinen ist die Frequenz dieser Schwingungen sehr groß gegenüber der Frequenz der vom Induktor gelieferten Spannungsstöße, so daß wir zwischen zwei Aufladungen des Kondensators sehr viele schnell abklingende Schwingungen erhalten. In den Induktorkreis können diese Hochfrequenzströme nicht übertreten, da die Selbstinduktion der Sekundärspule von I gegenüber L sehr groß ist, also einen außerordentlich hohen Widerstand darstellt.

Teslatransformator. Die durch Entladung eines Kondensators über eine Selbstinduktion entstehenden Schwingungen können keine größere Spannungsamplitude haben als die ursprüngliche Ladespannung des Kondensators. Will man höhere Spannungen herstellen, so muß man einen Hochfrequenztransformator oder *Teslatransformator T* hinzunehmen, s. Abb. 240. Die Selbstinduktion L des Schwingungskreises besteht nur aus einigen wenigen Windungen, die die Primärspule des Hochfrequenztransformators bilden. Bei der gedämpften Schwingung im LC-Kreise des Funkensenders durchfließen Hochfrequenzströme die Spule L, so daß an der aus einigen tausend Windungen bestehenden Sekundärspule eine sehr hohe Hochfrequenzspannung entsteht. Erdet man das eine Spulenende, so erhält man am anderen meterlange Funkenbüschel. Wegen der hohen Frequenz der Ströme treten in der Umgebung eines Teslatransformators erhebliche Induktionswirkungen auf. So leuchten mit Neon unter vermindertem Druck gefüllte Röhren in seiner Nähe auf, ohne daß metallische Verbindungen erforderlich sind.

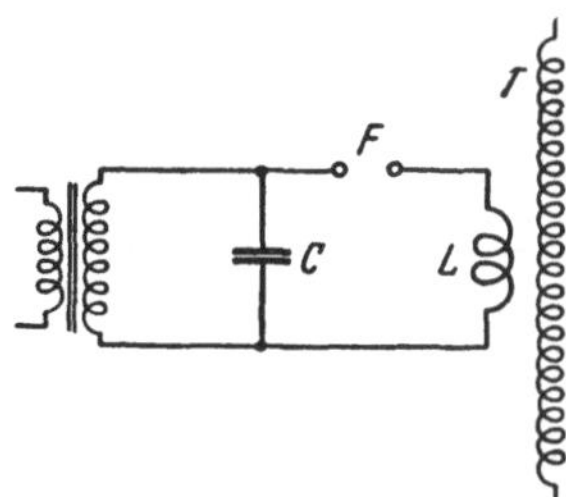

Abb. 240. Tesla-Transformator

Die Spannungen im Teslatransformator werden besonders groß, wenn die Sekundärspule auf den ursprünglichen Schwingungskreis abgestimmt ist. Wir können diese Spule mit ihrer Selbstinduktion und geringen Kapazität der Enden als einen Schwingungskreis auffassen. Ist dessen Eigenfrequenz gleich der des ersten Kreises, so tritt Resonanz ein. Man kann die beiden Resonanzkreise auch mit gekoppelten Pendeln vergleichen (s. § 55), bei denen der Tesla-Kreis die ganze Energie des anderen übernimmt.

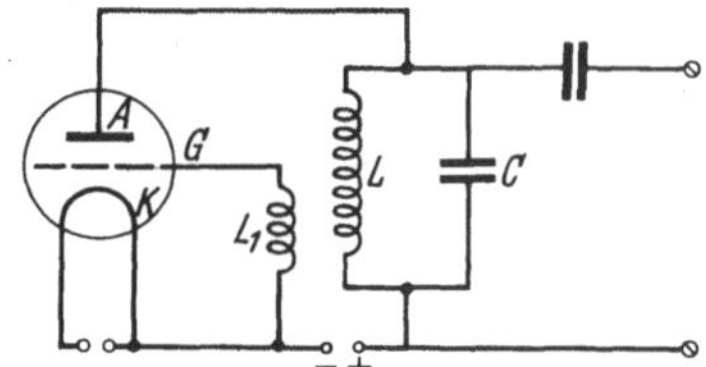

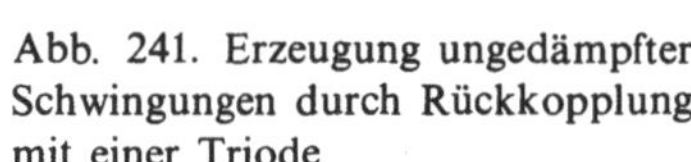

Abb. 241. Erzeugung ungedämpfter Schwingungen durch Rückkopplung mit einer Triode

Ungedämpfte Schwingungen. Der Funkensender liefert eine Folge von *gedämpften* Schwingungen, weil die beim jeweiligen Schwingungseinsatz im Kondensator vorhandene elektrische Energie laufend durch die erzeugte Stromwärme, auch im Funken, vermindert wird. Um ungedämpfte Schwingungen zu erzeugen, muß man daher dem Schwingungskreis aus einer Gleichspannungsquelle ständig Energie zuführen, und zwar stets im richtigen Augenblick; man denke an eine Kinderschaukel oder an Steigrad und Anker einer Uhr. Man erreicht das durch *Selbststeuerung* des Schwingungskreises mit Hilfe einer *Rückkopplungsschaltung*, s. Abb. 241. Als nahezu trägheitsloser Schalter oder Steuerglied dient eine Elektronenröhre (Triode), s. § 119. Beim Einschalten oder bei jeder Schwankung des Anodenstromes entsteht an der Spule L eine Induktionsspannung, die in dem aus L und C bestehenden Kreise Stromschwingungen von zunächst sehr kleiner Amplitude anregt. Dieser Wechselstrom induziert in der am Gitter liegenden Spule L_1 eine Wechselspannung, die den Anodenstrom in demselben Takte verstärkt und schwächt. Der so entstehende Anodenwechselstrom durchfließt auch die Spule L und verstärkt bei richtigem Wicklungssinn der Spulen die ursprüngliche Schwingung. So schaukelt sich die Schwingung zu einem konstanten Endwert auf, der durch die Energieverluste (Stromwärme und Abgabe an andere Verbraucher) bedingt ist.

Wegen ihrer hohen Wechselzahl sind Hochfrequenzströme für den Körper völlig ungefährlich, vgl. § 104. Man kann den Zuleitungsdraht einer Glühlampe in die Hand nehmen und den anderen Zuleitungsdraht dem einen Ende der Tesla-Spule nähern. Dabei glüht die Lampe auf; die dafür notwendige Stromstärke durchfließt als hochfrequenter Wechselstrom auch den menschlichen Körper. Außer einer leichten Wärmeempfindung spürt man von diesem Wechselstrom nichts, solange nur dem Strom beim Übergang durch die Haut in den Körper eine genügend große Oberflächen geboten wird (fest zufassen), s. ferner § 145.

Eine weitere Eigentümlichkeit von Hochfrequenzströmen liegt darin, daß sie in einem guten Leiter, den sie selbst durchfließen, sehr starke Wirbelströme erzeugen, die den ursprünglichen Strom im Inneren schwächen, so daß mit wachsender Frequenz der Strom mehr und mehr nur noch an der Oberfläche entlang fließt. Durch diesen sog. *Skineffekt* wird der Widerstand des Leiters erheblich vergrößert. Um dies zu vermeiden, kann man statt eines massiven Metall-Drahtes eine aus vielen verdrillten, voneinander isolierten Einzeldrähten bestehende Litze, sog. *Hochfrequenzlitze*, oder dünnwandige Rohre benutzen.

§ 141. Wellen auf Leitungen. An die beiden Klemmen eines Hochfrequenzgenerators S schließen wir zwei gerade, parallel geführte Metalldrähte, eine sog. *Zweidraht-* oder *Lecherleitung* an, die mehrere Meter lang ist. Ihre Enden bleiben offen liegen, vgl. Abb. 242. Zwischen beide Drähte legen wir ein geschlossenes

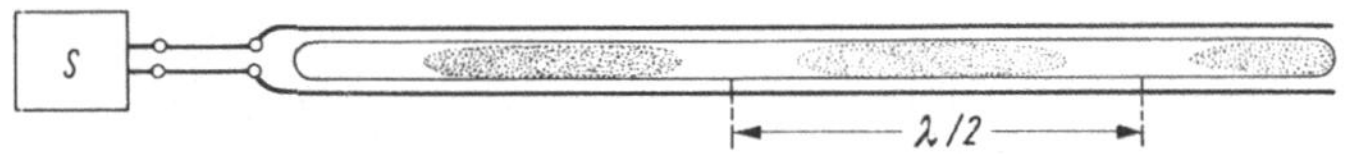

Abb. 242. Zweidrahtleitung mit stehenden Wellen

Glasrohr, gefüllt mit Neon von geringem Druck wie bei einer Glimmlampe, s. § 120. Wenn wir die Hochfrequenzspannung einschalten, leuchtet das Gas im Rohr nicht überall gleichmäßig auf, wie das bei Verwendung von Gleichspannung oder technischer 50 Hz-Wechselspannung der Fall sein würde, sondern wir beobachten dazwischen dunkle Strecken. An den hellsten Stellen liegt eine besonders hohe elektrische Wechselspannung zwischen beiden Drähten, während sie an den dunklen zu niedrig ist, um das Glimmrohr zu zünden.

Diese Erscheinungsform ähnelt dem Bild einer stehenden Welle, z. B. in den Kundtschen Staubfiguren, vgl. § 58a; in der Mitte der dunklen Streifen liegen die Spannungsknoten, entsprechend in den hellen die Bäuche. Der Abstand zweier benachbarter Knoten beträgt eine halbe Wellenlänge. Wir müssen daraus schließen, daß ein elektrischer Spannungswert sich nur mit einer *endlichen* Geschwindigkeit vom Generator längs der Leitung fortpflanzen kann und nicht unendlich schnell. Bei einer Wechselspannung entsteht dann auf ihr eine *Spannungswelle*, die am offenen Ende reflektiert wird und so durch Überlagerung mit der einlaufenden die stehende Welle von Abb. 242 erzeugt. Die Fortpflanzungsgeschwindigkeit errechnet sich wie bei mechanischen Wellen als $c = \lambda \nu$, wobei wir die Wellenlänge λ aus den Knotenabständen bestimmen können. Bei bekannter Frequenz ν des Generators errechnet sich $c = 3 \cdot 10^8$ m/s, ein Wert, der mit der Lichtgeschwindigkeit in Luft übereinstimmt, vgl. § 148. Zu 50 Hz gehört danach eine Wellenlänge von 6000 km, so daß auf Zuführungsleitungen die technische Wechselspannung zwischen beiden Drähten überall praktisch gleich ist, weil deren Länge sehr viel kleiner als die Wellenlänge ist.

Mit einer fortschreitenden Spannungswelle ist ursächlich stets eine *Stromwelle* verknüpft. Je zwei kurze Stücke der beiden Drähte, die einander gegenüberliegen, bilden nämlich einen Kondensator. Daran liegt nur eine Spannung, wenn das eine Drahtstück eine positive, das andere die gleichgroße negative Ladung trägt. Da der „Spannungsberg" der Welle sich längs der Leitung fortpflanzt, müssen auch die Ladungen verschoben werden, so daß in den Drähten Wechselströme fließen, die längs der Leitung auch eine Welle bilden. Die Ladungen selbst bewegen sich dabei natürlich nicht mit Lichtgeschwindigkeit fort, sie führen in Drahtrichtung Schwingungen mit sehr kleiner Amplitude aus, die an den verschiedenen Stellen der Leitung gegeneinander in der Phase verschoben sind; im Abstand der Wellenlänge sind sie gleichphasig. – Das Auf- und Umladen eines Kondensators durch einen Draht, der eine Selbstinduktion besitzt, geht nicht ohne Zeitverzögerung vor sich, vgl. den Schwingungskreis § 139. So erklärt es sich auch, wie die endliche Ausbreitungsgeschwindigkeit der Spannungs-Strom-Wellen längs der Doppelleitung zustande kommt.

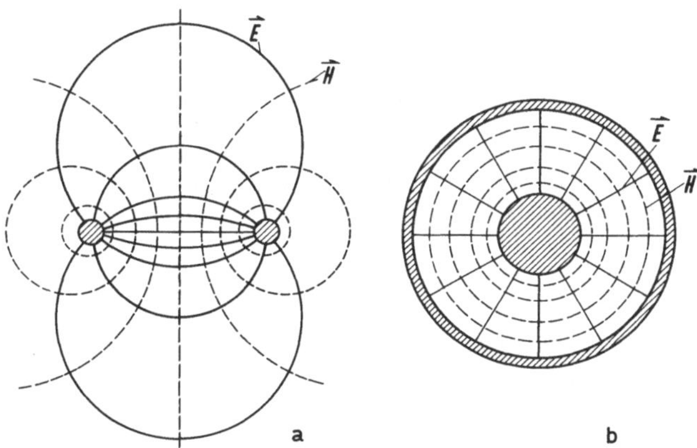

Abb. 243. Elektrische und magnetische Feldlinien in der Zweidrahtleitung (a) und konzentrischen Leitung (b)

Von ganz besonderer Bedeutung sind nun die *Felder* in der Umgebung der beiden Drähte, vgl. Abb. 243a. Elektrische Feldlinien laufen von einem Leiter zum anderen, während magnetische je einen Draht kreisförmig umschließen, weil in ihm ein Strom fließt. Es sind Wechselfelder mit der Frequenz des Generators, elektrische und magnetische Feldlinien stehen in ihnen überall *senkrecht* aufeinander, und sie bilden ebenfalls Wellen längs der Leitung mit derselben Wellenlänge wie die Spannungs-Strom-Wellen, die daher auch als *elektromagnetische Wellen* bezeichnet werden. Bei hohen Frequenzen ist der Skin-Effekt, vgl. § 140, so ausgeprägt, daß im Leiterinneren, von einer sehr dünnen Oberflächenhaut abgesehen, überhaupt keine elektrischen Vorgänge ablaufen. Die Drähte spielen dabei allein die Rolle einer Führung für die Wellen, während die Energie durch die elektrischen und magnetischen Felder im Außenraum transportiert wird.

Doppelleitungen, bei denen die Drähte in Kunststoffbänder eingelassen parallel geführt werden, sog. *Bandleitungen*, übertragen die Wellen von der Empfangsantenne zum Fernsehgerät. Der eine Leiter kann auch den anderen zylindrisch umschließen. Bei diesen sog. *Koaxleitungen* bleiben die Felder auf das Zylinderinnere beschränkt, vgl. Abb. 243b.

§ 142. Elektromagnetische Wellen im freien Raum. Jetzt werden in der Versuchsanordnung für Leitungswellen von Abb. 242 die beiden Drähte verlängert und in einem spitzen Winkel auseinandergeführt, vgl. Abb. 244. Halten wir dann einen kurzen Metallstab, in dessen Mitte eine Glühlampe geschaltet ist, zwischen die beiden auseinanderlaufenden Leitungsdrähte, so daß er parallel zu den elektrischen Feldlinien steht, so leuchtet die Lampe auf. Das elektrische Wechselfeld erzeugt im Stab einen Wechselstrom, der auch den Glühfaden durchfließt; die Leitungsdrähte braucht der Stab dabei nicht zu berühren. Das stellt insofern keine neue Beobachtung dar, als die Glimmentladung von Abb. 242 ebenfalls durch elektrische Wechselfelder zwischen den Leitern gezündet wird. Um die Feldstärke quantitativ miteinander vergleichen und empfindlicher messen zu können, ersetzt man die Glühlampe durch eine Kristalldiode als Gleichrichter, vgl. § 109. An ihm entsteht dann eine Gleichspannung, die mit einem Voltmeter gemessen wird.

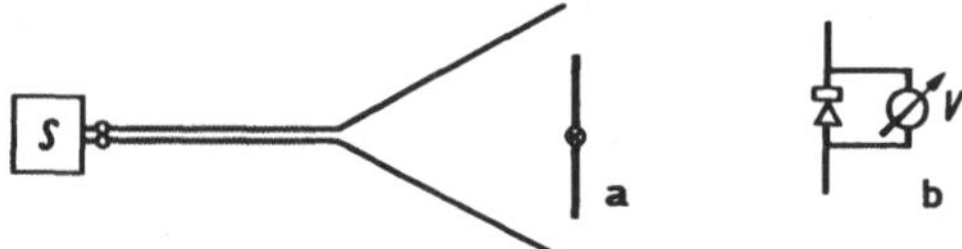

Abb. 244. Zur Abstrahlung elektromagnetischer Wellen in den freien Raum. Nachweis mit Stabantenne und Glühlampe (a) oder mit Gleichrichter und Voltmeter (b)

Etwas Neuartigem begegnen wir erst, wenn wir den Metallstab einige Meter aus dem Winkelende der Doppelleitung herausführen und das Voltmeter immer noch, allerdings etwas schwächer, ausschlägt. Auch dort sind also noch elektrische Wechselfelder vorhanden; die elektromagnetische Welle, zunächst durch die beiden Drähte der Doppelleitung geführt, löst sich in dem Winkel von den Drähten und pflanzt sich mit ihren Feldern durch den freien Raum fort. Man spricht von *Abstrahlung* elektromagnetischer Wellen. Vergleichen läßt sich der Vorgang mit der Abstrahlung von Schallwellen aus einer schwingenden Luftsäule durch einen Schalltrichter an ihrem Ende. Der Unterschied gegenüber den Wellen der Mechanik liegt darin, daß hier nicht materielle Teilchen sondern elektrische und magnetische Felder schwingen, d. h. daß an jeder Stelle im Raum elektrische und magnetische Feldstärke periodisch Größe und Richtungssinn ändern. Die elektrischen und magnetischen Feldlinien bleiben dabei wie in der Leitungswelle senkrecht zueinander, und sie stehen außerdem beide senkrecht auf der Fortpflanzungsrichtung der Welle vom Scheitel des Winkels nach außen. Es handelt sich also um eine *transversale* Welle mit einer Vorzugsrichtung senkrecht zur Fortpflanzungsrichtung. Drehen wir den Metallstab mit Gleichrichter, in Zukunft als *stabförmige Empfangsantenne* bezeichnet, um 90°, so verschwindet der Ausschlag, weil in der neuen Stellung die elektrische Feldlinien der Welle senkrecht zum Stab stehen, also kein Strom durch den Gleichrichter fließt. Die hier benutzten Wellen sind linear polarisiert, da das elektrische Feld nur in einer Richtung schwingt.

Den Nachweis, daß die elektromagnetische Energie in Form von Wellen sich ausbreitet und daß diese mit den Wellen des sichtbaren Lichtes wesensgleich sind, hat zuerst HERTZ[59] durch eine Reihe von Versuchen erbracht. Man benötigt dazu im Labor Wellenlängen von einigen cm oder dm, sog. *Mikrowellen*, die man heute ungedämpft durch spezielle Elektronenröhren herstellt, als Klystron, Magnetron oder Carcinotron bezeichnet. Wir benutzen diese, um einige der grundlegenden Hertzschen Experimente zu beschreiben.

Durch eine konzentrische Leitung, vgl. Abb. 243b, kommen die Mikrowellen vom Klystronsender *S* und werden an ihrem Ende vom verlängerten Innenleiter in ein sog. *Hohlrohr* mit kreisförmigem Querschnitt abgestrahlt, vgl. die Skizze in Abb. 245. Hier ist die oben bereits angedeutete Parallele zum Verhalten von Schallwellen noch ausgeprägter, denn auch die elektromagnetischen Wellen pflanzen sich im Rohr ohne Innenleiter geführt fort und treten durch den Trichter ziemlich ungestört in den freien Raum aus. Nur sind sie im Gegensatz zu den longitudinalen Schallwellen linear polarisiert, und zwar verlaufen die elektrischen Feldlinien parallel zum verlängerten Innenleiter des Koaxkabels, der in das Hohlrohr hereinragt.

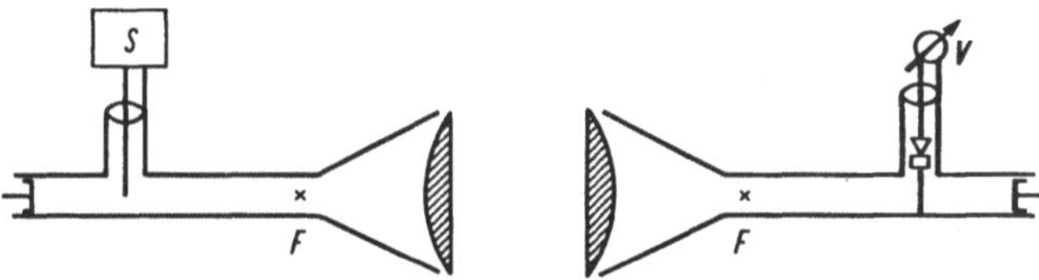

Abb. 245. Mikrowellensender und -empfänger mit Trichter und Linse

Um den Wellencharakter der elektromagnetischen Strahlung im freien Raum zu beweisen, stellen wir in einiger Entfernung vom Trichter eine ebene Metallplatte auf. An ihr werden wie an einem Spiegel die ankommenden Wellen reflektiert, so daß durch Interferenz mit dem direkten Wellenzug *stehende* Wellen im freien Raum entstehen. Knoten und Bäuche können wir durch Verschieben der Stabantenne vor dem Spiegel abtasten und erhalten aus dem Abstand von zwei Einstellungen ohne Ausschlag des Voltmeters die halbe Wellenlänge. Sie ist bei demselben Generator, d. h. bei konstanter Betriebsfrequenz ebenso lang wie auf der Zweidrahtleitung in Luft, so daß die Fortpflanzungsgeschwindigkeit der Wellen in beiden Fällen gleich ist. Die elektromagnetischen Wellen pflanzen sich auch im freien Raum mit *Lichtgeschwindigkeit* fort, ein quantitativer Hinweis auf die Gleichartigkeit mit den Lichtwellen, vgl. das elektromagnetische Spektrum, Abb. 342.

[59] HEINRICH HERTZ, 1857—1894, suchte und entdeckte in Karlsruhe die 15 Jahre vorher von MAXWELL aus seiner Theorie des Elektromagnetismus vorausgesagten elektromagnetischen Wellen.

Der Trichter bündelt die elektromagnetische Strahlung in einen Raumwinkel, der allerdings nicht enger als sein Öffnungswinkel werden kann. Durch Vorsetzen einer Sammellinse aus Isolierstoff, deren Brennpunkt F in den Scheitel des Trichters fällt, läßt sich aber die Bündelung noch wesentlich verschärfen. Nach diesem Prinzip können wir auch einen *Richtempfänger* bauen, der also nur Wellen aus einem schmalen Raumwinkel empfängt, vgl. Abb. 245. Der Empfangstrichter nimmt die Strahlungsleitung auf und führt sie durch ein Hohlrohr einem Gleichrichter zu, in dem das elektrische Feld in seinem Zuführungsstift Wechselströme erzeugt, ebenso wie beim stabförmigen Empfänger im freien Raum. Richten wir die Trichter mit ihren Achsen aufeinander, erreichen wir den größten Empfang, Prinzip der Richtfunkstrecke. In dieser Anordnung kann man demonstrieren, daß Isolatoren wie Glas, Pappe oder Kunststoff die elektromagnetischen Wellen durchlassen, Metalle dagegen nicht.

Bringt man zwischen Sender und Empfänger ein Drahtgitter, so läßt dieses die Strahlung praktisch ungeschwächt durch, wenn die Gitterdrähte senkrecht zum elektrischen Felde stehen. Es kann also in diesen keine Ströme erzeugen, so daß die Strahlung ohne Energieabgabe durch das Gitter hindurchgeht. Bei paralleler Stellung wirkt dagegen das Gitter wie eine massive Wand. Die jetzt in den Drähten fließenden hochfrequenten Wechselströme sind danach die Ursache dafür, daß die elektromagnetische Welle reflektiert wird und der Raum hinter dem Gitter von Wellen frei bleibt. Letzteres gilt, solange der Drahtabstand sehr viel kleiner als die Wellenlänge ist.

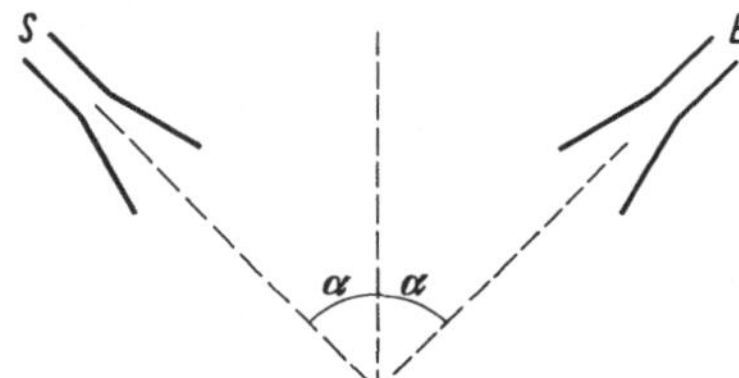

Abb. 246. Demonstration des Reflexionsgesetzes mit Mikrowellen

Wir stellen schließlich Sender S und Empfänger E in ihren Achsen schräg zueinander, so daß wegen der Richtstrahlung keine Empfangsanzeige zu beobachten ist, vgl. Abb. 246. Bringen wir dann eine Metallplatte oder das Gitter mit den Metalldrähten parallel zum elektrischen Feld in die Stellung der optischen Reflexion, so tritt wieder Empfang ein. Wie in der Optik sind Einfalls- und Reflexionswinkel α gleich, und bereits bei kleinen Abweichungen von dieser Winkeleinstellung des Spiegels sinkt der Empfang und verschwindet bei größeren völlig. Auch Glasplatten oder der menschliche Körper reflektieren, allerdings viel schwächer.

§ 143. Elektrische Dipolantenne. Akustische Schwingungen führt eine an beiden Enden eingespannte Saite aus, wenn sie angezupft wird, vgl. § 58b. Dabei bilden sich stehende Wellen mit solchen Eigenfrequenzen aus, daß an den Enden Schwingungsknoten entstehen, daß die Saite also eine oder mehrere halbe Wellenlängen lang ist. Entsprechendes gilt für elektromagnetische Schwingungen eines Stückes Doppelleitung. Bei ihm liegen an den offenen Enden die Stromknoten, aber Spannungsbäuche, während in der Mitte umgekehrt keine Spannung herrscht aber der größte Wechselstrom fließt. Die elektrischen Feldlinien laufen von einem Draht zum anderen, das elektrische Wechselfeld ist besonders stark an den Enden (Bäuche). Abb. 247 zeigt die momentane Verteilung von Strom und elektrischen Feldlinien zu zwei Zeitpunkten, einer Viertel Schwingungsdauer nacheinander. In dieser Zeit hat der Strom in jedem Draht zu einer ungleichnamigen Aufladung seiner Enden geführt (Ladungen Q), der eine Entladung mit Strömen in entgegengesetzter Richtung folgt. – Man kann daran einen Vorgang wie bei einem Schwingungskreis erkennen: Die Endpartien der beiden Drähte bilden je einen Kondensator, in dem ein elektrisches Feld aufgebaut wird, während die Mittelpartie die Spule mit dem Magnetfeld darstellt. Selbstinduktion und Kapazität sind aber sehr klein, so daß die Eigenfrequenz $\nu_0 = 1/2\pi\sqrt{LC}$ sehr hoch ist; sie beträgt andererseits $\nu_0 = c/2l$, weil $l = \lambda/2$ gilt (c Lichtgeschwindigkeit).

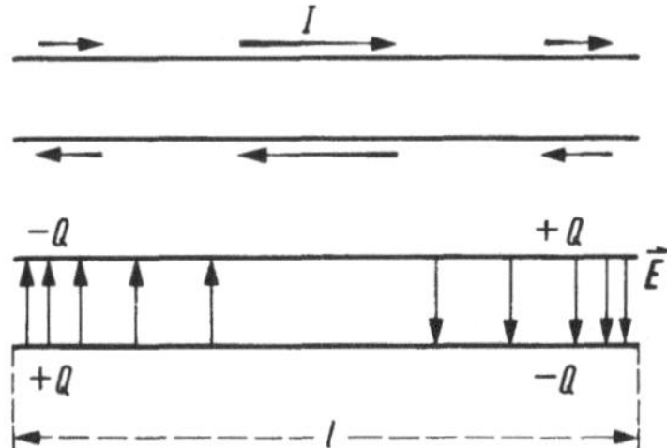

Abb. 247. Strom und elektrische Feldlinien auf einem Stück Doppelleitung. $l = \lambda/2$

Als nächsten Schritt entfernen wir den einen Draht. In dem dann noch verbleibenden Stück Eindrahtleitung ändert sich die Stromverteilung einer Schwingung prinzipiell nicht; die elektrischen Feldlinien allerdings schließen sich, indem sie von positiven Ladungen des einen Endes zu negativen des anderen laufen. Wir erhalten einen *schwingenden elektrischen Dipol*, vgl. § 101. Eine solche Anordnung haben wir bereits als Empfangsantenne benutzt, vgl. Abb. 244. Dort wurde der Dipol durch das elektrische Wechselfeld der einfallenden Welle zu *erzwungenen* Schwingungen angeregt. Es ist daher zweckmäßig, seine Länge gleich der halben Wellenlänge der einfallenden Strahlung zu wählen, dann tritt Resonanz und maximaler Empfang ein.

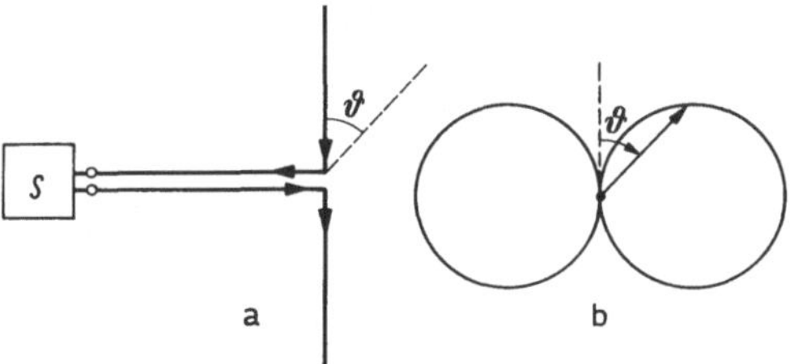

Abb. 248. Sendedipol (a) und sein Strahlungsdiagramm (b): Empfangsfeldstärke in Abhängigkeit vom Abstrahlwinkel ϑ

Andererseits strahlt eine derartige Dipolantenne auch elektromagnetische Wellen aus, wenn sie von einem Hochfrequenzgenerator S über eine Leitung gespeist wird, vgl. Abb. 248. Auch im Funkensender wurde von H. HERTZ bei seinen Experimenten mit sehr hohen Frequenzen ein Dipol verwendet, der in seiner Mitte die Funkenstrecke trug, vgl. Abb. 239. Die elektrischen Feldlinien verlaufen in der Strahlung immer in Ebenen, welche die Dipolachse entfalten. Senkrecht dazu gibt es keine elektrische sondern nur magnetische Feldkomponenten. Maximale Leistung strahlt der Dipol in alle Richtungen senkrecht zu seiner Achse ab, in Richtung der Drahtachse strahlt er nicht. Für den Empfang aus den betreffenden Richtungen gilt dasselbe (Ausrichtung der Fernsehantenne).

Jede *beschleunigte* elektrische Ladung *strahlt* elektromagnetische Wellen ab; die bisher nur betrachteten harmonischen Schwingungen bilden einen sehr wichtigen Spezialfall dieses allgemeineren Gesetzes. Auch die Wechselströme der Zweidrahtleitung strahlen, nur löschen sich außen die von den zwei Drähten emittierten Wellen fast völlig durch Interferenz aus, weil die Ströme darin gegenphasig fließen. Das gilt, solange die Drähte um viel weniger als die halbe Wellenlänge voneinander entfernt sind, und erklärt auch, warum der *geschlossene* Schwingkreis mit Spule und Kondensator kaum strahlt. Den Dipol bezeichnet man daher auch als *offenen* Schwingkreis. — Die Schwingungen der Elektronen in Atomen führen zur Emission von elektromagnetischer Strahlung mit sehr viel kürzerer Wellenlänge, die in den Bereich des sichtbaren Lichtes fallen kann. Die Röntgenbremsstrahlung entsteht durch Abbremsung sehr schneller Elektronen an der Antikathode, vgl. § 186.

§ 144. Der Mechanismus der Ausbreitung eines elektromagnetischen Feldes. Wir haben in § 129 den Satz kennengelernt, daß jedes *sich ändernde Magnetfeld* von *ringförmigen elektrischen Feldlinien umgeben ist*, s. Abb. 219. Die Verknüpfung von elektrischen und magnetischen Feldern geht nun noch weiter. Entladen wir einen Kondensator, s. Abb. 249, so fließt ein Strom im Draht und gleichzeitig ändert sich das elektrische Feld im Kondensator. Nun ist nach MAXWELL[60] nicht nur der Strom im Draht von ringförmigen magnetischen Kraftlinien umgeben, sondern auch das sich *ändernde* elektrische Feld des Kondensators. Da es also wie ein Konvektionsstrom von einem magnetischen Felde umgeben ist, betrachten wir es als einen „Strom" und geben ihm den Namen „*Verschiebungsstrom*". Die Verschiebungsstromdichte, d. h. der Verschiebungsstrom durch die Flächeneinheit, beträgt dD/dt. Der im Kondensatorkreis fließende Elektronenstrom wird durch den Verschiebungsstrom geschlossen, so daß wir sagen können, es gibt in der Natur überhaupt nur geschlossene Ströme. Wir können nun den obigen Satz durch die Aussage ergänzen, daß jedes *sich zeitlich ändernde elektrische Feld von ringförmigen magnetischen Feldlinien umgeben ist.*

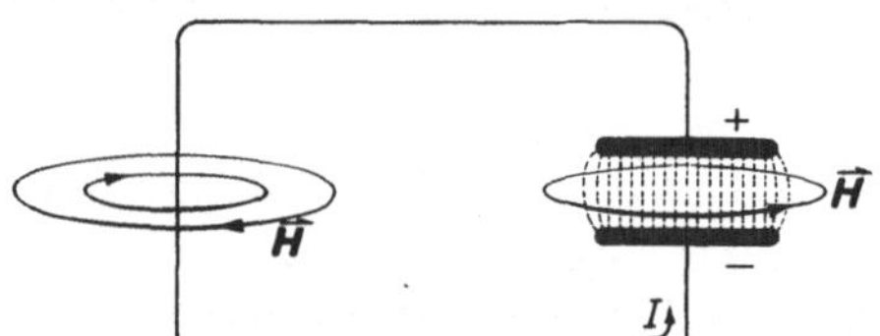

Abb. 249. Magnetfeld von Leitungs- und Verschiebungsstrom (aus POHL, Elektrizitätslehre)

Dieser erstaunliche Parallelismus bedingt nun den Mechanismus der Ausbreitung eines elektromagnetischen Wechselfeldes, den wir uns grob folgendermaßen veranschaulichen können: Wenn in einer Dipolantenne eine elektrische Schwingung besteht, so sind Elektronen- und Verschiebungsstrom von ringförmigen magnetischen Kraftlinien umgeben. Da dieses Magnetfeld sich ebenfalls periodisch ändert, sind die magnetischen Feldlinien wieder von ringförmigen elektrischen Feldlinien und diese wegen der Veränderlichkeit des elektrischen Feldes wiederum von weiteren magnetischen Feldlinien umgeben. Diese Verkettung setzt sich räumlich fort, das elektromagnetische Feld breitet sich in Form von Wellen im Raume aus, und zwar mit Lichtgeschwindigkeit. Dabei stehen das elektrische und das magnetische Feld stets senkrecht aufeinander.

§ 145. Anwendung elektromagnetischer Schwingungen und Wellen. α) *Träger-Telephonie und Rundfunk.* Mit Mikrophon (s. § 138) und Wechselspannungsverstärker (s. § 119) stellt man aus Schallschwingungen tonfrequente elektrische Schwingungen her, die über eine Zweidrahtleitung unmittelbar einem Hörer oder

[60] JAMES CLERK MAXWELL, 1831—1879, schuf, auf den grundlegenden Untersuchungen FARADAYs über die elektromagnetische Induktion fußend, das mathematische Gedankengebäude der Theorie des Elektromagnetismus, das die Grundlage der heutigen Elektrotechnik geworden ist. Seine Theorie sagte auch die Existenz elektromagnetischer Wellen voraus.

Lautsprecher zugeführt werden können. Um die Leitungen mit vielen gleichzeitig geführten Gesprächen besser ausnutzen zu können, werden hochfrequente elektromagnetische Wellen als sog. Träger benutzt, so daß die Anzahl der zur Verfügung stehenden Hochfrequenzen die Zahl der „Gesprächskanäle" bestimmt. – Die hochfrequente Trägerwelle wird im Takte der zu übertragenden Tonfrequenzen *moduliert* (*Amplitudenmodulation*). Das geschieht im Prinzip dadurch, daß ein

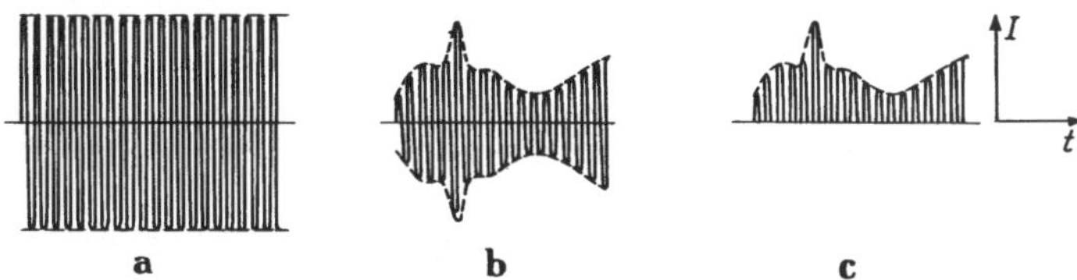

Abb. 250. Hochfrequenzstrom ungestört (a); mit Tonfrequenzen moduliert (b); nach der Demodulation (c)

Mikrophon am Gitter einer Senderöhre Spannungsschwankungen hervorruft. Dadurch wird die Amplitude des Anodenstromes und damit auch die der hochfrequenten Schwingungen im Takte der Tonfrequenz gesteuert, s. Abb. 250a und b. Auf eine Schwingungsdauer der aufgedrückten akustischen Frequenz fallen dabei sehr viele Schwingungen der Hochfrequenz. Den modulierten Hochfrequenzstrom darf man auf der Empfangsseite nicht einfach durch ein Telephon leiten. Dieses würde ja seiner Trägheit wegen den schnellen elektrischen Schwingungen gar nicht folgen können, bzw. wenn es trägheitslos wäre, im Takte der Hochfrequenz schwingen, in jedem Falle also keinen Ton geben. Daher wird der Strom über einen *Gleichrichter*, z. B. einen *Kristalldetektor*, s. § 109, der den Strom nur in einer Richtung gut leitet, oder über einen Röhrengleichrichter geleitet. Man erhält bei dieser sog. *Demodulation* Stromstöße in gleicher Richtung, deren Höhen die ursprünglichen Schallschwingungen formgetreu wiedergeben, vgl. Abb. 250c. Die Hochfrequenzanteile fließen in einen der Ausgangsleitung parallel geschalteten Kondensator (kapazitiver Kurzschluß), so daß die tonfrequente Einhüllende allein als Strom zum Telephonhörer gelangt.

Bei der *drahtlosen* Nachrichtenübertragung wird die modulierte Hochfrequenzwelle über eine Dipolantenne ausgestrahlt und kann im ganzen Ausbreitungsbereich der freien Raumwellen empfangen und demoduliert werden. *Langwellen* mit Wellenlängen über 500 m folgen der gekrümmten Erdoberfläche in einer sog. Bodenwelle. *Kurzwellen* zwischen 10 und 40 m werden an der Ionosphäre – das ist eine durch Strahlung aus dem Weltall ionisierte Luftschicht zwischen 100 und 250 km Höhe – total reflektiert und können so für den Fernempfang auf der Erde benutzt werden. *Ultrakurz-* und *Mikrowellen* folgen mit sinkender Wellenlänge immer mehr der geradlinigen Ausbreitung der Lichtwellen, sie lassen sich für Richtfunkstrecken z. B. durch metallische Hohlspiegel bündeln.

Statt der Amplitude kann man auch die Frequenz der hochfrequenten Schwingungen des Senders im Takte der Tonfrequenz verändern (*Frequenzmodulation*). Die Frequenzänderungen lassen sich im Empfänger in Amplitudenänderungen umformen und demodulieren.

β) Fernsehen. Beim *Fernsehen* werden die einzelnen Punkte eines Bildes von einer Braunschen Röhre (s. § 118) auf der Senderseite auf ein solches im Fernsehempfänger in rascher Folge nacheinander übertragen. Die Braunsche Röhre der Senderseite (sog. *Ikonoskop*) enthält einen lichtelektrisch wirksamen (s. § 191) Bildschirm, der in zickzackförmiger Bahn etwa 20mal in der Sekunde vom Elektronenstrahl der Röhre abgetastet wird. Die Helligkeit der einzelnen Bildschirmpunkte bestimmt die Größe des Entladungsstromstoßes, wenn der Elektronenstrahl die betreffende Stelle trifft. Die daraus entstehenden Wechselspannungen modulieren, wie beim Hörfunk, die hochfrequente Trägerwelle des Senders. Im Empfänger werden sie ebenso durch Gleichrichtung wiedergewonnen und verstärkt; sie steuern dann in einem Braunschen Rohr die Intensität seines synchron bewegten Elektronenstrahls, der das Bild auf dem Fluoreszenzschirm erzeugt.

γ) Anwendungen in der Medizin. In der *Medizin* verwendet man Hochfrequenzströme, um im Innern des Körpers Wärmewirkungen zu erzielen (*Diathermie*). Bei der Langwellendiathermie wird der HF-Strom mittels angepreßter Metallelektroden direkt durch den Körper geleitet. Dabei tritt eine bevorzugte Erwärmung in den Teilen des Körpers auf, die ein gutes elektrisches Leitvermögen besitzen, also insbesondere in der interzellularen Flüssigkeit. Man verwendet hierbei Frequenzen von etwa 1 MHz (Wellenlängen von 300 m).

Eine gleichmäßigere Erwärmung des Körperinnern läßt sich durch die *Kurzwellendiathermie* erreichen, die mit Wellenlängen von 3 bis 20 m arbeitet. Hierbei brauchen die Elektroden nicht mehr dem Körper anzuliegen. Das hochfrequente elektrische Feld verursacht in den Zellen die Bewegung von Ladungsträgern innerhalb molekularer Bereiche, wodurch sog. *dielektrische Verluste* entstehen und auch die schlecht leitenden Teile des Körpers (Fett- und Muskelgewebe) erwärmen. Man benutzt sowohl kapazitive Elektroden in Plattenform als auch induktive in Form von Spulen.

Die *Hochfrequenzchirurgie* benutzt die ungleichmäßige Feldverteilung im Körper bei sehr verschiedener Elektrodengröße. Als „inaktive" Elektrode wird eine ausgedehnte Metallplatte mit dem Körper in Berührung gebracht, in der Umgebung der sehr kleinen aktiven Elektrode tritt dann eine starke Feldverdichtung und damit eine hohe Wärmeentwicklung auf. Bei geeigneter Formgebung der aktiven Elektrode kann man kleine Gewebebereiche direkt zerkochen (*Elektrokoagulation*). Infolge der sofort einsetzenden Verschorfung der Gefäße tritt dabei keine Blutung auf. Bildet man die aktive Elektrode als feine Drahtschlinge, als Spitze oder als Messer aus, so gehen Funken zwischen ihr und dem Körper über, die das Gewebe ebenfalls ohne Blutung zerschneiden (*Elektrotomie*).

Sechstes Kapitel

Optik und allgemeine Strahlungslehre

A. Die Natur des Lichtes und die Grundgesetze der Lichtausbreitung

§ 146. Die Natur des Lichtes. *Licht* ist eine von der Sonne oder anderen Lichtquellen ausgesandte, im Raum sich ausbreitende Strahlung, die beim Auftreffen auf einen undurchsichtigen Körper diesen zu erwärmen vermag und die in einem bestimmten Bereich, s. weiter unten, in unserem Auge eine *Empfindung* hervorruft. Licht stellt also eine Energieform dar. Da das Licht der Sonne durch den leeren Weltraum zu uns gelangt, ist zu seiner Ausbreitung im Gegensatz zum Schall offenbar kein materielles Medium erforderlich. Wie wir später sehen werden, s. §§ 173ff. und § 183, handelt es sich bei der Lichtausbreitung um einen *Wellenvorgang*, und zwar um *elektromagnetische* Wellen. Diese haben jedoch eine viel kleinere Wellenlänge als die von den üblichen elektrischen Schwingungskreisen oder Dipolen ausgestrahlten elektromagnetischen Wellen, die wir in §§ 139ff. kennengelernt haben. Wir können uns vorstellen, daß in den Molekülen die Elektronen und geladenen Atome Schwingungen sehr hoher Frequenz ausführen, also *atomare Dipole* oder *Sender* darstellen, vgl. § 140. Die von ihnen ausgestrahlten elektromagnetischen Wellen überdecken ein ziemlich großes Frequenzgebiet, das sich ohne Unterbrechung an das durch makroskopische Sender ausgefüllte Gebiet anschließt, vgl. § 183. In der Abb. 342 sehen wir das Gesamtgebiet der elektromagnetischen Wellen, das sog. *elektromagnetische Spektrum*, dargestellt, das einen Wellenlängenbereich von etwa 10^{-11} cm bis zu beliebig langen Wellen umfaßt.

Von diesem ungeheuren, etwa 20 Zehnerpotenzen umfassenden Frequenzgebiet der elektromagnetischen Strahlung vermag nur ein ganz kleiner Ausschnitt mit Wellenlängen zwischen etwa 400 und 800 mμ[60a], also nur eine einige Oktave, in unserem Auge eine Empfindung hervorzurufen. Die Lehre vom sichtbaren Licht und seinen Erscheinungen, die *Optik* oder *Strahlungslehre* in engerem Sinne, stellt daher nur einen kleinen *physiologisch* bestimmten Ausschnitt aus dem ungleich größeren Gebiete der *allgemeinen Strahlungslehre* dar.

Wir behandeln in den folgenden Abschnitten nur die Erscheinungen und Gesetze des sichtbaren Lichtes oder der Optik im engeren Sinne, vor allem, weil sie der unmittelbaren subjektiven Beobachtung zugänglich, also mit besonders

[60a] Einem Millimikron (mμ) = 10^{-6} mm entspricht in dem heute allgemein eingeführten MKS-System ein Nanometer (nm) = 10^{-9} m. In der Spektroskopie berechnet man neben dem Millimikron noch das Angström (Å) 1 Å = 10^{-8} cm = 10^{-10} m, vgl. § 4.

einfachen Hilfsmitteln zu untersuchen sind. Die dabei auftretenden Grunderscheinungen finden sich aber bei allen anderen elektromagnetischen Wellen.

Lichtquellen. Alles Licht stammt ursprünglich von strahlenden Körpern. Meist handelt es sich um sog. *Temperaturstrahlung*, d. h. um die Lichtausstrahlung von heißen Körpern, wie der Sonne, der Fixsterne, von Glühlampen usw. Wir können aber auch durch elektrische Entladungen in Gasen, s. §§ 120ff., oder durch Fluoreszenz und Phosphoreszenz, s. § 190, einen Körper zum Leuchten bringen.

Von den strahlenden Körpern breitet sich dann das Licht in Form von elektromagnetischen Wellen nach allen Seiten, auch in dem von gewöhnlicher Materie freien Raum aus. Überall wo Licht, also eine elektromagnetische Welle, hinkommt, tritt ein periodisch veränderliches elektrisches und magnetisches Feld auf, s. §§ 142ff. Die *Geschwindigkeit* ist bei allen elektromagnetischen Wellen im Vakuum dieselbe und beträgt $3 \cdot 10^8$ m/s oder 300000 km/s. Der genaue Wert ist 299792 ± 3 km/s.

Bei der Wechselwirkung von Licht und Materie zeigt das Licht übrigens nicht nur Wellencharakter, sondern auch die Eigenschaften von Korpuskeln. Näheres in §§ 191ff.

§ 147. Grunderscheinungen der Lichtausbreitung. Wir betrachten die Ausstrahlung einer *punktförmigen* Lichtquelle. Das ist eine Lichtquelle, deren Ausdehnung gegenüber den sonst in Frage kommenden Abmessungen vernachlässigt werden kann. Bringen wir in den von Strahlung durchsetzten Raum eine undurchsichtige Blende *B* mit einer kreisförmigen Öffnung, s. Abb. 251, so entsteht auf einem

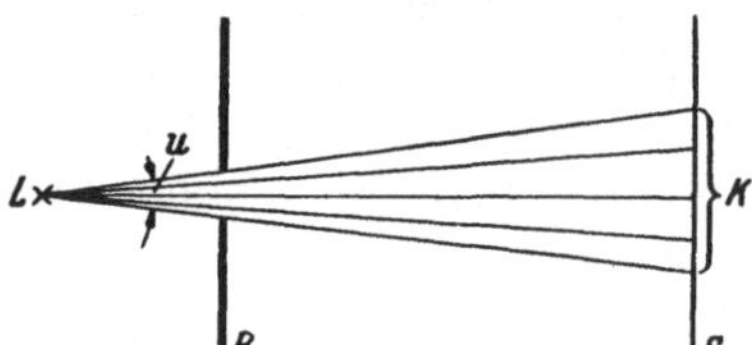

Abb. 251. Zur geradlinigen Ausbreitung des Lichtes

dahinter stehenden Schirm *S* ein scharf begrenzter Lichtkreis *K*, der durch die von *L* nach dem Rande der Öffnung gezogenen Geraden begrenzt wird. Diese Erscheinung, daß das Licht sich innerhalb eines geradlinigen Kegels mit der Spitze in *L* ausbreitet, zeigt unmittelbar seine geradlinige Fortpflanzung. Man spricht von einem *Lichtbündel* oder *Lichtkegel* mit dem *Öffnungswinkel u*. Lassen wir den Öffnungswinkel durch Engerziehen der Blende immer kleiner und kleiner werden, so schrumpft der Kegel zunächst immer mehr zusammen. Wir sprechen von einem *Lichtstrahl*, den wir genähert durch eine Gerade, die die Fortpflanzungsrichtung des Lichtes charakterisiert, ersetzen können. Man mache sich aber von vornherein klar, daß Lichtstrahlen sowie punktförmige Lichtquellen Abstraktionen und zeichnerische Hilfsmittel zur Darstellung der Lichtausbreitung sind. In Wirklichkeit haben wir es immer mit leuchtenden Flächen und Lichtbündeln mit endlichem Öffnungswinkel, deren Achsen die Lichtstrahlen sind, zu tun.

Machen wir nun die Öffnung ständig enger und enger, so wird der Lichtkreis auf dem Schirm nicht entsprechend immer kleiner und kleiner, sondern schließlich wieder unschärfer und größer. Wir beobachten also eine seitliche Ausbreitung oder *Beugung* des Lichtes, analog zur Beugung bei Wasserwellen, die eine enge

Öffnung passieren, s. Abb. 117 in § 57. Solche Beugungserscheinungen, die nach dem *Huyghensschen* Prinzip, s. § 57, bei der Ausbreitung von Wellen jeder Art auftreten, begrenzen die geradlinige Ausbreitung des Lichtes, sobald die Abmessungen der begrenzenden Öffnungen und Hindernisse nicht mehr groß gegenüber der Wellenlänge sind.

Der Umstand, daß man bis zu einer bestimmten Grenze Beugungserscheinungen, also die Wellennatur des Lichtes nicht zu beachten braucht, liefert die Begründung dafür, daß man die Optik in zwei Abschnitte, nämlich in eine geometrische Optik und in eine *Wellenoptik* aufteilen kann. In der *geometrischen Optik*, auch *Strahlenoptik* genannt, behandelt man alle Erscheinungen, die sich mit Hilfe der Vorstellung von der geradlinigen Ausbreitung des Lichtes, d. h. der Fortpflanzung der Energie längs Lichtstrahlen darstellen lassen. Das sind die Erscheinungen der *Reflexion*, *Brechung* und *Dispersion* des Lichtes und damit der *Bilderzeugung* durch *Spiegel*, *Linsen* und *optische* Instrumente, s. die Abschnitte B und C. Nur die Grenze der Leistungsfähigkeit oder das begrenzte Auflösungsvermögen eines jeden optischen Instrumentes lassen sich erst bei Beachtung der Wellennatur des Lichtes verstehen, vgl. die Abschnitte C und D. In der Wellenoptik andererseits behandeln wir die für seine Wellennatur charakteristischen Erscheinungen der *Interferenz*, der *Beugung* des Lichtes, vgl. Abschnitt E. Wir werden diese Unterteilung aber nicht streng durchführen, weil die Behandlung der optischen Instrumente ohne eine Diskussion des Einflusses der Beugung auf ihre Leistungsfähigkeit unvollständig ist und eine nachträgliche Behandlung des Auflösungsvermögens im Abschnitt über Beugung im Rahmen eines kurzen Lehrbuches unzweckmäßig erscheint.

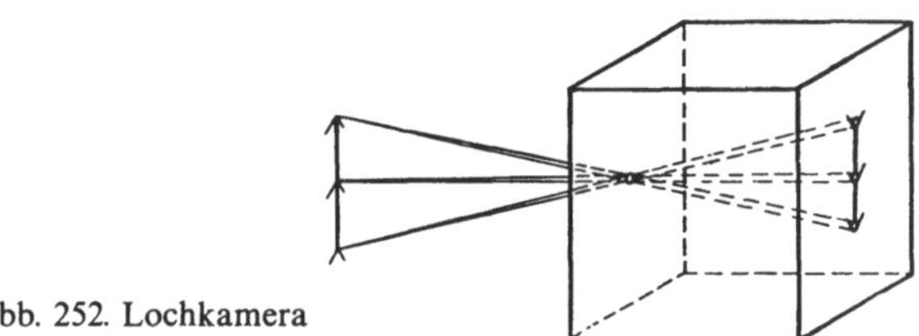

Abb. 252. Lochkamera

Auf der geradlinigen Ausbreitung des Lichtes beruht bei der *Lochkamera*, s. Abb. 252, die Entstehung eines optischen Bildes durch eine kleine Öffnung. In der Vorderwand eines dunklen Kastens befindet sich ein kleines Loch. Jeder Punkt des außen gelegenen leuchtenden Gegenstandes sendet einen durch das Loch begrenzten Strahlenkegel (Lichtstrahl) aus, der auf der Rückwand des Kastens einen Lichtfleck erzeugt. Dort ordnen sich die Lichtflecke zu einem beleuchteten Felde an, dessen Begrenzung und Helligkeitsverteilung dem ursprünglichen leuchtenden Gegenstand *ähnlich* sind. Wir nennen es daher das von der Lochkamera entworfene *optische Bild* des außen befindlichen Gegenstandes. Das Bild ist umgekehrt und ferner um so schärfer, dafür auch um so lichtschwächer, je enger das Loch ist. Helligkeit und Schärfe sind Forderungen, die, wie wir auch später wiederholt sehen werden, sich nicht gleichzeitig beliebig weitgehend erfüllen lassen. Schließlich müssen wir bei der Ausbreitung des Lichtes noch eine Bemerkung über die *Absorption* und *Streuung* des Lichtes einschalten. Im Vakuum pflanzt sich Licht ohne eine Schwächung seiner Energie fort. Beim Durchgang durch Materie, auch schon in staubfreier Luft stellt man etwa bei einem Parallelstrahlenbündel eine ständige Abnahme der Intensität fest. Diese hat zwei Ursachen:

1. Die *wahre Absorption*, d. h. die Umwandlung von Lichtenergie in andere Energieformen, wie Wärme, chemische oder elektrische Energie.

2. die *Streuung*, d. h. der einfallenden Lichtwelle wird durch Beugung an kleinsten Teilchen, auch an den einzelnen Molekülen, Energie entzogen, die in Form von Strahlungsenergie seitlich ausgestrahlt wird, vgl. § 177. Insgesamt geht also keine Lichtenergie verloren. Die Streuung des Lichtes kann mit oder ohne Änderung der Wellenlänge erfolgen. Beispiele für den ersten Fall sind die *Ramanstreuung*, s. § 178, und die *Comptonstreuung* bei Röntgenstrahlen, vgl. § 186.

§ 148. Lichtgeschwindigkeit. Daß das Licht eine endliche Geschwindigkeit besitzt, hat zuerst Olaf Römer, und zwar auf Grund von astronomischen Beobachtungen nachgewiesen. Wir besprechen hier nur die genaueren, auf der Erde ausführbaren Meßmethoden der Lichtgeschwindigkeit.

Methode von Fizeau, 1849. Diese beruht darauf, daß man die Zeit mißt, die das Licht zum Zurücklegen einer größeren Strecke braucht. Der „Startort" des Lichtes ist der Brennpunkt *F* des Fernrohres *I*, s. Abb. 253. *F* wird durch die seitlich angeordnete Lichtquelle mit der Linse und dem halbdurchlässigen Spiegel *S* beleuchtet. Von *F* laufen die Strahlen, durch das Objektiv *B* parallel gemacht, nach dem einige Kilometer entfernten Fernrohr *II*, werden dort an dem im Brennpunkt sitzenden Spiegel *Sp*

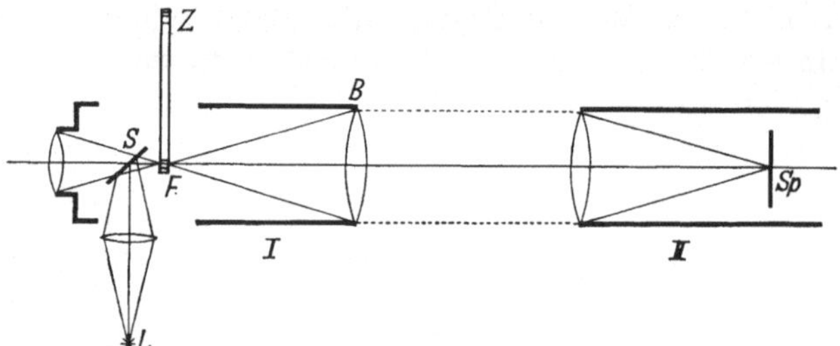

Abb. 253. Schema der Messung der Lichtgeschwindigkeit nach Fizeau

reflektiert und laufen denselben Weg zurück. Nun ist ein rotierendes Zahnrad *Z* in der Brennebene des Fernrohres *I* so angebracht, daß seine Zähne und Lücken den Punkt *F* abwechselnd bedecken und freigeben. Befindet sich bei ruhendem Zahnrad in *F* eine Lücke, so wird das Auge eines Beobachters durch das zurückkehrende Licht erregt. Setzen wir das Zahnrad in Drehung und steigern die Drehzahl, so wird bei einer bestimmten Drehzahl der Fall eintreten, daß nach der Zeit, die das Licht für einen Hin- und Herweg braucht, die Lücke gerade durch einen Zahn ersetzt worden ist, der Lichteindruck also verschwindet. Bei der genauen doppelten Drehzahl ist der Lichteindruck wieder besonders groß. Aus der bekannten Drehzahl, der Zahl der Zähne und des Lichtweges kann man die Geschwindigkeit bestimmen. Sie ist sehr genau 300000 km/s oder $3 \cdot 10^{10}$ cm/s.

Mit Hilfe eines sehr rasch rotierenden Spiegels (Methode von Foucault) gelingt es, die Lichtgeschwindigkeit sogar im Laboratorium zu messen. Von der Lichtquelle *L*, s. Abb. 254, gelangt das Licht durch den halbdurchlässigen Spiegel *P* auf den um die Achse *O* drehbaren Spiegel *S* und wird von diesem nach dem Hohlspiegel *B*, dessen Krümmungsmittelpunkt in *O* liegt, reflektiert. Daher wird der Strahl von *B* in sich zurückgeworfen und gelangt bei ruhendem Spiegel *S* nach *L* zurück, bzw. über die spiegelnde Platte *P* nach *A*. Nun versetzen wir den

Drehspiegel S in sehr rasche Umdrehung, so daß er sich in der Zeit, die das Licht für den Weg OB und zurück braucht, um einen merklichen Winkel α gedreht hat. Dadurch wird der Strahl um den Winkel 2α abgelenkt und gelangt nicht mehr nach A, sondern nach A'. Aus der Ablenkung AA' und dem bekannten Weg OA findet man den Winkel α und daraus bei bekannter Drehzahl des Spiegels die Laufzeit des Lichtes für den doppelten Weg OB, also auch seine Geschwindigkeit. Schaltet man zwischen den Spiegel S und den Hohlspiegel ein mit Wasser gefülltes Rohr, so findet man, daß die Geschwindigkeit in Wasser etwa Dreiviertel der Geschwindigkeit in Luft beträgt, d. h., die Geschwindigkeit im *optisch dichteren* Medium ist *kleiner*, vgl. § 151.

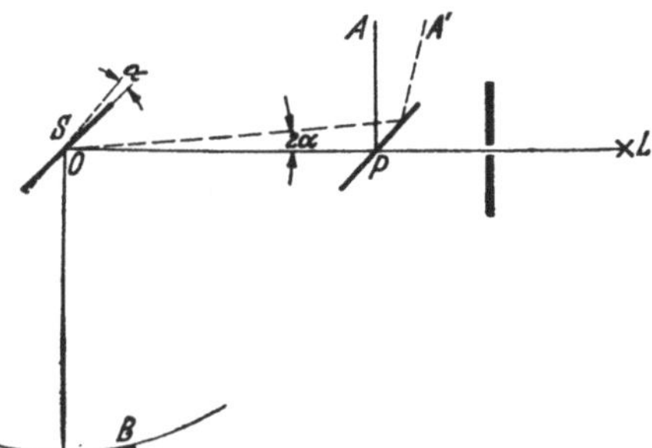

Abb. 254. Schema der Messung der Lichtgeschwindigkeit nach FOUCAULT

§ 149. Photometrie. Der Einfachheit halber betrachten wir zunächst eine punktförmige, nach allen Seiten gleichmäßig strahlende Lichtquelle. Uns interessiert nun weniger die sich nach allen Seiten ausbreitende, mit physikalischen Geräten meßbare Licht*energie*, als die vom *Auge* erfaßbaren Größen, wie *Lichtmenge*, *Beleuchtungsstärke* usw. Die Umrechnung dieser physiologisch vergleichbaren Größen in objektive Energiewerte ist erst unter Berücksichtigung der von der Wellenlänge abhängigen *Augenempfindlichkeit*, s. weiter unten, möglich und für die meisten Zwecke auch nicht nötig.

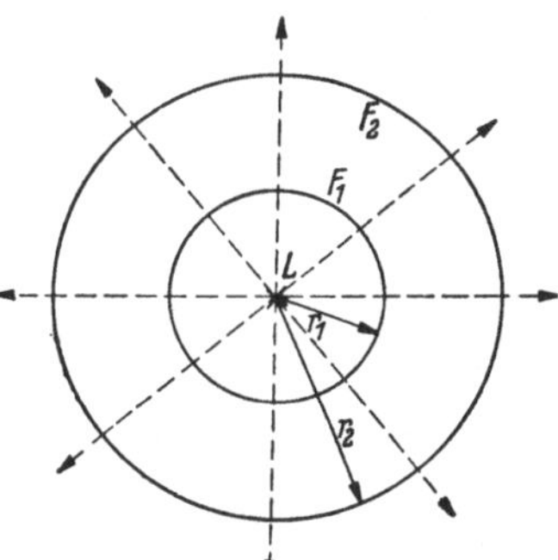

Abb. 255. Zum Grundgesetz der Photometrie

Unter dem *Lichtstrom* Φ einer Lichtquelle verstehen wir die in *alle Richtungen insgesamt pro Sekunde ausgestrahlte Lichtmenge Q*.

Der von der Lichtquelle L ausgehende Lichtstrom durchsetzt nacheinander, s. Abb. 255, die Kugeloberflächen mit $F_1 = 4\pi r_1^2$ und $F_2 = 4\pi r_2^2$. Die auf die *Flächeneinheit pro Sekunde* fallende *Lichtmenge* oder den *Lichtstrom* pro *Flächen-*

einheit nennen wir die *Beleuchtungsstärke E* (auch kurz *Beleuchtung*) der betreffenden Fläche. Derselbe Lichtstrom durchsetzt mit wachsender Entfernung immer größere Flächen, wobei die *Beleuchtungsstärke* aus geometrischen Gründen mit dem *Quadrat* der *Entfernung* von der *Lichtquelle abnimmt* (*Grundgesetz der Photometrie*).

Dieses einfache Gesetz gilt nur so lange, als die Strahlen *senkrecht* auf die beleuchtete Fläche auffallen. Durchsetzt derselbe Lichtstrom einmal eine senkrecht stehende Fläche F und einmal eine schief stehende Fläche F', wobei der Winkel zwischen der Normalen und dem einfallenden Strahl φ sein möge,

Abb. 256. Zum Kosinusgesetz der Einstrahlung

so fällt, s. Abb. 256, auf die Flächeneinheit von F' nur noch die Menge $E\cos\varphi$, wenn E die Menge pro Sekunde und pro Flächeneinheit von F bedeutet. Die Beleuchtungsstärke E einer Fläche ist also proportional dem Kosinus des Einfallswinkels und umgekehrt proportional dem Quadrate der Entfernung von der Lichtquelle.

Die meisten Lichtquellen strahlen in den einzelnen Richtungen mit verschiedener Stärke. Wir beschreiben diese von der Richtung abhängige Ausstrahlung durch die *Lichtstärke I* einer Lichtquelle in einer bestimmten Richtung und verstehen darunter den in die Einheit des *räumlichen* Winkels ausgesandten Lichtstrom oder das Verhältnis von Lichtstrom in dieser Richtung und dem durchstrahlten Raumwinkel ω, also $I = \Phi/\omega$.

Abb. 257. Zum räumlichen Winkel

So wie der Flächenwinkel im Bogenmaß durch das Verhältnis vom Bogen zum Radius gemessen wird, s. §4, so mißt man den *räumlichen* Winkel durch das Verhältnis eines Kugeloberflächenstücks zum Quadrat des Kugelradius, s. Abb. 257. Der Kegel, der den räumlichen Winkel ω aussondert, begrenzt auf der Kugelfläche ein bestimmtes Flächenstück. Die Einheit des räumlichen Winkels liegt vor, wenn auf der Kugel vom Radius 1 cm das ausgeschnittene Flächenstück die Fläche von 1 cm^2 besitzt. Der volle räumliche Winkel, der die ganze Kugelfläche ausfüllt, ist also 4π.

Die Internationale *Einheit* der *Lichtstärke* ist die *Candela* (cd), früher auch „Neue Kerze" genannt. Sie ist dadurch definiert, daß die Lichtstärke von 1 cm^2 eines schwarzen Körpers, s. §188, bei senkrechter Ausstrahlung und bei der Temperatur des erstarrenden Platins (2042,5° K) 60 cd betragen soll[61]. In der Praxis benutzt man zur Lichtmessung fast nur geeichte Glühlampen (sekundäre Normalen).

[61] Diese Einheit ist etwas größer als die früher in Deutschland benutzte, auf die Amylazetatlampe bezogene *Hefner-Kerze* (HK), und zwar ist bei 2042,5° K 1 HK $= 0{,}90_2$ cd.

Haben wir es mit *flächenhaften* Lichtquellen zu tun, so führen wir die *Lichtstärke* pro *Flächeneinheit* in der zur Fläche senkrechten Richtung ein und nennen sie die *Leuchtdichte B*. Ihre Einheit ist daher gegeben, wenn eine Fläche in senkrechter Richtung pro cm^2 die Lichtstärke 1 cd besitzt. Wir nennen sie ein Stilb (sb). Sie wird dargestellt durch 1/60 der Leuchtdichte des schwarzen Körpers bei 2042,5° K.

Die Tab. 17 zeigt die Leuchtdichten einiger wichtiger Lichtquellen.

Tabelle 17. *Leuchtdichten einiger Lichtquellen in Stilb*

Stearinkerze	$\approx 0{,}7$	Kohlebogen mit selektiven	
Glühlampe mit Gasfüllung	1000—3000	Strahlern	40000—150000
Sonne	100000—150000	Kupfermantelkohlen	bis 150000
Gewöhnlicher Kohlebogen	5000—15000	Hg-Höchstdrucklampe	bis 200000

Die Leuchtdichte einer Oberfläche erscheint einem Beobachter unabhängig von der Richtung, unter der sie gesehen wird, häufig gleich hell. Das ist dann der Fall, wenn der Lichtstrom mit wachsendem Ausstrahlwinkel φ nach einem Kosinusgesetz abnimmt, s. Abb. 258, was allerdings streng nur bei einer vollkommen diffus leuchtenden oder reflektierenden Oberfläche (dicke Milchglasscheibe) der Fall ist, *Lambertsches Gesetz der Ausstrahlung*. Der Grund ist, daß der Querschnitt des unter dem Winkel φ ausgestrahlten Lichtstromes $F' = F \cos\varphi$ ist, also ebenfalls mit $\cos\varphi$ abnimmt, so daß die Leuchtdichte, auf die Einheit der scheinbaren Fläche F' bezogen, konstant bleibt. So erscheint auch eine nach allen Richtungen gleichmäßig strahlende Kugel gleichmäßig hell.

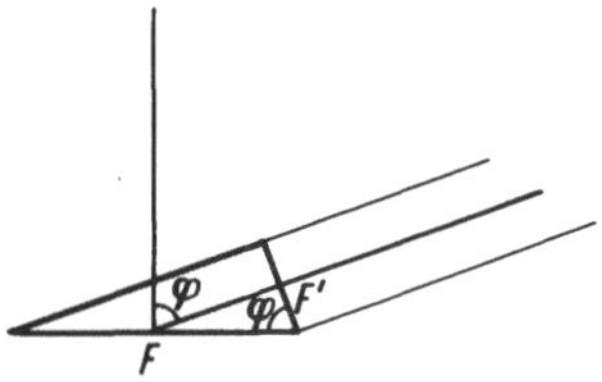

Abb. 258. Zum Kosinusgesetz der Ausstrahlung

Die *Einheit* des *Lichtstromes* ist das *Lumen* (lm). Das ist der *Lichtstrom*, den eine Lichtquelle mit der Lichtstärke von 1 cd in den räumlichen Winkel *Eins* ausstrahlt. Strahlt die Lichtquelle nach allen Richtungen gleichmäßig mit der Lichtstärke I, so ist ihr gesamter Lichtstrom oder die gesamte pro Sekunde ausgestrahlte Lichtmenge $Q = 4\pi I = 12{,}57\,I$ lm.

Bei einer Lichtquelle, die nur Licht von 555 mμ ausstrahlt (Maximum der Augenempfindlichkeit, s. weiter unten), entspricht einem Lumen eine Leistung von etwa $1{,}6 \cdot 10^{-3}$ Watt.

Die *Einheit* der *Beleuchtungsstärke* ist das *Lux* (lx). Sie liegt vor, wenn der Lichtstrom von 1 Lumen auf die Fläche von 1 m^2 senkrecht eingestrahlt wird, oder wenn eine Fläche in 1 m Entfernung von der Lichtquelle 1 cd senkrecht bestrahlt wird. Eine Glühlampe von 33 cd, was etwa einer 40-Watt-Lampe entspricht, gibt also einen Gesamtlichtstrom von $33 \cdot 4\pi$ Lumen und erzeugt auf einer 2 m entfernten, senkrecht zur Strahlrichtung stehenden Fläche eine Beleuchtungsstärke von $\frac{33 \cdot 4\pi}{4 \cdot 2^2 \pi} = 8{,}25$ Lux. Als Beleuchtung eines Arbeitsplatzes braucht man für Lesen und Schreiben etwa 25 Lux, für feinere Arbeiten bis zu 50 Lux. In Tab. 18 stellen wir die Grundeinheiten der Photometrie nochmals zusammen.

Tabelle 18. *Photometrische Größen und Einheiten*

Lichtstärke	I	Candela	cd
Leuchtdichte	$B = I/F$	Stilb	sb
Lichtstrom	$\Phi = I\omega$	Lumen	lm
Beleuchtungsstärke	$E = \Phi/F = I/r^2$	Lux	lx

Zum Vergleich der Lichtstärke zweier Lichtquellen bedient man sich der sog. Photometer. Das Prinzip erläutern wir an dem älteren ganz einfachen *Gipskeilphotometer*, s. Abb. 259. Das Auge A vergleicht die beiden beleuchteten weißen Seiten des Gipsprismas P. Sind beide Flächen gleich stark beleuchtet, so erscheinen ihre Netzhautbilder gleich hell, und die trennende Kante dazwischen verschwindet. Das ist der Fall, wenn die Lichtstärken J_1 und J_2 der Lichtquellen L_1 und L_2 sich wie die Quadrate ihrer Entfernungen verhalten, also wenn die Gleichung $J_1 : J_2 = r_1^2 : r_2^2$ erfüllt ist.

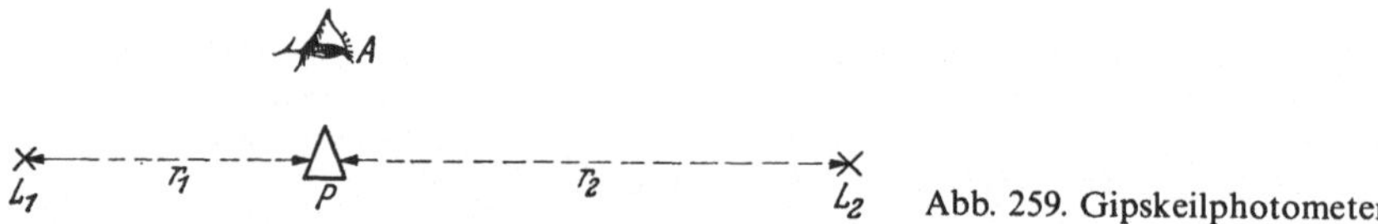

Abb. 259. Gipskeilphotometer

Für genauere Messungen benutzt man das *Photometer* von LUMMER-BRODHUN. Das diffuse Licht der beiden von L_1 und L_2 beleuchteten Seiten des Schirmes S gelangt über die Spiegel S_1 und S_2 und den Photometerwürfel P_1/P_2 ins Auge. Der Photometerwürfel besteht aus einem rechtwinkligen, gleichseitigen Glasprisma und einem zweiten ebensolchen Prisma, dessen Ecken abgerundet sind. Da beide Glaskörper innig zusammengepreßt sind, geht das von S_2 kommende Licht durch die Mitte des Würfels ungehindert hindurch, wird also nicht gesehen; nur die Randstrahlen werden total reflektiert und gelangen ins Auge A. Die Mitte des Gesichtsfeldes, s. Abb. 260, wird von den Strahlen beleuchtet, die von S_1 ungehindert durch den Würfel ins Auge eintreten. Ist die Beleuchtung von S auf beiden Seiten gleich, so erscheinen die Mitte und der anschließende Ring des Gesichtsfeldes gleich hell.

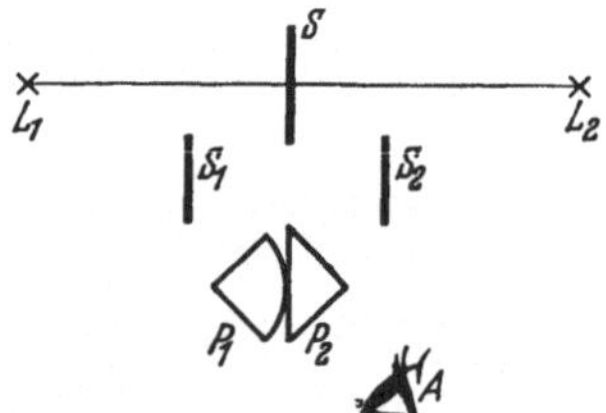

Abb. 260. Photometer von LUMMER-BRODHUN

Ein direkter Vergleich zweier Lichtquellen ist nur möglich, wenn diese nahezu die *gleiche Farbe* besitzen. Das Auge ist nicht in der Lage, die Helligkeit verschiedenfarbiger Flächen direkt zu vergleichen. Doch geben bestimmte physiologische Tatsachen gewisse vernünftige Vergleichsmöglichkeiten (*Flimmerphotometer*). Ein wirklich einwandfreier objektiver Vergleich ist nur dadurch möglich, daß man das Licht beider Lichtquellen spektral zerlegt und die Lichtstärken in den einzelnen Spektralbereichen direkt wie oben angegeben vergleicht. Das ist jedoch sehr umständlich und praktisch meist wertlos, da die Augenempfindlichkeit für die einzelnen Farben ungemein verschieden ist. Das Maximum der *Augenempfindlichkeit* liegt beim hell adaptierten Auge bei 555 mμ, also im Grüngelb; über das Dämmerungssehen vgl. § 171.

§ 150. Reflexion des Lichtes. Die geradlinige ungestörte Fortpflanzung des Lichtes beobachten wir nur in einem *homogenen*, d. h. überall gleich beschaffenen Stoff oder *optischen Mittel* oder *Medium*, wie Glas, Wasser oder Luft. Trifft jedoch ein Lichtstrahl die glatte, ebene Grenzfläche zweier Medien *I* und *II*, so erfährt er wie jede Wellenbewegung, s. § 57, im allgemeinen eine plötzliche Richtungsänderung und Teilung. Wir erhalten z. B. an der Grenze Luft–Glas einen *reflektierten* Strahl und einen *gebrochenen*, d. h. einen mit veränderter Richtung im Glase weiterlaufenden Strahl, s. Abb. 261.

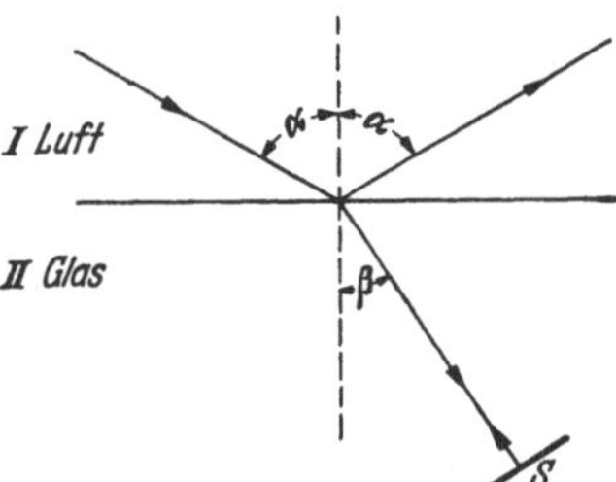

Abb. 261. Reflexion und Brechung an einer ebenen Grenzfläche

Das in das Medium *II* eintretende Licht wird zum Teil durchgelassen, zum Teil *absorbiert*, oder zum Teil seitlich gestreut, s. weiter unten, § 175 u. 177. Je mehr Licht durchgelassen wird, desto *durchsichtiger* ist der Stoff. Die *Durchsichtigkeit* eines Körpers hängt nun nicht nur vom Material, sondern noch von seiner Dicke ab. Manche Metalle lassen sich in so dünne Schichten auswalzen, daß sie durchsichtig werden, z. B. Blattgold oder Silberfolien. Das uns als durchsichtig erscheinende Wasser absorbiert in sehr dicken Schichten alles Licht, so daß in sehr großen Wassertiefen völlige Dunkelheit herrscht. Es gibt zwischen durchsichtigen und undurchsichtigen Körpern keine scharfen Grenzen.

Für den reflektierten Strahl gilt das *Reflexionsgesetz: Der einfallende und der reflektierte Strahl bilden mit dem im Auftreffpunkt auf der Grenzfläche errichteten Lot, dem Einfallslot, gleiche Winkel α. Ferner fällt der reflektierte Strahl in die durch den einfallenden Strahl und das Einfallslot bestimmte Ebene.*

Ist die Oberfläche des Körpers rauh, so erhalten wir statt der regelmäßigen eine sog. *diffuse Reflexion*, d. h., das Licht wird nach allen Seiten reflektiert oder gestreut (Beispiele: eine Mattglasscheibe oder ein Stück Papier).

Der diffusen Reflexion verdanken wir es vor allem, daß wir *nichtselbstleuchtende* Körper überhaupt sehen können. Eine ideal ebene und das Licht ausschließlich in eine Richtung spiegelnde Fläche ist nur von dieser Richtung aus wahrnehmbar. Die unvermeidlichen Fehler in einer Spiegelfläche sowie der darauf haftende Staub streuen genügend Licht, vgl. ferner § 177, um sogar Spiegelglas oder eine Glastüre, wenn auch nur schwach, von allen Seiten sichtbar zu machen.

Der Anteil des reflektierten Lichtes ist bei blanken Metallflächen, z. B. Silber, besonders groß, nämlich über 90% im sichtbaren Gebiet. Auch durchsichtige Körper reflektieren stets einen gewissen Energieanteil des auftreffenden Lichtes (Glas bei senkrechtem Einfall etwa 4%), und zwar sowohl beim

Übergang Luft – Glas wie beim Wiederaustritt in Luft. Über die Reflexminderung durch Interferenz an aufgedampften dünnen Schichten, vgl. § 174. Erst wenn die Brechungsindizes zweier Medien gleich werden, verschwindet der reflektierte Strahl. Daher kann man z. B. bei Glas durch Einbetten in eine Flüssigkeit von gleichem Brechungsindex die Reflexion aufheben und das Glas unsichtbar machen.

§ 151. Brechung des Lichtes. Beim Übergang von einem Stoff in einen anderen erfährt ein Lichtstrahl eine Richtungsänderung, d. h. eine *Brechung*, für die das *Brechungsgesetz* von SNELLIUS gilt: *Bilden der einfallende und der gebrochene Strahl mit dem Einfallslot den Einfallswinkel* α *bzw. den Brechungswinkel* β, s. Abb. 261, *so ist für den Übergang aus einem bestimmten Stoff I in einen anderen bestimmten Stoff II das Verhältnis der Sinusse des Einfalls- und Brechungswinkels für alle Einfallswinkel gleich einer Konstante, d. h.*

$$\frac{\sin\alpha}{\sin\beta} = n_{12},$$

wo n_{12} das *Brechungsverhältnis* oder auch das *relative Brechungsvermögen* zwischen den Medien *I* und *II* genannt wird. *Ferner liegen der einfallende Strahl, das Einfallslot und der gebrochene Strahl in einer Ebene.*

Wird ein Lichtstrahl wie beim Übergang von Luft in Wasser oder in Glas zum Einfallslot hin gebrochen, so bezeichnet man den Stoff *II* als den *optisch dichteren*, den Stoff *I* als den *optisch dünneren*.

Lassen wir einen Lichtstrahl nicht wie gewöhnlich aus Luft, sondern aus einem luftleeren Raum in einen durchsichtigen Körper eintreten, so ist das Brechungsverhältnis eine Kleinigkeit größer. Das Brechungsverhältnis eines Körpers gegen Vakuum bezeichnet man als sein *absolutes Brechungsvermögen*. Für gewöhnlich können wir das absolute und relative Brechungsvermögen gegen Luft gleichsetzen und sprechen einfach von der *Brechungszahl* oder dem *Brechungsindex n* des betreffenden Stoffes.

Läßt man den gebrochenen Strahl senkrecht auf einen Spiegel *S*, s. Abb. 261, fallen, so wird der Strahl in sich zurückgeworfen. Beim Austritt in Luft wird er vom Einfallslot weggebrochen, und zwar so, daß er mit dem ursprünglichen Strahl in Luft zusammenfällt, d. h. der *Lichtweg* ist *umkehrbar*. Dieser Satz, wonach ein möglicher Lichtweg sowohl vorwärts als rückwärts durchlaufen werden kann, gilt allgemein, so daß für den Übergang Glas–Vakuum oder Glas–Luft gilt: $\frac{\sin\beta}{\sin\alpha} = \frac{1}{n_{12}}$.

Die Brechungszahlen einiger Stoffe für gelbes Licht, genauer für die Wellenlänge 589 mμ (5890 Å) des Natriumlichts, sind in Tab. 19 zusammengestellt.

Tabelle 19. *Brechungszahlen einiger Stoffe*

Kronglas	1,5—1,6	Wasser	1,333	Luft	1,0003
Flintglas	1,6—1,75	Alkohol	1,36		
Diamant	2,473	Schwefelkohlenstoff	1,62		

Aus der Wellenlehre, s. § 57, wissen wir, daß beim Übergang einer Welle von einem Medium in ein anderes eine Richtungsänderung eintritt, wobei das Brechungsgesetz $\frac{\sin\alpha}{\sin\beta} = \frac{v_1}{v_2}$ gilt. Dabei sind v_1 und v_2 die Fortpflanzungsgeschwindigkeiten der Welle im Medium *I* und *II*. Es gilt also auch $v_1/v_2 = n_{12}$. Ist das Medium Vakuum und *c* die Vakuumgeschwindigkeit des Lichts, so ist die Geschwindigkeit v im Stoff mit dem absoluten Brechungsvermögen n gegeben durch $v = c/n$, also immer kleiner als c. Sind n_1 und n_2 die absoluten Brechungsvermögen der Medien I und II, so gilt $n_1 = \frac{c}{v_1}$ und $n_2 = \frac{c}{v_2}$ und damit $n_{12} = \frac{v_1}{v_2} = \frac{n_2}{n_1}$. Für den Übergang Wasser—Glas gilt also $\frac{\sin\alpha}{\sin\beta} = n_{12} = \frac{n_2}{n_1} = \frac{1{,}5}{1{,}33} = 1{,}125$.

Da die Frequenz ν oder die Farbe beim Übergang dieselbe bleibt und die Beziehung $v = \nu\lambda$ immer gilt, ändert sich dabei die Wellenlänge nach der Gleichung $\frac{\lambda_1}{\lambda_2} = \frac{v_1}{v_2} = \frac{n_2}{n_1}$ oder die Wellenlänge im Medium vom Brechungsvermögen n ist $\lambda = \frac{\lambda_0}{n}$, wo λ_0 die Wellenlänge im Vakuum bedeutet.

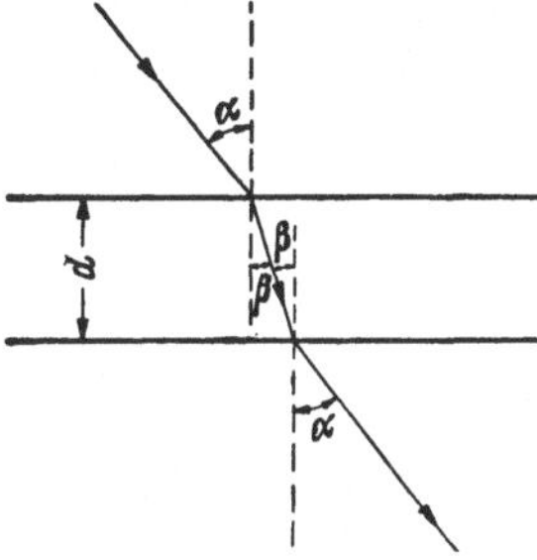

Abb. 262. Parallelverschiebung eines Lichtstrahles durch eine planparallele Platte

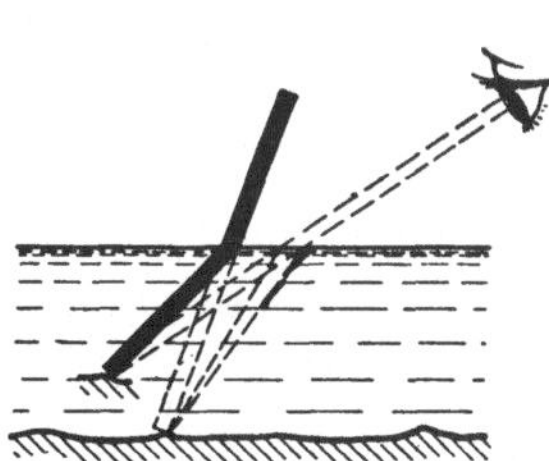

Abb. 263. Bildhebung (Stab im Wasser)

Geht ein Lichtstrahl durch eine von zwei parallelen Ebenen begrenzte Glasplatte, so wird er zuerst zum Einfallslot hin gebrochen und beim Austritt ebenso stark vom Lot weg gebrochen, so daß er insgesamt nur eine *Parallelverschiebung* erfährt, die mit dem Einfallswinkel α und mit der Dicke der Platte wächst, s. Abb. 262.

Tauchen wir einen Stock ins Wasser, so erscheint er uns geknickt, s. Abb. 263. Sein unteres Ende und ebenso der Boden des Wassers erscheinen gehoben, das Wasser also weniger tief. Das liegt daran, daß das Auge den Gegenstand immer in der rückwärtigen Verlängerung der es erregenden Lichtstrahlen sucht, vgl. § 154.

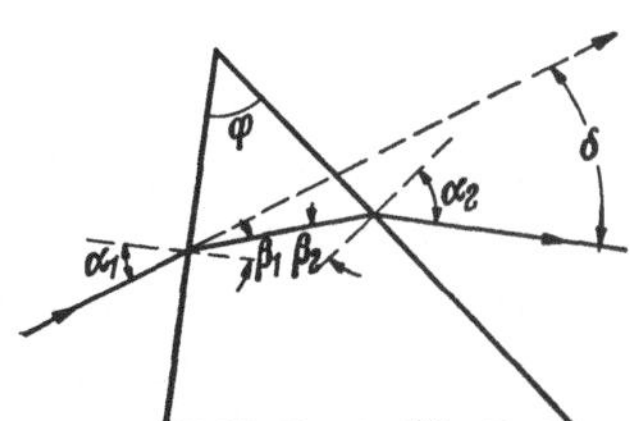

Abb. 264. Ablenkung durch ein Prisma

Beim Durchgang durch ein *Prisma* wird ein Lichtstrahl abgelenkt. Unter einem Prisma verstehen wir in der Optik jeden durchsichtigen Körper, bei dem mindestens zwei Flächen eben geschliffen sind. Den von ihnen eingeschlossenen Winkel nennen wir den *brechenden Winkel* φ, die Kante, in der die Flächen zusammenstoßen, die *brechende* Kante, s. Abb. 264. Schicken wir durch das Prisma einen Lichtstrahl, so erfährt dieser eine zweimalige Brechung und eine Ablenkung

δ nach der Basis zu. Die Ablenkung ist natürlich um so größer, je größer der brechende Winkel und je höher die Brechungszahl des Glases ist.

Geht der Strahl symmetrisch durch das Prisma, d. h. $\alpha_1 = \alpha_2$ und $\beta_1 = \beta_2$, so wird der Ablenkungswinkel δ besonders klein und es gilt die einfache Beziehung $n = \frac{\sin(\varphi + \delta)/2}{\sin\varphi/2}$, so daß sich mittels Messung der Winkel δ und φ die Brechungszahl des Glases ermitteln läßt.

§ 153. Totalreflexion. Dringt ein Lichtstrahl von einem optisch dichteren in einen optisch dünneren Stoff, z. B. von Glas in Luft, ein, so wird er vom Einfallslot weg gebrochen, wobei die Beziehung $\frac{\sin\alpha}{\sin\beta} = \frac{1}{n}$ gilt, s. Abb. 265. Lassen wir den Strahl unter immer größeren Winkeln α auf die Grenzfläche einfallen, so wird auch der Winkel β entsprechend größer, bis er schließlich den größtmöglichen Wert von 90° erreicht. Dabei tritt also der Strahl streifend in den Stoff *II* über (Strahl *2*). Der dazugehörige Einfallswinkel α ist durch $\sin\alpha = \frac{\sin 90°}{n} = \frac{1}{n}$ gegeben. Lassen wir den Strahl noch schiefer auftreffen, so kann das Licht nicht mehr in den optisch dünneren Stoff übertreten, es wird daher der Strahl mit voller *Intensität reflektiert*, während für kleinere Winkel α nur ein Teilbetrag reflektiert wird. Daher bezeichnen wir diese Erscheinung als *Totelreflexion* und nennen den kleinsten Winkel α, ($\sin\alpha = 1/n$), für den diese erstmalig auftritt, den *Grenzwinkel* der Totalreflexion. Eine solche kann nur eintreten, wenn das Licht vom optisch dichteren Medium her auf die Grenzfläche auftrifft.

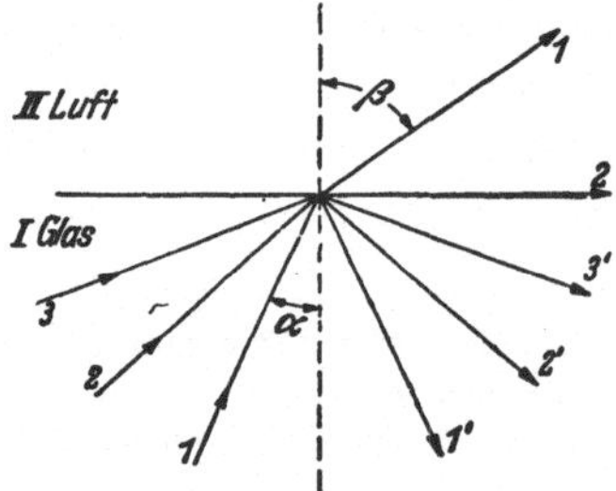

Abb. 265. Zur Totalreflexion

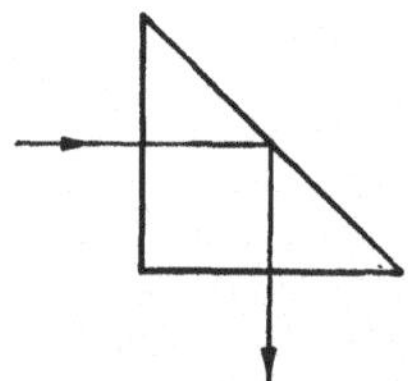
Abb. 266. Das Prisma als Spiegel

Da der Grenzwinkel der Totalreflexion von Glas gegen Luft je nach dem Brechungsindex zwischen 25° und 42° liegt, kann man durch ein gleichschenklig rechtwinkliges Prisma einen Lichtstrahl um 90° knicken, s. Abb. 266, so daß diese Anordnung einen unter 45° stehenden Spiegel ersetzt und zudem die bei diesem infolge mehrfacher Reflexion auftretenden störenden Nebenbilder vermeidet.

Auf der Totalreflexion beruht es, daß Schnee und Glaspulver undurchsichtig sind, obwohl die einzelnen Partikelchen durchsichtig sind. Das eindringende Licht erfährt immer wieder Totalreflexion, kann also nicht direkt durch das Medium hindurch. Erst durch Aufgießen einer Flüssigkeit von gleichem Brechungsindex wird das Glaspulver durchsichtig. Daß Glas- oder Silberpulver *matt* aussehen, liegt daran, daß die Teilchen völlig ungeordnet liegen, also Licht nach allen Seiten, d. h. *diffus*, reflektieren.

Läßt man Licht durch die Stirnfläche in einen Glasstab eintreten, so tritt selbst bei stark gebogener Form kein Licht seitlich heraus, s. Abb. 267. So kann man durch Totalreflexion ein Lichtbündel beliebig lenken (*Lichtleiter*). Auf dieser Wirkung beruht auch das Leuchten von unten angestrahlter Wasserfontänen. Eine dünne Glasfaser oder ein biegsames Bündel optisch isolierter Glasfasern kann zur Bildübertragung benutzt werden, Anwendung bei der Spiegelung von Blase, Kehlkopf usw.

Den Grenzwinkel der Totalreflexion benutzt man bei den sog. *Refraktometern* zur Messung der Brechungszahl, vor allem von Flüssigkeiten. Auf einem rechtwinkligen Prisma sitzt ein aufgekitteter Glaszylinder, der die zu messende Flüssigkeit enthält, s. Abb. 268. Die Grenzfläche Flüssigkeit—Glas wird von oben mit monochromatischem Lichte beleuchtet. Das streifend einfallende Licht verläuft im Prisma unter dem Winkel β zum Einfallslot und tritt dann aus der vertikalen Fläche unter einem meßbaren Winkel α gegen die Horizontale aus. In den Winkelbereich zwischen β und 90° bzw. 0° und α dringt überhaupt kein Licht, so daß man mit einem Fernrohr auf die Richtung des Grenzstrahles α, d. h. auf die Trennlinie zwischen Hell und Dunkel, sehr genau einstellen und aus α und der bekannten Brechungszahl des Glases die Brechungszahl der Flüssigkeit berechnen kann.

Abb. 267. Lenkung eines Lichtstrahles durch Totalreflexion (Lichtleiter)

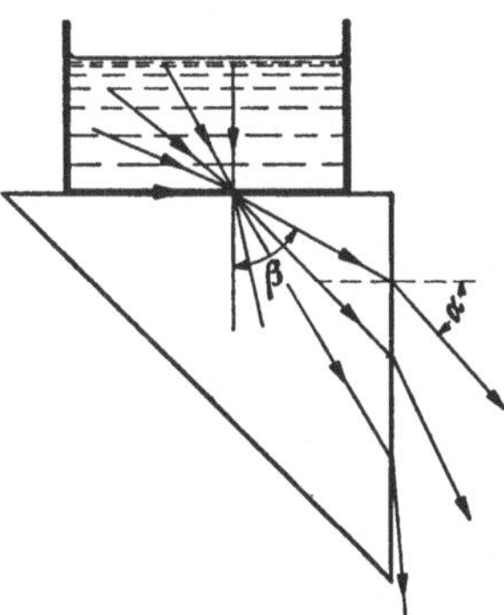

Abb. 268. Refraktometer

§ 153. Dispersion. Lassen wir Sonnenlicht durch eine enge Öffnung in einen dunklen Raum eintreten, so erhalten wir der Öffnung gegenüber einen weißen Lichtfleck. Schalten wir nun ein Prisma in den Strahlengang, s. Abb. 269, so beobachten wir nicht nur eine Ablenkung des Strahlenbündels nach unten, sondern an Stelle des abgelenkten weißen Fleckes ein Farbenband, das oben rot und unten violett ist. Das weiße Sonnenlicht enthält also offensichtlich Lichtarten

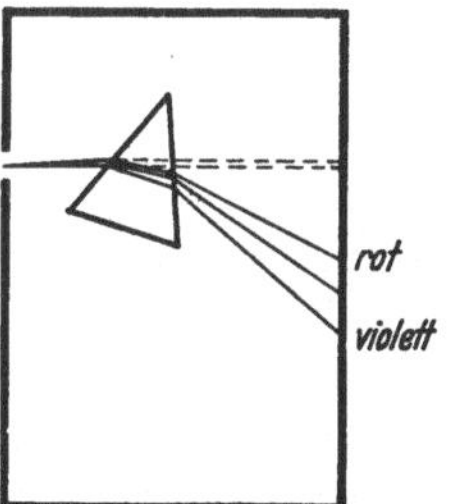

Abb. 269. Zerlegung des Lichtes durch ein Prisma

verschiedener Farbe, die verschieden stark gebrochen werden. Diese Zerlegung des Lichtes bezeichnet man als *Dispersion*, das *Farbenband* mit den Hauptfarben *Rot*, *Orange*, *Gelb*, *Grün*, *Blau*, *Indigo*, *Violett* als *Spektrum*. Die Farben des Spektrums, die sog. *reinen Spektralfarben*, sind nicht weiter zerlegbar, im Gegensatz zu den *Mischfarben*, s. § 172. Da also die Brechung eines Stoffes für die verschiedenen Farben verschieden ist, müssen wir immer die Farbe angeben, auf die wir die Brechungszahl beziehen. Meist wird n auf das Licht der gelben Natriumlinie, der sog. D-Linie, s. Abb. 270 u. § 195, bezogen. Für rotes Licht ist n am kleinsten, für violettes am größten.

In § 176 werden wir sehen, daß sich die einzelnen Spektralfarben physikalisch eindeutig durch die Wellenlänge kennzeichnen lassen. Jeder subjektiv empfundenen reinen Farbe entspricht daher eine bestimmte objektiv angebbare Wellenlänge im Spektrum. Dabei liegt Rot am langwelligen, Violett am kurzwelligen Ende des sichtbaren Spektrums, das sich von etwa 390 mμ bis 780 mμ erstreckt. An das sichtbare Spektrum schließen sich am roten Ende das infrarote und am violetten Ende das ultraviolette Spektrum an, s. §§ 183ff.

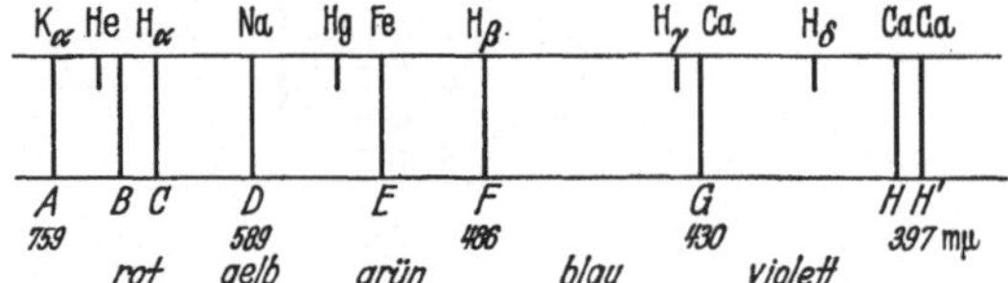

Abb. 270. Fraunhofersche Linien

Untersucht man das Sonnenlicht mit einem Spektralapparat, s. § 167, so erkennt man, daß das Spektrum von einer Unzahl von feinen dunklen Linien, den sog. *Fraunhoferschen Linien*, durchzogen ist. Im Sonnenlicht fehlen also zahlreiche engste Gebiete des Spektrums. Unter den Fraunhoferschen Linien, deren Auftreten wir in § 188 erklären werden, befindet sich eine Anzahl besonders starker Linien, mit deren Hilfe man sich im Spektrum sehr leicht orientieren kann, vgl. Abb. 270, die die Lage einiger Fraunhoferscher Linien, mit großen lateinischen Buchstaben bezeichnet, zeigt. Genaue Messungen der Brechungszahl bezieht man immer auf bestimmte Fraunhofersche Linien, indem man z. B. für deren Licht die Ablenkung durch ein Prisma im Minimum der Ablenkung mißt.

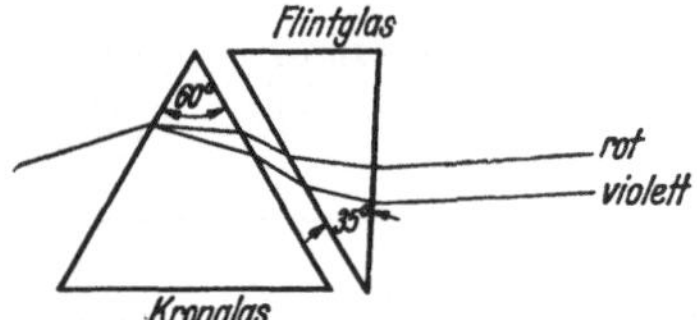

Abb. 271. Achromatisches Prisma

Schicken wir Licht durch Prismen aus verschiedenem Material, aber mit gleichen brechenden Winkeln, so ist nicht nur die Ablenkung, sondern auch die Länge des Farbbandes sehr verschieden. Die einzelnen Stoffe unterscheiden sich also nicht nur durch ihre mittlere Brechungszahl, sondern auch durch ihre *Dispersion*, die durch die Differenz der Brechungszahlen für verschiedene Wellenlängen gekennzeichnet wird.

Daher kann man es durch Gegenschalten von zwei Prismen aus verschieden brechenden Stoffen, z. B. Kron- und Flintglas, und geeignet gewählten verschieden brechenden Winkeln erreichen, daß das zweite Prisma die Dispersion des ersten gerade aufhebt, seine Ablenkung jedoch nur zum Teil, so daß ein Lichtstrahl praktisch ohne Farbenzerstreuung abgelenkt wird, sog. *achromatisches Prisma*, s. Abb. 271.

B. Bilderzeugung durch Spiegel und Linsen

§ 154. Der ebene Spiegel. Wir erinnern uns, daß „Lichtstrahlen“ lediglich zeichnerische Hilfsmittel sind. In Wirklichkeit gibt es nur sehr enge Lichtbündel. Um die Abbildungen übersichtlicher zu halten, zeichnen wir nicht die ganzen Lichtbündel, sondern nur ihre Achsen oder Mittellinien und nennen diese Lichtstrahlen.

Alle von der Lichtquelle L kommenden und auf den ebenen Spiegel S auftreffenden Strahlen werden nach dem Reflexionsgesetz reflektiert, s. Abb. 272. Fällen wir von L auf S das Lot, verlängern dieses und ebenso den in P_1 reflektierten Strahl nach rückwärts, so erhalten wir den Schnittpunkt L'. Aus dem Reflexionsgesetz folgt die Kongruenz der Dreiecke LP_1M und $L'P_1M$, d. h., der Schnittpunkt L' liegt ebensoweit hinter dem Spiegel wie L vor diesem. Durch denselben Punkt L' laufen auch die rückwärtigen Verlängerungen aller übrigen in P_2, P_3 usw. reflektierten Strahlen. Ein in das reflektierte Strahlenbündel eintauchendes Auge sucht nun stets den Ausgangspunkt des Lichtes in der rückwärtigen Verlängerung der erregenden Lichtstrahlen, d. h. in unserem Falle in L'. Die Erfahrung von der geradlinigen Fortpflanzung des Lichtes ist uns unbewußt so geläufig geworden, daß wir ohne weitere Anhaltspunkte nicht zu entscheiden vermögen, ob in L' eine wirkliche Lichtquelle sitzt oder ob sich dort nur die

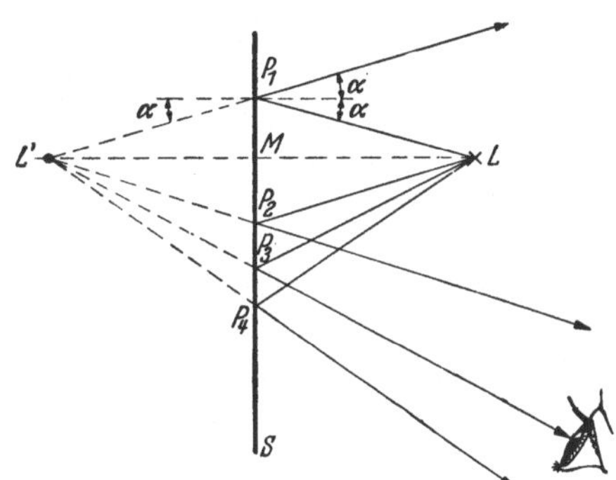

Abb. 272. Der ebene Spiegel

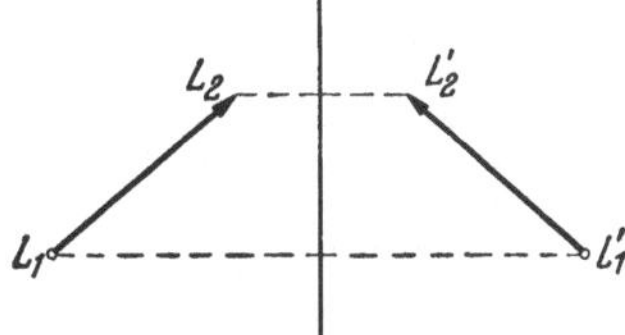

Abb. 273. Spiegelbild

rückwärtig verlängerten Strahlen schneiden. So entsteht in L' das Spiegelbild der Lichtquelle L. Ein solches Bild, in dem sich nur die rückwärtigen Verlängerungen der Strahlen und nicht die Strahlen selbst schneiden, nennen wir ein *virtuelles* oder *scheinbares* Bild. Wir können es nicht auf einer Mattscheibe auffangen oder auf einer Platte in L' photographieren, da ja nach L' gar keine Strahlen hinkommen, im Gegensatz zum *reellen* Bilde, s. z. B. die Abb. 276 oder 286, bei dem die Strahlen selbst sich im Bildpunkte schneiden und die im Bildort vereinigte Strahlenenergie eine photographische Platte zu schwärzen vermag.

Betrachten wir ein ausgedehntes Objekt, etwa den Pfeil L_1L_2 in Abb. 273, so ist $L_1'L_2'$ das dazugehörige virtuelle Spiegelbild. Man sieht, daß ein solches Spiegelbild aufrecht steht und dem Gegenstand geometrisch gleich ist, daß aber links und rechts vertauscht sind.

Ganz entsprechend den Verhältnissen bei der Lochkamera reflektiert auch ein genügend kleiner Planspiegel von den Punkten eines genügend weit entfernten Gegenstandes so enge Strahlenbündel, daß auf einem Schirm vor dem Spiegel ein System von kleinen Lichtflecken entsteht, das dem Gegenstand ähnlich ist („reelles Bild").

§ 155. Die sphärischen Spiegel. Wir betrachten jetzt die Bilderzeugung durch *sphärische*, d. h. kugelförmig gekrümmte Spiegel. Auch bei einer krummen Oberfläche können wir das Reflexionsgesetz anwenden, da wir das Flächenelement in der unmittelbaren Umgebung des Einfallpunktes als kleine ebene Fläche betrachten, also durch die Tangentialebene ersetzen dürfen. Je nachdem, ob die Spiegelung des Lichtes an der hohlen, *konkaven* oder an der nach außen gewölbten, *konvexen* Fläche stattfindet, sprechen wir von *Konkav*- oder *Hohlspiegeln* bzw. von *Konvexspiegeln.* Die Mitte einer solchen Spiegelfläche nennen wir ihren *Scheitel* S, s. Abb. 274, die von hier durch den Kugelmittelpunkt M gezogene Gerade die *Hauptachse* oder *optische* Achse des Spiegels. Den Winkel u zwischen der Hauptachse und einer von M nach dem Rande des Spiegels gezogenen Geraden MA nennen wir den *Öffnungswinkel* des Spiegels.

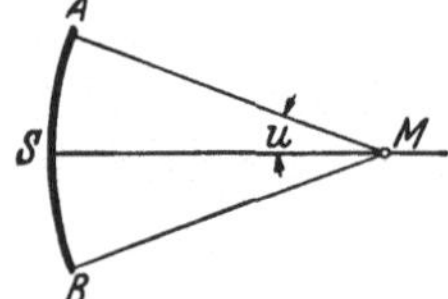

Abb. 274. Öffnungswinkel eines Spiegels

Lassen wir auf einen solchen Konkavspiegel ein Bündel von zur Hauptachse parallelen Strahlen, z. B. Sonnenlicht, fallen, so schneiden sich diese nach der Reflexion in einem einzigen Punkt, s. Abb. 275a, den wir als den *Brennpunkt* F des Spiegels bezeichnen. Sein Abstand f vom Scheitel S des Spiegels heißt die *Brennweite* des Spiegels. Da F genau in der Mitte zwischen dem Scheitel S und dem Krümmungsmittelpunkt M liegt, ist die Brennweite gleich dem halben Krümmungsradius r des Spiegels oder $f = r/2$. Durch den Brennpunkt gehende Strahlen bezeichnen wir als *Brennstrahlen.* Einen einheitlichen Brennpunkt erhalten wir allerdings nur bei einem Spiegel kleiner Öffnung oder in anderen Worten nur für Strahlen, die in der Nähe der Hauptachse verlaufen, d. h. für sog. *achsennahe* Strahlen.

Beweis: Ein parallel zur Hauptachse einfallender Strahl schneidet nach der Reflexion diese in F, s. Abb. 275b. Dann sind die drei mit α bezeichneten Winkel gleich und daher das Dreieck AFM gleichschenklig, also $AF = FM$. Für kleine Winkel α ist nun $SF \approx AF \approx FM \approx r/2$, so daß wir für alle *achsennahen* Strahlen einen einigermaßen scharfen Brennpunkt F erhalten. Daher gibt auch nur ein Kugelspiegel geringer Öffnung brauchbare Bilder.

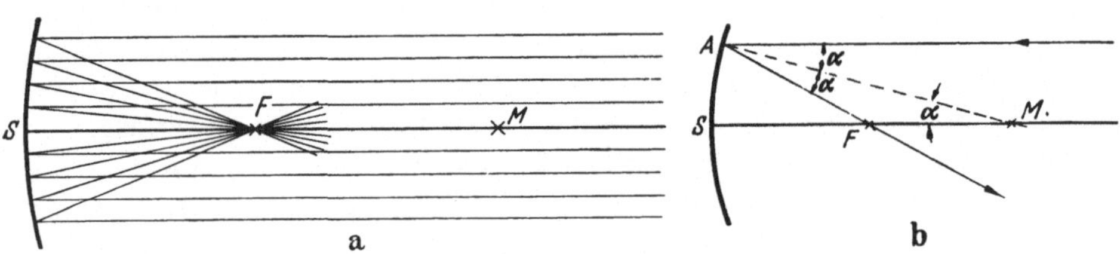

Abb. 275. Brennpunkt eines Hohlspiegels

Man benutzt daher als lichtstarke Spiegel mit großer Öffnung bei Scheinwerfern und bei den astronomischen Spiegelteleskopen statt Kugelspiegel *parabolische Spiegel.* Bei einem solchen Spiegel von der Form eines Rotationsparaboloids schneiden sich auch die achsenfernen, parallel zur Achse einfallenden Strahlen genau in einem Punkt. Bringt man umgekehrt eine Lichtquelle, etwa den positiven Krater einer Bogenlampe, in diesen *Brennpunkt*, so werden alle Strahlen parallel zur Hauptachse reflektiert.

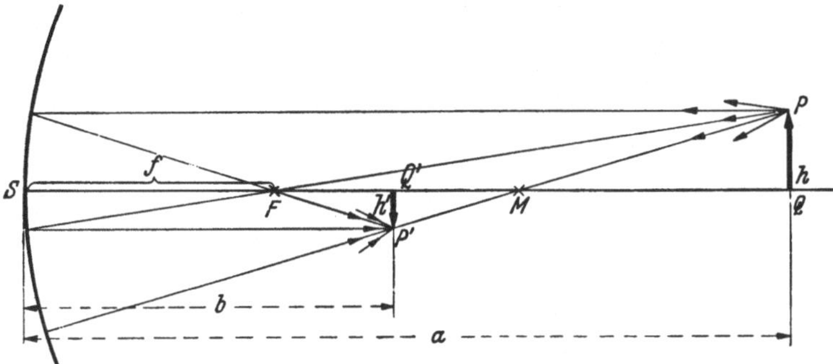

Abb. 276. Bildkonstruktion beim sphärischen Hohlspiegel

Nun betrachten wir die *Bilderzeugung* durch einen Kugelspiegel geringer Öffnung, s. Abb. 276. Von den vom leuchtenden Punkte P nach allen Seiten ausgehenden Strahlen betrachten wir zwei, deren Weg wir ohne weiteres angeben können, nämlich einmal den achsenparallelen Strahl, der nach der Reflexion durch den Brennpunkt F geht, und außerdem den durch den Kugelmittelpunkt M gehenden Strahl, der in sich reflektiert wird. Beide Strahlen schneiden sich in P'. Man kann geometrisch einfach zeigen, daß sich in P' alle anderen am Spiegel reflektierten Strahlen schneiden, z. B. auch der Brennstrahl durch F, der nach der Reflexion parallel zur Hauptachse verläuft. Es wird also ein von P divergent ausgehendes Strahlenbündel in P' wieder vereinigt, oder in P' konzentriert sich die von P ausgestrahlte Energie. Daher ist P' das *reelle Bild* des leuchtenden *Gegenstandspunktes P*. Ist umgekehrt P' ein leuchtender Punkt, so vereinigen sich die von P' ausgehenden Strahlen wegen der Umkehrbarkeit des Strahlenganges in P', so daß P das Bild von P' wird. Bild und Gegenstand sind also vertauschbar. Man nennt deshalb P und P' zueinander *konjugierte* Punkte. Ist PQ ein leuchtender Pfeil, so gibt die obige Konstruktion, Punkt für Punkt angewandt, als Bild den umgekehrt stehenden Pfeil $P'Q'$. Wir erhalten also in diesem Falle ein *reelles umgekehrtes* Bild. Nennen wir den Abstand des Objekts PQ und des Bildes $P'Q'$ vom Scheitel S des Spiegels seine Gegenstandsweite a bzw. *Bildweite b*, so gilt allgemein die Beziehung

$$\frac{1}{a} + \frac{1}{b} = \frac{1}{f} = \frac{2}{r}.$$

Auch aus dieser Gleichung sehen wir, daß man allgemein Gegenstand und Bild vertauschen kann. Ferner gilt für die *Vergrößerung* v, d. h. das Verhältnis von Bild- und Gegenstandsgröße $v = \frac{h'}{h} = \frac{b}{a}$.

Beweis: Ein vom Gegenstandspunkt P ausgehender Strahl fällt unter dem Winkel α auf den Spiegel, wird unter demselben Winkel reflektiert und schneidet die Achse, d. h. den Mittelpunktstrahl PMS in P', s. Abb. 277. P' ist also das Bild von P. Da AM die Winkelhalbierende im Dreieck PAP' ist, gilt $\frac{MP}{MP'} = \frac{AP}{AP'}$. Liegt A genügend nahe bei S (Spiegel kleiner Öffnung), so ist $AP \cong SP \cong a$ und $AP' \cong b$ oder $\frac{MP}{MP'} = \frac{a-r}{r-b} = \frac{a}{b}$ oder $\frac{a-r}{a} = \frac{r-b}{b}$ oder $1 - \frac{r}{a} = \frac{r}{b} - 1$ oder $\frac{1}{a} + \frac{1}{b} = \frac{2}{r} = \frac{1}{f}$.

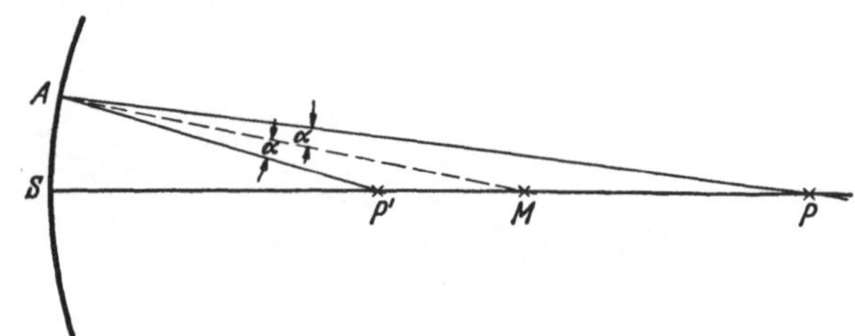

Abb. 277. Zur Ableitung der Abbildungsgleichung

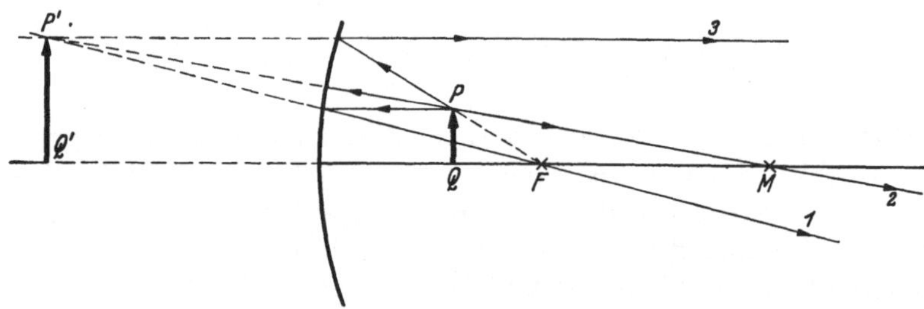

Abb. 278. Virtuelles Bild beim Hohlspiegel

Liegt das Objekt zwischen Spiegel und Brennpunkt und zeichnen wir wieder als abbildende Strahlen den Parallelstrahl *1* und den im Radius verlaufenden Strahl *2* oder den Brennstrahl *3*, s. Abb. 278, so verlaufen diese Strahlen divergent, es schneiden sich also nur ihre rückwärtigen Verlängerungen in P'. P' nennen wir daher das *virtuelle* Spiegelbild von P. Das Bild $P'Q'$ ist aufrecht und vergrößert. Da es hinter dem Spiegel liegt, ordnen wir ihm eine *negative* Bildweite zu, die dementsprechend mit negativen Vorzeichen in die Abbildungsgleichung einzusetzen ist. Negatives Vorzeichen bedeutet also immer ein virtuelles Bild.

Als Anwendung des Hohlspiegels betrachten wir den *Augenspiegel*, s. Abb. 279. Um das Innere eines Auges A sehen und untersuchen zu können, muß man es

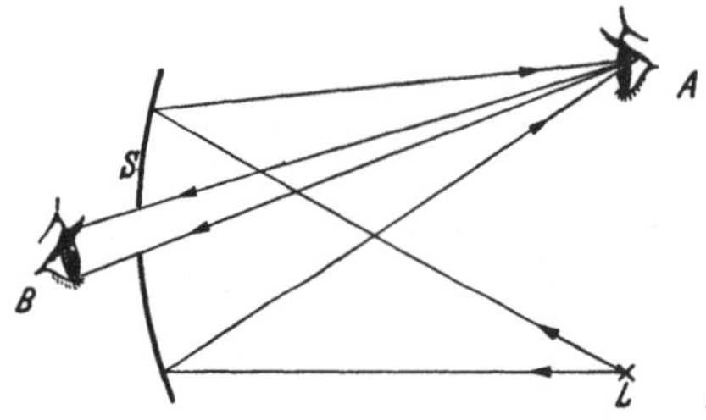

Abb. 279. Augenspiegel

beleuchten, und zwar so, daß die im Inneren des Auges A reflektierten Strahlen in das Auge des Beobachters B gelangen. Das kann mit Hilfe des Hohlspiegels S geschehen, der die Lichtquelle L in das Auge A abbildet. Der Beobachter betrachtet dann das Auge A durch eine enge Öffnung im Hohlspiegel.

Wir betrachten noch die von einem *Konvexspiegel* erzeugten Bilder. Zunächst ergibt sich, daß alle achsenparallelen Strahlen divergent reflektiert werden, jedoch so, als ob sie von einem einzigen *hinter* dem Spiegel im Abstand $f = r/2$ liegenden Punkt, dem *virtuellen Brennpunkt F*, herkommen würden. Die Brennweite eines Konvexspiegels ist also negativ zu rechnen. Bestimmen wir den zu P gehörigen Bildpunkt wie bisher mit Hilfe eines zur Achse parallelen und eines nach M zielenden Strahles, s. Abb. 280, so erhalten wir als Bildpunkt den Schnittpunkt P', d. h. ein hinter dem Spiegel liegendes virtuelles aufrechtes und verkleinertes Bild.

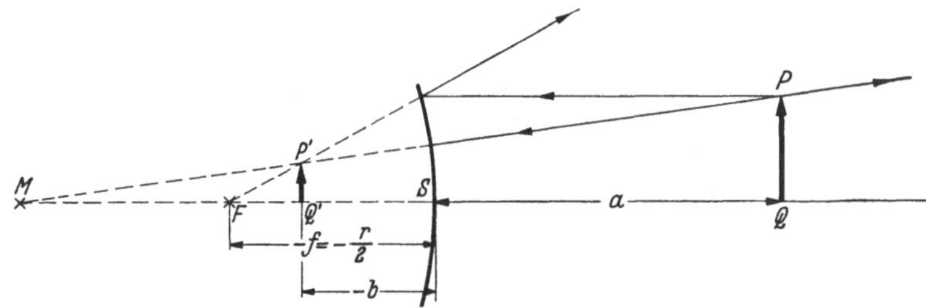

Abb. 280. Bildkonstruktion beim Konvexspiegel

§ 156. Abbildung durch Brechung an einer Kugelfläche. Reelle Bilder kann man nicht nur durch Reflexion, sondern auch durch Brechung an kugelförmigen Flächen erhalten. Eine solche kugelige oder sphärische Grenzfläche zwischen zwei Medien von verschiedener Brechungszahl n_1 und n_2, z. B. Luft und Glas, stellt das einfachste brechende, bilderzeugende oder optische System dar. Da wir die gekrümmte Fläche in der unmittelbaren Umgebung eines einfallenden Strahles wieder durch ein ebenes, sehr kleines Flächenstück ersetzen dürfen, können

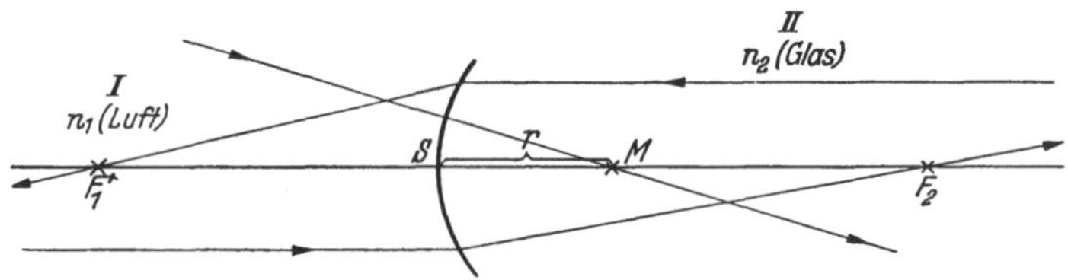

Abb. 281. Brennpunkte bei einer brechenden Kugelfläche

wir das Brechungsgesetz anwenden. Dadurch ist bei gegebenen Einfallswinkel an allen Stellen die Richtung des gebrochenen Strahles bestimmt. Es läßt sich auch hier geometrisch zeigen, daß alle achsennahen und im Stoff I achsenparallel verlaufenden Strahlen sich nach der Brechung im Stoff II in einem einzigen Punkte, dem Brennpunkte F_2, vereinigen, und daß ebenso die in II achsenparallelen Strahlen sich nachher im Stoff I in F_1 vereinen. Von diesen beiden Strahlenbündeln ist in der Abb. 281 je ein Strahl gezeichnet. F_1 und F_2 nennen wir die Brennpunkte unseres optischen Systems. Ihre Abstände vom Scheitel S der

Grenzfläche sind die *Brennweiten* f_1 und f_2. Für diese findet man

$$f_2 = \frac{n_2 r}{n_2 - n_1} \quad \text{und} \quad f_1 = \frac{n_1 r}{n_2 - n_1}.$$

Die Brennweiten sind also verschieden. Jeder nach dem Krümmungsmittelpunkt M gerichtete Strahl geht, da er senkrecht auf die Fläche auffällt, ungebrochen hindurch. Mit Hilfe von Brenn- und Mittelpunktstrahlen können wir wieder zum Gegenstand PQ das Bild $P'Q'$ konstruieren, s. Abb. 282.

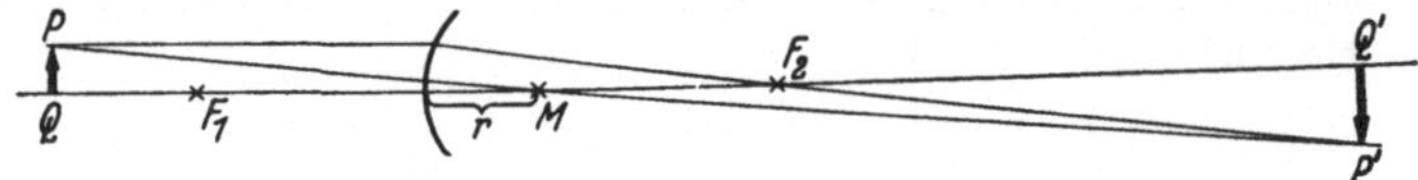

Abb. 282. Bilderzeugung durch eine brechende Kugelfläche

In Wirklichkeit haben wir es nun fast stets mit der Brechung an mehreren, mindestens zwei, Kugelflächen zu tun, deren Mittelpunkte alle auf einer Geraden liegen, z. B. bei der Abbildung durch einfache Linsen oder bei den aus mehreren Linsen zusammengesetzten optischen Instrumenten oder schließlich beim Auge.

§ 157. Abbildung durch dünne Linsen. Wir betrachten zuerst die Brechung durch einfache *Linsen.* Darunter verstehen wir jeden durchsichtigen, von zwei gekrümmten Flächen begrenzten Körper. Sehen wir zunächst vom Auge ab, so interessieren uns nur Linsen aus Glas und außerdem nur solche mit Kugelflächen. Es gibt sechs verschiedene Linsenformen, s. Abb. 283, von denen die Formen

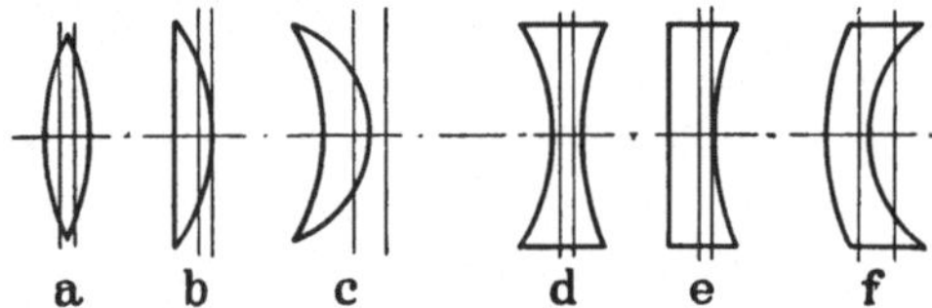

Abb. 283. Linsenformen mit eingezeichneten Hauptebenen, vgl. § 158

a, b, c als *bikonvex, plankonvex, konkavkonvex* und die Formen *d, e, f* entsprechend als *bikonkav, plankonkav, konvexkonkav* bezeichnet werden. Die Linsen *a–c*, die in der Mitte dicker als am Rande sind, heißen *Sammel-* oder *Konvexlinsen*, da parallele Strahlen durch sie *konvergent* gemacht oder gesammelt werden, während die Linsen *d–f*, die ein Parallelstrahlenbündel *divergent* machen oder *zerstreuen*, als *Zerstreuungs-* oder *Konkavlinsen* bezeichnet werden.

Um die Wirkung einer Linse zu übersehen, denken wir uns diese in lauter kleine Prismen zerschnitten, s. Abb. 284. Wir erkennen, daß jeder Strahl durch

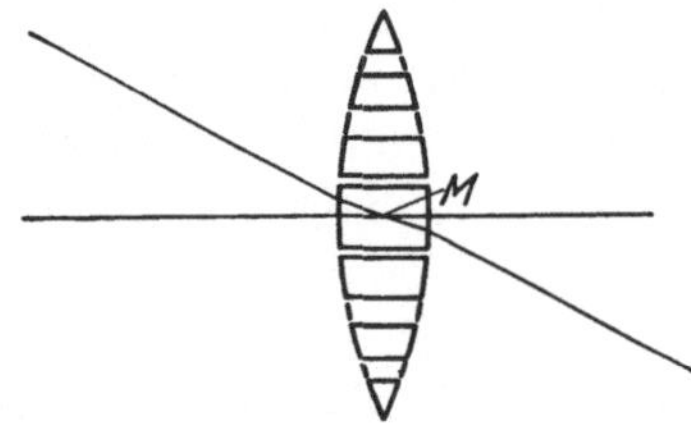

Abb. 284. Die Linse als ein aus kleinen Prismen zusammengesetzter Körper

die zweimalige Brechung zur Basis hin abgelenkt wird. Nur die durch die Linsenmitte gehenden Strahlen erfahren keine Ablenkung, sondern nur eine Parallelverschiebung, die um so kleiner ausfällt, je dünner die Linse ist. Wir betrachten vorläufig nur Linsen, deren Dicke sehr klein gegen die Krümmungsradien der Linsen ist und daher vernachlässigt werden kann, d. h. sog. *unendlich dünne* Linsen, für die sich der Strahlenweg im Inneren der Linse praktisch zu einem Punkt zusammenzieht. Ferner betrachten wir, wie bei den Spiegeln, nur Strahlen, die in Achsennähe und unter kleinen Winkeln zur *Hauptachse* oder *optischen Achse* verlaufen. Darunter verstehen wir die Verbindungslinie der Krümmungsmittelpunkte, um die das optische System rotationssymmetrisch ist. In unseren Abbildungen sind der Deutlichkeit halber auch Strahlen unter größerem Winkel gezeichnet. Den Verlauf der Strahlen für verschiedene Fälle zeigen uns die Abb. 285a–e. Von links nach rechts oder umgekehrt achsenparallel einfallende Strahlen – d. h., die Lichtquelle liegt in unendlicher Entfernung (Sonne) – werden in einem einzigen Punkte, dem *Brennpunkte* F' bzw. F, vereinigt. Umgekehrt werden natürlich die von den Brennpunkten ausgehenden Strahlen auf der anderen Seite der Linse achsenparallel weiterlaufen. Die *Brennweiten* f, d. h. die Abstände der Brennpunkte von der Linse, sind auf beiden Seiten gleich, jedoch nur, wenn der Stoff vor und hinter der Linse dieselbe Brechungszahl hat, die Linse sich beispielsweise, wie es meistens der Fall ist, in Luft befindet. Beim Auge

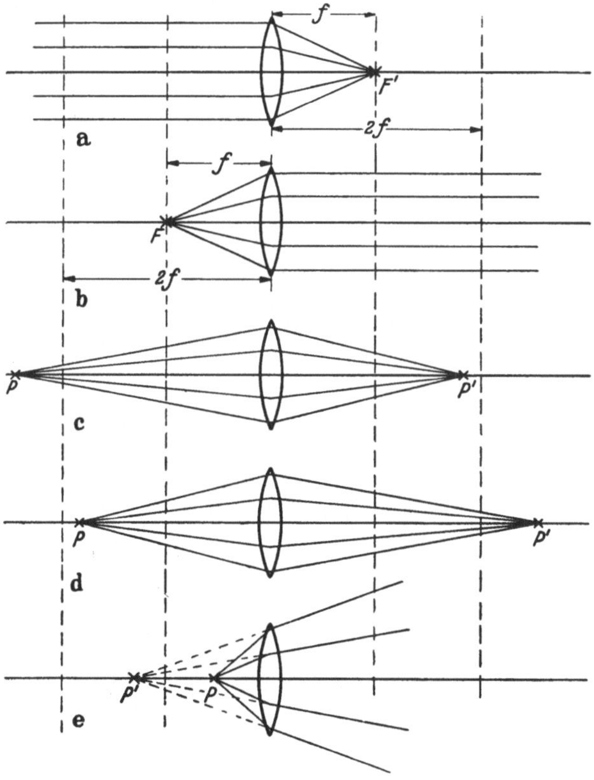

Abb. 285. Hauptfälle der Abbildung bei einer Sammellinse

sind dagegen die vorderen und hinteren Brennweiten verschieden, s. § 168. Die durch die Brennpunkte gehenden und senkrecht zur Hauptachse stehenden Ebenen heißen die *Brennebenen.*

Befindet sich der leuchtende Punkt P in einem Abstand von der Linse, der größer als die doppelte Brennweite ist, so werden die ausgesandten Strahlen in einem Punkte P', dem Bilde von P, vereinigt, der zwischen der doppelten und einfachen Brennweite liegt, Fall *c.* Befindet sich umgekehrt der leuchtende Punkt P' im Abstand zwischen $1f$ und $2f$, so liegt sein Bild in einem Abstand größer als $2f$. P und P' sind wieder vertauschbare oder *konjugierte* Punkte. In dem besonderen Falle, daß sich das Objekt P in einem Abstand gleich der doppelten Brennweite befindet, liegt auch P' in gleichem Abstand hinter der Linse. Ist der Abstand des Punktes P kleiner als die Brennweite, Fall *e*, so bleibt das Strahlenbündel divergent. Der Schnittpunkt P' der rückwärts verlängerten Strahlen ist das *virtuelle* Bild des Punktes P. Die durch P und P' senkrecht zur Hauptachse gehenden Ebenen heißen die *Gegenstands-* bzw. *Bildebene.* Die Raumbereiche, von der Linse aus gerechnet, in dem Objekt und Bild liegen, werden als Gegenstands- bzw. *Bildraum* bezeichnet.

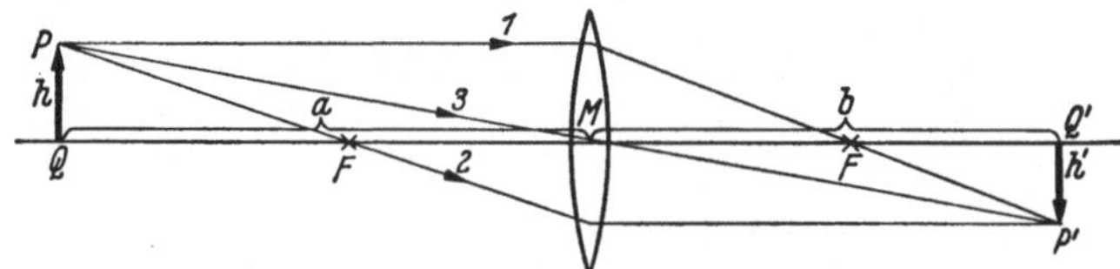

Abb. 286. Einfache Bildkonstruktion bei der Sammellinse

Wir betrachten jetzt einige *Bildkonstruktionen.* Für drei der von P ausgehenden Strahlen können wir sofort ihren Verlauf angeben, nämlich für den *achsenparallelen Strahl 1*, den *Brennstrahl 2* und den *Mittelpunktstrahl 3*, der, s. Abb. 286, die Linse ungebrochen verläßt. Die drei Strahlen schneiden sich in P', dem Bilde von P. Für die Bildkonstruktion genügen natürlich zwei Strahlen, in entsprechender Weise können wir für den Pfeil PQ Punkt für Punkt das Bild zeichnen und so erkennen, daß die Linse in diesem Fall ein *reelles umgekehrtes* Bild $P'Q'$ entwirft.

Nennen wir die Abstände von Objekt und Bild von der Linse die *Gegenstands-* und *Bildweite a* bzw. *b*, so gilt, wie sich geometrisch zeigen läßt, auch hier die uns bereits vom Kugelspiegel her bekannte Abbildungsgleichung:

$$\frac{1}{a} + \frac{1}{b} = \frac{1}{f}.$$

Die Brennweite einer Linse hängt natürlich von den Krümmungsradien und von der Brechungszahl der Glassorte ab, und zwar gilt die Beziehung $\frac{1}{f} = (n-1)\left(\frac{1}{r_1} + \frac{1}{r_2}\right)$, wobei r für konvexe Kugelflächen positiv und für konkave negativ einzusetzen ist.

Aus der Ähnlichkeit der Dreiecke PQM und $P'Q'M$, M die Linsenmitte, lesen wir für das Verhältnis $\frac{P'Q'}{PQ} = \frac{h'}{h}$ oder die *Vergrößerung v* ab: $v = \frac{h'}{h} = \frac{b}{a}$,

d. h., die Vergrößerung, genauer die *Seitenvergrößerung* (im Unterschied zur *Winkelvergrößerung*, s. § 164) ist gleich dem Verhältnis von Bild- und Gegenstandsweite.

Aus der Abbildungsgleichung erkennen wir die schon beim Spiegel besprochenen Zusammenhänge zwischen Objekt- und Bildlage, insbesondere auch die Vertauschbarkeit von Objekt und Bild. Liegt das Objekt im Unendlichen, so fällt das Bild in die Brennebene und umgekehrt.

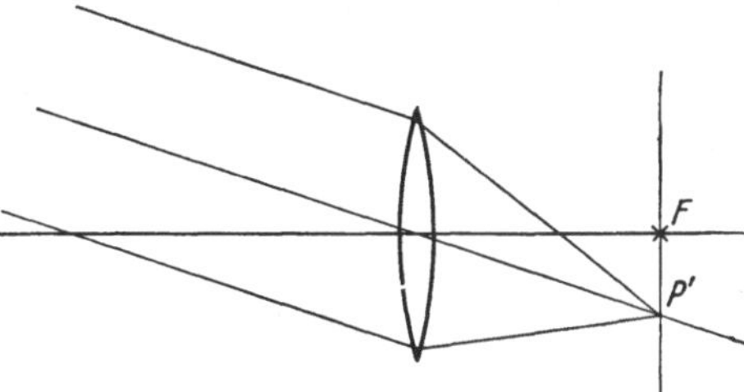

Abb. 287. Vereinigung eines schief einfallenden Parallelstrahlenbündels

Für eine Lichtquelle, die in unendlicher Entfernung, jedoch seitlich von der Hauptachse liegt, z. B. schief einfallendes Sonnenlicht, erhalten wir die in Abb. 287 wiedergegebene Bildkonstruktion. Das in die Brennebene fallende Bild P' liegt dort, wo der Mittelpunktstrahl, der ungebrochen durch die Linse geht, die Brennebene schneidet.

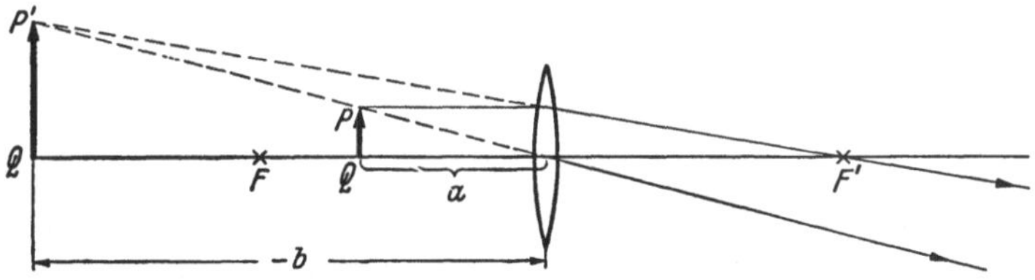

Abb. 288. Virtuelles Bild bei der Sammellinse

Liegt der Gegenstand innerhalb der einfachen Brennweite, so erhalten wir, vgl. Abb. 288, ein *virtuelles*, *aufrechtes*, *vergrößertes* Bild. Diesem virtuellen Bilde, das auf der gleichen Seite wie das Objekt liegt, ordnen wir eine *negative* Bildweite zu.

Schließlich betrachten wir die Verhältnisse bei einer *Zerstreuungslinse*. Ein Parallelstrahlenbündel verläßt die Linse *divergent*, wobei sich die rückwärtigen Verlängerungen der Strahlen im Gegenstandsraum in einem einzigen Punkt, s. Abb. 289, den wir als den *virtuellen Brennpunkt* der Zerstreuungslinse bezeichnen, schneiden. Wir schreiben daher, so wie wir eben einem virtuellen Bilde eine

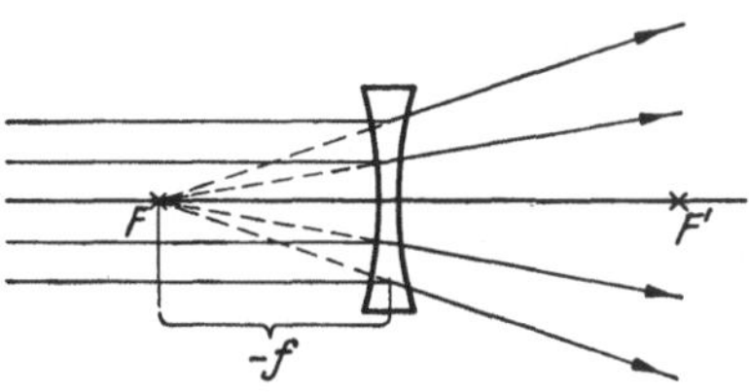

Abb. 289. Brennpunkt einer Zerstreuungslinse

negative Bildweite zugeordnet haben, einer Zerstreuungslinse eine negative Brennweite zu. Wie die Bildkonstruktion der Abb. 290 zeigt, gibt eine Zerstreuungslinse immer virtuelle, verkleinerte Bilder.

Alle Abbildungen, sowohl bei Sammel- wie bei Zerstreuungslinsen, reelle und virtuelle Bilder, werden durch dieselbe einfache Gleichung $\frac{1}{a}+\frac{1}{b}=\frac{1}{f}$ beschrieben. Es ist nur zu beachten, daß alle Bildweiten virtueller Bilder und ebenso die Brennweiten von Zerstreuungslinsen mit *negativen* Vorzeichen einzusetzen sind.

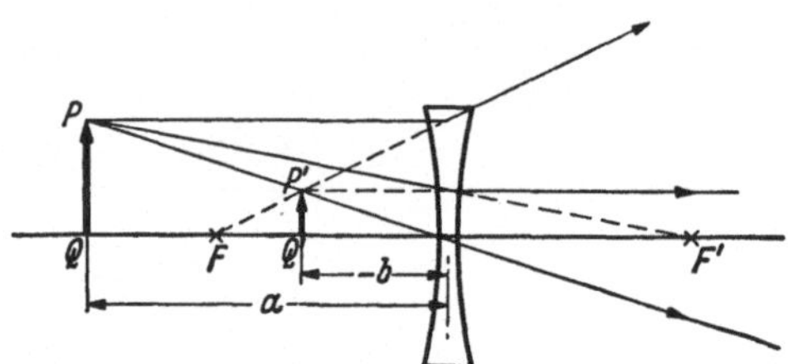

Abb. 290. Bildkonstruktion bei der Zerstreuungslinse

Eine Linse bricht die Strahlen um so stärker, je kürzer ihre Brennweite ist. Man mißt daher die *Brechkraft* oder die *Stärke D* einer Linse durch den *reziproken* Wert ihrer Brennweite, also $D = 1/f$, wobei f in *Metern* gemessen wird. Die Einheit der Brechkraft ist die *Dioptrie.* Eine Linse von 25 cm Brennweite hat also eine Brechkraft von $^1/_{0{,}25}$ oder 4 Dioptrien. D ist bei Sammellinsen positiv, bei Zerstreuungslinsen negativ zu rechnen.

§ 158. Abbildung durch dicke Linsen. Bei einer Linse endlicher Dicke fallen die beiden Stellen, an denen ein durchgehender Strahl gebrochen wird, nicht mehr zusammen, der Lichtweg im Innern des Linsenkörpers kann nicht mehr vernachlässigt werden. Trotzdem läßt sich auch hier die Abbildung in einfacher Weise übersehen, wenn man die Brennweiten sowie die Gegenstands- und Bildweiten nicht mehr vom Mittelpunkt der Linse, sondern von zwei ausgezeichneten Ebenen, den *Hauptebenen, h* und *h'* aus mißt und ferner die eigentümlichen Eigenschaften dieser Hauptebenen beachtet, s. weiter unten. Die Schnittpunkte der Hauptebenen mit der optischen Achse heißen die *Hauptpunkte H* und *H'*.

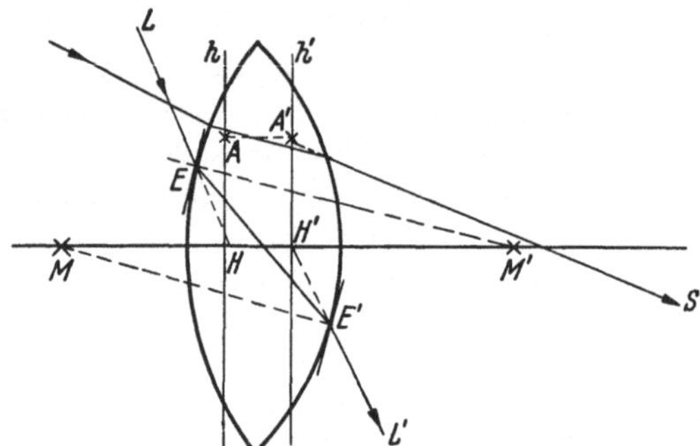

Abb. 291. Hauptpunkte und Hauptebenen

Ziehen wir durch die Krümmungsmittelpunkte M' und M der Linsenflächen zwei einander parallele Geraden, die die zugehörigen Linsenflächen in E und E' treffen mögen, und legen wir in E und E' die Tangentialebenen an, s. Abb. 291, so sind diese einander parallel. Daher verhält sich die

Linse für einen Strahl, der im Innern den Weg EE' durchläuft, wie eine planparallel begrenzte Glasplatte, d. h., ein solcher Strahl geht durch die Linse ungebrochen und nur parallel verschoben hindurch. Der eintretende Strahl LE und der austretende $E'L'$ sind also parallel. Verlängern wir die Strahlen bis zum Schnitt mit der Hauptachse, so erhalten wir die Punkte H und H'. Man kann nun zeigen, daß die beiden so bestimmten Punkte unabhängig von dem ursprünglich gewählten parallelen Ebenenpaar sind, also ausgezeichnete Punkte darstellen. Wir bezeichnen sie als die *Knotenpunkte* der Linse. Sie haben die Eigenschaft, daß ein im Gegenstandsraum nach dem Knotenpunkt H zielender Strahl LE im Bildraum parallel verschoben und scheinbar von H' herkommend weiterläuft. Falls das Medium vor und hinter der Linse dasselbe ist, fallen die Knotenpunkte mit den Hauptpunkten zusammen.

Die Hauptebenen h und h' sind durch folgende Eigenschaften ausgezeichnet. Greifen wir auf den Hauptebenen zwei Punkte A und A' heraus, s. Abb. 291, die im gleichen Abstand von der Hauptachse liegen, so verläuft jeder Strahl, der im Gegenstandsraum nach A zielt, im Bildraum so, als ob er von A' herkommen würde, d. h. so, daß seine rückwärtige Verlängerung durch A' geht. Im Innern der Linse verläuft der Strahl natürlich anders, nämlich so wie der dick ausgezogene Strahl S. Für die Hauptpunkte H und H' gilt, falls der Stoff vor und hinter der Linse dieselbe Brechungszahl hat, der Satz, daß jeder Strahl, der im Gegenstandsraum nach H zielt, im Bildraum parallel verschoben weiterläuft, und zwar so, als ob er von H' herkommen würde, s. Abb. 291.

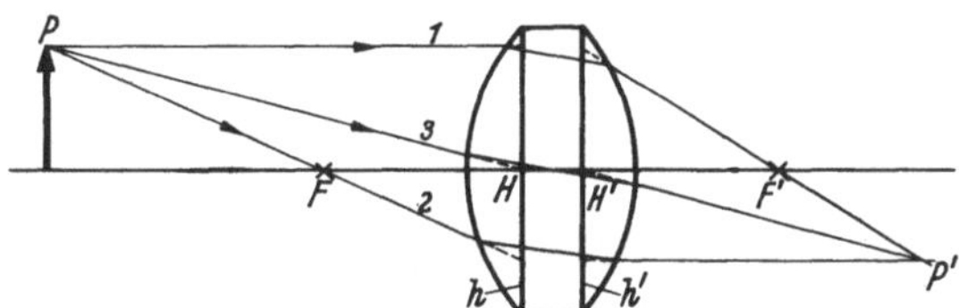

Abb. 292. Bildkonstruktion mit Hilfe der Hauptebenen

Mit diesen Sätzen kann man, sobald die Hauptebenen bekannt sind, auch ohne Kenntnis des Strahlenganges im Inneren der Linse zu jedem Objektpunkt P den Bildpunkt P' konstruieren, s. Abb. 292. Wir zeichnen zuerst den Parallelstrahl *1* und verlängern ihn bis zum Schnitt mit der objektseitigen Hauptebene h. Im Bildraum muß der Strahl durch den Brennpunkt F' gehen, und zwar unter einem solchen Winkel zur Hauptachse, daß seine rückwärtige Verlängerung die bildseitige Hauptebene h' im Abstande des ursprünglichen Parallelstrahles von der Hauptachse schneidet. In entsprechender Weise zeichnen wir den Verlauf des Brennstrahles *2* und schließlich den nach H zielenden Strahl *3*, der im Bildraum parallel verschoben von H' herkommend weiterläuft.

Man kann ferner zeigen, daß auch für eine dicke Linse die einfache Abbildungsgleichung $\frac{1}{a} + \frac{1}{b} = \frac{1}{f}$ gilt, wenn wir nur Gegenstands-, Bild- und Brennweite auf die gegenstands- bzw. bildseitige Hauptebene beziehen.

Die Lage der Hauptebenen bei verschiedenen Linsenformen zeigt die Abb. 283. Bei einer Bikonvexlinse mit $n = 1{,}5$ beträgt der Abstand der beiden Hauptebenen ungefähr ein Drittel der Linsendicke. Je dünner die Linse wird, um so mehr fallen die Hauptebenen bzw. die Hauptpunkte und der Mittelpunkt zusammen und um so eher können wir die einfache Bildkonstruktion anwenden.

Sind, wie beim *Auge*, Objekt- und Bildraum von Stoffen mit verschiedenen Brechungszahlen ausgefüllt, so werden die Verhältnisse etwa verwickelter, indem die Knotenpunkte nicht mehr mit den Hauptpunkten, d. h. den Schnitten der Hauptebenen mit der Hauptachse, zusammenfallen. Die Bildkonstruktion kann in derselben Weise wie oben geschildert erfolgen, wenn man nur bei der Zeichnung des Strahles *3* an Stelle der Hauptpunkte die Knotenpunkte benutzt, vgl. die Einführung der Knotenpunkte oben. Sind die Brechungszahlen vor und hinter der Linse verschieden, so sind auch die vordere und hintere Brennweite, die von den Hauptebenen aus zu zählen sind, nicht mehr gleich. Die ausgezeichneten Punkte eines optischen Systems, nämlich die *Brenn-*, *Haupt-* und *Knotenpunkte*, bezeichnet man als seine *Kardinal-* oder *Grundpunkte*.

§ 159. Abbildung durch Linsensysteme. Schaltet man mehrere Linsen hintereinander, und zwar so, daß ihre Krümmungsmittelpunkte auf einer Geraden liegen, sog. *zentriertes Linsensystem*, so kann man auch ohne Kenntnis des Strahlenganges im einzelnen die Bildkonstruktion genauso wie bei einer einzigen dicken Linse ausführen, sobald die Lage der beiden Hauptebenen des ganzen optischen Systems bekannt ist.

Liegen die einzelnen als dünn angenommenen Linsen dicht zusammen, so berechnet sich die Brennweite F der Kombination aus den Brennweiten der Einzellinsen $f_1, f_2, f_3, \dots$ nach der Gleichung

$$\frac{1}{F} = \frac{1}{f_1} + \frac{1}{f_2} + \frac{1}{f_3} + \cdots,$$

oder die Brechkraft oder Stärke des Systems D setzt sich additiv aus den Stärken $D_1, D_2, \dots$ der Einzellinsen zusammen, $D = D_1 + D_2 + D_3 \cdots$.

Haben wir zwei dünne Linsen im Abstand d, so ist die Brennweite der Kombination gegeben durch

$$\frac{1}{F} = \frac{1}{f_1} + \frac{1}{f_2} - \frac{d}{f_1 f_2}.$$

Zwei Linsen von gleicher und nur dem Vorzeichen nach verschiedener Brechkraft heben sich also in ihrer Wirkung nur dann auf, wenn sie *dicht* zusammenliegen. Führt man den Abstand der einander zugekehrten Brennpunkte $t = d - f_1 - f_2$ ein, so gilt die weitere Beziehung

$$F = -\frac{f_1 f_2}{t}.$$

§ 160. Abbildungsfehler. Bei einer einzigen Linse erhalten wir hinreichend scharfe Bilder, d. h. einheitliche Brenn- und Bildpunkte, nur für achsennahe Gegenstandspunkte, und ferner nur, wenn die abbildenden Strahlen unter kleinen Winkeln zur Hauptachse verlaufen. Die praktische Optik fordert aber teils großes Gesichtsfeld, d. h. z. B. in der Photographie die scharfe Abbildung von weit nach der Seite liegenden Gegenständen, teils große Lichtstärke, d. h. eine scharfe Abbildung auch bei weit geöffneten Strahlenbündeln, deren Strahlen also auch große Winkel mit der Hauptachse einschließen. Dabei tritt eine Reihe von Abbildungsfehlern auf, die zum Teil von der endlichen Dicke der Linsen, ihrer kugeligen Begrenzung und der Zerlegung des Lichtes in seine Farben herrühren. Diese Fehler lassen sich, wie die zu außerordentlicher Leistungsfähigkeit gesteigerten Objektive für Photographie, Projektion und Mikroskopie beweisen, weitgehend beheben, vor allem durch Kombination von mehreren Linsen aus Gläsern mit verschiedenen Brechungszahlen und geeignete Wahl der Krümmungsradien und Abstände.

Wir betrachten die wichtigsten Abbildungsfehler im einzelnen, und zwar zuerst die beiden Fehler, die bereits bei der Abbildung eines achsennahen Punktes auftreten.

α) *Sphärische Abweichung.* Lassen wir ein Parallelstrahlenbündel, das auch Strahlen in einem größeren Abstand von der Hauptachse enthält, auf eine Linse auffallen und blenden einige Strahlen (besser Strahlenbündel) aus, so zeigt sich, daß für die äußeren Strahlen, die sog. *Randstrahlen*, der Brennpunkt näher bei der Linse liegt als für die Mittelstrahlen, d. h., die einzelnen *Linsenzonen* haben eine verschiedene Brennweite, s. Abb. 293. Der Fehler kann durch Kombination von verschiedenen Linsen vermieden werden.

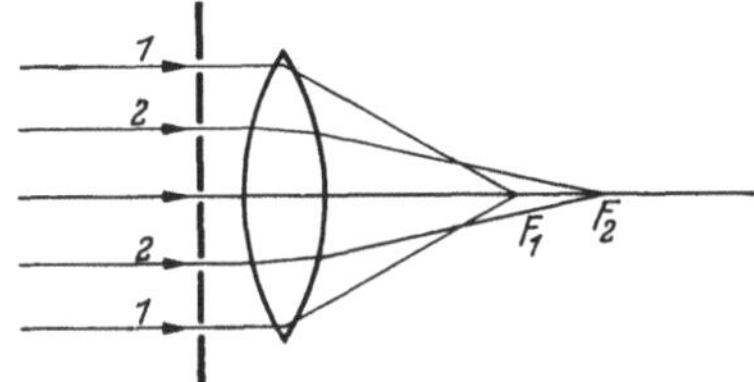

Abb. 293. Sphärische Abweichung

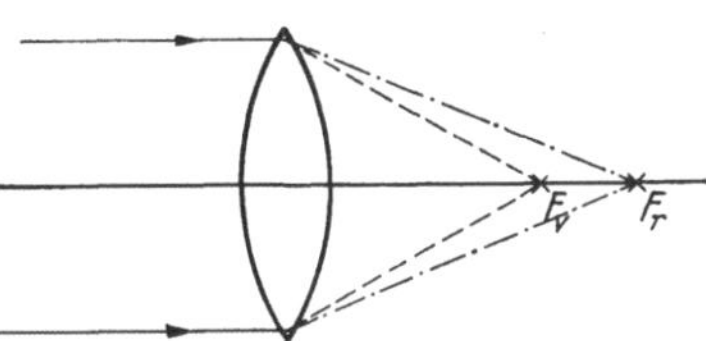

Abb. 294. Chromatische Abweichung

β) *Chromatische Abweichung.* Da die Brechzahl des Glases für violettes Licht größer als für rotes ist, wird das Licht zerlegt, wobei der Brennpunkt für Violett F_v näher an der Linse liegt als der für Rot F_r, s. Abb. 294. Daher besitzt jedes von einer einfachen Linse entworfene Bild farbige Ränder. Dieser Fehler läßt sich durch Benutzung eines *Achromaten*, d. h. einer Kombination von einer konvexen Kronglaslinse mit einer Konkavlinse aus Flintglas beheben (vgl. auch den in Abb. 306 wiedergegebenen Apochromaten). Dieses Linsensystem wirkt nach demselben Prinzip wie das schon in § 153 besprochene achromatische Prisma, das eine Ablenkung des Lichtes ohne Dispersion ergibt. Mit einem solchen Achromaten kann man gleichzeitig auch die sphärische Abweichung beheben.

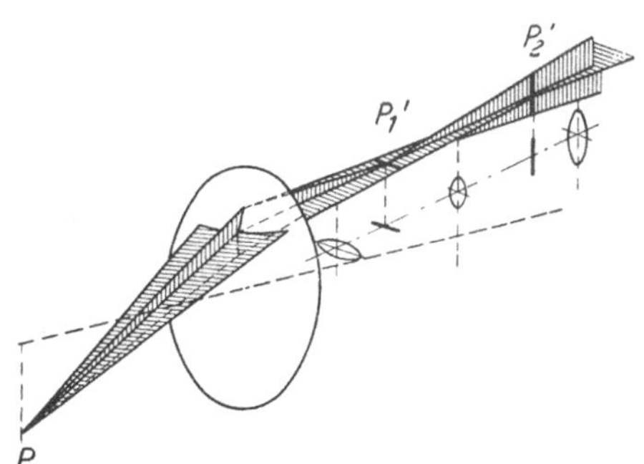

Abb. 295. Astigmatismus schiefer Bündel mit Angabe der Querschnitte des abbildenden Strahlenbündels

γ) *Astigmatismus.* Bilden wir einen weit außerhalb der Hauptachse liegenden Punkt P ab, so treffen die Strahlen *schief* auf die Linse auf, s. Abb. 295. Bilden wir nun einen solchen Gegenstandspunkt auch nur durch ein enges Strahlenbündel ab, so zieht sich dieses Bündel im Bildraum nirgends zu einem Punkt zusammen, gibt also kein punktförmiges Bild. Wie beobachten vielmehr an zwei hintereinander liegenden Stellen P_1' und P_2' Einschnürungen zu je einem kurzen Strich, die aufeinander senkrecht stehen. Diese Erscheinung bezeichnen wir als *Astigmatismus schiefer Bündel*, im Gegensatz zum *Astigmatismus* bei *senkrechtem* Einfall, wie er vor allem beim Auge häufig vorkommt, s. weiter unten und § 169.

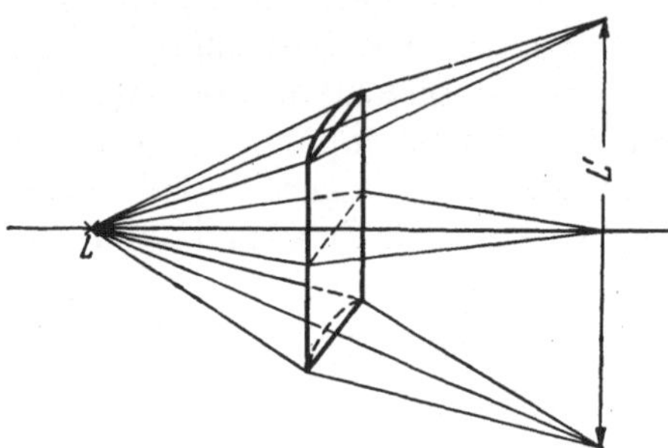

Abb. 296. Abbildung eines Punktes durch eine Zylinderlinse

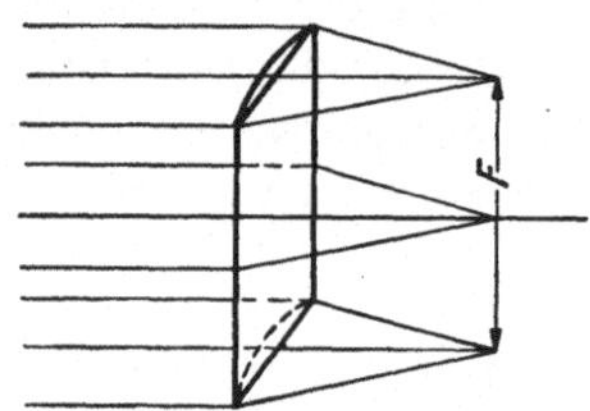

Abb. 297. Vereinigung eines Parallelstrahlenbündels in einer Brennlinie durch eine Zylinderlinse

Bilden wir einen leuchtenden Punkt L durch eine *zylindrisch* begrenzte Linse, sog. *Zylinderlinse*, ab, so erhalten wir als Bild einen senkrechten Strich L', s. Abb. 296. Ein Parallelstrahlenbündel wird nicht in einem Punkte, sondern in einer Strecke vereinigt, s. Abb. 297. Kombinieren wir zwei Zylinderlinsen, deren Achsen aufeinander senkrecht stehen, oder eine sphärische Konvexlinse mit einer Zylinderlinse, Fall des astigmatischen Auges, so wird ein leuchtender Punkt in zwei aufeinander senkrechten, hintereinander liegenden Geraden abgebildet.

C. Optische Instrumente

§ 161. Vorbemerkung über den Einfluß der Beugung und über die Strahlenbegrenzung durch Blenden. Will man die Wirkung eines optischen Instrumentes verstehen und seine Leistungsfähigkeit beurteilen, so ist eine einfache Betrachtung der Bildentstehung, wie wir sie im Abschnitt B besprochen haben, nicht ausreichend. Vielmehr müssen vor allem zwei weitere Umstände beachtet werden, nämlich die *Beugung* des *Lichtes* und die *Begrenzung* der *abbildenden Strahlenbündel* durch Linsenfassungen und Blenden sowie bei Instrumenten zur visuellen Beobachtung die Begrenzung durch die Pupille des Auges.

a) *Einfluß* der *Beugung.* Infolge der Wellennatur des Lichtes kommt es an allen Öffnungen eines optischen Instruments, z. B. an den Linsenfassungen, zu einer Beugung des Lichtes. Fällt auf eine Linse oder einen Hohlspiegel ein Parallelstrahlenbündel, so erhalten wir in der Brennebene nicht einen einzigen scharfen

Punkt, sondern ein kleines leuchtendes Scheibchen, ein sog. *Beugungsscheibchen*, das von einer Reihe heller und dunkler Ringe umgeben ist. Bilden wir also z. B. zwei benachbarte Sterne ab, so erhalten wir als Bild zwei Scheibchen, s. Abb. 298, die, falls die Sterne zu dicht zusammenliegen, ineinanderfließen, so daß die Sternbilder nicht mehr getrennt, d. h. nicht *aufgelöst* werden. Damit also zwei Sterne getrennt wahrgenommen werden können, müssen sie unter einem bestimmten

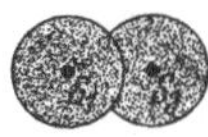

Abb. 298. Beugungsscheibchen begrenzen das Auflösungsvermögen eines Instrumentes

Mindestwinkel gesehen werden, d. h. einen bestimmten Minimalabstand im Bogenmaß besitzen. Mit wachsendem Durchmesser der Linse werden die Beugungsscheibchen immer kleiner, *das Auflösungsvermögen*, d. h. die Fähigkeit des Instrumentes, zwei Objektpunkte zu trennen also größer. Daher baut man die astronomischen Reflektoren und Refraktoren der Sternwarten mit möglichst großem Durchmesser.

b) *Strahlenbegrenzung* durch *Blenden*. Die Durchmesser der Linsenfassungen und Blenden beeinflussen nicht nur die Beugung und damit das Auflösungsvermögen, sondern außerdem durch die Art und Weise, wie sie die abbildenden Strahlenbündel begrenzen, auch weitere Eigenschaften des Bildes, wie seine *Helligkeit*, *Schärfe* und *Perspektive*, sowie das *Gesichtsfeld*. Da eine nähere Betrachtung dieser Zusammenhänge den Rahmen dieses Buches überschreitet, betrachten wir nur den Einfluß einer Blende auf die Helligkeit und das Gesichtsfeld an Hand eines einfachen Beispiels, s. Abb. 299.

Der leuchtende Punkt P sendet Strahlen nach allen Richtungen aus. Zu dem durch die Linse erzeugten Bildpunkt P' tragen nur die durch die Linse hindurchgegangenen Strahlen bei. Die Helligkeit des Bildes P' ist natürlich um so größer, je größer der Durchmesser der Linse, genauer, je größer der *Öffnungswinkel* $2u$ oder die *Apertur* des abbildenden Strahlenbündels ist, s. Abb. 299. Die Linsenfassung ist daher die für die Helligkeit maßgebende Blende, wir nennen sie die *Aperturblende*. Setzen

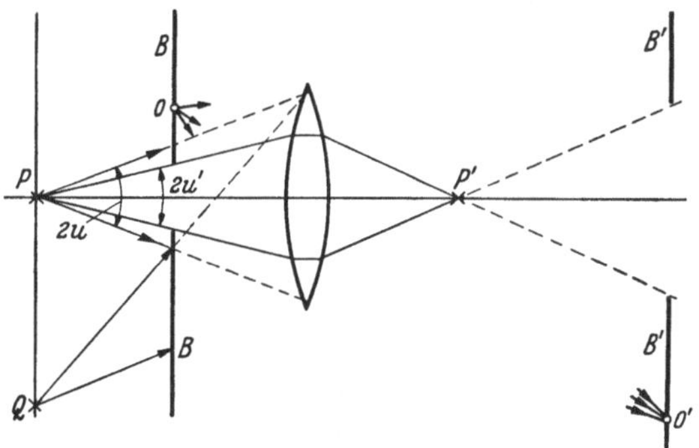

Abb. 299. Zur Strahlenbegrenzung durch Blenden

wir nun eine zusätzliche Blende BB vor, wodurch der Öffnungswinkel auf $2u'$ verringert wird, so wird jetzt BB die maßgebende Aperturblende. Ferner wird durch diese Blende das *Gesichtsfeld* wesentlich eingeschränkt, indem nur noch die von P und den Nachbarpunkten ausgehenden Strahlenbündel in die Linse gelangen und in Bildpunkten vereinigt werden. Bei den weiter seitlich gelegenen Punkten Q werden alle nach der Linsenöffnung zielenden Strahlen von der Blende abgehalten, so daß gar kein Bild zustande kommt. Die Blende wirkt daher auch als *Gesichtsfeldblende*.

Die körperliche Blende BB kann durch eine andere Blende $B'B'$ ersetzt werden, wenn $B'B'$ nach Lage und Durchmesser genau mit dem Bilde zusammenfällt, das die Linse von der ursprünglichen

Blende BB entwirft, s. Abb. 299. Um das einzusehen, betrachten wir einen Punkt O auf der Blende BB, O' möge der dazugehörige Bildpunkt sein. Da also alle Strahlen durch O, auch durch O' gehen müssen, ist es ganz gleichgültig, ob wir das Strahlenbündel durch BB oder $B'B'$ begrenzen. Randstrahlen von BB sind auch solche von $B'B'$.

So wie die Blende BB die eintretenden Strahlen begrenzt, so begrenzt $B'B'$ die austretenden. Wir nennen daher BB auch die *Eintrittspupille* und $B'B'$ die *Austrittspupille* des betreffenden optischen Systems. Beide verhalten sich zueinander wie Gegenstand und Bild, wobei es für die Wirkung völlig gleichgültig ist, welche von beiden Blenden wirklich eine körperliche Blende ist.

Sind mehrere Blenden vorhanden, so konstruiert man von allen die Bilder. Diejenige Blende, die vom Objekt P aus unter dem kleinsten Winkel erscheint, ist die maßgebende Eintrittspupille, ihr vom optischen System entworfenes Bild die maßgebende Austrittspupille. Bei Instrumenten für visuelle Beobachtung hat man auch die Pupille des Auges mit zu beachten, die sehr häufig die maßgebende Eintrittspupille des ganzen Systems wird, z. B. bei der Lupe und dem Galilei-Fernrohr. Soweit wie möglich bringt man bei subjektiver Beobachtung die Augenpupille an den Ort der Austrittspupille des Instrumentes, z. B. beim Mikroskop oder beim astronomischen Fernrohr.

Den Verlauf der Strahlen in einem optischen System und die Wirkung der Blenden übersieht man am besten, wenn man die Strahlen verfolgt, die vom Rande des Objektes ausgehend durch die Mitte der Eintrittspupille verlaufen, vgl. die Abb. 304 und 305. Diese Strahlen bezeichnen wir als die *Hauptstrahlen*, ihren Verlauf als den *Strahlengang* des betreffenden optischen Instrumentes.

§ 162. Die photographische Kamera. Bei der *photographischen Kamera* entwirft das Objektiv ein reelles, umgekehrtes, verkleinertes Bild, das wir auf der Mattscheibe oder einer mit einer lichtempfindlichen Schicht bedeckten Fläche auffangen können. Da zu einer bestimmten Gegenstandsebene im Raum eine bestimmte Bildebene gehört, kann auf der Mattscheibe immer nur eine einzige Ebene scharf abgebildet werden, die im Raume weiter hinten oder vorne liegenden Gegenstände erscheinen auf der Mattscheibe unscharf. Da aber unser Auge wegen seines begrenzten Auflösungsvermögens, s. § 168, eine gewisse Unschärfe in der Zeichnung gar nicht zu erkennen vermag, können wir in der Praxis auch von räumlich ausgedehnten Gegenständen auf einer einzigen Ebene für das Auge noch gute Bilder entwerfen. Je tiefer der räumliche Bereich ist, der gleichzeitig scharf abgebildet werden kann, um so größer ist die sog. *Tiefenschärfe*, auch *Schärfentiefe* genannt. Diese hängt nun nicht von der Güte des Objektivs, sondern nur von der *relativen* Öffnung, d. h. dem Verhältnis des abbildenden Durchmessers der Linse d zu ihrer Brennweite f ab, s. Abb. 300a.

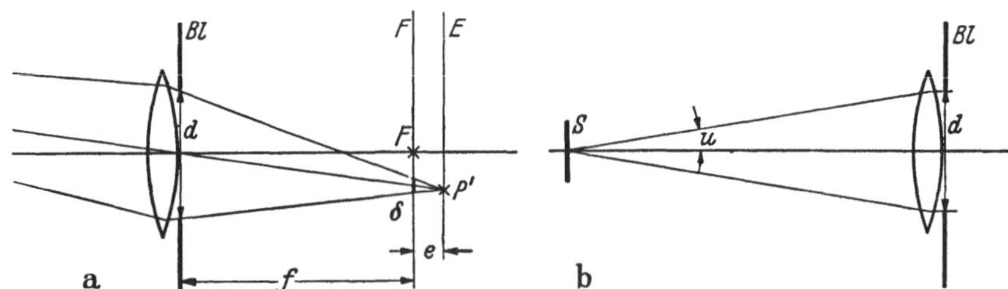

Abb. 300. Einfluß der relativen Öffnung auf die Tiefenschärfe (a) und die Helligkeit (b)

In der Brennebene F werden nur die in sehr großer, praktisch unendlicher Entfernung liegenden Gegenstände scharf abgebildet. Für einen näher liegenden Gegenstandspunkt fällt das Bild hinter die Brennebene, z. B. in den Punkt P' der Ebene E, die, s. Abb. 300a, im Abstande e hinter der Brennebene liegen möge. Befindet sich die Mattscheibe in der Brennebene, so erhalten wir auf ihr keinen scharfen Bildpunkt, sondern einen Zerstreuungskreis vom Durchmesser δ. Ist d der Durchmesser der

Linse bzw. der Blende Bl, so gilt $\delta/d = e/(e+f)$, bzw., solange e klein gegen die Brennweite ist, $\frac{\delta}{d} = e/f$, oder es gilt $\delta = ed/f$, d. h., der Zerstreuungskreis wird um so kleiner oder die Tiefenschärfe um so größer, je enger wir die Blende wählen und je länger die Brennweite ist, d. h. also je geringer die relative Öffnung ist. Die Tiefenschärfe geht aber auf Kosten der Helligkeit des Bildes. Aus der Abb. 300b erkennen wir ja sofort, daß die von der leuchtenden Fläche S in das Objektiv fallende Lichtmenge um so größer ist, je größer der Winkel $2u$ des abbildenden Strahlenbündels oder je größer der Durchmesser der Blende ist. Die nähere Betrachtung lehrt, daß die Helligkeit des Bildes mit $(d/f)^2$ wächst, so daß Helligkeit und Tiefenschärfe sich aus geometrischen Gründen notwendigerweise ausschließen. Die Tiefenschärfe des besten Objektes ist nicht besser als die des billigsten Achromaten.

Man kann heute durch geeignete Kombination mehrerer Linsen gut zeichnende Objektive bis zu einer relativen Öffnung $d:f = 1:1$ herstellen. Je größer d/f ist, um so sorgfältiger muß man jedoch einstellen. Das Photographieren mit billigen lichtschwachen Apparaten bei ausreichender Beleuchtung ist daher viel einfacher.

§ 163. Bildwerfer. Der *Bildwerfer* oder *Projektionsapparat* soll von einem Gegenstand, Diapositiv oder dgl., ein stark vergrößertes, lichtstarkes und weithin sichtbares Bild (Hörsaal, Kino) entwerfen. Dazu muß das Diapositiv so intensiv wie möglich beleuchtet werden, und zwar so, daß die beleuchtenden Strahlen auch zur Abbildung beitragen. Zu diesem Zweck benutzt man zur Beleuchtung ein lichtstarkes, meist aus zwei Plankonvexlinsen bestehendes System, den sog. *Kondensor K*, s. Abb. 301. Erzeugt nun das Objektiv O vom Diapositv G ein reelles Bild auf dem Projektionsschirm S, so muß man, um ein gut ausgeleuchtetes Bild zu erhalten, dafür sorgen, daß die beleuchtenden Strahlen auch durch das abbildende Objektiv auf den Projektionsschirm gelangen, also nicht etwa seitlich

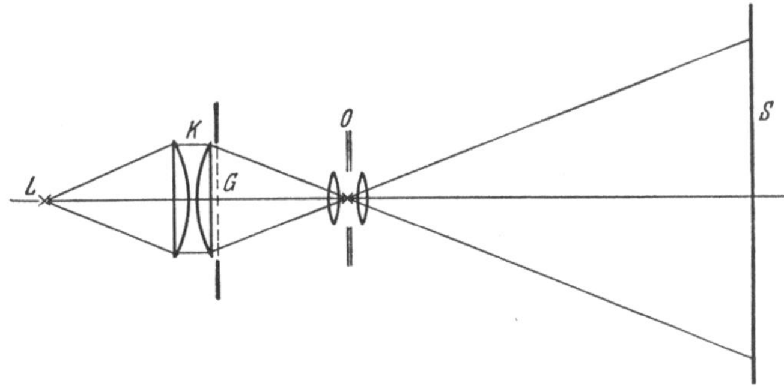

Abb. 301. Projektionsapparat

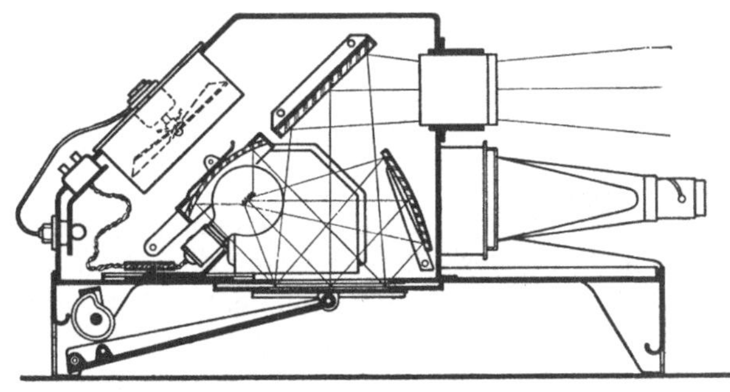

Abb. 302. Epidiaskop

vorbeilaufen und so für die Abbildung verlorengehen. Das erreicht man am besten, indem man durch den Kondensor die Lichtquelle L (Bogen- oder Metallfadenlampe) in das Objektiv abbildet.

Gegenstände, die man nicht durchleuchten kann, lassen sich mittels eines *Episkops* vergrößert abbilden, s. Abb. 302. Man beleuchtet z. B. eine Buchseite mit Hilfe von Hohlspiegeln so intensiv wie möglich und bildet diese mittels eines Spiegels und eines Objektivs ab. Da das beleuchtende Licht vom Papier teils absorbiert, teils diffus zerstreut wird, wird nur ein sehr geringer Teil der auffallenden Strahlung bei der Abbildung ausgenutzt. Daher ist die episkopische Projektion viel lichtschwächer als die diaskopische. Meist benutzt man Apparate, die sowohl für Epi- wie für Diaprojektion eingerichtet sind, sog. *Epidiaskope*, s. Abb. 302.

§ 164. Die Lupe. Wie in § 168 ausgeführt wird, kann unser Auge zwei Punkte, z. B. die Teilstriche eines Maßstabes, nur unterscheiden, wenn die von diesen ausgehenden und ins Auge tretenden Strahlen einen genügend großen *Sehwinkel* einschließen. Diesen Winkel können wir an und für sich dadurch vergrößern, daß wir das Objekt immer näher an das Auge heranbringen. Rückt das Objekt jedoch näher als der deutlichen Sehweite entspricht heran, so ermüdet das Auge und kann schließlich, wenn der Gegenstand diesseits des Nahepunktes (15 cm) liegt, wegen seines begrenzten Akkommodationsvermögens überhaupt kein scharfes Netzhautbild erzeugen. Diesen Übelstand kann man durch eine Lupe, meist eine einfache Sammellinse, bzw. bei größeren Anforderungen an die Vergrößerung durch ein Mikroskop, beheben. Diese Instrumente haben also ebenso wie das Fernrohr die Aufgabe, den *Sehwinkel* zu *vergrößern*, ohne daß das Netzhautbild unscharf wird. Dabei verstehen wir unter der *subjektiven Vergrößerung* das Verhältnis der Sehwinkel mit und ohne Instrument. Ohne Lupe würden wir das ausgedehnte Ding AB, um es bequem beobachten zu können, in die deutliche Sehweite,

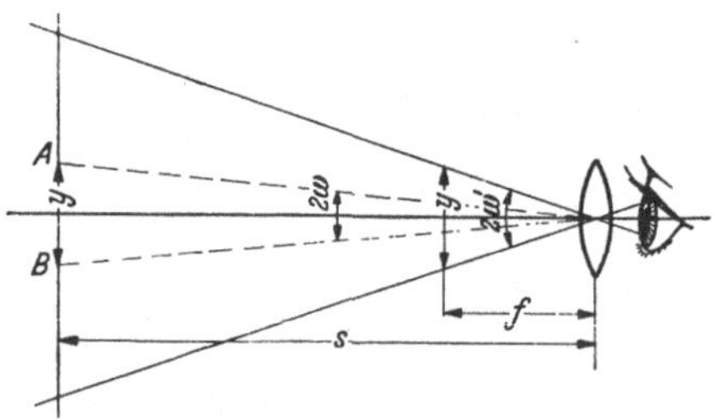

Abb. 303. Zur Vergrößerung der Lupe

$s = 25$ cm, bringen müssen und es unter dem Winkel $2w$ sehen, s. Abb. 303. Schalten wir eine Lupe ein, so können wir es viel näher rücken und daher unter einem weit größeren Winkel $2w'$ sehen. Ein geübter Beobachter benutzt eine Lupe und ebenso ein Mikroskop oder Fernrohr mit möglichst entspanntem, d. h. auf größte Entfernung eingestelltem Auge. Deshalb bringen wir das Objekt AB in die Brennebene der vorgesetzten Lupe. Das von der Lupe entworfene aufrechte, virtuelle Bild fällt dann ins Unendliche, oder in anderen Worten, die von den einzelnen Gegenstandspunkten ausgehenden Strahlenbündel gelangen als Parallelstrahlenbündel ins Auge und werden von dem auf unendlich eingestellten Auge auf der

Netzhaut vereinigt, s. Abb. 304. Die mittleren Strahlen sind die *Hauptstrahlen*, d. h. die nach der Mitte der Augenpupille P, die hier die *Eintrittspupille* (vgl. §161b) ist, gehenden Strahlen. Der von diesen eingeschlossene Winkel ist der Sehwinkel $2w'$.

Aus der Abb. 303 folgt $\tan 2w = y/s$; $\tan 2w' = y/f$. Daher ist bei kleinen Winkeln die *Winkelvergrößerung* $v = \dfrac{2w'}{2w} = \dfrac{\tan 2w'}{\tan 2w} = \dfrac{s}{f}$. Für ein kurzsichtiges Auge, s kleiner als 25 cm, ist die subjektive Vergrößerung kleiner, für ein weitsichtiges größer, so daß für einen weitsichtigen Beobachter

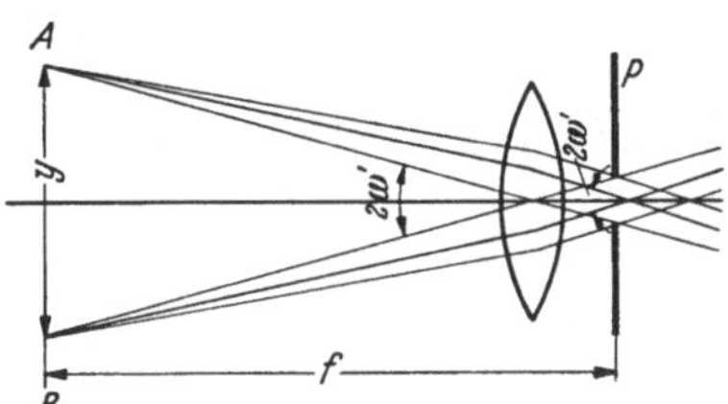

Abb. 304. Strahlengang der Lupe

die Lupe wirksamer ist. Für ein nicht auf unendlich, sondern auf deutliche Sehweite akkommodiertes Auge — das Objekt liegt dabei innerhalb der einfachen Brennweite der Lupe, so daß diese ein virtuelles Bild in 25 cm Abstand entwirft — führt eine entsprechende Überlegung zu einer etwas anderen Vergrößerung, nämlich $v = 1 + s/f$.

Die Vergrößerung einer Lupe wächst mit ihrer Brechkraft $1/f$. Ihr ist praktisch jedoch dadurch eine Grenze gesetzt, daß, vgl. die Beziehung in § 157, die Linse schließlich so stark gekrümmt, d. h. so klein, wird, daß die Abbildungsfehler zu groß werden. Außerdem ist die für die Helligkeit maßgebende Eintrittspupille dann nicht mehr die Augenpupille, sondern die Lupenfassung. Für mehr als etwa 30fache Vergrößerungen benutzt man daher ein zusammengesetztes optisches System, nämlich das Mikroskop.

§ 165. Das Mikroskop. a) Der *Strahlengang* im *Lichtmikroskop*. Das Mikroskop besteht aus zwei optischen Systemen, dem sammelnden *Objektiv* und dem *Okular*. Das Objektiv entwirft von einem in der Nähe seines Brennpunktes liegenden Gegenstand ein stark vergrößertes, reelles und umgekehrtes Bild, das durch das wie eine Lupe benutzte Okular nochmals vergrößert wird. Daher ist das endgültige, dem Auge dargebotene Bild umgekehrt und virtuell. Beobachten wir mit einem auf unendlich eingestellten Auge, so müssen wir das Okular so einstellen, daß das vom Objektiv entworfene Bild in die Brennebene des Okulars fällt, die Strahlen also parallel ins Auge treten. Man kann natürlich auch mit einem auf deutliche Sehweite eingestellten Auge beobachten, wenn das vom Objektiv erzeugte Bild innerhalb der Brennweite des Okulars so liegt, daß das zugehörige virtuelle Bild in die deutliche Sehweite des Auges, das wir unmittelbar über dem Okular denken müssen, fällt, vgl. Abb. 305. Objektiv und Okular sitzen am unteren bzw. oberen Ende eines Rohres, dem sog. *Tubus*, der zur Vermeidung von Lichtreflexen innen schwarz lackiert ist. Die einander zugewandten Brennpunkte beider Systeme haben einen größeren Abstand t, der als die *optische Tubuslänge* bezeichnet wird. Durch das Auseinanderrücken von Objektiv und Okular erreicht man eine sehr kleine Gesamtbrennweite. Die Gesamtbrennweite ist $F = -\dfrac{f_1 f_2}{t}$, vgl. § 159, wo f_1 die Brennweite des Objektivs, f_2 die des Okulars bedeutet. Ist v_1 die

Vergrößerung des Objektivs, v_2 die des Okulars, so ist die Gesamtvergrößerung $v = v_1 \cdot v_2$, wobei $v = \frac{sd}{f_1 f_2}$ ist.

Beweis: Die Vergrößerung des Objektivs ist Bild- durch Gegenstandsweite. Die letztere ist genähert $= f_1$ und die Bildweite ungefähr $= d$, also $v_1 = d/f_1$. Für v_2 haben wir bei der Lupe die Beziehung $v_2 \approx s/f_2$ kennengelernt.

Die Brennweiten der Objektive liegen für gewöhnlich zwischen 40 und 2 mm oder v_1 zwischen 5 und 100, für die Okulare wird v_2 zwischen 4 und 25 gewählt.

Den *Strahlengang* im Mikroskop zeigt die Abb. 305, die der Übersichtlichkeit wegen breiter als der Wirklichkeit entsprechend gehalten ist. Für den Objektpunkt B ist das ganze abbildende Strahlenbündel, für den Objektpunkt C nur der Mittelpunktstrahl gezeichnet. Das Objektiv O ist als einfache Linse dargestellt, obwohl es in Wirklichkeit aus mehreren, bis zu 10 Einzellinsen, besteht. Als Okular dient meist das sog. *Huygenssche Okular*, das aus zwei Linsen, der Feldlinse oder dem *Kollektiv* K und der *Augenlinse* A besteht.

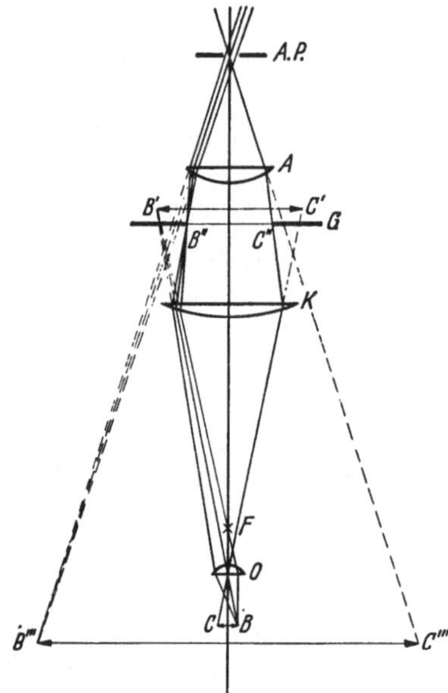

Abb. 305. Strahlengang im Mikroskop

Durch eine derartige Kombination kann man einmal die Abbildungsfehler, wie sphärische und chromatische Abweichung, beheben und dann vor allem das Gesichtsfeld erheblich vergrößern. Würde man als Okular nur eine einzige Linse nehmen, so würde bei starker Vergrößerung und daher kurzer Brennweite der Linsendurchmesser so klein werden, daß die vom Objektiv allein, also ohne die Mitwirkung der Feldlinse, zum Bilde $B'C'$ vereinigten Strahlen gar nicht mehr in die Augenlinse gelangen würden, s. Abb. 305. Schaltet man aber, ehe das Bild $B'C'$ überhaupt zustande kommt, das Kollektiv K ein, so werden die abbildenden Strahlen so geknickt, daß sie wirklich in die Augenlinse, die vor allem für die Okularvergrößerung maßgebend ist, gelangen. (Die geringe Abnahme der Vergrößerung des jetzt erzeugten Bildes $B''C''$ gegenüber $B'C'$ ist unwesentlich und kann durch Wahl einer stärker vergrößernden Optik leicht ausgeglichen werden.)

Von dem Bilde $B''C''$ entwirft die Augenlinse das virtuelle, vergrößerte Bild $B'''C'''$, das mit einem auf deutliche Sehweite akkommodierten Auge beobachtet wird.

An dem Ort des reellen Bildes $B''C''$ kann man für Meßzwecke ein Fadenkreuz oder eine durchsichtige Skala anbringen. Ferner bringt man in der Ebene $B''C''$ eine Blende an, die sog. *Gesichtsfeldblende G*, die ein gleichmäßig helles und scharf begrenztes Gesichtsfeld liefert.

Um die Leistungsfähigkeit eines Mikroskops, d. h. sein Auflösungsvermögen, s. Abschnitt b, und außerdem die *Helligkeit* des Bildes möglichst zu erhöhen, muß der Öffnungswinkel des Objektivs $2u$, vgl. Abb. 308, möglichst groß gemacht und außerdem dafür gesorgt werden, daß die das Präparat beleuchtenden Strahlen diesen auch ausfüllen. Dazu dient der *Beleuchtungsapparat* oder *Kondensor*.

Während das Okularsystem nur von dünnen Strahlenbündeln durchsetzt wird, gelangen in das Objektiv weit geöffnete Strahlenkegel. Um die Abbildungsfehler zu kompensieren, muß man daher das Objektiv aus mehreren Linsen aus verschiedenen Glassorten zusammensetzen, s. Abb. 306, die einen sog. *Apochromaten*, der aus 10 Einzellinsen besteht, zeigt.

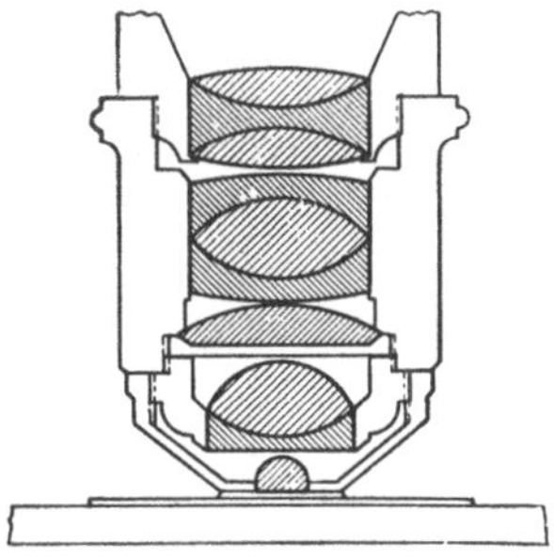

Abb. 306. Apochromat

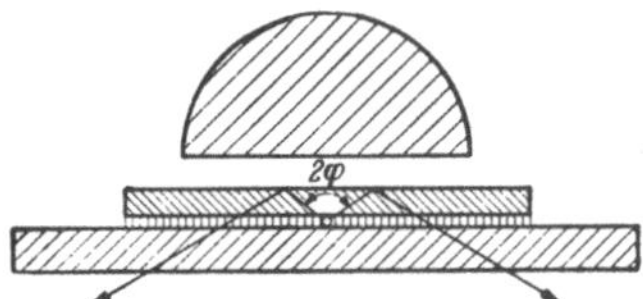

Abb. 307. Strahlenbegrenzung beim Trockensystem

Zur Vergrößerung der numerischen Apertur, s. Absatz b, benutzt man Immersionssysteme. Liegt wie gewöhnlich das Präparat unter einem schützenden Deckgläschen, so ist der Öffnungswinkel des ins Mikroskop gelangenden Strahlenbündels durch den Winkel 2φ begrenzt, wo φ der Grenzwinkel der Totalreflexion ist, s. Abb. 307. Bringt man zwischen Deckglas und Frontlinse des Objektivs eine Flüssigkeit, möglichst mit gleichem Brechungsindex, wie ihn die angrenzenden Gläser besitzen, z. B. Zimtöl, so ist jede Totalreflexion aufgehoben,und der Öffnungswinkel 2φ kann bis fast 180° gesteigert werden (*Immersionssystem*).

Um das Letzte aus einem Mikroskop herauszuholen, kann man mit blauem Lichte beobachten, bzw. bei Benutzung einer Optik aus Quarz das Bild mit ultraviolettem Lichte photographisch festhalten.

Die Vergrößerung eines Mikroskops wird man natürlich nur so weit treiben, daß die vom Objektiv noch getrennten Objektpunkte dem Auge im Bilde $B'''C'''$ unter einem solchen Winkel erscheinen, daß dieses sie ohne Anstrengung trennen kann. Jede darüber hinausgehende Vergrößerung ist eine nutzlose oder „*leere*" Vergrößerung.

Meistens beleuchtet man das Objekt mittels einer seitlich stehenden Lichtquelle über den Spiegel und über den Kondensor so intensiv wie möglich, sog. *Hellfeldbeleuchtung*.

Bei *submikroskopischen*, d. h. nicht mehr bezüglich ihrer Form und Größe wahrnehmbaren Teilchen, vgl. Abschnitt b, kann man im sog. *Ultramikroskop*, d. h. bei *Dunkelfeldbeobachtung*, wenigstens ihr Vorhandensein erkennen. Bei dieser Beobachtungsmethode wird das Präparat, z. B. eine kolloidale Lösung, von der Seite so intensiv als möglich beleuchtet, wobei man peinlich darauf achtet, daß kein direktes Licht ins Mikroskop gelangt, das Gesichtsfeld also völlig dunkel erscheint. Haben die kleinen Teilchen eine andere Brechungszahl als die Flüssigkeit, so senden sie Bündel schwachen Streulichtes ins Mikroskop, so daß sie hier als kleinste Lichtpunkte bzw. Scheibchen auf dunklem Untergrund erscheinen. Auf diese Weise kann man Teilchen bis zu einem Durchmesser von einigen Millimikron (10^{-7} cm) erkennen.

b) *Auflösungsvermögen.* Beim Mikroskop haben wir es im allgemeinen mit *beleuchteten* und nicht wie bei der Beobachtung der Sterne mit dem Fernrohr mit *selbstleuchtenden* Objekten zu tun. Daher wirkt das Objekt ähnlich wie ein Gitter, wobei die Objektivfassung einen Teil der Beugungserscheinung abblendet.

Die nähere Betrachtung lehrt, daß das *Auflösungsvermögen* des Objektivs mit seiner *numerischen Apertur* $A = n \sin u$ wächst. Dabei ist n die Brechungszahl des Mediums, in dem das Objekt eingebettet ist, und u der halbe Öffnungswinkel des den Achsenpunkt P abbildenden Strahlenbündels, s. Abb. 308. Der kleinste Abstand $d_{\min}$ zweier Punkte im Objekt, die das Objektiv noch getrennt abzubilden vermag, ist außerdem noch durch die Wellenlänge des benutzten Lichtes bestimmt, und zwar nach der Gleichung $d_{\min} = \lambda/n \sin u$. Da $\sin u$ höchstens etwa $= 1$ werden kann, folgt, daß der kleinste Abstand zweier Objektpunkte oder der kleinste Teilchendurchmesser, der im Mikroskop noch gesehen werden kann, ungefähr gleich der Wellenlänge des Lichtes ist, also bei gewöhnlichem Lichte etwa 500 mμ beträgt[62].

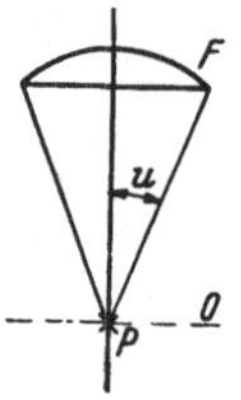

Abb. 308. Zur numerischen Apertur

Die Bildentstehung im Mikroskop beruht im Grunde auf einem recht verwickelten räumlichen Interferenzvorgang, der vor allem durch Abbé[62a] aufgeklärt wurde. Nehmen wir der Übersichtlichkeit halber als Objekt ein Gitter und beleuchten dieses mit enggezogener Blende, so entsteht in der Brennebene des Objektivs F ein System von Beugungsbildern L_0, L_1, L_2 ... 0, 1, 2ter Ordnung, vgl. § 176. Diese Reihe von Beugungsbildern stellt ein System von kohärenten Lichtquellen dar, so daß die von ihnen ausgehenden Wellenzüge nachher miteinander interferieren können. Die nähere Untersuchung zeigt, was ja auch bei größeren Objekten die Erfahrung lehrt, daß durch Interferenz die Strahlen sich so verstärken und schwächen, daß in der durch die geometrische Optik gegebenen Bildebene des Objektivs ein sekundäres Beugungsbild entsteht, das dem ursprünglichen Gitter ähnlich und von der benutzten Wellenlänge unabhängig ist. Für das Verhältnis der Abstände der Streifen im sekundären Beugungsbild und im Gitter ergibt sich das Verhältnis von Bildweite zu Gegenstandsweite oder dieselbe Vergrößerung, wie wir sie bereits mit Hilfe der geometrischen Optik gefunden haben. Diese vertiefte Betrachtung lehrt uns aber zusätzlich, daß zur Entstehung des endgültigen Bildes Voraussetzung ist, daß in der Brennebene des Objektivs mehrere (mindestens zwei) Beugungsbilder zustande kommen, die als Lichtquellen für das Interferenzbild in der Ebene $B''C''$, s. Abb. 305, wirken. Nun ist aber der Winkel für das Bild erster Ordnung nach den Ausführungen des § 176 durch die Beziehung $\lambda = d \sin\alpha$ festgelegt. $\sin\alpha$ kann aber nicht größer als 1 werden. Sobald also $d < \lambda$ wird, ist die Bedingung für das Zustandekommen eines Beugungsbildes nicht mehr erfüllbar. Dasselbe ist der Fall, wenn der Öffnungswinkel u kleiner als α wird.

Je größer u ist, um so eher können auch Beugungsbilder höherer Ordnung ins Mikroskop gelangen, um so größer wird die Zahl der Lichtquellen L_1, L_2, ..., und um so ähnlicher wird das durch

[62] Liegt das Präparat in einem Medium der Brechungszahl n, so wird die Wellenlänge kleiner, nämlich λ/n. Daher kommt man bei symmetrischer Beleuchtung von unten mit sichtbarem Licht bis zu $d \approx 320$ mμ, bei schiefer Beleuchtung, wie hier nicht näher begründet werden kann, bis 160 mμ, mit ultraviolettem Lichte bis etwa 100 mμ.

[62a] Ernst Abbé, 1840—1905. Mitbegründer der Firma Carl Zeiss, erwarb sich große Verdienste um die theoretische und praktische Entwicklung der Optik.

Interferenz der von ihnen ausgehenden Wellenzüge in $B''C''$ entstehende Bild. Wird $d < \lambda/n \sin\alpha$, so gelangt nur das Bild nullter Ordnung ins Mikroskop und wir erhalten statt eines Bildes nur einen hellen Untergrund. Zeigt das Präparat regelmäßige Strukturen von der Größenordnung der Wellenlänge, so ist bei der Beurteilung der Bilder größte Vorsicht am Platze, da das räumliche Interferenzsystem falsche und von der Okulareinstellung abhängige Bilder vortäuschen kann. Zu diesen Erscheinungen gibt es eine Reihe von Versuchen, die jeder Mikroskopiker kennen muß, um die Grenzen seines Instrumentes zu übersehen.

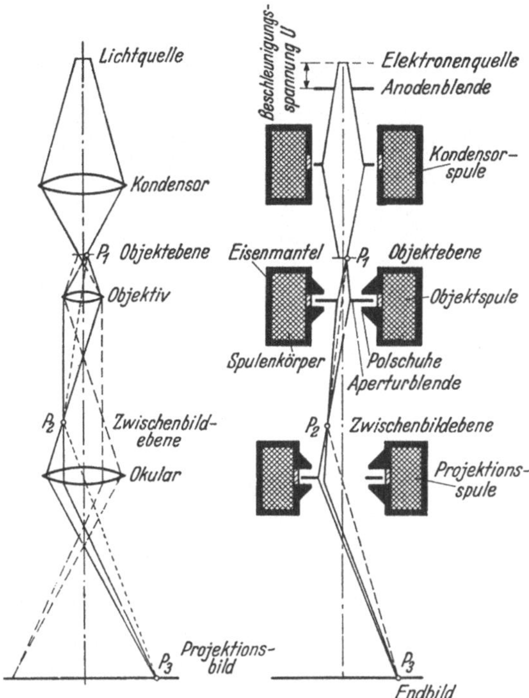

Abb. 309. Schematische Gegenüberstellung von Elektronen- und Lichtmikroskop nach v. ARDENNE

c) Das *Elektronenmikroskop*. Einen entscheidenden Fortschritt gegenüber dem Lichtmikroskop stellt das *Elektronenmikroskop* dar. Wir haben schon in § 118 davon gesprochen, daß man ein von einem Punkt ausgehendes Elektronenstrahlbündel durch geeignete elektrische und magnetische Felder, die als Linsen wirken, wieder in einem Punkt vereinen kann. Dabei gelten Abbildungsgleichungen, die denen der geometrischen Optik weitgehend entsprechen. In Abb. 309 sehen wir den schematischen Aufbau eines Elektronenmikroskops mit magnetischen Linsen und zum Vergleich den des Lichtmikroskops. Die Ähnlichkeit zwischen der gewöhnlichen und der Elektronenoptik geht aber noch weiter. Wie wir in § 194 sehen werden, treten auch bei Elektronenstrahlen Beugungs- und Interferenzerscheinungen auf, d. h. bewegte Elektronen haben nicht nur die Eigenschaften von Teilchen, sondern zeigen bei geeigneter Beobachtungsweise auch Wellencharakter. Daher gelten unsere obigen Überlegungen auch für das Auflösungsvermögen des Elektronenmikroskops. Die Wellenlänge der einem fliegenden Elektron zugeordneten Welle hängt nach der in § 194 angegebenen Beziehung $\lambda = \sqrt{\frac{150}{U}} \cdot 10^{-8}\,\mathrm{cm}$

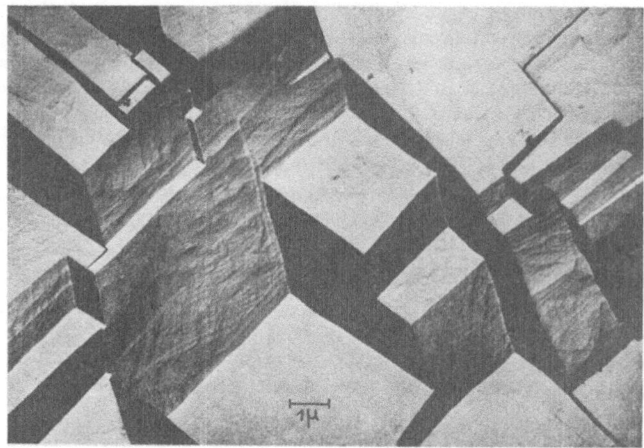

Abb. 310. Oxydabdruck von geätztem Aluminium; Vergrößerung 5000 : 1 nach MAHL

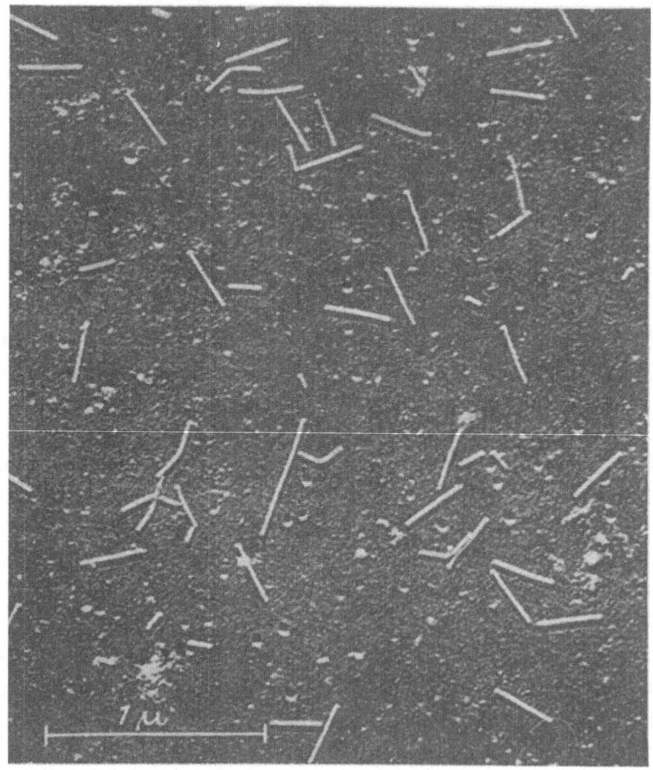

Abb. 311. Stäbchen des Tabakmosaikvirus; Vergrößerung 80000 : 1 nach SCHRAMM

(U = die beschleunigende Spannung in Volt) von seiner Geschwindigkeit ab und ist um viele Größenordnungen kleiner als die des sichtbaren Lichtes. Für eine Spannung von 75000 Volt wird $\lambda = 4{,}47 \cdot 10^{-10}$ cm $= 0{,}045$ Å. Da man bei ausreichender Apertur Strukturen von den Abmessungen der benutzten Wellenlänge auflösen kann, würde man zunächst erwarten, die Atome und Moleküle, deren Durchmesser ja wenige Å betragen, sehen zu können. Dieses Auflösungsvermögen ist aber nicht zu erreichen, weil sich beim Elektronenmikroskop, vor allem infolge der Abbildungsfehler, nur ganz geringe Aperturen verwenden lassen. Immerhin hat man bereits ein Auflösungsvermögen bis zu etwa 5 Å erreicht, so daß man *Kristallitgefüge*, große *Eiweißmoleküle*, *Viren* u. dgl. sichtbar machen kann, vgl. Abb. 310 und 311.

§ 166. Das Fernrohr. Das Fernrohr hat die Aufgabe, für Dinge, die vom Auge weit entfernt liegen und die nicht nähergerückt werden können, den *Sehwinkel* zu *vergrößern*, und zwar ohne daß das Auge anders zu akkommodieren braucht. Ein Fernrohr besteht wie das Mikroskop aus einem Objektiv und einem Okular. Beim *astronomischen* oder *Keplerschen* Fernrohr entwirft das Objektiv (Achromat mit langer Brennweite) von dem weit entfernten Objekt ein reelles umgekehrtes Bild, das mit dem als Lupe wirkenden Okular betrachtet wird, s. Abb. 312. Das Objekt AB, nicht gezeichnet, möge in unendlicher Entfernung liegen und unter dem Winkel $2w$ gesehen werden. Das vom Punkte A kommende Parallelstrahlenbündel wird in der Brennebene des Objektivs zum Bilde A' vereinigt (von den von B herkommenden Strahlen ist nur der Hauptstrahl gezeichnet). Fallen die Brennebenen von Objektiv und Okular zusammen, so gelangen die abbildenden Strahlenbündel als Parallelstrahlenbündel ins Auge und vereinigen sich auf der Netzhaut zum Bilde. Ohne Fernrohr verlaufen die von A kommenden Strahlen von oben nach unten, mit Fernrohr gelangen sie von unten nach oben verlaufend ins Auge, das Bild ist also *umgekehrt*.

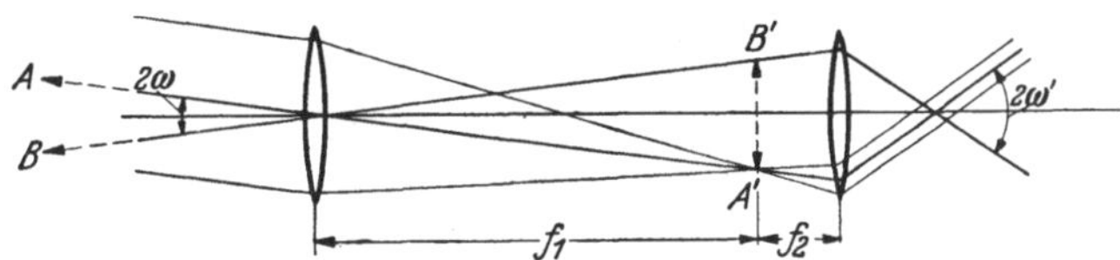

Abb. 312. Strahlengang im astronomischen Fernrohr

Ohne Fernrohr würde das Auge das Objekt, z. B. die Mondscheibe, unter dem Winkel $2w$ sehen; mit Fernrohr gelangen die von A und B herkommenden Strahlen unter dem Winkel $2w'$ ins Auge, der *Sehwinkel* ist also vergrößert.

Die *Winkelvergrößerung* ist $v = \frac{2w'}{2w} = \frac{\operatorname{tg} 2w'}{\operatorname{tg} 2w} = \frac{A'B'}{f_2} : \frac{A'B'}{f_1} = \frac{f_1}{f_2}$, d. h. gleich dem Verhältnis der Brennweiten von Objektiv und Okular.

Die Fernrohrlänge l ist im wesentlichen gleich der Summe der Brennweiten $f_1 + f_2$ von Objektiv und Okular.

Die Helligkeit (Beleuchtungsstärke) des Netzhautbildes von *flächenhaften* Dingen ist mit und ohne Fernrohr dieselbe, da die Zunahme der ins Auge eintretenden Lichtmenge durch die Vergrößerung des Netzhautbildes ausgeglichen wird. Es ist unmöglich – dieser Satz gilt ganz allgemein –, die Helligkeit des Augenbildes eines ausgedehnten Objektes durch Einschalten eines optischen Instrumentes zu erhöhen. Unabhängig davon steigert ein Fernrohr in der Dunkelheit das Unterscheidungsvermögen, was auf einen Einfluß der Bildgröße hinweist.

Der Querschnitt eines von einem leuchtenden Flächenstück ausgehenden Parallelstrahlenbündels wird, wie in Abb. 313 zeigt, durch das Fernrohr im Verhältnis f_2/f_1 verkleinert. In die Augenpupille gelangt daher, wenn das Instrument vorgeschaltet ist, mehr Licht, und zwar ist der Lichtstrom im Verhältnis f_1^2/f_2^2 gegenüber dem Falle, wo das Auge in das ursprüngliche Strahlenbündel eintaucht, vergrößert. Da aber auch die Abmessungen des Netzhautbildes proportional der Vergrößerung, also mit f_1/f_2 wachsen, ist die Helligkeit des Netzhautbildes, d. h. der Lichtstrom pro Flächeneinheit, mit und ohne Fernrohr gleich. Erst wenn das aus dem Okular austretende Strahlenbündel die Pupille des Auges nicht mehr ganz ausfüllt, wir die Helligkeit vermindert. Wir können also nicht die Helligkeit des Augenbildes, sondern nur die Beleuchtungsstärke im Raume hinter dem Objektiv vergrößern.

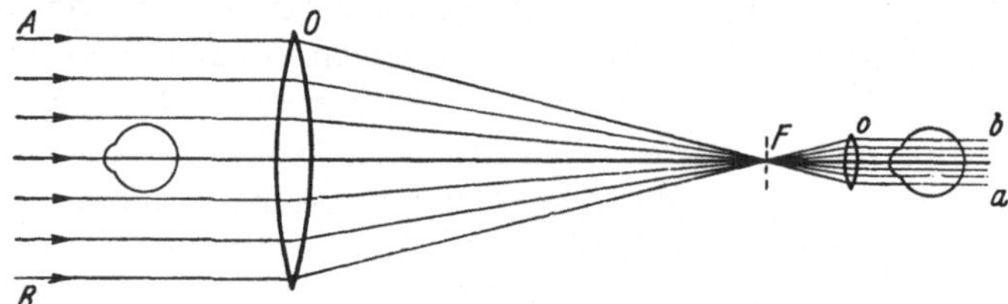

Abb. 313. Zur Helligkeit eines Fernrohrbildes

Das gilt jedoch nicht für die Helligkeit punktförmiger Objekte. Ein Fernrohr erzeugt von einem Fixstern kein Bild im Sinne der geometrischen Optik, sondern ein Beugungsscheibchen. Der im Beugungsscheibchen vereinigte Lichtstrom wächst mit der Fläche des Objektivs, so daß die Helligkeit immer größer wird. So kommt es, daß man mit einem genügend vergrößernden Fernrohr am hellen Tage die Sterne sehen kann.

Fernrohre großer Lichtstärke und mit großem Auflösungsvermögen für astronomische Zwecke werden heute nur noch als *Spiegelteleskope* gebaut, bei denen das reelle Bild mit Hilfe von Paraboloidspiegeln mit Durchmessern bis zu mehreren Metern erzeugt wird.

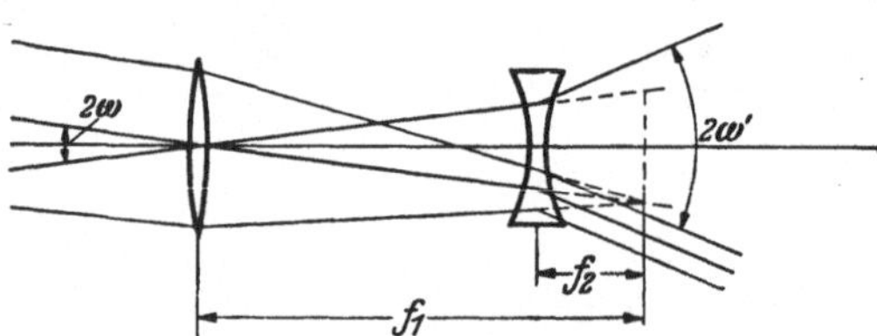

Abb. 314. Strahlengang im holländischen Fernrohr

Den Nachteil der Bildumkehr vermeidet das *Galileische* oder *holländische Fernrohr*, das als *Opernglas* bekannt ist. Ehe die vom Objektiv kommenden Strahlen sich zu einem reellen Bild vereinigen, werden sie durch eine Zerstreuungslinse, deren virtueller Brennpunkt mit dem des Objektivs zusammenfällt, divergent gemacht und gelangen als Parallelstrahlenbündel ins Auge, s. Abb. 314. Die Vergrößerung des Sehwinkels $v = 2w'/2w$ ist wieder durch das Verhältnis der beiden Brennweiten gegeben. Da die abbildenden Strahlenbündel von derselben Seite ins

Auge gelangen wie ohne eingeschaltetes Instrument, erscheint das Bild *aufrecht*. Ein weiterer Vorteil ist die Kürze des Fernrohres, die durch $f_1 - f_2$ bestimmt ist. Da die Zahl der Glasflächen sehr klein ist, haben wir auch geringe Lichtverluste durch Reflexion. Als Nachtglas ist das holländische Fernrohr auch heute noch unübertroffen.

Dagegen ist das holländische Fernrohr für Meßzwecke unbrauchbar, weil kein reelles Bild zustande kommt, an dessen Stelle man ein Fadenkreuz einbauen kann. Ein weiterer Nachteil ist das kleine Gesichtsfeld.

Ein Fernrohr, das eine Reihe von Vorzügen in sich vereinigt, stellt das *Prismenfernrohr* dar. Es ist im Prinzip ein astronomisches Fernrohr, bei dem das Bild mit Hilfe zweier aufeinander senkrecht stehender rechtwinkliger Prismen umgekehrt wird, also dem Beobachter aufrecht und seitenrichtig erscheint. Den

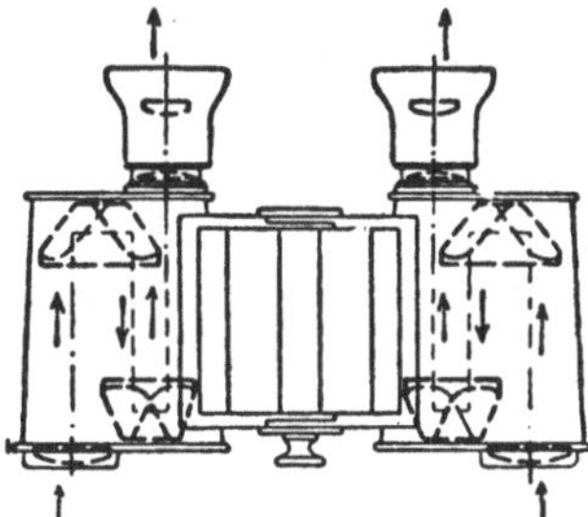

Abb. 315. Prismenfernrohr

Strahlengang im Prismenfernrohr zeigt die Abb. 315. Durch die wiederholte Umkehr der Richtung des Strahlenganges kann die Länge des Fernrohres auf fast ein Drittel der Länge $f_1 + f_2$ des gewöhnlichen astronomischen Fernrohres verkürzt werden, wodurch das Prismenglas besonders handlich wird. Meistens wird es zum gleichzeitigen Gebrauch für beide Augen, also *binokular*, gebaut. Wegen der seitlichen Verschiebung der Strahlen kann man die Objektive weiter auseinander anordnen als die Okulare und damit das räumliche Sehen, s. § 170, d. h. die *Plastik* oder die *Tiefe* des Bildes, erheblich steigern. Beim sog. *Scherenfernrohr* macht man den Abstand der Objektive besonders groß.

§ 167. Spektralapparat. Zur Untersuchung der Spektren benutzt man Spektralapparate mit Prismen. Ein solcher besteht im Prinzip, s. Abb. 316, aus dem Kollimatorrohr K mit dem in der Brennebene der Linse L_1 liegenden Spalt S, dem Prisma P und dem astronomischen Fernrohr F. Das durch den Spalt S einfallende Licht gelangt in Parallelstrahlenbündeln ins Prisma. Das auf Unendlich eingestellte Fernrohr entwirft vom Spalt ein scharfes Bild in der Brennebene von L_2. Da das Licht jeder beliebigen Farbe immer als Parallelstrahlenbündel das Prisma durchsetzt und unter einem bestimmten Winkel ins Fernrohr eintritt,

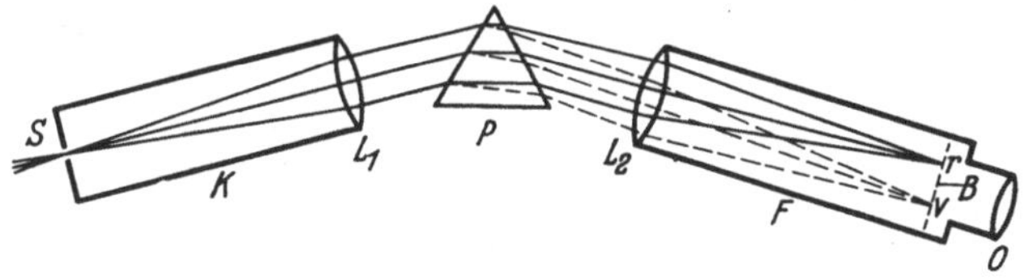

Abb. 316. Spektralapparat

entsteht für die betreffende Farbe ein scharfes Spaltbild. Wir erhalten so in der Brennebene eine nach ihrer Brechbarkeit aneinandergereihte Folge von Spaltbildern B verschiedener Farbe, d. h. ein *reines Spektrum*. Dieses wird durch das Okular O beobachtet oder auf einem in die Brennebene gebrachten Schirm objektiv entworfen.

D. Das Auge und das Sehen

§ 168. Das Auge als optisches System. Unser Auge ist ein recht kompliziertes optisches System, s. Abb. 317. Das eindringende Licht passiert zuerst eine kugelförmig gekrümmte durchsichtige Haut, die *Hornhaut H*, deren Dicke wir vernachlässigen. Dahinter liegt ein Raum von der Form einer Konvex-Konkav-Linse, die sog. *vordere Kammer K*, die mit einer Flüssigkeit, dem *Kammerwasser*, gefüllt ist. Dann kommt die bikonvexe, durchsichtige *Kristallinse* aus elastischem Material. An die Linse schließt sich der Rest des kugeligen Augapfels an, der mit einer durchsichtigen Gallerte, dem sog. *Glaskörper G*, ausgefüllt ist. Wir haben im wesentlichen also drei brechende Flächen, nämlich die Hornhaut, die die Luft vom Kammerwasser trennt und die Vorder- und Hinterfläche der Kristallinse, d. h. die Trennflächen zwischen Kammerwasser und Linse einerseits und der Linse und dem Glaskörper andererseits. Die den Augapfel umhüllende *Lederhaut* ist innen mit einer Schicht von schwarzem Pigment, der sog. *Aderhaut A*, überzogen. Der vordere Teil der Lederhaut ist durchsichtig und bildet die Hornhaut. Die Aderhaut geht vorne in die *Regenbogenhaut* oder *Iris J* über, die ein Loch, die *Pupille P*,

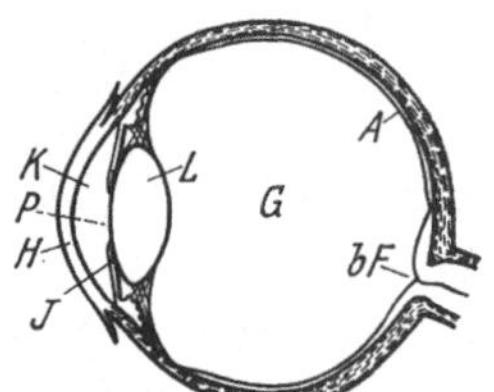

Abb. 317. Das Auge

enthält. Die Größe der Pupille kann durch bestimmte Muskeln verengt und der jeweiligen Beleuchtung angepaßt werden. Sie wirkt also als Blende. Die Brechungszahl des Kammerwassers ist fast genau gleich der des Glaskörpers, die der Linse ist erheblich größer. Da beim Auge das erste Medium Luft und das letzte durch den Glaskörper gegeben ist, haben wir ein optisches System mit zwei verschiedenen Brennweiten und bei dem ferner die Knotenpunkte nicht mit den Hauptpunkten zusammenfallen, s. § 158.

Die beiden Hauptebenen und ebenso die beiden Knotenpunkte liegen sehr nahe beieinander, so daß man das ganze System angenähert als ein solches mit einer einzigen Hauptebene und einem einzigen Knotenpunkt behandeln kann, deren Lage sich bei verschiedenem Akkommodieren nur unwesentlich ändert.

Die eigentliche lichtempfindliche Fläche ist die *Netzhaut*, die als innerste Schicht des Augapfels unmittelbar an den Glaskörper angrenzt. Sie trägt die *lichtempfindlichen Zäpfchen* und *Stäbchen*, s. § 171. An der Eintrittsstelle des Sehnervs ist die Netzhaut ganz unempfindlich, sog. *blinder Fleck bF*. Im allgemeinen stört dieser nicht, vor allem, weil er für beide Augen an verschiedenen Stellen des Gesichtsfeldes liegt. Die Mitte der Netzhaut gegenüber der Pupille enthält die meisten Zäpfchen. Diese als *gelber Fleck* bezeichnete Stelle besitzt die größte Sehschärfe, s. weiter unten. Die *Sehschärfe* des Auges ist *begrenzt*, d. h. es vermag zwei Objektpunkte P_1 und P_2, etwa zwei benachbarte Millimeterstriche eines Maßstabes, nur dann getrennt zu sehen, falls diese dem Auge unter einem genügend großen *Sehwinkel* dargeboten werden. Darunter verstehen wir den Winkel $2w$, den die von P_1 und P_2 nach der Mitte der Augenpupille zielenden

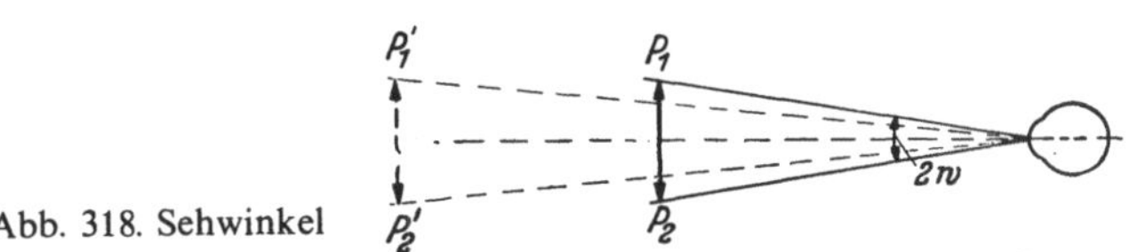

Abb. 318. Sehwinkel

Strahlen miteinander einschließen, s. Abb. 318. Verschieben wir das Stück $P_1 P_2$ immer weiter weg, so wird der Sehwinkel und ebenso das Netzhautbild immer kleiner und schließlich so klein, daß das Bild $P_1 P_2$ nicht mehr auf verschiedene Zäpfchen (Empfänger) fällt. Wird nur noch ein einziges Zäpfchen erregt, so haben wir die Empfindung eines leuchtenden Punktes. Ist also das Objekt zu weit entfernt, so fallen seine Bildpunkte auf ein einziges Zäpfchen und lösen nur eine einzige Lichtempfindung aus, so daß wir Einzelheiten nicht mehr zu erkennen vermögen. Je dichter die Zäpfchen liegen, um so größer ist die *Sehschärfe* oder das *Auflösungsvermögen* des Auges. Der Zäpfchenabstand beträgt im Minimum 0,004 mm[63]. Zwei Millimeterstriche werden also nur getrennt, wenn das Bild mindestens diese Größe hat. Das bedeutet einen maximalen Abstand von drei Metern oder einen Sehwinkel von mindestens einer Minute.

Die geringste von einem vorher im Dunkeln ausgeruhten Auge wahrgenommene Energiestromdichte ist etwa 10^{-14} W/cm^2, *Augenempfindlichkeit*.

§ 169. Akkommodation des Auges. Brillen. Das normale oder *rechtsichtige* Auge ist im allgemeinen auf unendlich eingestellt. Der bildseitige Brennpunkt fällt in die Netzhaut, so daß unendlich ferne Dinge auf der Netzhaut scharf abgebildet werden. Beim Näherrücken der Gegenstände würde also bei einem starren Auge das Bild hinter die Netzhaut fallen. Mit Hilfe eines besonderen Muskels vermag das Auge die Kristallinse stärker zu krümmen, so daß das Bild wieder auf die Netzhaut fällt. Diese Einstellfähigkeit des Auges bezeichnet man als *Akkommodation*. Sie ist begrenzt. Das normale Auge vermag bis auf etwa 15 cm, d. h. bis zum sog. *Nahepunkt*, zu akkommodieren. Erfahrungsgemäß ist aber eine Akkommodation ohne Ermüdung für längere Zeit nur bis auf etwa 25 cm möglich, sog. *deutliche* oder *bequeme Sehweite*. Beim *kurzsichtigen* Auge, das die Linse nicht mehr genügend entspannen kann, fällt das von einem sehr fernen Gegenstand entworfene Bild vor die Netzhaut. Der am weitesten entfernte Punkt, der gerade noch scharf abgebildet wird, der sog. *Fernpunkt A*, liegt nicht mehr im Unendlichen, s. Abb. 319a. Der Nahepunkt und die deutliche Sehweite liegen dem Auge näher

[63] Eine größere Dichte der Zäpfchen würde wirkungslos sein, da dann die Beugung an der Pupille die Sehschärfe begrenzen würde. Diese Beugung begrenzt praktisch das Auflösungsvermögen nur bei engster Pupille, also z. B. in grellem Sonnenlicht.

als 15 bzw. 25 cm. Damit das Auge achsenparallele Strahlen auf der Netzhaut vereinigen kann, muß als *Korrekturbrille* eine *Zerstreuungslinse* eingeschaltet werden. Beim *weitsichtigen* Auge liegen die Verhältnisse umgekehrt. Der Fehler muß durch eine *Konvexlinse* ausgeglichen werden, vgl. Abb. 319d. Die Stärke von Brillengläsern gibt man in Dioptrien an, vgl. §157.

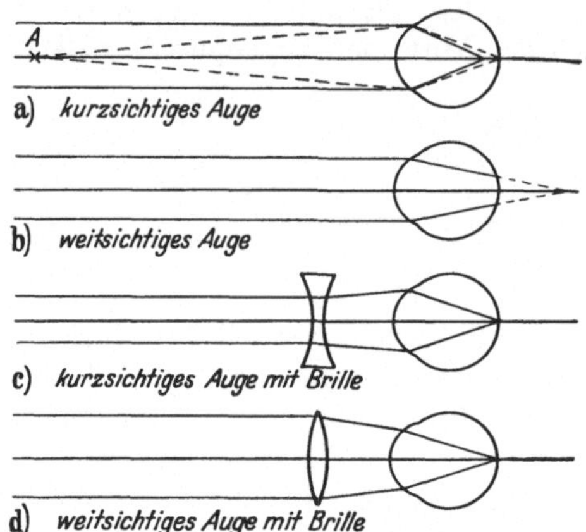

Abb. 319. Kurz- und weitsichtiges Auge, ohne und mit Brille

Ein weiterer häufiger Augenfehler ist der *Astigmatismus*, der bei nichtsphärischer Krümmung der brechenden Flächen des Auges auftritt. Durch Zylinderlinsen, die aus sphärischen und zylindrischen Flächen kombiniert sind, kann man diesen Fehler beheben, vgl. § 160.

Der bei jedem Auge unvermeidliche *Astigmatismus schiefer Büschel*, vgl. § 160, kann durch *asphärisch* geschliffene Gläser, sog. *Punktalgläser*, behoben werden.

§ 170. Räumliches Sehen. Für sich allein erzeugt jedes Auge ein einziges ebenes Bild. Ein Schätzen von Entfernungen ist daher nur mit Hilfe zusätzlicher Erfahrungen, wie scheinbarer Größen usw., möglich. Anders ist es beim *Sehen* mit *zwei Augen*, das uns einen *räumlichen* Eindruck ermöglicht. Betrachten wir einen Gegenstand in der Nähe, z. B. eine auf dem Tisch stehende vierseitige Pyramide, symmetrisch von oben, so sind die Bilder in beiden Augen verschieden, s. Abb. 320. Beide Augen zusammen vermitteln uns jedoch einen einheitlichen und räum-

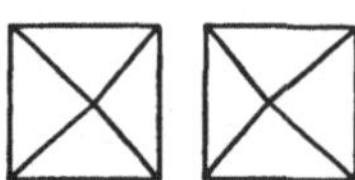

Abb. 320. Netzhautbilder einer vierseitigen Pyramide im linken und rechten Auge

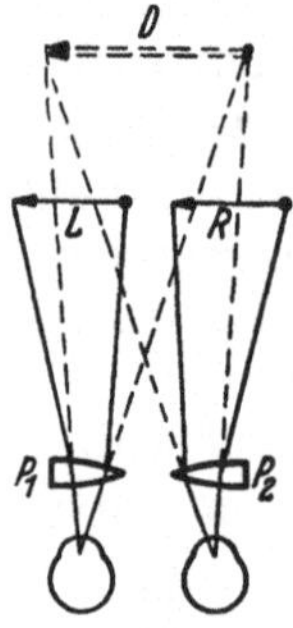

Abb. 321. Stereoskop

lichen, körperlichen Eindruck. Durch Vergrößern des Augenabstandes, z. B. beim *Prismenglas* oder *Scherenfernrohr*, wird der räumliche Eindruck noch verstärkt.

Um mit Hilfe von Bildern räumliche Eindrücke zu vermitteln, benutzt man das *Stereoskop*, s. Abb. 321. In dieses legt man zwei Aufnahmen L und R von ein und demselben Objekt, die von zwei verschiedenen Standpunkten aufgenommen sind. Das geschieht z. B. mit Hilfe einer Doppelkamera oder *Stereokamera*, deren beide Objektive einen bestimmten Abstand haben. Die Halblinsen P_1 und P_2 entwerfen von L und R zwei sich in D deckende virtuelle Bilder L' und R'. Das linke Auge beobachtet L', das rechte R', also ein und dasselbe Ding, aber von verschiedenen Stellen abgebildet. So entsteht wie beim unmittelbaren Beobachten des ursprünglichen Dinges ein räumlicher Eindruck.

§ 171. Sehen mit Zäpfchen und Stäbchen. Farbensehen. Auf der Netzhaut befinden sich zwei Arten von lichtempfindlichen Organen. Die einen, die *Zäpfchen*, sind farbenempfindlich und dienen zum Sehen bei hellem Licht. Die anderen, die *Stäbchen*, sind zwar viel empfindlicher und dienen daher zum Sehen im Dunkeln, vermögen aber nicht mehr Farben zu unterscheiden und vermitteln lediglich den Eindruck eines farblosen Grau.

Das Licht bewirkt in den Zäpfchen und Stäbchen chemische Umwandlungen. Da diese chemischen Vorgänge zu ihrem An- und Ablauf eine bestimmte Zeit benötigen, zeigen Lichteindrücke eine gewisse *Nachwirkung*. Darauf beruht die Tatsache, daß intermittierende Lichtreize, die schnell genug (15–25mal in der Sekunde) aufeinanderfolgen, als kontinuierliches Licht empfunden werden (Anwendung dieser sog. *positiven* Nachbilder in der Kinematographie). Bei sehr starker Lichteinwirkung wird die getroffene Netzhautstelle überreizt und vorübergehend unempfindlich. Das ist die Ursache für die Blendung durch zu grelles Licht und für die sog. *negativen Nachbilder*. Fixiert man längere Zeit einen hell erleuchteten Gegenstand und blickt hinterher auf eine weiße, schwach leuchtende Fläche, so sieht man als *negatives Nachbild* den ursprünglichen Gegenstand mit umgekehrten Helligkeitswerten.

Bei Tage sind die viel empfindlicheren Stäbchen infolge Überregung ausgeschaltet. Im Dunkeln erholen sie sich nach einiger Zeit (das Auge muß sich erst ans Dunkle adaptieren) und vermitteln dann allein den Lichteindruck (sog. *Dämmerungssehen*). Dabei verschiebt sich das Maximum der Augenempfindlichkeit vom Wert 550 mμ für das hell adaptierte Auge zum Wert 500 mμ.

Eine Erklärung des *Farbensehens* gibt die *Dreifarbentheorie* von YOUNG-HELMHOLZ. Danach gibt es drei verschiedene Arten von farbempfindlichen Organen. Doch wurden erst in jüngster Zeit die drei Zäpfchenarten mit ihren verschieden farbempfindlichen Pigmenten direkt experimentell nachgewiesen. Die eine rotempfindliche Zäpfchengruppe absobiert am stärksten bei etwa 580 mμ, die grünempfindliche vor allem bei 540 mμ und die dritte, blauempfindliche bei noch kurzwelligerem Lichte von etwa 440 mμ, vgl. Abb. 322. Bei einer beliebigen Einstrahlung, sei es mit homogenem oder spektralgemischtem Licht, werden im allgemeinen alle drei Arten von Empfindungen gleichzeitig erregt; je nach der Reizstärke und ihrer Verteilung auf die drei Empfindungen entsteht ein bestimmter Farbeindruck. Werden alle drei Organe gleich stark erregt, so entsteht die Empfindung „*weiß*“. Diese kann auch bei Erregung durch zwei Komplementärfarben, s. § 172, hervorgerufen werden. Störungen des Farbensehens, sog. *Farbenblindheit*, sind sehr häufig. *Rotblindheit* liegt vor, wenn die Elementarempfindung Rot (Kurve *R* der Abb. 322) fehlt). In diesem Falle wird der langwellige Teil des Spektrums nicht mehr wahrgenommen, und es fehlt das Unterscheidungsvermögen für rote und grüne Farben.

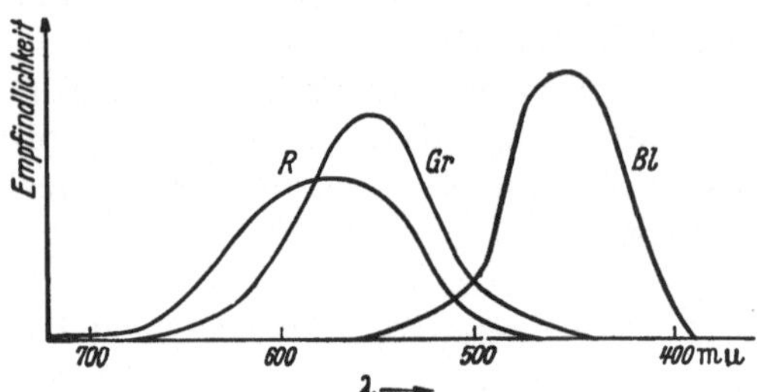

Abb. 322. Spektrale Empfindlichkeitskurven für die rot-, grün- und blauempfindlichen Zäpfchen

§ 172. Farben. Wir unterscheiden *reine Spektralfarben* und *Mischfarben*. Die ersteren, die wir durch spektrale Zerlegung des Lichtes erhalten, sind jeweils durch eine bestimmte Wellenlänge charakterisiert, vgl. Abb. 270, und nicht weiter zerlegbar. Mischfarben können wir vor allem als *Additionsfarben* gewinnen, indem man gleichzeitig mehrere Spektralfarben ins Auge treten läßt. Das Auge kann Mischfarben und reine Spektralfarben nicht unterscheiden. Entwerfen wir mit Hilfe eines Primas ein Spektrum auf dem Hohlspiegel *S*, s. Abb. 323, so werden alle Strahlen im Bildpunkt *P'*, den der Spiegel *S* von dem rückwärtigen Schnittpunkt *P* entwirft, vereinigt. Schalten wir ein zweites kleines Prisma ein, das das Rot nach *P''* ablenkt, so erscheint in *P'* die Mischfarbe des restlichen Spektrums, nämlich Blaugrün. Gibt man durch Entfernung des kleinen Prismas wieder rotes Licht hinzu, so ergänzen sich das Rot und das ihm komplementäre Blaugrün natürlich wieder zu Weiß. Solche sich zu Weiß addierenden Farben, von denen es zahlreiche Paare gibt, nennt man *Komplementärfarben*. Überhaupt gibt es mit Ausnahme des Gebietes zwischen 570 und 490 mμ zu jeder reinen Spektralfarbe größerer Wellenlänge eine zweite reine Farbe, deren Wellenlänge unter 490 mμ liegt, die mit der ersten zusammen Weiß ergibt.

Die Farbenvereinigung zu Weiß kann man auch mit Hilfe eines *Farbenkreisels* erreichen, dessen Sektoren mit Komplementärfarben bemalt sind. Bei schneller Umdrehung verschmelzen die einzelnen Farben zu Weiß, man spricht von einer *additiven Farbenmischung*.

Wir sehen, daß eine bestimmte Farbe auf sehr verschiedene Art und Weise zustande kommen kann. Jede Farbe ist charakterisiert durch ihren *Ton*, ihre *Sättigung* (je weißlicher, um so weniger gesättigt) und durch ihre *Helligkeit*.

Bis auf die *Purpurtöne*, die durch Mischen von Rot und Violett entstehen, sind alle Farbtöne auch als reine Spektralfarben bekannt. Die scheinbaren zahlreichen Ausnahmen, z. B. der Farbeindruck *Braun* oder *Olivgrün*, kommen durch die Beschaffenheit der Umgebung zustande. Beleuchten wir ein braunes Blatt Papier mit weißem Licht, so erscheint es bei dunkler Umgebung gelbrot, bei grauer oder weißer beleuchteter Umgebung aber braun. Diese überraschende Erscheinung beruht auf der sog. *Schwärzlichkeit* der Farbe Braun, d. h. der Tatsache, daß Braun einen verhältnismäßig geringen Anteil des auffallenden Lichtes reflektiert und weit mehr absorbiert als Rotgelb. Dementsprechend können wir die Farbe Braun mit Hilfe des Farbenkreisels so herstellen, daß wir neben einen roten Sektor von 90° und einen gelben mit 60° noch einen schwarzen mit 210° aufbringen. Daß Braun wirklich rotgelbes Licht zurückwirft, nur mit geringer Intensität, erkennen wir daraus, daß man tatsächlich ein braunes und rotgelbes Farbtäfelchen völlig gleich aussehend machen kann, wenn man beide mit derselben weißen Lichtquelle, das braune jedoch stärker als das gelbrote, beleuchtet. So erkennen wir, daß der Eindruck einer schwärzlichen Farbe, wie Braun, Olivgrün oder auch Grau, noch von der Umgebung abhängt. Daher bezeichnen wir diese Farben als *bezogene Farben*.

Eine schwarze Papierfläche reflektiert fast kein Licht, eine weiße fast alles. Dazwischen liegen die grauen Flächen. Beleuchten wir alle drei Arten von Flächen mit ein und derselben weißen Lichtquelle, so hat die reflektierte Strahlung überall dieselbe spektrale Verteilung, nur die Leuchtdichte ist verschieden. Daher erscheint jede *graue* Fläche im dunklen Raum für sich allein beleuchtet weiß.

Der Farbeindruck eines Körpers wird von den *Farbstoffen* oder *Pigmenten* an seiner Oberfläche bestimmt. Deren Mischung gibt aber, wie wir gleich sehen werden, andere Farben, als wir sie von der additiven Farbenmischung her kennen.

Jeder nicht selbstleuchtende Körper wird erst dann sichtbar, wenn Licht auf ihn fällt und er dieses zum Teil reflektiert. Wirft er nur rotes Licht zurück und verschluckt alles andere, so erscheint er rot. Beleuchten wir ein rotes Tuch mit verschiedenfarbigem Licht, in dem der rote Spektralbereich fehlt, so erscheint es schwarz. Reflektiert ein Stoff an mehreren Stellen im Spektrum, so entsteht eine Mischfarbe, die von der Zusammensetzung des reflektierten Lichtes abhängt. Daher hängt die Farbe von der Beleuchtung (z. B. Sonnen- oder künstliches Licht) ab.

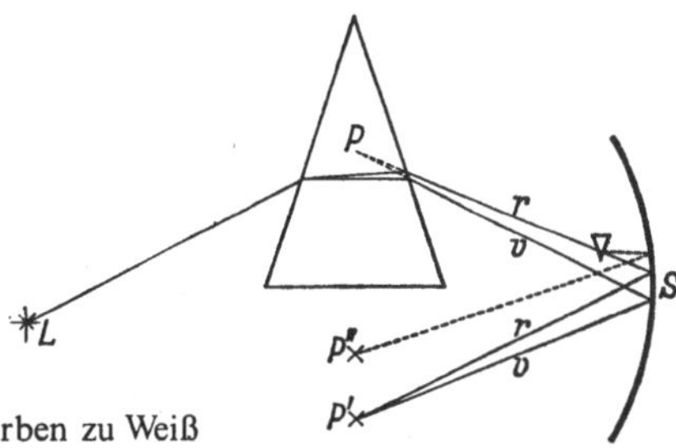

Abb. 323. Vereinigung der Spektralfarben zu Weiß

Absorbieren die Pigmente an der Oberfläche einen bestimmten Spektralbereich z. B. Blaugrün, so wird bei der Lichtzerstreuung an der Oberfläche vorwiegend rotes Licht reflektiert, der Körper erscheint rot. Enthält die Oberfläche eine innige Mischung mehrerer Pigmente, so absorbiert jedes einen bestimmten Spektralbereich, und der Körper zeigt eine Farbe, die durch die Mischung der übrigbleibenden Bereiche bestimmt ist und die wir als *Subtraktionsfarbe* bezeichnen. Daher geben ein gelbes und blaues Pigment gemischt als *subtraktive Farbmischung* meist Grün. Addieren wir dagegen die Spektralfarben, vg. Abb. 323, Blau und Gelb, oder bringen das gelbe und blaue Pigment *getrennt* auf einen Farbenkreisel, so erhalten wir als Additionsfarbe Weiß.

E. Interferenz und Beugung (Wellenoptik)

§ 173. Der Fresnelsche Spiegelversuch. Wie wir am Beispiel von Wasserwellen in § 57 gesehen haben, können zwei sich durchdringende *kohärente* Wellenzüge miteinander interferieren und sich in ihrer Wirkung teils verstärken, teils abschwächen. Sobald es nun gelingt, auch beim Licht Interferenz nachzuweisen, also etwa zu zeigen, daß in einem von zwei Lichtquellen beleuchteten Raume helle und dunkle Stellen entstehen, die beim Abschalten der einen Lichtquelle verschwinden, ist der Beweis für die Wellennatur des Lichtes erbracht.

Es ist nun leicht, die von zwei Stimmgabeln derselben Frequenz ausgehenden Wellenzüge zur Interferenz zu bringen und an den verschiedenen Stellen des durchstrahlten Raumes die Verstärkung oder Abschwächung des Schalles nachzuweisen. Mit zwei Lichtquellen gelingt der entsprechende Versuch nicht. Das liegt daran, daß jede noch so kleine Lichtquelle aus unzählig vielen einzelnen Sendern, den leuchtenden Atomen, besteht (s. § 196), deren Ladungen alle nach Phase und Richtung verschieden und weitgehend unabhängig voneinander schwingen. So entsteht eine ungeheure Vielzahl von sich überlagernden Wellenzügen, mit allen möglichen Phasen, die zusammen überall eine mittlere Helligkeit ergeben. Um sog. *kohärentes*, d. h. interferenzfähiges Licht zu erhalten, brauchen wir wie bei den Wasserwellen zwei Erregerzentren, die immer im Takt und in derselben Richtung schwingen. Diese Bedingung läßt sich beim Licht nur durch einen Kunstgriff verwirklichen, indem man als Lichtquellen z. B. zwei

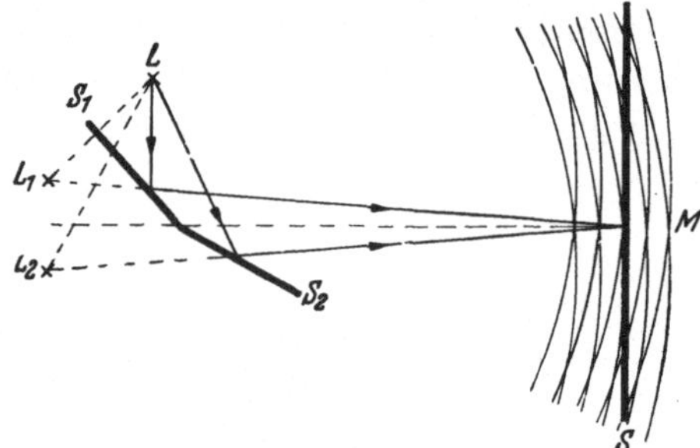

Abb. 324. Fresnelscher Spiegelversuch

Spiegelbilder ein und derselben Lichtquelle benutzt, vgl. Abb. 324. Von der Lichtquelle L erzeugen die beiden ganz schwach gegeneinander geneigten Spiegel die virtuellen Bilder L_1 und L_2. Jedes leuchtende Atom strahlt einen Wellenzug aus, der durch die Reflexion an S_1 und S_2 in zwei Wellenzüge geteilt wird, deren scheinbare Zentren in L_1 bzw. L_2 liegen. Da sie ursprünglich von demselben Sender stammen, sind die geteilten Wellenzüge in Phase und daher interferenzfähig. So wirken L_1 und L_2 wie ein Aggregat von atomaren Sendern, die paarweise im Takt schwingen und daher kohärentes Licht liefern. Die so geteilten Wellenzüge durchdringen sich im Raume rechts von den beiden Spiegeln und interferieren miteinander. Bringen wir einen Schirm S herein, so erhält man bei monochromatischem Licht helle und dunkle Streifen, bei weißem Licht wegen der Verschiedenheit der Wellenlängen farbige Streifen. Über das Auftreten von letzteren vgl. den folgenden Paragraphen. Auf der Mittellinie, also in M, tritt immer ein heller bzw. ein weißer Streifen auf, weil die von L_1 und L_2 kommenden und in M interferierenden Wellenzüge genau den gleichen Weg zurückgelegt haben, sich also immer verstärken. Decken wir einen der Spiegel zu, so erscheint der Schirm gleichmäßig hell.

§ 174. Farben dünner Blättchen. Newtonsche Ringe. Dünne Schichten wie Öl auf Wasser, Seifenblasen, Oxydschichten auf Metallen zeigen schöne, bunte Farberscheinungen, die ebenfalls auf Interferenz beruhen. Fällt auf solch ein dünnes Häutchen, etwa eine Seifenlamelle, monochromatisches paralleles Licht von oben nahezu senkrecht ein, vgl. Abb. 325, in welcher der Deutlichkeit halber die Strahlen schief gezeichnet sind, so wird der einfallende Strahl *1* zum Teil an der Oberfläche reflektiert, zum Teil gebrochen. Beim Auftreffen auf die untere Fläche erfolgt wieder eine Teilung in einen nach oben reflektierten und einen gebrochenen Strahl usw. Wir betrachten zuerst die beiden durchgehenden Strahlen *4* und *5*. Der Strahl *5* hat gegenüber *4* einen zusätzlichen Weg, der gleich der doppelten Dicke d des Blättchens ist, zurückgelegt und daher einen *Gangunterschied* Δ von der Größe $\Delta = 2d$. Ist $\Delta = \lambda/2$ oder $3\lambda/2$ usw., so löschen sich die Strahlen *4* und *5* durch Interferenz aus. Das Blättchen erscheint im durchfallenden Lichte dunkel. Für $\Delta = 2\lambda/2,\ 4\lambda/2, \ldots$, erhalten wir Helligkeit. Beleuchten wir mit weißem Licht, so kann immer nur für *eine* bestimmte Wellenlänge eine Auslöschung stattfinden, die anderen Wellenlängen werden mehr oder weniger geschwächt durchgelassen, wir erhalten farbiges Licht.

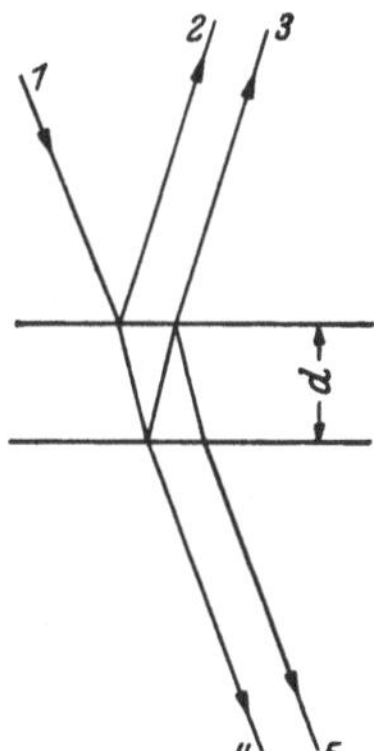

Abb. 325. Zur Entstehung der Farben dünner Blättchen

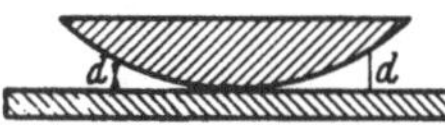

Abb. 326. Zur Entstehung der Newtonschen Ringe. (Der Deutlichkeit halber ist die Linse übertrieben stark gekrümmt gezeichnet)

Entsprechende Farberscheinungen beobachten wir im reflektierten Licht, wenn z. B. die Strahlen *3* und *2* interferieren. Es zeigt sich dabei, daß im reflektierten Licht für $\Delta = \lambda/2,\ 3\lambda/2 \ldots$ nicht, wie zu erwarten, Dunkelheit, sondern Helligkeit auftritt. Das liegt daran, daß bei der Reflexion am *optisch dichteren* Medium ein Phasensprung von einer halben Wellenlänge auftritt, aber nicht bei der Reflexion am *optisch dünneren* Mittel, vgl. auch § 58a. So kommt es, daß eine sehr dünne Lamelle, deren Dicke gegen λ zu vernachlässigen ist, für alle Wellenlängen im reflektierten Licht einen Gangunterschied von $\lambda/2$, im durchgehenden Licht von Null ergibt und daher im reflektierten Lichte schwarz, im durchgelassenen weiß aussieht. Wegen dieses Phasensprunges erscheint eine Lamelle, die für eine bestimmte Wellenlänge, z. B. für Gelb, im reflektierten Licht dunkel aussieht, im durchgelassenen Licht im Gelben hell und umgekehrt. Bei weißem Licht sind die Farben der durchgehenden und reflektierten Strahlung einander *komplementär*.

Die Interferenzfarben dünner Schichten kann man besonders deutlich an der Luftschicht zwischen einer schwach gekrümmten Konvexlinse und einer ebenen Glasplatte, s. Abb. 326, beobachten. Beleuchtet man von oben mit einfarbigem

Lichte, etwa Na-Licht, so treten konzentrische, abwechselnd helle und dunkle Ringe auf, sog. *Newtonsche Ringe*. Dunkelheit erhält man überall da, wo die Dicke d der Luftschicht der Bedingung genügt $2d = 2\lambda/2$, $4\lambda/2$ (Phasensprung!). Je langwelliger das Licht ist, um so größer wird der Abstand der Ringe. Für weißes Licht werden die Ringe farbig, wobei sich nach außen zu die Farben immer mehr zu Weiß überlagern. In der Mitte bleibt ein dunkler Fleck.

Der doppelte Dickenunterschied zwischen dem n-ten und m-ten Ring ist durch die Gleichung $2(d_n - d_m) = (n - m)\,\lambda$ bestimmt. Eine wichtige Anwendung der Interferenz ist die Reflexminderung an Linsenoberflächen durch aufgedampfte, dünne $\lambda/4$-Schichten. Die an den Grenzflächen Luft–Aufdampfschicht und Aufdampfschicht–Glas reflektierten Wellenzüge heben sich durch Interferenz weitgehend auf, falls die Brechungszahl der Schicht etwa in der Mitte zwischen den Brechungszahlen von Luft und Glas liegt.

§ 175. Beugungen an kleinen Öffnungen und Hindernissen. *Beugung*, d. h. Abweichungen von der geradlinigen Ausbreitung, beobachten wir bei allen Wellenvorgängen. Wir verstehen diese Erscheinungen mit Hilfe des schon in der allgemeinen Wellenlehre, § 57, besprochenen *Huygensschen Prinzips*, welches besagt, daß jeder von einer Welle getroffene Punkt seinerseits der Ausgangspunkt einer neuen Elementarwelle ist, vgl. dazu die Abb. 117 „Ausbreitung von Wasserwellen hinter einer Öffnung".

Damit Beugungserscheinungen merklich werden, müssen die Abmessungen mit der Wellenlänge vergleichbar werden. Sie werden um so ausgeprägter, je enger die Öffnungen sind und je größer die Wellenlänge wird. Daher ist die Beugung bei Schallwellen mit ihren Wellenlängen von einigen Zentimetern bis einigen Metern so erheblich, daß der Schall praktisch immer um die Ecke geht und man einen Schallstrahl nicht so ausblenden kann wie einen Lichtstrahl. Um beim Licht, $\lambda \approx 1\,\mu$, Beugung zu erhalten, müssen wir zu sehr engen Öffnungen übergehen. Von der punktförmigen Lichtquelle L mögen Lichtstrahlen auf eine Blende Bl mit einem kleinen kreisförmigen Loch (Durchmesser etwa $^1/_{10}$ mm)

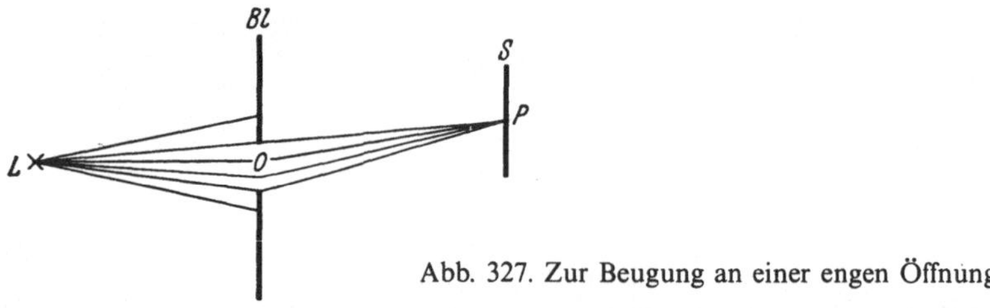

Abb. 327. Zur Beugung an einer engen Öffnung

fallen, s. Abb. 327, in der der Deutlichkeit halber die Öffnung viel zu groß gezeichnet ist. Von sämtlichen Punkten dieser Öffnung O gehen Kugelwellen aus, die im Raume rechts von Bl miteinander interferieren. Bringen wir einen Schirm S herein und betrachten irgendeinen Punkt P, so erscheint dieser hell oder dunkel, je nachdem, ob in P die von den verschiedenen Punkten der Öffnung herkommenden Elementarwellen sich gegenseitig verstärken oder schwächen. Das hängt von ihren Gangunterschieden, also von den geometrischen Verhältnissen, nämlich von der Lage von P, dem Durchmesser von O und von der Wellenlänge ab. Aus Symmetriegründen erhalten wir daher auf dem Schirm bei einer kreisförmigen Öffnung helle und dunkle Ringe, deren Durchmesser um so größer wird, je kleiner die Öffnung ist, s. Abb. 328a. Nehmen wir als Lichtquelle einen Spalt und als beugende Öffnung dahinter einen zweiten, dem ersten parallelen Spalt, so erhalten wir helle und dunkle Streifen. Entsprechende Beugungserscheinungen erhalten wir, wenn das Licht um kleine Hindernisse, z. B. ein kleines Scheibchen oder einen dünnen Draht, s. Abb. 328b, herumgebeugt wird. Die Mitte des geometrischen Schattenraumes ist immer hell. Ebenso zeigt ein in den Strahlengang seitlich hereingebrachter Schirm keinen scharf begrenzten Schatten, sondern im Übergangsgebiet Licht–Schatten helle und dunkle Streifen, sog. *Beugungsfranzen*.

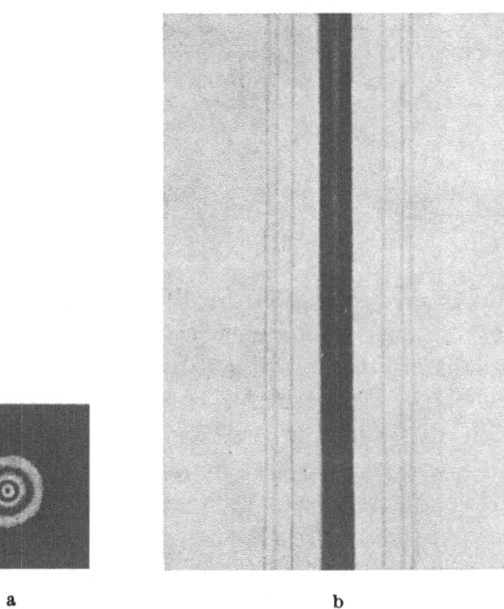

Abb. 328. Beugung an einer kreisförmigen Öffnung (a) und an einem dünnen Draht (b)

Da bei der Beugung an einem Scheibchen der Radius der Beugungsringe nur vom Durchmesser des Hindernisses abhängt, erhalten wie beim Durchgang von Licht durch eine Schicht mit vielen gleich großen, im übrigen aber beliebig verteilten Teilchen eine erhebliche Verstärkung der Beugungsringe. So erklärt sich das Auftreten von *Höfen* um Sonne und Mond beim Durchgang des Lichtes durch Schichten von Wassertröpfchen von einigermaßen einheitlicher Größe.

Machen wir bei der Anordnung der Abb. 327 die Öffnung *O* immer größer und größer, so beobachten wir ein mehr und mehr streng geometrisch begrenztes Strahlenbündel. Die geradlinige Fortpflanzung des Lichtes beruht also im Grund auf einem sehr verwickelten und im ganzen Raume rechts von *Bl* sich abspielenden Interferenzvorgang, indem alle in den Raum des geometrischen Schattens eindrigenden Wellen sich mit größer werdender Öffnung mehr und mehr gegenseitig durch Interferenz vernichten.

§ 176. Beugungsspektrum. Von praktischer Bedeutung sind die durch Beugung an einem *Gitter* auftretenden Erscheinungen. Unter einem Gitter verstehen wir eine große Zahl von parallelen und äquidistanten engen Spalten, wie man sie z. B. erhält, wenn man auf einer Glasplatte zahlreiche feine parallele Striche dicht nebeneinander einritzt. Die zwischen den Strichen stehengebliebenen schmalen Bereiche wirken als Spalte. Die Verhältnisse werden besonders einfach, wenn die auf das Gitter auftreffenden Strahlen parallel sind und wenn wir nur diejenigen Strahlen zur Interferenz bringen, die nach der Beugung parallel verlaufen. Das erreicht man dadurch, daß man hinter das Gitter G eine Sammellinse einschaltet und in deren Brennebene F beobachtet, s. Abb. 329, mit

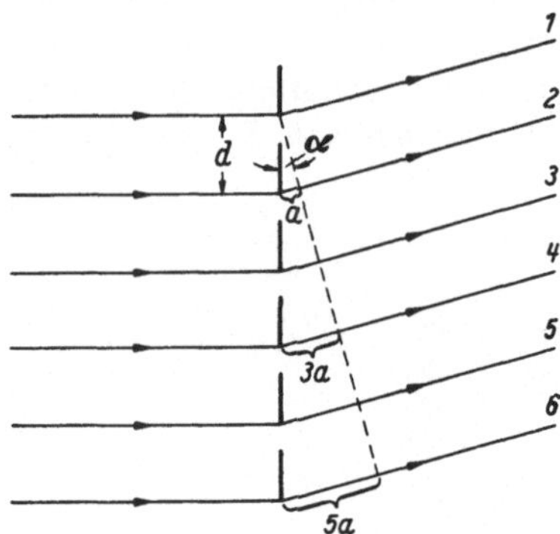

Abb. 329. Interferenz von an einem Gitter abgebeugten parallelen Strahlen

den unter dem Winkel α abgebeugten Strahlen. Um die Interferenzwirkung all dieser Strahlen zu erkennen, betrachten wir die Abb. 330. Der Abstand von einer Spaltenkante zur nächsten, die sog. *Gitterkonstante* sei d. Wir fassen von allen Strahlen nur die jeweils an der oberen Kante eines Spaltes unter dem Winkel α abgebeugten Strahlen ins Auge. Die von zwei benachbarten Spalten kommenden Strahlen, etwa *1* und *2*, werden sich im Unendlichen oder bei eingeschalteter Linse in deren Brennebene verstärken, wenn ihr Gangunterschied $a = 1\lambda, 2\lambda, 3\lambda$ usw. ist. Trifft dies zu, so werden sich natürlich auch die von allen anderen oberen Spaltkanten kommenden und in dieser Richtung verlaufenden Strahlen verstärken, da z. B. der Gangunterschied des Strahles *5* gegen den Strahl *1* das Vierfache des Gangunterschiedes der Strahlen *1* und *2* beträgt. Dasselbe gilt natürlich auch für alle Strahlen, die von anderen korrespondierenden Spaltpunkten, etwa den Mitten

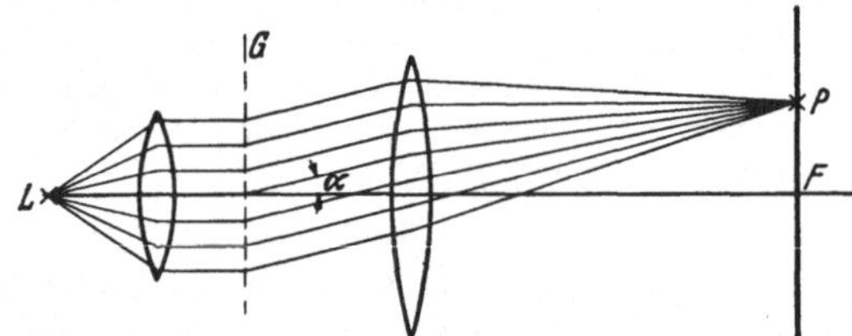

Abb. 330. Zur Beugung am Gitter

oder den unteren Kanten, herkommen. Wie Abb. 330 zeigt, ist der Gangunterschied zwischen *1* und *2* durch das Stück $a = d \sin\alpha$ gegeben, so daß wir für alle Richtungen $\alpha_1, \alpha_2, \alpha_3, \ldots$, die der Bedingung $d \sin\alpha_1 = \lambda$, $d \sin\alpha_2 = 2\lambda$, $d \sin\alpha_3 = 3\lambda \ldots$ genügen, Helligkeit erhalten. Die unabgelenkten Strahlen, $\alpha = 0$, verstärken sich im Brennpunkt immer, da ihr Gangunterschied ja null ist. Beobachten wir mit monochromatischem Licht, so erhalten wir also auf dem Schirm in der Brennebene ein direktes Spaltbild, $\alpha = 0$, und links und rechts davon unter den Winkeln $\alpha_1, \alpha_2, \alpha_3 \ldots$ weitere Bilder. Da sich der Abbeugungswinkel α_1 wegen der Bedingung $d \sin\alpha_1 = \lambda$ mit der Wellenlänge ändert, erhalten wir beim Einstrahlen von weißem Licht eine Zerlegung desselben, d. h., wir beobachten auf dem Schirm ein sog.

Beugungsspektrum. Da im Gegensatz zu dem durch ein Prisma erzeugten Spektrum die Ablenkung hier mit der Wellenlänge regelmäßig *zunimmt*, bezeichnet man das Beugungsspektrum auch als *normales Spektrum.* Die für die verschiedenen Winkel α_1, α_2, α_3 auftretenden Spektren bezeichnet man als die Spektren *erster, zweiter, dritter Ordnung.* In Abb. 331 sind einige Spektren eingezeichnet. Wie man sieht, gibt es bereits am roten Ende des Spektrums zweiter Ordnung eine Überlagerung mit der nächsten Ordnung. Das *Spektrum nullter Ordnung* oder das direkte Spaltbild erscheint immer weiß, da die Bedingung $d \sin\alpha = 0\lambda$ für alle Wellenlängen gleichzeitig erfüllt ist.

Kennt man die Gitterkonstante, etwa durch Ausmessen des Gitters unter einem Mikroskop, so kann man aus der Messung der Winkel α für die verschiedenen Spektralfarben die jeweilige Wellenlänge des Lichtes unmittelbar bestimmen.

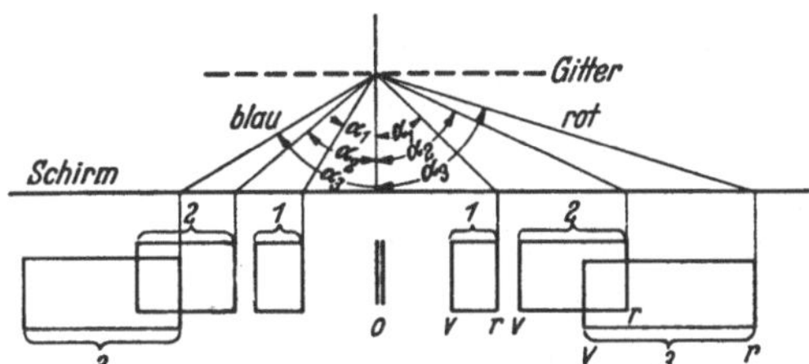

Abb. 331. Beugungsspektrum eines Gitters

Schließlich ist noch zu zeigen, daß durch Einschalten einer Linse die Gangunterschiede nicht verändert werden. Zur Erklärung führen wir den Begriff der *optischen Weglänge* ein. In einem Medium der Brechungszahl n ist die Wellenlänge λ gegenüber der Wellenlänge im Vakuum λ_0 verkürzt, $\lambda = \lambda_0/n$, s. § 151. In Wellenlängen gemessen ist daher eine Strecke s im Medium um den Faktor n größer als im Vakuum. Denn es entfallen im Vakuum s/λ_0 und im Medium sn/λ_0 Wellenlängen auf sie. Das Produkt $s \cdot n$ nennen wir daher die optische Weglänge der Strecke s. Betrachten wir z. B. die Abb. 285a. Beim Parallelstrahlbündel (ebene Welle) sind alle Punkte in einer senkrecht zur Strahlrichtung liegenden Ebene in Phase. Es läßt sich nun geometrisch zeigen, daß die optische Weglänge, gerechnet von irgendeiner Wellenfläche vor der Linse, bis zum Brennpunkt F für alle Strahlen die gleiche ist, also auch die Zahl der Wellenlängen dieselbe ist. Ist also in einer Ebene vor der Linse Phasengleichheit vorhanden, so kommen in F alle Strahlen mit gleicher Phase an, d. h., die Linse ist ohne Einfluß. Das liegt daran, daß der Strahl durch die Linsenmitte den kürzesten Weg, in cm gemessen, zurücklegt, dafür aber die Linse an der dicksten Stelle durchquert, wodurch seine optische Weglänge mehr als bei den anderen Strahlen vergrößert wird. Die Wellenflächen bleiben in der Mitte der Linse etwas zurück und werden schließlich zu Kugelflächen mit F als Mittelpunkt, so daß alle Strahlen ohne Gangunterschied im Brennpunkt ankommen.

§ 177. Lichtstreuung an kleinsten Teilchen. Die *Streuung* des Lichtes beruht darauf, daß in den Teilchen oder Molekülen einer Substanz durch das hochfrequente elektrische Wechselfeld des einfallenden Lichtes die Elektronen in den Atomen hin und herbewegt werden, so daß in jedem Atom eine erzwungene elektrische Schwingung auftritt. Wir können auch von einem in jedem Atom erzeugten, mit der Frequenz des einfallenden Lichtes schwingenden induzierten elektrischen Moment sprechen, vgl. § 101. Diese atomaren Wechselströme stellen elektrische Dipole, d. h. kleinste Sender dar, s. § 143, die Strahlung der erregenden Frequenz aussenden. So wird der ursprünglichen Welle ständig Energie entzogen und seitlich ausgestrahlt[64].

[64] Diese durch Streuung an kleinsten Teilchen oder Molekülen verursachte seitliche Strahlung wird auch als *Tyndall*-Effekt bezeichnet.

Die von den einzelnen Molekülen einer Substanz ausgestrahlten Wellenzüge überlagern sich und vernichten sich je nach der gegenseitigen Anordnung ihrer Streuzentren mehr oder weniger durch Interferenz. Ein idealer völlig fehlerfreier Kristall würde überhaupt keine Streuung zeigen. Bei Gasen mit ihren völlig ungeordnet verteilten Molekülen ist die seitliche Ausstrahlung am stärksten.

Sind die einzelnen streuenden Teilchen nicht mehr klein gegen die Wellenlänge des Lichtes, so haben wir außerdem eine Interferenz zwischen den von den einzelnen Atomen eines Partikelchens stammenden Wellenzügen. Erst wenn die Teilchen klein gegenüber der Wellenlänge sind (kleine oder mittlere Moleküle), tritt eine seitlich nicht mehr durch innermolekulare Interferenz geschwächte Streuung auf, die sog. *molekulare Lichtstreuung* (*Rayleigh-Streuung*) auf[65]. Deren Intensität und Polarisation hängen bei Gasen nur noch von der Form und Größe der streuenden Moleküle ab.

Enthält ein Medium, z. B. eine Flüssigkeit wie Milch, viele kleine Teilchen (Fetttröpfchen), so beobachten wir eine sehr starke *diffuse* Streuung des Lichtes nach allen Seiten, die Flüssigkeit ist milchig trübe und weitgehend undurchsichtig. Es geht praktisch kein Licht direkt hindurch. Ein weiteres Beispiel ist die Wolken- und Nebelbildung in Luft durch zahlreiche Wassertröpfchen.

Die in gewöhnlicher Luft oder in einer Flüssigkeit oder Lösung stets vorhandenen Staubteilchen sehen wir bei Tage nicht, weil ihr relativ schwaches Streulicht durch das ins Auge fallende Tageslicht überstrahlt wird. Erst wenn wir gegen einen dunklen Hintergrund beobachten (Dunkelfeldbeleuchtung), erkennen wir z. B. bei Nacht den Weg eines Scheinwerferstrahles oder den Verlauf der Sonnenstrahlen, wenn sie durch eine enge Öffnung in ein sonst verdunkeltes Zimmer einfallen. Die im Sonnen- bzw. Scheinwerferlicht aufleuchtenden streuenden Staubteilchen verraten uns ihre Existenz und zeigen uns so den Weg der Strahlen an.

Da das kurzwellige Licht stärker nach den Seiten zerstreut wird als das langwellige, wird das Licht beim Durchgang durch ein trübes Mittel, z. B. Nebel- oder Dunstschichten, immer ärmer an violettem und blauem Licht, so daß das durchgehende Licht immer rötlicher wird; man denke an die rote oder rotgelbe Farbe der Sonne beim Auf- und Untergang. Mit genügend langwelligem ultrarotem Lichte kann man durch Nebelschichten hindurch Objekte photographisch oder mittels eines *Bildwandlers*, vgl. § 184, aufnehmen.

Die *blaue Farbe* des *Himmelslichtes* beruht darauf, daß an den Luftmolekülen ein Teil des Sonnenlichts, und zwar bevorzugt das kurzwellige, zerstreut wird. Hätte die Erde keine Atmosphäre, so wäre der Himmel völlig schwarz und die Sonne erschiene als eine unerträgliche blendende Scheibe.

§ 178. Raman-Strahlung. Die im vorhergehenden Paragraphen erwähnte molekulare Lichtzerstreuung beruht auf der Ausstrahlung der in den einzelnen Molekülen induzierten und im Takt der Frequenz des einfallenden Lichtes schwingenden Dipole. Man würde daher erwarten, daß bei Beleuchtung mit monochromatischem Licht im Streulicht nur die Frequenz des einfallenden erregenden Lichts auftritt.

[65] Um sie in Flüssigkeiten und Gasen zu beobachten, müssen diese sorgfältig gereinigt und entstaubt werden.

Untersucht man jedoch das an staubfreien Flüssigkeiten oder Gasen gestreute Licht, so findet man auch andere sog. *verschobene* Linien, deren Lage, bezogen auf die erregende Frequenz, für die Moleküle des betreffenden Stoffes charakteristisch ist. Es ist üblich, die *unverschobene Streustrahlung* als *Rayleigh-Strahlung* und die *verschobene* Strahlung nach ihrem Entdecker als *Raman-Strahlung* oder *-Streuung* zu bezeichnen. Abb. 332 zeigt ein Raman-Spektrum des Tetrachlorkohlenstoffs, wie man es bei Beleuchtung mit einer Quecksilberlampe, deren Licht ein Linienspektrum ergibt, erhält. Es zeigt sich nun, daß jede eingestrahlte Linie von einer bestimmten Zahl von Raman-Linien begleitet ist, wobei die Frequenzabstände $\Delta\nu$ der Raman-Linien unabhängig von der Wellenlänge der anregenden Primärlinie und bei ein und derselben Substanz immer dieselben sind. Die Frequenz ν_R

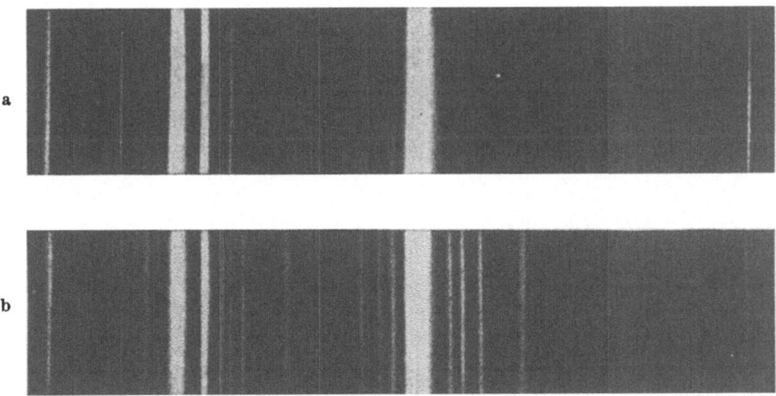

Abb. 332. Raman-Spektrum des Tetrachlorkohlenstoffs (a) Spektrum des einfallenden Quecksilberdampflichtes, (b) Spektrum des Streulichtes mit den ursprünglichen Linien des Hg und den neuen „verschobenen" Linien des CCl_4

einer bestimmten Raman-Linie ist also immer um denselben Betrag gegen die Frequenz ν der erregenden Linie verschoben, wobei sowohl nach längeren wie nach kürzeren Wellen verschobene Raman-Linien auftreten. Man findet ferner, daß die Frequenzdifferenzen $\Delta\nu$ mit den Frequenzen der Eigenschwingungen der Atomkerne ν_s innerhalb der Moleküle, wie man sie zum Teil vom ultraroten Spektrum her kennt, identisch sind. Es gilt daher die Beziehung

$$\nu_R = \nu \pm \Delta\nu = \nu \pm \nu_s\,.$$

Die Raman-Linien können also als eine Überlagerung der vom einfallenden Licht im Molekül induzierten Frequenzen mit den mechanischen Eigenfrequenzen der Moleküle oder als *Kombinationsschwingungen* aufgefaßt werden. (Über die quantentheoretische Deutung der Raman-Strahlung vgl. § 192.)

Wie hier nicht näher begründet werden kann, treten gewisse Eigenschwingungen der Moleküle im infraroten, andere wieder im Raman-Spektrum auf. Daher gibt die kombinierte Untersuchung des ultraroten und des Raman-Spektrums die Möglichkeit, bei vielen Molekülen alle Eigenschwingungen der Kerne, das sog. *Schwingungsspektrum*, eines Moleküls zu bestimmen und daraus seine Struktur abzuleiten.

F. Polarisation

§ 179. Polarisation durch Reflexion. Die Beugungs- und Interferenzerscheinungen des Lichtes beweisen uns seine Wellennatur. Wir wissen aber noch nicht, ob es sich beim Licht um *transversale* oder *longitudinale* Wellen, handelt, vgl. § 56. Bei einer Transversalwelle erfolgen die Schwingungen quer zur Fortpflanzungsrichtung und in einer bestimmten ausgezeichneten Ebene, der *Schwingungsebene*. Die Welle zeigt *Polarisation* und wird als *linear polarisiert* bezeichnet. Man kann von vornherein erwarten, daß solche Wellen in der Schwingungsebene ein anderes Verhalten als in der dazu senkrechten Ebene aufweisen. Bei Longitudinalwellen, z. B. Schallwellen, ist eine solche Einseitigkeit unmöglich, weil hier die Schwingungen in der Fortpflanzungsrichtung erfolgen, s. z. B. Abb. 334.

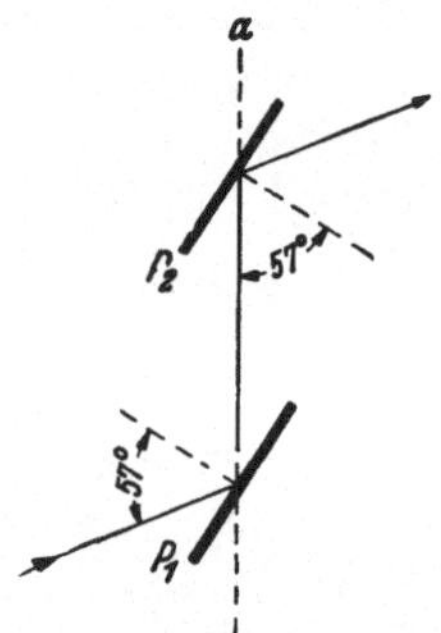

Abb. 333. Zum Nachweis der Polarisation durch Reflexion

Die Transversalität des Lichtes zeigt folgender Versuch. Wir lassen einen Lichtstrahl unter einem Winkel von 57° auf eine ebene Glasplatte P_1 mit der Brechzahl 1,5 fallen und untersuchen das reflektierte Licht mit Hilfe einer zweiten Glasplatte P_2, die um die Richtung *aa* des wieder unter 57° einfallenden Strahles drehbar ist, s. Abb. 333. Drehen wir nun die Platte P_2, wobei ja der Einfallswinkel erhalten bleibt, so beobachten wir, daß die Intensität des austretenden Lichtes besonders groß ist, wenn die Platte, wie in der Abb. 333 gezeichnet, der ersten parallel oder um 180° gegen die Parallelstellung verdreht ist. Ist sie jedoch um 90° gegen die Parallelstellung, sei es nach vorn oder nach hinten, verdreht, so ist die Intensität des reflektierten Strahles Null. Wir erkennen daraus, daß durch die Reflexion an der ersten Glasplatte das Licht so beeinflußt worden ist, daß es sich in zwei zueinander senkrechten Richtungen verschieden verhält, also offenbar einen transversalen Wellenzug darstellt, oder wie man sagt, *polarisiert* ist.

Eine Vorrichtung, in unserem Falle die Glasplatte P_1, um Licht zu polarisieren, nennen wir einen *Polarisator*, den zur Analyse des Lichtes dienenden Teil, also die Glasplatte P_2, den *Analysator*.

Das von der Sonne oder einer gewöhnlichen Lichtquelle (heißem Körper) kommende Licht zeigt keinerlei Einseitigkeit, d. h. *natürliches Licht* ist *unpolarisiert*. Das liegt daran, daß jede Lichtquelle aus einer ungeheuren Vielzahl von strahlenden Atomen besteht, von denen jedes wie ein kleiner schwingender Dipol Züge von linear polarisierten elektromagnetischen Wellen aussendet, s. § 142. Da die Schwingungsrichtungen dieser atomaren Sender völlig regellos liegen, sind alle Schwingungsrichtungen im Lichtstrahle gleich häufig; es ist also keine

Richtung im Mittel ausgezeichnet. Erst durch einen Polarisator wird eine bestimmte Richtung ausgesondert, indem dieser von jedem Wellenzuge nur die Komponente in dieser Richtung durchläßt.

Das können wir uns an einem mechanischen Beispiel klarmachen. Erzeugen wir auf einem langen Seile mit der Hand Querwellen von stets gleichbleibender Frequenz und Amplitude A, aber regellos wechselnder Schwingungsrichtung, so haben wir einen völlig unregelmäßigen Wechsel der Schwingungsebene der Wellen. Die Bewegung erfüllt einen Zylinder mit der Fortpflanzungsrichtung als Achse. Die transversale Natur der Wellen ist zunächst nicht erkennbar. Lassen wir jedoch das Seil, s. Abb. 334, bei P einen Spalt durchlaufen, so sondert dieser eine einzige Schwingungsebene aus, indem er jeweils nur die vertikale Komponente durchläßt. Wird das Seil links zu horizontalen Schwingungen angeregt, so läßt der als Polarisator wirkende Spalt nichts durch. Erfolgt die Schwingung links vertikal, so wird sie mit voller Intensität durchgelassen. Ist die Schwingungsebene um den Winkel φ gegen die Spaltrichtung geneigt, so wird nur die vertiakle Komponente mit der Amplitude $A\cos\varphi$ durchgelassen.

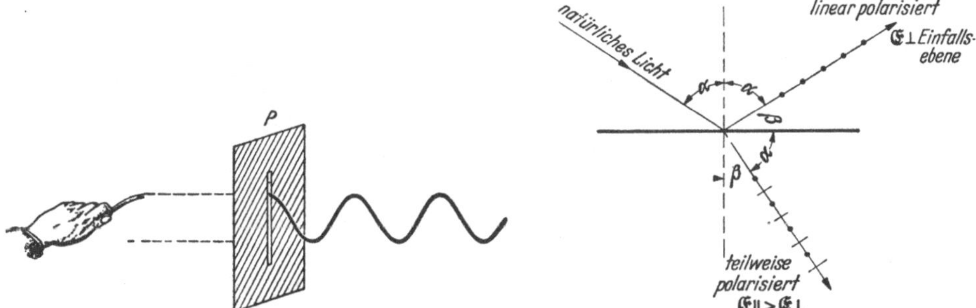

Abb. 334. Spalt als Polarisator bei Seilwellen (Aus POHL: Optik)

Abb. 335. Zur Polarisation durch Reflexion

Wir betrachten nun die Polarisationsverhältnisse bei der Reflexion und Brechung des Lichtes an der Grenzfläche durchsichtiger Körper etwas näher. Dabei charakterisieren wir den Polarisationszustand des Lichtes, das ja eine elektromagnetische Wellenbewegung darstellt, durch die Schwingungsrichtung des *Lichtvektors* oder der *elektrischen Feldstärke* $\boldsymbol{E}$[66], s. § 142ff. Im natürlichen Licht ist der Anteil des senkrecht und parallel zur Einfallsebene schwingenden Lichts gleich groß. Das reflektierte Licht erweist sich im allgemeinen als teilweise polarisiert, indem es mehr senkrecht zur Einfallsebene als parallel dazu schwingendes Licht enthält. Nur in dem besonderen Falle, daß der reflektierte und der gebrochene Strahl aufeinander senkrecht stehen, ist die Polarisation vollständig, *Brewstersches Gesetz*. Der reflektierte Strahl enthält nur Licht, dessen elektrischer Vektor senkrecht zur Einfallsebene oder parallel zur reflektierenden Ebene schwingt, s. Abb. 335. Der Einfallswinkel, bei dem vollständige Polarisation eintritt, wird als *Polarisationswinkel* bezeichnet, er hängt vom Brechungsindex ab.

Stehen gebrochener und reflektierter Strahl aufeinander senkrecht, so ist, vgl. Abb. 335, $\beta = 90 - \alpha$, also $\sin\beta = \cos\alpha$, so daß der Polarisationswinkel α durch die Gleichung $\dfrac{\sin\alpha}{\sin\beta} = \dfrac{\sin\alpha}{\cos\alpha} = \tan\alpha = n$ bestimmt ist. Für $n = 1{,}5$ wird $\alpha = 57°$.

[66] Die Begriffe „Polarisationsrichtung“ und „Polarisationsebene“ wollen wir möglichst vermeiden, da aus historischen Gründen die Richtung des magnetischen Feldes H als Polarisationsrichtung und die Ebene durch die Fortpflanzungsrichtung und H als Polarisationsebene bezeichnet werden. Das physikalisch wirksame Feld, das z. B. die Elektronen im lichtelektrischen Effekt auslöst, ist aber das elektrische Feld. Daher versteht man unter dem Lichtvektor den Vektor des elektrischen Feldes.

Fällt parallel zur Einfallsebene schwingendes Licht unter dem Polarisationswinkel auf eine Glasplatte, so wird überhaupt nichts reflektiert. Bei natürlichem Licht wird ein bestimmter Anteil des senkrecht zur Einfallsebene schwingenden Lichtes reflektiert, also aus dem ursprünglichen Strahl ausgesondert. Im gebrochenen Strahl finden wir daher den Rest, also natürliches Licht, von dem ein Bruchteil des senkrecht zur Einfallsebene schwingenden Lichtes durch die Reflexion weggenommen worden ist. Im gebrochenen Strahl ist infolgedessen die parallel zur Einfallsebene schwingende Komponente stärker, wir haben also eine teilweise Polarisation.

Auch das an kleinsten Teilchen oder Molekülen *gestreute Licht* erweist sich als mehr oder weniger stark polarisiert.

§ 180. Polarisation durch Doppelbrechung. Legen wir einen *Kalkspatkristall* ($CaCO_3$) auf ein Stück bedrucktes Papier, so erscheint die Schrift *doppelt*. Diese Erscheinung beruht darauf, daß jeder auf den Kristall auftreffende Strahl beim Durchgang sich im allgemeinen in zwei verschiedene Strahlen teilt, die verschieden stark gebrochen werden, s. Abb. 337. Eine solche *Doppelbrechung* zeigen übrigens alle *anisotropen* Körper, also z. B. alle Kristalle mit Ausnahme der im kubischen System kristallisierenden. Nur für eine ausgezeichnete Richtung, die wir die *optische* Achse des Kristalls nennen, verschwindet die Doppelbrechung; nur für diese verhält sich der Kristall wie ein isotroper Körper. Abb. 336 zeigt die Rhomboederform der Spaltstücke eines Kalkspatkristalls. Die Verbindungslinie der beiden stumpfen Ecken ergibt die Richtung der optischen Achse. Jede durch die Achse gelegte oder ihre parallele Ebene heißt ein *Hauptschnitt*.

Läßt man einen Lichtstrahl senkrecht auf einen Kalkspatkristall auffallen, so erhalten wir im allgemeinen zwei Strahlen, s. Abb. 337a, von denen der eine ungebrochen hindurchgeht und der zweite trotz des senkrechten Einfalls abgelenkt wird. Beim Austritt erfolgt die Ablenkung in entgegengesetzter Richtung, so daß wir schließlich zwei parallele Strahlen erhalten. Den ersten Strahl, der sich normal verhält, bezeichnen wir als den *ordentlichen* Strahl *o*, den anderen, für den das gewöhnliche Brechungsgesetz ungültig wird, als den *außerordentlichen ao*. Dreht man den Kalkspat um die Richtung des einfallenden Strahles als Achse, so wandert der außerordentliche Strahl im Kreise um den ordentlichen herum. Auch bei schiefem Einfall, Abb. 337b, erhält man im allgemeinen zwei Strahlen. Untersucht man die Strahlen mit Hilfe eines Analysators, so erweisen sich beide Strahlen *stets* als zueinander *senkrecht linear polarisiert*, s. Abb. 337.

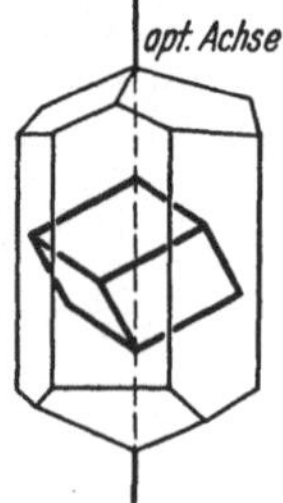

Abb. 336. Gewöhnliche Kristallform des Kalkspates; Spaltstücke haben die dick eingezeichnete Rhomboederform

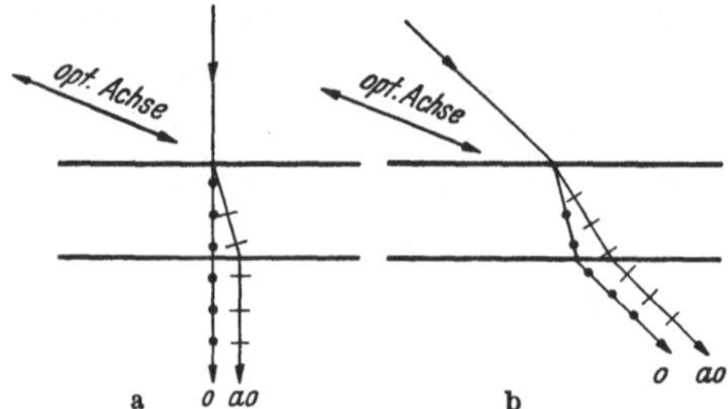

Abb. 337a u. b. Zur Doppelbrechung

Der außerordentliche Strahl liegt immer in der Ebene des Hauptschnittes. Der elektrische Vektor schwingt im ordentlichen Strahl senkrecht, im außerordentlichen Strahl parallel zum Hauptschnitt, s. Abb. 337. Die Brechungszahl für den ordentlichen Strahl beträgt stets 1,65, für den außerordentlichen ändert sie sich mit dem Einfallswinkel, und zwar zwischen 1,48 und 1,65. Den kleinsten Wert erhalten wir, wenn der außerordentliche Strahl den Kalkspat senkrecht zur optischen Achse durchläuft. Ist die Platte parallel zur optischen Achse geschnitten, so geht bei senkrechtem Einfall auch der außerordentliche Strahl ungebrochen hindurch. Es folgt also keine Trennung der Strahlen. Da sie aber wegen der verschiedenen Brechungszahl mit verschiedener Geschwindigkeit durch den Kristall hindurchgehen, erhalten sie einen Gangunterschied, vgl. auch § 182.

Neben der natürlichen Doppelbrechung kennen wir auch eine *künstliche Doppelbrechung*. Durch elektrische oder magnetische Felder kann man isotrope Flüssigkeiten und Gase doppelbrechend machen. Die Erscheinung beruht darauf, daß sich in einem äußeren Feld die Moleküle einstellen und so das Medium eine Vorzugsrichtung erhält. Da die Einstellung von den Konstanten der betreffenden Moleküle abhängt, kann man insbesondere aus der *elektrischen Doppelbrechung*, dem sog. *Kerr-Effekt*, wichtige Schlüsse auf den Bau der Moleküle ziehen. Auch in einer strömenden Flüssigkeit erhalten wir eine Doppelbrechung, die sog. *Strömungsdoppelbrechung*.

Erklärung der Doppelbrechung. So wie die gewöhnliche Brechung auf einer Verschiedenheit der Lichtgeschwindigkeit in den angrenzenden Medien beruht, ist die Doppelbrechung darauf zurückzuführen, daß die Geschwindigkeit der beiden senkrecht zueinander linear polarisierten Wellenzüge verschieden ist, also von der Schwingungsrichtung abhängt. Außerdem ist für den außerordentlichen Strahl die Geschwindigkeit noch von der Richtung, in der der Strahl den Kristall durchsetzt, abhängig. Eine solche Anisotropie tritt auf, sobald das Gitter nicht mehr kubische Symmetrie besitzt.

Die Doppelbrechung gibt uns die Möglichkeit, in einfacher Weise linear polarisiertes Licht zu erzeugen. Wir müssen dazu nur die beiden senkrecht zueinander polarisierten Strahlen trennen und den einen vernichten.

Das erreicht man z. B. mit Hilfe eines *Nicolschen Prismas* auf folgende Weise. Ein geeignetes Spaltstück des Kalkspats wird an den Enden so weit abgeschliffen, bis die Endflächen mit den Längskanten Winkel von 68° bilden; dann wird das Stück diagonal und senkrecht zu den neuen Endflächen in zwei gleiche Teile geschnitten und diese mit einem optisch dünneren Stoff, wie Kanadabalsam, zusammengekittet, s. Abb. 338. Schicken wir nun einen Strahl von natürlichem Licht durch das Prisma, so wird dieser an der Fläche AB doppelt gebrochen. Die Brechung ist für den ordentlichen Strahl stärker, so daß dieser so schief auf die Kanadabalsamschicht auftrifft, daß er an dieser total reflektiert wird, also mit voller Intensität nach der Seite gespiegelt und an der geschwärzten Seitenfläche durch Absorption ausgelöscht wird. Der außerordentliche Strahl geht durch die Kanadabalsamschicht hindurch und verläßt das Prisma mit einer geringen seitlichen Parallelverschiebung. Die Intensität des austretenden vollständig polarisierten Lichtes ist praktisch die Hälfte von der des einfallenden Strahles, s. weiter unten.

Es gibt doppelbrechende Kristalle, wie *Turmalin* und *Herapathit*, die den einen der polarisierten Strahlen viel stärker absorbieren als den anderen. Diese als *Dichroismus* bezeichnete Eigenschaft wird ebenfalls zur Herstellung von polarisiertem Licht benutzt. Für praktische Zwecke benutzt man großflächige *Polarisationsfilter*. Sie bestehen heute meist aus durchsichtigen verstreckten Folien aus Zellulose oder Polyvinylalkohol, in denen die Kettenmoleküle parallel ausgerichtet sind, vgl. § 37. Als lichtabsorbierende Kristallite nimmt man bestimmte Farbstoffe, die bei der Adsorption an den orientierten Molekülen eine bestimmte Vorzugsrichtung erhalten, so daß das ganze System wie ein großer dichroitischer Kristall wirkt.

Jeder Polarisator (Nicol, Spiegel usw.) gibt linear polarisiertes Licht, dessen elektrischer Vektor in einer bestimmten Ebene schwingt. Die dazu senkrechte Ebene wird als die *Polarisationsebene*[67] des betreffenden Polarisators bzw. des von ihm erzeugten linear polarisierten Lichtes bezeichnet. Beim Spiegel ist die Einfallsebene die Polarisationsebene, s. Abb. 335. Schickt man Licht durch einen Polarisationsapparat, d. h. durch zwei hintereinandergeschaltete Polarisatoren, hindurch, so läßt der als Analysator wirkende zweite Polarisator das Licht

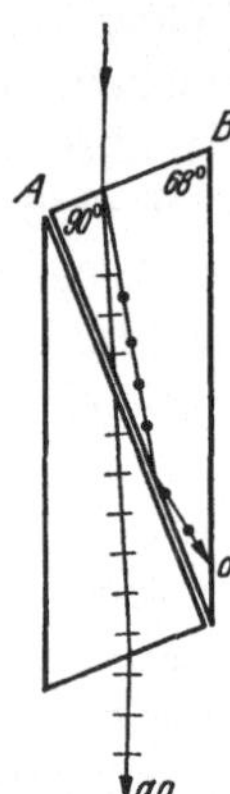

Abb. 338. Strahlengang im Nicolschen Prisma

nur dann in der ursprünglichen Stärke hindurch, wenn beide Polarisatoren, wie z. B. in Abb. 333, einander parallel stehen oder um 180° gegen die Parallelstellung verdreht sind, d. h. wenn ihre Polarisationsebenen parallel sind, *parallele* Polarisatoren. Sind die Polarisatoren um 90° gegeneinander verdreht, *gekreuzte Polarisatoren*, so läßt der Analysator überhaupt kein Licht durch. Bei beliebigem Winkel wird durch den Analysator nur ein Teil des Lichtes hindurchgelassen, und zwar ist dessen Intensität durch die Beziehung

$$J = J_0 \cos^2 \varphi$$

gegeben, wo J_0 die Intensität des durchgehenden Lichtes bei parallelen Polarisatoren und φ den Winkel zwischen diesen bedeutet.

Ist die Amplitude der vom Polarisator durchgelassenen Schwingung E_0, so läßt beim Winkel φ der Analysator eine Schwingung der Amplitude $E_0 \cos\varphi$ durch, vgl. dazu das mechanische Beispiel der Abb. 334. Da nun die Energie einer Schwingung dem Quadrat der Amplitude proportional ist, vgl. § 53, wird $J = J_0 \cos^2 \varphi$.

Fällt natürliches Licht ein, das ja aus unzähligen linear polarisierten Einzelwellen mit allen möglichen Schwingungsrichtungen besteht, so wird von jeder Welle die entsprechende Komponente durchgelassen. Das bedeutet, daß im Mittel die halbe Intensität des einfallenden Lichtes durchgelassen wird.

§ 181. Drehung der Polarisationsebene. Bringt man zwischen zwei gekreuzte Polarisatoren eine Zuckerlösung, so wird das vorher dunkle Gesichtsfeld aufgehellt. Benutzt man monochromatisches Licht, so kann man durch Nachdrehen des Analysators wieder völlige Dunkelheit erzielen. Daraus schließen wir, daß die

[67] Die Polarisationsebene ist historisch die Schwingungsebene des magnetischen Feldes der elektromagnetischen Lichtwelle, vgl. § 179, Anmerkung 66.

Zuckerlösung die *Polarisationsebene* des *Lichtes gedreht* hat, und zwar um den Winkel, um den wir den Analysator nachgedreht haben.

Diese als *optische Aktivität* bezeichnete Eigenschaft, die Polarisationsebene des durchgehenden Lichtes zu drehen, findet man bei vielen organischen Flüssigkeiten. Sie beruht auf einer Asymmetrie im Bau der Moleküle, wie sie z. B. alle organischen Moleküle mit einem *asymmetrischen Kohlenstoffatom* aufweisen. Asymmetrisch ist ein Kohlenstoffatom dann, wenn seine vier Valenzen durch vier *verschiedene* Atome oder Atomgruppen abgesättigt sind. Vertauscht man in einer solchen Verbindung zwei Substituenten, so erhält man das Spiegelbild des ursprünglichen Moleküls, s. Abb. 339. Man bezeichnet solche Moleküle als *optische Antipoden* oder *optische Isomere*, weil sie dasselbe absolute Drehvermögen haben und sich nur durch den Drehungssinn unterscheiden, indem die eine Form die Polarisationsebene nach links, die andere nach rechts dreht. Im übrigen sind

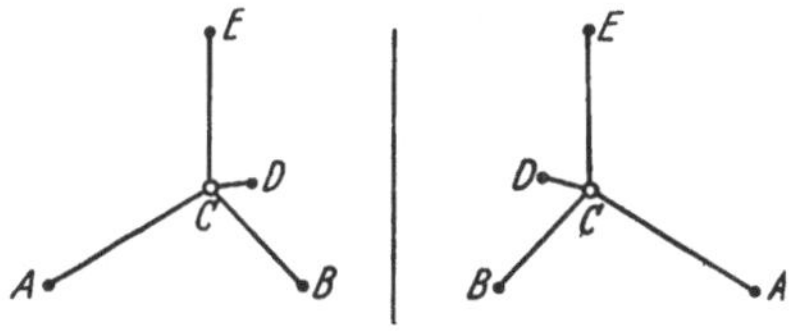

Abb. 339. Optische Isomerie

solche optische Isomere bezüglich ihrer sonstigen chemischen und physikalischen Eigenschaften *identisch*. In einer Mischung von gleichen Teilen zweier optischer Antipoden, z. B. von Links- und Rechts-Weinsäure, ist die Drehung aufgehoben. Man bezeichnet einen solchen optisch inaktiv erscheinenden Körper als *Razemat*.

Die *physiologischen* Eigenschaften zweier optischer Antipoden können sehr verschieden sein. Das liegt daran, daß viele Zellen im Organismus selbst asymmetrisch gebaut sind und daher bevorzugt mit einer der beiden Antipoden reagieren. Daher kann z. B. die eine Form viel giftiger als die andere sein. Niedere Organismen, Pilze und Bakterien verzehren vielfach nur eine der beiden Formen, so daß man auf diese Weise die andere getrennt erhalten kann.

Neben den optisch aktiven Flüssigkeiten vermögen auch manche *Kristalle* die Polarisationsebene zu drehen. Das wichtigste Beispiel ist Quarz, den man in Richtung seiner optischen Achse durchstrahlt. Auch hier gibt es eine rechts- und linksdrehende Form.

Bei allen optisch aktiven Körpern hängt die Drehung von der Wellenlänge des Lichtes ab, und zwar nimmt sie im allgemeinen wie der Brechungsindex vom Rot zum Violett zu, man spricht von einer *Rotationsdispersion*. Daher erscheint beim Einbringen eines optisch aktiven Körpers zwischen zwei Polarisatoren das Gesichtsfeld gefärbt. Ferner ist die Drehung proportional der Dicke der durchstrahlten Schicht.

Saccharimetrie. Bringt man ein Rohr der Länge l mit einer wässerigen Rohrzuckerlösung, die in $100\,\text{cm}^3$ Lösung c g Zucker enthält, zwischen zwei Polarisatoren, so findet man für den Drehwinkel α

$$\alpha = [\alpha]\,\frac{c\,l}{100}\,.$$

$[\alpha]$ ist die für die Drehung des Zuckers charakteristische Konstante, die sog. *spezifische Drehung*. Mißt man wie üblich die Länge der Flüssigkeitssäule l in Dezimetern, so ist für Natriumlicht $[\alpha] = 66{,}5°$. $[\alpha]$ bedeutet also die Drehung, die eine Lösung von 100 g Zucker in $100\,\text{cm}^3$ Lösung bei 10 cm Schichtlänge ergeben würde. Praktisch ist diese Konzentration aber nicht erreichbar.

Polarimeter. Das einfachste Polarimeter besteht aus zwei Nicols, von denen der zweite drehbar ist. Man stellt ohne drehbare Substanz auf Dunkelheit ein. Dann bringt man die Substanz zwischen die Nicols und verdreht den Analysator so weit, bis wieder Dunkelheit eintritt. Eine scharfe Einstellung erhält man allerdings nur bei einfarbigem Licht. – Um genauere Ergebnisse zu erhalten, verwendet man verschiedene zusätzliche Einrichtungen, z. B. eine *Doppelquarzplatte D*, s. Abb. 340. Diese besteht aus zwei aneinandergekitteten gleich dicken Quarzplatten, von denen die eine links- und die andere rechtsdrehend ist. Sowohl bei parallelen wie auch gekreuzten Nicols erscheint das Gesichtsfeld hinter beiden Platten gleich hell bzw. bei Verwendung von weißem Licht gleichgefärbt. Nach dem Einschalten der Zuckerlösung werden die Farben ungleich. Man kann nun den Analysator A so weit nachdrehen, bis die Färbung wieder gleich geworden ist. Das ist deshalb möglich, weil die Rotationsdispersion von Rohrzucker und Quarz nahezu gleich ist. Die Drehung ergibt dann direkt den Drehwinkel α. Man kann aber auch bei feststehenden parallelen Nicols die durch die Substanz bewirkte Drehung durch einen sog. *Quarzkeilkompensator* wieder rückgängig machen, so daß das Gesichtsfeld wieder gleiche Farben zeigt. Der Kompensator besteht aus einer rechtsdrehenden Quarzplatte Q und zwei linksdrehenden Quarzkeilen K. Diese sind gegeneinander verschiebbar, so daß sie eine linksdrehende Quarzplatte von verstellbarer Dicke darstellen. Hat der Doppelkeil dieselbe Dicke wie die rechtsdrehende Quarzplatte Q, so gibt der Kompensator keine Drehung; ist sie größer oder kleiner, so erhalten wir beliebig veränderliche Links- und Rechtsdrehungen. So kann man die Drehung der untersuchten Substanz kompensieren und, diese, da die Drehung des Quarzes bekannt ist, direkt messen.

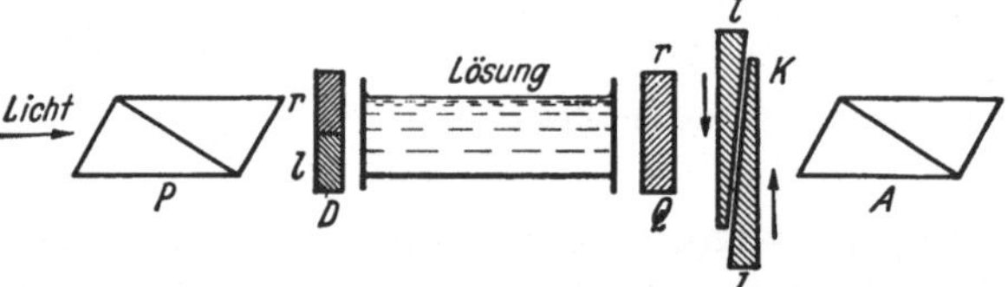

Abb. 340. Polarimeter mit Quarzkeilkompensator

§ 182. Interferenz polarisierten Lichtes.

Schicken wir einen Lichtstrahl durch eine Kalkspatplatte, so erhalten die beiden senkrecht zueinander polarisierten Strahlen wegen der verschiedenen Geschwindigkeit des ordentlichen und außerordentlichen Strahles einen Gangunterschied. Gibt man diesem durch passende Dicke der Platte die Größe $\lambda/2$, so erhält man hinter der Platte keine Auslöschung. Daraus folgt, daß zwei zueinander senkrecht schwingende Wellenzüge sich ohne Störung durchdringen, also nicht miteinander interferieren und sich gegenseitig auslöschen können (über ihre Zusammensetzung s. weiter unten). Erst wenn man die Schwingung der beiden Strahlen in eine gemeinsame Ebene bringt, erhält man Interferenzerscheinungen. Um das zu erreichen, bringen wir hinter die doppelbrechende Platte einen Polarisator, der von beiden Strahlen jeweils nur die in seine Schwingungsebene fallende Komponente durchläßt.

Wir betrachten als Beispiel ein Gipsplättchen zwischen zwei Polarisatoren. In Abb. 341 seien *1* und *2* die Schwingungsrichtungen des ordentlichen und außerordentlichen Strahles, P sei die Schwingungsrichtung des vom Polarisator erzeugten Lichtes und φ der Winkel zwischen dieser Schwingungsrichtung und der des ordentlichen Strahles. Ist A_0 die Amplitude des polarisierten, das Gipsplättchen treffenden Strahles, so ist $A_1 = A_0 \cos\varphi$ die Amplitude des ordentlichen und $A_2 = A_0 \sin\varphi$ die des außerordentlichen Strahles. Von diesen beiden Strahlen läßt der Analysator, dessen Schwingungsrichtung mit der des Polarisators zusammenfallen möge, die Komponente $A_1 \cos\varphi = A_0 \cos^2\varphi$ bzw. $A_2 \sin\varphi = A_0 \sin^2\varphi$ durch. Da beide Strahlen jetzt in derselben Ebene $P = A$ schwingen, können sie interferieren. Ist die Dicke des Gipsplättchens so bemessen, daß der Strahl A_1 gegen A_2 einen Gangunterschied $\Delta = n\lambda/2$, $n = 1, 3, 5 \ldots$ erhält, so schwächen sich die beiden Strahlen. Für den Fall, daß $\varphi = 45°$ ist, werden wegen $A_0 \cos^2 45 = A_0 \sin^2 45$ die Amplituden gleich und wir erhalten bei *parallelen* Nicols völlige Dunkelheit, bzw. für $n = 2, 4, 6 \ldots$ Helligkeit. Für *gekreuzte* Nicols ergibt dieselbe Überlegung für $n = 2, 4, 6 \ldots$ Dunkelheit. Läßt man weißes Licht hindurchgehen und wählt den Gangunterschied so groß, daß er bei parallelen Nicols gerade für Grün Auslöschung ergibt, so wird bei gekreuzten Nicols Grün besonders stark. Daher erhält man bei einer Drehung um 90° immer die *Komplementärfarben.*

Eine doppelbrechende Platte zwischen gekreuzten Nicols, deren Schwingungsrichtungen nicht gerade zufällig mit denen der Polarisatoren zusammenfallen, ergibt also im allgemeinen eine Aufhellung, die man nicht durch Drehung wegbekommen kann.

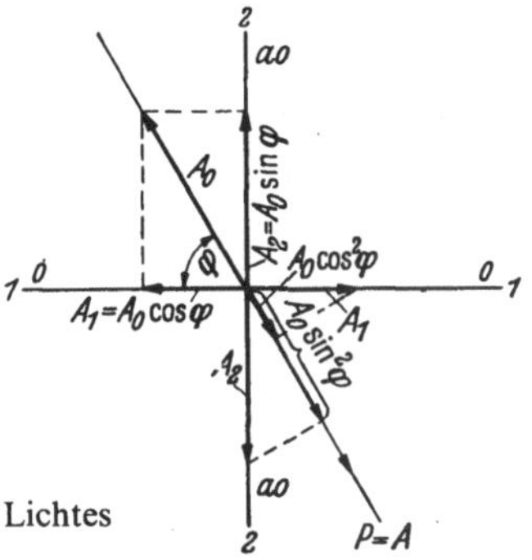

Abb. 341. Zur Interferenz polarisierten Lichtes

Die aus einer doppelbrechenden Platte austretenden senkrecht zueinander schwingenden Strahlen ergeben wegen der Phasendifferenz als Resultierende nach den Ausführungen des § 54 im allgemeinen eine *elliptische Schwingung,* d. h. sog. *elliptisch polarisiertes Licht.* Ist der Gangunterschied $\Delta = 1/4\lambda$ oder der Phasenunterschied $\pi/2$, so entsteht bei gleichen Amplituden *zirkular polarisiertes Licht.* Nur für $\Delta = 1, 2, 3 \ldots \lambda/2$ oder $\Delta\varphi = 1, 2, 3 \ldots \pi$ erhalten wir wieder *linear polarisiertes Licht.*

G. Elektromagnetisches Spektrum

§ 183. Übersicht über das gesamte Spektrum. Der Frequenzbereich der bis heute bekannten elektromagnetischen Wellen überdeckt ein außerordentlich großes Gebiet, von dem der Wellenbereich, auf den unser Auge anspricht, nur einen winzigen Ausschnitt bildet, vgl. Abb. 342 und Tab. 20. An das sichtbare Gebiet

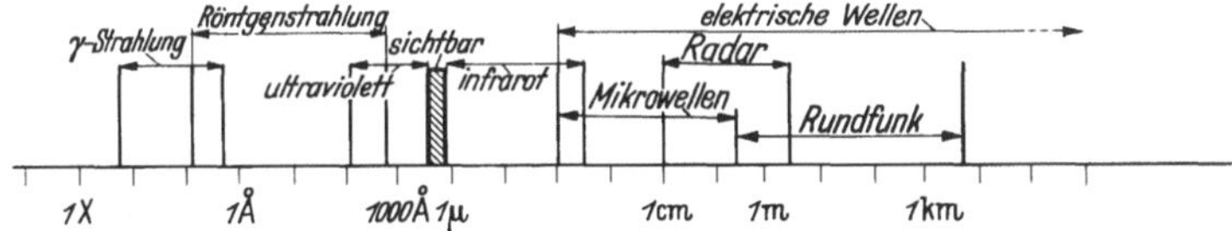

Abb. 342. Elektromagnetisches Spektrum in logarithmischer Skala

schließt sich nach der Seite längerer Wellen das Gebiet der *infraroten Strahlen* an. Diese von heißen Körpern als *Wärmestrahlung* ausgesandte Strahlung überdeckt sich an ihrem langwelligen Ende bereits mit den kürzesten elektrischen Wellen, die man durch Schwingung von kleinsten Resonatoren herstellen kann. Mikrowellenbereich von 0,03 cm bis 30 cm. Die Radartechnik benutzt Wellenlängen zwischen 1 cm und 3 m. An diesen Bereich schließen sich die ultrakurzen, kurzen und langen *Radiowellen* an. Dann folgt das Gebiet der technischen Hochfrequenzströme und der gewöhnlichen Wechselströme. Nach der Seite kleinerer Wellenlängen grenzt an das sichtbare Spektrum das *ultraviolette* Gebiet, an das sich die *Röntgen-* und dann die γ-Strahlen der radioaktiven Stoffe anschließen. Noch kürzer ist die Wellenstrahlung, die die kosmische Strahlung begleitet, vgl. § 213.

Von einer Wellenlänge von $5 \cdot 10^{-11}$ cm ($\nu \approx 10^{21}$ Hz) bis zur Wellenlänge der langsamen technischen Wechselströme von 19000 km $= 1{,}9 \cdot 10^9$ cm ($\nu = 16$ Hz) ist der Bereich der elektromagnetischen Wellen lückenlos bekannt. Die für das sichtbare Licht abgeleiteten allgemeinen Gesetze gelten für alle Wellen des elektromagnetischen Spektrums. Man bezeichnet daher häufig jede elektromagnetische Strahlung mit Ausnahme der elektrischen Wellen als Licht und spricht daher auch von infrarotem, ultraviolettem und Röntgenlicht.

Tabelle 20. *Übersicht über das elektromagnetische Spektrum*

Strahlenart	Wellenlänge	Hilfsmittel zur Untersuchung der Strahlung
γ-Strahlen	5 — 370 XE	Ionisation
Röntgenstrahlen	0,16— 660 A	Ionisation, Photographie, Fluoreszens
Ultraviolett	150 —3900 A	Fluoreszenz, Photographie
Sichtbares Gebiet	3900 —7800 A	Auge, Photographie
Infrarot	0,78— 300 μ	Thermosäule, Bolometer,(Photographie, lichtelektrischer Effekt)
Elektrische Wellen	0,01 cm bis ∞	Bolometer, Kristalldetektoren, Röhrenempfänger

§ 184. Infrarotes Licht. Bringen wir in das Spektrum der Sonne oder einer Bogenlampe ein Thermoelement, so zeigt ein empfindliches Galvanometer auch jenseits des roten Endes des sichtbaren Gebietes einen kräftigen Ausschlag. Die Lichtquelle muß also auch jenseits des Sichtbaren eine langwelligere Strahlung mit merklicher Energie aussenden. Diese infrarote oder *Wärmestrahlung* verdankt ihre Entstehung der ungeordneten Wärmebewegung der Moleküle, indem die Ladungen derselben als elektrische Oszillatoren mit allen möglichen Frequenzen wirken, s. § 188. Dazu kommen noch die wohldefinierten Eigenschwingungen von Atomen innerhalb der Moleküle und die Rotationen polarer Moleküle, § 200.

Da Glas das langwellige Ultrarot absorbiert, benutzt man zur Untersuchung des *infraroten Spektrums* Prismen und Linsen aus Steinsalz oder Sylvin und für ganz lange Wellen Quarz, der jedoch nur für ganz kurz- und ganz langwelliges Infrarot durchlässig ist, dazwischen aber absorbiert.

Der Nachweis der infraroten Strahlung kann bis etwa 1,3 μ mit besonders sensibilisierten Platten photographisch erfolgen. Auch der lichtelektrische Effekt ist bis etwa 1 μ anwendbar (Halbleiterphotozellen bis etwa 6 μ). Meist wird die infrarote Strahlung dadurch gemessen, daß man die in ihr enthaltene Energie absorbieren und sich in Wärme umwandeln läßt. Man benutzt dazu ein Vakuumthermoelement bzw. zur Steigerung der Empfindlichkeit eine Reihe von hintereinandergeschalteten Elementen, eine sog. *Thermosäule*. Die bestrahlten Lötstellen sind berußt, so daß die auffallende Strahlung in Wärme umgewandelt wird und eine entsprechende Temperaturerhöhung ergibt. Die erzeugte Thermospannung wird mittels eines Galvanometers gemessen und ist ein Maß für die Strahlungsintensität.

Weiter benutzt man das *Bolometer*, d. h. einen dünnen, einseitig berußten Metallstreifen. Die durch die Strahlung hervorgerufene Temperaturerhöhung ergibt eine in einer Brückenschaltung meßbare Widerstandsänderung.

Ferner kann man mit Hilfe eines *Bildwandlers* infrarotes, unsichtbares Licht in sichtbares umwandeln. Dazu wird der Gegenstand mittels infraroter Strahlen optisch auf eine für diese Strahlung empfindliche Schicht abgebildet, die unter dem Einfluß der Strahlen Photoelektronen aussendet. Diese Elektronen werden beschleunigt und elektronenoptisch auf einen Leuchtschirm abgebildet, wo sie durch Fluoreszenz ein sichtbares Bild erzeugen.

§ 185. Ultraviolettes Licht. Bringen wir in das Spektrum einer Bogenlampe einen Schirm mit einer Schicht von Sidotblende (ZnS), so beobachten wir, daß der Schirm im violetten Teil des Spektrums und ebenso ein Stück über die violette Grenze hinaus aufleuchtet. Diese als *Fluoreszenz* bezeichnete Erscheinung, die wir in § 190 näher betrachten werden, zeigt, daß auch jenseits des kurzwelligen Endes des sichtbaren Spektrums Strahlung vorhanden ist. Dieses *ultraviolette* Licht erregt nicht nur Fluoreszenz, sondern wirkt auch besonders stark auf die photographische Platte, so daß man auf diesen beiden Wegen ultraviolettes Licht erkennen und untersuchen kann.

Die Sonnenstrahlung enthält sehr viel ultraviolettes Licht, doch wird praktisch alles Licht von einer Wellenlänge unterhalb 2900 Å in der Atmosphäre absorbiert. Auch der biologisch besonders wirksame langwelligere Bereich zwischen 2800 und 3200 Å wird in der Atmosphäre, vor allem in staubhaltiger Luft, merklich geschwächt. Daher ist die Wirkung der Sonnenstrahlung im Hochgebirge besonders groß.

Als künstliche Strahlungsquelle für ultraviolettes Licht benutzt man vor allem die Quecksilberdampflampe, s. § 121. Da gewöhnliches Glas von etwa 3400 Å ab die ultravioletten Strahlen absorbiert, läßt man den Quecksilberdampfbogen in einem Kolben aus Quarz brennen, der bis etwa 2000 Å durchlässig ist. Außerdem kann man gewisse, für das biologisch wirksame Ultraviolett durchlässige Glassorten, wie *Uviolglas*, benutzen.

Wegen der Absorption in gewöhnlichem Glas benutzt man für die Untersuchung des Ultravioletts Linsen und Prismen aus dem ziemlich weit durchlässigen Quarz.

Da im kurzwelligeren Ultraviolett unterhalb 2000 Å fast alle Stoffe, auch Luft, stark absorbieren, muß man die Strahlung in diesem Gebiet (*Schumann-Gebiet*) im Vakuum, d. h. mit Vakuum-Spektrographen und gelatinefreien Trockenplatten, untersuchen. Es ist mittels Reflexion an Beugungsgittern gelungen, bis etwa 100 Å vorzudringen, womit der Anschluß an die Röntgenstrahlung, deren langwellige Grenze bei etwa 600 Å liegt, gegeben ist.

Allzu starke und lange Einstrahlung von ultraviolettem Licht wirkt biologisch schädigend. Neben Sonnenbrand kann das ultraviolette Licht, z. B. im Auge, Bindehautentzündungen hervorrufen.

Ultraviolettes Licht ist auch photochemisch besonders wirksam. So führt die Absorption der ultravioletten Strahlung in Sauerstoff zur Ozonbildung. In der Nähe einer brennenden Quecksilberdampflampe nimmt man immer einen starken Ozongeruch wahr.

§ 186. Röntgenstrahlen. a) *Herstellung und Spektrum.* Im Jahre 1895 machte RÖNTGEN[68] die grundlegende Entdeckung, daß in einem Entladungsrohr alle von Kathodenstrahlen, s. § 118, getroffenen Teile des Rohres selbst eine neue unsichtbare Strahlenart aussandten. Diese vermochte außerhalb des Rohres ähnlich wie ultraviolettes Licht geeignete Stoffe zur Fluoreszenz anzuregen und die photographische Platte zu schwärzen. Im Gegensatz zu den Kathodenstrahlen sind diese *Röntgenstrahlen* weder durch elektrische noch durch magnetische Felder ablenkbar und besitzen für alle Stoffe ein mehr oder weniger starkes Durchdringungsvermögen. Da sie auch Interferenz zeigen, s. § 187, folgt, daß sie eine elektromagnetische Wellenstrahlung wie das Licht darstellen, jedoch ist ihre Wellenlänge noch erheblich kleiner als die des Ultraviolett. Neben der Floureszenzanregung und der photographischen Wirkung besitzen die Röntgenstrahlen erhebliche chemische und vor allem biologische Wirkungen, s. Abschnitt b. Außerdem wirken sie beim Durchgang durch Gase ionisierend.

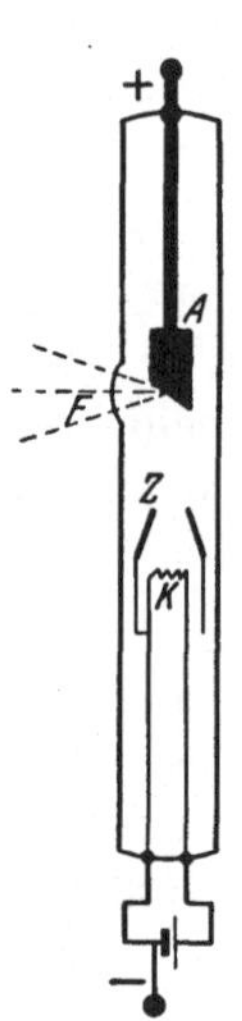

Abb. 343. Röntgenröhre mit Glühkathode

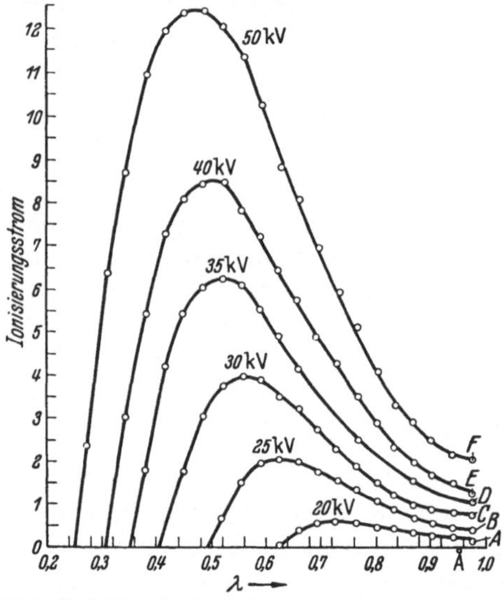

Abb. 344. Kontinuierliches Röntgenspektrum für verschiedene Anodenspannungen

Röntgenstrahlen entstehen überall da, wo Kathodenstrahlen (schnelle Elektronen) auf feste Körper auftreffen und gebremst werden. Zu ihrer Herstellung benutzt man heute i. allg. hochevakuierte Röhren mit einer Glühkathode als Elektronenquelle, s. Abb. 343. Als *Kathode K* dient ein elektrisch geheizter Wolframdraht. Die *Anode A* besteht aus einem Block aus schwer schmelzbarem Material wie Wolfram. Zwischen Anode und Kathode legt man eine hohe Spannung von einigen 10^4 oder 10^5 Volt und höher, je nach dem Verwendungszweck der Röntgenstrahlung. Die aus der Kathode austretenden Elektronen werden in dem zwischen Anode und Kathode wirksamen elektrischen Feld beschleunigt und fallen mit großer Geschwindigkeit auf die Anode, wo sie gebremst werden und die Röntgenstrahlen auslösen.

[68] WILHELM CONRAD RÖNTGEN, 1845—1923, Professor in Gießen, Würzburg und München.

Nimmt man die Intensität der Röntgenstrahlen, die durch eine der oben genannten Wirkungen – etwa die Ionisation der Luft – gemessen werden kann, in Abhängigkeit von der Wellenlänge auf, so erhält man Spektren, wie sie Abb. 344 wiedergibt. Je höher die Anodenspannung ist, um so kurzwelliger und damit zugleich durchdringender („härter") wird die Strahlung. Qualitativ unterscheidet man je nach dem Durchdringungsvermögen *harte* und *weiche* Röntgenstrahlen. Der „Härtegrad" wird also durch die Anodenspannung festgelegt.

Abb. 344 gibt das Spektrum der sog. *Bremsstrahlung* einer Röntgenröhre wieder. Die Bremsstrahlung entsteht dadurch, daß jeweils das einzelne Elektron beim Eindringen in die Oberfläche der Anode i. allg. sehr plötzlich, etwa bei der Durchquerung eines einzelnen Atoms des Anodenmaterials, einen größeren Teil seiner Energie verliert. Man muß dabei beachten, daß ein fliegendes Elektron einen elektrischen Strom darstellt, daß also seine Bremsung ein plötzliches Absinken der Stromstärke und Verschwinden des dazugehörigen Magnetfeldes bedeutet. Eine periodische Änderung von Strom und Feld würde elektromagnetische Wellen definierter Frequenz ergeben, vgl. § 142 ff., während eine derartige plötzliche Störung, ähnlich wie ein Knall, einen unregelmäßigen Wellenzug mit allen möglichen Frequenzen ergibt. Infolge der verschieden großen von den einzelnen Elektronen bei der Bremsung abgegebenen Energiebeträge erstreckt sich das Bremsspektrum über einen weiten Wellenbereich. Die scharfe Grenze nach kurzen Wellen hin, deren Lage durch die Anodenspannung gegeben ist, läßt sich erst durch die Quantennatur der Röntgenstrahlen erklären, vgl. § 192.

Bei geeigneter Wahl des Anodenmaterials und der Anodenspannung treten innerhalb des Bremsspektrums bei bestimmten Frequenzen scharfe Spitzen in der Intensitätsverteilung auf. Diese sog. *charakteristische Strahlung* beruht darauf, daß einzelne Atome des Anodenmaterials durch die aufprallenden Elektronen ionisiert werden und ihre Regeneration zur Ausstrahlung bestimmter Frequenzen führt, Näheres in § 198.

Die meisten Elektronen tragen weder zur Bremsstrahlung noch zur charakteristischen Strahlung bei, sondern werden ganz allmählich in der Anode gebremst und geben ihre Energie als Wärme ab. Bei 100 kV Anodenspannung werden an einer Wolframanode nur 0,75 % der Energie der auftreffenden Elektronen in Röntgenstrahlung umgesetzt, der Rest geht als Wärme verloren und muß durch Kühlung abgeleitet werden. Bei höherer Spannung nimmt der Prozentsatz der Röntgenstrahlenausbeute rasch zu. Um den Austritt der Röntgenstrahlen nach einer Richtung zu begrenzen, wird die ganze Röhre in eine Schutzhaube aus Schwermetall gebracht. Damit läßt sich gleichzeitig auch ein wirksamer Hochspannungsschutz erreichen.

Für die praktische Anwendung der Röntgenstrahlen, um z. B. bei der Diagnostik möglichst scharfe Schattenbilder zu erhalten, muß die eigentliche Strahlenquelle möglichst punktförmig begrenzt sein. Das erreicht man, indem man das Elektronenstrahlenbündel mittels der elektrostatischen Wirkung eines mit der Kathode verbundenen Zylinders Z (Abb. 343) auf einen Fleck der Anodenfläche, den *Brennfleck* oder *Fokus F*, vereinigt. Für besonders starke Belastungen der Anode kann man diese in Form eines Kegelstumpfes ausführen, der von außen in schnelle Umdrehungen versetzt wird, so daß in jedem Augenblick ein anderer Teil der Anodenoberfläche als Fokus dient (*Drehanodenröhre*).

Abb. 345a zeigt eine einfache, an das Wechselstromnetz anzuschließende Anlage zum Betrieb einer Röntgenröhre. Die Heizspannung wird von einem Transformator T_H, die Anodenspannung von einem Hochspannungstransformator T_R geliefert. Durch primärseitige Regelung von T_H wird der Anodenstrom, durch entsprechende Regelung von T_R die Anodenspannung beeinflußt. Intensität und Härte der Röntgenstrahlung lassen sich damit unabhängig voneinander einstellen. Bei der Schaltung der Abb. 345a fließt nur jeweils während der einen Halbwelle der Wechselspannung ein Elektronenstrom durch die Röntgenröhre (sog. *Halbwellenapparat*). Während der anderen Halbwelle hat die Anode negative Spannung gegen die Kathode. Wird die Anode im Betrieb zu heiß, so gibt sie selbst Elektronen ab, die in der negativen Phase zur Kathode fließen und diese zerstören können. Für Röntgenanlagen größerer Leistung und längerer ununterbrochener Betriebsdauer muß man deshalb durch eine oder mehrere Gleichrichter (Glühventile, Trockengleichrichter), den Strom in der negativen Phase sperren oder so lenken, daß er die Röhre in der gleichen Richtung durchläuft wie in der positiven Halbwelle. Dies geschieht z. B. in der *Graetz-Schaltung* (Abb. 345b). Der Strom fließt in der einen Phase durch die Ventile V_1 und V_2, in der anderen

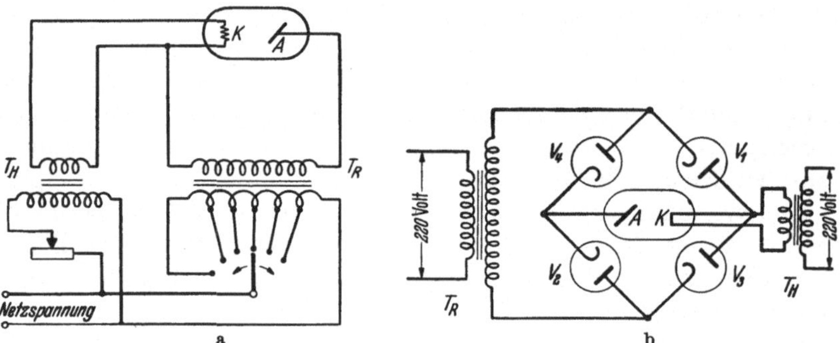

Abb. 345a u. b. Schaltungen beim Betrieb von Röntgenröhren. a Halbwellenbetrieb, b Graetz-Schaltung

durch V_3 und V_4 und passiert dabei die Röntgenröhre immer in der Richtung von der Kathode K zur Anode A. Die Glühventile werden in einer solchen Anlage mit eigenen Heiztransformatoren ausgestattet, die ebenso wie der Transformator T_H für die Heizung der Röntgenröhre zwischen Primär- und Sekundärwicklung gegen Hochspannung isoliert sein müssen. In Abb. 345b sind die Heiztransformatoren der Ventilröhren nicht mit angegeben.

b) Eigenschaften und Wirkungen der Röntgenstrahlen. Die Intensität einer Röntgenstrahlung nimmt ebenso wie die des Lichtes aus geometrischen Gründen umgekehrt mit dem Quadrat des Abstandes vom Brennfleck der Röntgenröhre ab (vgl. § 149). Zu dieser räumlich bedingten Abnahme kommt die Schwächung in der durchstrahlten Materie. Diese ist um so größer, je weicher, d. h. langwelliger, die Strahlung ist. Im allgemeinen besitzt die Strahlung ein Spektrum, das sich über einen großen Wellenlängenbereich erstreckt (s. Abb. 344). Durch *Filter*, millimeterdicke Aluminium- oder Kupferbleche, kann man die weiche Strahlung absorbieren und dadurch die Gesamtstrahlung *homogener* machen. Die Qualität einer Strahlung wird deshalb durch Angabe der Anodenspannung und der Filterung gekennzeichnet (z. B. 200 kV; 0,5 mm Cu).

Röntgenstrahlung einer bestimmten Wellenlänge wird beim Durchgang durch verschiedene Materialien um so mehr geschwächt, je höher die Ordnungszahl (s. § 197) der darin enthaltenen Elemente ist und je mehr Atome die Volumeneinheit enthält. Die Schwächung wächst also mit der Dichte des Materials und ist, vor allem für weiche Strahlung, besonders hoch in Blei (Ordnungszahl 82). Bei Verbindungen setzt sich die Schwächung additiv aus den von den Einzelelementen hervorgebrachten Wirkungen zusammen. Wasser und organische Substanzen (Körpergewebe), die nur Elemente mit niedriger Ordnungszahl wie H, C, N und O enthalten, schwächen daher die Röntgenstrahlen weniger als Knochen, in denen sich Phosphor ($Z = 15$) und Kalzium ($Z = 20$) befinden. Man kennzeichnet den Schwächungswert eines bestimmten Materials entweder durch seine *Halbwertschicht* oder durch sein *Bleiäquivalent*. Als Halbwertschicht bezeichnet man diejenige Schichtstärke eines Stoffes, nach deren Durchdringung die Intensität einer Röntgenstrahlung auf die Hälfte abgesunken ist; sie beträgt z. B. bei einer Wellenlänge von 0,1 Å für Pb 0,28 mm, für Al 17 mm, für Luft 38 mm. Das Bleiäquivalent gibt die Dicke einer Bleischicht an, die die gleiche Schwächung der Röntgenstrahlen bewirkt wie eine bestimmte Schicht des zu kennzeichnenden Materials; z. B. ist das Bleiäquivalent von 10 cm Ziegelsteinwand bei 200 kV 0,9 mm Pb. Beide Größen sind stark von der Wellenlänge abhängig.

Die Schwächung von Röntgenstrahlen in Materie beruht auf zwei verschiedenen Effekten, der *Absorption* und der *Streuung*. Bei langwelliger Strahlung überwiegt der Einfluß der Absorption. Die Energie der *absorbierten Strahlung* wird von den Atomen des durchstrahlten Stoffes aufgenommen und führt entweder zur Ionisation, d. h. zur Abgabe von *Photoelektronen*, s. § 191, oder zur Aussendung einer *Fluoreszenzstrahlung*, die für die betreffende Atomart charakteristisch ist, vgl. § 198. Die Fluoreszenzstrahlung ist auf jeden Fall langwelliger als die Primärstrahlung und wird ebenso wie diese beim weiteren Durchgang durch Materie geschwächt. Die *Streuung* der Röntgenstrahlen an den Atomen kann in der gleichen Weise wie beim Licht erfolgen, d. h. ohne Änderung der Wellenlänge, sog. *kohärente* Streuung. Eine größere Rolle spielt aber vor allem bei kurzwelliger Strahlung die *inkohärente* oder *Compton-Streuung*. Hierbei gibt die Primärstrahlung einen Teil ihrer Energie an Elektronen der durchstrahlten Materie ab und beschleunigt sie, *Comptonelektronen*. Auch hierbei entsteht eine *Sekundärstrahlung*, die stets langwelliger als die Primärstrahlung ist. Die gesamte in einem von Röntgenstrahlen getroffenen Körper erzeugte Sekundärstrahlung einschließlich der Fluoreszenzstrahlung breitet sich nach allen Seiten hin aus.

Die Wirkung von Röntgenstrahlen in Materie beruht auf den ausgelösten Photo- und Comptonelektronen, die ihrerseits durch Ionisation weitere Elektronen von den Atomen innerhalb des bestrahlten Körpers abspalten. Als Maß für die Wirkung der Röntgenstrahlung benutzt man die *Strahlendosis*, die man sowohl durch die Ionisationswirkung, als *Ionendosis*, wie auch durch die an die Materie abgegebene Energie, d.h. als *Energiedosis* definieren kann. Die *Ionendosis* ist definiert als das Verhältnis der Gesamtladung aller Ionen eines Vorzeichens zur durchstrahlten Masse, gewöhnlich Luft. Einheit ist das *Röntgen* (R) $= 2{,}58 \cdot 10^{-4}$ Coulomb/kg (C/kg). Das entspricht einer Ladung von $3{,}33 \cdot 10^{-10}$ Coulomb in 1 cm^3 Luft unter Normalbedingungen. Praktisch bestimmt man die Ladung einer Ionensorte beim Durchgang der Röntgenstrahlen durch ein bestimmtes Luftvolumen in der Ionisationskammer, s. § 116.

Die *Energiedosis* ist definiert als das Verhältnis der absorbierten Strahlungsenergie zur durchstrahlten Masse. Einheit ist das rad (rd). 1 rd = 10^{-2} Joule/kg.

Trotz des sehr geringen Gesamtbetrages der umgesetzten Energie ist die *biologische* Wirkung der Röntgenstrahlen im menschlichen und tierischen Körper erheblich und wird in der *Röntgentherapie* zur Behandlung von Haut- und Geschwulstkrankheiten (Krebs) benutzt. Dabei ist hinsichtlich der Dosierung und der Abschirmung gesunder Körperpartien größte Vorsicht zu beachten. Die unterschiedliche Schwächung der Röntgenstrahlen durch Stoffe verschiedener Dichte und Ordnungszahl macht man sich in der *Röntgendiagnostik* zunutze. Man erhält Schattenbilder, die man auf einem photographischen Film oder Papier oder mit Hilfe eines Leuchtschirmes sichtbar macht, der mit Bariumplatincyanür, Zinksilikat oder einer anderen fluoreszierenden Masse bestrichen ist. Um Röntgenbilder vom Magen oder Darm zu erhalten, gibt man dem Patienten einen bariumhaltigen Brei ein (Kontrastmittel); Ba hat die Ordnungszahl 56.

Bei jedem Arbeiten mit Röntgenstrahlen muß größte Sorgfalt auf den *Strahlenschutz* verwendet werden. Längere Einwirkung von Röntgenstrahlen kann zu schweren Schädigungen, insbesondere zu Sterilität, Hautverbrennungen und Röntgenkrebs führen. Neben einer guten Abschirmung der Röntgenröhre selbst muß vor allem auch die Sicherung des Bedienungspersonals gegen Streustrahlung beachtet werden. Man verwendet Schürzen und Handschuhe aus Bleigummi, Fenster und Brillen aus Bleiglas und verkleidet die Wände des Röntgenraumes mit Bleiplatten oder anderen Strahlenschutzstoffen. Die *Toleranzdosis*, d. h. die maximale von einem Menschen ohne dauernde Schädigung vertragene Röntgenstrahlendosis, beträgt nach neuerer Festsetzung 0,3 Röntgen pro Woche.

§ 187. Röntgeninterferenzen an Kristallen. Strukturanalyse. Der sichere Nachweis der Wellennatur der Röntgenstrahlen gelang erst spät, da man wegen der Kürze der Wellen auch an den feinsten mechanischen Strichgittern keine Interferenz bekam. VON LAUE[69] wies nun darauf hin, daß die Natur uns Gitter der erforderlichen Feinheit liefert, und zwar in den *Kristallen*. Wegen des regelmäßigen Baues eines Kristalles bilden ja dessen Atome ein sog. *Raugitter*, vgl. die Abb. 49, dessen Atomabstände gerade bei Röntgenstrahlen gut wahrnehmbare Beugungserscheinungen ergeben müssen.

Ein *Strichgitter* gibt eine Reihe von Beugungsbildern, die in einem sehr einfachen Zusammenhang mit der Gitterkonstanten stehen, vgl. § 176. Legt man zwei Strichgitter gekreuzt übereinander, so bilden die Kreuzpunkte der Spalte ein quadratisches Netz von Öffnungen, ein sog. *Flächengitter*, das bei Durchleuchtung mit einem engen Strahlenbündel von weißem Licht ein quadratisches Netz von farbigen Lichtflecken ergibt. Denken wir uns eine Reihe von Flächengittern hintereinandergeschaltet, so erhalten wir ein *Raumgitter*. Ein Kristall wirkt gegenüber Röntgenstrahlen wie ein solches Raumgitter. Der Zusammenhang zwischen dem Interferenzbild und dem Bau des Raumgitters ist allerdings etwas verwickelter, so

[69] MAX VON LAUE, 1879—1960, Professor an der Universität Berlin, Nobelpreis für Physik, entdeckte zusammen mit FRIEDRICH und KNIPPING die Beugung von Röntgenstrahlen an Kristallgittern. Er entwickelte auch die theoretischen Grundlagen für die heutige Strukturanalyse mit Hilfe von Röntgenstrahlen.

daß wir uns mit der Wiedergabe eines solchen Interferenzbildes, s. Abb. 346, begnügen, wie man es erhält, wenn man ein „weißes“ Röntgenstrahlbündel durch eine Kristallplatte hindurchschickt und dahinter eine photographische Platte aufstellt. Der schwarze Fleck in der Mitte rührt von dem direkt, also ungebeugt durchgegangenen Röntgenstrahlbündel her. Die an den Atomen oder Ionen des Kristalls abgebeugten Röntgenstrahlen vernichten sich weitgehend durch Interferenz und verstärken sich nur in wenigen ausgezeichneten Richtungen; die in diesen Richtungen abgebeugten Röntgenstrahlen ergeben auf der Platte die weiteren Flecke.

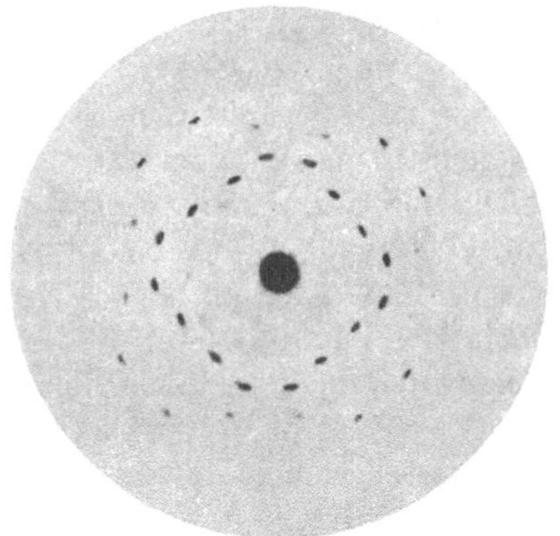

Abb. 346. Laue-Diagramm der Zinkblende, dessen Interferenzpunkte die Symmetrie im Bau des durchstrahlten Kristalles widerspiegeln

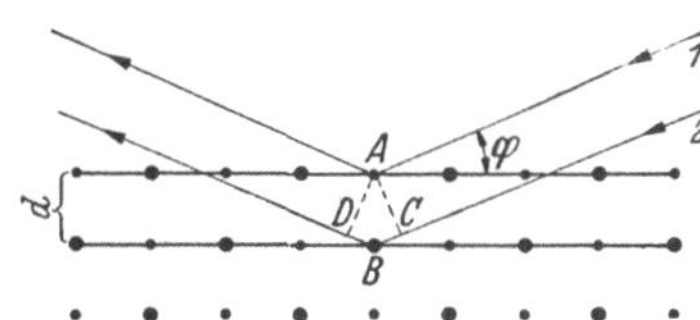

Abb. 347. Reflexion von Röntgenstrahlen durch Beugung am Kristallgitter des NaCl: • Na-Ionen, ● Cl-Ionen

Das Lau-Diagramm beruht auf einem recht verwickelten Beugungs- und Interferenzvorgang. Man benutzt daher zur Aufklärung der Gitterstruktur von Festkörpern einfacher auszuwertende Röntgendiagramme, wie man sie mit monochromatischem Lichte vor allem bei der Reflexion von Röntgenstrahlen an den Netzebenen eines Kristalles nach Bragg erhält. Wie schon in § 35 besprochen, besteht ein Kristall aus einer Folge von *Netzebenen*, in denen die Atome regelmäßig angeordnet sind. Wir lassen nun ein Bündel von *monochromatischem* Röntgenlicht unter dem Winkel φ auf diese Ebenen auffallen, s. Abb. 347, die einen senkrechten Schnitt durch einen regulären NaCl-Kristall zeigt. An jedem Atom tritt Beugung ein. Die an den Atomen einer einzelnen Netzebene abgebeugten Wellen ergeben nach dem *Huygensschen Prinzip* einen entsprechend dem gewöhnlichen Reflexionsgesetz abgebeugten Strahl[70], vgl. Abb. 119. Dessen Intensität ist allerdings nur dann merklich, wenn er bei der Interferenz mit den an den *folgenden* Netzebenen reflektierten Strahlen verstärkt wird[71]. Das ist aber nur dann möglich, wenn der Gangunterschied Δ der an benachbarten Netzebenen reflektierten Strahlen *1* und *2* gleich einem ganzzahligen Vielfachen der Wellenlänge der einfallenden Strahlen ist. Da der Strahl *2* gegenüber dem Strahl *1* den zusätzlichen Weg *CBD* zurückgelegt hat, ist $\Delta = 2d \sin\varphi$, wo d die Gitterkonstante, d. h. den

[70] Dazu brauchen die Atome *innerhalb* der einzelnen Netzebenen nicht regelmäßig angeordnet zu sein. Wesentlich ist, daß der Netzebenen*abstand* konstant ist.

[71] Die Intensität der reflektierten Strahlen ist natürlich um so größer, je mehr hintereinander liegende Netzebenen an der Beugung beteiligt sind.

Abstand zweier benachbarter Netzebenen, bedeutet. Wir erhalten daher im reflektierten Strahl Helligkeit immer dann, wenn bei vorgegebener Gitterkonstante und Wellenlänge der Winkel φ der Bedingung genügt

$$2d \sin\varphi = n\lambda\,; \qquad n = 1, 2, 3, \ldots .$$

Für alle anderen Winkel vernichten sich die abgebeugten Strahlen gegenseitig durch Interferenz. Lassen wir kontinuierliches Licht unter einem bestimmten Winkel auffallen, so werden nur diejenigen Wellenlängen mit merklicher Intensität reflektiert, die der obigen Bedingung genügen.

Zur Aufnahme des Röntgenspektrums muß der Kristall um eine durch A gehende, senkrecht zur Zeichenebene stehende Achse gedreht werden.

Für das Braggsche Verfahren braucht man außerdem eine einheitliche Kristallplatte. Steht eine solche nicht zur Verfügung, so benutzt man ein gepreßtes Pulver aus unregelmäßig angeordneten kleinen Kriställchen in Form eines zylindrischen, gepreßten Stäbchens. Wird dieses senkrecht zur Zylinderachse mit einem feinen monochromatischem Röntgenstrahl bestrahlt, so erhalten wir an allen Kriställchen, deren Orientierung gerade der *Braggschen* Bedingung genügt, Reflexion. Die dabei abgebeugten Strahlen bilden einen Kegel mit dem doppelten Reflexionswinkel als Öffnungswinkel und mit dem einfallenden Strahl als Achse. Das so entstehende *Debye-Scherrer*-Diagramm genügt aber bei weniger symmetrischen Kristallen nicht mehr zu einer vollständigen Kristallanalyse.

Mit Hilfe von Röntgeninterferenzen kann man, falls das Raumgitter bekannt ist, die Wellenlänge von Röntgenstrahlen messen bzw. umgekehrt bei bekannter Wellenlänge die Atomabstände, d. h. die geometrische Anordnung der Atome in *Kristallen* (Strukturanalyse), bestimmen. Auf diese Weise hat man bei den meisten Kristallen die Struktur ermitteln können. Außerdem ist es gelungen, durch Beugung von Röntgen- und Elektronenstrahlen (vgl. § 194) an den Molekülen von Dämpfen die Anordnung der beugenden Atome innerhalb der Einzelmoleküle, d. h. das sog. *Kerngerüst* der Moleküle, zu vermessen. Die in den Abb. 50 und 44 wiedergegebenen Kristall- und Molekülstrukturen sind vor allem durch Röntgeninterferenzen bestimmt worden. Die Technik benutzt Röntgenstrahlen, um das kristalline Gefüge von Metallen, Legierungen und Kunststoffen, sowie das Verhalten derselben bei der Bearbeitung zu untersuchen. Auch Fehlstellen und unzulässige Beanspruchungen von Materialien lassen sich röntgenographisch erkennen.

H. Temperatur- und Lumineszenzstrahlung

Um einen Körper zum Leuchten zu bringen, muß man seinen Atomen Energie zuführen. Das geschieht am einfachsten durch Erhitzen. In diesem Falle spricht man von *Temperaturstrahlung.* Alle anderen Leuchtvorgänge, bei denen die Energie nicht aus dem Wärmeinhalt des leuchtenden Körpers stammt, faßt man unter der Bezeichnung *Lumineszenz* (*kaltes Leuchten*) zusammen. Die Energiezufuhr kann dabei auf elektrischem Wege, wie bei den Gasentladungen, vgl. § 120, also durch Ionen- und Elektronenstoß erfolgen (*Elektrolumineszenz*). Ferner vermögen die Atome und Moleküle in Gasen, Lösungen oder Festkörpern gewisse Frequenzgebiete des Lichtes zu absorbieren und diese Energie ganz oder teilweise wieder auszustrahlen (*Fluoreszenz* und *Phosphoreszenz*). Schließlich kann Lumineszenz auch durch mechanische oder chemische Vorgänge angeregt werden.

§ 188. Temperaturstrahlung. Schwarzer Körper. Erhitzen wir einen Körper, etwa einen Platindraht auf elektrischem Wege, so sendet er zunächst nur eine langwellige *Wärmestrahlung* aus. Mit steigender Temperatur kommen immer mehr kürzere Wellen hinzu und der Körper beginnt schließlich zu leuchten, und zwar glüht er zuerst rot, dann gelb und schließlich weiß. Mit der Temperatur ändert sich also offenbar die Zusammensetzung der Strahlung. Ferner steigt, wie leicht festzustellen ist, die insgesamt ausgestrahlte Energie mit der Temperatur sehr stark an.

Die *Temperaturstrahlung* beruht darauf, daß die Energie der ungeordneten Wärmebewegung der Moleküle durch Stoß zum Teil auf die Elektronen und geladenen Atomkerne übergeht. Diese werden dabei zu ungeordneten Schwingungen mit allen möglichen Frequenzen und in allen Richtungen angeregt. Die mit wachsender Temperatur immer stärker schwingenden Ladungsträger wirken wie atomare Sender und senden elektromagnetische Wellen der verschiedensten Frequenzen aus. Umgekehrt geraten diese Oszillatoren beim Auftreffen von Strahlung, die ihre Eigenfrequenz enthält, selbst in Resonanz, absorbieren also Strahlungsenergie. Diese kann wieder ausgesandt werden oder in ungeordnete molekulare Energie, d. h. in Wärme, umgewandelt werden.

Bringt man ein leuchtendes Gas in ein elektrisches oder magnetisches Feld, so werden natürlich die Elektronenschwingungen beeinflußt. Da dabei eine Änderung der Frequenzen des emittierten Lichtes auftritt, ist bewiesen, daß das gewöhnliche Licht die Strahlung von schwingenden elektrisch geladenen Teilchen darstellt. Die *magnetische Beeinflussung* der Spektrallinien (Aufspaltung und Verschiebung der ursprünglichen Frequenz) wird als *Zeemann-Effekt*, der entsprechende *elektrische Effekt* als *Stark-Effekt* bezeichnet.

Die allgemeine Erfahrung lehrt, daß in der Natur von selbst keine Temperaturdifferenzen auftreten (zweiter Hauptsatz der Wärmelehre). Da nun jeder Körper auch bei noch so tiefer Temperatur fortwährend strahlt, also Energie abgibt, muß

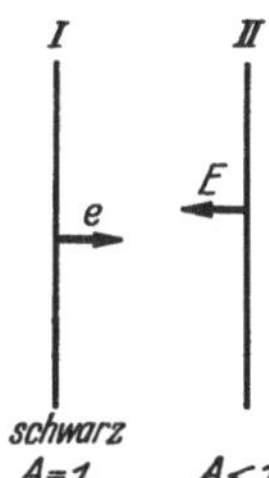

Abb. 348. Zum Kirchhoffschen Strahlungsgesetz

dieser Energieverlust ständig gedeckt werden. Das geschieht, indem der Körper von der Energie, die die umgebenden Körper ihm zustrahlen, einen bestimmten Teil absorbiert und in Wärme umwandelt. Bei diesem *Temperaturgleichgewicht* handelt es sich also nicht um einen Ruhezustand, sondern um ein *dynamisches Strahlungsgleichgewicht*, vgl. auch Abb. 348. Die Absorption eines Körpers beschreiben wir durch sein *Absorptionsvermögen A*. Darunter verstehen wir den Bruchteil der auffallenden Strahlungsenergie, der vom Körper absorbiert, also weder reflektiert noch durchgelassen wird. Ein Körper, der alle auftreffende Strahlungsenergie absorbiert und in Wärme umwandelt, hat das Absorptionsvermögen $A = 1$. Wir bezeichnen ihn als einen *vollkommen schwarzen Körper*; über dessen Verwirklichung s. weiter unten. Für einen Körper, der ein Viertel der Strahlung absorbiert, ist $A = 0{,}25$, für einen Körper, der alle Strahlung reflektiert, also für den idealen Spiegel, ist $A = 0$.

Hat ein Körper dieselbe Temperatur wie seine Umgebung, so ist die in der Zeiteinheit von ihm ausgesandte, d. h. emittierte Energie gleich der absorbierten. Daraus folgt, daß ein stark absorbierender Körper auch stark emittiert und umgekehrt. Eine berußte Fläche strahlt daher viel mehr als eine helle oder eine gut reflektierende. Dieses Gesetz gilt nicht nur für die Gesamtstrahlung, sondern für jedes einzelne Frequenzgebiet, d. h. ein Körper absorbiert diejenigen Frequenzen am stärksten, die er selbst emittiert. Die gelb leuchtende Na-Flamme sendet nur Licht von zwei dicht benachbarten Wellenlängen bei 589 mμ aus. Schicken wir umgekehrt von einem glühenden Körper kommendes weißes Licht durch Na-Dampf und untersuchen das Licht im Spektralapparat, so finden wir im kontinuierlichen Spektrum zwei scharfe dunkle Linien, die dieselbe Lage wie die vom leuchtenden Na-Dampf emittierten Linien haben. Der Na-Dampf spricht also genau wie ein Resonator, z. B. eine Stimmgabel, auf Wellen seiner Eigenfrequenz an und absorbiert die darauf entfallende Energie.

Der genaue Zusammenhang zwischen der emittierten und absorbierten Strahlungsenergie wird durch das für jede Temperatur und für jede Wellenlänge gültige *Kirchhoffsche Strahlungsgesetz* wiedergegeben, welches besagt: *Das Verhältnis zwischen Emissions- und Absorptionsvermögen ist für alle Körper dasselbe und gleich dem Emissionsvermögen e eines schwarzen Körpers derselben Temperatur oder*

$$E/A = e\,.$$

E ist das Emissionsvermögen des betreffenden Körpers, d. h. die von 1 cm^2 der Oberfläche pro Sekunde ausgesandte Strahlungsenergie. Das Emissionsvermögen e des schwarzen Körpers ist ausschließlich eine Funktion der Wellenlänge und der Temperatur.

Beweis: Es sei I eine schwarze Fläche, s. Abb. 348. Ihr gegenüber stehe eine gleich große Fläche II mit dem beliebigen Emissionsvermögen E so, daß die von einer Platte ausgehende Strahlung immer die andere trifft. Im Falle des Strahlungsgleichgewichtes (Temperaturkonstanz) muß die von II ausgestrahlte Energie pro Flächeneinheit E gleich dem absorbierten Anteil der von I zugestrahlten Energie e sein, d. h., es muß die Beziehung $E = eA$ gelten.

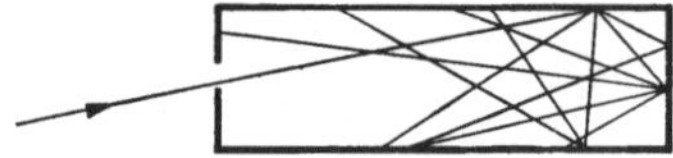
Abb. 349. Hohlraumstrahlung

Es gibt keinen Stoff, dessen Oberfläche im physikalischen Sinne vollkommen schwarz ist, d. h. der jede Strahlung, gleich welcher Wellenlänge, völlig absorbiert. Man kann aber einen schwarzen Körper durch einen Kunstgriff verwirklichen. Denken wir uns einen Hohlraum mit innen geschwärzten Wänden und einer kleinen Öffnung in der Stirnwand, s. Abb. 349. Ein einfallender Strahl möge beim ersten Auftreffen auf die Wand zu 95% absorbiert werden. Der meist diffus reflektierte Strahl enthält dann nur 5% der ursprünglichen Energie. Bei der nächsten Reflexion werden von diesen 5% wieder nur 5%, d. h. nur noch 0,25% der ursprünglichen Intensität, reflektiert. Ist die Öffnung genügend klein, so erfährt jeder Strahl, ehe er wieder austreten kann, eine mehrmalige Reflexion. Dann ist aber auch die einfallende Energie praktisch völlig absorbiert. Heizen wir diesen Hohlraum auf, so strahlt die Öffnung wie ein schwarzer Körper. Wegen der Art ihrer Herstellung bezeichnet man die *schwarze Strahlung* auch als *Hohlraumstrahlung*. Diese ist dadurch ausgezeichnet, daß ihre Intensität bei gleicher Temperatur für jede Wellenlänge größer als die jedes anderen Körpers ist.

Die Strahlung der Sonne ist für den Wärmehaushalt der Erde und damit auch für das organische Leben von ausschlaggebender Bedeutung. Alle Energie in Kohle- und Öllagern ist gespeicherte Sonnenenergie. Die Energie von Wind- und Wasserströmungen stammt letzten Endes ebenfalls von der Sonne. Die der Erde zugestrahlte Sonnenenergie messen wir durch die *Solarkonstante* und verstehen darunter die im Mittel in einer Minute und auf 1 cm^2 der Erdoberfläche eingestrahlte Energie. Sie beträgt etwa 2 $cal/cm^2 \cdot min$. Die Gesamteinstrahlung würde ausreichen, um in jedem Jahr einen etwa 30 m dicken, die ganze Erde bedeckenden Eispanzer zu schmelzen. Wegen der Absorption in der Atmosphäre gelangt allerdings nur etwa die Hälfte der eingestrahlten Sonnenenergie bis zur Erdoberfläche.

§ 189. Die Gesetze der schwarzen Strahlung. Die hier kurz zusammengestellten Strahlungsgesetze sind Grenzgesetze, die nur für einen vollkommen schwarzen Körper streng gelten. Für jeden anderen Temperaturstrahler sind sie nur mehr oder weniger genähert erfüllt.

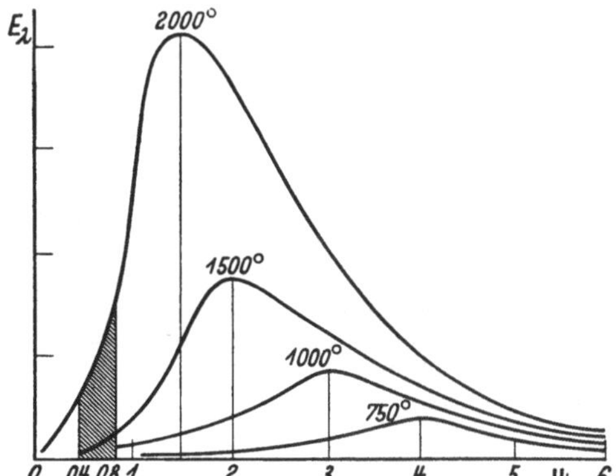

Abb. 350. Energieverteilung im Spektrum des schwarzen Körpers für verschiedene absolute Temperaturen

Die im Spektrum des schwarzen Körpers für verschiedene Temperaturen gemessene Energieverteilung zeigt die Abb. 350. Die Ordinate E_λ gibt das Emissionvermögen in Abhängigkeit von der Wellenlänge an ($E_\lambda \Delta\lambda$ mißt die im Bereich zwischen λ und $\lambda + \Delta\lambda$ von der Flächeneinheit nach einer Seite in den Raum pro Sekunde ausgestrahlte Energie). Der ins sichtbare Gebiet fallende Strahlungsanteil, schraffiert gezeichnet, wird erst bei Temperaturen oberhalb 1000° K von nennenswerter Größe. Die Energieverteilung zeigt für alle Temperaturen ein Maximum, das sich mit wachsender Temperatur zu kürzeren Wellenlängen verschiebt. Dabei gilt das *Wiensche Verschiebungsgesetz*, wonach das Produkt der absoluten Temperatur T und der dem Emissionsmaximum entsprechenden Wellenlänge λ_{max} konstant ist, also

$$\lambda_{max} \cdot T = \text{const} = 2898\ \mu\text{m}\ {}^\circ\text{K}\,.$$

Für 0,5 µm = 0,5 Mikron (µ) liegt das Maximum also bei 5760° K. Die Gesamtstrahlung E, die durch die von der Strahlungskurve und der Abszissenachse eingeschlossene Fläche gegeben ist, wächst außerordentlich rasch, und zwar mit der vierten Potenz der absoluten Temperatur. Es ist also (*Stefan-Boltzmannsches Gesetz*)

$$E = \sigma T^4,$$

mit $\sigma = 5{,}68 \cdot 10^{-5}$ erg cm^{-2} °K^{-4} s^{-1}.

PLANCK[72] ist es gelungen, die Energieverteilung im Spektrum mit Hilfe der Quantentheorie, s. § 192, abzuleiten. Seine Beziehung lautet:

$$E_\lambda = \frac{C \cdot \lambda^{-5}}{e^{c/\lambda T} - 1}.$$

Dieses von PLANCK abgeleitete und durch die Erfahrung bestens bestätigte Strahlungsgesetz beruht auf der Annahme, daß die Energie eines schwingenden Oszillators nicht beliebige und stetig veränderliche, sondern nur bestimmte feste Werte, sog. *Energiequanten*, annehmen kann. Diese haben die Werte $nh\nu$, wo $n = 1, 2, 3, \ldots$, ν die Eigenfrequenz des Oszillators und h eine universelle Konstante, das sog. *Wirkungsquantum*, bedeutet. Da die Konstanten C und c direkt mit dem Wirkungsquantum und anderen bekannten Konstanten verknüpft sind, läßt sich die Größe h aus Strahlungsmessungen bestimmen. Sie hat den Wert $6{,}62 \cdot 10^{-27}$ erg s, vgl. dazu auch § 192.

Die Gesetze der schwarzen Strahlung geben uns die Möglichkeit, hohe, sonst nicht meßbare Temperaturen optisch zu bestimmen (*optische Pyrometrie*). Natürlich erhält man nur für einen praktisch schwarzen Körper, z. B. einen Hochofen, dessen Inneres man durch eine enge Öffnung anvisiert, richtige Werte. Für nichtschwarze Körper erhält man zu tiefe Temperaturen.

Die meisten unserer Lichtquellen sind heute noch Temperaturstrahler. Bei diesen fällt, wie Abb. 350 zeigt, nur ein kleiner Teil der ausgestrahlten Energie in das sichtbare Gebiet. Der allergrößte Teil ist Wärmestrahlung, also für die Beleuchtung verloren. Der *optische Wirkungsgrad* beträgt günstigenfalls wenige Prozent. Er wächst zwar mit der Temperatur, da ja das Maximum der Strahlung nach dem Sichtbaren hin rückt, und erreicht zwischen 6000 und 7000° K seinen Höchstwert. Doch bleibt dabei immer noch der überwiegende Teil der Strahlung für das Auge unwirksam. Daher würde, auch wenn es technisch möglich wäre, Lichtquellen von so hoher Temperatur herzustellen, der Wirkungsgrad unbefriedigend klein bleiben. Das Streben der Lichttechnik geht daher dahin, Lichtquellen zu entwickeln, die selektiv im Sichtbaren, und zwar möglichst im Gebiet der größten Empfindlichkeit des Auges, d. h. im Grüngelben, strahlen. Die Anregung zu dieser Lumineszenz muß elektrisch oder optisch erfolgen (Leuchtstoffröhren, Natriumdampflampen, vgl. § 120β). Bei solchen Lichtquellen erreicht man Lichtausbeuten von 50—100 Lumen pro Watt, also etwa 5—10mal mehr als bei Metallfadenlampen.

§ 190. Fluoreszenz und Phosphoreszenz. Manche Stoffe, wie Lösungen von Fluoreszein, Eosin u. dgl., oder Sidotblende und Uranglas, haben die Fähigkeit, in bestimmten Spektralgebieten das auf sie auffallende Licht zu absorbieren und dann als Licht von im allgemeinen größerer Wellenlänge wieder auszusenden. Verschwindet die Ausstrahlung nach dem Abschalten der erregenden Lichtes sofort (innerhalb von etwa 10^{-8} s), so spricht man von *Fluoreszenz*. Leuchtet der Körper dagegen nach, so spricht man von *Phosphoreszenz*.

a) Fluoreszenz. Beleuchten wir ein Stück Uranglas nacheinander mit grünem, blauem, violettem oder ultraviolettem Licht, so beobachten wir, daß es immer

[72] MAX PLANCK, 1858—1947, Professor an der Universität Berlin, Nobelpreis für Physik, ist der Begründer der Quantentheorie und einer der größten Denker der neueren Physik.

mit derselben grünlichen Farbe leuchtet. Die Zusammensetzung der Fluoreszenzstrahlung ist für den betreffenden Körper charakteristisch. Mit Licht, das langwelliger als das Fluoreszenzlicht ist, also in unserem Falle mit z. B. rotem Licht, kann man dagegen keine Fluoreszenz erregen. Diese Erscheinung beobachtet man bei fast allen fluoreszierenden Stoffen. Es ist also im allgemeinen die Fluoreszenzstrahlung langwelliger als die erregende Strahlung (*Stokessche Regel*), s. § 192.

Die Fluoreszenz darf nicht mit der gewöhnlichen Lichtzerstreuung an einem trüben Medium verwechselt werden, bei der das Licht ohne Änderung der Wellenlänge an kleinsten Teilchen seitlich abgebeugt wird. Bei der Fluoreszenz wird dagegen Strahlungsenergie absorbiert und die Energie in den Atomen aufgespeichert, wodurch diese zur Ausstrahlung von im allgemeinen andersfarbigem Lichte veranlaßt werden.

Mit Hilfe von fluoreszierenden Stoffen kann man den optischen Wirkungsgrad von Lichtquellen erheblich verbessern (*Leuchtstoffröhren*), Näheres in § 120, β.

Fluoreszenzanalyse. Stoffe, die im gewöhnlichen Licht gleich aussehen, unterscheiden sich oft überraschend durch ihr Fluoreszenzlicht. So kann man mit Hilfe einer sog. *Analysenlampe*, die nur ultraviolettes Licht gibt, durch das Fluoreszenzlicht Fälschungen von Briefmarken, Banknoten, Lebensmitteln, Edelsteinen u. dgl. einwandfrei erkennen. Auch unter dem Mikroskop vermag die Beobachtung des Fluoreszenzlichtes sonst kaum erkennbare Feinheiten des Präparates zu enthüllen (*Fluoreszenzmikroskopie*).

b) Phosphoreszenz. Unter einem phosphoreszierenden Körper, einem *Leuchtphosphor*, verstehen wir einen Stoff, der auch nach dem Abschalten der erregenden Lichtquelle leuchtet. Dieses Nachleuchten kann Bruchteile von Sekunden, aber auch Tage dauern. Ein *Leuchtphosphor* besteht aus einem Grundstoff mit Spuren von Schwermetallen oder organischen Stoffen, z. B. 0,000006 g Cu in 1 g ZnS. Der Mechanismus der Aufspeicherung der absorbierten Energie und ihrer nachfolgenden Ausstrahlung ist sehr verwickelt. Die gespeicherte Energie wird um so langsamer ausgestrahlt, je tiefer die Temperatur ist.

Andere Lumineszenzerscheinungen. Elektronen- und Röntgenstrahlen (genauer die von diesen ausgelösten Sekundärelektronen) können bei manchen Festkörpern die Ausstrahlung von sichtbarem Licht veranlassen (Leuchtschirme bei Röntgengeräten und Fernsehbildröhren, Oszillographenröhren usw.).

Die *Tribolumineszenz*. Beim Zerbrechen von Zucker, Kreide u. dgl. beobachtet man im Dunkeln ein schwaches Leuchten.

Die *Chemolumineszenz*. Dazu gehört das Leuchten des Phosphors durch Oxydation, ferner das Leuchten von Glühwürmchen, Leuchtbazillen auf faulem Holz, Fleisch usw., und dann auch das von kleinsten Lebewesen hervorgerufene Meeresleuchten.

I. Korpuskeleigenschaften des Lichtes

Wir kennen bisher das Licht als einen Wellenvorgang. Alle bisher betrachteten Erscheinungen der Lichtausbreitung, wie die Reflexion, Brechung, Beugung, Streuung, Absorption usw. sind verständlich, wenn wir das Licht als kurze elektromagnetische Wellen betrachten. Gehen wir jedoch dazu über, die Vorgänge bei der Umwandlung von Strahlungsenergie in die Energie von Elektronen, Atomen und Molekülen und umgekehrt, also den Energieumsatz am *einzelnen* Teilchen zu betrachten, so versagt das Bild von der Wellennatur des Lichtes. Bei diesen *optischen Elementarvorgängen* besitzt das Licht die Eigenschaft von Korpuskeln, die eine bestimmte Energie sowie Masse und Impuls besitzen. Das zeigt besonders eindrucksvoll der *lichtelektrische Effekt.*

§ 191. Der lichtelektrische Effekt. Lassen wir ultraviolettes Licht auf eine Metallplatte fallen, so vermag dieses aus dem Metall Elektronen frei zu machen. Zum Nachweis benutzen wir die in Abb. 351 dargestellte Anordnung, am besten eine der üblichen *Photozellen* mit einer Alkalischicht auf der lichtempfindlichen Elektrode, der *Photokathode*, die schon auf sichtbares Licht anspricht, s. weiter unten. An die hochevakuierte Zelle legen wir eine Spannung an, so daß die aus der Alkalischicht ausgelösten Elektronen zu der netz- oder ringförmigen Anode A herübergezogen werden und in einem eingeschalteten Galvanometer G einen meßbaren Strom ergeben. Machen wir die Alkalielektrode zur Anode oder schalten das Licht ab, so verschwindet der Strom.

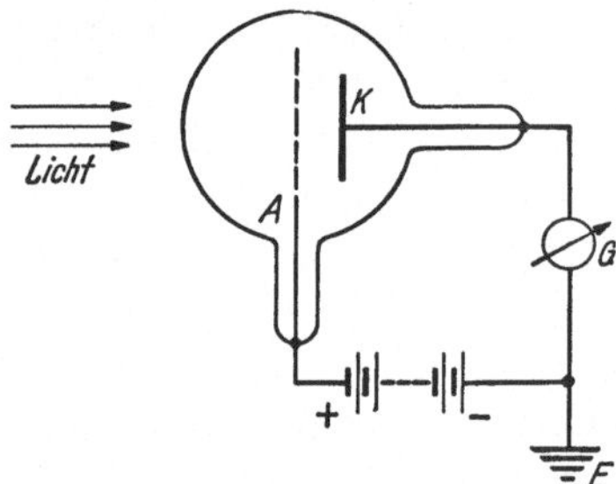

Abb. 351. Schema einer Photozelle

Die nähere Untersuchung dieses *lichtelektrischen Effekts* (*Photoeffekts*) ergab überraschende Tatsachen:

Die kinetische Energie, genauer ihr Höchstwert, der aus dem Metall austretenden Elektronen ist von der Stärke des erregenden Lichtes unabhängig. Dagegen wächst die Energie linear mit der Frequenz der einfallenden Strahlung. Außerdem beginnt die Auslösung von Elektronen erst oberhalb einer bestimmten für das Kathodenmaterial charakteristischen Grenzfrequenz ν_g. Es gilt also die Beziehung

$$E = \frac{m}{2} v^2 = C(\nu - \nu_g) .$$

Die langwellige Grenze liegt im allgemeinen im Ultravioletten. Eine Ausnahme bilden die Alkalimetalle, wo die Grenzwellenlänge ins Sichtbare rückt. Beim Cäsium liegt sie sogar im Ultraroten bei etwa 1000 mμ.

Alle Wellen, deren Frequenz größer als ν_g ist, also auch Röntgen- und γ-Strahlen, vermögen Elektronen frei zu machen.

Die Zahl der ausgelösten Elektronen ist dem auffallenden Lichtstrom streng proportional. Darauf beruht die *lichtelektrische Photometrie.* Benutzt man statt hochevakuierter Zellen solche mit Gasfüllung, so erhält man infolge der dann auftretenden Stoßionisation wesentlich stärkere Ströme.

Zur Verstärkung des ursprünglichen Photostromes benutzt man sog. *Sekundärelektronenverfielfacher* (SEV), auch *Photomultiplier* genannt. Diese beruhen auf dem Umstand, daß Elektronen genügender Geschwindigkeit beim Aufprall auf Materie ihrerseits sog. *Sekundärelektronen* auslösen. Dabei vermögen Elektronen von etwa 800 eV bei geeignetem Elektrodenmaterial die etwa 10fache Menge von Sekundärelektronen zu erzeugen. Schaltet man hinter die eigentliche Photokathode eine Reihe von n weiteren stufenweise höher positiv vorgespannten Elektroden, sog. *Prallelektroden*, so kann man Verstärkungen des primären Photostromes um das etwa 10^n-fache, d. h. praktisch eine Verstärkung bis zum 10^8fachen und mehr erzielen.

Die eben besprochene Emmission von Elektronen in gewissen Metallschichten unter dem Einfluß von Licht bezeichnet man als den *äußeren lichtelektrischen Effekt*. Die darauf beruhenden Photozellen sind also genauer Photoemissionszellen. Daneben gibt es noch bei manchen Halbleitern (Selen, Bleisulfid, Germanium) den *inneren lichtelektrischen Effekt*. Hier werden unter dem Einfluß von Licht im Innern an die Atome gebundene Elektronen frei, die in einem von außen an den Halbleiter angelegten Felde wandern. Die Leitfähigkeit eines solchen *Photoleiters* nimmt mit der Intensität der Bestrahlung zu. Diese Halbleiter-Photozellen sind sehr empfindlich und werden für die verschiedensten technischen Zwecke in großem Umfange benutzt, so zur Messung von Beleuchtungsstärken, zur Steuerung von Geräten, z. B. als Lichtschranken bei Rolltreppen, Türen.

Schließlich seien noch die *Photoelemente* erwähnt. Wenn z. B. in einem Silicium-Kristall ein p- und ein n-leitender Bereich aneinandergrenzen (vgl. § 109), so erzeugt eingestrahltes Licht bei seiner Absorption in der Grenz- oder Sperrschicht Elektronen und Löcher, trennt also elektrische Ladungen. Durch das ursprünglich dort schon vorhandene elektrische Lokalfeld wandern die negativen Elektronen in den n-Leiter und die positiven Löcher in den p-Leiter. Zwischen den Klemmen, die mit diesen beiden Bereichen metallisch verbunden sind, entsteht damit während der Beleuchtung eine Spannung, eine sog. *Photospannung*, die in einem außen angeschlossenen Stromkreis einen Strom fließen läßt. In dem Photoelement wird mit guter Ausbeute Strahlungsenergie in elektrische Energie umgewandelt. So gewinnt man in einer sog. *Solarzelle* 15% der Strahlungsenergie als elektrische Nutzenergie wieder.

§ 192. Quantentheorie des Lichts. Eine befriedigende Deutung des lichtelektrischen Effekts ist nur mit Hilfe der *Quantentheorie* möglich. Schon die Strahlungsgesetze des schwarzen Körpers hatten gezeigt, daß man die für das Verhalten großer Körper geltenden Gesetze der Mechanik nicht auf die Vorgänge im Atom selbst übertragen darf. Um die im Spektrum des schwarzen Körpers beobachtete Energieverteilung richtig darstellen zu können, mußte PLANCK die Annahme machen, daß ein atomarer Oszillator nicht beliebige und stetig veränderliche, sondern nur bestimmte diskrete Energiebeträge, sog. *Energiequanten*, enthalten könne, vgl. § 189. Dementsprechend erfolgt auch bei jeder Wechselwirkung von Strahlung und Materie die Energieaufnahme und -abgabe nur in bestimmten *Quanten*. Wird Licht der Frequenz ν absorbiert oder ausgestrahlt, so hat das umgesetzte Energiequantum stets die Größe

$$E = h\nu\,,$$

wo h das *Plancksche Wirkungsquantum* ist. Der Energieumsatz des Lichtes vollzieht sich also in festen Beträgen der Größe $h\nu$, die wir *Lichtquanten* nennen.

Die Absorption und Emmission von Lichtquanten scharfer Frequenzen hängt eng mit dem Aufbau der Atome zusammen. Wir werden in § 196 sehen, daß jedes Atom nur in bestimmten *Energiezuständen* mit dafür charakteristischen *Energiewerten* existieren kann. Diese Zustände unterscheiden sich durch verschiedene Anordnungen der Elektronen in Bezug auf den Atomkern oder, in der Sprache der Wellenmechanik, durch verschiedene Verteilungen der *Elektronenwolke*, s. § 199. Geht ein Atom von einem Elektronenzustand der Energie E_n in einen anderen Zustand mit der tieferen Energie E_m über, so ist die Frequenz des ausgestrahlten Lichtes gegeben durch

$$h\nu = E_n - E_m \,.$$

Umgekehrt können nur Lichtquanten einer solchen Frequenz absorbiert werden, die nach der obigen Beziehung energetisch einem Übergang von E_m nach E_n entsprechen.

Auf Grund der Lichtquantentheorie erklärt sich der lichelektrische Effekt auf folgende Weise: Um ein Elektron aus dem Metallverband ins Freie zu befördern, ist eine gewisse *Austrittsarbeit A* erforderlich. Erst wenn die Energie des Lichtquants $h\nu$ diesen Betrag erreicht, vermag das Licht Elektronen frei zu machen. Ist die Energie $h\nu$ größer, so findet sich der Überschuß an Energie als kinetische Energie der ausgelösten Elektronen wieder. Der lichelektrische Effekt wird also quantentheoretisch durch folgende Gleichung beschrieben:

$$h\nu - A = \frac{m}{2} v^2 = eU \,.$$

Diese Gleichung ist mit der früher empirisch gefundenen Beziehung des lichtelektrischen Effektes, s. § 191, identisch, da sich aus besonderen Messungen für die Konstante C genau der Wert des Wirkungsquantums ergeben hat. Somit kann kein Zweifel bestehen, daß die Quantentheorie das Wesen des lichtelektrischen Effektes richtig wiedergibt. Die Austrittsarbeiten sind klein und betragen nur wenige Elektronenvolt. Ebenso liegen die Geschwindigkeiten der ausgelösten Elektronen zwischen Null und einigen Volt.

Lesen wir die obige Gleichung von rechts nach links, so erfaßt sie den Energieumsatz bei der Entstehung von Röntgenstrahlen, vgl. § 186. Da die Röhrenspannungen sehr groß sind (einige 10^4 Volt), kann die Austrittsarbeit vernachlässigt werden, so daß die Gleichung $eU = h\nu$ direkt die höchstmögliche Frequenz der Bremsstrahlung ergibt. Das ausgesandte Lichtquant kann ja höchstens gleich der kinetischen Energie des gebremsten Elektrons sein, also $h\nu = eU$. Ist es kleiner, so wird die überschüssige Elektronenenergie in Wärme umgewandelt. Tatsächlich zeigt die Bremsstrahlung ein kontinuierliches Spektrum mit einer scharfen Grenze auf der kurzwelligen Seite, deren Frequenz genau durch die obige Beziehung gegeben ist. Je größer die Betriebsspannung, um so kurzwelliger, d. h. um so härter, wird die entstehende Röntgenstrahlung.

Neben dem lichtelektrischen Effekt kann man auch zahlreiche andere optische Erscheinungen mit Hilfe der Lichtquantentheorie verstehen. Das gilt vor allem auch für *photochemische Prozesse*, auf die wir hier nicht näher eingehen können.

Die *Stokessche Regel* der *Fluoreszenz*, s. § 190, erklärt sich dadurch, daß das ausgestrahlte Lichtquant $h\nu$ nicht größer als das absorbierte sein kann.

Auch die *Raman-Streuung* (s. § 178) kann quantentheoretisch dargestellt werden. Das einfallende Lichtquant $h\nu$ kann bei der Streuung einen Teil seiner Energie an das Molekül abgeben oder auch Energie vom Molekül aufnehmen. Besitzt dieses eine Eigenfrequenz ν_s, so ist die vom Molekül aufgenommene bzw. abgegebene Energie $h\nu_s$, so daß die Frequenz der *Raman-Linie* durch die Gleichung $h\nu_R = h\nu \pm h\nu_s$ bestimmt ist, die mit der in § 178 genannten Beziehung übereinstimmt. Die Raman-Streuung läßt sich also sowohl mit Hilfe der Wellen- wie der Quantentheorie des Lichtes verstehen.

Es gibt auch Erscheinungen, so bei der Wechselwirkung von Strahlung und Elektronen (Compton-Effekt, s. § 186), die uns zeigen, daß die Lichtquanten nicht nur Energie, sondern auch *Masse* und *Impuls* besitzen. In diesem Sinne bezeichnet man die Lichtquanten auch als *Photonen.*

§ 193. Laser und Maser[73]**.** Die Einsicht in die Zusammenhänge zwischen der Lichtemission und -absorption und den diskreten Energiestufen eines Atoms nach der Quantentheorie, vgl. dazu die Ausführungen in § 196, hat zur Entwicklung sehr leistungsfähiger Strahlungsquellen geführt, die außerdem kohärentes und extrem scharf gebündeltes Licht liefern. Zum Verständnis der Wirkungsweise dieser Laser und Maser müssen wir etwas weiter ausholen.

Die Ausstrahlung beim Übergang eines Atoms von einem angeregten Zustand der höheren Energie E_1 in den Grundzustand der Energie E_0 kann ohne äußere Beeinflussung, d. h. *spontan* vor sich gehen. Dieser Emissionsakt erfolgt in den einzelnen Atomen völlig unabhängig voneinander. Daher liefern die üblichen Lichtquellen nur inkohärentes Licht, aus dem man erst durch besondere Kunstgriffe interferenzfähiges Licht erhält, s. § 173.

Neben der spontanen Emission gibt es noch die *induzierte* Emission, bei der durch die Felder einer eingestrahlten Welle der richtigen Frequenz $h\nu_1 = E_1 - E_0$ sämtliche Atome im Zustand E_1 zur Ausstrahlung veranlaßt werden. Die dabei entstehenden Wellenzüge stehen in festen Phasenbeziehungen zu der eingestralten induzierenden Welle, so daß die von allen strahlenden Atomen stammenden Wellenzüge kohärentes, also interferenzfähiges Licht liefern.

Um eine wirkliche Lichtverstärkung zu erreichen, muß man dafür sorgen, daß die Zahl der Atome im angeregten Zustande N_1 größer als die Zahl der Atome im Grundzustande N_0 ist[74]. N_0 proportional ist nämlich die Zahl der Licht*absorptions*prozesse, bei denen die Atome umgekehrt vom Grundzustand in den angeregten übergehen. Bei Zimmertemperatur ist für optische Übergänge $N_1 \ll N_0$, so daß die Absorption überwiegt. Die nötige Überbesetzung des angeregten Zustandes kann man auf verschiedenen Wegen erreichen, z. B. durch einen *optischen Pumpprozeß*, wie beim *Rubinlaser.* Dabei wird ein höheres Energieniveau E_2 so stark wie möglich angeregt, etwa durch Bestrahlung mit einer Xenon-Blitzlampe, s. § 121. Der Zustand E_2 der Chromionen im Al_2O_3-Gitter geht ohne Ausstrahlung – die freiwerdende Energie wird dabei als Wärme an das Gitter des Rubinkristalls abgegeben – in den Zustand E_1 mit der relativ hohen Lebensdauer von einigen Millisekunden über, von dem induzierte Übergänge nach dem Grundzustand E_0 möglich sind. Auf diese Weise füllt sich der Zustand E_1 über die Lichtabsorption nach E_2 soweit auf, daß $N_1 > N_0$ ist. Durch wenige Lichtquanten $h\nu_1 = E_1 - E_0$ läßt sich dann eine lawinenartige Emission von ν_1 auslösen. In dem zylindrischen Rubinstäbchen mit sorgfältig plangeschliffenen, verspiegelten Stirnflächen entsteht dann durch Vielfachreflexion eine stehende Welle ν_1. Dadurch wird die Lichtwelle in einer Art Rückkopplung zur Anregung eines „Lichtsenders" ausgenutzt. Da nur Wellen, die senkrecht zu den Stirnflächen

[73] Laser ist die Abkürzung von "Light Amplification by Stimulated Emission of Radiation". Maser bezieht sich auf Microwave anstelle von Light als Strahlung, d. h. auf Mikrowellensender.

[74] Das Verhältnis N_1/N_0 bestimmt sich nach dem Boltzmannschen Verteilungssatz, wonach im thermischen Gleichgewicht $N_1/N_0 = \exp(-(E_1 - E_0)/kT)$ ist, k die Boltzmannsche Konstante, T die absolute Temperatur.

stehen, zurücklaufen und zur Intensität der stehenden Welle beitragen, sendet des Laser durch die eine weniger verspiegelte Stirnfläche (Austrittsseite) eine extrem scharf gebündelte, kohärente Strahlung minimaler Frequenzbreite aus.

Beim *Gaslaser*, z. B. Helium-Neon-Laser, sind sozusagen Gasentladungslampe und strahlendes Material vereinigt. Die Anregung von E_2 geschieht darin viel wirksamer durch Elektronen- oder Ionenstoß im Trägergas He. Die beiden Gase tauschen Anregungsenergie durch atomare Stöße aus, wodurch Ne in einen geeigneten Zustand E_1 gebracht wird.

Die Anwendbarkeit des Lasers z. B. für die Nachrichtentechnik und im Laboratorium ist außerordentlich groß.

Im Mikrowellenbereich benutzt man entsprechend gebaute Geräte, sog. *Maser*. Sie sind als Verstärker und als Molekularuhren von Bedeutung, s. § 5.

§ 194. Dualismus von Welle und Korpuskel. Das Licht verhält sich bei allen Ausbreitungserscheinungen wie ein Wellenvorgang. Beim Energieumsatz im Elementarvorgang haben wir es mit Lichtquanten zu tun, die sich wie Korpuskeln verhalten. Diese eigentümliche Tatsache, daß wir einen Teil der optischen Erscheinungen nur mit einem Wellenbilde, andere wieder nur mit einem Teilchenbilde verstehen können, ist jedoch nicht auf die Optik beschränkt. Wir wissen heute vielmehr, daß auch fliegende Elektronen und Atome, deren Teilchennatur uns selbstverständlich ist, bei bestimmten Untersuchungen sich wie Wellen verhalten. Läßt man z. B. einen Strahl aus fliegenden Elektronen oder Atomen auf einen Kristall auffallen, so erhält man bei der Reflexion die gleichen Beugungs- und Interferenzerscheinungen wie bei Röntgenstrahlen. Bestimmt man die den bewegten Teilchen zugeordneten Wellenlängen in Abhängigkeit von der Masse und Geschwindigkeit, so ergibt sich folgende einfache Beziehung[75]

$$\lambda = \frac{h}{mv}.$$

Diese Gleichung wurde schon vor der Entdeckung derartiger Interferenzen theoretisch abgeleitet, und zwar 1925 von DE BROGLIE, der zuerst auf den Gedanken kam, auch bewegten materiellen Teilchen eine Wellenbewegung, sog. *Materiewellen*, zuzuordnen.

h ist wieder das *Wirkungsquantum*, das also auch hier eine wesentliche Rolle spielt. Mit zunehmender Geschwindigkeit des Teilchens sinkt die Wellenlänge. Da die Geschwindigkeit mit der beschleunigenden Spannung U durch die Gleichung $mv^2/2 = eU$ verknüpft ist und Ladung und Masse des Elektrons bekannt sind, können wir die Wellenlänge in Abhängigkeit von der Spannung berechnen. Messen wir diese in Volt, so gilt für die Wellenlänge die Beziehung $\lambda = \frac{12{,}3}{\sqrt{U}} \cdot 10^{-8}$ cm. Für 100000 Volt-Elektronen erhalten wir bereits eine Wellenlänge von 0,037 $\cdot 10^{-8}$ cm. Da das Auflösungsvermögen eines Mikroskops immer durch die

[75] Wegen der Abhängigkeit der Masse von der Geschwindigkeit, s. § 208, lautet die strenge Gleichung

$$\lambda = \frac{h}{m_0 v} \sqrt{1 - v^2/c^2},$$

wo m_0 die Ruhemasse bedeutet.

Wellenlänge der benutzten Strahlung begrenzt ist, vgl. § 165, kann man im *Elektronenmikroskop* ein viel größeres Auflösungsvermögen als im gewöhnlichen Mikroskop erreichen.

Die Tatsache, daß es nicht möglich ist, atomare Vorgänge von einem einheitlichen Standpunkt aus darzustellen, ist unbefriedigend und der Zwang, nebeneinander zwei miteinander schwer vereinbare Modelle anwenden zu müssen, bereitet dem Verständnis große Schwierigkeiten. Wir müssen jedoch diesen *Dualismus* von *Welle* und *Korpuskel* vorläufig als gegeben hinnehmen[76]. Beide Vorstellungen können jede an ihrem Platz erfahrungsgemäß ohne weiteres angewandt werden. Wir werden uns leichter mit diesem uns beinahe schon zur Gewohnheit gewordenen Zustande abfinden, wenn wir folgendes einsehen: Atomare Vorgänge haben ihre Eigengesetzlichkeit. Wir können sie nicht mit den in der Physik makroskopischer Körper brauchbaren mechanischen und elektromagnetischen Modellen und den hier bewährten Gesetzmäßigkeiten erschöpfend beschreiben. Modelle sind ein gedankliches Hilfsmittel, um die Vielfalt der Beobachtungen besser übersehen und neue Erscheinungen voraussagen zu können. So sind sie für den Fortschritt der wissenschaftlichen Erkenntnis unentbehrlich. Daß wir immer wieder auf die Grenzen ihrer Übertragbarkeit stoßen, ist eine jedem Naturwissenschaftler bekannte Erfahrungstatsache. Sie hält den menschlichen Wissenstrieb wach und bildet damit die Voraussetzung für die Weiterentwicklung jeder Wissenschaft überhaupt.

Wir fassen zusammen: Je nach Bedarf können wir das Wellen- oder das Korpuskelbild gebrauchen. Es gibt auch Fälle, wo jedes der beiden Modelle, ausschließlich angewandt zu demselben Ergebnis führt. Daher ist auch die Frage, welches von beiden Bildern das richtige ist, falsch gestellt. Formal können wir sagen: Das einzelne Photon oder Elektron benimmt sich wie eine Korpuskel, d. h., daß bei der Beugung am Kristall seine Ablenkung in einer bestimmten Richtung unter Wahrung des Impuls- und Energiesatzes erfolgt. Beobachtet man jedoch eine große Anzahl auffallender Korpuskeln, so erhält man dieselbe Winkelabhängigkeit der Intensitäten, wie man sie nach der Wellenvorstellung erwartet, d. h. die Wellentheorie bestimmt die Wahrscheinlichkeitsverteilung der Korpuskeln auf die einzelnen Richtungen.

---

[76] Auf die formale Überwindung dieses Gegensatzes durch die Quantenmechanik können wir hier nicht näher eingehen.

Siebtes Kapitel

Atombau

A. Die Spektren und die Elektronenhülle der Atome

§ 195. Emissions- und Absorptionsspektren. α) *Emissionsspektren.* Das Spektrum eines leuchtenden Körpers wird als sein *Emissionsspektrum* bezeichnet. Glühende feste und flüssige Körper und ebenso sehr stark verdichtete heiße Gase senden ein sog. *kontinuierliches Spektrum* aus, d. h. Licht sämtlicher Wellenlängen vom infraroten über das sichtbare bis ins ultraviolette Gebiet.

In verdünnten leuchtenden Gasen beobachten wir teils *Linien-*, teils *Bandenspektren.* Dabei stammen die Linienspektren von den leuchtenden Atomen, die Bandenspektren von den Molekülen. Linienspektren, die aus einzelnen scharfen Linien bestehen, beobachten wir daher nur dann, wenn die Moleküle eines Gases in Atome zerlegt sind (sei es durch die Energie der Temperaturbewegung, sei es durch Elektronen- oder Ionenstoß), oder wenn sie von vornherein, wie bei den Edelgasen und Metalldämpfen, einatomig sind. Dabei sendet jedes Atom ein für das betreffende Element charakteristisches Spektrum aus. So beobachten wir z. B. im leuchtenden Natriumdampf (im Sichtbaren) lediglich zwei dicht zusammenfallende Linien im Gelben, die sog. *D-Linien.* Man kann daher aus den in einem Spektrum auftretenden Linien eines Elements mit Sicherheit auf dessen Vorhandensein in dem leuchtenden Gase schließen. Darauf gründet sich die *Spektralanalyse*, die ein wichtiges Hilfsmittel der chemischen, metallkundlichen und astrophysikalischen Forschung geworden ist. Die spektralanalytischen Methoden sind außerordentlich empfindlich. So lassen sich z. B. noch 10^{-7} mg Na spektralanalytisch nachweisen.

Abb. 352. Ausschnitt aus dem Bandenspektrum des Stickstoff-Moleküls

Banden- oder *Molekülspektren* bestehen oft aus einer Unzahl von feinen Linien, die in gesetzmäßiger Weise angeordnet sind und sich z. B. an einzelnen Stellen, den *Bandenkanten*, häufen, s. Abb. 352.

β) *Absorptionsspektren.* Schicken wir die Strahlung einer Lichtquelle mit kontinuierlichem Spektrum, z. B. einer Kohlebogenlampe (s. § 121γ), durch irgendeinen Stoff, so wird im allgemeinen ein Teil des Lichtes absorbiert, und zwar an ganz bestimmten Stellen des Spektrums, die für den Stoff charakteristisch sind. Bei einem Gas ist dieses Absorptionsspektrum wieder ein Linienspektrum. Feste und flüssige Körper absorbieren meist in breiten und verwaschenen Streifen. So absorbiert Jod in Schwefelkohlenstoff gelöst das Sichtbare, ist aber im Infraroten durchlässig; Wasser absorbiert im Infraroten, aber nicht im Sichtbaren. Alle Frequenzen eines Absorptionsspektrums beobachten wir auch im Emissionsspektrum (Kirchhoffsches Gesetz, s. § 188).

Die Sonne sendet ein kontinuierliches Spektrum aus, das von zahlreichen feinen schwarzen Linien, den sog. *Fraunhoferschen Linien*, durchzogen ist. Diese kommen dadurch zustande, daß die in der kälteren Sonnenatmosphäre, der *Chromosphäre*, enthaltenen Elemente Na, H, He, O, Ca, Fe usw. aus dem von der Oberfläche des heißeren Sonnenkerns, der *Photosphäre*, ausgesandten kontinuierlichen Spektrum die für sie charakteristischen Linien durch Absorption herausfiltern.

§ 196. Atommodelle und Linienspektren. Aus der Tatsache, daß sehr schnelle Elektronen von den Atomen einer Metallfolie viel weniger absorbiert werden als langsame Elektronen, folgerte LENARD, vgl. § 120d, daß der wirklich undurchdringliche „massive" Bereich der Atome nur einen winzigen Bruchteil der sonst beobachteten Raumerfüllung ausmacht. Weitere Erkenntnisse brachten die Untersuchungen der Streuung von α-Teilchen aus der radioaktiven Strahlung, vgl. § 201, beim Durchgang durch Materie. Die Bahnen der α-Teilchen sind infolge ihrer im Vergleich zu den Elektronen viel größeren Masse fast geradlinig, s. Abb. 357. Nur dann, wenn sie dem massiven Teil der Atome nahe kommen, erfahren sie beträchtliche Ablenkungen. Die Seltenheit der Knicke in den Bahnen zeigt, daß die stoßenden und gestoßenen Teilchen räumlich sehr begrenzt sind. Aus eingehenden Messungen der Winkelverteilung von α-Teilchen, die eine dünne Materieschicht durchlaufen haben und von einzelnen Atomen abgelenkt werden, ergab sich, daß jedes Atom nur ein einziges positives Ladungszentrum enthält, in dessen elektrischem Felde das positiv geladene α-Teilchen abgelenkt wird. Auf Grund dieser Ergebnisse entwickelte RUTHERFORD[77] sein Atommodell: Jedes Atom besteht aus einem positiv geladenen *Kern*, in dem praktisch seine ganze Masse vereinigt ist. Die Zahl der positiven Elementarladungen dieses Kernes, die *Kernladungszahl*, ist gleich der *Ordnungszahl* im periodischen System der Elemente, worauf auch die Streuversuche mit α-Teilchen hinwiesen. Um den Kern, dessen Durchmesser von der Größenordnung 10^{-12} cm ist, befinden sich die Elektronen. Da das normale Atom nach außen neutral ist, ist auch die Zahl der Elektronen gleich der Kernladungszahl. Der Durchmesser der Elektronenhülle ist von der bekannten Größe der Atome, wie sie sich aus Zusammenstößen im Gas ableitet, d. h. von der Größenordnung 10^{-8} cm. Die Wirkung der elektrischen Kräfte reicht natürlich noch weiter.

Die *Struktur* der *Elektronenhülle* läßt sich mit den Begriffen und Gesetzmäßigkeiten der *klassischen* Physik, in der die Elektronen als starre Kugeln mit jederzeit exakt angebbarer Lage und Geschwindigkeit, vgl. § 6 und 7, angesehen werden, nicht beschreiben. Beim Versuch dazu ent-

---

[77] Lord ERNEST RUTHERFORD, 1871—1937, Professor in Cambridge, Nobelpreis für Chemie, kann als Begründer der Kernphysik angesehen werden. Ihm gelang auch die erste künstliche Elementumwandlung an Stickstoff durch Beschießung mit α-Teilchen, s. § 207.

wickelte man das Modell des umlaufenden Elektrons, dem Vorbild der Planetenbewegung folgend. Ein den positiven Kern umkreisendes Elektron stellt aber einen atomaren Oszillator dar, der ständig Energie in Form von elektromagnetischen Wellen ausstrahlt, s. § 143. Die Energie des Atoms müßte ständig abnehmen, das Atom wäre also nicht stabil. Dazu kommt, daß die von den Atomen emittierten Linienspektren mit einem solchen Modell völlig unvereinbar sind. Wellenmechanisches Atommodell, s. § 199.

Weiteren Aufschluß über das Verhalten der Elektronen in der Atomhülle bringt die von den Atomen ausgesendete elektromagnetische Strahlung. Wir betrachten dazu das *Wasserstoffspektrum* und das *Bohrsche Modell* des *Wasserstoffatoms*. Das Atom besteht aus einem *Proton* als Kern und einem einzigen umlaufenden Elektron. Die Linien im Spektrum des leuchtenden Wasserstoffs lassen sich nach einem einfachen Gesetz in *Serien* zusammenfassen, von denen eine, die sog. *Balmer-Serie*, in Abb. 353 wiedergegeben ist. Die ersten Linien der Serie sind die im Spektrum besonders auffallende rote, grüne und blaue Wasserstofflinie,

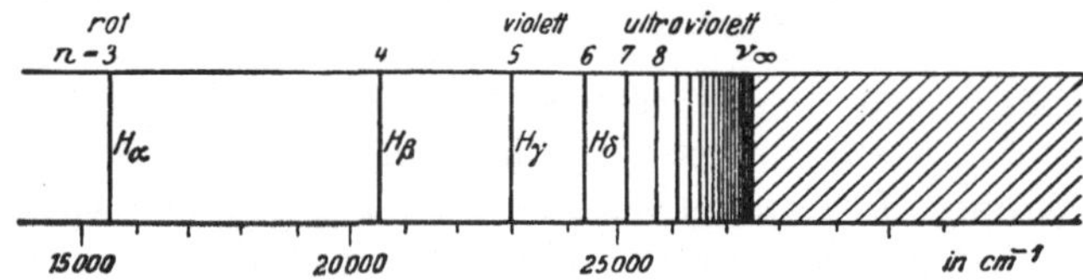

Abb. 353. Balmer-Serie des Wasserstoff-Atoms

auch als H_α, H_β und H_γ bezeichnet, die auch aus dem Sonnenspektrum als Fraunhofersche Linien bekannt sind. Die Lage der Linien wird, wie in der Spektroskopie üblich, nicht durch die Frequenz $\nu = c/\lambda$, sondern durch die *Wellenzahl* $\nu^* = 1/\lambda$ angegeben. Da die Wellenzahl als der *Kehrwert* von λ, in Zentimetern gemessen, definiert ist, bedeutet sie die auf 1 cm Lichtweg im Vakuum entfallende Zahl von Wellenlängen. Die Lage der Linien innerhalb einer Serie wird durch folgende Gleichung wiedergegeben:

$$\nu^* = \frac{1}{\lambda} = R\left[\frac{1}{m^2} - \frac{1}{n^2}\right],$$

wo m und n ganze Zahlen sind und R die sog. *Rydberg-Konstante* mit dem Wert $R = 109737{,}30\ \mathrm{cm}^{-1}$ bedeutet. Setzen wir $m = 2$ und lassen n alle Werte 3, 4, 5, ... durchlaufen, so erhalten wir sämtliche Linien der Balmer-Serie. Für $n = 3$ erhalten wir die Wellenzahl von H_α mit $\nu^* = 15238$ oder $\lambda = 6562{,}8$ Å.

Das Wesentliche einer solchen Serienformel ist, daß die Wellenzahlen als Differenz zweier Glieder, der sog. *Terme*, von der Form R/n^2 auftreten. Den ersten Term nennen wir den *konstanten*, den zweiten den *Laufterm*. Da mit wachsendem n der Laufterm immer kleiner wird, verschieben sich die Linien immer mehr nach kurzen Wellen und häufen sich dabei gegen eine Grenze, die sog. *Seriengrenze*, deren Wellenzahl durch $\nu^* = R/m^2$ gegeben ist.

Multiplizieren wir die Serienformel links und rechts mit hc, h das Wirkungsquantum und c die Lichtgeschwindigkeit, so erhalten wir die Energie der emittierten Lichtquanten, vgl. § 192:

$$h\nu = Rhc\left[\frac{1}{m^2} - \frac{1}{n^2}\right].$$

Sie ergibt sich als Differenz von zwei Energien, die man auf der rechten Seite dieser Beziehung findet, und davon geht das Bohrsche Atommodell aus: Jedes Atom kann danach nur in bestimmten Zuständen mit einem jeweils *festen Energieinhalt* existieren. Solange das Elektron des Wasserstoffatoms sich in einem solchen *stationären Zustand* befindet, der auch mit *Bahn* bezeichnet wird, strahlt es keine Energie aus. Nur wenn es von einem solchen Zustand zu einem mit geringerer Energie übergeht, wird Licht ausgestrahlt. Ist W_n die Energie des n-ten Zustands und W_m die des m-ten, $W_n > W_m$, so ist die Frequenz des ausgestrahlten Lichtquants stets durch die Gleichung

$$h\nu = W_n - W_m$$

bestimmt. Bei Wasserstoff ist die Energie im n-ten Zustand $W_n = -Rhc/n^2$. Das ist eine *Bindungsenergie*, denn die Energieskala ist so gewählt, daß sie für $n = \infty$, d. h. für das ionisierte Atom, Null wird.

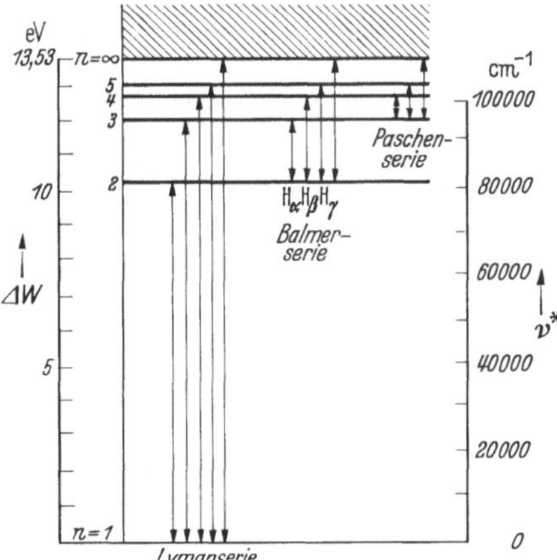

Abb. 354. Energieschema des Wasserstoff-Atoms

Die *Energiestufen* und die Entstehung der Spektrallinien können wir uns an Hand der Abb. 354 und 356 folgendermaßen veranschaulichen. Den einzelnen stationären Energiezuständen ordnen wir die Reihe der ganzen Zahlen zu, die sog. *Hauptquantenzahlen*. In dem *energieärmsten* Zustand, im sog. *Grundzustand* des Atoms mit $n = 1$, befindet sich das Elektron auf der tiefsten Bahn, in den *energiereicheren*, den *angeregten Zuständen* auf einer höheren *Energiestufe* mit den Quantenzahlen 2, 3, ... Durch Absorption eines Lichtquants kann das Elektron vom Grundzustand in einen höheren angeregten Zustand, sagen wir mit $n = 4$, gelangen. Von dort kann es unter Emission der entsprechenden Linien entweder in den alten oder in einen dazwischenliegenden Zustand übergehen. Die Übergänge auf den Zustand mit der Quantenzahl 2 ergeben Linien der Balmer-Serie, Sprünge in den Grundzustand, $n = 1$, geben die im Ultravioletten liegenden Linien der sog. *Lyman-Serie*. Bei Übergängen in den Zustand $n = 3$ fallen die Linien ins Infrarot (*Paschen-Serie*). Die Wellenzahlen aller auftretenden Linien können wir aus dem Diagramm ablesen.

Heben wir das Elektron vom Grundzustande aus immer höher, so wird es schließlich aus dem Atomverbande gelöst und frei, das Atom ist *ionisiert*. Die dazu erforderliche Energie ist die *Ionisierungsenergie*. Die Ionisierungsenergie sowie die Energiedifferenz ΔW der einzelnen angeregten Zustände zum Grundzustand mißt man meist in *Elektronenvolt*, vgl. § 118. Beträgt die *Ionisierungsspannung* U Volt, so ist diese Energie gleich der Arbeit eU, die aufgewandt werden muß, um eine Elementarladung (Elektron) über eine Strecke zu bewegen, zwischen deren Endpunkten die Spannung U liegt. Dabei gilt $1\,eV = 1{,}602 \cdot 10^{-19}$ Ws. Beziehen wir die Energie, wie in der Chemie meist üblich, auf ein Mol und messen sie in kcal, so entsprechen einem Elektronenvolt pro Atom 23,06 kcal/mol.

Die Ionisierungsenergie bestimmt auch die Seriengrenze. Hat das absorbierte Lichtquant gerade die Frequenz $\nu = Rc/n^2$, so wird das Elektron des H-Atoms eben frei. Ist die Frequenz größer, so wird die überschüssige Energie in kinetische Energie des freien Elektrons umgewandelt (Photoeffekt am freien Atom), vgl. auch § 191. Daher vermag ein Atom oberhalb der Seriengrenze alle Frequenzen zu absorbieren. An die Grenze des Linienspektrums schließt sich also ein kontinuierliches Spektrum an, das je nach den Anregungsbedingungen auch in Emission zu beobachten ist.

Die spektroskopisch bestimmbaren Energiewerte der verschiedenen angeregten Atomzustände kann man auch direkt messen, und zwar, indem man die zur Anregung nötige Energie durch *stoßende Elektronen* überträgt. Schickt man Elektronen definierter und veränderlicher Geschwindigkeit durch ein Gas, z. B. Hg-Dampf, so beobachtet man, daß eine Linie der Frequenz ν erst ausgestrahlt wird, wenn die stoßenden Elektronen eine Mindestenergie von der Größe $eU = h\nu$ haben. Mit der *Elektronenstoßmethode* kann man bei vielen Atomen die unteren Energiestufen direkt ausmessen (*Franck-Hertz*-Versuch).

§ 197. Atombau und periodisches System der Elemente. Ordnet man die Elemente nach steigendem Atomgewicht, so zeigen ihre chemischen und physikalischen Eigenschaften eine ganz ausgeprägte Periodizität. In dem von L. MEYER und MENDELEJEFF aufgestellten *periodischen System* kommen dabei die chemisch verwandten, also einander ähnlichen Elemente untereinander in eine Vertikalreihe, eine sog. „Gruppe". In der ersten Gruppe stehen Wasserstoff und die Alkalien, also einwertige Elemente, in der zweiten die zweiwertigen Erdalkalien usw. Am Ende der Perioden stehen die Edelgase, s. Tab. 21. Schreiben wir das System streng nach der Reihe der Atomgewichte hin, so gibt es an mehreren Stellen Unstimmigkeiten. So muß z. B. das Edelgas Argon seinen Eigenschaften nach vor, also nicht, wie dem Atomgewicht entsprechend, hinter dem Alkali Kalium stehen. Das Atomgewicht kann also nicht die maßgebende Größe sein, aus der sich der richtige, d. h. mit den chemischen Eigenschaften übereinstimmende, Platz eines Elements eindeutig ergibt.

Wir numerieren nun die Elemente vom Wasserstoff angefangen fortlaufend und nennen die die richtige Stelle angebende Nummer des Elementes seine *Ordnungszahl Z*. Die physikalisch eindeutige Festlegung der Ordnungszahl gelingt, wie wir in § 198 sehen werden, mit Hilfe der Röntgenspektren. Die Streuung von α-Teilchen beim Durchgang durch Materie, vgl. § 196, sowie die Röntgenspektren ergeben, daß die *Kernladungszahl*, d. h. die Zahl der positiven Ladungseinheiten im Kern, von einem Element zum nächsten gerade um eine Elementarladung wächst. So wird für jedes Element die Kernladungszahl gerade gleich der Ordnungszahl. Ebenso groß ist die Zahl der den Kern umgebenden Elektronen. So besitzt das erste Element des periodischen Systems, das Wasserstoffatom, ein Elektron, das nächste, das Heliumatom, zwei Elektronen usw.; vgl. dazu auch die Abb. 40 und 41.

Nun bestimmt vor allem die Ladungsverteilung der Elektronenhülle das äußere elektrische Feld des Atoms und auch seine chemischen und alle diejenigen

Tabelle 21. *Periodisches System der Elemente*

Die Zahlen vor den Elementsymbolen sind die Ordnungszahlen, die Zahlen darunter die praktischen Atomgewichte

Periode	I. Gruppe	II. Gruppe	III. Gruppe	IV. Gruppe	V. Gruppe	VI. Gruppe	VII. Gruppe	VIII. Gruppe			
1	**1** H 1,008										**2** He 4,003
2	**3** Li 6,94	**4** Be 9,02	**5** B 10,82	**6** C 12,011	**7** N 14,008	**8** O 16,000	**9** F 19,00				**10** Ne 20,18
3	**11** Na 23,00	**12** Mg 24,32	**13** Al 26,97	**14** Si 28,09	**15** P 30,98	**16** S 32,06	**17** Cl 35,46				**18** Ar 39,94
4	**19** K 39,10	**20** Ca 40,08	**21** Sc 45,10	**22** Ti 47,90	**23** V 51,0	**24** Cr 52,01	**25** Mn 54,93	**26** Fe 55,84	**27** Co 58,94	**28** Ni 58,69	
	29 Cu 63,57	**30** Zn 65,38	**31** Ga 69,72	**32** Ge 72,60	**33** As 74,91	**34** Se 78,96	**35** Br 79,92				**36** Kr 83,7
5	**37** Rb 85,48	**38** Sr 87,63	**39** Y 88,93	**40** Zr 91,22	**41** Nb 92,91	**42** Mo 96,0	**43** Tc 99	**44** Ru 101,7	**45** Rh 102,9	**46** Pd 106,7	
	47 Ag 107,88	**48** Cd 112,4	**49** In 114,8	**50** Sn 118,7	**51** Sb 121,8	**52** Te 127,6	**53** J 126,93				**54** Xe 131,3
6	**55** Cs 132,9	**56** Ba 137,4	**57—71** s. u.	**72** Hf 178,6	**73** Ta 180,9	**74** W 184,0	**75** Re 186,3	**76** Os 190,9	**77** Ir 192,2	**78** Pt 195,2	
	79 Au 197,0	**80** Hg 200,6	**81** Tl 204,4	**82** Pb 207,2	**83** Bi 209,0	**84** Po 210	**85** At 210				**86** Rn 222
7	**87** Fr 223	**88** Ra 226,0	**89** Ac 227	**90** Th 232,1	**91** Pa 231	**92** U 238,1	**93—103** s. u.				

Lanthaniden oder *Seltene Erden*	**57** La 138,9	**58** Ce 140,1	**59** Pr 140,9	**60** Nd 144,3	**61** Pm 145	**62** Sm 150,4	**63** Eu 152,0	**64** Gd 156,9	**65** Tb 159,2	**66** Dy 162,5	**67** Ho 164,9	**68** Er 167,2	**69** Tm 168,9	**70** Yb 173,0	**71** Lu 175,0
Transurane	**93** Np	**94** Pu	**95** Am	**96** Cm	**97** Bk	**98** Cf	**99** Es	**100** Fm	**101** Md	**102** No	**103** Lw[a]				

[a] Die Elemente von 89 ab werden auch als *Actiniden* bezeichnet.

physikalischen Eigenschaften, die nicht von der Masse und der Ladung des Kernes abhängen. Die Periodizität dieser Eigenschaften verlangt also auch eine Periodizität im Aufbau der Elektronenhülle, die ja von Element zu Element ein Elektron mehr enthält.

Diese Periodizität wird durch den *Schalenbau* der *Elektronenhülle* erklärt. Beim Aufbau eines Atoms aus Kern und Hüllenelektronen wird ein Elektron nach dem anderen in stationären Zuständen mit abnehmender Bindungsenergie angelagert. Nach dem *Pauli-Prinzip* kann dabei jeder Zustand, von denen allerdings mehrere die gleiche Energie haben können, nur von *einem* Elektron besetzt werden. Entsprechend ihrer mittleren Entfernung vom Kern und auch ihrer Bindungsenergie lassen sich diese „Elektronenplätze" in *Schalen* einteilen, der Hauptquantenzahl des Wasserstoffatoms entsprechend. Die Elemente einer Vertikalreihe enthalten in der äußeren Schale immer dieselbe Zahl von Elektronen, z. B. die einwertigen Alkaliatome ein Elektron, die zweiwertigen Erdalkaliatome zwei Elektronen usw. Mit Ausnahme der innersten, der sog. *K*-Schale, die nur zwei Elektronen enthält und beim Helium abgeschlossen ist, ist die äußerste Schale immer mit dem Einbau des achten Elektrons zunächst abgeschlossen. Wir stehen am Ende einer Periode und haben ein Edelgas vor uns. Die abgeschlossenen Schalen der Edelgase sind, wie die Trägheit der chemischen Umsetzung lehrt, besonders stabile Gebilde. Infolge ihres besonders schnell abfallenden, hochsymmetrischen Kraftfeldes üben sie auch nur geringe Wirkungen nach außen aus. Das äußere Kraftfeld eines Atoms wird vorwiegend von den Elektronen der äußeren Schale bestimmt. Daher bestimmen diese in erster Linie die chemischen und die meisten physikalischen, z. B. die optischen und elektrischen, Eigenschaften eines Atoms.

An manchen Stellen des periodischen Systems kommt es zu einem weiteren Ausbau von *inneren* Schalen. So entsteht eine Folge benachbarter Elemente, die in der äußeren Schale dieselbe Elektronenzahl besitzen und daher einander chemisch und physikalisch besonders ähnlich sind. Beispiele sind Eisen, Kobalt, Nickel und in besonders ausgeprägter Weise die *Seltenen Erden*.

§ 198. Röntgenspektren. Die Röntgenspektren zeigen einen besonders übersichtlichen und in einfacher Weise von der Ordnungszahl abhängigen Aufbau. Über das kontinuierliche Spektrum der Bremsstrahlung lagert sich ein für die Elemente der benutzten Anode charakteristisches *Linienspektrum.* Die Linien lassen sich in einzelne, einander nicht überlagernde *Serien* zusammenfassen, die von der kurzwelligen Seite her als die *K-*, *L-*, *M-* und *N-Serie* bezeichnet werden. Die Serien und ihre einzelnen Linien treten immer erst von einer bestimmten Ordnungszahl ab auf. Wie Abb. 355 zeigt, verschieben sich die einzelnen Linien einer Serie in gesetzmäßiger Weise mit wachsender Ordnungszahl zu höheren Frequenzen, von einander entsprechenden Linien ungefähr linear mit dem Quadrate der Ordnungszahl (*Moseleysches Gesetz*).

Die Röntgenspektren zeigen also im Gegensatz zu den optischen Spektren keinerlei Periodizität, dafür aber eine einfache Abhängigkeit von der Ordnungszahl. So geben die Röntgenspektren die Möglichkeit, die Ordnungszahl eines Elements eindeutig festzulegen. Man konnte so früher für noch unbekannte Elemente mit Hilfe des Moseleyschen Gesetzes die Wellenlänge ihrer Röntgenlinien berechnen und aus der Ordnungszahl ihre chemischen Eigenschaften abschätzen. Auf diese Weise ist es gelungen, einige der damals noch unbekannten

Elemente, z. B. das Hafnium, $Z = 72$, und das Rhenium, $Z = 75$, zu entdecken und mit Hilfe der röntgenspektroskopischen Kontrolle anzureichern und rein darzustellen. Auch *Transurane*, s. § 210, sind durch ihre Röntgenspektren identifiziert worden.

Mit dem Bohrschen Atommodell, vgl. § 196, wurden die Röntgenspektren zuerst von KOSSEL gedeutet: Die Elektronen eines Atoms sind auf bestimmte Schalen, die wir als die *K*-, *L*-, *M*-, *N*-, ... Schale bezeichnen, verteilt, vgl. Abb. 356. Dabei sind die inneren Schalen voll besetzt. Hat ein Elektron im Felde zwischen Kathode und Anode der Röntgenröhre eine ausreichende kinetische Energie aufgenommen, so vermag es beim Aufprallen auf die Anode ein Elektron aus der *K*-Schale eines Atoms herauszuheben und ganz aus dem Atomverband zu entfernen. Die Hebung eines Elektrons auf eine der Zwischenschalen, etwa die *L*-Schale, ist dagegen unmöglich, da diese ja voll besetzt sind. Das auf diese Weise angeregte Atom kann sich nun auf verschiedene Weise regenerieren, indem ein Elektron aus der *L*- oder aus einer der höheren Schalen auf den freien Platz der *K*-Schale springt. Dabei wird ein Lichtquant emittiert, dessen Energie $h\nu$ gleich dem Energieunterschied des Elektrons in der oberen und der *K*-Schale ist. So entstehen die Linien der *K*-Serie. Die *L*-Serie erhalten wir, wenn ein Platz in der *L*-Schale frei gemacht worden ist und dieser durch ein Elektron aus einer höheren Schale aufgefüllt wird.

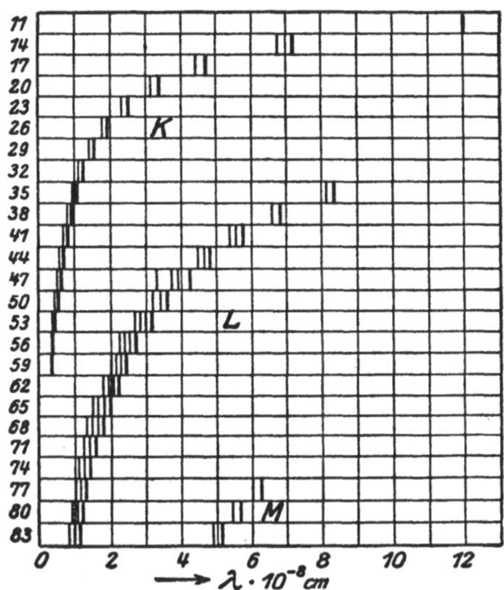

Abb. 355. Röntgenspektrum

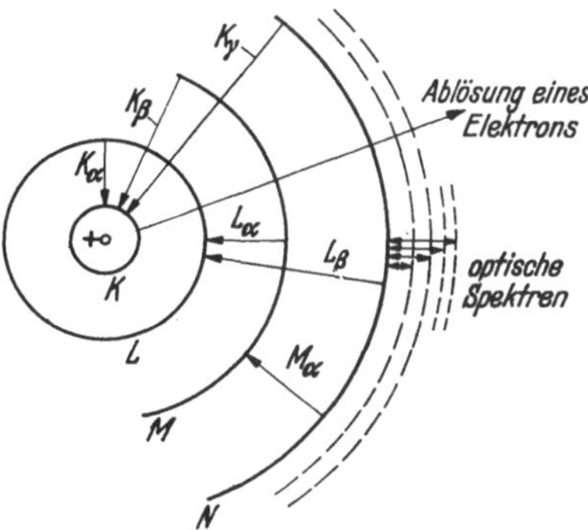

Abb. 356. Entstehung der Röntgenlinien

Wir sehen, daß die Röntgenlinien ihren Ursprung den Elektronenübergängen im Innern des Atoms verdanken. Hier ist für die Energie die Kernladung maßgebend, so daß die Frequenzen mit der Ordnungszahl wachsen und keine Periodizität zeigen.

Im Gegensatz dazu entstehen die Linien der optischen Spektren im Gas, wenn ein Elektron der äußeren Schale, in der Abb. 356 der *N*-Schale, als *Leuchtelektron* auf eine der möglichen höheren stationären Zustände (gestrichelt gezeichnet) gehoben wird und dann wieder zurückspringt. Das Leuchtelektron kann jede der möglichen höheren Bahnen besetzen, da diese ja im Gegensatz zu den Schalen im Atominnern nicht besetzt sind. Die *Optik* im Sichtbaren beruht also auf Vorgängen an der *Oberfläche* des *Atoms*, die *Röntgenoptik* auf solchen im *Atominnern*.

Im Festkörper und in Flüssigkeiten berühren sich, grob vereinfacht, die äußeren besetzten Schalen von Nachbaratomen. Dabei werden die angeregten, diskreten Elektronenzustände des freien Atoms, wie es im Gas vorliegt, so stark gestört, daß sie praktisch ein Kontinuum ausfüllen. So sind optische Linienspektren, die von Elektronenübergängen an der Atomoberfläche herrühren, nur an leuchtenden Gasen zu beobachten. – Auch im Röntgenspektrum des Festkörpers machen sich Zustände nicht bemerkbar, in denen ein Elektron auf eine höhere Schale gehoben wird; vielmehr muß es das Atom vollständig verlassen haben.

§ 199. Das wellenmechanische Atommodell. Die Erkenntnis von der Wellennatur der Elektronen, vgl. § 194, hat zur Entwicklung einer *Wellenmechanik* geführt, die im atomaren Bereich viel mehr Tatsachen als die *klassische Mechanik* darzustellen vermag. Im Rahmen dieser Wellenmechanik kann man nach SCHRÖDINGER auch die Elektronenzustände unter Wirkung der Anziehungskraft des Kerns berechnen. Dabei muß man darauf verzichten, die einzelnen Elektronen zu unterscheiden und ihre Bahnen räumlich und zeitlich zu beschreiben. Wenn man überhaupt an der anschaulichen Vorstellung des Elektrons als Massepunkt festhält, so muß man sich dabei auf Wahrscheinlichkeitsaussagen, das Teilchen an einer bestimmten Stelle anzutreffen, beschränken. Andererseits sagt die Wellenmechanik diskrete Energiestufen für ein Elektron im elektrischen Felde des Atomkerns voraus, die dem Wesen nach eine enge Beziehung zu Eigenschwingungen haben, wie sie z. B. akustisch in Luftsäulen auftreten, s. auch § 58 mit Abb. 124. Für diese stationären Zustände des Atoms läßt sich lediglich eine *mittlere Ladungsverteilung der Elektronenwolke* angeben. Dabei zeigt sich, daß sich die Ladungen in bestimmten Gebieten, die den K-, L- und M-Schalen des alten Modells entsprechen, besonders stark häufen.

Da in jedem Zustand die Ladungsverteilung zeitlich konstant ist, gibt es auch keine Ausstrahlung. Damit verschwindet die alte Schwierigkeit der Bohrschen Theorie. Nur wenn eine Ladungsverteilung in eine andere übergeht, d. h. der Elektronenzustand sich ändert, tritt im Atom ein schwingender elektrischer Dipol auf, dessen Frequenz die der ausgestrahlten Lichtwelle bestimmt. Sie ist mit dem Energieunterschied der beiden Zustände nach der quantenmechanischen Beziehung $h\nu = W_n - W_m$ verknüpft.

Zur Bewegung eines Elektrons in der Hülle gehört ein *Drehimpuls* der Größe $\sqrt{l(l+1)}\, h/2\pi$, s. auch § 25. Dabei ist l die Drehimpulsquantenzahl, die in jeder Schale Werte zwischen Null und $n-1$ annehmen kann (n Hauptquantenzahl, s. § 196). Außerdem hat der Drehimpulsvektor $2l+1$ Einstellmöglichkeiten zu einer Vorzugsrichtung, derart daß seine Komponente in ihr $m_l h/2\pi$ (m_l magnetische Quantenzahl) beträgt. Jede dieser Einstellrichtungen kann als „Platz in der Schale" nach dem Pauli-Prinzip von zwei Elektronen besetzt werden. Sie unterscheiden sich noch durch die Einstellung des Spins (Eigendrehimpuls), s. § 132, dessen Drehimpulskomponente in der Vorzugsrichtung 1/2 oder $-1/2$ mit der Einheit $h/2\pi$ beträgt. So enthält die K-Schale ($n=1$) zwei Elektronen mit $l=0$, die L-Schale auch zwei mit $l=0$ und zusätzlich 6 mit $l=1$ usw. In einer vollbesetzten Schale ist die Vektorsumme aller Bahndrehimpulse und aller Spins Null (*abgeschlossene* Schale).

Mit jedem Drehimpuls eines Elektrons ist ein ihm proportionales *magnetisches Moment* verknüpft. s. § 125, so daß abgeschlossene Schalen kein magnetisches Moment besitzen, also diamagnetisch sind. – Die *Elektronenspinresonanz* hat in letzter Zeit große Bedeutung beim Nachweis ungepaarter Elektronen in freien Radikalen gewonnen. Das magnetische Moment des Spin kann sich zu einem äußeren Magnetfeld parallel oder antiparallel einstellen, genauer hat die Komponente in Feldrichtung diese Orientierung. Zum Umklappen wird Energie ΔW benötigt, die durch ein magnetisches Wechselfeld der Frequenz $\nu(\Delta W = h\nu)$ zugeführt wird (Resonanzabsorption).

Der Wellenmechanik ist es auch gelungen, den Mechanismus der chemischen Bindung physikalisch zu erfassen und z. B. die Bildung von H_2 aus 2 H-Atomen quantitativ richtig zu berechnen. Ebenso gelangt man zu einem Verständnis der Erscheinungen des radioaktiven Zerfalls und der künstlichen Kernumwandlung.

§ 200. Bandenspektrum. Moleküle emittieren *Bandenspektren*, auch als *Molekülspektren* bezeichnet. Diese zeichnen sich oft durch einen außerordentlichen Linienreichtum aus und zeigen meist einen sehr verwickelten Aufbau, s. Abb. 352, der aufs engste mit der Struktur der strahlenden Moleküle zusammenhängt. Um diesen Zusammenhang wenigstens in einigen wesentlichen Punkten zu verstehen, betrachten wir ein zweiatomiges *heteropolares* Molekül, z. B. HCl, das wir uns als einen elektrischen Dipol von der Form einer Hantel $_{H^+}$●——●$_{^-Cl}$ veranschaulichen können. Rotiert ein solches Molekül um eine zur Figurenachse senkrechte Achse, so strahlt sein Dipol elektromagnetische Wellen aus, weil seine Rotation eine beschleunigte Bewegung von Ladungen ist, bzw. sich in zwei harmonische Dipolschwingungen zerlegen läßt, s. § 54,3. Wir erhalten somit bei allen Dipolmolekülen, wie HCl, NH_3, H_2O usw. ein sog. reines *Rotationsspektrum.* Die ausgesandten Frequenzen ν_r werden durch die Energieunterschiede der einzelnen Rotationszustände bestimmt und liegen immer im langwelligen Infraroten, bei größeren polaren Molekülen auch im Mikrowellengebiet. Wegen ihrer Symmetrie ergeben dagegen dipollose Moleküle, wie H_2, N_2, Cl_2 usw., s. Abb. 42, bei der Rotation keine Ausstrahlung, weil die in der Mitte des Moleküls zusammenfallenden Schwerpunkte der positiven und negativen Ladungen stets ihre Lage beibehalten, s. z. B. Abb. 43.

Außer der Rotation des ganzen Moleküls müssen wir noch die *Eigenschwingungen* der Atome beachten. Beim HCl-Molekül schwingen der H- und Cl-Kern mit ihrer Eigenfrequenz ν_s gegeneinander. Dabei ändert sich wiederum die Ladungsverteilung periodisch, und das Molekül strahlt wie ein schwingender Dipol. Die Energiewerte seiner Schwingungszustände unterscheiden sich um $h\nu_s$, vgl. § 190. Die Änderungen im Schwingungszustand ergeben ausgestrahlte Frequenzen, die ins kurzwellige Infrarot fallen. Da sich gleichzeitig mit einer Änderung des Schwingungszustandes auch der Rotationszustand ändern kann, wobei die gesamte Energiedifferenz als Lichtquant ausgestrahlt wird, erhalten wir ein sog. *Rotationsschwingungsspektrum*, das ein einfach gebautes Bandenspektrum mit vielen Linien darstellt.

Auch im festen und flüssigen Aggregatzustand haben die Moleküle diskrete Schwingungszustände, die häufig speziellen Molekülgruppen oder bestimmten Bindungen zuzuordnen sind. Darauf beruht die große Bedeutung der *Infrarotspektroskopie* für chemische Analyse und Untersuchungen der Molekülstruktur. Sie beobachtet durchweg die Spektren in Absorption (s. auch § 184). Rotationszustände sind natürlich nur im Gas zu beobachten, so daß in Flüssigkeit und Festkörper die IR-Schwingungsspektren keine Bandenstruktur besitzen, sondern einzelne, allerdings sehr breite Linien enthalten.

Schließlich kann sich noch die Ladungsverteilung der Elektronenwolke ändern oder, anschaulich gesprochen, das Leuchtelektron von einem stationären Zustand in einen anderen übergehen. Das bedeutet wie beim freien Atom die Emission eines Lichtquants, dessen Frequenz ins Sichtbare oder Ultraviolette fällt. Mit jedem einzelnen Elektronensprung sind nun noch Änderungen sowohl des Schwingungs- als auch des Rotationszustandes verbunden. Da sich die Rotations- und Schwingungsenergien in sehr mannigfacher, aber gesetzmäßig gestufter Weise dabei ändern können, entsteht eine sehr große Vielzahl von Möglichkeiten in der Änderung der gesamten Energie des Moleküls und damit eine entsprechende Vielzahl von Spektrallinien. Das ist der Grund für den verwickelten Aufbau dieser ins Sichtbare oder Ultraviolette fallenden *Elektronenbandenspektren.*

Ihr Aufbau ist mit Hilfe der Quantentheorie bei einfachen Molekülen bis in die Feinheiten verständlich, so daß man umgekehrt aus der Analyse dieser Spektren die Rotationszustände und die Eigenschwingungen der Moleküle und daraus wieder die Anordnung der Kerne bestimmen kann. Auf diesem Wege ist es gelungen, z. B. für das H_2O-Molekül, vgl. Abb. 43b, die gewinkelte Form, die Kernabstände und den Valenzwinkel zu bestimmen.

B. Der Atomkern und seine Umwandlungen

Aus historischen Gründen beginnen wir mit der Erscheinung der natürlichen Radioaktivität.

§ 201. Natürliche Radioaktivität. Im Jahre 1896 fand BECQUEREL, daß *Uran* und seine Verbindungen dauernd Strahlung aussenden, die ähnlich wie Röntgenstrahlen Körper ziemlicher Dicke durchdringt, die photographische Platte schwärzt, die Luft ionisiert und viele Stoffe zum Leuchten erregt. Es zeigte sich ferner, daß die Intensität der Strahlung weder chemisch noch durch Temperatur noch durch elektrische oder magnetische Felder zu beeinflussen ist. Etwas später gelang es dem Ehepaar CURIE[78], aus dem Uranpecherz ein Element, das *Radium*, abzutrennen, dessen Strahlungsintensität die des Urans noch um viele Größenordnungen überstieg. Wir wissen heute, daß die Ausstrahlung die Folge einer spontanen Umwandlung instabiler Atomkerne ist. Man kennt jetzt etwa 40 natürlich vorkommende Atomarten, die eine derartige Umwandlung von selbst erfahren oder *natürliche Radioaktivität* zeigen. Sie haben fast alle Ordnungszahlen von 81 aufwärts, Ausnahmen sind z. B. Samarium und Kalium. Auch auf künstlichem Wege lassen sich für jedes Element radioaktive Isotope herstellen, s. § 209.

Die bei den natürlich radioaktiven Stoffen auftretende Strahlung enthält drei Strahlenarten, die als α-, β- und γ-Strahlung bezeichnet werden und die sich durch ihr verschiedenes Durchdringungs- und Ionisationsvermögen unterscheiden:

α-Strahlen sind doppelt positiv geladene Heliumatome, He^{++}, also Heliumkerne, s. § 197, mit Geschwindigkeiten bis zu etwa $2 \cdot 10^7$ m/s bzw. mit Energien bis zu etwa 9 MeV, s. Tab. 22.

β-Strahlen sind Elektronen sehr hoher Geschwindigkeit. Diese geht von kleinen Werten bis fast an die Lichtgeschwindigkeit heran, wobei die Energie bei der natürlichen Radioaktivität 12 MeV erreichen kann.

γ-Strahlen sind sehr kurzwellige und daher äußerst durchdringende elektromagnetische Wellen. Ihre Wellenlänge ist viel kleiner als die der üblichen Röntgenstrahlen und liegt zwischen 2 und 300 XE, vgl. Abb. 342.

Beim Durchgang durch ein Gas erzeugen diese Teilchen längs ihres Weges Ionen. Da diese bei der Kondensation von Wasserdampf als Kondensations-

[78] Dem Forscherehepaar PIERRE CURIE, 1859—1906, und MARIE CURIE, geb. SKLODOWSKA, 1867—1934, gelang 1898 die Darstellung des Radiums, wofür sie den Nobelpreis für Physik erhielten. Ihre Tochter IRENE entdeckte mit ihrem Manne, FREDERIC JOLIOT, 1934 die künstliche Radioaktivität.

kerne wirken, § 84, kann man die Bahnen der Strahlen sichtbar machen. Das geschieht in der *Wilsonschen Nebelkammer*, die einer der Apparate zur Untersuchung von energiereichen natürlichen und künstlich erzeugten Strahlen ist. Der eigentliche zylindrische Beobachtungsraum mit einem beweglichen Kolben enthält Luft, die zunächst mit Wasserdampf gesättigt ist und durch plötzliche adiabatische Expansion rasch abgekühlt werden kann. Ist die Abkühlung nicht zu groß, so schlägt sich der übersättigte Dampf nur an den Ionen, die längs des Weges der durchdringenden Strahlen erzeugt worden sind, nieder. So hinterläßt jedes die Kammer während der Expansion durchsetzende Teilchen als Spur einen Nebelfaden, den man kurze Zeit beobachten und photographieren kann.

Eine Weiterentwicklung ist die *kontinuierlich* arbeitende Nebelkammer, bei der in Methanoldampf ein Temperatur*gefälle* aufrechterhalten wird. In einer bestimmten Zone der Kammer stellt sich dabei ein Temperaturbereich mit übersättigtem Dampf ein, in dem laufend durch radioaktive oder andere schnell bewegte geladene Teilchen Kondensationsbahnen erzeugt werden können und schnell wieder verschwinden. – Die *Blasenkammer* nutzt umgekehrt die Dampfblasenbildung in überhitzten Flüssigkeiten durch Teilchen mit hoher kinetischer Energie aus. Auch sie arbeitet kontinuierlich und hat wegen der gegenüber dem Gas viel dichteren Molekülpackung eine höhere Ansprechempfindlichkeit.

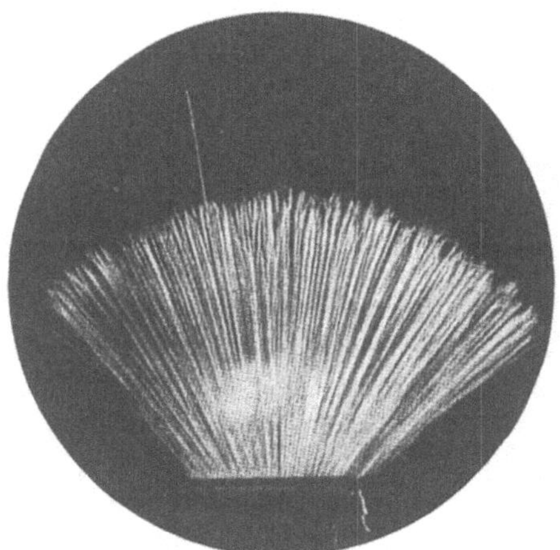

Abb. 357. Die beiden Gruppen von α-Strahlen des Thorium *C* und *C'*, darunter ein Strahl mit übergroßer Reichweite

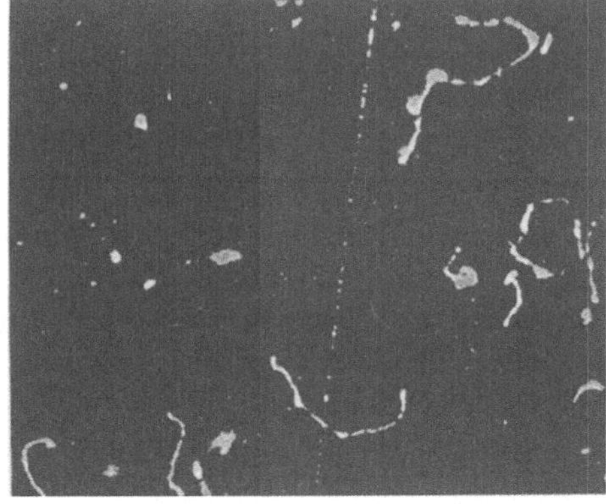

Abb. 358. Bahnen von β-Teilchen. Die gerade Bahn ist die eines besonders schnellen Teilchens

Die Flugbahnen von α-, β- und anderen Teilchen zeigen charakteristische Unterschiede, so daß man sie an ihrer Spur sofort unterscheiden und einzeln untersuchen kann. α-Teilchen geben gerade und plötzlich abbrechende Bahnen, sie haben also eine sehr scharf begrenzte *Reichweite*, s. Abb. 357, die für ein Präparat von Thorium C und C' zwei Gruppen von α-Strahlen zeigt mit einer Reichweite in Luft von 4,8 cm bzw. 8,6 cm. Die Reichweite steigt mit der Bewegungsenergie des α-Teilchens am Bahnanfang, und zwar ist sie der dritten Potenz der Anfangsgeschwindigkeit proportional.

α-Teilchen haben ferner ein besonders großes Ionisationsvermögen. So vermag ein α-Teilchen in Luft beim Zusammenstoß pro cm Flugbahn einigen 10000 Molekülen ein Elektron zu entreißen, d. h. längs seiner Bahn eine Kette von ebenso vielen Ionenpaaren zu bilden. β-Strahlen bilden viel weniger, nämlich 50 bis 100 Ionenpaare pro cm Flugstrecke und haben daher auch bei gleicher Anfangsenergie eine größere Reichweite. Da sie ihrer geringen Masse wegen beim Zusammenprall mit Molekülen abgelenkt werden, sind ihre Bahnen gekrümmt und verschnörkelt. Nur besonders schnelle Elektronen haben eine gerade Bahn, s. Abb. 358. Ungeladene Teilchen erzeugen keine Ionen, sind also in der Nebelkammer nur indirekt nachweisbar.

Ein sehr wichtiges und unentbehrliches Gerät zur Erkennung und Untersuchung der bei der natürlichen Radioaktivität und überhaupt bei allen Kernprozessen auftretenden geladenen Teilchen und Strahlungsquanten ist das *Zählrohr* von GEIGER und MÜLLER. Es besteht aus einem gasgefüllten Zylinderkondensator mit einem Draht als Mittelelektrode, s. Abb. 359. Die angelegte Spannung wird so gewählt, daß gerade noch keine selbständige Entladung einsetzt. Tritt ein geladenes Teilchen ein, so lösen die gebildeten Ionen eine durch Stoßionisation verstärkte Entladung aus, die bei geeigneter Schaltung sofort wieder abreißt und mit Hilfe eines Verstärkers und eines Zählwerks registriert werden kann. So kann man einzelne α- und β-Teilchen registrieren. Auch γ-Strahlen und Röntgenquanten lassen sich auf Grund der an den Wandungen ausgelösten Elektronen erfassen. – Schließlich kann man Kerntrümmer an den von ihnen in Leuchtstoffen erregten Lichtblitzen oder *Szintillationen* erkennen.

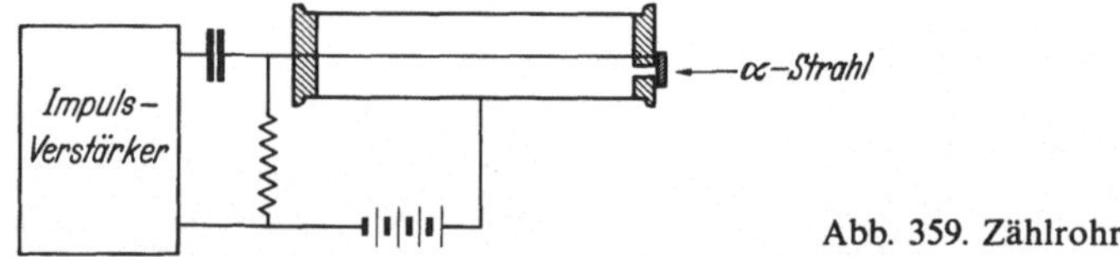

Abb. 359. Zählrohr

§ 202. Der radioaktive Zerfall. Der radioaktive Zerfall einer Substanz, der auf einer gewissen Instabilität der betreffenden Atomkerne beruht, erlischt nach mehr oder minder langer Zeit, wobei die Zeit charakteristisch für die betreffende Atomsorte ist. Dabei werden sehr große Energiebeträge frei, die in den ausgesandten Strahlen zum Vorschein kommen. Man mißt sie wegen der großen Energie in den größeren Einheiten 1 MeV $= 10^6$ eV bzw. 1 GeV $= 10^9$ eV, vgl. § 118.

Das *Zerfallsgesetz*. Die Zahl der bei einem radioaktiven Stoff in der Zeiteinheit zerfallenden Atome ist immer der Zahl N der jeweils noch vorhandenen, also noch nicht umgewandelten Atome proportional. Es gilt also die Gleichung:

$$\frac{dN}{dt} = -\lambda N,$$

woraus durch Integration das Zerfallsgesetz

$$N = N_0 e^{-\lambda t}$$

folgt, λ die Zerfallskonstante. Die Zerfallswahrscheinlichkeit eines Atomkerns hängt also nicht von seinem Alter ab.

Die Geschwindigkeit des Zerfalles eines radioaktiven Stoffes kennzeichnen wir durch die *Halbwertszeit* oder diejenige Zeit, in welcher die Hälfte des anfänglich vorhandenen Stoffes zerfällt. In derselben Zeit geht auch die *Aktivität* eines Präparates, das ist die Zahl der Zerfälle in der Zeiteinheit, auf die Hälfte zurück. So ist z. B. die Halbwertszeit T für *Radiumemanation* (*Radon*) etwa 3,8 Tage. Das bedeutet, daß nach dieser Zeit nur noch die Hälfte, nach zweimal 3,8 Tagen $^1/_4$ und nach dreimal 3,8 Tagen nur noch $^1/_8$ der ursprünglichen Substanz vorhanden ist. Zwischen Zerfallskonstante λ und Halbwertszeit T besteht die Beziehung $T = (\ln 2)/\lambda = 0{,}693/\lambda$.

Die Zerfallsgeschwindigkeit der einzelnen radioaktiven Stoffe zeigt gewaltige Unterschiede, manche Stoffe existieren nur Bruchteile von Sekunden, andere Millionen von Jahren und noch länger. So ist z. B. für Uran die Halbwertszeit $4{,}5 \cdot 10^9$ Jahre, für Radium 1590 Jahre, für Thoriumemanation etwa 55 s und für manche Zwischenprodukte nur noch kleinste Bruchteile von Sekunden, z. B. $2{,}2 \cdot 10^{-7}$ s für Thorium C', vgl. Tab. 22. Die Halbwertszeit sagt nichts über das Schicksal des einzelnen Atoms aus, das wesentlich länger oder kürzer „leben" kann. Sie erfaßt nur die Wahrscheinlichkeit des Zerfalles.

Zerfallsreihen. Ein natürlich radioaktives Atom zerfällt immer unter Aussendung eines α- oder β-Teilchens. Die γ-Strahlung ist nur eine Begleiterscheinung. Die beim Zerfall entstehenden neuen Atome sind meist ebenfalls instabil und zerfallen ihrerseits weiter. Dieser Vorgang setzt sich fort, bis schließlich ein stabiles Atom als Endprodukt entsteht. Fast alle natürlich radioaktiven Elemente haben ein sehr hohes Atomgewicht und lassen sich in drei *Zerfallsreihen* einordnen, deren wichtigste die sog. *Uran-Radium-Reihe* ist. Ihr Ausgangselement oder die *Muttersubstanz* ist das *Uran* mit dem Atomgewicht 238. Über verschiedene Zwischenprodukte entsteht zunächst das Radium, das seinerseits unter Aussendung von α-Strahlung als nächstes Folgeprodukt das Edelgas *Radon* liefert. Auch dieses zerfällt, und schließlich entsteht nach weiteren Zwischenstufen, wie *Radium C'* und *Polonium*, als stabiles Endprodukt *Radium G*, welches mit gewöhnlichem Blei chemisch identisch ist und sich von diesem nur durch sein Atomgewicht unterscheidet. RaG ist also ein Bleiisotop, vgl. dazu Tab. 22, in der einige wichtige radioaktive Atome aufgeführt sind.

Neben der Uranreihe kennt man noch die *Aktiniumreihe* und die vom Thorium abstammende *Reihe* mit dem wichtigen *Mesothorium.* Zu diesen drei Zerfallsreihen ist noch eine weitere gefunden worden, seitdem man künstlich Atomkerne sehr hoher Ordnungszahl herstellen kann. Sie enthält das langlebige Neptunium-Isotop $^{237}_{93}Np$ und hat daher den Namen *Neptunium-Reihe* erhalten. Da in diesen Reihen sich die Kernmasse nur bei einem α-Zerfall und da um 4 Masseeinheiten (s. auch § 204) ändert, waren auch vier voneinander völlig getrennte Reihen mit den Massezahlen 4m, 4m + 1, 4m + 2, und 4m + 3 zu erwarten.

Bei einem mit der Aussendung eines α-Teilchens verbundenen Zerfall erniedrigt sich die Kernladungszahl um 2 Einheiten, und wir erhalten ein Isotop des im periodischen System um zwei Stellen nach links stehenden Elementes; bei einem β-Strahler wächst die Kernladung um eine Einheit, wir erhalten ein Isotop des dem zerfallenden nach rechts benachbarten Elementes, *radioaktiver Verschiebungssatz.*

Die genauere Untersuchung ergibt, daß die Anfangsenergie aller α-Teilchen gleich ist, die eine Kernart aussendet. Beim radioaktiven Zerfall erfährt der Kern also einen Übergang zwischen zwei festen Energiezuständen, von denen der eine zum Ursprungs-, der andere zum Folgekern gehört. Weiter zeigt sich, daß der Logarithmus der α-Energie linear mit dem Logarithmus der Zerfallskonstanten λ ansteigt, Kerne mit kurzer Halbwertszeit senden also besonders energiereiche α-Teilchen aus (Geiger-Nuttall-Regel). – Beim β-Zerfall dagegen haben die Elektronen ein *kontinuierliches Energiespektrum* mit einem Maximalwert, woraus zu

Tabelle 22. *Konstanten einiger wichtiger radioaktiver Atome*

Symbol	Atom	Kern-ladungs-zahl	Atom-gewicht (Massen-zahl)	Halbwertszeit	Strah-lung	Energie der Strahlung in MeV	Reichweite der α-Strahlen in Luft von 760 Torr und 15° C in cm
			Aus der Uranreihe				
U I	Uran I (Muttersubstanz)	92	238	$4{,}5 \cdot 10^9$ a	α	4,18	$2{,}6_5$
Ra	Radium	88	226	1590 a	α	4,7	3,3
Rn	Radon (Radium-emanation)	86	222	3,83 d	α	5,48	4,05
RaC′	Radium C′	84	214	$1{,}55 \cdot 10^{-4}$ s	α	7,68	6,9
RaE	Radium E	83	210	5,0 d	β^-	1,17	—
Po	Polonium	84	210	140 d	α	5,3	3,84
RaG	Uranblei (Radium G)	82	206	stabil	—	—	—
			Aus der Thoriumreihe				
Th	Thorium	90	232	$1{,}39 \cdot 10^{10}$ a	α	4,2	2,7
$MsTh_1$	Mesothorium I	88	228	6,7 a	β	0,05	—
RdTh	Radiothor	90	228	1,90 a	α	5,42	4,0
Tn	Thoron (Thorium-emanation)	86	220	54,5 s	α	6,28	4,0
ThC′	Thorium C′	84	212	$2{,}2 \cdot 10^{-7}$ s	α	8,8	8,6
	Thorium D (Thoriumblei)	82	208	stabil	—	—	—
			Künstlich radioaktive Atome				
	Kohlenstoff	6	11	20,4 min	β^+	—	
	Kohlenstoff	6	14	5590 a	β^+	—	
	Natrium	11	24	15 h	β^-	—	
	Phosphor	15	32	14,07 d	β^-	—	
	Calcium	20	45	152 d	β^-	—	
	Kobalt	27	60	5,3 a	β^-	0,31	
	Kupfer	29	64	12,9 h	β^+, β^-	—	
	Strontium	38	90	28 a	β^-	0,54	
	Gold	79	198	2,7 d	β^-	—	
	Plutonium	94	239	$2{,}4 \cdot 10^4$ a	α	—	

folgern ist, daß zunächst ein anderes Teilchen (μ-Meson, vgl. Tab. 23) emittiert wird, durch dessen Zerfall erst das beobachtete Elektron entsteht. Das andere Folgeteilchen (Antineutrino) nimmt den Rest der konstanten Gesamtenergie mit, die der radioaktive Kern verliert.

Zum Schluß stellen wir in Tab. 22 die Konstanten einiger wichtiger radioaktiver Kerne zusammen, wobei die Energie für die β-Teilchen die Maximalenergie bedeutet. Auch einige künstlich erzeugte Kerne sind aufgenommen worden.

§ 203. Elementarteilchen. Nachdem man zunächst vermutete, daß Proton und Elektron die einzigen Grundbausteine der Materie sind, bewiesen die Experimente doch die Existenz von noch sehr vielen anderen Elementarteilchen. Diese haben aber nicht alle die Bedeutung eines Bausteins der Atomkerne in dem Sinne, daß die Kerne im Grundzustand sie als Teile enthalten. Sie entstehen bei Kernreaktionen, sind dann frei zu beobachten, verschwinden aber meist nach sehr kurzer Zeit wieder durch Zerfall oder weitere Umwandlung. Wir betrachten, ohne Vollständigkeit oder Systematik anzustreben, nur einige Elementarteilchen, die zum Teil auch größere Bedeutung außerhalb der reinen Elementarteilchenphysik erlangt haben.

Das *Neutron*. Beim Beschießen von Beryllium mit α-Teilchen beobachteten Bothe und Becker 1930 eine sehr durchdringende Strahlung. Da sie aber in Wasser oder in Paraffin stärker als in Blei absorbiert wird, kann es sich nicht, wie ursprünglich angenommen, um γ-Strahlung handeln. Denn diese würde, wie jede kurzwellige Röntgenstrahlung, am stärksten durch Stoffe von hoher Kernladungszahl absorbiert werden. Chadwick hat dann nachgewiesen, daß es sich um korpuskulare Teilchen von etwa der Masse eines Protons, aber ohne elektrische Ladung, handelt. Man nennt sie deshalb *Neutronen* und bezeichnet sie, da ihre Kernladungszahl und damit ihre Ordnungszahl Null ist, mit ${}_0^1n$, s. § 204, oder kurz mit n. Da sie keine Ladung besitzen, gehen sie glatt durch die äußeren Teile der Atome hindurch, ohne diese zu beeinflussen oder zu ionisieren. Sie hinterlassen daher auch in der Nebelkammer keine Spur. Damit wird ihr großes Durchdringungsvermögen verständlich, das in Luft bei schnellen Neutronen einige km (!) erreicht, während die α-Teilchen des Radiums nur einige cm Reichweite besitzen. Nur beim direkten Zusammenstoß mit einem Atomkern verlieren die Neutronen an Geschwindigkeit. Aus den Gesetzen des elastischen Stoßes, s. § 16, folgt, daß die Bremsung am stärksten beim Stoß auf Teilchen ähnlicher Masse ist, d. h. in stark wasserstoffhaltigen Körpern wie Wasser oder Paraffinen. Aus diesen stoßen sie Protonen heraus, die als geladene Teilchen z. B. mit dem Zählrohr nachzuweisen sind (*Neutronen-Zähler*). Die Neutronen selbst verlieren dabei den größten Teil ihrer kinetischen Energie und werden zu langsamen oder *thermischen* Neutronen (mittlere Energie 0,03 eV).

Das Neutron ist instabil und wandelt sich unter β^--Zerfall in ein Proton um. Seine Lebensdauer beträgt etwa 20 min. Diese *spontane* Umwandlung eines *freien* Neutrons ist allerdings relativ selten, da die Mehrzahl der Neutronen beim Durchgang durch Materie von einem Atomkern eingefangen wird. So führen fast alle Neutronen zu Kernumwandlungen, die Ausbeute an solchen ist daher mit Neutronen besonders groß, s. § 210. Im Gegensatz dazu verlieren geladene Teilchen wie Protonen wegen ihrer Wechselwirkung mit der Elektronenhülle anderer Atome häufig bereits ihre Bewegungsenergie, ehe es zu einer eigentlichen Kernreaktion kommt. Außerdem erfahren Neutronen wegen ihrer Ladungslosigkeit bei der Annäherung an Atomkerne keine elektrische Abstoßung.

Da nach dem obigen freie Neutronen in der Natur sehr selten sind, muß man sie für Zwecke der Kernumwandlung künstlich herstellen, z. B. durch Beschießen von Beryllium mit α-Teilchen oder γ-Quanten. Die intensitätsreichste Neutronenquelle ist der Kernreaktor, s. § 212. Streuexperimente mit langsamen Neutronen an Flüssigkeiten und Festkörpern sind damit durchzuführen und erlauben Aussagen über die Anordnung der Atomkerne darin.

Die Elementarteilchen mit der Massenzahl 1 (Definition s. § 204), nämlich das Proton und das Neutron, bezeichnet man als *Nukleonen*.

Das *Positron.* Das positive Elektron, *Positron* genannt, wurde 1932 in der von der Höhenstrahlung in der Erdatmosphäre ausgelösten Sekundärstrahlung entdeckt und später auch bei vielen anderen Kernumwandlungsprozessen gefunden, insbesondere beim positiven β-Zerfall künstlich radioaktiver Kerne, mit β^+ bezeichnet. Dieses Teilchen mit der Masse des gewöhnlichen Elektrons, aber mit positiver Ladung, ist im Gegensatz zu den Elektronen in der Natur wegen seiner Kurzlebigkeit äußerst selten. In Luft von Atmosphärendruck z. B. existiert es nur etwa 10^{-7} s. Das liegt daran, daß ein Positron, sobald es beim Durchgang durch Materie seine Geschwindigkeit verloren hat, sich mit einem Elektron vereinigt und seine Ladung neutralisiert. Dabei verschwindet auch die Masse der beiden Teilchen. Das Äquivalent an Energie von 1,02 MeV, vgl. § 205, findet sich als Strahlungsenergie wieder, und zwar in Form von $2\,\gamma$-Quanten. Man spricht von einer *Zerstrahlung* des *Elektronenpaares.* Über den umgekehrten Vorgang, s. § 205. Das Positron stellt das *Antiteilchen* zum Elektron dar.

Als weitere Antiteilchen sind durch Stoßprozesse mit Protonen von einigen GeV Energie *Antiproton* und *Antineutron* erzeugt worden. Ein Antiteilchen hat die gleiche Masse aber entgegengesetzte Ladung wie das Teilchen selbst, das Antineutron ist also ungeladen. Als kleinste Atom der *Antimaterie* können Antiproton und Positron ein entsprechendes Wasserstoff-Atom bilden.

Das *Neutrino.* Vorgänge bei der künstlichen Radioaktivität machen es sicher, daß es noch ein Elementarteilchen gibt, das ungeladen und dessen Masse noch viel kleiner als die der Elektronen ist. Man nennt dieses neutrale Teilchen, das sich seiner kleinen Masse wegen nicht wie ein Neutron durch Auslösen von Protonen zu erkennen gibt, *Neutrino.* Elektron und Antineutrino sind die Endprodukte des β^--Zerfalls, Positron und Neutrino vom β^+-Prozeß.

Neben Elektron und Neutrino gibt es noch ein „schweres" Elektron, μ-*Meson* oder *Müon* genannt, das aber nach sehr kurzer Lebensdauer in Elektron, Neutrino und Antineutrino zerfällt. Diese Elementarteilchen faßt man heute in der Gruppe der *Leptonen* zusammen.

Im letzten Jahrzehnt ist noch eine weitere Zahl von Elementarteilchen entdeckt worden, die allerdings nur Lebensdauern von 10^{-8} sec und weniger besitzen. Mit ihnen ist man in das Gebiet der sog. *Hochenergiephysik* vorgestoßen und kann damit die Elementarteilchen sinnvoll klassifizieren. Den Leptonen gegenüber stellt man dabei die *Baryonen,* zu denen neben den Nukleonen die noch

Tabelle 23. *Masse und Lebensdauer der wichtigsten Elementarteilchen*

Teilchen	Symbol vgl. § 204	Ladung	Masse in m_{el}[a]	Lebensdauer in sec
Elektron	e^-, β^-	$-e$	1	stabil
Neutrino	ν	0	—	stabil
Müon (μ-Meson)	μ^-	$-e$	206,8	$2{,}2 \cdot 10^{-6}$
π-Meson	π^+	$+e$	273,2	$2{,}5 \cdot 10^{-8}$
	π^-	$-e$	273,2	$2{,}5 \cdot 10^{-8}$
K-Meson	K^+	$+e$	966,6	$1{,}2 \cdot 10^{-8}$
Proton	$p(^1_1H)$	$+e$	1836,1	stabil
Neutron	$n(^1_0n)$	0	1838,6	1013
Σ-Hyperon	Σ^-	$-e$	2340,6	$1{,}6 \cdot 10^{-10}$

[a] m_{el} = Masse des Elektrons, s. § 100.

schwereren *Hyperonen*, Λ-, Σ- und Ξ-Teilchen, gehören. Sie zerfallen alle letztlich in ein Proton und Leptonen. Eine besondere Zwischengruppe bilden die *Mesonen*, das sind π- und K-Meson, die auf verschiedenen Wegen schließlich allein in Leptonen zerfallen. Wie zwischen den Baryonen wirken auch zwischen ihnen und Mesonen die besonderen Kernkräfte sehr kurzer Reichweite. Das μ-Meson führt nur aus historischen Gründen diesen Namen, muß aber seiner Eigenschaften wegen heute zu den Leptonen gezählt werden.

§ 204. Aufbau der Atomkerne. Die Massenspektroskopie, s. § 120, hat ergeben, daß die meisten Elemente *Mischelemente* sind und daß die chemischen Atomgewichte ihrer Isotopen praktisch ganzzahlig sind. Die Elementarbausteine der Kerne sind Nukleonen, d. h. Protonen und Neutronen. Die Zahl der Protonen gibt die Kernladung oder die Ordnungszahl Z des betreffenden Elementes an, s. § 197. Atome gleicher Protonen- aber verschiedener Neutronenzahl, also verschiedener Masse, *Isotope*, haben die gleiche Zahl von Elektronen in der Atomhülle und sind daher in ihren chemischen Eigenschaften gleich. Als ihre *Massenzahl M* bezeichnet man die Zahl der Nukleonen (Protonen und Neutronen), aus denen sie zusammengesetzt sind.

Das Mischelement Chlor z. B. mit dem chemisch festgestellten Atomgewicht 35,46 enthält zwei Isotope mit den Atomgewichten 35 und 37 im immer gleichbleibenden Mischungsverhältnis von 76% ^{35}Cl und 24% ^{37}Cl. Das wichtigste Isotop ist das des *Wasserstoffatoms*, der sog. *schwere Wasserstoff* mit dem Atomgewicht 2, auch *Deuterium* D genannt. Sein Kern heißt *Deuteron* d. Da hier das Massenverhältnis der Isotope extrem groß ist, treten bei Wasserstoffverbindungen mit schwerem und gewöhnlichem Wasserstoff, z. B. bei Wasser, größere Unterschiede im physikalischen Verhalten auf. So liegt der Schmelzpunkt des *schweren Wassers* D_2O statt bei 0° C bei 3,82° C.

Atome mit verschiedener Protonen-, aber gleicher *Nukleonenzahl* (Protonenplus Neutronenzahl) nennen wir *Isobare*. Alle von der Elektronenhülle abhängigen Eigenschaften von Atomen mit isobaren Kernen sind natürlich verschieden.

Zur Kennzeichnung der Masse der einzelnen Atomarten dient das *Isotopengewicht*, gemessen im ME. Es ist das Verhältnis ihrer Masse zu $^1/_{12}$ der Masse des häufigsten Kohlenstoff-Isotops mit der Massenzahl 12. Dieser Kern enthält 6 Protonen und 6 Neutronen, also 12 Nukleonen. Da der Massenanteil der Elektronen außerordentlich klein ist, vgl. Tab. 23, und die Massendefekte zusammengesetzter Kerne, s. § 206, ebenfalls relativ nicht sehr groß sind, liegen die Isotopengewichte aller Atome sehr nahe bei ganzen Zahlen. Das trifft natürlich nicht zu für die *chemischen Atomgewichte der Mischelemente* mit festem Isotopenverhältnis. Auch die sog. chemische Atomgewichtsskala gibt jetzt dem Kohlenstoffatom der Massenzahl 12 das Atomgewicht 12,000, vgl. § 31.

Bei den Gleichungen von Kernreaktionen, die durchaus den gewöhnlichen chemischen Reaktionsgleichungen entsprechen, fügen wir dem chemischen Symbol links unten die Kernladungszahl und links oben die Massenzahl hinzu, schreiben also für das Sauerstoffatom der Ordnungszahl 8 und der Massenzahl 16: $^{16}_{8}O$. Selbstverständlich muß bei einer Kernreaktion die Gesamtzahl der Nukleonen und der Kernladungen erhalten bleiben, vgl. die Beispiele in §§ 207ff.

Der Zusammenhalt der Atomkerne wird durch spezifische „*Kernkräfte*" zwischen den Elementarteilchen bewirkt, welche innerhalb der Kerne und in nächster Nähe derselben die Coulombschen Abstoßungskräfte zwischen den Protonen erheblich übertreffen. Die Coulombschen Kräfte nehmen mit dem Quadrat der Entfernung ab, die Anziehungskräfte jedoch viel schneller. Daher spielen innerhalb des Kernes nur die Kräfte zwischen benachbarten Nukleonen eine Rolle, sog. *starke* Wechselwirkung.

Die Form der Kerne scheint mit wachsender Ordnungszahl immer mehr von der Kugelgestalt abzuweichen. Man darf sich ferner vorstellen, daß sich die Neutronen und Protonen, ähnlich wie die Elektronen in der Atomhülle, im Kern in Schalen einordnen (*Schalenmodell*).

§ 205. Äquivalenz von Masse und Energie. Wir haben bereits im § 203 die Umwandlung von Masse in Strahlungsenergie erwähnt. Auch der umgekehrte Vorgang, d. h. die Umwandlung von Strahlungsenergie in ein Elektronenpaar, ist direkt zu beobachten. Kommt eine genügend kurzwellige γ-Strahlung in das Kraftfeld eines Atomkernes, so kann sich das Lichtquant in ein Elektron und ein Positron umwandeln, es bildet sich ein *Elektronenpaar* oder ein *Elektronenzwilling* (Teilchen und Antiteilchen). Seine Entstehung kann man in der Nebelkammer beobachten, s. Abb. 360, welche zwei von einem Punkt ausgehende und

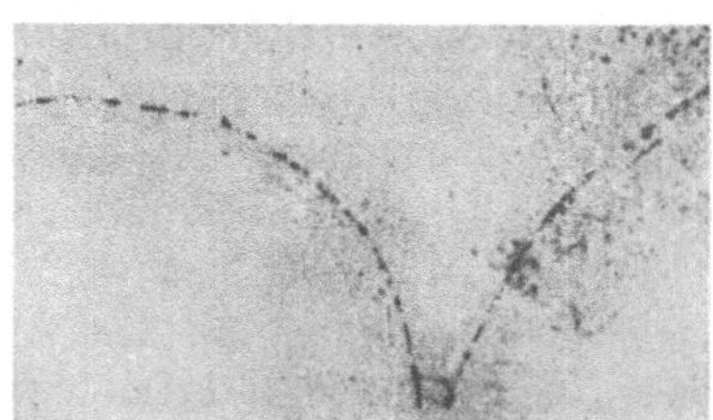

Abb. 360. Bildung eines Elektronenzwillings

wegen des verschiedenen Ladungssinnes der beiden Teilchen im Magnetfeld nach links und rechts gekrümmten Spuren wiedergibt. Diese Beobachtungen zeigen den unmittelbaren Zusammenhang zwischen Energie und Masse, der auch aus anderen physikalischen Erscheinungen folgt. Masse ist offenbar auch eine Energieform.

Aus der Relativitätstheorie folgt die allgemeine *Einsteinsche Äquivalenzgleichung*

$$\Delta E = \Delta m c^2 ,$$

welche den Energiegewinn ΔE eines Körpers mit einer Massenzunahme Δm verknüpft, wobei c die Lichtgeschwindigkeit im Vakuum ist.

Zur Erzeugung eines Elektronenpaares benötigt man eine Energie vom Betrage $2 m_{el} c^2$, was einem Wert von 1,02 MeV entspricht. Die Energie des erzeugenden γ-Quantes muß mindestens ebenso groß, die Wellenlänge also kürzer als 0,012 Å sein. Das Paar Proton–Antiproton enthält danach die Ruheenergie 1,87 GeV.

Als zahlenmäßige Beziehung für die Äquivalenz von Masse und Energie gilt näherungsweise:

$$1\,\text{MeV} = 1{,}074\,\text{TME} .$$

1 TME bedeutet dabei 10^{-3} ME. 1 ME ist die atomare Masseneinheit, d. h. $^1/_{12}$ der Masse von $^{12}_{6}C$.

§ 206. Massendefekt und Bindungsenergie der Kerne. Da die Atomkerne nur aus Protonen und Neutronen zusammengesetzt sind, würde man erwarten, daß ihre Masse einfach gleich der Summe der Massen ihrer Bausteine ist. Tatsächlich sind nun die Kernmassen immer etwas kleiner. So ist der genaue Massenwert des aus zwei Protonen und aus zwei Neutronen bestehenden Heliumkernes 4,00386 ME, während man aus den Massenwerten des Protons und des Neutrons den Wert 4,03306 ME berechnen würde. Diesen Massenunterschied von 0,0292 ME bezeichnet man als den *Massendefekt* des Heliums. Nach dem Prinzip von der Äquivalenz von Masse und Energie entspricht dieser Massenschwund einer Energieabnahme, nämlich der Energie, welche bei der Bildung des Heliumkernes aus seinen Nukleonen frei geworden ist. Aus dem Massendefekt berechnet sich die *Bindungsenergie* pro Heliumkern zu etwa 28 MeV. Daraus ergibt sich die Bindungsenergie für ein Grammatom Helium, d. h. für 4,004 g He, zu etwa $6 \cdot 10^{11}$ cal. Dieser Betrag ist etwa 10^7 mal größer als die Bildungswärme (Wärmetönung) bei gewöhnlichen chemischen Reaktionen. Er würde ausreichen, um 6000 Tonnen Wasser von 0° C auf 100° C zu erwärmen. Um den Heliumkern umgekehrt in seine Nukleonen zu zerspalten, muß derselbe Energiebetrag aufgewendet werden. Dieses Beispiel zeigt, daß Atomkerne außerordentlich stabil sein können.

Bei hohen Ordnungszahlen steigt der Massendefekt etwas langsamer als linear mit dem Atomgewicht an, so daß die Masse eines schweren Atoms größer ist als die Summe der Massen zweier mittelschwerer Elemente, die zusammen dieselbe Ordnungszahl besitzen. Bei der Spaltung wird also Energie frei. Daß diese schweren, gegenüber ihren Spaltprodukten instabilen Kerne doch existenzfähig sind, liegt daran, daß ein geladenes Teilchen beim Austritt aus dem Kern eine Potentialschwelle überwinden muß. Daher muß man dem Kern zur Spaltung erst eine bestimmte Anregungsenergie zuführen, die bei schweren Kernen aber nur einige wenige MeV beträgt.

Isobare Atome haben zwar – nach Definition – gleiche Massenzahlen, aber verschiedene Massendefekte. Sie unterscheiden sich also in der Bindungsenergie und damit auch in der Stabilität der Kerne.

§ 207. Künstliche Kernumwandlung. Wegen der außerordentlich hohen Bindungsenergie der Atomkerne kann man diese nicht mit Hilfe gewöhnlicher chemischer Prozesse oder durch Temperaturen von einigen Tausend Grad umwandeln; über thermische Kernreaktionen bei extrem hohen Temperaturen s. § 211. Das gelingt im Einzelprozeß nur, wenn man durch Beschuß mit energiereichen Teilchen den Kern unmittelbar angreifen kann, s. weiter unten.

Den ersten Fall einer künstlichen Kernumwandlung hat RUTHERFORD beobachtet, als er 1919 entdeckte, daß beim Beschuß von Stickstoff mit α-Teilchen schnelle Protonen herausgeschleudert wurden. Bei diesem wegen der Kleinheit der Kerne allerdings äußerst seltenen Vorgang bleibt das α-Teilchen im Stickstoffkern stecken, so daß wir diese Kernumwandlung durch die *Reaktionsgleichung*

$$^{14}_{7}\mathrm{N} + ^{4}_{2}\mathrm{He} \rightarrow ^{17}_{8}\mathrm{O} + ^{1}_{1}\mathrm{H}$$

beschreiben können. Der neuentstandene Kern enthält eine positive Ladung mehr als der Stickstoff, ist also ein Sauerstoffkern, und zwar das seltene Isotop mit der Massenzahl 17. Bei einer solchen Reaktionsgleichung muß die Summe der oberen Indizes (Massenzahlen) sowie die Summe der unteren Indizes (Kernladungen) links und rechts gleich sein.

Bei einer Kernumwandlung können Teilchen angelagert oder gegen ein anderes oder mehrere andere ausgetauscht werden. Ferner kann der Kern in zwei oder mehrere Bruchstücke gespaltet werden. Auch durch γ-Strahlung genügender Quanten-Energie kann man ein oder mehrere Nukleonen vom Kern ablösen (*Kernphotoeffekt*). Die Art der Kernumwandlung hängt von der zugeführten Energie und von den Bindungsenergien der Kernbausteine ab. Geladene Teilchen, wie Protonen p, Deuteronen d und α-Teilchen, müssen außerdem vor dem Eindringen noch die Coulombschen Abstoßungskräfte überwinden, daher sind ihre Umwandlungsmöglichkeiten unterhalb einer Energie von einigen MeV recht begrenzt[79]. Bei Neutronen liegen die Verhältnisse viel günstiger, und zwar besonders bei langsamen Neutronen, weil diese beim Durchgang durch Materie mit Kernen besonders lange in Wechselwirkung stehen, die Wahrscheinlichkeit für ihr Eindringen in einen Atomkern also besonders groß ist.

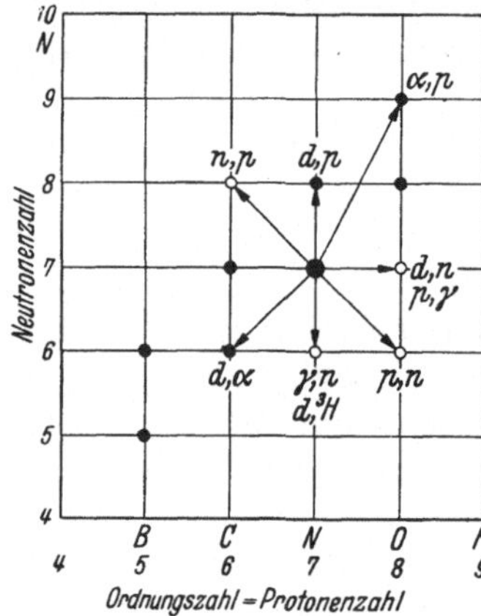

Abb. 361. Schema der Umwandlungen des Stickstoffkerns $^{14}_{7}N$

Beim Einfangen eines Teilchens wird neben der kinetischen Energie natürlich noch ein entsprechender Betrag an Bindungsenergie frei. Es entsteht ein hochangeregter, *aufgeheizter* Kern. Die Anregungsenergie kann zur Verdampfung, Abspaltung von einem oder mehreren Teilchen oder zum Zerfall des Kernes in Bruchstücke führen. Es gibt also für jeden Kern eine große Zahl von möglichen Kernreaktionen, die wir durch Symbole wie (α, p), (α, n), (d, p), (p, γ) usw. darstellen. Dabei bezeichnet der erste Buchstabe das eingeschossene Teilchen bzw. das erregende Quant und der zweite das emittierte Teilchen oder Quant. Die Gesamtzahl aller Reaktionsmöglichkeiten kann man durch das in der Abb. 361 wiedergegebene Schema darstellen, das die Umwandlungsmöglichkeiten beim Stickstoffkern zeigt. Nach rechts ist die Ordnungszahl und nach oben die Neutronenzahl aufgetragen. Jeder Kern wird also durch einen Punkt dargestellt, die Pfeile weisen auf die Kerne hin, die durch Umwandlung des Ausgangskerns entstehen können. Isotope stehen in einer Vertikalreihe übereinander. Isobare liegen auf Geraden, welche unter 45° von links oben nach rechts unten verlaufen.

[79] Zur Annäherung eines Protons an einen Kern der Ladung Ze auf den Abstand r muß die Energie $Ze^2/4\pi\varepsilon_0 r$, vgl. § 99, aufgewandt werden. Für einen Kern der Ordnungszahl 40 (Zirkon) braucht man bereits über 10 MeV. Fliegen umgekehrt zwei Spaltstücke mit $Z=40$ und $Z=52$ auseinander, so wird eine Energie von 500 MeV frei. Die kinetische Energie ist natürlich viel kleiner, da zuerst noch Arbeit gegen die Kernkräfte geleistet werden muß.

Aus der immer größer werdenden Zahl von Kernreaktionen bringen wir in Tab. 24 einige Beispiele, die für die Erzeugung von Neutronen sowie für die Kernfusion (§ 211) wichtig sind.

Der in der dritten Zeile aufgeführte Prozeß ist besonders wirksam. So erzeugt ein Deuteronenstrahl von 100 Mikroampere bei der verhältnismäßig kleinen Deuteronenenergie von 0,5 MeV auf einem Auffänger aus schwerem Eis, D_2O, ungefähr $2 \cdot 10^9$ Neutronen in der Sekunde. Sehr schnelle Neutronen entstehen, wenn man Materie mit schnellen Deuteronen beschießt, die beim Aufprallen in ihre Bestandteile – Proton und Neutron – zerlegt werden. Da die Neutronen mit der halben Deuteronenenergie weiterfliegen, liefern 200 MeV-Deuteronen Neutronen mit 100 MeV (*Neutronengenerator*).

Tabelle 24. *Einige wichtige Kernreaktionen*

Reaktion	Symbol	Bedeutung
${}^{14}_{7}N + {}^{4}_{2}He \rightarrow {}^{17}_{8}O + {}^{1}_{1}H$	${}^{14}N(\alpha, p)\,{}^{17}O$	erste künstliche Kernumwandlung
${}^{9}_{4}Be + {}^{4}_{2}He \rightarrow {}^{12}_{6}C + {}^{1}_{0}n$	${}^{9}Be(\alpha, n)\,{}^{12}C$	Ra—Be-Neutronenquelle
${}^{2}_{1}H + {}^{2}_{1}H \rightarrow {}^{3}_{2}He + {}^{1}_{0}n$	${}^{2}H(d, n)\,{}^{3}He$	Kernreaktionen
${}^{7}_{3}Li + {}^{2}_{1}H \rightarrow {}^{8}_{4}Be + {}^{1}_{0}n$	${}^{7}Li(d, n)\,{}^{8}Be$	für Neutronengenerator
${}^{2}_{1}H + {}^{2}_{1}H \rightarrow {}^{3}_{1}H + {}^{1}_{1}H$	${}^{2}H(d, p)\,{}^{3}H$	Kernreaktionen
${}^{3}_{1}H + {}^{2}_{1}H \rightarrow {}^{4}_{2}He + {}^{1}_{0}n$	${}^{3}H(d, n)\,{}^{4}He$	für Kernfusion

§ 208. Teilchenbeschleuniger.

Für die künstliche Kernumwandlung sowie zur Herstellung genügend großer Mengen von Kernumwandlungsprodukten für medizinische und andere Zwecke braucht man, von Neutronen abgesehen, geladene Teilchen sehr hoher Energie und sehr großer Zahl. Die Menge und die Energie der beim natürlichen radioaktiven Zerfall auftretenden Teilchen reicht bei weitem nicht aus. Erst die Entwicklung von Anlagen zur Erzeugung geladener Teilchen von sehr hoher Energie und Zahl ermöglichte Kernumwandlungen in größerem Umfange und ihre praktische Anwendung.

Als charakteristisches und sehr wichtiges Gerät besprechen wir zunächst das Zyklotron und seine Weiterentwicklungen, mit denen man Ionen, vor allem Protonen, Deuteronen, Heliumkerne, durch eine wiederholte Beschleunigung auf Energien von einigen hundert MeV bringen kann. Dabei lassen sich auch Stromstärken von vielen Mikroampere erreichen. Wenn man bedenkt, daß 1 g Radium $3{,}7 \cdot 10^{10}$ Teilchen pro Sekunde emittiert, entsprechend einer Stromstärke von $1{,}2 \cdot 10^{-9}$ A, so erreicht ein großes Zyklotron in seinem Teilchenstrom einige Kilogramm Radium.

Das Prinzip des Zyklotrons. Die in einem Kanalstrahlrohr erzeugten geladenen Teilchen gelangen in ein Magnetfeld und durchlaufen in diesem Kreisbahnen, vgl. § 125. Das Vakuumgefäß, in dem die Teilchen umlaufen, sitzt zwischen den Polen eines Elektromagneten von riesigen Ausmaßen und enthält eine in ihrer Mitte geteilte zylindrische Dose, deren Hälften (Halbdosen) an einen Hochfrequenzgenerator von einigen 50000 Volt angeschlossen sind, vgl. Abb. 362. Passiert nun ein Teilchen auf seiner Kreisbahn den Schlitz zwischen den beiden Halbdosen, so wird es, falls die Wechselspannung zwischen beiden Halbdosen gerade das richtige Vorzeichen besitzt, beschleunigt und durchläuft dann mit größerer Geschwindigkeit den nächsten Halbkreis. Wird die Frequenz des Generators so gewählt, daß nach einem halben Umlauf des Teilchens die Spannung gerade ihr Vorzeichen wechselt, so wird dasselbe beim erneuten Passieren des Schlitzes wieder beschleunigt. Bei passender Wahl der Frequenz, der magnetischen Feldstärke und anderer Größen erfährt das Teilchen bei jedem Durchgang durch den Schlitz eine Beschleunigung und bekommt dadurch eine immer größere Geschwindigkeit. Dabei wird auch der Radius der Kreisbahn immer größer, s. § 125, so daß die in der Mitte eintretenden Teilchen auf einer Spiralbahn laufen und schließlich mit Hilfe eines ablenkenden elektrischen Feldes durch ein seitliches Fenster aus der Beschleunigungskammer herausgezogen werden.

Bei Teilchenenergien bis zu etwa 10 MeV steigen Geschwindigkeit und Bahnumfang in gleicher Weise an. Bei höheren Energien bleiben aber die Teilchen hinter dem Phasenwechsel zurück, kommen also außer Tritt. Um sie dennoch im richtigen Moment zu beschleunigen, muß man die Frequenz der Wechselspannung während eines vollständigen Ionenumlaufes etwas verzögern, wie das im *Synchro-Zyklotron* geschieht. Im Zyklotron hat man Deuteronen bis zu 25 MeV, im Synchrozyklotron Protonen bis zu 350 MeV erzeugt.

Nach der Relativitätstheorie wird die Masse m eines bewegten Körpers im Vergleich zu seiner *Ruhmasse* m_0 immer größer, je mehr sich seine Geschwindigkeit v der Lichtgeschwindigkeit c nähert. Diese Massenerhöhung ist seiner Zunahme an kinetischer Energie äquivalent, s. § 205. Aus der Beziehung

$$m = \frac{m_0}{\sqrt{1 - v^2/c^2}}$$

erkennt man, daß diese Abweichung für sehr große Geschwindigkeiten merklich wird und daß für $v = c$ die Masse unendlich wird. Man kann also keinen Körper auf Lichtgeschwindigkeit oder darüber hinaus beschleunigen.

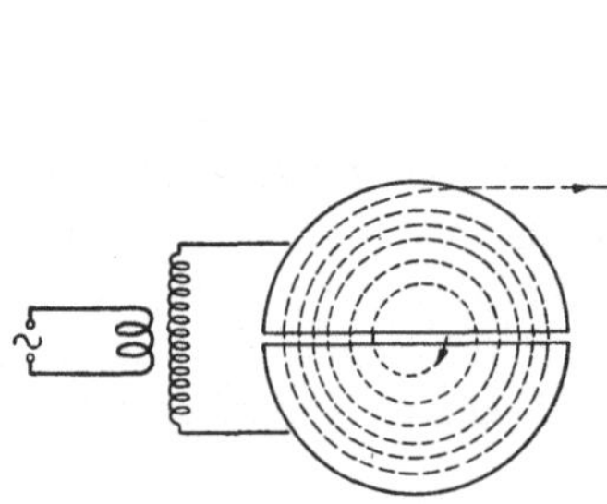

Abb. 362. Prinzip des Zyklotrons

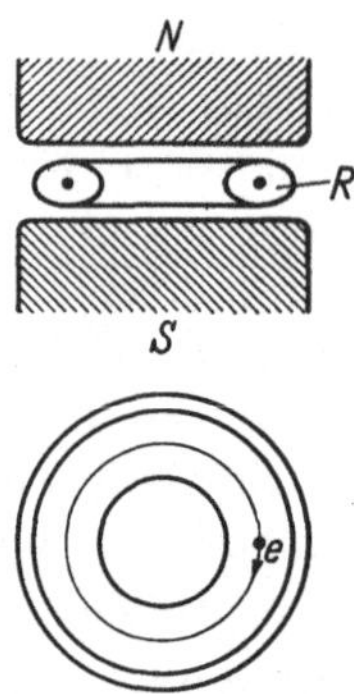

Abb. 363. Betatron

Betatron. Elektronen sehr großer Energie erzeugt man im *Betatron* (Elektronenschleuder), s. Abb. 363. Im Prinzip stellt dieses einen Transformator dar, nur ist dem Wechselfeld ein konstantes Magnetfeld N–S als Führungsfeld überlagert, das die Elektronen e auf eine Kreisbahn zwingt. An Stelle der Sekundärwicklung enthält das Gerät ein ringförmiges Vakuumgefäß R. Schießt man in dieses Elektronen hinein, so werden diese, solange das magnetische Feld ansteigt, durch das zugehörige elektrische Wirbelfeld im gleichen Sinne beschleunigt, s. Abb. 219. Ehe dH/dt das Vorzeichen wechselt, müssen die Elektronen, die während einer Halbperiode 100000 und mehr Umläufe hinter sich haben, ausgestoßen werden. In der Elektronenschleuder kann man relativ einfach Elektronen von mehreren Millionen eV erzeugen. Synchronisiert man ähnlich wie beim Zyklotron, so kann man Energien bis zu 200 MeV erreichen.

Linearbeschleuniger. Hier wird die mehrfache Beschleunigung der geladenen Teilchen des Strahls *S*, Ionen oder Elektronen, dadurch erreicht, s. Abb. 364, daß diese die elektrischen Felder zwischen den feldfreien Käfigen 1 bis 6 phasengerecht durchlaufen. Da an diesen Zwischenräumen immer dieselbe höchstfrequente Wechselspannung liegt, müssen die feldfreien Strecken innerhalb der Käfige in der gleichen Zeit durchlaufen werden. Dies ist nur möglich, wenn diese Strecken der zunehmenden Teilchengeschwindigkeit entsprechend zunehmend größer bemessen werden.

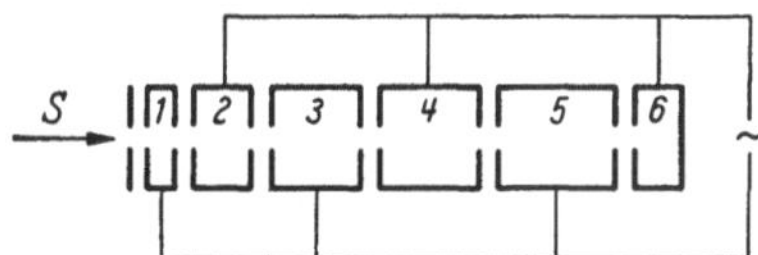

Abb. 364. Linearbeschleuniger

Die modernen Linearbeschleuniger verwenden elektrische Felder von Frequenzen über 10^9 Hz, d. h. *Mikrowellen*, die im Inneren der geeignet gestalteten „Käfigreihe" sich als geführte elektromagnetische Wellen fortpflanzen.

§ 209. Künstliche Radioaktivität. Bei vielen Kernumwandlungen entstehen Kerne, die nicht stabil sind und die sich erst allmählich mit einer für die betreffende Atomart charakteristischen Halbwertszeit, vgl. § 202, in stabile Kerne umwandeln. Das geschieht im Gegensatz zur natürlichen Radioaktivität ausschließlich durch β-Zerfall, d. h. unter Aussendung von Elektronen oder Positronen. So entsteht z. B. beim Beschuß von Bor mit α-Teilchen Radiostickstoff:

$$^{10}_{5}\mathrm{B} + ^{4}_{2}\mathrm{He} \rightarrow ^{13}_{7}\mathrm{N} + ^{1}_{0}\mathrm{n}\,.$$

Der radioaktive Stickstoffkern wandelt sich dann unter Aussendung eines Positrons nach der Gleichung

$$^{13}_{7}\mathrm{N} \rightarrow ^{13}_{6}\mathrm{C} + \mathrm{e}^{+}$$

in einen stabilen Kohlenstoffkern um. Heute kann man von jedem Element ein radioaktives Isotop herstellen, und zwar mit Hilfe von Uran-Reaktoren, s. § 212, in vielen Fällen kilogrammweise.

Künstlich gewonnene radioaktive Substanzen spielen in Wissenschaft und Technik eine immer größere Rolle vor allem bei der *Indikator-* oder *Tracermethode*. Setzt man einem Stoff eine kleine Menge eines radioaktiven Isotops zu, so kann man ihn mittels seiner Radioaktivität markieren. Das radioaktive Isotop nimmt an allen chemischen Reaktionen und physikalischen Vorgängen teil, so daß man Reaktionen aller Art, Austausch- und Diffusionsvorgänge, Kreislauf- und Stoffwechselprozesse im Organismus zeitlich und örtlich verfolgen kann. Für die praktische Anwendung müssen die Isotope eine genügend lange Halbwertszeit besitzen, sie darf aber auch nicht zu groß sein, da sonst die Aktivitäten meist zu schwach werden. Günstig sind Halbwertszeiten von Stunden bis Tagen, also Isotope wie $^{24}_{11}Na$, $^{32}_{15}P$ und $^{45}_{20}Ca$ mit Halbwertszeiten von 0,61 bzw. 14 bzw. 152 Tagen.

In der Pharmazie kann man feststellen, welche Organe eine Droge aufsucht, ob ein Präparat schnell oder langsam absorbiert wird. Auch in der Therapie wird die künstliche Radioaktivität immer wichtiger, da man jetzt eine Möglichkeit hat, beinahe jede Substanz in radioaktiver Form in den Körper einzuführen (*Innere Strahlentherapie*).

Die *Stärke* oder die *Aktivität* einer radioaktiven Substanz oder Kernart (auch als *Nuklid* bezeichnet) gibt man international in *Curie* an. Die Einheit 1 Curie liegt vor, wenn pro Sekunde $3{,}7 \cdot 10^{10}$ Atome zerfallen, was sehr genau für 1 g Radium zutrifft, auf das 1 Curie ursprünglich bezogen war. Die Aktivitäten verschiedenartiger Präparate sind aber nicht der atomaren *Leistung* proportional, die bei Bestrahlung mit ihnen übertragen wird und auf die es bei der *Dosis*berechnung ankommt. Dafür ist natürlich die Energie des einzelnen emittierten Teilchens auch noch maßgebend.

§ 210. Kernspaltung, Transurane. Eine für die weitere technische Entwicklung entscheidende Wendung nahm die Kernphysik, als HAHN und STRASSMANN 1938 entdecken, daß bei der Bestrahlung von Uran mit langsamen Neutronen mittelschwere radioaktive Elemente, wie z. B. Krypton und Barium, entstehen. Später zeigte es sich, daß es sich um die Spaltung des seltenen leichten Uranisotops $^{235}_{92}U$ (U 235) handelt. Dabei bildet sich durch Neutronenanlagerung zunächst als Zwischenkern U 236, das dann in zwei Kerne zerfällt, s. die Reaktionsgleichung weiter unten. Außerdem werden noch ein oder mehrere schnelle Neutronen frei, die eine explosionsartige oder gesteuerte Kettenreaktion ermöglichen, s. § 212.

Bei jeder Spaltung wird der außerordentlich hohe Energiebetrag von etwa 175 MeV frei. Er rührt von den Abstoßungskräften zwischen den stark positiv geladenen Spaltstücken her, die im ursprünglichen Kern gerade noch durch die Kernkräfte kompensiert wurden, s. § 207, Anm.79. Uran 236 besitzt mit 144 Neutronen und 92 Protonen einen relativ sehr viel größeren Neutronenüberschuß als die Spaltprodukte in ihrem stabilen Endzustande. Diese müssen daher Neutronen abgeben, etwa indem sich unter Aussendung von Elektronen so lange Neutronen in Protonen umwandeln, bis ein stabiles isobares Atom entsteht. Auch die direkte Neutronenemission ist beobachtet. Als Folge einer jeden Kernspaltung tritt daher eine größere Zahl von meist kurzlebigen radioaktiven Elementen auf. Die Ordnungszahl der Spaltprodukte schwankt in weiten Grenzen, nämlich zwischen 30 und 63, ebenso die Massen; dabei sind Spaltprodukte mit den Massenzahlen um 95 und 140 am häufigsten. Die Summe der Ordnungszahlen der instabilen Spaltprodukte muß natürlich 92 betragen, die der Massenzahlen muß um die Zahl der direkt emittierten Neutronen kleiner als 236 sein. Entstehen beim Zerfall primär Krypton und Barium, so ist die Reaktionsgleichung der Kernspaltung

$$^{235}_{92}U + ^{1}_{0}n \rightarrow ^{236}_{92}U \rightarrow ^{89}_{36}Kr + ^{144}_{56}Ba + 3\,^{1}_{0}n\,.$$

Die Spaltbarkeit der schwersten Kerne beruht auf einer gewissen Instabilität, die man schon an der natürlichen Radioaktivität erkennt. Man kann sich dazu einen Atomkern von hoher Ordnungszahl mechanisch anschaulich wie einen Flüssigkeitstropfen vorstellen, der bei Absorption eines Neutrons Energie aufnimmt. Er gerät dadurch in Schwingungen, die zu Einschnürungen führen können, so daß die elektrischen Abstoßungskräfte zwei Kernteile auseinandertreiben, also zur Spaltung führen.

Das Uran 235 besitzt bereits eine gewisse, wenn auch außerordentlich geringe Neigung zur spontanen Kernspaltung (Halbwertszeit etwa 10^{14} Jahre). Diese Neigung zum Selbstzerfall dürfte bei Kernen mit noch höherer Ordnungszahl noch größer sein, wodurch zusammen mit dem α-Zerfall der natürliche Abbruch des periodischen Systems erklärlich wird. Doch ist dieser Abbruch der existenzfähigen Kerne kein plötzlicher bei $Z = 92$. So hat man bei der Bestrahlung von Uran mit Neutronen und α-Teilchen auch Isotope von 6 *Transuranen* mit den Ordnungszahlen 93–98 gefunden, s. auch Tab. 21.

Das wichtigste, auch großtechnisch herstellbare Transuran ist das Plutoniumisotop $^{239}_{94}\mathrm{Pu}$, da es nach Anlagerung von langsamen Neutronen ebenso spaltbar ist wie das viel schwerer zugängliche $^{235}_{92}\mathrm{U}$. Es entsteht nach der Gleichung

$$^{238}_{92}\mathrm{U} + {}^{1}_{0}\mathrm{n} \rightarrow {}^{239}_{92}\mathrm{U} \rightarrow {}^{239}_{93}\mathrm{Np} + \mathrm{e}^{-} \rightarrow {}^{239}_{94}\mathrm{Pu} + \mathrm{e}^{-},$$

also durch Anlagerung eines Neutrons, und zwar eines schnellen, an das Hauptisotop des Urans, das sich dabei in das instabile Isotop $^{239}_{92}\mathrm{U}$ umwandelt, das sich dann unter Aussendung von jeweils einem Elektron nacheinander in das Neptunium und Plutonium umwandelt. Das Plutoniumisotop Pu 239 ist sehr langlebig und besitzt eine Lebensdauer (Halbwertszeit) von 24000 Jahren. Es wandelt sich unter Aussendung eines α-Teilchens in $^{235}_{92}\mathrm{U}$ um.

§ 211. Kernfusion. Wie schon in § 206 gezeigt wurde, ist die Masse eines leichten Atomkerns um den Massendefekt kleiner als die Summe der Massen der ihn aufbauenden Kernbausteine. Mit der Beziehung $1\,\mathrm{MeV} \approx 1\,\mathrm{TME}$ aus § 205 kann aus diesem Massendefekt die Bindungsenergie des Kerns berechnet werden. Bei der *Kernfusion* oder *Kernverschmelzung* versucht man, die Bindungsenergie leichter Atomkerne nutzbar zu machen, die bei ihrem Aufbau aus noch leichteren Kernen frei wird. Die Kernfusion ist also keine Kettenreaktion wie der in § 212 beschriebene Vorgang, bei dem die Kernspaltung zur Energiegewinnung ausgenützt wird. Für die Kernfusion geeignete Reaktionen sind:

$$\begin{aligned}
&{}^{2}_{1}\mathrm{H} + {}^{2}_{1}\mathrm{H} \rightarrow {}^{3}_{2}\mathrm{He} + {}^{0}_{1}\mathrm{n} + 3{,}25\,\mathrm{MeV}\,,\\
&{}^{2}_{1}\mathrm{H} + {}^{2}_{1}\mathrm{H} \rightarrow {}^{3}_{1}\mathrm{H} + {}^{1}_{1}\mathrm{p} + 4{,}00\,\mathrm{MeV}\,,\\
&{}^{3}_{1}\mathrm{H} + {}^{2}_{1}\mathrm{H} \rightarrow {}^{4}_{2}\mathrm{He} + {}^{1}_{0}\mathrm{n} + 17{,}6\,\mathrm{MeV}\,,\\
&{}^{3}_{2}\mathrm{He} + {}^{2}_{1}\mathrm{H} \rightarrow {}^{4}_{2}\mathrm{He} + {}^{1}_{1}\mathrm{p} + 18{,}3\,\mathrm{MeV}\,.
\end{aligned}$$

Der Ablauf dieser Reaktionen führt also zum Aufbau von Helium aus den Wasserstoffisotopen $^{2}_{1}\mathrm{H}$ und $^{3}_{1}\mathrm{H}$.

Die Kernfusion findet nur statt, wenn die beiden Ausgangskerne mit genügend hoher kinetischer Energie aufeinanderprallen. Nur dann nähern sich zwei Kerne trotz der gleichnamigen Ladungen so weit, daß die starken Kernkräfte kurzer Reichweite wirksam werden und zur Verschmelzung dieser Kerne führen. Wenn man in der Materie eine beobachtbare Zahl von derartigen Kernfusionsprozessen erreichen will, muß sie auf so hohe Temperatur gebracht werden, daß die thermische Bewegungsenergie der Teilchen dazu ausreicht. Eine Temperatur von etwa 10^8 Grad ist zur Einleitung einer solchen *thermonuklearen Reaktion* erforderlich, sie wird bei der *Wasserstoffbombe* durch Zündung mit einer Atombombe (s. § 212) erzeugt. Zur kontrollierten Energiegewinnung mittels Kernfusion versucht man, die Ausgangsatome im hochionisierten Plasma-Zustand (vgl. § 120) durch eine Hochstromgasentladung zur Reaktion zu bringen. Bündelung der Ionen durch geeignete Magnetfelder bewirkt eine zusätzliche Temperaturerhöhung und hält die schnellen Ionen von den Gefäßwänden fern. Laboratoriumsversuche zur Ausnutzung der Fusionsenergie waren bisher erfolglos. Es ist aber sicher, daß die von der Sonne ausgestrahlten riesigen Energiemengen durch Aufbau von Heliumkernen aus Wasserstoffkernen aus der dabei frei werdenden Bindungsenergie gedeckt werden.

§ 212. Gewinnung von Atomkernenergie. Vor Entdeckung der Kernspaltung war es unmöglich, die in den Atomkernen aufgespeicherte Energie, die wir *Atomkernenergie* nennen wollen (die Bezeichnung Atomenergie ist irreführend), technisch zu verwerten. Bei der Radioaktivität ist die Leistung zu gering, und beim Beschuß mit Teilchen ist die Energieausbeute viel zu klein. Die zur Herstellung geladener schnellster Teilchen erforderliche Energie übersteigt wegen der Seltenheit wirksamer Stöße den erzielbaren Gewinn um viele Größenordnungen. Langsame Neutronen konnte man zunächst auch nur durch Beschuß mit geladenen Teilchen freimachen. Diese Lage änderte sich grundlegend, als man erkannte, daß bei der *Spaltung schwerster Kerne* nicht nur ein außerordentlich hoher Betrag an Kernenergie frei wurde, sondern daß vor allem bei der Spaltung selbst noch einige Neutronen frei wurden, man diese also nicht immer wieder mit größtem Energieaufwand herzustellen brauchte.

Da die beim ersten Akt frei werdenden 2–3 Neutronen ihrerseits weitere 2–3 Kerne spalten können, haben wir die Möglichkeit einer *Kettenreaktion*, die, lawinenartig anschwellend, die ganze vorhandene Masse zur Explosion bringt. Diese „Bombenwirkung“ tritt allerdings beim gewöhnlichen Uran nicht ein, da die abgespaltenen Neutronen einerseits viel zu schnell sind, um das außerdem nur mit 0,74% vorhandene U 235 zu spalten, und andererseits wiederum zu langsam sind, um das U 238 zu zerlegen. Die meisten Neutronen werden vom U 238 eingefangen und wandeln es auf dem in § 210 geschilderten Wege in Plutonium um, das ebenfalls nur durch langsame Neutronen gespalten werden kann.

Liegt dagegen eine so große Menge von reinem U 235 oder Pu 239 vor, daß jedes der erzeugten schnellen Neutronen innerhalb der Masse völlig abgebremst wird, so löst bereits das erste erregende Neutron die Explosion aus. Da überall, auch von der Höhenstrahlung her, stets vagabundierende Neutronen auftreten, sind größere Mengen der reinen Isotope gar nicht existenzfähig. Die Selbstentzündung kann man nur dadurch verhindern, daß man den Stoff in Stücken unterhalb einer kritischen Größe lagert, so daß die entstehenden schnellen Neutronen weitgehend den Körper verlassen, also weniger als ein langsames Neutron pro Spaltprozeß zurückbleibt. Bringt man, wie in der Atombombe, solche Stücke, die einzeln ungefährlich sind, plötzlich zusammen, so tritt automatisch die Explosion der gesamten Masse ein. Die entwickelten Energien sind ungeheuer, nämlich für

1 kg Uran 235 etwa 1,5 · 10^{10} kcal. Die Verbrennung von 1 kg Kohle liefert nur etwa 7 · 10^3 kcal.

Die technische Verwertung der Kernenergien erfolgt in *Kernreaktoren* (piles), s. Abb. 365. Da für die Spaltung von U 235 oder Plutonium nur langsame Neutronen in Frage kommen, muß man die bei der Spaltung entstehenden schnellen Neutronen erst abbremsen. Als Bremssubstanz (Moderator) M kommen nichtabsorbierende Substanzen wie Graphit und schweres Wasser in Frage. Damit die Zahl der Neutronen nicht lawinenartig ansteigt, muß ihre Zahl ständig reguliert werden. Das geschieht durch verschiebbare Stäbe aus Cadmium Cd, das die Eigenschaft besitzt, Neutronen stark zu absorbieren. Als Strahlenschutz S dient im allgemeinen eine Betonhülle. Die erzeugte Wärme wird dem Reaktor durch ein Kühlmittel K entnommen und einer Wärmekraftmaschine zugeführt.

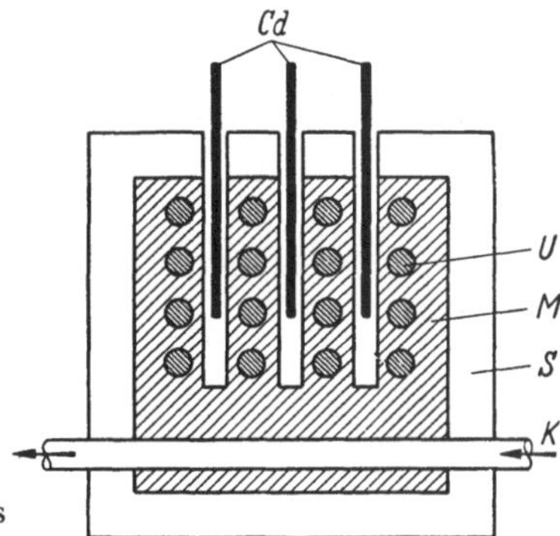

Abb. 365. Schema eines Kernreaktors

Da die Anreicherung von U 235 technisch sehr schwierig ist, stellt man vor allem reines Plutonium her. Dazu ist es also erwünscht, daß im Reaktor möglichst oft ein schnelles Neutron von einem Uran 238 absorbiert wird. Das dabei entstehende Plutonium kann vom Uran chemisch abgetrennt werden. Natürlich sind alle Kernreaktoren eine Quelle von künstlich radioaktiven Stoffen der verschiedensten Art, die als radioaktive Isotope (Indikatoren) verwandt werden können.

Ein *Kernreaktor* muß so arbeiten, daß für jedes eine Spaltung hervorrufende Neutron mindestens ein sekundäres Neutron für eine zweite Spaltung zur Verfügung steht, sonst erlischt der Reaktor. Aus diesem Grunde muß er eine bestimmte kritische Mindestgröße haben, da sonst zu viele Neutronen entweichen und so verlorengehen würden. Sämtliche Arbeitsvorgänge müssen vollautomatisch von außen gesteuert werden. Die heutige großtechnische und gefahrlose Gewinnung von Atomenergie und ihre Nutzbarmachung in Kraftwerken oder beim Antrieb von Schiffen sowie die Entfernung oder Weiterverwendung des radioaktiven „Abfalls“ setzten die Lösung einer großen Reihe sehr schwieriger Probleme voraus.

§ 213. Kosmische Strahlung. Die spontane Ionisierung der Atmosphäre rührt nicht nur von irdischen radioaktiven Strahlen, sondern auch von einer außerordentlich durchdringenden, aus dem Weltraum kommenden Strahlung her. Das erkennt man daran, daß die Intensität dieser Strahlung mit der Höhe über dem Erdboden ganz beträchtlich zunimmt. Auch die Energie der Teilchen ist außerordentlich groß und umfaßt ein Energiespektrum von 10^9 bis 10^{15} eV. Diese *kosmische Strahlung*, auch *Höhenstrahlung* genannt, besteht aus geladenen Teilchen, vorwiegend Protonen, anderen schweren Kernen und vielleicht auch aus

Elektronen von beiderlei Vorzeichen. Bei der Wechselwirkung mit den Luftmolekülen entstehen neben Kernsplittern *Mesonen* mit einer positiven oder negativen Elementarladung, s. Tab. 23. Die μ-Mesonen (Müonen) mit einer größeren Lebensdauer von $2{,}2 \cdot 10^{-6}$ s können bis zum Erdboden vordringen. Die Entstehung der primären kosmischen Strahlung ist noch nicht ganz geklärt. Ein Bruchteil der Strahlung entsteht durch Prozesse auf der Sonne.

Daß die primäre kosmische Strahlung aus äußerst schnellen und positiv geladenen Teilchen besteht, folgt aus der Zunahme der Intensität mit der geographischen Breite. Das erdmagnetische Feld lenkt nämlich die Teilchen nach den Polen ab (*Breiteneffekt*).

Energiereiche Elektronen bilden bei der Bremsung γ-Quanten, die ihrerseits wieder an Kernen Elektronenpaare erzeugen. Wiederholt sich diese wechselseitige Umwandlung, so entstehen *Kaskadenschauer*.

Namen- und Sachverzeichnis

ABBE, ERNST 284
Abbildung durch Linsen 268 ff.
Abbildungsfehler 274 ff.
Ablenkung von Kathodenstrahlen 194, 209
Abplattung der Erde 26
Absorption von Gasen 133
Absorptionsspektren 332
Abweichung, chromatische 275
—, sphärische 275
Achse, optische von Kristallen 306
Achsen, freie, eines Körpers 38
Achromate 275
Actiniden 337
Actiniumreihe 345
adiabatische Zustandsänderung 121
Adhäsionskräfte 50
Adsorption 134
Aerodynamik 70 ff.
Aggregatzustände 44
Akkommodation des Auges 291 ff.
Akkumulator 186
Aktivität, optische 309
—, radioaktive 356
α-Teilchen 342 ff.
Ammoniakuhr 7
amorphe Stoffe 53
Ampere (Einheit) 146, 177
Amperesekunde 146
Amperewindungszahl 206
Amplitude 85
Analysator 304
Aneroidbarometer 69
Anfahrwirbel 80
Angriffspunkt und -linie einer Kraft 28 ff.
Ångströmeinheit 5
Anionen, Kationen 175
anisotroper Körper 306
Anregung von Atomen 335
Antiproton 348
Apertur 277
—, numerische 284
Äquipotentialflächen 161
Äquivalenz von Masse und Energie 350
Aräometer 64
Arbeit 18 ff.
ARCHIMEDES 63
Archimedisches Prinzip 63
Archivkilogramm 14
Astigmatismus des Auges 292
— schiefer Bündel 275 ff.
Asynchronmotor 234
Atmung 67
Atombau 332 ff.
Atomgewicht 45
Atomgewichtsskala 349
Atomkern 333, 336 ff.
Atomkernenergie 358
Atommodell von BOHR 334
—, wellenmechanisches 340
Atomschwingungen 53, 129
Atomwärme 114 ff.
Auflösungsvermögen des Auges 291
— von Instrumenten 277
— des Mikroskops 284 ff.
Auftrieb, dynamischer 79
— in Flüssigkeiten 63
Auge 290 ff.
Augenempfindlichkeit 257, 291
Augenspiegel 266
Ausbreitung von Flüssigkeiten 81 ff.
— von Wellen 97 ff.
Ausdehnung durch die Wärme 112 ff.
Ausdehnungskoeffizient 112 ff.
Austrittsarbeit 192, 328
Austrittspupille 278
Avogadrosches Gesetz 64, 130
— Konstante 45

Bahnbeschleunigung 12
Bahngeschwindigkeit 8
ballistische Kurve 23
Balmer-Serie 334
Bandenspektren 332, 341
Barometer 69
Barometrische Höhenformel 68
Baryon 348
Basilarmembran 105
Beleuchtungsstärke 255
Benetzung 82 ff.
Bernoullische Gleichung 76
Berührungsspannung 187, 189
Beschleunigung 9 ff.
Beschleunigungsarbeit 20
Beschleunigungssatz 14

β-Strahlen 342 ff.
Betatron 354
Beugung des Lichtes 276 ff., 298 ff.
— — — am Gitter 299
— — — im Mikroskop 284 ff.
— — — an kleinen Öffnungen und Hindernissen 298 ff.
— von Wasserwellen 96 ff.
Beugungsgitter 300
Beugungsscheibchen 277
Beugungsspektren 299 ff.
Beweglichkeit der Elektronen in Metallen 173, 179 ff.
— der Ionen in Elektrolyten 178
— der Ladungsträger 168
Bewegung, gleichförmig beschleunigte 10
Bewegungsgröße 17
Biegung 55
Bilder, reelle und virtuelle 263
Bildhebung 259
Bildkonstruktionen bei Linsen 270 ff.
— bei Spiegeln 265 ff.
Bildwandler 313
Bildwerfer 279
Bindung, kovalente, und Ionenbindung 47
Bindungsenergie der Kerne 350, 357
Blasenkammer 343
Bleiakkumulator 186
Blenden, Wirkung von 277
Blindstrom 230
Blitz 201
Bodendruck 61
Bolometer 313
Boltzmannsche Konstante 129
Braunsche Röhre 195
Brechkraft von Linsen 272
Brechung des Lichtes 258
— von Wellen 99
Brechungsgesetz 258
Brechungszahl, -vermögen 258
Breiteneffekt der Höhenstrahlung 360
Bremsstrahlung 315
Brennpunkt, -weite, -ebene beim Hohlspiegel 264 ff.
—, —, — bei Linsen 269 ff.
Brennstrahlen 264
Brewstersches Gesetz 305
Brillen 291 ff.
Brinellhärte 56
Brownsche Bewegung 49

Cadmiumnormalelement 145, 186
Candela 254
Carnotscher Kreisprozeß 122 ff.
CGS-System 16
Le Chatelier-Braunsches Prinzip 132
Chemolumineszenz 325
Chladnische Klangfiguren 102
Chromosphäre 333
Compton-Streuung 317
Coriolis-Kraft 24
Cortisches Organ 105
Coulomb (Einheit) 146, 177
Coulombsches Gesetz 165, 172
Curie (Einheit) 356
CURIE, MARIE und PIERRE 342
Curie-Punkt 225

Dämmerungssehen 293
Dampfdruck 135
Dämpfung von Instrumenten 91, 218
— — Schwingungen 90 ff., 238
Daniell-Element 183 ff.
Deklination, magnetische 205
DEMOKRIT 45
Detektor 247
Deuterium 349
Deuteron 349, 353
Dialysator 133
Diamagnetismus 221 ff.
Diathermie 176, 248
Dichroismus 307
Dichte 14
Dielektrikum 169 ff.
Dieelektrizitätskonstante 169
Dieselmotor 127
Diffusion 50, 66
Diffusionspumpe 70
Dimension 8
Diode 181, 193
Dioptrie 272
Dipol, elektrischer 169, 245
—, magnetischer 204, 209
Dipolmolekül 170
Dipolsender 245
Diskus 39
Dispersion 261
Dissoziation, elektrolytische 174 ff.
Doppelbrechung 306 ff.
—, elektrische 307
—, künstliche 307
Doppelquarzplatte 310
Doppelschichten, elektrische 183, 187
Doppler-Effekt 106
Drehanodenröhre 315
Dreheisenmeßgerät 212
Drehfeld 234
Drehimpuls 37
Drehkondensator 165
Drehmoment 34
Drehschwingungen 87
Drehspulprinzip 210
Drehstrom 234
Drehung der Polarisationsebene 308 ff.

Dreielektrodenrohr 196
Dreifarbentheorie 293 ff.
Drosselspule 229
Druck 60
— der Gase 66
—, hydrodynamischer 76
—, hydrostatischer 60
Druckeinheiten 68
Druckenergie 75
Druckkraft 60
Dualismus Welle-Teilchen 330 ff.
Dulong-Petitsche Regel 114
Dunkelfeldbeleuchtung 283
Durchschlagsfestigkeit 172
dyn 16
Dynamomaschinen 233

Ebbe und Flut 42
Echolot 107
Effektivwerte von Strom und Spannung 228
Eigenfrequenzen 91 ff.
Eigenleitung 180
Eigenschwingungen 91
Einheiten, Grund- und abgeleitete 5
Eintrittspupille 278
Elastizität fester Stoffe 53 ff.
— der Flüssigkeiten 44, 58
— der Gase 44, 65
Elastizitätsgrenze 54
Elastizitätsmodul 54
elektrische Feldkonstante 158 ff., 164
Elektrizität, positive und negative 156
Elektrizitätsleitung in Flüssigkeiten 174 ff.
— in Gasen bei niedrigem Druck 198 ff.
— — — bei höherem Druck 200 ff.
— in Halbleitern 180
— im Hochvakuum 192
— in Metallen 179
—, selbständige 198 ff.
—, unselbständige 190 ff.
Elektrizitätsmenge 146
Elektroanalyse 187
Elektrode 174
—, unpolarisierbare 185
Elektrokardiograph 213
elektrokinetische Erscheinungen 188 ff.
Elektrokoagulation 248
Elektrolumineszenz 320
Elektrolyse 175, 179
Elektrolytkondensator 165
Elektromagnet 226
elektromagnetisches Spektrum, Übersicht 311
Elektrometer 154, 164
elektromotorische Kraft 152
Elektron 167, 179 ff., 192 ff.
—, positives 348
Elektronenbandenspektrum 342
Elektronenleitung in Metallen 179 ff.
Elektronenmikroskop 195, 285 ff., 331
Elektronenpaar 350
Elektronenoptik 194 ff.
Elektronenröhre 196
Elektronenschalen 338 ff.
Elektronenschalter 196
Elektronenschleuder 354
Elektronenspin 223, 340
Elektronenstoß 199, 336
Elektronenwolke 46, 340
Elektronvolt 194
Elektroosmose 188
Elektrophorese 188
Elektrostatik 154 ff.
Elektrostriktion 172
Elektrotomie 248
Elementarladung 168, 177
Elementarquantum, elektrisches 168
Elementarteilchen 346 ff.
Elementarwellen 98
Elemente, galvanische 182 ff.
Emissionsspektren 332
Emissionsvermögen 322
Emitter 181
Empfindlichkeit der Waage 33
Empfindungsstärke, akustische 104
Emulsion 132
Energie, potentielle und kinetische 20
Energiequanten 324, 327, 335
Energiesatz 21
Energiestufen der Elektronenhülle 335
Entladung, selbständige und unselbständige 190 ff., 198 ff.
Entmagnetisierung, adiabatische 140
Entropie 126
Episkop 280
Erdbeschleunigung 11
Erdmagnetismus 204
erg 19
Erhaltungssatz des Drehimpulses 37 ff.
— der Energie 21
— des Impulses 17 ff.
Erregung, elektrische 161 ff.
Eutektischer Punkt 133

Fadengalvanometer 213
Fall, freier 10 ff.
Farad 163
Faraday-Käfig 162
FARADAY, MICHAEL 213
Faradaysche Gesetze 176 ff.
— Konstante 177
Farben dünner Blättchen 297
Farbenblindheit 294
Farbenkreisel 294
Farbenmischung, additive 294

Farbenmischung, subtraktive 295
Farbenringe, Newtonsche 298
Farbensehen 293
Farbton 294
Federkonstante 86
Federpendel 86
Federwaage 33
Feld, elektrisches 154 ff.
—, elektromagnetisches 241, 246
—, induziertes elektrisches 218
—, magnetisches 203
—, — von Strömen 205 ff.
Feldkonstante, elektrische 163
—, magnetische 208, 216
Feldlinien, elektrische 159 ff.
—, magnetische 203
Feldstärke, elektrische 159
—, magnetische 206
Fernpunkt 291
Fernrohr, astronomisches 287
— holländisches 288
Fernsehen 247
Ferrite 224
Ferroelektrika 172
Ferromagnetismus 224 ff.
Festigkeit 56
Festpunkte, thermometrische 111
Feuchtigkeit, relative 137
—, absolute 137
Flächensatz 42
Flächenladungsdichte 167, 171
Flammenleitung 191
Fleck, blinder 290
Fließgrenze 56
Fluoreszenz 324
Fluoreszenzanalyse 325
Fluoreszenzstrahlung bei Röntgenstrahlen 317
Fluß, magnetischer 215 ff.
Flüssigkeiten, ideale 71
—, unterkühlte 53
—, zähe 71 ff.
Flüssigkeitsoberflächen, freie 59 ff.
Formänderungsarbeit 27
Formelastizität 44
Foucaultscher Pendelversuch 26
Franck-Hertz-Versuch 336
Fraunhofersche Linien 262, 333
Freiheitsgrade der Moleküle 129
Fremdleitung in Halbleitern 180
Frequenz 11, 227, 237
Funkenentladung 201
Funkenschlagweite 201

Galilei, Galileo 10
galvanisches Element 182 ff.
Galvanometer 211
Galvanometer, ballistisches 156, 211
Galvanoplastik 179
γ-Strahlen 342
Gangunterschied 297
Gasarbeit 119
Gase, ideale 66 ff.
Gasentladungen, elektrische 198
Gasgesetze 117 ff.
Gaskonstante, allgemeine 118
Gasthermometer 111
Gasverflüssigung 138 ff.
Gauß (Einheit) 216
Gefrierpunkt 132
Gefrierpunktserniedrigung 133
Gegenkraft 17
gegenseitige Induktion 219 ff.
Gegenstromprinzip (Lindemaschine) 139
Generatoren 232 ff.
Geräusch 105
Geschwindigkeit 7 ff.
Gesichtsfeldblende 277
Gewicht 15
—, spezifisches 16
Gewitterelektrizität 188
Gigaelektronenvolt 4, 344
Gitter, optisches 299
Gitterebene 51
Gitterfehler 52
Glaszustand 53
Gleichgewicht von Kräften 29
—, stabiles, labiles, indifferentes 32 ff.
Gleichrichter 181, 193, 247
Gleitflug 80
Glimmentladung 198
Glühelektronen 192
Glühkathode 192
Glühkathodenröhre 192, 196 ff.
Glühlampen 174
Graetzschaltung 316
Gravitationsgesetz 41
Gravitationskonstante 41
Grenzflächenspannung 81 ff.
Grundgleichung der Dynamik 14
Guericke, Otto von 67

Haftreibung 57
Hagen-Poiseuillesches Gesetz 73
Halbleiter 180
Halbwertszeit radioaktiver Stoffe 344
Halbwellenapparat 316
Halbwertsschicht 317
Härte 56
Hauptachse optischer Systeme 264
Hauptebenen, -punkte 272 ff.
Hauptquantenzahl 335
Hauptsatz, erster, der Wärmelehre 115
—, zweiter, der Wärmelehre 124 ff.
—, dritter, der Wärmelehre 127

Hauptschlußmaschine 233
Hauptschnitt 306
Hauptstrahlen 278
Hauptträgheitsachsen und -momente 36
Hebel 30
Heber 69
Hefner-Kerze 254
Hellfeldbeleuchtung 283
Henry (Einheit) 219
Herapathit 307
HERTZ, HEINRICH 243
Hertz (Einheit) 11
Heuslersche Legierungen 224
Hitzdrahtinstrument 174
Hochfrequenzchirurgie 248
Hochfrequenzströme 240
Hochspannungsgenerator 182
Höhenformel, barometrische 68
Höhensonne 202
Höhenstrahlung 359
Hohlraumstrahlung 322
Hohlspiegel 264 ff.
Homöopolare Bindung 47
Hookesches Gesetz 54
Hörfläche 104
Hörrohr 107
Hörschwelle 103
Huygenssches Okular 282
— Prinzip 98
Hydrostatischer Druck 60
Hydrostatisches Paradoxon 62
Hygrometer 138
Hyperon 349
Hysteresiskurve 224

Ikonoskop 247
Immersionssystem 283
Impuls s. Bewegungsgröße 17
Impulssatz 17 ff.
Indikatormethode 355
Induktion, elektromagnetische 213 ff.
—, gegenseitige 219 ff.
—, magnetische 215
Induktionsgesetz 215
Induktionsofen 219
Induktionsstrom 218
Induktivität 219
Induktor 221
Influenz 157, 161
Influenzkonstante 163
Influenzmaschine 182
infrarotes Licht 312
Infrarotspektroskopie 341
Inklination, erdmagnetische 205
Interferenz des Lichtes 296 ff.
— des polarisierten Lichtes 310 ff.
— von Wellen 96 ff.
Inversionstemperatur 121
Ionen 175, 199
Ionengitter 52
Ionenquelle 199
Ionisationskammer 192
Ionisierung von Atomen 336
Ionisierungsenergie, -spannung 336
Iontophorese 189
Iris 290
Isobare Atomkerne 349
Isolatoren 168
Isothermen idealer Gase 119
Isotope 200, 349
Isotopengewicht 349

Joule (Einheit) 19
Joulesche Wärme 173
Joule-Thomson-Effekt 120, 121

Kalorie 113
Kalorimeter 114
Kalottenmodelle von Molekülen 47, 48
Kältemaschine 124, 140
Kältemischungen 133
Kanalstrahlen 199
Kapazität 163
Kapillardepression 83
Kapillarität 83
Kapillarwellen 96
Kapselpumpe 70
Kaskadenschauer 360
Kathaphorese 188
Kathodenfall 199
Kathodenstrahlen 193 ff., 198
—, Ablenkung in elektrischen und magnetischen Feldern 193, 209
Kathodenstrahloszillograph 195
Kathodenzerstäubung 199
Kationen 175
Kavitation 109
Kelvin-Skala 111
Kennlinie von Elektronenröhren 196
KEPLER, JOHANNES 42
Keplersche Gesetze 42
Kernfusion 357
Kerngerüst eines Moleküls 47
Kernkräfte 349
Kernladungszahl 333, 336
Kernphotoeffekt 352
Kernreaktion 351 ff.
Kernreaktor 359
Kernspaltung 356 ff.
Kernumwandlungen, künstliche 351 ff.
—, natürliche 344 ff.
Kerr-Effekt 307
Kettenreaktion 358
Kilopond 16

Kilopondmeter 19
Kilowatt, -stunde 19, 173
kinetische Gastheorie 128 ff.
Kirchhoffsche Regeln der Stromverzweigung 150
Kirchhoffsches Strahlungsgesetz 322
Klanganalysator 105
Klemmenspannung 152
Knall 105
Knotenpunkte eines optischen Systems 273
Koagulation 132
Koaxleitung 242
Koerzitivkraft 224
kohärente Wellen 97
Kohärenz des Lichtes 296
Kohäsionsdruck 66, 120
Kohäsionskräfte 50
Kohlenstoffatom, asymmetrisches 309
Kollektor 181
kolloide Lösungen 132
Kombinationsschwingungen 303
kommunizierende Röhren 62
Kompensationsverfahren zur Messung von Spannungen 153
Komplementärfarben 294
Kompressibilität der Flüssigkeiten 58
Kondensation 135
Kondensationskerne 138
Kondensationswärme 155
Kondensator 157, 163 ff.
— im Wechselstromkreis 229
Kondensatormikrophon 236
Kondensor 279
Kontaktspannung 187
Kontinuitätsgleichung (Hydrodynamik) 71
Konvektion 142
Konzentrationselement 184
Kopfknallwelle 107
Kopfwellen 106 ff.
Kopplung, induktive 219, 238
Koronaentladung 200
Kraft als Ursache der Beschleunigung 13 ff.
—, elastische 53
Kraft und Gegenkraft 17
Kräfte 11 ff.
—, zwischenmolekulare 50
Kräftepaar 31, 32
Kraftmaß, dynamisches und statisches 13 ff.
Kraftstoß 17
Kreisel 39 ff.
Kreisbahn 11
Kreiselelektron 223, 340
Kreisfrequenz 11, 227
Kreisprozesse 122 ff.
Kristalle 51
Kristalldetektor 247
Kristallgitter 51
kritische Daten 139
kritischer Punkt 138
Kryohydrat 133
Kugelfläche, Berechnung an einer 267
Kugelkondensator 160, 165 ff.
Kurz- und Weitsichtigkeit 291, 292
Kurzschlußanker 234
Kurzwellendiathermie 248

Ladung, elektrische 146, 163
— des Elektrons 168
— — —, spezifische, e/m 194
Ladungsträger, im magnetischen Feld 209
Lambertsches Gesetz 255
Längeneinheiten 4ff.
Langwellendiathermie 248
Lanthaniden 337
Laser 329
LAUE, MAX VON 318
Laue-Diagramm 319
Lautsprecher 236
Lautstärke 104
Leidenfrost-Phänomen 142
Leistung 19
Leitfähigkeit, elektrische 148, 168
LENARD, PHILIPP 200
Lenzsche Regel 218
Lepton 348
Leuchtdichte 255
Leuchtelektron 339
Leuchtphosphor 325
Leuchtstoffröhre 199, 325
Licht, elliptisch und zirkular polarisiertes 311
—, kohärentes 296
—, Natur des 249
—, natürliches und polarisiertes 304
Lichtausbreitung 250
Lichtbeugung 298 ff.
Lichtbogen 201
Lichtbrechung 258 ff.
Lichteinheiten 253 ff.
lichtelektrischer Effekt 326, 327
Lichtgeschwindigkeit 250, 252, 253
Lichtjahr 5
Lichtleiter 261
Lichtquanten 327
Lichtstärke 254
Lichtstrahl 259
Lichtstrom 255
Lichtzerstreuung an kleinsten Teilchen 301
—, molekulare 302
Linde-Verfahren 139
Linearbeschleuniger 355
Linienspektren 333 ff., 338
Linsen, dicke 272
—, elektrostatische 195
—, sphärische 268 ff.

Linsenfehler 275, 276
Linsensysteme 274
Lissajous-Figuren 90
Liter 6
Lochkamera 251
Lokalströme 184
Loschmidtsche Zahl 45
Longitudinalwellen 94, 96
Lösungen 132 ff.
Lösungsdruck 183
Lösungswärme 133
Luft, flüssige 140
Luftdruck 67 ff.
Luftpumpen 70
Lumen 255
Lumineszenz 320ff.
Lupe 280, 281
Lux 255
Lyman-Serie 335

Manometer 69
Magnete, natürliche 202
Magnetfeld 203
— von Strömen 205 ff.
magnetische Feldkonstante 208, 216
magnetischer Fluß 215
Magnetisierung 222
—, zyklische 224
Magnetismus 202 ff.
—, elektrische Deutung 207, 224
Magnetophon 236
Magnetostriktionssender 109
Magnetpole 204, 205
Maser 329
Masse der Erde 42
—, schwere 15
—, träge 13, 14
— und Energie 350
Massendefekt 350
Massenmittelpunkt 32
Massenpunkt 7
Massenspektrograph 200
Massenzahl 349
Maßeinheit 3
Maßsystem, elektrisches 173, 177
—, elektrostatisches 166
—, technisches 16
—, CGS 16
—, MKS 16
Maßzahl 3
Materiewellen 330
MAXWELL, JAMES CLERK 246
MAYER, JULIUS ROBERT 115
Mehrgitterröhre 197
Meson 348, 360
Mesothorium 345
Metazentrum 64
Mikrobar 68
Mikrofarad 163
Mikron, Millimikron 4
Mikrophon 235 f.
Mikroskop 281 ff.
Mikrowellen 243, 247
Millibar 68
Mischfarben 294
MKS-System 16
Modulation der Amplitude 247
– der Frequenz 247
Mol 45
Molekularbewegung 49
Molekulargewicht 45
Molekülgitter 52
Molekülspektren 341
Molvolumen 118
Molwärme 114
Moment, elektrisches 169 ff., 245
—, induziertes 169
—, magnetisches 204, 209, 340
Moseleysches Gesetz 338
Motoren 234
Müon, μ-Meson 348, 360

Nachbilder 293
Nachwirkung, elastische 54
Nahepunkt 291
Nahordnung der Moleküle 59
Nanosekunde 4
Nebelkammer von WILSON 343
Nebenschlußmaschine 233
Neptuniumreihe 345
Netzebenen 51
Netzhaut 290
neutrale Faser 55
Neutrino 348
Neutron 347
Neutronengenerator 353, 359
NEWTON, ISAAK 14
Newton (Kraftmaß) 14
Newtonsche Ringe 298
Nicolsches Prisma 308
n-Leitung 180
Nonius 5
Normalelement 145, 186
Nukleon 347
Nuklid 356
Nutzeffekt einer Wärmekraftmaschine 123

Oberflächenenergie 81
Oberflächenspannung 80 ff.
Oberschwingungen 101
Oersted (Einheit) 207
Öffnungsspannung 219
Öffnungswinkel 264
OHM, GEORG SIMON 147

Ohm (Einheit) 147
Ohmsches Gesetz 146 ff.
— — bei Flüssigkeiten 177 ff.
— — bei Gasen 191
Ohr 104
Okular 281 ff.
Ölkondensator 172
Ölschichten, dünne 82, 297
Operngias 288
Ordnungszahl von Atomen 333, 336
Osmose 134
Oszillator, elektrischer (Sender) 239
Oszillograph 195, 212
Otto-Motoren 127
Oxydkathode 192

Paradoxon, hydrostatisches 62
Parallaxe 5
Paramagnetismus 221 ff.
Parallelogramm der Kräfte 29
Partialdruck 67
Paschen-Serie 335
Pauli-Prinzip 338, 340
Peltier-Effekt 190
Pendel 86 ff.
—, mathematisches 87
—, physikalisches 88
Pentode 197
periodisches System der Elemente 337
Permeabilität 222 ff.
Perpetuum mobile 21
— — 2. Art 125
Phase einer Schwingung 85
Phasendifferenz 90
Phasenverschiebung zwischen Strom und Spannung 230
Pferdestärke 20
Phon 104
Phosphoreszenz 325
Photoeffekt 326
photographische Kamera 278
Photometrie 253 ff.
Photon 329
Photosphäre 333
Photozelle 326
Picofarad 4, 163
piezoelektrischer Effekt 109, 172
PLANCK, MAX 324
Plancksches Strahlungsgesetz 324
Planetenbewegung 42
Plasma 198, 358
Plastizität 56
Plattenkondensator 160, 163
Platzwechsel 51 ff., 58
p-Leitung 180
Plutonium 357
Poise 72
Poiseuillesches Gesetz 73
Polarimeter 310
Polarisation, dielektrische 169 ff.
—, elektrolytische 185
— von elektromagnetischen Wellen 243
— des Lichtes 304 ff.
— von Wellen 305
Polarisationsebene 305, 308
—, Drehung der 308 ff.
Polarisationsfilter 307
Polarisationswinkel 305
Polarisator 304
Polarisierbarkeit eines Moleküls 170
Polonium 345
Pond 16
Positron 348
Potential, elektrisches 160
Potentiometerschaltung 152
Präzessionsbewegung beim Kreisel 40
Presse, hydraulische 61
Prinzip des kleinsten Zwanges, Prinzip von LE CHATELIER-BRAUN 132, 190
Prisma 259
—, achromatisches 262
Prismenfernrohr 289
Proton 167, 334, 348
Punktalgläser 292
Punkte, konjugierte 270
Pyrometrie, optische 324

Quadrupole 59
Quantentheorie des Lichtes 327
Quantenzahlen 335, 340
Quarzkeilkompensator 310
Quecksilberdampfbogen und -lampe 202
Quecksilberdampfgleichrichter 202
Quecksilberhöchstdrucklampe 255

Radialbeschleunigung 12
Radialkraft 23
Radioaktivität, natürliche 342 ff.
—, künstliche 355 ff.
Radium 342, 346
Radon 345
Raman-Strahlung 302
Randwinkel 82
Raoultsches Gesetz 133
Raumgitter 318
Raumladung 193
Rayleigh-Strahlung 303
Razemat 309
Reaktion, thermonukleare 358
Realkristall 52
Reibung fester Körper 56 ff.
—, innere, von Flüssigkeiten 71
—, —, von Gasen 130
Reibungselektrizität 187

Reibungsgesetz, Stokessches 77
Reichweite von Alphastrahlen 342 ff.
Reihen- und Parallelschaltung von Leitern 148 ff.
Reizschwelle des Ohres 103
Reizstärke 104
Reizstromtherapie 176
Reflexion, diffuse 257
— des Lichtes 257 ff.
— des Schalls 107
— von Wellen 99
Reflexionsgesetz 99, 257
Refraktometer 261
Regelation des Eises 132
Relativgeschwindigkeit 78
Remanenz 224
Resonanz 90 ff., 230, 238
reversible und irreversible Vorgänge 122
Richtempfänger 244
Richtgröße 36, 86
Richtmoment 36
Richtungshören 105
Ringspule 214
Röhrenvoltmeter 196
RÖNTGEN, WILHELM CONRAD 314
Röntgenbremsstrahlung 315
Röntgendosis 317
Röntgeninterferenzen 318 ff.
Röntgenspektren 314 ff., 338 ff.
Röntgenstrahlen 314 ff.
Rotationsdispersion 309
Rotationsenergie 34, 35
Rotationsschwingungsspektrum 341
Rückkopplung 239
Ruhmasse 354
RUTHERFORD, ERNEST 333
Rydberg-Konstante 334

Saccharimetrie 309
Sammellinsen 268
Sättigung, magnetische 224
— von Farben 284
Sättigungsdruck 135
Sättigungsstrom 191
Schallgeschwindigkeit 106
Schallhärte 103
Schallintensität, -stärke 103
Schallschnelle 103
Schallstoß 105
Schallwiderstand 103
Scheitelwerte von Strom und Spannung 227
Scherenfernrohr 293
Scherung, -smodul 55
Schirmwirkung des Eisens 226
Schleifenoszillograph 212
Schlieren 108
Schlupf 234
Schmelzpunkt 131
Schmelzwärme 131
Schubmodul 55
Schumann-Gebiet 313
schwarze Strahlung, Gesetze der 323
schwarzer Körper 322
Schwärzlichkeit 294
Schwebungen 89
Schweredruck 61
Schwerependel 21, 87
Schwerkraft 15
Schwerpunkt 32
Schwerpunktssatz 18
Schwimmen 63
Schwimmlagen, stabile 64
Schwingquarz 172
Schwingungen, lineare 90
—, elektrische 236f.
—, elliptische und zirkulare 90
—, erzwungene 91
—, gedämpfte 90
—, gekoppelte 92, 93
—, harmonische 85
Schwingungsbauch, -knoten 101
Schwingungsdauer 85
Schwingungskreis, elektrischer 236
Schwingungsweite 85
Schwingungszahl 85
Segelflug 80
Sehen, räumliches 292
— mit Zäpfchen und Stäbchen 293
Sehschärfe 291
Sehweite, deutliche 299
Sehwinkel 291
Seilwellen 100, 334
Seitenvergrößerung 271
Sekundärelektronenvervielfacher 326
Selbsterregung von elektrischen Generatoren 233
Selbstinduktion 219 ff.
seltene Erden 338
Sendedipol, elektrischer 245
Shunt 151
Sieden 136
Siedepunkt 136, 137
Siedepunkterhöhung 137
SIEMENS, WERNER VON 233
Silbervoltameter 177
Skalare 9
Skineffekt 240, 242
Sonnentag, mittlerer 7
Spannung, elektrische 145, 160
Spannungsabfall 148
Spannungsmessung 150, 153, 164
Spannungskoeffizient von Gasen 118
Spannungsreihe, elektrische 183
Spannungsstoß 215 ff.

Spannungsteilerschaltung 152
Spektralanalyse 332
Spektralapparat 289
Spektralfarben, reine 294
Spektrum, gesamtes elektromagnetisches 311 ff.
Sperrschicht 181
Spiegel, ebener 263
—, parabolischer 265, 288
—, sphärischer 264 ff.
Spiegelteleskop 288
Spiegelversuch, Fresnelscher 296
Spitzenentladung 167, 200
Sprungtemperatur 180
Stäbchen-Sehen 293
Standfestigkeit 33
Stark-Effekt 321
Stärke von Linsen 272
starre Körper 22
Staudruck 76
Staurohr 77
Stefan-Boltzmannsches Gesetz 324
stehende Wellen 100 ff.
Stereoskop 292
Sterntag 7
Stilb 255
Stimmgabel 102
Stokessches Gesetz (Reibungsgesetz) 77
Stokessche Regel (Fluoreszenz) 325, 328
Stoß, elastischer und unelastischer 27
Stoßionisation 198
Strahlenbegrenzung in optischen Geräten 276 ff.
Strahlengang 278
Strahlenschutz 318
Strahlung, kosmische 359
—, schwarze 329
Strahlungsdosis 317
Strahlungsgesetz, Plancksches 324
— von W. Wien 323
Stratosphäre 69
Streuung des Lichtes 301
Strom, elektrischer 146, 177
—, —, im magnetischen Felde 208
—, wattloser 230
Stromarbeit 173
Strommesser 146, 174, 211, 212
Stromquellen 146, 182, 292
Stromlinien einer Flüssigkeit 71
Stromlinienform 78
Stromrichtung, elektrische 158
Stromstärke, elektrische 146
—, —, effektive 228
— einer Flüssigkeit 71
Stromstoß 212
Strömung, laminare und turbulente 72, 74
Strömungsdoppelbrechung 307
Strömungswiderstand 73
Stromverzweigung 149
Stromwärme 172 ff.
Strukturviskosität 72
Sublimation 137
Superposition von Bewegungen 9
Supraleitung 180
Suspensionen 132
Suszeptibilität, magnetische 222
Synchrozyklotron 354
Szintillationszähler 344

Taupunkt 138
Telephon 235 ff.
Telephonie, drahtlose 247
Temperatur, absolute 111
—, kritische 139
Temperaturionisation 190
Temperaturkeoffizient des Widerstandes 180
Temperaturskala 111
—, thermodynamische 111, 126
Temperaturstrahlung 321 ff.
Terme einer Spektralserie 334
Teslatransformator 239
Tetrode 197
Thermoelektrizität 189 ff.
Thermoelemente 189
Thermometrie 110 ff.
thermonukleare Reaktion 358
Thermosäule 312
Thermospannung 189
Thoriumreihe 345
Tiefenschärfe 279
Toleranzdosis 318
Töne, reine 105
Torr 68
Torricellische Röhre 67
Torsionsmodul 55
Totalreflexion 260
Tracermethode 355
Tragflügelprofil 79
Trägheit 13
— von Strom und Magnetfeld 220
Trägheitskraft 25
Trägheitsmoment 35 ff.
Trägheitsprinzip 14
Transformator 231 ff.
Transistor 181
Translationsenergie 128
Transportgleichung in Elektrolyten 178
Transurane 337, 356
Transversalwellen 94 ff.
Triboluminescenz 325
Triode 196
Trommelanker 233
Tropfenprofil 78
Troposphäre 69
Turbulenz 74, 78

Turmalin 307
Tyndall-Effekt 301

Ultramikroskop 283
ultrarotes Spektrum s. Infrarotspektroskopie
Ultraschall 109
ultraviolettes Licht 313
Ultrazentrifuge 25
umkehrbare und nichtumkehrbare Vorgänge 122
Umspanner s. Transformator
Unterkühlung 131
Uran-Reaktor 359
Uran-Radium-Reihe 345

Vakuum 67
Vakuummantelgefäß 143
Valenzkräfte 47
Valenzwinkel 48
Vektoraddition 9
Vektoren 9
Verbundmaschine 233
Verdampfung 135
Verdampfungswärme 135
Verflüssigung der Gase 138 ff.
Vergrößerung von Spiegeln 205
— — Linsen 270
Verschiebung, dielektrische 162
Verschiebungssatz, radioaktiver 345
Verschiebungsstrom 246
Verstärker 197
Viskosität 72
Volt 145, 173
Volumen, spezifisches 15
Volumenelastizität 58

Waagen 33
van der Waalsche Gleichung 120
— — — Kräfte 50
Wahrscheinlichkeit 125 ff.
Wanderungsgeschwindigkeit von Elektronen in Metallen 179
— von Ionen in Flüssigkeiten 178
Wärme, spezifische 113
—, —, der Gase 116, 129
— und Arbeit 115
Wärmeäquivalent, elektrisches 173
—, mechanisches 115
Wärmeausdehnung 112, 117
Wärmekapazität 114
Wärmekraftmaschinen 127
Wärmeleitfähigkeit 141
Wärmeleitzahl 141
Wärmeleitung 140 ff.
Wärmemenge 113
Wärmepumpe 124
Wärmestrahlung 143
Wärmetheorie, mechanische 128 ff.
Wärmeübergang 142
Wärmeübergangszahl 142
Wasser, schweres 349
Wasserstoffatom, Modell des 334
Wasserstoffbombe 358
Wasserstoffkern 334
Wasserstoffspektrum 334, 340
Wasserstrahlpumpe 70
Wasserwellen 96 ff.
Watt 19, 173
Wattsekunde 19, 173
Weber-Fechnersches Gesetz 104
Wechselstrom 226 ff.
Wechselstromleistung 231
Wechselstrommesser 212
Wechselstromwiderstand 229 ff.
Weglänge, mittlere freie, der Gasmoleküle 65
Wehnelt-Zylinder 195
Weicheiseninstrument 212
Weißsche Bezirke 225
Welle und Teilchen, Dualismus von 330
Wellen, Ausbreitung von 97 ff.
—, ebene 97
—, elastische 96
—, elektromagnetische 240, 242 ff.
—, longitudinale 94, 96
—, stehende 100 ff.
—, transversale 93 ff.
Wellenfläche, -front 97
Wellenlänge 94
Wellenmechanik 340
Wellennormale 97
Wellennatur der optischen Abbildung 276, 284
— des Lichtes 249, 296
Wellenzahl 334
Wheatstonesche Brücke 153
Widerstand, elektrischer 147
Widerstand von Elektrolyten 178
—, induktiver 229
—, innerer 152, 184
—, kapazitiver 230
—, spezifischer 147
Widerstandsgesetz von STOKES 77
Widerstandsmessung 147, 153
Widerstandsthermometer 180
Wiedemann-Franzsches Gesetz 141
Wiedervereinigung von Ionen 191
Wiensches Verschiebungsgesetz 323
Windungsfläche einer Spule 215
Winkelbeschleunigung 35
Winkelgeschwindigkeit 11
Winkelvergrößerung 271, 281, 287 ff.
Wirbelbildung, mechanische 78
Wirbelfeld, elektrisches 217
Wirbelströme 218
Wirkungsgrad von Lichtquellen 324

Wirkungsgrad von Maschinen 123
Wirkungslinie einer Kraft 28
Wirkungsquantum 324, 327
Wirkungssphäre von Atomen 46
Woodsche Legierung 131
Wurfbewegung 22

Zähigkeit 72
Zählrohr, Geigersches 344
Zeeman-Effekt 321
Zeiteinheit 7
Zelle, lichtelektrische 326
Zentrifugalkraft 24, 26
Zentrifugalmomente 38
Zentrifuge 25
Zentripetalbeschleunigung 12, 23
Zentripetalkraft 23
Zerfall, radioaktiver 344 ff.
Zerfallsgesetz 344
Zerfallsreihen, radioaktive 345
Zersetzungsspannung 185
Zerstrahlung von Elektronenpaaren 348
Zerstreuungslinsen 271
Zone des Schweigens 108
Zugfestigkeit 56
Zustand, angeregter 335
Zustandsänderungen, adiabatische 121
—, isobare 117
—, isotherme 66, 118
Zustandsgleichung der idealen Gase 117
— von VAN DER WAALS 120
Zweifadenelektrometer 155
Zyklotron 353
Zylinderlinse 276

Brühlsche Universitätsdruckerei Gießen